中國科技典籍選刊

第五輯

叢書主編：孫顯斌

中國科學院自然科學史研究所
李儼圖書館藏李星源鈔校本

中西數學圖説【中】

[明]李篤培◇著　高峰◇整理

湖南科學技術出版社

國家古籍整理出版專項經費資助項目

中國科技典籍選刊

中國科學院自然科學史研究所組織整理

《中國科技典籍選刊》總序

我國有浩繁的科學技術文獻，整理這些文獻是科技史研究不可或缺的基礎工作。竺可楨、李儼、錢寶琮、劉仙洲、錢臨照等我國科技史事業開拓者就是從解讀和整理科技文獻開始的。二十世紀五十年代，科技史研究在我國開始建制化，相關文獻整理工作有了突破性進展，涌現出许多作品，如胡道静的力作《夢溪筆談校證》。

改革開放以來，科技文獻的整理再次受到學術界和出版界的重視，這方面的出版物呈現系列化趨勢。巴蜀書社出版《中華文化要籍導讀叢書》（簡稱《導讀叢書》），如聞人軍的《考工記導讀》、傅維康的《黄帝内經導讀》、繆啓愉的《齊民要術導讀》、胡道静的《夢溪筆談導讀》及潘吉星的《天工開物導讀》。上海古籍出版社與科技史專家合作，爲一些科技文獻作注釋并譯成白話文，刊出《中國古代科技名著譯注叢書》（簡稱《譯注叢書》），包括程貞一和聞人軍的《周髀算經譯注》、聞人軍的《考工記譯注》、郭書春的《九章算術譯注》、繆啓愉的《東魯王氏農書譯注》、陸敬嚴和錢學英的《新儀象法要譯注》、潘吉星的《天工開物譯注》、李迪的《康熙幾暇格物編譯注》等。

二十世紀九十年代，中國科學院自然科學史研究所組織上百位專家選擇并整理中國古代主要科技文獻，編成共約四千萬字的《中國科學技術典籍通彙》（簡稱《通彙》）。它共影印五百四十一種書，分爲綜合、數學、天文、物理、化學、地學、生物、農學、醫學、技術、索引等共十一卷（五十册），分别由林文照、郭書春、薄樹人、戴念祖、郭正誼、唐錫仁、苟翠華、范楚玉、余瀛鰲、華覺明等科技史專家主編。編者爲每種古文獻都撰寫了『提要』，概述文獻的作者、主要内容與版本等方面。自一九九三年起，《通彙》由河南教育出版社（今大象出版社）陸續出版，受到國内外中國科技史研究者的歡迎。近些年來，國家立項支持《中華大典》數學典、天文典、理化典、生物典、農業典等類書性質的系列科技文獻整理工作。類書體例容易割裂原著的語境，這對史學研究來説多少有些遺憾。

總的來看，我國學者的工作以校勘、注釋、白話翻譯爲主，也研究文獻的作者、版本和科技内容。例如，潘吉星將《天工開物校注及研究》分爲上篇（研究）和下篇（校注），其中上篇包括時代背景，作者事迹，書的内容、刊行、版本、歷史地位和國際影響等方面。

《導讀叢書》、《譯注叢書》和《通彙》等爲讀者提供了便于利用的經典文獻校注本和研究成果，也爲科技史知識的傳播做出了重要貢獻。不過，可能由於整理目標與出版成本等方面的限制，這些整理成果不同程度地留下了文獻版本方面的缺憾。《導讀叢書》、《譯注叢書》和其他校注本基本上不提供保持原著全貌的高清影印本，并且録文時將繁體字改爲簡體字，改變版式，還存在截圖、拼圖、换圖中漢字等現象。《通彙》的編者們儘量選用文獻的善本，但《通彙》的影印質量尚需提高。

歐美學者在整理和研究科技文獻方面起步早於我國。他們整理的經典文獻爲科技史的各種專題與綜合研究奠定了堅實的基礎。有些科技文獻整理工作被列爲國家工程。例如，萊布尼茲（G. W. Leibniz）的手稿與論著的整理工作於一九〇七年在普魯士科學院與法國科學院聯合支持下展開，文獻内容包括數學、自然科學、技術、醫學、人文與社會科學，萊布尼茲所用語言有拉丁語、法語和其他語種。該項目因第一次世界大戰而失去法國科學院的支持，但在普魯士科學院支持下繼續實施。第二次世界大戰後，項目得到東德政府和西德政府的資助。迄今，這個跨世紀工程已經完成了五十五卷文獻的整理和出版，預計到二〇五五年全部結束。

二十世紀八十年代以來，國際合作促進了中文科技文獻的整理與研究。我國科技史專家與國外同行發揮各自的優勢，合作整理與研究《九章算術》、《黄帝内經素問》等文獻，并嘗試了新的方法。郭書春分别與法國科研中心林力娜（Karine Chemla）、美國紐約市立大學道本周（Joseph W. Dauben）和徐義保合作，先後校注成中法對照本《九章算術》（*Les Neuf Chapters*，二〇〇四）和中英對照本《九章算術》（*Nine Chapters on the Art of Mathematics*，二〇一四）。中科院自然科學史研究所與馬普學會科學史研究所的學者合作校注《遠西奇器圖説録最》，在提供高清影印本的同時，還刊出了相關研究專著《傳播與會通》。

按照傳統的説法，誰占有資料，誰就有學問，我國許多圖書館和檔案館都重『收藏』輕『服務』。在全球化與信息化的時代，國際科技史學者們越來越重視建設文獻平臺，整理、研究、出版與共享寶貴的科技文獻資源。德國馬普學會（Max Planck Gesellschaft）的科技史專家們提出『開放獲取』經典科技文獻整理計劃，以『文獻研究＋原始文獻』的模式整理出版重要典籍。編者盡力選擇稀見的手稿和經典文獻的善本，向讀者提供展現原著面貌的複製本和帶有校注的印刷體轉録本，甚至還有與原著對應編排的英語譯文。同時，編者爲每種典籍撰寫導言或獨立的學術專著，包含原著的内容分析、作者生平、成書與境及參考文獻等。

任何文獻校注都有不足，甚至引起對某些内容解讀的争議。真正的史學研究者不會全盤輕信已有的校注本，而是要親自解讀原始文獻，希望看到完整的文獻原貌，并試圖發掘任何細節的學術價值。與國際同行的精品工作相比，我國的科技文獻整理與出版工作還可以精益求精，比如從所選版本截取局部圖文，甚至對所截取的内容加以『改善』，這種做法使文獻整理與研究的質量打了折扣。

實際上，科技文獻的整理和研究是一項難度較大的基礎工作，對整理者的學術功底要求較高。他們須在文字解讀方面下足够的功夫，并且準確地辨析文本的科學技術内涵，瞭解文獻形成的歷史與境。顯然，文獻整理與學術研究相互支撑，研究決定着整理的質量。隨着研究的深入，整理的質量自然不斷完善。整理跨文化的文獻，最好藉助國際合作的優勢。如果翻譯成英文，還須解決語言轉换的難題，找到合適的以英語爲母語的合作者。

在我國，科技文獻整理、研究與出版明顯滯後於其他歷史文獻，這與我國古代悠久燦爛的科技文明傳統不相稱。相對龐大的傳統科技遺産而言，已經系統整理的科技文獻不過是冰山一角。比如《通彙》中的絶大部分文獻尚無校勘與注釋的整理成果，以往的校注工作集中在幾十種文獻，并且没有配套影印高清晰的原著善本，有些整理工作存在重複或雷同的現象。近年來，國家新聞出版廣电總局加大支持古籍整理和出版的力度，鼓勵科技文獻的整理工作。學者和出版家應該通力合作，借鑒國際上的經驗，高質量地推進科技文獻的整理與出版工作。

鑒於學術研究與文化傳承的需要，中科院自然科學史研究所策劃整理中國古代的經典科技文獻，并與湖南科學技術出版社合作出版，向學界奉獻《中國科技典籍選刊》。非常榮幸這一工作得到圖書館界同仁的支持和肯定，他們的慷慨支持使我們倍受鼓舞。國家圖書館、上海圖書館、清華大學圖書館、北京大學圖書館、日本國立公文書館、早稻田大學圖書館、韓國首爾大學奎章閣圖書館等都對『選刊』工作給予了鼎力支持，尤其是國家圖書館陳紅彦主任、上海圖書館黄顯功主任、清華大學圖書館馮立昇先生和劉薔女士以及北京大學圖書館李雲主任還慨允擔任本叢書學術委員會委員。我們有理由相信有科技史、古典文獻與圖書館學界的通力合作，《中國科技典籍選刊》一定能結出碩果。這項工作以科技史學術研究爲基礎，選擇存世善本進行高清影印和録文，加以標點、校勘和注釋，排版採用圖像與録文、校釋文字對照的方式，便於閲讀與研究。另外，在書前撰寫學術性導言，供研究者和讀者參考。受我們學識與客觀條件所限，《中國科技典籍選刊》還有諸多缺憾，甚至存在謬誤，敬請方家不吝賜教。

我們相信，隨着學術研究和文獻出版工作的不斷進步，一定會有更多高水平的科技文獻整理成果問世。

張柏春　孫顯斌

於中關村中國科學院基礎園區

二〇一四年十一月二十八日

目録

《中西數學圖説》校注 中

中西數學圖說　辰

中西數學圖説 辰

中西數學圖說

辰集

衰分

中西數學圖說

辰集

衰分

1 以上各篇問數統計有誤，據正文，合率衰分二十三問，等級衰分三十七問，照本衰分十三問。

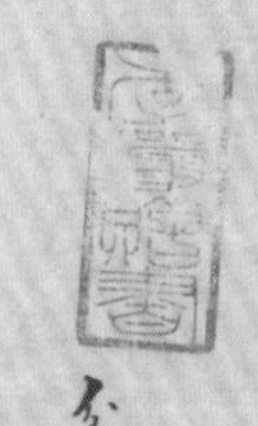

衰分

分也者所以為平也然平則不平不平乃平此衰分之所由起也

之率以取諸總謂之合率分合率者实衰分之通名也合率

其等以次為差謂之等級分視其所出以為入謂之照本分物之分價與

人之分物同法反覆求之謂之貴賤分此三者衰分之正法也分之鼓總與詩

分自相鼓得其繁伍謂之子母分顯其差而隱其法以加減而定之謂之

匿價分顯其總而混其數以揣摩而得之謂之襍和分此三者所謂錯綜

以其變也其數之隱伏猝難定衰任設一法而比之謂之借徵此一法原出西書

所謂鼓舞以其神者也於是衰分無餘蘊矣通而計之得八篇

合率衰分

合率衰分者合不齊之率以為法而分之也以物為实以差為法

或人分物或物派價其法一也今先舉參差不齊者於首其差

有定法如四六二八等分其於別條

一凡合率分置所分總數為实以分物不齊之數列為各衰累成總衰以

為法除總數得最少之一分然後以各衰乘之為各分所得之數

問今物十七萬七千二百四十七以八十一人分之求各若干　答二千一百八十七

衰分

分也者，所以爲平也。然平則不平，不平乃平，此衰分之所由起也。故合不齊之率，以取諸總，謂之合率分。合率者，實衰分之通局也。合率之中，先定其等，以次爲差，謂之等級分。視其所出以爲入，謂之照本分。物之分價與人之分物同法，反覆求之，謂之貴賤分。此三者，衰分之正法也。分之較總，與諸分自相較，得其幾何，謂之子母分。顯其差而隱其法，以加減而定之，謂之匿價分。顯其總而混其數，以揣摩而得之，謂之褋和分。此三者，所謂錯綜以盡其變者也[1]。數有隱伏，猝難定衰，任設一法而比之，謂之借徵。此一法原出西書[2]，所謂鼓舞以盡其神者也[3]，於是衰分無餘蘊矣。通而計之，得八篇。

［第一篇］

合率衰分

合率衰分者，合不齊之率以爲法而分之也[4]。以物爲實，以差爲法，或人分物，或物派價，其法一也。今先舉參差不齊者於首，其差有定法，如四六、二八等分，具於別條。

一、凡合率分，置所分總數爲實，以分物不齊之數列爲各衰，累成總衰以爲法，除總數，得最少之一分。然後以各衰乘之，爲各分所得之數。

1. 問：今物十七萬七千一百四十七，以八十一人分之，求各若干？

答：二千一百八十七。

1《周易·繫辭上》："參伍以變，錯綜其數。通其變，遂成天地之文；極其數，遂定天下之象。"

2 借徵法，出《同文算指通編》卷三。詳本書巳集衰分章第八篇。

3《周易·繫辭上》："聖人立象以盡意，設卦以盡情僞，繫辭焉以盡其言，變而通之以盡利，鼓之舞之以盡神。"

4 合率衰分，已知總數與各衰，求各衰之數。《算法統宗》卷五衰分章作"合率差分"，《同文算指通編》卷二、卷三作"合數差分"，後二者包含的内容比此書的"合率衰分"範圍寬泛。

法置總數以八十一除之合問

解衰分以不齊為主今先立均分者以不均之法原為求均而設故先之也以

下方為衰分正法

問大國地方百里君十卿祿卿祿四大夫〻〻倍上士〻〻倍中士〻〻倍下士

求各祿若干

答君九百萬畝　卿一法九十萬畝 一法十萬〇二百四十畝　大夫一法二十二萬五千畝 一法六千四百畝

上士一法十一萬二千五百畝 一法一千六百畝　中士一法五萬六千二百五十畝 一法四百畝　下士一法二萬八千一百二十五畝 一法一百畝

法百里自乘得裡封萬井每井九百畝計九百萬畝下士一衰中士二衰上士

四衰大夫八衰卿三十二衰君三百二十衰內減四十七衰得二百七十三衰共

三百二十衰以除九百萬畝得二萬八千一百二十五畝為下士之祿倍之得中士

再倍得上士再倍得大夫四之得卿合問〇又法從下士一百畝起為一衰中

士二得四衰上士四四得十六衰大夫得八八得六十四衰卿四〻一十六乘之得一千

得一千〇二十四衰共一千二百〇九衰以除一十一萬〇九百畝得一百畝為下士之

祿以各衰乘之合問

解第一法減去四十七衰者以卿大夫士各據所有不相干涉而俱取之於百里

之內則君雖有三百二十之全法而已為卿大夫士所分故減之也兼此法止言

法：置總數，以八十一除之，合問。

解：衰分以不齊爲主，今先立均分者，以不均之法原爲求均而設，故先之也。以下方爲衰分正法。

2. 問：大國地方百里，君十卿禄，卿禄四大夫，大夫倍上士，上士倍中士[1]，中士倍下士，求各禄若干？

答：君九百萬畝。

卿：一法九十萬畝，一法十萬〇二百四十畝。

大夫：一法二十二萬五千畝，一法六千四百畝。

上士：一法十一萬二千五百畝，一法一千六百畝。

中士：一法五萬六千二百五十畝，一法四百畝。

下士：一法二萬八千一百二十五畝，一法一百畝。

法：百里自乘，得提封萬井[2]，每井九百畝，計九百萬畝[3]。下士一衰，中士二衰，上士四衰，大夫八衰，卿三十二衰，君三百二十衰，内減四十七衰，得二百七十三衰，共三百二十衰。以除九百萬畝，得二萬八千一百二十五畝，爲下士之禄。倍之得中士，再倍得上士，再倍得大夫，四之得卿。合問[4]。◎又法：從下士一百畝起爲一衰，中士二二得四衰，上士四四得十六衰，大夫（得）八八得六十四衰，卿四四一十六，乘之得一千〇二十四衰，共一千一百〇九衰。以除一十一萬〇九百畝，得一百畝，爲下士之禄。以各衰乘之，合問[5]。

解：第一法減去四十七衰者，以卿、大夫、士各據所有，不相干涉，而俱取之於百里之内。則君雖有三百二十之全法，而已爲卿、大夫、士所分，故減之也。兼此法止言

---

1 此問取自《孟子 · 萬章下》："大國地方百里，君十卿禄，卿禄四大夫，大夫倍上士，上士倍中士，中士倍下士，下士與庶人在官者同禄，禄足以代其耕也。"

2 提封，《漢書 · 刑法志》："一同百里，提封萬井。" 王先謙補注引王念孫曰："《廣雅》曰：'提封，都凡也。' 都凡者，猶今人言大凡、都凡也。堤與提古字通。都凡與提封一聲之轉，皆是大數之名。提封萬井，猶言通共萬井耳。"

3《春秋穀梁傳 · 宣公十五年》："古者三百步爲里，名曰井田，井田者九百畝。" 周代制度：廣一步、長百步爲一畝；廣一百步、長一百步爲一百畝；廣三百步、長三百步爲一里，積九百畝，即一井：

$$1\text{井}=1\text{平方里}=900\text{畝}=300\text{步}\times300\text{步}$$

4 下士 1 衰，中士 2 衰，上士 4 衰，大夫 8 衰，卿 32 衰，君 320 衰。卿以下各衰併得：

$$1+2+4+8+32=47$$

此數出於君 320 衰之中，即以 320 爲共衰，求得下士之禄爲：$\frac{9000000}{320}=28125$ 畝。依法可求各衰之數。

5《孟子 · 萬章下》："耕者之所獲，一夫百畝"，又云："下士與庶人在官者同禄，禄足以代其耕也。" 是下士之禄百畝。百畝之田，廣長各百步，即：

$$\text{下士之禄}=100\text{畝}=100\text{步}\times100\text{步}$$

中士二倍下士，可理解爲中士田畝邊長二倍於下士，即得：

$$\text{中士之禄}=200\text{步}\times200\text{步}=400\text{畝}$$

依次得上士禄 1600 畝、大夫禄 6400 畝、卿禄 102400 畝。皆以開方爲法。併得總禄爲：

$$100+400+1600+6400+102400=110900\text{畝}$$

"又法" 即依此反求各禄。

分數未言人數且只據現在爲減爲備云卿大夫則當減又不止此矣
第二法不入君衰以君十之衰率當十萬二千四衰並數不整故止擬佳數爲法焉
並以十一萬〇九百畝爲總井每衰百畝惟法可以徵實也〇第一法惟上而推下
然擬孟子下士代耕之說不過百畝安得至二萬八千餘畝之多並只擬下士
百畝惟下士推上中士倍得二百畝上士倍得四百畝大夫倍得八百畝卿四之
不過三千二百畝而已君祿且九百萬畝於去數千倍又安得謂君十卿祿耶
〇此第二法以前方爲率所謂二者之二倍之四者四之倍之十者十之倍之於上下
之率粗合然亦不知是然否也又孟子言班祿之制天子之卿大夫皆云受
地而此條不言受地而言祿將所謂祿者以擬公田實入之數至君地乃合
公私共數而言井田之法君一民八則君之實入亦不過十倍於卿而已所謂
君十卿祿殆謂是歟又司馬法六尺爲步步百爲畝畝百爲夫夫三爲屋屋三
三爲井井十爲通通十爲成成方十里成十爲終終十爲同同方百里同十爲封
封十爲畿畿方千里有賦有稅稅以足食賦以足兵一同百里提封萬井
定出賦六千四百井戎馬四百匹兵車百乘此卿大夫采地之大者也是爲
百乘之家一封三百一十六里提封十萬井定出賦六萬四千井戎馬四
千匹兵車千乘此諸侯之大者也是謂千乘之國天子畿方千里提封

分數，未言人數，且只據現在爲減，若備云幾卿幾大夫，則當減又不止此矣。第二法不入君衰，以君十之率當十萬二千四衰，其數不整，故止據臣數爲法耳。其以十一萬〇九百畝爲總者，每衰百畝，從法可以徵實也。◎第一法從上而推下，然據《孟子》下士代畊之説，不過百畝，安得有二萬八千餘畝之多？若只據下士百畝，從下士推上，中士倍得二百畝，上士倍得四百畝，大夫倍得八百畝，卿四之，不過三千二百畝而已。君禄且九百萬畝，相去數千倍，又安得謂君十卿禄耶？◎如第二法，以開方爲率，所謂二者，二二倍之；四者，四四倍之；十者，十十倍之，於上下之率粗合，然亦不知其然否也。又《孟子》言班禄之制，天子之卿大夫皆云受地，而此條不言受地而言禄，疑所謂禄者，皆據公田實入之數，至君地乃合公私共數而言。井田之法，君一民八，則君之實入，亦不過十倍於卿而已。所謂君十卿禄，殆謂是歟？又《司馬法》："六尺爲步，步百爲畝，畝百爲夫，夫三爲屋，屋三爲井，井十爲通，通十爲成，成方十里，成十爲（經）［終］，（經）［終］十爲同，同方百里，同十爲封，封十爲畿，畿方千里，有賦有税，税以足食，賦以足兵。一同百里，提封萬井，定出賦六千四百井，戎馬四百匹，兵車百乘，此卿大夫采地之大者也，是（爲）［謂］百乘之家。一封三百一十六里，提封十萬井，定出賦六萬四千井，戎馬四千匹，兵車千乘，此諸侯之大者也，是謂千乘之國。天子畿方千里，提封

百乘井空出賦二十四乘井戎馬四乘匹兵車乘乘稱乘乘之主以此論
之大國國不止於方百里百里於大國之小者則大國之卿祿尚亦難
以律者也所系前二法不過借以明算數非爲古制而設合不合固所
不論也若拘此說書則可笑矣

問今有田一百七十五畝要作農夫授田卿以下圭田餘夫之田三
等分之農夫一分圭田得農夫之半餘夫得農夫田四分之一求各
人田若干

答農夫田一百畝　圭田五十畝　餘夫二十五畝

法以餘夫爲一分圭田爲二分農夫爲四分共七衰以除總數得二十五畝爲餘
夫之田二乘之得圭田四乘之得農夫之田合問〇又法農夫一衰圭田五分餘
夫二分五厘共一衰七分五厘以除總數得一爲農夫之田以五分乘之即
圭田以二分五厘乘之得農夫田合

解前以少爲一次第加之後法以多爲一次第減之雖立法不同其率一也

以上二問皆以分數爲衰

問王畿千里內分九卿二十七大夫八十一元士采地卿受地視侯百里大夫視伯
七十里元士視子男五十里求共地若干各等分地若干

百萬井，定出賦六十四萬井，戎馬四萬匹，兵車萬乘，［故］稱萬乘之主。”[1]以此論之，大國固不止於方百里，百里特大國之小者耳。則大國之卿禄，當亦難以律齊也。如余前二法，不過借以明筭數，非爲考制而設，合不合固所不論也。若據此説書，則可笑矣。

3. 問：今有田一百七十五畝，要作農夫授田、卿以下圭田、餘夫之田三等分之，農夫一分，圭田得農夫之半，餘夫得農夫田四分之一[2]，求各人田若干？

答：農夫田一百畝；　　圭田五十畝；

餘夫二十五畝。

法：以餘夫爲一分，圭田爲二分，農夫爲四分，共七衰。以除總數，得二十五畝，爲餘夫之田。二乘之得圭田，四乘之得農夫之田。合問。◎又法：農夫一衰，圭田五分，餘夫二分五厘，共一衰七分五厘。以除總數，得一，爲農夫之田。以五分乘之，得圭田。以二分五厘乘之，得農夫田。仝。

解：前以少爲一，次第加之。後法以多爲一，次第減之。雖立法不同，其率一也。以上二問，皆以分數爲衰。

4. 問：王畿千里内，分九卿、二十七大夫、八十一元士采地，卿受地視侯百里，大夫視伯七十里，元士視子男五十里[3]，求共地若干？各等分地若干？

---

1 以上所引《司馬法》原文，見《孟子·梁惠王上》“萬乘之國，弑其君者，必千乘之家”孫奭疏。引文或有訛脱，據孫奭疏引《司馬法》校改。此文亦見於《通典·食貨一·田制上》，文字互有異同。

2《孟子·滕文公上》:“卿以下必有圭田，圭田五十畝，餘夫二十五畝。”趙岐注云:“古者卿以下至於士，皆受圭田五十畝，所以共祭祀。圭，絜也。士田，故謂之圭田。……井田之民，養公田者受百畝，圭田半之，故五十畝。餘夫者，一家一人受田，其餘老小尚有餘力者，受二十五畝，半之圭田，謂之餘夫也。”卿以下，通指大夫士。餘夫，指法定受田人口之外的勞力。

3《孟子·萬章下》:“天子之制，地方千里，公侯皆方百里，伯七十里，子男五十里，凡四等。不能五十里，不達於天子，附於諸侯曰附庸。天子之卿受地視侯，大夫受地視伯，元士受地視子男。”即天子之卿受地百里，大夫受地七十里，元士受地五十里。《禮記·王制》云:“天子之三公之田視公侯，天子之卿視伯，天子之大夫視子男，天子之元士視附庸。”與《孟子》説不同。

答共地四十二萬四千八百里　卿九萬里

大夫十三萬二千三百里　元士二十萬〇二千五百里

法王畿千里自乘得百萬里卿百里自乘一萬里以九乘之得卿數大夫七十里自乘得四千九百里以二十七乘之得大夫數元士五十里自乘得二千五百里以八十一乘之得元士數共地四十二萬四千八百里餘五十七萬五千二百里為天子之入食問

解分法內有三數一人數卿九大夫二十七元士八十一是也一每數卿百里大夫七十士五十是也一共數即前所答每以共分之里數是也舉二而以知一即上問乃題人數每數求共數者假令顯人數共數求每數則應問云卿九共分九萬里大夫二十七共分十三萬二千三百里元士八十一共分二十萬〇二千五百里求每人若干則以共地為實人數為法除之得百里七十五十之差假令顯共數每數求人數則應問云若地九萬里又地十三萬二千三百里每分四千九百里又地二十萬〇二千五百里每分二千五百里求各若干則以共地為實分數為法除之得九人二十七人八十一人之數反覆推求諸法皆然舉此以例其餘〇此問以開方為法

問今有田三萬五千五百里畝農夫二百人每人授田百畝卿以下一百五十人

答：共地四十二萬四千八百里。　　　　卿九萬里；

大夫十三萬二千三百里；　　　　元士二十萬〇二千五百里。

法：王畿千里，自乘得百萬里。卿百里，自乘一萬里，以九乘之，得卿數。大夫七十里，自乘得四千九百里，以二十七乘之，得大夫數。元士五十里，自乘得二千五百里，以八十一乘之，得元士數。共地四十二萬四千八百里，餘五十七萬五千二百里，爲天子之入。合問[1]。

解：分法内有三數。一人數：卿九、大夫二十七、元士八十一是也；一每數：卿百里、大夫七十、士五十是也；一共數：如前所答每幾共分之里數是也。舉二可以知一，如上問乃顯人數、每數，求共數者。假令顯人數、共數，求每數，則應問云：卿九共分九萬里，大夫二十七共分十三萬二千三百里，元士八十一共分二十萬〇二千五百里，求每人若干？則以共地爲實，人數爲法除之，得百里、七十、五十之差。假令顯共數、每數，求人數，則應問云：有地九萬里；又地十三萬二千三百里，每分四千九百里；又地二十萬〇二千五百里，每分二千五百里，求各若干？則以共地爲實，分數爲法除之，得九人、二十七人、八十一人之數。反覆相求，諸法皆然，舉此以例其餘。◎此問以開方爲法。

5. 問：今有田三萬五千五百畝，農夫二百人，每人授田百畝；卿以下一百五十人，

1 此以開方爲法。各衰如下：

$$卿數=(100\times100)\times9=90000 里$$

$$大夫數=(70\times70)\times27=132300 里$$

$$元士數=(50\times50)\times81=202500 里$$

相併得共數：

$$共數=90000+132300+202500=424800 里$$

每人圭田五十畝餘夫三百二十人每人田二十五畝求各等田若干

答農夫田二萬畝　圭田七千五百畝　餘夫田八千畝

法以農夫二百人乘百畝得二萬畝以卿以下一百五十人乘五十畝得七千五百畝

以餘夫三百二十人乘二十五畝得八千畝合之得總合問

解前有互求法同前○以上二問皆以人數爲衰

問今有大國地方百里提封萬井內以四百二十四井又九分井之八爲采地三卿下

大夫五人上士二十七人大夫祿倍上士卿祿四大夫求各等爲千若八千一萬

答卿共祿三百四十一井九分井之三 約得三十萬七千二百畝　每祿一百十三井九分井之七 約得十萬〇二千四百畝

大夫共祿三十五井九分井之五 約得三萬二千畝　每祿七井九分井之一 約得六千四百畝

上士共祿四十八井 約得四萬三千二百畝　每祿一井九分井之七 約得一千六百畝

法置井數以九化之得三千八百一十六合八合得三千八百二十四爲實上士一衰以二十七

乘之仍得二十七衰大夫二二而四以五乘之得二十衰卿四四一十六乘四得六十四又以

三乘之得一百九十二衰共二百三十九衰以除實得十六以各衰乘之得共數再

以人數除之得每數各以井法九除之得井數以每井九百畝爲法乘之有餘

共合之得畝數

解先得共數已合畝數又用畝法乘之成井以九爲法原一百畝爲一分因是一數

每人圭田五十畝；餘夫三百二十人，每人田二十五畝，求各等田若干？

答：農夫田二萬畝；　　　　圭田七千五百畝；

餘夫田八千畝。

法：以農夫二百人乘百畝，得二萬畝；以卿以下一百五十人乘五十畝，得七千五百畝；以餘夫三百二十人乘二十五畝，得八千畝。合之得總。合問。

解：若欲互求，法同前。◎以上二問，皆以人數爲衰。

6. 問：今有大國地方百里，提封萬井，内以四百二十四井又九分井之八爲采地。三卿，下大夫五人，上士二十七人，大夫禄倍上士，卿禄四大夫，求各等若干？各人若干？

答：卿共禄三百四十一井九分井之三，約得三十萬七千二百畝；

每禄一百十三井九分井之七，約得十萬〇二千四百畝。

大夫共禄三十五井九分井之五，約得三萬二千畝；

每禄七井九分井之一，約得六千四百畝。

上士共禄四十八井，約得四萬三千二百畝；

每禄一井九分井之七，約得一千六百畝。

法：置井數，以九化之，得三千八百一十六，合八分，得三千八百二十四爲實。上士一衰，以二十七乘之，仍得二十七衰；大夫二二如四，以五乘之，得二十衰；卿四四一十六，乘四得六十四，又以三乘之，得一百九十二衰，共二百三十九衰。以除實得十六，以各衰乘之，得共數。再以人數除之，得每數。各以井法九除之，得井數。以每井九百畝爲法乘之，有餘者合之，得畝數[1]。

解：先得共數，已合畝數，又用畝法乘之者，井以九爲法，原一百畝爲一分，同是一數

1 各等之衰分别爲：

$$\text{上士：} 1\times27=27$$
$$\text{大夫：} 2\times2\times5=20$$
$$\text{卿：} 8\times8\times3=192$$

依法求得上士每禄爲：

$$\frac{424\frac{8}{9}}{27+20+192}=\frac{\frac{3824}{9}}{239}=\frac{16}{9}=1\frac{7}{9}\text{井}$$

化作畝得：

$$\frac{16}{9}\times900\text{畝}=1600\text{畝}$$

其餘各數依法可求。

故也。如第二三問言差倍差分所推分數也所求者乃每人所得之數第四五問
言數十人數百人所推人數也所求者乃每等共得之數此問則既有二倍四
倍之差而又有三人五人二十七人之數故共數每數兼求而並得之也。此問數有
奇零法詳於田中乘井為畝如卿田三百四十井九分井之三以九百乘三百四十
一得三十萬六千九百畝合九分井之三三百畝得共數餘倣此

問今有田三萬五千五百畝農夫二百人每人四分卿以下一百五十人每人二分餘夫三
百二十人每人一分求各等若干各人若干

答曲農夫共田二萬畝　每人田一百畝
卿以下七千五百畝　每人田五十畝
餘夫共田八千畝　每人田二十五畝

法以二百人乘四分得八百分以一百五十人乘二分得三百分以三百二十人乘一分
仍得三百廿分共一千四百二十分以除總數得二十五為餘夫每人之數以三百二
十乘之得餘夫共田以二乘二十五得五十為卿以下每人之數以一百五十乘
之得卿以下共田以四乘二十五得一百為曲農夫每人之數以二百乘之得曲農夫
共田合問。又法先求共數以八百乘總數得二千八百四十萬以總衰一千四
百二十除之得曲農夫共田以二百人除之得農夫每數又以三百乘總數得

故也。◎如第二三問言幾倍、幾分，所謂分數也，所求者乃每人所得之數。第四五問言數十人、數百人，所謂人數也，所求者乃每等共得之數。此問則既有二倍、四倍之差，而又有三人、五人、二十七人之數，故共數每數兼求而並得之也。◎此問數有奇零，法詳方田中。乘井爲畝，如卿田三百四十一井九分井之三，以九百乘三百四十一，得三十萬六千九百畝，合九分井之三三百畝，得共數。餘倣此。

7. 問：今有田三萬五千五百畝，農夫二百人，每人四分；卿以下一百五十人，每人二分；餘夫三百二十人，每人一分，求各等若干？各人若干？

答：農夫共田二萬畝，每人田一百畝；

卿以下七千五百畝，每人田五十畝；

餘夫共田八千畝，每人田二十五畝。

法：以二百人乘四分，得八百分；以一百五十人乘二分，得三百分；以三百二十人乘一分，仍得三百廿分，共一千四百二十分。以除總數，得二十五，爲餘夫每人之數；以三百二十乘之，得餘夫共田。以二乘二十五，得五十，爲卿以下每人之數；以一百五十乘之，得卿以下共田。以四乘二十五，得一百，爲農夫每人之數；以二百乘之，得農夫共田。合問。◎又法：先求共數。以八百乘總數，得二千八百四十萬，以總衰一千四百二十除之，得農夫共田；以二百人除之，得農夫每數。又以三百乘總數，得

一千○六十五萬以總衰一千四百二十除之得鄉

以下每數又以三百二十乘總數得一千一百三十萬以總衰除之得餘支共田

以三百二十人除之得餘支每數同

問今有鰥寡孤獨四民共給米一百六十五石鰥者三十人四分寡者四十人五分孤者

二十人七分獨者十人九分求各若干

答鰥三十六石 每名一石二斗　寡六十石 每名一石五斗

孤四十二石 每名二石一斗　獨二十七石 每名二石七斗

法鰥三四乘得一百二十寡四五乘得二百孤二七乘得一百四十獨十九乘得九十

共五百五十衰以除總米得三以各衰乘之合問

問今有公侯伯子男分金一萬二千五百五十斤公三人各九分侯六人六分伯十二人

四分子二十人三分男四十人二分求各若干

答公一千三百五十斤 各四百五十斤　侯一千八百斤 各三百斤　伯二千四百斤 各二百斤

子男三千斤 各一百五十斤　男四千斤 各一百斤

法公九乘三二十七衰侯六乘六三十六衰伯四乘十二四十八衰子三乘二十六十衰男二

乘四十八十衰共二百五十一衰以除總金得五以各衰乘之合問

解以上二問皆衰分之帶層數者

一千〇六十五萬，以總衰一千四百二十除之，得卿以下共田；以一百五十人除之，得卿以下每數。又以三百二十乘總數，得一千一百三十［六］萬，以總衰除之，得餘夫共田；以三百二十人除之，得餘夫每數。同。

8. 問：今有鰥、寡、孤、獨四民，共給米一百六十五石。鰥者三十人四分，寡者四十人五分，孤者二十人七分，獨者十人九分，求各若干[1]？

答：鰥三十六石，每名一石二斗；　寡六十石，每名一石五斗。

孤四十二石，每名二石一斗；　獨二十七石，每名二石七斗。

法：鰥三，四乘得一百二十；寡四，五乘得二百；孤二，七乘得一百四十；獨十，九乘得九十，共五百五十衰。以除總米，得三。以各衰乘之，合問。

9. 問：今有公侯伯子男，分金一萬二千五百五十斤。公三人各九分，侯六人六分，伯十二人四分，子二十人三分，男四十人二分，求各若干？

答：公一千三百五十斤，各四百五十斤；

侯一千八百斤，各三百斤；

伯二千四百斤，各二百斤；

子（男）三千斤，各一百五十斤；

男四千斤，各一百斤。

法：公九乘三，二十七衰；侯六乘六，三十六衰；伯四乘十二，四十八衰；子三乘二十，六十衰；男二乘四十，八十衰，共二百五十一衰。以除總金，得五。以各衰乘之，合問。

解：以上二問，皆衰分之帶層數者。

1 此題據《算法統宗》卷五衰分章“合率差分”第三題改編，《算法統宗》原題作“今有鰥、寡、孤、獨四貧民，共給米二十四石，其鰥者四分，寡者五分，孤者七分，獨者九分。問四民各該若干？”

問今有銀一百二十一兩一錢七分五厘，糴米麥豆。要米一分，麥二分，豆三分。米每斗九分二厘，麥每斗八分五厘，豆每斗三分六厘。求三色各價若干。

答米價三十兩一錢三分　三十二石七斗五升

麥價五十五兩六錢七分五厘　六十五石五斗

豆價三十五兩三錢七分　九十八石二斗五升

法米一分乘九分二厘仍得九二，麥二分乘八分五厘得十七，豆三分乘三分六厘得一〇八，共三百七十衰，以除總銀得三三七五，以各衰乘之得各價總，以每法除之，合問。

解此衰分價與合分衰物同法，亦衰分之帶零數者。

一凡衰分有零數者用母子法，以每數為母除之，以所得為子乘之。繁數中有襍項者為子母，先以大總為實，併諸項之分數為大母除之，以本項之分數為大子乘之，得細母之總數，然後以細母除之，以細子乘之，得細子之總數。此題細子母倒求大子母，以諸母相乘為共母，以諸母互乘各子，又併之為共子，以共子除總，以共母乘之而得細母之總，然後以細母除之，細子乘之而得細子之總數。此題細子母之總數倒求細子母，法當用奇零約法並列兩數約之而得。

問今有軍二萬五千二百名，每四人支米三石，求該若干。

答米一萬八千九百石

10. 問：今有銀一百二十一兩一錢七分五厘，糴米、麥、豆，要米一分，麥二分，豆三分。米每斗九分二厘，麥每斗八分五厘，豆每斗三分六厘，求三色各價若干[1]？

答：米價三十兩一錢三分，三十二石七斗五升；

麥價五十五兩六錢七分五厘，六十［五］石五斗；

豆價三十五兩三錢七分，九十八石二斗五升。

法：米一分乘九分二厘，仍得九二；麥二分乘八分五厘，得十七；豆三分乘三分六厘，得一〇八，共三百七十衰。以除總銀，得三二七五，以各衰乘之，得各價總。以每法除之，合問。

解：此物分價，與人分物同法，亦衰分之帶層數者。

一、凡衰分有纍數者，用母子法，以每數爲母除之[2]，以所得爲子乘之 。纍數中有裸項各爲子母者，先以大總爲實，併諸項之分數爲大母除之，以本項之分數（爲）爲大子乘之，得細母之總數。然後以細母除之，以細子乘之，得細子之總數[3]。若止顯細子母，倒求大子母者，以諸母相乘爲共母，以諸母互乘各子又併之爲共子，以共子除總，以共母乘之，而得細母之總。然後以細母除之，細子乘之，而得細子之總[4]。若止顯細子母之總數，倒求細子母法者，用奇零約法，並列兩數，約之而得[5]。

1. 問：今有軍二萬五千二百名，每四人支米三石，求若干[6]？

答：米一萬八千九百石。

1 此題爲《算法統宗》卷五衰分章“合率差分”第二題。

2 參例問一至四。

3 參例問五、六。

4 參例問七至十一。

5 此即分數約分法，參例題十二、十三。

6 第一問至第五問，皆據《算法統宗》卷五衰分章“合率差分”第九題（亦《同文算指通編》卷二“合數差分上”第四十五題）改編。《算法統宗》原題云：“今有軍二萬五千二百名，共支米麥豆三色。只云四人支米三石，七人支豆八石，九人支麥五石，問各該若干？”

法置人數爲實以四归之得六三以三因之合問　或先因後归同

解人爲母米爲子

問今有米一萬八千九百石每米三石給與人求數若干　答人二萬五千二百名

法置米數爲實以三归之得六三以四因之合問　解米爲母人爲子

問今有軍二萬五千二百名支米豆二色每四人支米三石每七人支豆八石求米

豆各若干

答米一萬八千九百石　豆二萬八千八百石

法置人爲實米用四归三因豆用七归八因合問　解二種物更多可推

問今有米一萬八千九百石以爲官俸每十八石給六人以爲軍粮每三石給四

人求官若干員軍若干名

答官六千三百員　軍二萬五千二百名

法置米爲實以六八归之以十八除之得官員數以四因之以三归之得軍名數

解二種人更多可推

問今有軍二萬五千二百名以四分之三領米每四人三石以四分之一領豆每七

人八石求領米軍若干共米若干領豆軍若干共豆若干

答領米軍一萬八千九百名共領米一萬四千一百七十五石

法：置人數爲實，以四歸之，得六三，以三因之。合問。或先因後歸，同。

解：人爲母，米爲子。

2. 問：今有米一萬八千九百石，每米三石給四人，求數若干？

答：人二萬五千二百名。

法：置米數爲實，以三歸之，得六三，以四因之。合問。

解：米爲母，人爲子。

3. 問：今有軍二萬五千二百名，支米豆二色，每四人支米三石，每七人支豆八石，求米豆各若干？

答：米一萬八千九百石；　豆二萬八千八百石。

法：置人爲實，米用四歸三因，豆用七歸八因。合問。

解：二種物，更多可推。

4. 問：今有米一萬八千九百石，以爲官俸，每十八石給六人；以爲軍糧，每三石給四人，求官若干員？軍若干名？

答：官六千三百員；　軍二萬五千二百名。

法：置米爲實，以六歸之，以十八除之，得官員數。以四因之，以三歸之，得軍名數。

解：二種人，更多可推。

5. 問：今有軍二萬五千二百名，以四分之三領米，每四人三石；以四分之一領豆，每七人八石，求領米軍若干？共米若干？領豆軍若干？共豆若干？

答：領米軍一萬八千九百名，共領米一萬四千一百七十五石；

領豆軍六千三百名共領豆七千二百石
法以兩附總得六千四百為領豆人數三因之為領米人數名以每四人
七人除之以千三石八石乘之合問
問今有米一萬八千九百石以四分之三為官俸四分之一為軍糧每十八石給
官六人每三石給軍四人求官俸若干官若干軍糧若干軍若干
答官俸一萬四千一百七十五石　官四千七百二十五員
軍糧四千七二十五石　軍六千三百名
法置米四歸之得四千七百二十五石為軍糧以三因之為官俸置糧為實
以三歸之四因之得軍名數置俸為實以十八除之以六因之得官員數合問
解前二問雖有兩項而總數未分但各立法於二問則諸項共分總數大子母中
又有小子母如四分之三四分之一四為大母一與三為小子四人三石七人八石四七為小母
三八為小子大子即小母之總故先用大母子法分為數項以得小母之總數然後
用小子母求得實數即小子之總也
問今有布二十二萬五千八百二十尺分給馬步軍二項馬軍每七人
給褌布四十八尺步軍每六人給袄布九十二尺馬步軍數要全求各
軍若干各布若干

領豆軍六千三百名，共領豆七千二百石。

法：以四歸總，得六千四百，爲領豆人數；三因之，爲領米人數。各以母四人、七人除之，以子三石、八石乘之。合問。

6. 問：今有米一萬八千九百石，以四分之三爲官俸，四分之一爲軍糧，每十八石給官六人，每三石給軍四人，求官俸若干？官若干？軍糧若干？軍若干？

答：官俸一萬四千一百七十五名，官四千七百二十五員；

軍糧四千七［百］二十五石，軍六千三百名。

法：置米四歸之，得四千七百二十五石，爲軍糧；以三因之，爲官俸。置糧爲實，以三歸之，四因之，得軍名數。置俸爲實，以十八除之，以六因之，得官員數。合問。

解：前二問雖有兩項，而總數不分，但各立法。此二問則諸項共分總數，大子母中又有小子母。如四分之三、四分之一，四爲大母，一與三爲（小）［大］子；四人三石、七人八石，四、七爲小母，三、八爲小子。大子即小母之總，故先用大母子法，分爲數項，以得小母之總數。然後用小子母求得實數，即小子之總也。

7. 問：今有布一十二萬五千八百二十尺，分給馬步軍二項，馬軍每七人給褌布四十八尺，步軍每六人給襖布九十二尺。馬步軍數要（全）［仝］[1]，求各軍若干？各布若干[2]？

1 全，據文意，當作“仝”，形近訛字。“仝”即“同”，意爲馬步軍人數要相同。後文第八問有“襖褌布數要仝”，可證。據改。

2 此題爲《算法統宗》卷五衰分章“帶分母子差分”第一題。以下馬步軍給布算題，皆據此題改編。

答馬步軍各五千六百七十人　襖布八萬六千九百四十尺

褲布三萬八千八百八十尺

法置六人七人相乘得四十二為共母以七人乘九十二尺得六百四十四以六人乘四十八尺得二百八十八併二數九百三十二為共子却置總布二十二萬五千八百二十尺以共母乘之得五百二十八萬四千四百四十以共子九百三十二除之得各軍數再置軍數為實七除四十八乘之得褲布六除九十二乘得襖布合問

解此問止題大總無細子細母並子母小總皆隱之所神例求也大總為小子之統數體子中詩母故以共子除以共母乘也並以相乘為母互乘為子故以兩母參差勢須會通於六於七相乘四十二為共母則兩分俱以四十二為母矣七乘九十二得六百四十四者乃馬軍四十二人所分之數也六乘四十八得二百八十八者乃步軍四十二人所分之數也併子得共子九百三十二者乃兩母四十二共八十四人所得之子數也無不以八十四乘兩以四十二乘者蓋準母乘得人總仍須作兩分之之故只用一母為法所得即人數之半取其省便也○又此法要處查在人數相同若不求相同任意分之於襖布八萬六千九百四十尺為九十二與九百四十五分褲布三萬八千八百八十尺為四十八與八百一十分以兩個四十八共九十六被一個九十二餘四五三十三個四十八則餘些一個九十二真是二十三分四十八有

答：馬步軍各五千六百七十人。

襖布八萬六千九百四十尺；　　　　　褌布三萬八千八百八十尺。

法：置六人、七人相乘，得四十二爲共母。以七人乘九十二尺得六百四十四，以六人乘四十八尺得二百八十八，併二數九百三十二爲共子。卻置總布一十二萬五千八百二十尺，以共母乘之，得五百二十八萬四千四百四十，以共子九百三十二除之，得各軍數[1]。再置軍數爲實，七除、四十八乘之，得褌布；六除、九十二乘，得襖布。合問。

解：此問止顯大總與細子細母，其子母小總皆隱之，所謂倒求也。大總爲小子之統數，從子中討母，故以共子除，以共母乘也。其以相乘爲母，互乘爲子者，以兩母參差，勢須會通，如六、[七]相乘四十二爲共母，則兩分俱以四十二爲母矣。七乘九十二得六百四十四者，乃馬軍四十二人所分之數也；六乘四十八得二百八十八者，乃步軍四十二人所分之數也。併子得共子九百三十二者，乃兩母四十二共八十四人所得之子數也。其不以八十四乘而以四十二乘者，蓋雙母乘得人總，仍須作兩分分之，故只取一母爲法，所得即人數之半，取其省便也。◎又此法要處在人數相同，若不求相同，任意分之，如襖布八萬六千九百四十尺，爲九十二者九百四十五分；褌布三萬八千八百八十尺，爲四十八者八百一十分。以兩個四十八共九十六，視一個九十二餘四，至二十三個四十八，則餘出一個九十二矣。是二十三分四十八，可

---

1 此題運算過程如下：

$$\frac{48}{7}+\frac{92}{6}=\frac{48\times6+92\times7}{42}=\frac{288+644}{42}=\frac{932}{42}$$

即 42 名馬軍與 42 名步軍共給布 932 尺，求得馬步軍人數爲：

$$\frac{125820\times42}{932}=5670$$

以當十二分九十二之九十二與十二相乘得一千一百〇四四十八與二十三相乘亦得一千一百〇四是為兩布之通數七與二十三乘得一百六十一人六人與十二相乘得七十二人是為兩均之人數試減多入少將袜布減一千一百〇四加入褲布得三萬九千九百八十四袜布餘八萬五千八百三十六以法求之馬算當五千八百三十一步算當五千五百九十八人矣再減一千一百〇四加入褲布得四萬一千〇八十八袜布餘八萬四千七百三十二以法求之馬算當五千九百九十二步算當五千五百二十六人矣減少入多將褲布減一千一百〇四加入袜布得八萬八千〇四十四尺褲布餘三萬七千七百七十六尺以法求之馬算當五千五百〇九人步算當五千七百四十二人矣再減一千一百〇四入袜布得八萬九千一百四十八尺褲布餘三萬六千六百七十二尺以法求之馬算當五千三百四十八人步算當五千八百二十四人矣游移變化百有餘法俱合綠蕉剝止言求各若干而不與人數相同將為明之

均分圖

兩母　六　七　四十二

相乘　七　六　四十二

併得　八十四

藏布　九百

三十二尺

乘

以當十二分九十二也。九十二與十二相乘，得一千一百〇四；四十八與二十三相乘，亦得一千一百〇四，是爲兩布之通數。七與二十三乘得一百六十一人，六人與十二相乘，得七十二人，是爲兩均之人數。試減多入少，將襖布減一千一百〇四，加入褲布得三萬九千九百八十四，襖布餘八萬五千八百三十六。以法求之，馬軍當五千八百三十一，步軍當五千五百九十八人矣。再減一千一百〇四，加入褲布得四萬一千〇八十八，襖布餘八萬四千七百三十二。以法求之，馬軍當五千九百九十二，步軍當五千五百二十六人矣。減少入多，將褲布減一千一百〇四，加入襖布得八萬八千〇四十四尺，褲布餘三萬七千七百七十六尺。以法求之，馬軍當五千五百〇九人，步軍當五千七百四十二人矣。再減一千一百〇四，［加］入襖布得八萬九千一百四十八尺，褲布餘三萬六千六百七十二尺。以法求之，馬軍當五千三百四十八人，步軍當五千八百一十四人矣[1]。游移變化，百有餘法，俱合。緣舊刻止言求各若干，而不言人數相同[2]，特爲明之。

均分圖

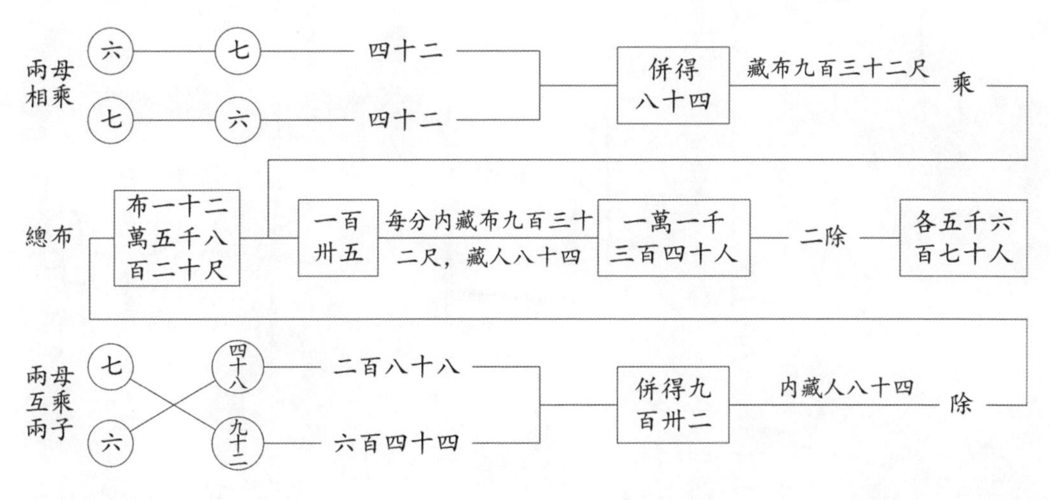

1 九十二與四十八約分得：

$$\frac{92}{48}=\frac{92\div 4}{48\div 4}=\frac{23}{12}$$

互乘，求得兩布通數爲：

$$48\times 23=92\times 12=1104\text{尺}$$

求得：

$$1104\times\frac{7}{48}=23\times 7=161\text{人}$$

$$1104\times\frac{6}{92}=12\times 6=72\text{人}$$

即馬軍 161 人與步軍 72 人，所給布俱爲 1104 尺。故馬軍每減少 161 人，可增加步軍 72 人；反之，步軍每減少 72 人，可增加馬軍 161 人，而給布總數不變。

2 指《算法統宗》該題設問未言馬軍、步軍人數相同。

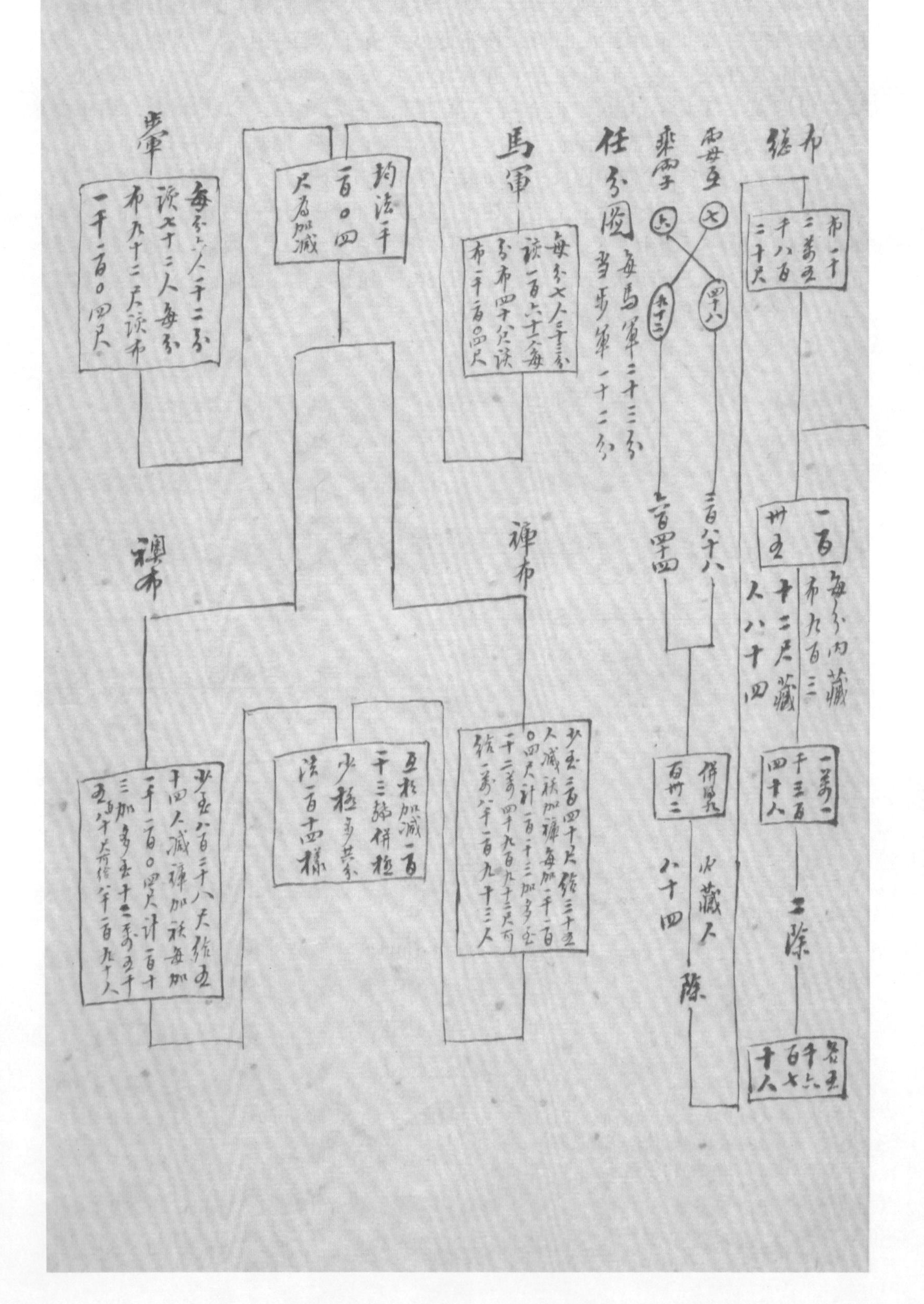

任分圖 每馬軍二十三分當步軍一十二分

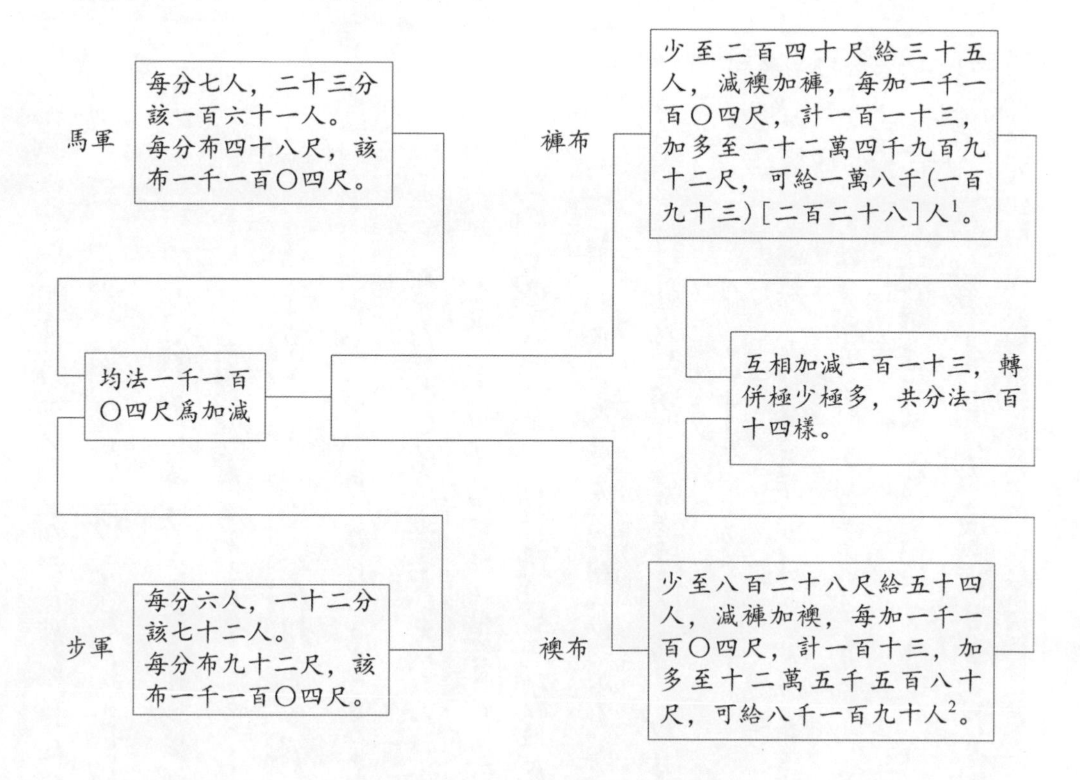

1 最小馬軍布數爲：

$$38880-35\times1104=240\text{ 尺}$$

最小馬軍人數爲：

$$\frac{240\times7}{48}=35\text{ 人}$$

最大馬軍布數爲：

$$240+113\times1104=124992\text{ 尺}$$

最大馬軍人數爲：

$$\frac{124992\times7}{48}=18228\text{ 人}$$

最大馬軍人數，原誤作“一萬八千一百九十三”，未計入最小馬軍人數三十五。據演算改。

2 最小步軍布數爲：

$$86940-78\times1104=828\text{ 尺}$$

最小步軍人數爲：

$$\frac{828\times6}{92}=54\text{ 人}$$

最大步軍布數爲：

$$828+113\times1104=125580\text{ 尺}$$

最大步軍人數爲：

$$\frac{125580\times6}{92}=8190\text{ 人}$$

$$32.1 \div \left(\frac{8}{50}+\frac{7}{90}\right)=32.1\div\left(\frac{720}{4500}+\frac{350}{4500}\right)=$$

$$=32.1\div\frac{107}{450}=32.1\times\frac{450}{107}=1350\text{僧}$$

$$1350\div\frac{8}{50}=216\text{石}$$

$$1350\div\frac{7}{90}=10\text{石}5\text{斗}$$

问今有馬步軍一萬三千九百八十人分襖褲布二項每襖九十二尺給六人每褲布四十八尺給七人襖褲布數要全求各布若干各軍若干

答襖褲布各六萬六千二百四十　領襖步軍四千三百二十人

領褲馬軍九千六百六十人

法置布九十二尺四十八尺相乘得四千四百一十六為共母以九十二尺乘七人得六百四十四以四十八尺乘六人得二百八十八併二數得九百三十二為共子卻置軍總數一萬三千九百八十人以共母乘軍總得六千一百七十三萬五千六百八十以共子九百三十二除之得六萬六千二百四十為各布數以四十八除之以七因之得領褲軍數以九十二除之以六因之得領襖軍數合問

解此與上問法全同但彼以人分物人同物異此以物分人物同人異

问飯僧二日用米三十二石一斗初日每五十人米八斗次日每九十人米七斗求共僧若干每日米若干

答僧一千三百五十　初日米二十一石六斗　次日米十石五斗

法五十九十相乘得四千五百為共母以五十乘七斗得三十五石以九十人乘八斗得七十二石併之得一百〇七石為共子置總米以共子除之以共母乘之得僧數五歸八因得初日九歸七因得次日合問

8. 問：今有馬步軍一萬三千九百八十人，分襖、褲布二項。每襖九十二尺給六人，每褲布四十八尺給七人，襖、褲布數要仝，求各布若干？各軍若干？

答：襖、褲布各六萬六千二百四十。

領襖步軍四千三百二十人；　　領褲馬軍九千六百六十人。

法：置布九十二尺、四十八尺，相乘得四千四百一十六，爲共母。以九十二尺乘七人，得六百四十四；以四十八尺乘六人，得二百八十八。併二數，得九百三十二，爲共子。卻置軍總數一萬三千九百八十人，以共母乘軍總，得六千一百七十三萬五千六百八十。以共子九百三十二除之，得六萬六千二百四十，爲各布數。以四十八除之，以七因之，得領褲軍數；以九十二除之，以六因之，得領襖軍數[1]。合問。

解：此與上問法全同，但彼以人分物，人同物異；此以物分人，物同人異。

9. 問：飯僧二日用米三十二石一斗，初日每五十人米八斗，次日每九十人米七斗，求共僧若干？每日米若干[2]？

答：僧一千三百五十。

初日米二十一石六斗；　　次日米十石五斗。

法：五十與九十相乘，得四千五百，爲共母。以五十乘七斗，得三十五石；以九十人乘八斗，得七十二石。併之得一百〇七石，爲共子。置總米，以共子除之，以共母乘之，得僧數。五歸八因，得初日；九歸七因，得次日[3]。合問。

1 解法與前題同。求得襖褲各布數爲：

$$\frac{13980}{\frac{6}{92}+\frac{7}{48}}=\frac{13980}{\frac{932}{4416}}=\frac{13980\times 4416}{932}=66240\text{尺}$$

則馬步軍人數分别爲：

$$\text{馬軍人數}=\frac{66240\times 7}{48}=9660\text{人}$$

$$\text{步軍人數}=\frac{66240\times 6}{92}=4320\text{人}$$

2 此題爲《同文算指通編》卷一“重準測法”第三十四題，原爲《算法統宗》卷九均輸章第二十二題。《算法統宗》原題與此題數據略異，“五十”“九十”，《算法統宗》分别作“五”與“九”。

3 解法與前題同。求得僧數爲：

$$\frac{321}{\frac{8}{50}+\frac{7}{90}}=\frac{321}{\frac{1070}{4500}}=\frac{321\times 4500}{1070}=1350\text{人}$$

兩日米數分别爲：

$$\text{初日米數}=\frac{1350\times 8}{50}=216\text{斗}$$

$$\text{次日米數}=\frac{1350\times 7}{90}=105\text{斗}$$

解此與上同法前馬步分兩軍此初次同一價即是人數要同也假求未數二同

此云銀價三千二百一十人分用八五七九之率以七八相乘五六為共母七之三

五為各子一〇七為共子置總價子除母乘得同來千六百八十以每法因

之得初日一千〇〇五人次日二千一百六十人

問今有銀二十二兩八錢買黃蠟每三斤價四錢半白蠟每三斤價一兩要二蠟

均平求各若干

答蠟黃白各三十六斤　黃蠟價四兩八錢　白蠟價一十八兩

法二三相乘得六為共母三乘一仍得三二乘四得八併得三十八為共子置總銀

以共子除之以共母乘之得均數各以每法除之以價法乘之合問

解以物分價與人分物同〇以價分物做此

問今有布十五萬〇四百八十尺分給馬步軍馬軍七人給褲布四十八尺步軍

六人給襖布九十二尺馬軍二分步軍三分求各軍若干各布若干

答馬軍五千〇四十人　布三萬四千五百六十尺

步軍七千五百六十人　布十一萬五千九百二十尺

法六七相乘四十二為共法以六除之得七以九十二乘之得六百四十四又三乘之得一

千九百三十二為步軍七除之得六以四十八乘之得二百八十八又二乘之得

解：此與上法同。前馬步分兩軍，此初次同一僧，即是人數要同也。假求米數之同，如云飯僧三千二百一十人，亦用八五、七九之率，則以七八相乘五六爲共母，七二、三五爲各子，一〇七爲共子。置總僧，子除母乘，得同米一十六石八斗，以每法因之，得初日一千〇（〇五）［五十］人[1]，次日二千一百六十人。

10.問：今有銀二十二兩八錢，買黄蠟每三斤價四錢，白蠟每二斤（蟦）［價］一兩[2]，要二蠟均平，求各若干[3]？

答：蠟黄白各三十六斤。

黄蠟價四兩八錢；　　　　白蠟價一十八兩。

法：二、三相乘，得六爲共母。三乘一仍得三十，二乘四得八，併得三十八，爲共子。置總銀，以共子除之，以共母乘之，得均數。各以每法除之，以價法乘之。合問。

解：以物分價，與人分物同。◎以價分物倣此。

11.問：今有布十五萬〇四百八十尺，分給馬步軍。馬軍七人給褲布四十八尺，步軍六人給襖布九十二尺，馬軍二分，步軍三分，求各軍若干？各布若干？

答：馬軍五千〇四十人，布三萬四千五百六十尺；

步軍七千五百六十人，布十一萬五千九百二十尺。

法：六、七相乘四十二爲共法。以六除之得七，以九十二乘之，得六百四十四，又三乘之，得一千九百三十二爲步軍；七除之得六，以四十八乘之，得二百八十八，又二乘之，得

---

1 依前法，解得兩日米數各爲：

$$\frac{3210}{\frac{50}{8}+\frac{90}{7}}=\frac{3210}{\frac{350+720}{56}}=\frac{3210\times 56}{1070}=168\text{斗}$$

求得兩日人數分别爲：

$$\text{初日人數}=\frac{168\times 50}{8}=1050\text{人}$$

$$\text{次日人數}=\frac{168\times 90}{7}=2160\text{人}$$

初日人數1050，原書誤作“一千〇〇五”，據演算改。

2 《本草綱目》卷三九《蟲部一·蜜蠟》:“蠟乃蜜脾底也。取蜜後煉過，濾入水中，候凝取之，色黄者俗名黄蠟，煎煉極淨色白者爲白蠟。非新則白而久則黄也，與今時所用蟲造白蠟不同。”二者可入藥。

3 此題爲《算法統宗》卷九均輸章第一題。文字表述略有差異，“白蠟每二斤價一兩”，《算法統宗》作“白蠟每斤價銀五錢”。

爲七十六爲馬軍共二千五百〇八爲共子以三乘四十二得一百二十六爲步母以二乘二十二得八十四爲馬母併之得二百一十爲共母置總數以共母乘之以共子除之得一萬二千六百人爲人總五除之得二五二以三乘得步軍數以二乘得馬軍數步軍六除九十二乘馬軍七除四十八乘得各布數合問

解上問可取同數取異者一千九百三十二乃一百二十六人所分五百七十六乃八十四人所分合之即每二百一十人分布二千五百〇八疋〇以上畢二種三種以上皆可推

問今有軍五千六百七十人分粮三萬八千八百八十石求每若干人分粮若干

答每七人分四十八石

法置粮三萬八千八百八十石以軍數五千六百七十人減之六轉餘四千八百六十倒減軍數一轉餘八百一十再減粮數五轉餘八百一十相同立爲紐數以除粮得四十八合問

解凡稱子母者母爲座分子爲就母中所得之少分今以人爲母物爲子定實有異然亦並列兩數故法可相通舊刻亦謂之子母定約法亦全同定總不同者子母法子定小於母此則任定大小乃〇若之二十四人分九十六更多之二十一人分一百四十四以至層累無窮數不同而法同也

問今有軍五千六百七十人分布八萬六千九百四十疋求每若干人布若干疋

五百七十六爲馬軍[1]，共二千五百〇八爲共子。以三乘四十二，得一百二十六爲步母；以二乘（二）［四］十二，得八十四爲馬母，併之得二百一十爲共母。置總數，以共母乘之，以共子除之，得一萬二千六百人爲人總。五除之，得二五二，以三乘，得步軍數；以二乘，得馬軍數。步軍六除、九十二乘，馬軍七除、四十八乘，得各布數[2]。合問。

解：上問皆取同，此取異者。一千九百三十二乃一百二十六人所分，五百七十六乃八十四人所分，合之，即每二百一十人分布二千五百〇八尺也。◎以上舉二種，三種以上皆可推。

12. 問：今有軍五千六百七十人，分糧三萬八千八百八十石，求每人若干？分糧若干？

答：每七人分四十八石。

法：置糧三萬八千八百八十石，以軍數五千六百七十人減之，六轉餘四千八百六十。倒減軍數，一轉餘八百一十；覆減糧數，五轉餘八百一十，相同立爲紐數。以除糧，得四十八；［以除人，得七］。合問。

解：凡稱子母者，母爲全分，子爲就母中所得之少分。今以人爲母，物爲子，其實有異。然亦並列兩數，故法可相通。舊刻亦謂之子母，其約法亦全同。其終不同者，子母法子定小於母，此則任其大小耳。◎多之十四人分九十六，更多之二十一人分一百四十四，以至層纍無窮，數不同而法同也。

13. 問：今有軍五千六百七十人，分布八萬六千九百四十疋，求每若干人？布若干疋？

1 軍，原書作“率”，朱筆改作“軍”。

2 馬軍二分、步軍三分，即馬軍居總人數五分之二，步軍居總人數五分之三，解得馬步軍共數爲：

$$\frac{150480}{\frac{48}{7}\times\frac{2}{5}+\frac{92}{6}\times\frac{3}{5}}=\frac{150480}{\frac{48\times2\times6+92\times3\times7}{42\times5}}=\frac{150480}{\frac{576+1932}{210}}=\frac{150480\times210}{2508}=12600\text{人}$$

馬步軍各人數及步數，依法可求。

答六人分布九十二疋

法置布總以架數減之十五疋餘一千八百九十疋倒減架二疋餘一千八百九十疋折問兩組以除布得四十六以除人得三倍之答問

解三人分四十六兩六人分九十二問更多之如九人分一百三十八十二人分一百八十四

層纍無窮數君問所法同也

○等級衰分

等級分者先定其等級所分之兩一九兩二八兩四六兩減半折挨次推兩人以上以至多人皆以所定之衰遞加之

一凡一九分於甲一衰乙九衰三人以上遞以九加之以定各衰二八分於甲二乙八三人以上遞以四因之以定各衰三七分於甲三乙七三人以上遞倍以三因之照復三歸七因以求各衰四六分於甲四乙六三人以上遞加五以定各衰併各衰為法以除總實得數仍以各衰乘之

問今有物五百三十一萬四千四百一十自二人至三人遞以一九分之求各若干

答二人分甲五十三萬一千四百四十一　乙四百七十八萬二千九百六十九

三人分甲五萬八千四百有奇　乙五十二萬五千六百有奇

丙四百七十三萬〇四百〇九個有奇

答：六人分布九十二疋。

法：置布總，以軍數減之，十五轉餘一千八百九十疋；倒減軍，二轉餘一千八百九十疋，相同爲紐。以除布，得四十六；以除人，得三，倍之。合問。

解：三人分四十六，與六人分九十二同。更多之爲九人分一百三十八，十二人分一百八十四。層纍無窮，數不同而法同也。

［第二篇］

等級衰分

等級分者，先定其等級而分之，或一九，或二八，或四六，或減半，或挨次。從兩人以上，以至多人，皆以所定之衰遞加之。

一、凡一九分者，甲一衰，乙九衰；三人以上，遞以九（加）［因］之[1]，以定各衰。二八分者，甲二乙八；三人以上，遞以四因之，以定各衰。三七分者，甲三乙七；三人以上，逐位以三因之，然後三歸七因，以求各衰。四六分者，甲四乙六；三人以上，遞加五[2]，以定各衰。併各衰爲法，以除總實，得數仍以各衰乘之[3]。

1. 問：今有物五百三十一萬四千四百一十，自二人至五人，遞以一九分之，求各若干？

答：二人分：甲五十三萬一千四百四十一；

乙四百七十八萬二千九百六十九。

三人分：甲五萬八千四百有奇；

乙五十二萬五千六百有奇；

丙四百七十三萬〇四百〇九個有奇。

1 加，當作“因”。一九分相鄰兩衰比例爲 1∶9，故遞以九因定衰。據文意改。

2 加，即“加法”，又叫“身外加”、“定身加”，珠算乘法中乘數首位爲 1 的簡捷算法。加五，即用五乘原數，得數依次加於原數的下一位，相當於乘以 1.5。四六分相鄰兩衰的比例爲 4∶6，比值爲 1.5，故加五得次衰。

3 一九分，《算法統宗》無。二八分、三七分、四六分，《算法統宗》卷五衰分章分別作“二八差分”、“三七差分”、“四六差分”。詳後例問。

四人分甲六千四百八十一個　乙五萬八千三百二十九箇

丙五十二萬四千九百五十九有奇、丁四百七十二萬四千六百三十九有奇

五人分甲七百二十九有奇　乙六千四百八十有奇

丙五萬八千三百二十有奇　丁五十二萬四千八百八十七有奇

戊四百七十二萬四千

法置總數以十分之一爲甲十分之九爲乙是二人法○甲一衰乙九衰丙八十一衰

共九十一衰是三人法○甲一乙九丙八十一丁七百二十九共八百二十是四人法○甲一

乙九丙八十一丁七百二十九戊六千五百六十一共七千三百八十一是爲五人法

解數宜甲多以次而少今以甲爲少者蓋分法先以最少之數爲主然後可以

次增故從甲數起以便順加耳

立成

甲一　乙九九因得丙　丙八十一九因得丁　丁七百二十九九因得戊

戊六千五百六十一九因得己　己五萬九千○四十九九因得庚

庚五十三萬一千四百四十一九因得辛　己五萬九千○四十九九因得庚

壬四千三百○四萬六千七百二十一九因得癸　癸三億八千七百四十二萬○四百八十九

列率以共衰爲一率各衰爲二率總數爲三率各得爲甲率三人分則以二率乘

四人分：甲六千四百八十一個；
乙五萬八千三百二十九弱；
丙五十二萬四千九百五十九有奇；
丁四百七十二萬四千六百三十九有奇。

五人分：甲七百二十有奇；
乙六千四百八十有奇；
丙五萬八千三百二十有奇；
丁五十二萬四千八百八十七有奇；
戊四百七十二萬四千。

法：置總數，以十分之一爲甲，十分之九爲乙，是二人法。◎甲一衰，乙九衰，丙八十一衰，共九十一衰，是三人法。◎甲一、乙九、丙八十一、丁七百二十九，共八百二十，是四人法。◎甲一、乙九、丙八十一、丁七百二十九、戊六千五百六十一，共七千三百八十一，是爲五人法。

解：數宜甲多，以次而少。今以甲爲少者，蓋分法先以最少一數爲主，然後可以次增，故從甲數起，以便順加耳。

立成[1]

甲一
乙九 九因得丙
丙八十一 九因得丁
丁七百二十九 九因得戊
戊六千五百六十一 九因得己
己五萬九千〇四十九 九因得庚
庚五(千)[十]三萬一千四百四十一 九因得辛
辛四百七十八萬二千九百六十九 九因得壬
壬四千三百〇四萬六千七百二十一 九因得癸
癸三億八千七百四十二萬〇四百八十九

列率：以共衰爲一率，各衰爲二率，總數爲三率，各得爲四率。三人分，則以二率乘

1 原表己衰重出，辛衰抄脱。今删去重出之己衰，據演算補辛衰。

三率三人以上則以二率乘三率以一率除之或以一率除二率或以二率除一率或以一率除三率或以三率除一率俱如左法

二人一九分列率以二率乘三率

一率　共衰十

二率　甲衰一　乙衰九

三率　共數五百三十一萬四千四百一十

四率　甲得五十三萬一千四百四十一　乙得四百七十八萬〇二千九百六十九

	一率	三率	
三人分	共衰九十一	甲衰一 乙衰九 丙衰八十一 總數五百三十一萬四千四百十	甲得五萬八千四百〇〇一零 乙得五十二萬五千六百〇〇九零 丙得四百七十三萬〇四百〇八九零
四人分	共衰八百二十	甲衰一 乙衰九 丙衰八十一 丁衰七百二十九 總數全上	甲得六千四百八十〇九零 乙得五萬八千三百二十八九零 丙得五十二萬四千九百六十零 丁得四百七十二萬四千六百四零
五人分	共衰七千三百八十一	甲衰一 乙衰九 丙衰八十一 丁衰七百二十九 戊衰六千五百六十一 總數全上	甲得七百二十〇〇一零 乙得六千四百八十一零 丙得五萬八千三百二十九零 丁得五十二萬四千八百八八不盡 戊得四百七十二萬四千〇〇〇〇零

三率。三人以上，則以二率乘三率，以一率除之。或以一率除二率，或以二率除一率，或以一率除三率，或以三率除一率，俱如左法。

二人一九分列率 以二率乘三率

一率	共衰十	
二率	甲衰一	乙衰九
三率	共數 五百三十一萬四千四百一十	
四率	甲得 五十三萬一千四百四十一	乙得 四百七十八萬(〇)二千九百六十九

［三人至五人一九分列率］

	三人分	四人分	五人分
一率	共衰九十一	共衰八百二十	共衰七千三百八十一
二率	甲衰一 乙衰九 丙衰八十一	甲衰一 乙衰九 丙衰八十一 丁衰七百二十九	甲衰一 乙衰九 丙衰八十一 丁衰七百二十九 戊衰六千五百六十一
三率	總數 五百三十一萬四千四百一十	總數仝上	總數仝上
四率	甲得 五萬八千四百〇〇一零 乙得 五十二萬五千六百〇〇九零 丙得 四百七十三萬〇四百〇八九零	甲得 六千四百八十〇九零 乙得 五萬八千三百二十八(〇)八零 丙得 五十二萬四千九百六十零 丁得 四百七十二萬四千六百四十零	甲得 七百二十〇〇一零 乙得 六千四百八十[〇]一零 丙得 五萬八千三百二十[〇]九零 丁得 五十二萬四千八百八八不盡 戊得 四百七十二萬四千〇〇〇〇〇零
	甲衰一乘總數，仍得總數◎乙衰九乘總數，得四千七百八十二萬九千六百九十◎丙衰八十一乘總，得四億三千〇四十六萬七千二百一十。各以共衰九十一除之。	甲衰、乙衰、丙衰乘總，俱同上◎丁衰乘總，得三十八億七千[四百二十万〇四千]八百九十。各以共衰八百二十除之。	甲衰、乙衰、丙衰、丁衰乘總，俱同上◎戊衰乘(衰)[總]，得三百四十八億六千七百八十四萬[四千]〇一十。各以共衰七千三百八十一除之。

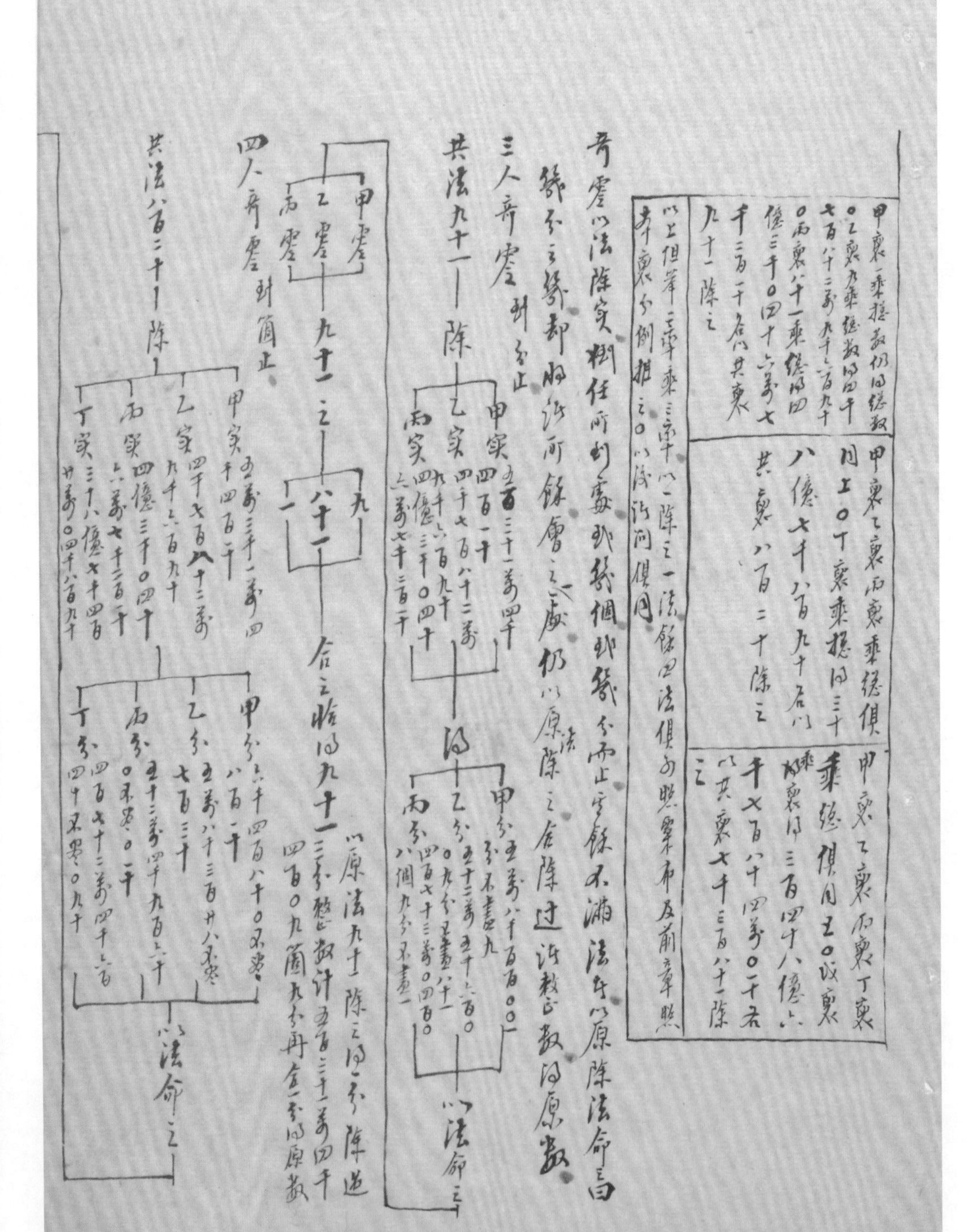

甲衰一乘總數仍得總數
〇乙衰九乘總數得四千
七百八十二萬九千二百九十
〇丙衰八十一乘總得四
億三千〇四十六萬七
千二百一十名以共衰
九十一除之

甲衰乙衰丙衰乘總俱
同上〇丁衰乘總得三十
八億七千八百九十名以
共衰八百二十除之

甲衰乙衰丙衰丁衰
加乘衰得三百四十八億六
千七百八十四萬〇二千六百
以共衰七千三百八十一除
之

以上但第一二章乘三章乘四以一除之一法餘四法俱照第十章及前章照共十衰分例排之〇以後諸問俱同

齊零以法除實剩任所剩無或幾個即幾分而止實餘不滿法者以原除法命之曰幾分之幾却將所餘會之人處仍以原法除之合除过諸數得原數

三人齊零剩分止

共法九十一除

甲實五百三十一萬四千四百一十

乙實四千七百八十二萬九千二百九十

丙實四億三千〇四十六萬七千二百一十

得

甲分五萬八千四百〇〇分不盡九

乙分五十二萬五千六百〇九分不盡八十一

丙分四百七十三萬〇四百〇八個九分不盡一

以法命之

甲零　乙零　丙零

九十一之一

九　八十一　一

合之皆得九十一

以原法九十一除之得分除盡整數計五百三十一萬四千四百〇九箇九分再合一分得原數

四人齊零剩箇止

共法八百二十一除

甲實五萬三千一萬四千四百一十

乙實四千七百八十二萬九千六百九十

丙實四億三千〇四十六萬七千二百一十

丁實三十八億七千四百二十萬〇四千八百九十

甲分六千四百八十〇不盡

乙分五萬八千三百卅八不盡

丙分五十二萬四千九百六十不盡〇二十

丁分四百七十二萬四千六百四十不盡〇九十

以法命之

以上但舉二率乘三率，以一［率］除之一法，餘四法俱可照粟布及前章照本衰分例推之。◎以後諸問俱同。

奇零以法除實，任所到處，或幾個，或幾分而止。其餘不滿法者，以原除法命之曰幾分之幾。卻將諸所餘會之一處，仍以原法除之，合除過諸整數，得原數。

三人奇零 到分止

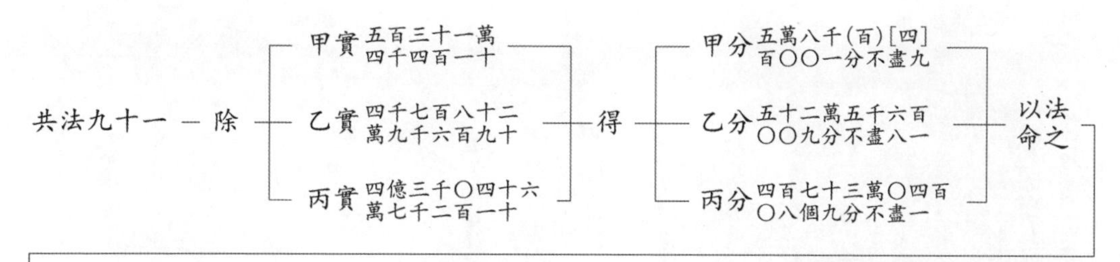

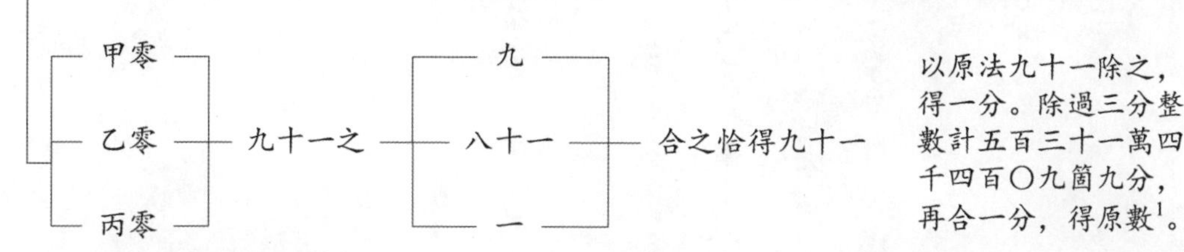

四人奇零 到箇止

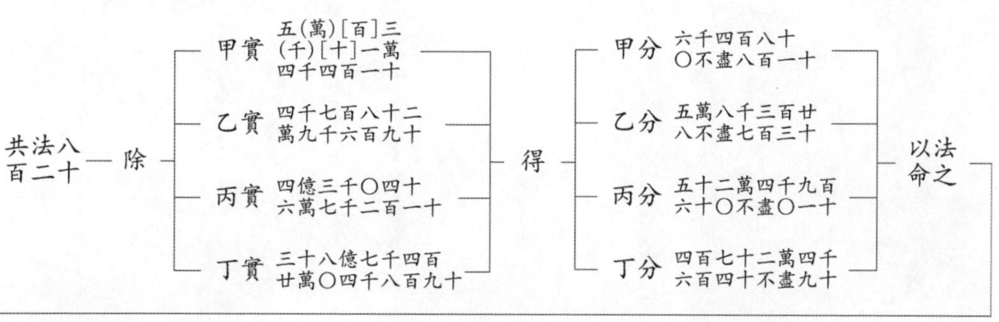

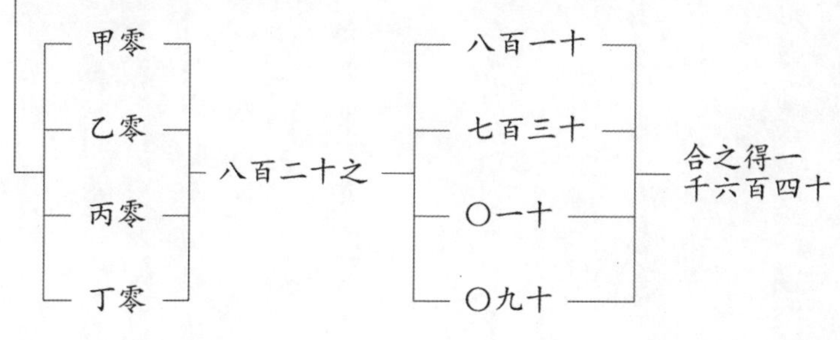

---

1 甲乙丙各實化個爲分，除以九十一，分别得：

$$甲分=\frac{53144100\,分}{91}=584001\frac{9}{91}分$$

$$乙分=\frac{478296900\,分}{91}=5256009\frac{81}{91}分$$

$$丙分=\frac{4304672100\,分}{91}=47304089\frac{1}{91}分$$

三者整數部分相加，得：

$$584001+5256009+47304089=53144099$$

（轉〇六七三頁）

甲零　乙零　丙零　丁零

八百二十二

八百一十　七百三十　〇一十　〇九十

合之得千六百四十

以原法八百二十除之得二箇除过四八較正數計五百三十一萬四十四〇八箇合二箇即原數

以上但舉三人四人更多者但有奇零俱以此法推之以後俱不贅

問今有物一萬一千五百二十自二人至五人遞以二八分之求各若干

答二人甲二千三百〇四　〇乙九千二百一十六

三人甲五百四十八五有奇〇乙二千一百九十四二有奇〇丙八千七百七十七一有奇

四人甲一百三十五五有奇〇乙五百四十二一有奇丙二千一百六十八四有奇〇丁八千六百七十三八有奇

五人甲三十三七八有奇〇乙一百三十五一三有奇〇丙五百四〇五二有奇〇丁二千一百六十二有奇〇戊八千六百四十八四有奇

法置總以因之得甲以八因之得乙是二人法〇甲二乙八丙四倍之得三十二共四十二爲是三人法〇甲二乙八丙三十二丁又四倍之得一百二十八共一百七十爲是四人法〇甲二乙八丙三十二丁一百二十八戊又四倍之得五百一十二共六百八十二爲是五人法二乘得二萬三千〇四十〇八乘得九萬二千一百六十〇三十二乘得三十六萬八千六百四十〇一百二十八乘得一百四十七萬四千五百六十〇五百一十二乘得五百八十九萬八千二百四十各以總數除之

以上但舉三人、四人，更多者但有奇零，俱以此法推之，以後俱不贅。

2. 問：今有物一萬一千五百二十，自二人至五人，遞以二八分之，求各若干?

答：二人：甲二千三百〇四；　乙九千二百一十六。

三人：甲五百四十八五有奇；　乙二千一百九十四二有奇；
丙八千七百七十七一有奇。

四人：甲一百三十五五有奇；　乙五百四十二一一有奇；
丙二千一百六十八四有奇；　丁八千六百七十三八有奇。

五人：甲三十三七八有奇；　乙一百三十五一三有奇；
丙五百四〇五二有奇；　丁二千一百六十二一有奇；
戊八千六百四十八四有奇。

法：置總，以二因之得甲，以八因之得乙，是二人法。◎甲二、乙八，丙四倍之，得三十二，共四十二衰，是三人法。◎甲二、乙八、丙三十二，丁又四倍之，得一百二十八，共一百七十衰，是四人法。◎甲二、乙八、丙三十二、丁一百二十八，戊又四倍之，得五百一十二，共六百八十二衰，是五人法。

二乘得二萬三千〇四十。◎八乘得九萬二千一百六十。◎三十二乘得三十六萬八千六百四十。◎一百二十八乘得一百四十七萬四千五百六十。◎五百一十二乘得五百八十九萬八千二百四十，各以總衰除之。

（接〇六七一頁）

奇零部分相加，得：

$$\frac{9}{91}+\frac{81}{91}+\frac{1}{91}=1$$

併得原數 53144100。後求奇零，法皆倣此。

解乙率求丙二求丁二求戊以後以二除八乘今用四因者以八折二四倍故用四為捷法省乘除兩遍也

立成

甲二　乙八　丙三十二　丁一百二十八　戊五百一十二

己二千〇四十八　庚八千一百九十二　辛三萬二千七百六十八

壬一十三萬一千〇七十二　癸五十二萬四千二百八十八

問今有物一十七萬七千一百四十七自二人至五人遞以三七分之求各若干

答二人分甲五萬三千一百四十四一〇乙一十二萬四千〇〇二九

三人分甲二萬〇一百八十一三有奇〇乙四萬七千〇八十九七有奇〇丙十萬〇九千八百七十五九有奇

四人分甲八千二百四十六四九有奇〇乙一萬九千二百四十一八有奇〇丙四萬四千八百九十七六有奇丁十萬〇四千七百六十一有奇

五人分甲三千四百六十五〇有奇〇乙八千〇八十五一有奇〇丙一萬八千八百六十五四有奇〇丁四萬四千〇二十九三有奇〇戊十萬〇二千七百一十八有奇

法置總以三因之得甲以七因之得乙為二人法〇三乘之得九為甲衰七乘得六十三三歸得二十一為乙衰七乘得一百四十七三歸得四十九為丙衰共七十九衰是三人法〇

解：乙率求丙，丙求丁，丁求戊，皆應以二除八乘。今用四因者，以八視二四倍，故用四爲捷法，省乘除兩遍也。

立成

甲　二
乙　八
丙　三十二
丁　一百二十八
戊　五百一十二
己　二千〇四十八
庚　八千一百九十二
辛　三萬二千七百六十八
壬　一十三萬一千〇七十二
癸　五十二萬四千二百八十八

3.問：今有物一十七萬七千一百四十七，自二人至五人，遞以三七分之，求各若干?

答：二人分：甲五萬三千一百四十四一；　乙一十二萬四千〇〇二九。
三人分：甲二萬〇一百八十一三有奇；　乙四萬七千〇八十九七有奇；
丙十萬〇九千八百七十五九有奇。
四人分：甲八千二百四十六四九有奇；　乙一萬九千二百四十一八有奇；
丙四萬四千八百九十七六有奇；　丁十萬〇四千七百六十一有奇。
五人分：甲三千四百六十五〇有奇；　乙八千〇八十五一有奇；
丙一萬八千八百六十五四有奇；　丁四萬四千〇一十九三有奇；
戊十萬〇二千七百一十一八有奇。

法：置總，以三因之得甲，以七因之得乙，爲二人法。◎三乘三得九，爲甲衰；七乘得六十三，三歸得二十一，爲乙衰；七乘得一百四十七，三歸得四十九，爲丙衰。共七十九衰，是三人法。◎

三乘三又三乘得二十七爲甲衰七乘得一百八十九三歸得六十三爲乙衰七乘得
四百四十一三歸得一百四十七爲丙衰七乘得一千〇二十九三歸得三百四十三爲丁衰共
五百八十衰是四人法〇三乘三又三乘又三乘得八十一爲甲衰七乘得五百六十七三歸
得一百八十九爲乙衰七乘得一千三百二十三三歸得四百四十一爲丙衰七乘得三千〇
八十七三歸得一千〇二十九爲丁衰七乘得七千二百〇三三歸得二千四百〇一爲戊衰
共四千一百四十一衰是五人法〇三分甲乘總得一百五十九萬四千三百二十三四分
甲乘總得四百七十八萬二千九百六十九五分甲乘總得一千四百三十四萬八千
九百〇七〇三分乙乘總得三百七十二萬〇〇八十七四分乙乘總得一千一百十六萬
〇二百六十一五分乙乘總得三千三百四十八萬〇七百八十三〇三分丙乘總得八百六
十八萬〇二百〇三四分丙乘總得二千六百〇四萬〇六百〇九五分丙乘總得七千八
百十二萬一千八百二十七〇四分丁乘總得六千〇七十六萬一千四百二十一五分丁乘
總得一億八千二百二十八萬四千二百六十三〇五分戊乘總得四億二千五百三十二
萬九千九百四十七　以上三人分者俱以總衰七十九除之四人分者俱以總衰五百
八十除之五人分者俱以總衰四千一百四十一除之

解　三人分至第三分以三除七有不盡之數故變甲爲九則整其四人分至第四分以
三除四十九又不盡故甲爲二十七五人分至第五分以三除三百四十三又不盡故變

三乘三，又三乘，得二十七，爲甲衰；七乘得一百八十九，三歸得六十三，爲乙衰；七乘得四百四十一，三歸得一百四十七，爲丙衰；七乘得一千〇二十九，三歸得三百四十三，爲丁衰。共五百八十衰，是四人法。◎三乘三，又三乘又三乘，得八十一，爲甲衰；七乘得五百六十七，三歸得一百八十九，爲乙衰；七乘得一千三百二十［三］，三歸得四百四十一，爲丙衰；七乘得三千〇八十七，三歸［得］一千〇二十九，爲丁衰；七乘得七千二百〇三，三歸得二千四百〇一，爲戊衰。共四千一百四十一衰，是五人法。

三分甲乘總，得一百五十九萬四千三百二十三；四分甲乘總，得四百七十八萬二千九百六十九；五分甲乘總，得一千四百三十四萬八千九百〇七。◎三分乙乘總，得三百七十二萬〇〇八十七；四分乙乘總，得一千一百一十六萬〇二百六十一；五分乙乘總，得三千三百四十八萬〇七百八十三。◎三分丙乘總，得八百六十八萬〇二百〇三；四分丙乘總，得二千六百〇四萬〇六百〇九；五分丙乘總，得七千八百一十（三）［二］萬一千八百二十七。◎四分丁乘總，得六（十）［千］〇七十六萬一千四百二十一；五分丁乘總，得一億八千二百二十八萬四千二百六十三。◎五分戊乘總，得四億二千五百三十二萬九千九百四十七。以上三人分者，俱以總衰七十九除之；四人分者，俱以總衰五百八十除之；五人分者，俱以總衰四千一百四十一除之。

解：三人分至第三分，以三除七，有不盡之數，故變甲爲九，則整矣。四人分至第四分，以三除四十九又不盡，故甲爲二十七。五人分至第五分，以三除三百四十三又不盡，故變甲辰八十一叟多年遞以之乘之期除得整數耳。

立成

三人分甲九　乙二十一　丙四十九

四人分甲二十七　乙六十三　丙一百四十七　丁三百四十三

五人分甲八十一　乙一百八十九　丙四百四十一　丁一千〇二十九　戊二千四百〇一

六人分甲二百四十三　乙五百六十七　丙一千三百二十三　丁三千〇八十七　戊七千二百〇三　己一萬六千八百〇七

七人分甲七百二十九　乙一千七百〇一　丙三千九百六十九　丁九千二百六十一　戊二萬一千六百〇九　己五萬四百二十一　庚一十一萬七千六百四十九

八人分甲二千一百八十七　乙五千一百〇三　丙一萬一千九百〇七　丁二萬七千七百八十三　戊六萬四千八百二十七　己一十五萬一千二百六十三　庚三十五萬二千九百四十七　辛八十二萬三千五百四十三

九人分甲六千五百六十一　乙一萬五千三百〇九　丙三萬五千七百二十一　丁八萬三千三百四十九　戊一十九萬四千四百八十一　己四十五萬三千七百八十九　庚一百〇五萬八千八百四十一　辛二百四十七萬〇六百二十九　壬五百七十六萬四千八百〇一

十人分甲一萬九千六百八十三　乙四萬五千九百二十七　丙十萬〇七千一百六十三　丁二十五萬〇〇四十七

甲爲八十一。更多者遞以三乘之，期除得整數耳。

立成

三人分	甲 九	乙 二十一	丙 四十九	
四人分	甲 二十七	乙 六十三	丙 一百四十七	丁 三百四十三
五人分	甲 八十一	乙 一百八十九	丙 四百四十一	丁 一千〇二十九
	戊 二千四百〇一			
六人分	甲 二百四十三	乙 五百六十七	丙 一千三百二十三	丁 三千〇八十七
	戊 七千二百〇三	己 一萬六千八百〇七		
七人分	甲 七百二十九	乙 一千七百〇一	丙 三千九百六十九	丁 九千二百六十一
	戊 二萬一千六百〇九	己 五萬四百二十一	庚 一十一萬七千六百四十九	
八人分	甲 二千一百八十七	乙 五千一百〇三	丙 一萬一千九百〇七	丁 二萬七千七百八十三
	戊 六萬四千八百二十七	己 一十五萬一千二百六十三	庚 三十五萬二千九百四十七	辛 八十二萬三千五百四十三
九人分	甲 六千五百六十一	乙 一萬五千三百〇九	丙 三萬五千七百二十一	丁 八萬三千三百四十九
	戊 一十九萬四千四百八十一	己 四十五萬三千七百八十九	庚 一百〇五萬八千八百四十一	辛 二百四十七萬六百二十九
	壬 五百七十六萬四千八百〇一			
十人分	甲 一萬九千六百八十三	乙 四萬五千九百二十七	丙 十萬〇七千一百六十三	丁 二十五萬〇〇四十七
	戊 五十八萬三千四百四十三	己 一百三十六萬一千三百六十七	庚 三百一十七萬六千五百二十三	辛 七百四十一萬一千八百八十七
	壬 一千七百二十九萬四千四百〇三	癸 四千〇三十五萬三千六百〇七		

戊五十八万三千四百四十三 己一百三十六万一千三百六十七 庚三百一十七万六千五百三十三 辛七百四十一万一千八百八十七

壬一千七百三十九万四千四百〇三 癸四千〇三十五万三千六百〇七

問今有物一十七万七千一百四十七，自二人至五人，遞以四六分之，求各若干。

答二人分甲七万〇八百五十八個八分〇乙十万〇六千二百八十八個二分

三人分甲三万七千二百九十四零一十九之二〇乙五万五千九百四十一零一十九之三

丙八万三千九百一十一零一十九之一十四

四人分甲二万一千八百〇二零三百二十五之二百三十〇乙三万二千七百〇四零三百二十五

之三十〇丙四万九千〇五十六零三百二十五之三十〇丁七万三千五百八十四零

三百二十五之四十五

五人分甲一万三千四百三十二零五千二百七十五之五千〇乙二万〇一百四十九零五

千二百七十五之二千二百三十五〇丙三万〇二百二十四零五千二百七十五之二千七

百〇丁四万五千三百三十六零五千二百七十五之一千〇五十〇戊六万

八千〇〇四零五千二百七十五之一千五百七十五

法置總數以四因之得甲，以六因之得乙，共十乘，是二人法〇甲四乙六丙以一五乘之得九，共十乘

是三人法〇甲四乙六丙九丁再以一五乘之得一十三乘五分，共三十二乘五分，是四人法〇

甲四乙六丙九丁一十三乘五分戊再以一五乘之得二十乘〇二分五厘，共五十二乘七分

4. 問：今有物一十七萬七千一百四十七，自二人至五人，遞以四六分之，求若干？

答：二人分：甲七萬〇八百五十八箇八分；

乙十萬〇六千二百八十八箇二分。

三人分：甲三萬七千二百九十四零一十九之二；

乙五萬五千九百四十一零一十九之三；

丙八萬三千九百一十一零一十九之一十四。

四人分：甲二萬一千八百〇二零三百二（千）[十] 五之二百三十；

乙三萬二千七百〇四零三百二十五之二十；

丙四萬九千〇五十六零三百二十 [五] 之三十；

丁七萬三千五百八十四零三百二十五之四十五。

五人分：甲一萬三千四百三十二零五千二百七十五之五千；

乙二萬〇一百四十九零五千二百七十五之二千二百二十五；

丙三萬〇二百二十四零五千二百七十五之七百；

丁四萬五千三百三十六零五千二百七十五之一千〇五十；

戊六萬八千〇〇四零五千二百七十五之一千五百七十五。

法：置總數，以四因之得甲，以六因之得乙，共十衰，是二人法。◎甲四、乙六，丙以一五乘之，得九，共一十 [九] 衰，是三人法。◎甲四、乙六、丙九，丁再以一五乘之，得一十三衰五分，共三十二衰五分，是四人法。◎甲四、乙六、丙九、丁一十三衰五分，戊再以一五乘之，得二十衰〇二分五厘，共五十二衰七分五厘是五人法。四因總數得七十萬〇八千五百八十八。〇六因總數得一百〇六萬二千八百八十二。〇九因總數得一百五十九萬四千三百二十三。〇二十三乘五分乘總得二百三十九萬一千四百八十四五分。〇二十乘〇二分五厘乘總得三百五十八萬七十二百三十六七五。各以總衰除之

解六視四一倍有半，故用一五乘，再加五分得

立成

甲四　乙六

丙九　丁一十三五分

戊二十〇二分五厘　己三十〇三分七厘

庚四十五五分六厘二毫五絲　辛六十八三分四厘三毫七絲五忽

壬一百〇二五分一厘五毫六絲二忽五微　癸一百五十三七分七厘三毫四絲三忽七微五纖

一凡折半分者，二人分則甲二乙三。三人以上遞加倍以為法。若互和減去首尾二數，倍於中數者，若合二分以為一衰，以奇數為半衰，以除總數，得首尾之共數。次以首尾之差數加減之，以定首尾之實數。次以首尾相隔之位數為法，以首尾之差數為實，法除實，得中間諸位遞差之數，併為位中之，即得中數。

五厘，是五人法。

四因總數，得七十萬〇八千五百八十八。◎六因總數，得一百〇六萬二千八百八十二。◎九因總數，得一百五十九萬四千三百二十三。◎一十三衰五分乘總數，得二百三十九萬一千四百八十四五分。◎二十衰〇二分五厘乘總，得三百五十八萬七千二百二十六七五。各以總衰除之。

解：六視四，一倍有半，故用一五乘。或加五亦得。

立成

甲　四
乙　六
丙　九
丁　一十三五分
戊　二十〇二分五厘
己　三十〇三分七厘[五毫]
庚　四十五五分六厘二毫五絲
辛　六十八三分四厘三毫七絲五忽
壬　一百〇二五分一厘五毫六絲二忽五微
癸　一百五十三七分七厘三毫四絲三忽七微五纖

一、凡折半分者[1]，二人分，則甲二乙一；三人以上，遞加倍以爲法。若互和減半，首尾二數倍於中數者，先合二分以爲一衰，以奇數爲半衰，以除總數，得首尾之共數。次以首尾之差數加減之，以定首尾之實數。次以首尾相隔之位數爲法，以首尾之差數爲實，法除實，得中間諸位遞差之數。併隔位半之，即得中數[2]。

---

1 折半分，相鄰兩衰比爲 2∶1，《算法統宗》卷五衰分章作“折半差分”。

2 互和減半，《算法統宗》卷五衰分章作“互和減半差分”。各項構成等差數列，設總數爲 S，首項爲 a_1，尾項爲 a_n，項數爲 n，公差爲 d。已知總數 S，項數 n，首尾兩項差 $a_n-a_1=t$，求各項。先求得首尾兩項和：

$$a_n+a_1=\frac{S}{\frac{n}{2}}=\frac{2S}{n}$$

求得首尾兩項分别爲：

$$a_1=\frac{(a_n+a_1)-(a_n-a_1)}{2}=\frac{\frac{2S}{n}-t}{2}$$

$$a_n=\frac{(a_n+a_1)+(a_n-a_1)}{2}=\frac{\frac{2S}{n}+t}{2}$$

公差爲：

$$d=\frac{a_n-a_1}{n-1}=\frac{t}{n-1}$$

首項 a_1 遞加 d，或尾項 a_n 遞減 d，依次得各項。

問今有物一萬一千五百二十，自二人至五人，遞以減半分之，求各幾何。

答二人分甲七千六百八十　乙三千八百四十

三人分甲六千五百八十二零七之六　乙三千二百九十一零七之三

丙一千六百四十五零七之五

四人分甲六千一百四十四〇乙三千〇七十二〇丙一千五百三十六〇丁七百六十八

五人分甲五千九百四十五零三十一之二十五〇乙二千九百七十二零三十一之二十八

丙一千四百八十六零三十一之十四〇丁七百四十三零三十一之七

戊三百七十一零三十一之十九

法甲二衰乙一衰共三衰為二人法〇甲四乙二丙一共七衰為三人法〇甲八乙四丙二丁一

共十五衰為四人法〇甲十六乙八丙四丁二戊一共三十一衰為五人法以各衰乘

總以共衰除之　解列衰自上而下甲多以次而少

問今有物四萬二千八百四十，或三人分，或四人分，或五人分，首尾相差若三百三十六，

以互和減半分之，求各幾何。

答三人分甲一萬四千四百四十八　乙一萬四千二百八十

丙一萬四千一百一十二

四人分甲一萬〇八百七十八　乙一萬〇七百六十六

1. 問：今有物一萬一千五百二十，自二人至五人[1]，遞以減半分之，求各若干？

答：二人分：甲七千六百八十；　乙三千八百四十。

三人分：甲六千五百八十二零七之六；　乙三千二百九十一零七之三；
丙一千六百四十五零七之五。

四人分：甲六千一百四十四；　乙三千〇七十二；
丙一千五百三十六；　丁七百六十八。

五人分：甲五千九百四十五零三十一之二十五；
乙二千九百七十二零三十一之二十八；
丙一千四百八十六零三十一之一十四；
丁七百四十三零三十一之七；
戊三百七十一零三十一之一十九。

法：甲二衰，乙一衰，共三衰，爲二人法。◎甲四、乙二、丙一，共七衰，爲三人法。◎甲八、乙四、丙二、丁一，共一十五衰，爲（五）［四］人法。◎甲一十六、乙八、丙四、丁二、戊一，共三十一衰，爲五人法。以各衰乘總，以共衰除之。

解：列衰自上而下，甲多，以次而少。

2. 問：今有物四萬二千八百四十，或三人分，或四人分，或五人分，首尾相差各三百三十六，以互和減半分之，求各若干？

答：三人分：甲一萬四千四百四十八；　乙一萬四千二百八十；
丙一萬四千一百一十二。

四人分：甲一萬〇八百七十八；　乙一萬〇七百六十六；

1 人，原誤作“十”，朱筆改作“人”。

丙一萬〇六百五十四　丁一萬〇五百四十二

五人分甲八千七百三十六　乙八千六百五十二

丙八千五百六十八　丁八千四百八十四　戊八千四百

法三人分以一五除總數得二萬八千五百六十爲首尾甲丙共數加三百三十六得二萬八千八百九十六折半得甲甲減三百三十六得丙甲丙差二位即以二除差得一百六十八以減甲得乙合問〇四人分以二除之得二萬一千四百二十爲甲丁共數加三百三十六得二萬一千七百五十六折半得甲甲減差得丁甲丁差三位以三除差得一百一十二以減甲得乙以減乙得丙合問〇五人分以二五除之得一萬七千一百三十六爲甲戊共數加三百三十六得一萬七千四百七十二折半得甲甲減差得戊甲戊差四位以四除差得八十四減甲得乙減乙得丙減丙得丁合問〇或合甲戊折半得丙合甲丙折半得乙合丙戊折半得丁同

解五和減半之法不論奇數偶數俱要上下兩數倍於中間之數其中數得均分之數不可易於是上下諸數則隨所差爲盈縮而任意遊移蓋上下差多則中之視上下相差亦多上下差少則中之視上下相差亦少非遠哉近合上下中總之不失均分三倍之數且如三人分相差三百三十六試加之爲三百三十七則甲當一萬四千四百四十九丙當一萬四千一百一十一矣試減之爲三百三

丙一萬〇六百五十四；　　　　丁一萬〇五百四十二。

五人分：甲八千七百三十六；　　　　乙八千六百五十二；

丙八千五百六十八；　　　　丁八千四百八十四；

戊八千四百。

法：三人分，以一五除總數，得二萬八千五百六十，是首尾甲丙共數。加三百三十六，得二萬八千八百九十六，折半得甲。減三百三十六，得丙。甲至丙差二位，即以二除差，得一百六十八，以減甲得乙。合問[1]。◎四人分，以二除之，得二萬一千四百二十，是甲丁共數。加三百三十六，得二萬一千七百五十六，折半得甲，減差得丁。甲至丁差三位，以三除差，得一百一十（三）[二]，以減甲得乙，以減乙得丙。合問。◎五人分，以二五除之，得一萬七千一百三十六，爲甲戊共數。加三百三十六，得一萬七千四百七十二，折半得甲，減差得戊。甲至戊差四位，以除差得八十四，減甲得乙，減乙得丙，減丙得丁。合問。◎或合甲戊折半得丙，合甲丙折半得乙，合丙戊折半得丁，同。

解：互和減半之法，不問奇數偶數，俱要上下兩數倍於中間之數，其中數得均分之數，不可易者。至上下諸數，則隨所差爲盈縮，可以任意遊移。蓋上下差多，則中之視上下，相差亦多；上下差少，則中之視上下，相差亦少。或遠或近，合上下中，總之不失均分三倍之數。且如三人分，相差三百三十六。試加之爲三百三十七，則甲當一萬四千四百四十九，丙當一萬四千一百一十一矣[2]。試減之爲三百三

1 據術文，先求首尾二數之和：

$$甲+丙=\frac{42840}{\frac{3}{2}}=28560$$

已知首尾二數差爲：甲－丙＝336，求得甲丙分別爲：

$$甲=\frac{28560+336}{2}=14448$$

$$丙=\frac{28560-336}{2}=14112$$

又求得相鄰兩項差數即等差數列公差爲：

$$d=\frac{336}{2}=168$$

首項減去公差，或尾項加上公差，或首尾兩項和折半，俱得中項：

$$乙=14448-168=14112+168=\frac{14112+14112}{2}=14280$$

四分、五乙分皆依法可求。

2 據前文，三人分物，求得首尾二數和爲：$甲+丙=28560$。若：$甲+丙=337$，則二數分別爲：

$$甲=\frac{28560+337}{2}=14448.5$$

$$丙=\frac{28560-337}{2}=14111.5$$

原書所求之數有誤。若依原書，甲得14449，丙得14111，則二數之差當爲338，非337。

十五則甲當一萬四千四百四十七丙當一萬四千一百一十三奚而乙自以數定五位之丙七位之丁皆非惟隔數於中者處處以四人分乙丙數折半六人分丙丁兩數折半則必均分之約數也舊法以奇數一三五七九爲陽以偶數二四六八十爲陰假以三人依奇數併三五七九亦得十五四位依偶數併二四六八亦得二十五人依奇併一三五七九亦得二十五然偶合非確法何以明之假以六人分二四六八十十二得四十二爲法以除四萬二千八百四十當得一千〇二十然首尾共數宜一萬四千二百八十假以七人合一三五七九十一十三得四十九以除據當得八百七十四有奇然首尾共數宜一萬二千二百四十以此較之差缺也余斷以二分爲分一分爲半分較爲簡明而易曉矣然奇偶之說隔位取中實不謬但用者未解所以耳詳其遞加法〇增差折半先得首位以次而減上法是也又法減差折半先得尾位以次而增得數並同〇又取相遠二位以合甲戊折半得丙取相近二位合乙丁亦折半得丙復上下相去均勻任復可取中數爲參差則不准矣奇偶之說譜之於後

目三五保奇法五人說以一三五七九爲法三合當以三五七爲法何爲合一經以三五七爲法哉其齊合可知

奇偶譜

一

二 二

三 三

四 四

五 五

六 六

七 七

八 八

九 九

十

十五，則甲當一萬四千四百四十七，丙當一萬四千一百一十三矣[1]，而乙自如故也。五位之丙、七位之丁皆然。惟偶數其中在虛處，如四人分，乙丙數折半；六人分，丙丁兩數折半，則其均分之的數也。舊法以奇數一三五七九爲陽，以偶數二四六八十爲陰。假如三人係奇數，併三五七（九），亦得十五；四位係偶數，併二四六八，亦得二十；五人係奇，併一三五七九，亦得二十五。然偶合，非確法。何以明之？假如六人，合二、四、六、八、十、十二，得四十二爲法，以除四萬二千八百四十，當得一千〇二十，然首尾共數實一萬四千二百八十。假如七人，合一、三、五、七、九、十一、十三，得四十九，以除總，當得八百七十四有奇，然首尾共數實一萬二千二百四十。以此知其誤也[2]。余斷以二分爲一分，一分爲半分，極爲簡明而易曉矣。然奇偶之説，隔位取中實不謬，但用者不解所以耳。詳具遞加法。◎增差折半，先得首位，以次而減，上法是也。又法減差折半，先得尾位，以次而增，得數並同。◎又取相遠二位，如合甲戊折半得丙；取相近二位，合乙丁亦折半得丙。俱上下相去均勻者，俱可取中數，若參差則不准矣。奇偶説譜之於後。

奇偶譜

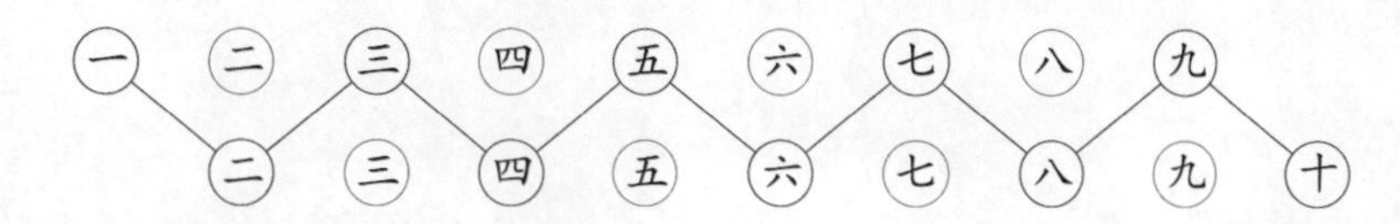

1 依前法，若甲丙差爲 335，求得甲數爲 14447.5，丙數爲 14112.5，原書所求有誤。若依據原書，甲得 14447，丙得 14113，則甲丙差數當作 334，非 335。

2 原書天頭批註云："且三五俱奇法，五人既以一三五七九爲法，三人亦當以一三五爲法，何爲舍一徑以三五七爲法哉？其牽合可知。" 當係李星源校改時所補。

黑圈為首尾紅圈為中合首尾折半得中空數不易與舊刻用法不合

一凡挨次分有遞位挨越位挨遞加挨遞位挨以一二三四五順數為各法越位挨

以一三五七九為陽二四六八十為陰每隔一位為各法遞加挨先累差數減挨數

再均分之數與原以差數加之為各法俱以各法乘總數以共法除之

問今有物一萬一千五百二十自二人至五人挨次分之求各若干

答二人　甲三千八百四十　乙七千六百八十

三人　甲一千九百二十〇乙三千八百四十〇丙五千七百六十

四人　甲一千一百五十二〇乙二千三百〇四〇丙三千四百五十六〇丁四千六百〇八

五人　甲七百六十八〇乙一千五百三十六〇丙二千三百〇四〇丁三千〇七十二〇戊三

千八百四十

法甲一乙二共三衰為二人法〇甲一乙二丙三共六衰為三人法〇甲一乙二丙三丁四共

十衰為四人法〇甲一乙二丙三丁四戊五共十五衰為五人法俱以各人之衰乘

總數以共衰除之　　解此遞位挨合前後兩分半之得中分

問今有物一萬一千五百二十自二人至五人或以陽位一三五七九或以陰位二四六八

十分之求各若干

答陽位分

黑圈爲首尾，紅圈爲中。合首尾折半得中，其數不易，然舊刻用法不合。

一、凡挨次分[1]，有逐位挨、越位挨、遞加挨。逐位挨，以一二三四五順數爲各法。越位挨，以一三五七九爲陽，二四六八十爲陰[2]，每隔一位爲各法。遞加挨，先累差數減總數，得均分之數，然後以差數加之爲各法。俱以各法乘總數，以共法除之[3]。

1. 問：今有物一萬一千五百二十，自二人至五人，挨次分之，求各若干？

答：二人：甲三千八百四十；乙七千六百八十。

三人：甲一千九百二十；乙三千八百四十；丙五千七百六十。

四人：甲一千一百五十二；乙二千三百〇四；丙三千四百五十六；丁四千六百〇八。

五人：甲七百六十八；乙一千五百三十六；丙二千三百〇四；丁三千〇七十二；戊三千八百四十。

法：甲一、乙二，共三衰，爲二人法。◎甲一、乙二、丙三，共六衰，爲三人法。◎甲一、乙二、丙三、丁四，共十衰，爲四人法。◎甲一、乙二、丙三、丁四、戊五，共十五衰，爲五人法。俱以各人之衰乘總數，以共衰除之。

解：此逐位挨，合前後兩分，半之得中分。

2. 問：今有物一萬一千五百二十，自二人至五人，或以陽位一三五七九，或以陰位二四六八十分之，求各若干？

答：陽位分

1 挨次分，《算法統宗》卷五衰分章作“遞減挨次差分”。

2 逐位挨，各衰比例爲 1∶2∶3∶4……。越位挨陽法，各衰比例爲 1∶3∶5∶7……；越位挨陰法，各衰比例爲 2∶4∶6∶8……，即 1∶2∶3∶4……，與逐位挨無異。

3 遞加挨，各項遞加相同差數。設總數爲 S，項數爲 n，各項差數爲 d，據術文，先求各項均數：

$$a_0=\frac{S-\frac{n(n+1)}{2}\cdot d}{n}$$

均數遞加差數 d，得各項之數。或直接求首項得：

$$a_1=\frac{S-\frac{n(n-1)}{2}\cdot d}{n}$$

遞加差數 d，得各項之數。

二人　甲二千八百八十〇乙八千六百四十

三人　甲一千二百八十〇乙三千八百四十〇丙六千四百

四人　甲七百二十〇乙二千一百六十〇丙三千六百〇丁五千〇四十

五人　甲四百六十〇八分〇乙一千三百八十二四分〇丙二千三百〇四〇丁三千二百二十五

六分〇戊四千一百四十七二分

法甲一乙三共四為二人法〇甲一乙三丙五共九為三人法〇甲一乙三丙五丁七共十六為四人法〇甲一乙三丙五丁七戊九共二十五為五人法俱以各衰乘總以總衰除之即得第一人數以後照分加之

陰位分

二人　甲三千八百四十〇乙七千六百八十

三人　甲一千九百二十〇乙三千八百四十〇丙五千七百六十

四人　甲一千一百五十二〇乙二千三百〇四〇丙三千四百五十六〇丁四千六百〇八

五人　甲七百六十八〇乙一千五百三十六〇丙二千三百〇四〇丁三千〇七十二〇戊三千八百四十

法甲二乙四共六衰為二人法〇甲二乙四丙六共十二為三人法〇甲二乙四丙六丁八共二十為四人法〇甲二乙四丙六丁八戊十共三十為五人法俱以各衰搃數乘以搃衰除之

二人：甲二千八百八十；　　乙八千六百四十。

三人：甲一千二百八十；　　乙三千八百四十；

丙六千四百。

四人：甲七百二十；　　乙二千一百六十；

丙三千六百；　　丁五千〇四十。

五人：甲四百六十〇八分；　　乙一千三百八十二四分；

丙二千三百〇四；　　丁三千二百二十五六分；

戊四千一百四十七二分。

法：甲一、乙三，共四，爲二人法。◎甲一、乙三、丙五，共九，爲三人法。◎甲一、乙三、丙五、丁七，共十六，爲四人法。◎甲一、乙三、丙五、丁七、戊九，共（三）[二]十五，爲五人法。俱以各衰乘總，以總衰除之。或得第一人數，以後照分加之。

陰位分

二人：甲三千八百四十；　　乙七千六百八十。

三人：甲一千九百二十；　　乙三千八百四十；

丙五千七百六十。

四人：甲一千一百五十二；　　乙二千三百〇四；

丙三千四百五十六；　　丁四千六百〇八。

五人：甲七百六十八；　　乙一千五百三十六；

丙二千三百〇四；　　丁三千〇七十二；

戊三千八百四十。

法：甲二、乙四，共六衰，爲二人法。◎甲二、乙四、丙六，共十二，爲三人法。◎甲二、乙四、丙六、丁八，共二十，爲四人法。◎甲二、乙四、丙六、丁八、戊十，共三十，爲五人法。俱以各衰[乘]總數（乘），以總衰除之。

解此越位換行隔二位甲一乙四丙七丁十，甲二乙五丙八丁十一；隔三位甲一乙五丙九丁十三，甲二乙六丙十丁十四，以至多數皆可推也。○陽位陰位無說，此皆合前後二位均分之所得甲位，算書不曉而用之遞加，殊失。蓋陽位換在甲得一分，乙得三分，甲得二分，乙得四分，徹底於差，故可以之定衰遞加，換乃暗藏均分之數，但遞差發個而已，何能據而分陽位陰位數至以三五七人分用陽法，二四六八人分用陰法，尤屬憒憒。蓋越位換將說分法之奇偶，不論人數之奇偶，所以三人是奇數亦可用偶法，以二四六分之；四人是偶數亦可用奇法，以一三五七九分之，皆可。奇人用奇法，偶人用偶法，然且互和減半之法，不論逆位遞加，但差數均勻，無不合者，不獨越位為然也。○舊法有互和減半求糧，此法可以不設，是以附之折中條下，不另設題。

問：今有俸糧三百○五石，五等官遞差十三石分之，求各若干。

答：甲一品八十七石　乙二品七十四石　丙三品六十一石
丁四品四十八石　戊五品三十五石

法：置差法十三，以五人衰甲五乙四丙三丁二戊一，共十五衰乘之，得一百九十五石，以減總數，餘一百十石，以五人為法除之，得二十二石，為末人均分之數。戊加一差十三石，丁加二差，丙加三差，乙加五差，合問。○此只用四人共衰十乘十三得百

解：此越位挨。若隔二位，甲一、乙四、丙七、丁十，甲二、乙五、丙八、丁十一。隔三位，甲（乙）［一］、（一）［乙］五、丙九、丁十三，甲二、乙六、丙十、丁十四。以至多數，皆可推也。◎陽位陰位，其説如此。合前後二位均分之，必得中位。筭書不曉，而用之遞加，非矣。蓋隔位挨者，甲得一分，乙得三分；甲得二分，乙得四分，徹底相差，故可以之定衰。遞加挨，乃暗藏均分之數，但遞差幾個而已，何所據而分陽位陰位哉？至以三五七人分用陽法，二四六八人分用陰法，尤屬憒憒[1]。蓋越位挨，特論分法之奇偶，不論人數之奇偶。如三人是奇數，亦可用偶法，以二四六分之；四人是偶數，亦可用奇法，以一三五七（九）分之。豈必奇人用奇法，偶人用偶法哉？且互和減半之法，不論逐位、遞加，但差數均勻，無不合者，不獨越位爲然也。◎舊法有互和減半一條，此法可以不設，是以附之折半條下，不另設題。

3. 問：今有俸糧三百〇五石，五等官遞差十三石分之，求各若干[2]？

答：甲一品八十七石；乙從一品七十四石；
丙二品六十一石；丁從二品四十八石；
戊三品三十五石。

法：置差法十三，以五人衰甲五、乙四、丙三、丁二、戊一共十五衰乘之，得一百九十五石，以減總數，餘一百一十石，以五人爲法除之，得二十二石，爲各人均分之數。戊加一差十三石，丁加二差，丙加三差[3]，乙加五差 。合問。◎或只用四人共衰十乘十三，得一百

1 憒，同"憒"，昏亂也。
2 此題爲《算法統宗》卷五衰分章"遞減挨次差分"第七題。
3 據術文，求得各人均分之數爲：

$$
\begin{aligned}
a_0 &= \frac{S-\frac{n(n+1)}{2}\cdot d}{n} \\
&= \frac{305-\frac{5\times(5+1)}{2}\times 13}{5} \\
&= \frac{305-195}{5} \\
&= 22
\end{aligned}
$$

遞加差數 13，得各項。

三十石以減總數餘一百七十五石五歸之得三十五爲戊分丁丙以上遞加之同

一凡等級分帶子累數者於分數有多寡而分物之人又有多寡則照併之以爲各衰合諸併爲總衰以各衰乘總數以總衰除之得每等共數再以人數除之得每人分數或先以總衰除總數以本衰乘之得每人分數再以人數乘之得每等共數

問今有米三百八十五石五斗二升作上下二等四六分之下等四十人上等二十六人求各若干

答上等共米一百九十石〇三斗二升〇每人七石三斗二升

下等共米一百九十五石二斗〇每人四石八斗八升

法上衰六乘二十六人得一百五十六爲上法下衰四乘四十人得一百六十爲下法共三百十六爲總衰以上法乘總數得六萬〇一百四十一石一斗二升以總衰除之得上總數一百九十石〇三斗二升以二十六除之得上各數以下法乘總數得六萬一千六百八十三石二斗以總衰除之得下總數一百九十五石二斗以四十除之得下各數合問〇或先以總衰除總數得一二二以各衰法乘之同　解　如四六分　又帶層數者

問派粮二百六十石作三等三七分之丙户二十一乙户三十二甲户四十三求各若干

答丙共一百二十八石六斗二升五合〇每户六石一斗二升五合

三十石。以減總數，餘一百七十五石，五歸之，得三十五爲戊分[1]。丁丙以上遞加之，同。

一、凡等級分帶有累數者，如分數有多寡，而分物之人又有多寡，則歸併之以爲各衰，合諸併爲總衰，以各衰乘總數，以總衰除之，得每等共數。再以人數除之，得每人分數。或先以總衰除總數，以本衰乘之，得每人分數，再以人數乘之，得每等共數。

1. 問：今有米三百八十五石五斗二升，作上下二等四六分之，下等四十人，上等二十六人，求各若干[2]？

答：上等共米一百九十石〇三斗二升；　　每人七石三斗二升。

下等共米一百九十五石二斗；　　每人四石八斗八升。

法：上衰六乘二十六人，得一百五十六，爲上法；下衰四乘四十人，得一百六十，爲下法，共三百十六爲總衰。以上法乘總數，得六萬〇一百四十一石一斗二升，以總衰除之，得上總數一百九十石〇三斗二升；以二十六除之，得上各數。以下法乘總數，得六萬一千六百八十三石二斗，以總衰除之，得下總數一百九十五石二斗；以四十除之，得下各數[3]。合問。◎或先以總衰除總數，得一二二，以各衰法乘之，同。

解：此四六分又帶層數者。

2. 問：派糧二百六十一石，作三等三七分之，丙户二十一，乙户三十二，甲户四十三，求各若干[4]？

答：丙共一百二十八石六斗二升五合；　　每户六石一斗二升五合。

---

1 或法直接求末項，得：

$$
\begin{aligned}
a_1 &= \frac{S-\dfrac{n(n-1)}{2}\cdot d}{n} \\
&= \frac{305-\dfrac{5\times(5-1)}{2}\times 13}{5} \\
&= \frac{305-130}{5} \\
&= 35
\end{aligned}
$$

2 此題爲《算法統宗》卷五衰分章“四六差分”第五題、《同文算指通編》卷二“合數差分上”第二十六題。

3 依法求得各衰爲：

$$\text{上等衰} = 6\times 26 = 156$$

$$\text{下等衰} = 4\times 40 = 160$$

各等總米爲：

$$\text{上等總米} = \frac{156\times 385.52}{156+160} \approx 190.32\text{石}$$

$$\text{下等總米} = \frac{160\times 385.52}{156+160} = 195.2\text{石}$$

各除以人數，得每人之數。

4 此題爲《同文算指通編》卷二“合數差分上”第二十九題。

乙共八十四石〇每户二石六斗二升五合

甲共四十八石三斗七升五合〇每户一石一斗二升五合

法甲衰九乘四十三得三百八十七乙衰二十一乘三十二得六百七十二丙衰四十九乘二十一得一千二十九三宗共二千〇八十八以甲衰乘總數得十〇萬〇一千〇〇七以總衰二千〇八十八除之得四十八石三斗七升五合以乙衰乘總數得一十七萬五千三百九十二以總衰二千〇八十八除之得一百二十八石六斗二升五合以户數除之合問

問今有粮二千六百五十五石九斗作五等二八分之甲户七十乙户六十丙户五十丁户四十戊户三十求各若干　解曰三七分又帶層數

答甲粮共一十六石三斗八升〇每户二斗三升四合

乙粮共五十六石一斗六升〇每户九斗三升六合

丙粮共一百八十七石二斗〇每户三石七斗四升四合

丁粮共五百九十九石〇四升〇每户一十四石九斗七升六合

戊粮共一千七百九十七石一斗二升〇每户五十九石九斗〇四合

法甲二衰乘七十户得一百四十衰乙八衰乘六十户得四百八十衰丙三十二乘五十户得一千六百衰丁一百二十八乘四十户得五千一百二十衰戊五百一十二乘三十

乙共八十四石；　　　　　　　　　每户二石六斗二升五合。

甲共四十八石三斗七升五合；　　　每户一石一斗二升五合。

法：甲衰九乘四十三，得三百八十七；乙衰二十一乘三十二，得六百七十二；丙衰四十九乘二十一，得一千［〇］二十九[1]，三宗共二千〇八十八。以甲衰乘總數，得十（〇）萬〇一千〇〇七，以總衰二千〇八十八除之，得四十八石三斗七升五合。以乙衰乘總數，得一十七萬五千三百九十二，以總衰二千〇八十八除之，［得八十四石。以丙衰乘總數，得二十六萬八千五百六十九，以總衰二千〇八十八除之］[2]，得一百二十八石六斗二升五合。以户數除之，合問。

解：此三七分又帶層數者。

3. 問：今有糧二千六百五十五石九斗，作五等二八分之，甲户七十，乙户六十，丙户五十，丁户四十，戊户三十，求各若干[3]？

答：甲糧共一十六石三斗八升；　　　每户二斗三升四合。

乙糧共五十六石一斗六升；　　　每户九斗三升六合。

丙糧共一百八十七石二斗；　　　每户三石七斗四升四合。

丁糧共五百九十九石〇四升；　　每户一十四石九斗七升六合。

戊糧共一千七百九十七石一斗二升；　每户五十九石九斗〇四合。

法：甲二衰乘七十户，得一百四十衰；乙八衰乘六十户，得四百八十衰；丙三十二乘五十户，得一千六百衰；丁一百二十八乘四十户，得五千一百二十衰；戊五百一十二乘三十

1 〇，原書無，朱筆校補。

2 抄脱文字據演算補。

3 此題爲《同文算指通編》卷二“合數差分上”第三十三題。

戶得一萬五千三百六十衰共二萬二千七百衰以各衰乘總數總衰除之得每
戶數〇又法以總衰除總數得一斗一升七合以各衰甲二乙八丙三十二丁一百
二十八戊五百一十二乘之得每戶所分之數再以甲七十乙六十丙五十丁四十戊
三十乘之得各等之總數〇又法得甲數後只以四累因之得各戶之分數
以戶數乘之得各總數同　解對二八分帶廉數

問今有銀一千一百〇七兩作五等人減半分之甲戶六十二乙戶四十八丙戶三十二
丁戶二十五戊戶一十六求每等每戶各若干
答甲共九十三兩〇每戶一兩五錢　乙共一百四十四兩〇每戶三兩
丙共一百八十六兩〇每戶六兩　丁共三百兩〇每戶一十二兩
戊共三百八十四兩〇每戶二十四兩
法甲一乘六十二仍得六十二乙二乘四十八得九十六丙四乘三十二得一百二十八丁八乘二十五得二百戊一
十六乘一十六得二百五十六為各衰併之得七百三十八為共衰以各衰乘總併衰除
之再以各戶數乘之合問〇那丁戶二作一丙戶四作一乙戶八作一甲戶十六作一戊戶十六衰丁
戶折爲十二人五分丙戶折得七人七分五厘乙戶折得六人甲折得三人八分七厘五毫共得
四十六人一分二厘五毫約作四萬六千一百二十五衰除總得二四以十六乘之得戊總以三五乘
之得丁總以七七五乘得丙總以六乘得乙總以三八七五乘得甲總同

户，得一萬五千三百六十衰，共二萬二千七百衰。以各衰乘總數，總衰除之，［得各等之總數。以户數除之］[1]，得每户數。

又法：以總衰除總數，得一斗一升七合。以各衰甲二、乙八、丙三十二、丁一百二十八、戊五百一十二乘之，得每户所分之數。再以甲七十、乙六十、丙五十、丁四十、戊三十乘之，得各等之總數。

又法：得甲數後，只以四累因之，得各户之分數，以户數乘之，得各總數，同。

解：此二八分帶層數者。

4. 問：今有銀一千一百〇七兩，作五等人減半分之，甲户六十二，乙户四十八，丙户三十一，丁户二十五，戊户一十六，求每等每户各若干？

答：甲共九十三兩； 每户一兩五錢。

乙共一百四十四兩； 每户三兩。

丙共一百八十六兩； 每户六兩。

丁共三百兩； 每户一十二兩。

戊共三百八十四兩； 每户二十四兩。

法：甲一乘六十二，仍得六十二；乙二乘四十八，得九十六；丙四乘三十一，得一百二十四；丁八乘二十五，得二百；戊一十六乘一十六，得二百五十六，爲各衰。併之，得七百三十八，爲共衰。以各衰乘總，併衰除之，再以各户數（乘）［除］之。合問。

或丁户二作一，丙户四作一，乙户八作一，甲户十六作一。戊户十六衰，丁户折得十二人五分，丙户折得七人七分五厘，乙户折得六人，甲折得三人八分七厘五毫[2]，共得四十六一分二厘五毫，借作四萬六千一百二十五衰，除總得二四。以十六乘之得戊總，以一二五乘之得丁總，以七七五乘得丙總，以六乘得乙總，以三八七五乘得甲總，同。

---

1 抄脱文字據演算補。

2 五等人減半分，若以戊爲 1，則丁爲 $\frac{1}{2}$，丙爲 $\frac{1}{4}$，乙爲 $\frac{1}{8}$，甲爲 $\frac{1}{16}$，各乘户數得：

$$戊衰 = 1 \times 16 = 16$$

$$丁衰 = \frac{1}{2} \times 25 = 12.5$$

$$丙衰 = \frac{1}{4} \times 31 = 7.75$$

$$乙衰 = \frac{1}{8} \times 48 = 6$$

$$甲衰 = \frac{1}{16} \times 62 = 3.875$$

解此折半帶層數法

問今有粮一千一百三十四石五等挨次分派甲戶六十乙戶五十一丙戶四十二丁戶三十三戊戶二十四求各戶若干

答甲共一百三十六石○每戶二石一斗○乙共二百一十四石二斗○每戶四石二斗

丙共二百六十四石六斗○每戶六石三斗○丁共二百七十七石二斗○每戶八石四斗

戊共二百五十二石○每戶十石○五斗

法甲一乘六十得六十為甲衰乙二乘五十一得一百○二為乙衰丙三乘四十二得一百二十六為丙衰丁四乘三十三得一百三十二為丁衰戊五乘二十四得一百二十為戊衰

共衰五百四十以各衰乘總數以共衰除之合問○或先以總衰除總數得二一為甲總每以一二加之得之以遞次加得

解此挨次帶層數法

一九二八三七四六折半挨次等分於中止顯兩位求分法及餘數皆俱以法除

法兩立為法以二八分其聯位四倍每隅位以五分四倍之三七分其聯位得二三三不費隅位五四二不費四六分其聯位得一五隅位二三五折半分其聯位二倍隅一位以五分以二圍之挨分其聯位差一倍隅位差二倍是也折半單單於聯挨二位兩挨次混挨次單單於聯二位與四六混須以隅位或三位空之

解：此折半帶層數者。

5. 問：今有糧一千一百三十四石，五等挨次分派，甲户六十，乙户五十一，丙户四十二，丁户三十三，戊户二十四，求各户若干？

答：甲共一百二十六石；　　每户二石一斗。
乙共二百一十四石二斗；　　每户四石二斗。
丙共二百六十四石六斗；　　每户六石三斗。
丁共二百七十七石二斗；　　每户八石四斗。
戊共二百五十二石；　　每户十石〇五斗。

法：甲一乘六十，得六十，爲甲衰；乙二乘五十一，得一百〇二，爲乙衰；丙三乘四十二，得一百二十六，爲丙衰；丁四乘三十三，得一百三十二，爲丁衰；戊五乘二十四，得一百二十，爲戊衰，共衰五百四十。以各衰乘總數，以共衰除之。合問。

或先以總衰除總數，得二一，爲甲（總）［每户數］。再以（一二）［二一］加之得乙，以（遞次）［次遞］加，同。

解：此挨次帶層數者。

一、凡二八、三七、四六、折半、挨次等分，於中止顯兩位，求分法及餘數者，俱以法除法而立爲法。如二八分者，聯位四倍，每隔位以上，皆四倍之。三七分者，聯位得二三三不盡，隔位五四四不盡。四六分者，聯位得一五，隔位二二五。折半分者，聯位二倍，隔一位以上，皆以二因之。挨［次］分者，聯位差一倍，隔位差二倍，是也。折半單舉相聯二位，與挨次混[1]。挨次單舉相聯二位，與四六混[2]，須以隔位或三位定之。

1 折半衰分各衰比爲 1 : 2 : 4 : 8 : 16……，若單舉首兩位，比爲 1 : 2，與挨次分混同。
2 挨次衰分各衰比爲 1 : 2 : 3 : 4 : 5……,，若單舉次、三兩位，比爲 2 : 3，與四六分混同。

問今有物五人分之甲二十四丙三百八十四求分法總物及乙丁戊各若干

答分法二八　總物八千一百八十四　乙九十六　丁一千五百三十六　戊六千一百四十四

法甲至丙隔一位置丙分以甲分除之得十六聯位差四隔一位乃四倍得十六故曰二八分法卻置甲四因之得乙置丙四因之得丁再四因之得戊合之得總合問

解以第乙九十六丁一千五百三十六以乙除丁亦得一十六但係隔一位俱同

問今有物四人分之甲五百六十七丁七千二百〇三求分法物總及乙丙各若干

答分法三七　物總一萬二千一百八十　乙一千三百二十三　丙三千〇八十七

法甲至丁隔二位置丁以甲除之得一二七餘三十一是爲五百六十七之二十一約之至二十一相同以除五百六十七得二十七以除二十一得一合二十七之一故是三七分法得甲五百六十七三除七乘得丙合之得總

問今有物六人分之甲得一萬六千戊得八萬一千求分法物總乙丙丁己各若干

答分法四六　物總三十三萬三千五百　乙二萬四千　丙三萬六千

丁五萬四千　己一十二萬一千五百

法甲至戊隔三位以甲除戊得五〇六二五於是四六分法置甲一五乘之得乙再以一五乘得丙再以一五乘得丁置戊一五乘之得己合得總合問

解第第乙與己爲法六得五〇六二五〇以上二八三七四六各第隔一法爲例餘皆同

1. 問：今有物五人分之，甲二十四，丙三百八十四，求分法、總物，及乙丁戊各若干？

答：分法二（人）［八］。　　總物八千一百八十四。

乙九十六；　　丁一千五百三十六；

戊六千一百四十四。

法：甲至丙隔一位，置丙分，以甲分除之得十六，聯位差四，隔一位又四倍得十六，知是二八分法。卻置甲，四因之得乙；置丙，四因之得丁，再四因之得戊。合之得總。合問。

解：如舉乙九十六，丁一千五百三十六，以乙除丁，亦得一十六。但係隔一位，俱同。

2. 問：今有物四人分之，甲五百六十七，丁七千二百〇三，求分法、物總，及乙丙各分若干？

答：分法三七。　　物總一萬二千一百八十。

乙一千三百二十三；　　丙三千〇八十七。

法：甲至丁隔二位，置丁，以甲除之得一二［七］也，餘二十一，是爲五百六十七之二十一。約之至二十一相同，以除五百六十七得二十七，以除二十一得一，合二十七之一，知是三七分法[1]。得甲五百六十七，三除七乘得［乙，再三除七乘得］丙，合之得總。

3. 問：今有物六人分之，甲得一萬六千，戊得八萬一千，求分法、物總，乙丙丁己各若干？

答：分法四六。　　物總三十三萬二千五百。

乙二萬四千；　　丙三萬六千；

丁五萬四千；　　己一十二萬一千五百。

法：甲至戊隔三位，以甲除戊，得五〇六二五，知是四六分法[2]。置甲，一五乘之得乙，再以一五乘得丙，再以一五乘得丁。置戊，一五乘之得己，合得總。合問。

解：若舉乙與己爲法，亦得五〇六二五。

以上二八、三七、四六各舉隔一法爲例，餘皆可

---

1 據三七分立成，甲衰爲 27，丁衰爲 343。丁衰乘十化作 3430 分，除以甲衰得：

$$\frac{3430}{27}=127\frac{1}{27}$$

此題中，甲爲 576，丁爲 7203，丁數乘十化作 72030 分，除以甲數得：

$$\frac{72030}{567}=127\frac{21}{567}=127\frac{1}{27}$$

知是三七分。

2 據四六分立成，甲衰爲 4，戊衰爲 20.25，戊衰除以甲衰得：

$$\frac{20.25}{4}=5.0625$$

此題中，甲爲 16000，戊爲 81000。戊数除以甲數得：

$$\frac{81000}{16000}=5.0625$$

知是四六分。

按要訣各以法除法如二八分以二除八得四三七分以三除七得二三三不盡四六分以四除六得一五此聯位法也三八分以二除三十二三七分以九除四十九四六分以四除九此隔一位法今畧諸之

於左

聯位 如甲見乙乙見丙之類

二八分少除多 得四　多除少 得二五

三七分少除多 得二三三不盡　多除少 得四二八五七一[illegible]四不盡

四六分少除多 得一五　多除少 得六六不盡

隔一位 如甲見丙乙見丁之類

二八分少除多 得一六　多除少 得六二五

三七分少除多 得五四二不盡　多除少 得一八三零四十九之三十三

四六分少除多 得二二五　多除少 得四四不盡

隔二位 如甲見丁丁見戊之類

二八分少除多 得六四　多除少 得一五六二五

三七分少除多 得一二三七零三十七之一　多除少 十四 得七八七一零三百四十三之二百四

四六分少除多 得三三七五　多除少 得二九六二九六不盡

隔三位 如甲見戊乙見己之類

推。要訣在以法除法，如二八分以二除八得四，三七分以三除七得二三三不盡，四六分以四除六得一五。此聯位法也。二八分以二除三十二，三七分以九除四十九，四六分以四除九，此隔一法。今畧譜之於左：

聯位 如甲見乙、乙見丙之類

二八分	少除多 得四	多除少 得二五
三七分	少除多 得二三三不盡	多除少 四二八五七一從四不盡
四六分	少除多 得一五	多除少 得六六不盡

隔一位 如甲見丙、乙見丁之類

二八分	少除多 得一六	多除少 得六二五
三七分	少除多 得五四四不盡	多除少 得一八三零四十九之三十三[1]
四六分	少除多 得二二五	多除少 得四四不盡

隔二位 如甲見丁、(丁)[乙]見戊之類

二八分	少除多 得六四	多除少 得一五六二五
三七分	少除多 得一二七零二十七之一	多除少 得七八七一零三百四十三之二百四十(四)[七][2]
四六分	少除多 得三三七五	多除少 得二九六二九六不盡

隔三位 如甲見戊、乙見己之類

---

1 隔一位三七分，甲衰爲 9，丙衰爲 49。甲衰乘千化作 9000 毫，除以丙衰得：

$$\frac{9000}{49}=183\frac{33}{49}$$

隔二位三七分，甲衰爲 27，丙衰爲 342。丙衰乘十化作 3430 分，除以甲衰得：

$$\frac{3430}{27}=127\frac{1}{27}$$

甲衰乘十萬化作 2.7×10^6 忽，除以丙衰得：

$$\frac{2.7\times10^6}{343}=7871\frac{247}{343}$$

二八分少除多　得二五六

三七分少除多　得二九六四零八十一之十六

四六分少除多　得五〇六二五

隔四位　如甲見乙丁見庚之類

二八分少除多　得一〇二四

三七分少除多　得六九六六零二百四十三之一百一十二

四六分少除多　得七五九三七五

隔五位　如甲見庚乙見辛之類

二八分少除多　得四〇九六

三七分少除多　得一六一三零七百二十九之六百一十三

四六分少除多　得一一三九〇六二五

問今物四八分甲得六千二百四十四丙得一千五百三十六求分法物總及乙丁若干

答分法減半　物總一萬一千五百二十　乙三千〇七十二　丁七百六十八

法甲丙隔一位以丙分除甲分得四於是折半分法求甲得乙求丙得丁合之得總合問

解此舉隔位若將位只舉末二丙一千五百三十六丁七百六十八則照換次退其次有

乙能二千三百零四甲能三千〇七十二乘若此則物總亦七千六百八十其又如只舉首二甲

多除少　得三九〇六二五

多除少　得三三七三五零二千四百〇一之二千二百六十五

多除少　得一九七五零二千〇二五之二百二十五約得八十一之二十五

多除少　得九七六五六二五

多除少　得一四二一五零一萬六千八百〇七之一萬三千八百八十五

多除少　得一三一六八七零三萬〇三百七十五之六千八百七十五約得二百四十三之五十五

多除少　得二四四一四〇六二五

多除少　得六一九六零一十一萬七千六百四十九之四萬六千七百九十六

多除少　得八七七九一零四十萬五千六百二十五之三萬二千五百六十五約得七百廿九之三百六十一

二八分　少除多　得二五六　　多除少　得三九〇六二五

三七分　少除多　得二九六四零八十一之十六　　多除少　三三七三五零二千四百〇一之二千二百六十五[1]

四六分　少除多　得五〇六一五　　多除少　得一九七五零二千〇二五之六百二十五，約得八十一之二十五[2]

隔四位 如甲見己、乙見庚之類

二八分　少除多　得一〇二四　　多除少　得九七六五六二五

三七分　少除多　得六九一六零二百四十三之一百一十二　　多除少　得一四四五零一萬六千八百〇七之一萬三千八百八十五[3]

四六分　少除多　得七五九三七五　　多除少　得一三一六八七零三萬〇三百七十五之(六千八百七十五)[七千三百七十五]，約得二百四十三之(五十五)[五十九][4]

隔五位 如甲見庚、乙見辛之類

二八分　少除多　得四〇(六九)[九六]　　多除少　得二四四一四〇[六]二五

三七分　少除多　得一六一三零七百二十九之六百一十三　　多除少　得六一九六零一十一萬七千六百四十九之四萬六千七百九十六[5]

四六分　少除多　得一一三九〇六二五　　多除少　得八七七九一零四十五萬五千六百二十五之廿二萬五千六百廿五，約得七百廿九之三百六十一[6]

4. 問：今［有］物四人分，甲得六千一百四十四，丙得一千五百三十六，求分法、物總，及乙丁若干？

答：分法減半。　　物總一萬一千五百二十。

乙三千〇七十二；　　丁七百六十八。

法：甲至丙隔一位，以丙分除甲分得四，知是折半分法。半甲得乙，半丙得丁，合之得總。合問。

解：此舉隔位。若聯位只舉末二，丙一千五百三十六，丁七百六十八，則與挨次混矣。安知乙非二千三百零四，甲非三千〇七十二乎？若然，則物總止七千六百八十矣。又如只舉首二，甲

---

1 隔三位三七分，甲衰爲 81，戊衰爲 2401。戊衰乘百化作 240100，除以甲衰得：$\frac{240100}{81}=2964\frac{16}{81}$。甲衰乘百萬化作 8.1×10^7 微，除以戊衰得：$\frac{8.1\times10^7}{2401}=33735\frac{2265}{2401}$。

2 隔三位四六分，甲衰爲 4，戊衰爲 20.25。甲衰乘百萬化作 4×10^6 微，戊衰乘百化作 2025 厘，甲衰除以戊衰得：$\frac{4\times10^6}{2025}=1975\frac{625}{2025}=1975\frac{25}{81}$。

3 隔四位三七分，甲衰爲 243，己衰爲 16807。己衰乘百化作 1680700 毫，除以甲衰得：$\frac{1680700}{243}=6916\frac{112}{243}$。甲衰乘十萬化作 2.43×10^7 忽，除以己衰得：$\frac{2.43\times10^7}{16807}=1445\frac{13885}{16807}$。

4 隔四位四六分，甲衰爲 4，己衰爲 30.375。甲衰乘十億化作 4×10^9 塵，己衰乘千化作 30375 毫，甲衰除以己衰得：$\frac{4\times10^9}{30375}=131687\frac{7375}{30375}$。

（轉〇七一一頁）

六千一百四十四乙三千七十二（以甲二之一）則無換次之混者於丙得（以甲三之一）二千四十八丁得（以甲四之一）一千五百三十六求前

然則物總五萬二千八百必設須三位階定如下問

問今有物四人分甲六千一百四十四乙三千七十二丙一千五百三十六求分法物總丁分若干

答分法減半　物總一萬一千五百二十　丁七百六十八

法乙除甲得二丙除乙亦得二於是折半二除丙得丁合得總合問

解乙得甲二之一丙得三之一丁得四之一是換次則丙當二千四十八今丙止一千五百三十六

於飛換次

問今有物四人分乙得三千七十二丙得一千五百三十六丁得七百六十八求分法物總甲分若干

答分法減半　物總一萬一千五百二十　甲六千一百四十四

法丙除乙丁除丙皆得二於是折半分倍乙得甲合得總合問

解如丁一丙二乙三甲四是換次法則乙當二千三百〇四今乙有三千〇七十二於飛換次〇

以上第一三位為法

問六分金六個乙歸共一兩九錢二分七厘五毫丁歸共一兩一錢五分六厘五毫己歸

共三錢八分五厘五毫求法物總甲丙戊各若干

答分法換次物總八兩〇九分五厘五毫　甲歸二兩三錢一分三厘

丙歸一兩五錢四分二厘　戊歸七錢七分一厘

六千一百四十四，乙三千七十二[1]，則與挨次亦混[2]。安知丙非二千四十八[3]，丁非一千五百三十六乎[4]？若然，則物總至一萬二千八百矣。故須三位始定，如下問。

5. 問：今有物四人分，甲六千一百四十四，乙三千七十二，丙一千五百三十六，求分法、物總、丁分若干？

答：分法減半。　　物總一萬一千五百二十。

丁七百六十八。

法：乙除甲得二，丙除乙亦得二，知是折半。二除丙得丁，合得總。合問。

解：乙得甲二之一，丙得三之一，丁得四之一，是挨次，則丙當二千四十八。今丙止一千五百三十六，知非挨次。

6. 問：今有物四人分，乙得三千七十二，丙得一千五百三十六，丁得七百六十八，求分法、物總、甲分若干？

答：分法減半。　　物總一萬一千五百二十。

甲六千一百四十四。

法：丙除乙，丁除丙，皆得二，知是折半分。倍乙得甲，合得總。合問。

解：如丁一、丙二、乙三、甲四，是挨次法，則乙當二千三百〇四。今乙有三千〇七十二，知非挨次。◎以上舉三位爲法。

7. 問：今有套盃六個，乙號者一兩九錢二分七厘五毫，丁號者一兩一錢五分六厘五毫，己號者三錢八分五厘五毫，求分法、物總，甲丙戊各若干[5]？

答：分法挨次。　　物總銀八兩〇九分五厘五毫。

甲號二兩三錢一分三厘；　　丙號一兩五錢四分二厘；

戊號七錢七分一厘。

1 原書旁註：得甲二之一。

2 甲乙丙丁各數比例爲：

$$6144:3072:2048:1536=12:6:4:3=1:\frac{1}{2}:\frac{1}{3}:\frac{1}{4}$$

非挨次衰分。這裏將此類衰分問題也看作挨次衰分。

3 原書旁註：得甲三之一。

4 原書旁註：得甲四之一。

5 此題據《算法統宗》卷五衰分章"遞減挨次差分"第三題第二問改編。原問以總求各衰。

（接〇七〇九頁）

5 隔五位三七分，甲衰爲 729，庚衰爲 117649。庚衰乘十化作 1176490 分，除以甲衰得：$\frac{1176490}{729}=1613\frac{613}{729}$。

甲衰乘百萬化作 7.29×10^{8} 微，除以庚衰得：$\frac{7.29\times10^{8}}{117649}=6196\frac{46796}{117649}$。

6 隔五位四六分，甲衰爲 4，庚衰爲 45.5625。甲衰乘百億化作 4×10^{10} 埃，庚衰乘萬化絲爲 455625，甲衰除以庚衰得：$\frac{4\times10^{10}}{455625}=87791\frac{225625}{455625}=87791\frac{361}{729}$。

法先從下起六錢減四錢餘七十七分一厘再以四錢減二錢六分餘七十七分一厘於是損

次乙去丁丁去己以隔一位即得七十七分一厘折半定癸位之差三十八分五厘五

毫以增乙得甲以減乙得丙以減丁得戊合之得總合問

解前自上而下二錢七十七分一厘三錢一兩一十五分六厘五毫乘本位以少除多得

一五與四六相隔差二分之二即六分之四故須二位定之

問今有物八人分甲得一百八十四乙得一百六十七戊得一百一十六求分法物總丙丁己庚辛各若干

答分法遞差一十七　物總九百九十六　丙一百五十　丁一百三十三

己九十九　庚八十二　辛六十五

法甲乙隔位對減差一十七甲至戊隔三位對減差六十八以一十七除六十八得四位於每

位差一十七以減乙得丙減丙得丁減戊得己減己得庚減庚得辛合得總合問

解凡遞加之差每位差若干積若干位差若干以差法除差數所得位數以位數除差

數所得差法如八人差法一十七共總差一百三十六以差十七除之得八位以八位除之得差法

十七中間任數乘幾位定例以同

問今有物五人分之甲得一百〇四戊得五十六求物總分法及乙丙丁各若干

答物總四百　分法損次遞差一十二　乙九十二　丙八十　丁六十八

法合甲戊一百六十折半得丙合甲丙一百八十四折半得乙又合丙戊一百三十六折半得丁

法：先從下起，六號減四號，餘七錢七分一厘；再以四號減二號，亦餘七錢七分一厘，知是挨次。乙去丁、丁去己，皆隔一位。即將七錢七分一厘折半，定聯位之差三錢八分五厘五毫。以增乙得甲，以減乙得丙，以減丁得戊，合之得總。合問。

解：若自上而下，二號七錢七分一厘，三號一兩一錢五分六厘五毫。單舉二位，以少除多，得一五，與四六相混。蓋三分之二即六分之四，故須三位定之。

8. 問：今有物八人分，甲得一百八十四，乙得一百六十七，戊得一百一十六，求分法、物總，丙丁己庚辛各若干？

答：分法遞差一十七。　物總九百九十六。
丙一百五十；　丁一百三十三；
己九十九；　庚八十二；
辛六十五。

法：甲乙聯位，對減差一十七；甲至戊隔三位，對減差六十八。以一十七除六十八，得四倍，知每位差一十七。以減乙得丙，減丙得丁，減戊得己，減己得庚，減庚得辛，合得總。合問。

解：凡遞加差，每位差若干，積幾位差若干，以差法除差數，必得位數；以位數除差數，必得差法。如八人差法一十七，共總差一百三十六，以差十七除之，得八位；以八位除之，得差法十七。中間任散舉幾位，其例皆同。

9. 問：今有物五人分之，甲得一百〇四，戊得五十六，求物總、分法，及乙丙丁各若干？

答：物總四百。　分法挨次，遞差一十二。
乙九十二；　丙八十；
丁六十八。

法：合甲戊一百六十，折半得丙；合甲丙一百八十四，折半得乙；又合丙戊一百三十六，折半得丁。

以戊減丁丁減丙以次模差十二於為接次合之得總合問

問今有物六人分之甲得一百○四己得四十四求物總分法及乙丙丁戊各若干

答物總四百四十四　分法模次遞差一十二　乙九十二　丙八十　丁六十八　戊五十六

法自甲至己六位為五差以五為法以己減甲餘六十為實法除實得一十二於每差一十二置

甲以次減之合問

解上問六位其均在中今問係位其均在空為照上法甲己共一百四十八折半得七十四

乃丙丁二人相并折半之數既分中無七十四也故須以差法空之乃

一凡六數偏分虧求其平者以下衰減上衰視其餘數若干遍加之以空衰○係數平

分盈求其倍者倍下衰減上衰視其餘數若干以人數之半除之得數遍加空衰

○或任意參差盈虧求相視以倍數及分法任設一法視其多寡而消息之上有

餘則增衰下有餘則減衰

問今有物一十七萬七千一百四十七令甲乙丙三人分要將甲一人與乙丙二人數同求各若干

答甲八萬八千五百七十三個五分　乙五萬九千○四十九個

丙二萬九千五百二十四個半

法照尾起丙一乙二甲三甲數與乙丙數同不用加減即以乙六為法除總數得二萬九千五百二十

四個半為丙數加一倍為乙再加一倍為甲合問

以戊減丁，丁減丙，以次俱差十二，知爲挨次。合之得總。合問。

10.問：今有物六人分之，甲得一百〇四，己得四十四，求物總、分法，及乙丙丁戊各若干？

答：物總四百四十四。　　分法挨次，遞差一十二。

乙九十二；　　丙八十；

丁六十八；　　戊五十六。

法：自甲至己六位，應五差。以五爲法，以己減甲餘六十爲實，法除實得一十二，知每差一十二。置甲，以次減之。合問。

解：上問奇位，其均在中；今問偶位，其均在空。若如上法，甲己共一百四十八，折半得七十四，乃丙丁二人相并折半之數。然分中無七十四也，故須以差法定之耳。

一、凡奇數偏分欲求其平者，以下衰減上衰，視其餘若干，遍加之以定衰[1]。◎偶數平分欲求其倍者，倍下衰減上衰，視其餘若干，以人數之半除之，得數遍加定衰[2]。◎或任意參差，欲求相視幾倍或幾分者，任設一法，視其多寡而消息之，上有餘則增衰，下有餘則減衰[3]。

1.問：今有物一十七萬七千一百四十七，令甲乙丙三人分，要將甲一人與乙丙二人數同，求各若干？

答：甲八萬八千五百七十三個五分；　　乙五萬九千〇四十九個；

丙二萬九千五百二十四個半。

法：從尾起，丙一乙二甲三，甲數與乙丙數同。不用加減，即以六爲法，除總數，得二萬九千五百二十四個半，爲丙數。加一倍爲乙，再加一倍爲甲。合問。

---

1 詳參例問一、二。

2 詳參例問三、四。

3 詳參例問五至八。

解均法先作二分對減餘數遍加令甲三乙丙亦三既各均數故不用加減

問今有一十七萬七千一百四十七令甲乙丙丁戊五人分要將甲乙二人與丙丁戊三人數同求各該干

答甲四萬七千二百三十九個二分　乙四萬一千三百三十四個三分

丙三萬五千四百二十九個四分　丁二萬九千五百二十四個五分

戊二萬三千六百十九個六分

法體尾起戊一丁二丙三乙四甲五合甲乙得九合丙丁戊得六以六減九餘三遍加各位戊得四丁

得五丙得六乙得七甲得八共三十乘以除總數得五千九百〇四個九分四乘得戊五乘得

丁六乘得丙七乘得乙八乘得甲合問

解五人分數二分為一歷三分為一歷故曰編分求平〇甲乙人少而得多丙丁戊人多而

法少以餘除平遍加之則甲乙二分既加少而丙丁戊三分既加多人與法者故均矣〇假若

有數十七萬六千四百七十人分之庚一巳二戊三丁四丙五乙六甲七合甲乙丙得十八合丁戊巳

庚得十以減十八餘八遍加庚得九巳十戊十一丁十二丙十三乙十四甲十五共八十四乘除總

得二千一百以前法各乘之甲得三萬一千五百乙得二萬九千四百丙得二萬七千三百丁得二

萬五千二百戊得二萬三千一百巳得二萬一千庚得一萬八千九百九人以上皆以此推之

今畧譜之於左

三位不用加減自均數依法減半重列一二二六同

解：均法先作二分對減，餘數遍加。今甲三，乙丙亦三，恰合均數，故不用加減。

2. 問：今有［物］一十七萬七千一百四十七[1]，令甲乙丙丁戊五人分，要將甲乙二人與丙丁戊三人數同，求各若干[2]？

答：甲四萬七千二百三十九個二分；　乙四萬一千三百三十四個三分；
丙三萬五千四百二十九個四分；　丁二萬九千五百二十四個五分；
戊二萬三千六百十九個六分。

法：從尾起，戊一丁二丙三乙四甲五。合甲乙得九，合丙丁戊得六，以六減九餘三，遍加各位。戊得四，丁得五，丙得六，乙得七，甲得八，共三十衰。以除總數，得五千九百〇四個九分。四乘得戊，五乘得丁，六乘得丙，七乘得乙，八乘得甲。合問。

解：五人奇數，二分爲一區，三分爲一區，故曰偏分求平。◎甲乙人少而法多，丙丁戊人多而法少，以餘除者遍加之[3]。則甲乙二分所加少，而丙丁戊三分所加多，人與法齊，故均也。◎假若有數十七萬六千四百，七人分之。庚一、己二、戊三、丁四、丙五、乙六、甲七，合甲乙丙得十八，合丁戊己庚得十。以減十八餘八遍加，庚得九，己十、戊十一、丁十二、丙十三、乙十四、甲十五，共八十四衰，除總得二千一百。以前法各乘之，甲得三萬一千五百，乙得二萬九千四百，丙得二萬七千三百，丁得二萬五千二百，戊得二萬三千一百，己得二萬一千，庚得一萬八千九百。九人以上，皆以此推之。今畧譜之於左：

三位 不用加減自均。若依法減盡，重列一二，亦同。

1 物，原書脱落，據前題補。

2 此題與《算法統宗》卷五衰分章“遞減挨次差分”第五題、《同文算指通編》卷二“合數差分上”第三十六題類型相同，原題爲五人分米二百四十石，此題爲分物一十七萬七千一百四十七。

3 餘除，似當作“除餘”，即甲乙併衰除去丙丁戊併衰之餘數。

甲三　乙二　丙一

五位　首八　尾四

甲八　乙七以上十五　丙六　丁五　戊四以上十五

七位　首十五　尾九

甲十五　乙十四　丙十三以上四十二　丁十二　戊十一　己十　庚九以上四十二

九位　首二十四　尾十六

甲廿四　乙廿三　丙廿二　丁廿一以上九十　戊廿　己十九　庚十八　辛十七　壬十六以上九十

十二位　首三十五　尾二十五

子卅五　丑卅四　寅卅三　卯卅二　辰卅一以上一百六十五　巳卅　午廿九　未廿八　申廿七　酉廿六　戌廿五以上一百六十五

問今有物一十七萬七千一百四十七令甲乙丙丁四人分之要令甲乙倍於丙丁求各若干

答甲六萬六千四百三十〇一分二厘五毫　乙五萬一千六百六十七個八分七厘五毫

丙三萬六千九百〇五個六分二厘五毫　丁二萬二千一百四十三個三分七厘五毫

法丁一丙二得三倍之得六爲下衰乙三甲四併得七爲上衰下衰減上衰餘一以二人除之得五遞加之丁得一五丙得二五乙三五甲四五共十二衰以除總數得一萬四千七百六十二個二分五厘以各衰法乘之合問

解四人併數每二人作一層上數倍下數因併數平分求倍〇上二位視下二位兩倍尚剩一差

甲三　　乙二　　丙一

五位 首八尾四

甲八　　乙七以上十五

丙六　　丁五　　戊四以上十五

七位 首十五尾九

甲十五　乙十四　丙十三以上四十二

丁十二　戊十一　己十　庚九以上四十二

九位 首二十四尾十六

甲廿四　乙廿三　丙廿二　丁廿一以上九十

戊廿　己十九　庚十八　辛十七　壬十六以上九十

十一位 首三十五尾二十五

子卅五　丑卅四　寅卅三　卯卅二　辰卅一以上一百六十五

巳卅　午廿九　未廿八　申廿七　戌廿五　壬十六以上一百六十五

3. 問：今有物一十七萬七千一百四十七，令甲乙丙丁四人分之，要令甲乙倍於丙丁，求各若干？

答：甲六萬六千四百三十〇一分二厘五毫；

乙五萬一千六百六十七個八分七厘五毫；

丙三萬六千九百〇五個六分二厘五毫；

丁二萬二千一百四十［三］個三分七厘五毫。

法：丁一丙二得三，倍之得六，爲下衰；乙三甲四併得七，爲上衰。下衰減上衰，餘一，以二人除之得五。遍加之，丁得一五，丙得二五，乙三五，甲四五，共十二衰。以除總數，得一萬四千七百六十二個二分五厘。以各衰法乘之，合問。

解：四人偶數，每二人作一區，上數倍下，故曰偶數平分求倍。◎上二位視下二位兩倍，尚剩一，是

上衰有餘下衰不足故遞增以合之與奇數偏分非均同理

問今有物十七萬七千一百四十七令甲乙丙丁戊己六人分之要令甲乙丙倍於丁戊己求各若干

答甲四萬五千九百二十七　乙三萬九千三百六十六　丙三萬二千八百〇五

丁二萬六千二百四十四　戊一萬九千六百八十三　己一萬三千一百二十二

法己一戊二丁三得六倍之得十二爲下衰丙四乙五甲六併得十五爲上衰以下衰十二減上

衰十五餘三以三人除之仍得一遞加之己二戊三丁四丙五乙六甲七共衰二十七以除總數

得六千五百六十一以各衰乘之合問

解前係四位對除六位八位十位十二位以上可推今畧譜之於左

二位不用加減自均若依法減者重列二同

甲二　乙一

四位　首四五　尾一五

甲四五　乙三五八以上　丙二五　丁一五四以上

六位　首七　尾二

甲七　乙六　丙五十八以上　丁四　戊三　己二九以上

八位　首九五　尾二五

甲九五　乙八五　丙七五　丁六五以上三十二　戊五五　己四五　辛二五以上十六

上衰有餘，下衰不足，故遍增以合之。與奇數偏分求均同理。

4. 問：今有物一十七萬七千一百四十七，令甲乙丙丁戊己六人分之，要令甲乙丙倍於丁戊己，求各若干？

答：甲四萬五千九百二十七；乙三萬九千三百六十六；
丙三萬二千八百〇五；丁二萬六千二百四十四；
戊一萬九千六百八十三；己一萬三千一百二十二。

法：己一戊二丁三得六，倍之得十二，爲下衰。丙四乙五甲六，併得十五，爲上衰。以下衰十二減上衰十五，餘三，以三人除之，仍得一。遍加之，己二、戊三、丁四、丙五、乙六、甲七，共衰二十七。以除總數，得六千五百六十一。以各衰乘之，合問。

解：前係四位，此係六位。八位、十位、十二位以上，皆可推。今畧譜之如左：

二位 不用加減自均。若依法減盡，重列一二，同。

甲二　乙一

四位 首四五尾一五

甲四五　乙三五以上八

丙二五　丁一五以上四

六位 首七尾（六）[二]

甲七　乙六　丙五以上十八

丁四　戊三　己二以上九

八位 首九五尾二五

甲九五　乙八五　丙七五　丁六五以上三十二

戊五五　己四五　[庚三五]　辛二五以上一十六

十位　首十二　尾三

甲十二　乙十一　丙十　丁九　戊八以上五十　己七　庚六　辛五　壬四　癸三以上二十五

十二位　首十四五　尾三五

子十四五　丑十三五　寅十二五　卯十一五　辰十五　巳九五以上七十二

午八五　未七五　申六五　酉五五　戌四五　亥三五以上三十六

問：今有物一萬一千五百二十，令甲乙丙丁四人分之，要令甲乙三倍於丙丁，求各若干。

答：甲五千〇四十　乙三千六百　丙二千一百六十　丁七百二十

法：用隔位超，丁一丙三乙五甲七共十六衰，以除總數得七百二十，即丁數，以各衰乘之合問。

解：此用隔超陞三超，丁三丙五乙七甲九，上分十六，下分八，上視下僅二倍，減陞一超，則合三倍，所謂上

不足則減衰也。

問：今有物一萬一千五百二十，令甲乙丙丁四人分之，要令甲乙倍於丙丁，求各若干。

答：甲四千三百二十　乙三千三百六十　丙二千四百　丁一千四百四十

法：用隔位超，丁三丙五乙七甲九共二十四衰，以除總數得四百八十，以各衰乘之合問。

解：此前條隔超陞一超，上視下且三倍，增陞三超，則合所謂上有餘則增衰也。

問：今有物一萬一千五百二十，令甲乙丙丁戊五人分之，要令丙丁戊三人得甲乙二人之三分之二，求各若干。

答：甲三千八百四十　乙三千〇七十二　丙二千三百〇四　丁一千五百三十六　戊七百六十八

十位 首十二尾三

甲十二	乙十一	丙十	丁九	戊八 以上五十
己七	庚六	辛五	壬四	癸三 以上二十五

十二位 首十四五尾三五

子十四五	丑十三五	寅十二五	卯十一五	辰十五	巳九五 以上七十二
午八五	未七五	申六五	酉五五	戌四五	亥三五 以上三十六

5. 問：今有物一萬一千五百二十，令甲乙丙丁四人分之，要令甲乙三倍於丙丁，求各若干？

答：甲五千〇四［十］；　　乙三千六百；

丙二千一百六十；　　丁七百二十。

法：用陽位超，丁一、丙三、乙五、甲七，共十六衰。以除總數，得七百二十，即丁數。以各衰乘之，合問。

解：若用陽超從三起，丁三、丙五、乙七、甲九。上分十六，下分八，上視下僅二倍；減從一起，則合三倍。所謂上不足則減衰也。

6. 問：今有物一萬一千五百二十，令甲乙丙丁四人分之，要令甲乙倍於丙丁，求各若干？

答：甲四千三百二十；　　乙三千三百六十；

丙二千四百；　　丁一千四百四十。

法：用陽位超，丁三、丙五、乙七、甲九，共二十四衰。以除總數，得四百八十。以各衰乘之，合問。

解：若如前條陽超從一起，上視下且三倍；增從三起，則合。所謂上有餘則增衰也。

7. 問：今有物一萬一千（二百五十）［五百二十］，令甲乙丙丁戊五人分之，要令丙丁戊三人得甲乙二人三分之二，求各若干？

答：甲三千八百四十；　　乙三千〇七十二；

丙二千三百〇四；　　丁一千五百三十六；

戊七百六十八。

法用換次法戊一丁二丙三乙四甲五共十五衰以除總數得七百六十八以各衰乘之合問

或用陰法陽位超戊二丁四丙六乙八甲十共三十衰以除總數得三百八十四以各衰乘之同

解以前換次之衰較二超戊二丁三丙四至甲六下位得九上二位得十二則下分視上分不止三分

之二減較一超則合所謂下有餘則減衰也

問今有物一萬一千五百二十今甲乙丙丁戊己六人分之要令甲乙丙三人共數三倍於丁戊己三

人求各若干

答甲三千五百二十　乙二千八百八十　丙二千二百四十

丁一千六百　戊九百六十　己三百二十

法用陰法陽位超己一戊三丁五丙七乙九甲十一共得三十六衰以除總數得三百二十即己分

以各衰乘之合問

解前用陰位超己二戊四丁六丙八乙十甲十二上分三十下分十二上視下不足三倍是減較

陰位超則合此所謂下有餘則減衰也○以上略舉四條消息之法可於是推

衰之略譜一二如左

二位　甲乙

甲二　乙一　換次甲倍於乙

甲三　乙一　陽超甲三倍乙

甲六　乙四　陰超甲視乙一倍五半

三位　甲乙丙

法：用挨次法，戊一、丁二、丙三、乙四、甲五，共十五衰。以除總數，得七百六十八，以各衰乘之，合問。或用陰法隔位超，戊二、丁四、丙六、乙八、甲十，共三十二衰。以除總數，得三百八十四。以各衰乘之，同。

解：若以挨次定衰從二起，戊二、丁三、丙四、乙五、甲六。下位得九，上位得十一，則下分視上分，不止三分之二；減從一起，則合。所謂下有餘則減衰也。

8. 問：今有物一萬一千五百二十，令甲乙丙丁戊己六人分之，要令甲乙丙三人共數三倍於丁戊己三人，求各若干？

答：甲三千五百二十；　乙二千八百八十；
丙二千二百四十；　丁一千六百；
戊九百六十；　己三百二十。

法：陽法隔位超，己一、戊三、丁五、丙七、乙九、甲十一，共得三十六衰。以除總數，得三百二十，即己分。以各衰乘之，合問。

解：若用陰位超，己二、戊四、丁六、丙八、乙十、甲十二。上分三十，下分十二，上視下不足三倍矣；減從陽位超，則合。亦所謂下有餘則減衰也。

以上畧舉四條，消息之法可知其大概矣。今畧譜一二如左：

二位 甲乙

甲二　乙一　挨次。甲倍於乙
甲三　乙一　陽超。甲三倍乙
甲六　乙四　陰超。甲視乙一倍有半

三位 甲乙丙

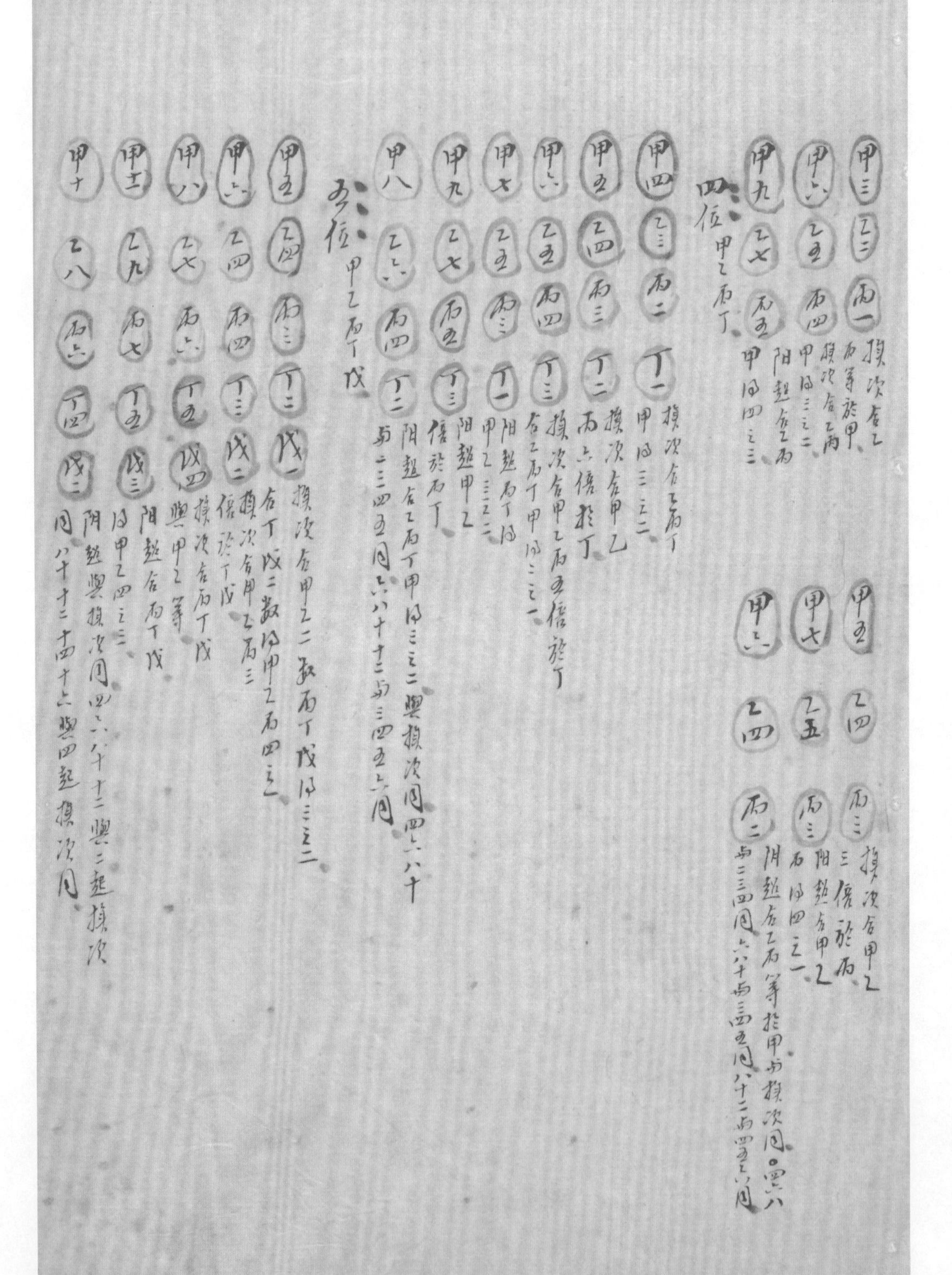

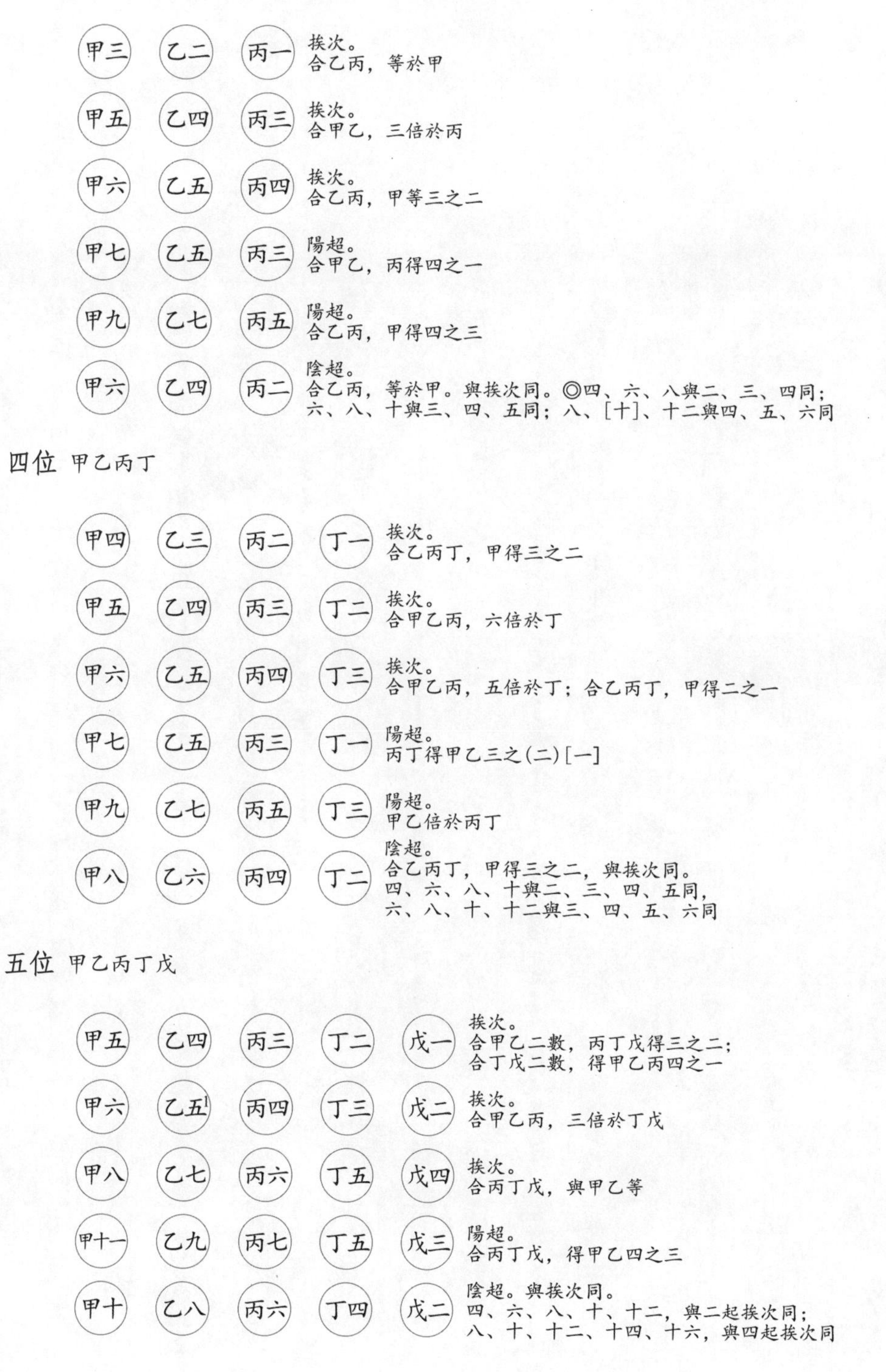
甲三 乙二 丙一
挨次。
合乙丙，等於甲
甲五 乙四 丙三
挨次。
合甲乙，三倍於丙
甲六 乙五 丙四
挨次。
合乙丙，甲等三之二
甲七 乙五 丙三
陽超。
合甲乙，丙得四之一
甲九 乙七 丙五
陽超。
合乙丙，甲得四之三
甲六 乙四 丙二
陰超。
合乙丙，等於甲。與挨次同。◎四、六、八與二、三、四同；
六、八、十與三、四、五同；八、[十]、十二與四、五、六同
四位 甲乙丙丁
甲四 乙三 丙二 丁一
挨次。
合乙丙丁，甲得三之二
甲五 乙四 丙三 丁二
挨次。
合甲乙丙，六倍於丁
甲六 乙五 丙四 丁三
挨次。
合甲乙丙，五倍於丁；合乙丙丁，甲得二之一
甲七 乙五 丙三 丁一
陽超。
丙丁得甲乙三之(二)[一]
甲九 乙七 丙五 丁三
陽超。
甲乙倍於丙丁
甲八 乙六 丙四 丁二
陰超。
合乙丙丁，甲得三之二，與挨次同。
四、六、八、十與二、三、四、五同，
六、八、十、十二與三、四、五、六同
五位 甲乙丙丁戊
甲五 乙四 丙三 丁二 戊一
挨次。
合甲乙二數，丙丁戊得三之二；
合丁戊二數，得甲乙丙四之一
甲六 乙五[1] 丙四 丁三 戊二
挨次。
合甲乙丙，三倍於丁戊
甲八 乙七 丙六 丁五 戊四
挨次。
合丙丁戊，與甲乙等
甲十一 乙九 丙七 丁五 戊三
陽超。
合丙丁戊，得甲乙四之三
甲十 乙八 丙六 丁四 戊二
陰超。與挨次同。
四、六、八、十、十二，與二起挨次同；
八、十、十二、十四、十六，與四起挨次同

1 乙五，原書誤作“乙四”。

以上法皆損益之變態於遞差之中而藏互為分合於衰分倍𢿙分之數若先作二

分上下若均分之不求損益則法可以不設矣學者須會此不得滑略

凡損益分合兩項為一數或合多項為一數於人中對舉二數或舉首推尾或舉尾

推首或舉首尾推中或舉中推首尾或先擬人數列為各衰然後以兩數對減

餘為差實以各衰對減餘衰為差法除之得差數以差數為法遞加減之得

諸隱積數或分數不均者互乘之以為法實

問今有七人分銀甲乙共七十七兩丙丁共六十五兩求各若干兩戊己庚若干兩

答甲四十兩　乙三十七兩　丙卅四兩　丁卅一兩　戊廿八兩　己廿五兩　庚廿二兩

法庚一衰己二衰戊三衰丁四衰丙五衰乙六衰甲七衰問舉甲乙該十三衰丙丁該九衰對減餘

四衰為法以丙丁六十五減甲乙七十七餘十二為實以法除實得三為差以加甲乙七十七得八十以二

归之得四十為甲分以下遞以三減之合問　解舉首推尾

問今有七人分銀丁戊共五十九己庚共四十七求各若干兩甲乙丙若干兩　答同前

法列衰如前問舉丁戊該七衰己庚該三衰對減餘四衰為法以四十七減五十九餘十二

為實法除實得三以減四十七餘四十四以二归之得二十二為庚分以上遞以三加之合問

解舉尾推首

問今有七人分銀各丙丁六十五各丁戊五十九求各若干甲乙己庚若干　答同前

以上皆挨次之變態，於遞差之中而藏，互爲分合，相視幾倍幾分之數。若先作二分，上下各均分之，不求挨次，則法可以不設矣。學者須會此，不得漫然。

一、凡挨次分合兩項爲一數，或合多項爲一數，於人中對舉二數，或舉首推尾，或舉尾推首；或舉首尾推中，或舉中推首尾者。先按人數列爲各衰，然後以兩數對減，餘者爲差實；以各衰對減，餘衰爲差法，除之得差數。以差數爲法，遞加減之，得所隱諸數。若分數不匀者，互乘之以爲法實。

1. 問：今有七人分銀，甲乙共七十七兩，丙丁共六十五兩，求各若干兩？戊己庚若干兩？

答：甲四十兩；　乙三十七兩；
丙卅四兩；　丁卅一兩；
戊廿八兩；　己廿五兩；
庚廿二兩。

法：庚一衰，己二衰，戊三衰，丁四衰，丙五衰，乙六衰，甲七衰。問舉甲乙該十三衰，丙丁該九衰，對減餘四衰爲法。以丙丁六十五減甲乙七十七，餘十二爲實。以法除實，得三定差。以加甲乙七十七，得八十，以二歸之，得四十，爲甲分。以下遞以三減之，合問[1]。

解：舉首推尾。

2. 問：今有七人分銀，丁戊共五十九，己庚共四十七，求各若干兩？甲乙丙若干兩？

答：如前。

法：列衰如前，問舉丁戊該七衰，己庚該三衰，對減餘四衰爲法。以四十七減五十九，餘十二爲實。法除實，得三。以減四十七，餘四十四，以二歸之，得二十二爲庚分。以上遞以三加之，合問。

解：舉尾推首。

3. 問：今有七人分銀，合丙丁六十五，合丁戊五十九，求各若干？甲乙己庚若干？

答：如前。

1 設庚爲 a_0+d，己爲 a_0+2d，戊爲 a_0+3d，丁爲 a_0+4d，丙爲 a_0+5d，乙爲 a_0+6d，甲爲 a_0+7d，據題意得：

$$(a_0+7d)+(a_0+6d)=77$$
$$(a_0+5d)+(a_0+4d)=65$$

相減得：

$$\left[(a_0+7d)+(a_0+6d)\right]-\left[(a_0+5d)+(a_0+4d)\right]=77-65$$

即：

$$(7d+6d)-(5d+4d)=12$$

解得：$d=3$。則甲 a 數爲：

$$a_0+7d=\frac{\left[(a_0+7d)+(a_0+6d)\right]+d}{2}=\frac{77+3}{2}=40$$

遞減 $d=3$，依次得各項。

法列衰以前合丙丁戊共九衰合丁戊共七衰相減餘二為法以五十九減六十五餘六為實法

除實得三為差數再以六十五減三得五十九加三俱得六十二以二歸之得三十一為丁分

以上遞三加之以下遞三減之合問　　解曰中推首尾

問今有七人分米甲乙共七十八戊己庚共七十五求各若干丙丁各若干　　答如前

法列衰如前甲七衰乙六衰共十三衰以三乘之得三十九戊三衰己二衰庚一衰共六衰以

二乘之得十二以三十九餘二十七為法以三乘甲乙總七十八得二百三十四以二乘戊己庚總得

一百五十以減二百三十四餘八十一為實法除實得三為差數以加甲乙總得八十一二歸得甲

以下遞以三減之合問

解曰首尾推中乙丙用二乘三因總甲乙二分戊己庚三分所謂分數不均者以三互

乘者得六分大均則數若自見矣

問今有竹九節欲米上稍四節共三升下根三節共三升九合求中二節及各節欲米

答如前

答第一節一升四合　第二節一升三合　第三節一升二合

第四節一升一合　第五節一升　第六節九合

第七節八合　第八節七合　第九節六合

法上四下三為互法上一次二次三次四共十衰以下三乘之得三十下七次八次九共二十四以上四乘

法：列衰如前，合丙丁共九衰，合丁戊共七衰，對減餘二爲法。以五十九減六十五，餘六爲實。法除實，得三爲差數。或將六十五減三，或將五十九加三，俱得六十二。以二歸之，得三十一，爲丁分。以上遞三加之，以下遞三減之，合問。

解：舉中推首尾。

4. 問：今有七人分銀，甲乙共七十七，戊己庚共七十五，求各若干？丙丁各若干[1]？

答：如前。

法：列衰如前，甲七衰、［己］（乙）六衰，共十三衰，以三乘之，得三十九；戊三衰、己二衰、庚一衰，共六衰，以二乘之，得十二，以［減］三十九，餘二十七爲法。以三乘甲乙總七十七，得二百三十一；以二乘戊己庚總，得一百五十，以減二百三十一，餘八十一爲實。法除實，得三爲差數。以加甲乙總，得八十，二歸得甲。以下遞以三減之，合問[2]。

解：舉首尾推中。◎其用二乘三者，緣甲乙二分，戊己庚三分，所謂分數不均者，以二三互乘，各得六分。人均，則數差自見也。

5. 問：今有竹九節盛米，上稍四節共三升，下根三節共三升九合，求中二節及各節盛米各若干[3]？

答：第一節一升四合；　第二節一升三合；
第三節一升二合；　第四節一升一合；
第五節一升；　第六節九合；
第七節八合；　第八節七合；
第九節六合。

法：上四下三爲互法，上一、次二、次三、次四，共十衰，以下三乘之，得三十；下七、次八、次九，共二十四，以上四乘

---

1 此題爲《算法統宗》卷五衰分章“帶分母子差分”第三題。前三問皆據此題改編。

2 設各項如前，據題意得：

$$(a_0+7d)+(a_0+6d)=77 \quad ①$$

$$(a_0+3d)+(a_0+2d)+(a_0+d)=75 \quad ②$$

①式乘 3、②式乘 2，相減得：

$$3\left[(a_0+7d)+(a_0+6d)\right]-2\left[(a_0+3d)+(a_0+2d)+(a_0+d)\right]=3\times77-2\times75$$

整理得：

$$3\times13d-2\times6d=231-150=81$$

解得：$d=3$。依前法，求得各項。下題解法同。

3 此題爲《同文算指通編》卷五“雜和較乘法”第十二題，據《算法統宗》卷十四衰分難題第八題改編。

之得五十六升減餘六十六為法上四節乘下三升九合得一斗五升六合下三節乘上三升
得總升對減餘六升六合為實法除實得一為差數聯懽上頸起聯三升九合加
三得四升二合三均之得第七節減三餘三升六合三均之得第三節或懽下頸起
聯三升加六得三升六合四均之得第六節減六得二升四合四均之得第九節上求
加之下求減之為各節

解此亦舉首尾推中題之歷之更多做此○此物分物與人分物同法

照本衰分

照本分者均分也若以母數干求得子數干推衰者不求本數每一之率不差是
以猶之均分也一求眾若非單推多求多眾非衆准畫栗布之法彼此在數故
衰分之法分合相換推者有部分者自可以觸類也

一凡照本分者以共母除共子以各母乘之得各子以共子除共母以各子乘之得各母
若分求總則彼此相求者以本子除本母得母法以總子乘之得總母以異子乘之
得異母以本母除本子得子法以總母乘之得總子以異母乘之得異母

問今有四商共販原本四百八十兩得子息六十兩而各母不同甲六十兩乙一百兩丙一百二十兩
丁二百兩求各該分子若干

答甲分七百五十兩　乙分一千二百五十兩　丙分一千五百兩　丁分二千五百兩

之，得九十六，對減，餘六十六爲法。上四節乘下三升九合，得一斗五升六合；下三節乘上三升，得九升，對減，餘六升六合爲實。法除實，得一爲差數。或從上頭起，將三升九合加三，得四升二合，三均之得第一節；減三餘三升六合，三均之得第三節。或從下頭起，將三升加六，得三升六合，四均之得第六節；減六得二升四合，四均之得第九節。上求加之，下求減之，爲各節。

解：此亦舉首尾推中。顯七匿二，更多倣此。◎此物分物，與人分物同法。

［第三篇］

照本衰分

照本分者[1]，均分也。各出母若干，還得子若干，雖參差不齊，然每一之率不差，是以謂之均分也。一求多，畧如單準；多求多，畧如纍準。蓋粟布之法，彼此相較；衰分之法，分合相投。雖各有部分，智者自可以觸類焉。

一、凡照本分者，以共母除共子，以各母乘之，得各子；以共子除共母，以各子乘之，得各母[2]。若分求總，或彼此相求者，以本子除本母得母法，以總子乘之得總母，以異子乘之得異母；以本母除本子得子法，以總母乘之得總子，以異母乘之得異（母）［子］。

1. 問：今有四商共販，原本四百八十兩，得子銀六千兩。而各母不同，甲六十兩，乙一百兩，丙一百二十兩，丁二百兩，求各該分子若干[3]？

答：甲分七百五十兩；　乙分一千二百五十兩；
丙分一千五百兩；　丁分二千五百兩。

---

1 本節所收算題皆爲本利問題，見《算法統宗》卷二“差分”與卷五“合率差分”、《同文算指通編》卷二“合數差分上”。

2 詳參例問一至三。

3 此題爲《同文算指通編》卷二“合數差分上”第一題。

法置子六千兩爲實併該母四百八十爲總母以爲法除實得每母一兩子十二兩五錢八以甲母乘得甲子乙丙丁母乘得乙丙丁子○或以母爲實子爲法除得每子一兩用母八分即以八分除甲乙丙丁各母得數同

解此母求子總多分少爲率一也故得爲法合於一多於求單准之例或以總子乘各母以總母除之或用以總母除各母以各母除總母等法合於參准之例

○舊法有取他貨認價折本攤賠可兼也多法則一也今不贅又假如以斤兩爲法甲分棉九斤十二兩乙分棉五斤四兩共織布百○八尺各該幾千則化斤爲兩甲百五十六兩乙八十四兩併之得二百四十以除總布得四五以甲兩乘之得七丈○二寸以乙兩乘之得三丈七尺八寸又假如以成色爲法甲金五兩九色乙金六兩八色丙金七兩六色共鎔一處得十八兩各該幾千則將甲折足四兩五錢乙折足四兩八錢丙折足四兩二錢共折足十三兩五錢用前法以共足十三兩五錢除共色十八兩得一三三不盡以甲足乘之得六兩以乙足乘之得六兩四錢以丙足乘之得五兩六錢或就先總色則用後法以共色除共足得七五色以除各足同諸如此類可以推之○轉準二法參準其法具諸如左以下諸圖俱倣此

轉準例　先定每率以二率乘三率

一率　每母銀一兩

法：置子六千兩爲實，併諸母四百八十爲總母以爲法，除實得每母一兩子十二兩五錢。以甲母乘得甲子，乙丙丁母乘得乙丙丁子。◎或以母爲實，子爲法，除得每子一兩用母八分。即以八分除甲乙丙丁各母，得數同。

解：此母求子，總多分少，其率一也。求得一爲法，全如一多相求單準之例。或以總子乘各母，以總母除之；或用以總母除各母，以各母除總母等法，全如纍準之例。◎舊法有取貨認價折本攤賠[1]，事類甚多，法則一也，今不贅。

又假如以斤兩爲法，甲分棉九斤十二兩，乙分棉五斤四兩，共織布一百〇八尺，各該若干。則化斤爲兩，甲一百五十六兩、乙八十四兩，併之得二百四十，以除總布，得四五。以甲兩乘之，得七丈〇二寸；以乙兩乘之，得三丈七尺八寸。

又假如以成色爲法，甲金五兩九色，乙金六兩八色，丙金七兩六色，共鎔一處，得十八兩，各該若干。則將甲折足四兩五錢，乙折足四兩八錢，丙折足四兩二錢，共折足十三兩五錢。用前法，以共足十三兩五錢除共色十八兩，得一三三不（不）盡。以甲足乘之得六兩，以乙足乘之得六兩四錢，以丙足乘之得五兩六錢。或欲先見總色，則用後法，以共色除共足，得七五色，以除各足，同。諸如此類，皆可推也。

單準二法，纍準五法，具譜如左。以下諸問，俱倣此。

平準例 先見本率，以二率乘三率

1 見《算法統宗》卷五衰分章“合率差分”第五題；《同文算指通編》卷二“合數差分上”第二、三題。

二率　以子艮十二兩五錢

三率　甲母艮六千　乙母艮一百

丙母艮一百二十　丁母艮二百

四率　甲子艮七百五十　乙子艮一千二百五十

丙子艮一千五十　丁子艮二千五百

單准例　先與異率以二率除三率

一率　每子艮一兩

二率　每母艮八分

三率　甲母艮六千　乙母銀一百

丙母艮一百二十　丁母艮二百

四率　甲子艮七百五十　乙子艮一千二百五十

丙子艮一千五百　丁子艮二千五百

彙准例

一率　總母艮八千四百

二率　總子艮六千

三率　甲母艮六千　乙母艮一百月

一率　每母銀一兩

二率　得子银十二两五钱

三率　㊚母银六十　㊛母银一百

丙母银一百二十　丁母银二百

四率　甲子银七百五十　乙子银一千二百五十

丙子银一千五(十)[百]　丁子银二千五百

單準例 先見異率，以二率除三率

一率　每子銀一兩

二率　應母銀八分

三率　甲母银六十　乙母银一百

丙母银一百二十　丁母银二百

四率　甲子银七百(二)[五]十　乙子银一千二百五十

丙子银一千五百　丁子银二千五百

纍準例

一率　總母銀四百八十

二率　總子銀六千

三率　甲母银六十　乙母银一百兩

丙母银一百二十　丁母银二百

四率　甲子银七百五十　乙子银一千(一)[二]百五十

丙子银一千五百　丁子银二千五百

丁母銀二百　丙母銀一百二十

乙子銀一千二百五十　甲子銀七百五十

丁子銀二千五百　丙子銀一千五百

四率

或以二率乘三率以一率除之或以一率除二率以三率乘之或以二率除一率以除三率

或以一率除三率以二率乘之或以三率除一率以除二率是有五法須以參准〇二

率乘三率甲得三十六萬乙得六十萬丙得七十二萬丁得一百二十萬以一率四百八十除之〇

一率除二率得一二五以各母乘之〇二率除一率得八以除各母〇一率除三率甲得一

二五乙得二〇八三三不盡丙得二五丁得四一六六不盡俱以子六千乘之〇三率除一率甲

得八乙得四八丙得四丁得二四各以除子六千合問

問四商共販本銀四百八十兩得息六千兩甲分息七百五十兩乙分一千二百五十兩丙分

息一千五百兩丁分息二千五百兩求各原母若干

答甲母六十兩　乙母一百兩　丙母一百廿兩　丁母二百兩

法併四子六千兩以除共母四百八十兩得每息兩用母八分以甲乙丙丁各子乘之合問

〇或以共母除共子得一二五以除各子得各母同

解此子求母列率與前法先乘後除並同

問四商共販原本四百八十兩共得息六千兩內甲母六十兩乙母一百廿俱不知各子及得子

或以二率乘三率，以一率除之；或以一率除二率，以三率乘之；或以二率除一率，以除三率；或以一率除三率，以二率乘之；或以三率除一率，以除二率。共有五法，俱如橐準。◎二率乘三率，甲得三十六萬，乙得六十萬，丙得七十二萬，丁得一百二十萬，以一率四百八十除之。◎一率除二率，得一二五，以各母乘之。◎二率除一率，得八，以除各母。◎一率除三率，甲得一二五，乙得二〇八三三不盡，丙得二五，丁得四一六六不盡，俱以子六千乘之。◎三率除一率，甲得八，乙仍得四八，丙得四，丁得二四，各以除子六千。合問。

2.問：四商共販，本銀四百八十兩，得息六千兩。甲分息七百五十兩，乙分一千二百五十兩，丙分息一千五百兩，丁分息二千五百兩，求各原母若干？

答：甲母六十兩；乙母一百兩；

丙母一百廿兩；丁母二百兩。

法：併四子六千兩，以除共母四百八十兩，得每息一兩用母八分。以甲乙丙丁各子乘之，合問。◎或以共母除共子，得一二五，以除各子，得各母。同。

解：此子求母，列率如前。或先乘後除，並同。

3.問：四商共販，原本四百八十兩，得息六千兩。內甲母六十兩，乙母一百兩，俱不知子；丙得子

一千五百兩丁得子二千五百兩俱不知母求甲乙之子丙丁之母各若干

答甲子六百五十兩　乙子一千二百五十兩　丙母一百廿兩　丁母二百兩

法以原本四百八十除息六千得一二五以甲乙二母各乘之得各子以其六千除原本四百

八十得八以丙丁二子各乘得各母　解此章子求母交互相求

問四商共販原本四百八十兩不知獲共息幾何但知甲母六十兩得息七百五十兩乙母

一百兩丙母一百二十兩丁母二百兩亦不知各得息若何求共息各息若干

答總息六千兩　乙息一千二百五十兩　丙息一千五百兩　丁息二千五百兩

法以甲母除甲子得一二五以總母及乙丙丁各母乘之各得問　解以本母除本子得子法

問四商共販得息六千兩但知甲分七百五十兩是原本六十兩所得乙分一千二百五十兩丙分

一千五百兩丁分二千五百兩求總母各母若干

答總母四百八十兩　乙母一百兩　丙母一百二十兩　丁母二百兩

法以甲子除甲母得八以總子及乙丙丁各子乘之各得問　解以本子除本母得母法

一凡照本分兩各母互層積皆歸併之以為母各以入行支分之以為母

問三商共販得子艮一千九百九十兩二錢甲母二百兩八個月乙母四百兩六個月丙母五百兩

十個月各該分息若干

答甲三百四十二兩四錢　乙五百七十七兩八錢　丙一千〇七十兩

一千五百兩，丁得子二千五百兩，俱不知母。求甲乙之子、丙丁之母各若干？

答：甲子七百五十兩；　　　　乙子一千二百五十兩；

丙母一百廿兩；　　　　丁母二百兩。

法：以原本四百八十除息六千，得一二五，以甲乙二母各乘之，得各子。以共六千除原本四百八十，得八，以丙丁二子各乘，得各母。

解：此半子半母，交互相求。

4. 問：四商共販，原本四百八十兩，不知獲共息幾何。但知甲母六十兩，得息七百五十兩。乙母一百兩，丙母一百二十兩，丁母二百兩，亦不知各得息幾何。求共息、各息若干？

答：總息六千兩。　　　　乙息一千二百五十兩；

丙息一千五百兩；　　　　丁息二千五百兩。

法：以甲母除甲子，得一二五。以總母及乙丙丁各母乘之，合問。

解：以本母除本子，得子法。

5. 問：四商共販，得息六千兩。但知甲分七百五十兩，是原本六十兩所得。乙分一千二百五十兩，丙分一千五百兩，丁分二千五百兩。求總母、各母若干？

答：總母四百八十兩。　　　　乙母一百兩；

丙母一百二十兩；　　　　丁母二百兩。

法：以甲子除甲母得八，以總子及乙丙丁各子乘之，合問。

解：以本子除本母，得母法。

一、凡照本分而各母有層褋者，歸併之以爲母；有出入者，支分之以爲母。

1. 問：三商共販，得子銀一千九百九十兩二錢。甲母二百兩、八箇月，乙母四百［五十］兩、六箇月，丙母五百兩、十箇月，各該分息若干[1]？

答：甲三百四十二兩四錢；　　　　乙五［百］七十七兩八錢；

丙一千〇七十兩。

1 此題爲《同文算指通編》卷二“合數差分上”第四題。題設數據略有不同，子銀一千九百九十兩二錢，《同文算指通編》作“一千兩”。

法甲以二百乘八得一千六百為母乙以四百五十乘六得二千七百為母丙以五百乘十得五千為母

共九千三百為衆以除子一千九百九十兩二錢得二一四以各母乘之合問

解先有良數又有月數為層襍故归併之再另做此

問三商共做得子銀一千兩但於甲出母良二百兩八箇月得子良三百四十二兩四錢乙出母

良四百五十兩得子五百七十七兩八錢不於月數丙出良十箇月得子一千〇七十兩不於母

良數求乙月數若干丙良若干

答乙六箇月　丙良五百兩

法以甲母二百乘八月箇得一六為母衆以除子良三百四十二兩四錢得二一四為法以除

乙子五百七十七兩八錢得二七為乙母衆以良四百五十兩除之得月數以除丙子一

千〇七十兩得五為丙母衆以十箇月除之得良數合問

解襍數中但一分全無餘皆可推而知之〇若以甲子三百四十二兩四錢除甲母一六得一

四六七八有奇以乙丙子乘之同但左不盡之數不如母除子之捷母除子則用除

子除母則用乘惟所便了

問四商唐積二年得利二千兩甲母三千兩至八箇月取去一千兩至十九箇月又加一千

二百兩乙母三千四百兩至六箇月取去八百兩至十五箇月又加一千四百兩丙母三千兩至七

月收回至十七箇月另出母一千六百兩丁初未出母至六箇月出母一千八百兩又過四箇

法：甲以二百乘八，得一千六百爲母；乙以四百五十乘六，得二千七百爲母；丙以五百乘十，得五千爲母，共九千三百衰。以除子一千九百九十兩二錢，得二一四。以各母乘之，合問。

解：既有銀數，又有月數，爲層襍，故歸併之。更多倣此。

2.問：三商共販，得子銀一千兩。但知甲出母銀二百兩、八箇月，得子銀三百四十二兩四錢。乙出母銀四百五十兩，得子五百七十［七］兩八錢，不知月數。丙出銀十箇月，得子一千〇七十兩，不知母銀數。求乙月若干？丙銀若干？

答：乙六箇月；　　丙銀五百兩。

法：以甲母二百乘八（月箇）［箇月］，得一六爲［甲］母衰[1]，以除子銀三百四十二兩四錢，得二一四爲法。以除乙子五百七十七兩八錢，得二七爲乙母衰，以銀四百五十兩除之，得月數；以除丙子一千〇七十兩，得五爲丙母衰，以十箇月除之，得銀數。合問。

解：襍數中但一分全，其餘皆可推而知之。◎若以甲子三百四十二兩［四］錢除甲母一六，得四六六八有奇[2]，以乙丙子乘之，同。但有不盡之數，不如母除子之捷。母除子則用除，子除母則用乘，惟所便耳。

3.問：四商居積二年[3]，得利二萬兩。甲母三千兩，至八箇月取去一千兩，至十九箇月又加一千二百兩。乙母二千四百兩，至六箇月取去八百兩，至十五箇月又加一千四百兩。丙母二千兩，至七月收回，至十七箇月另出母一千六百兩。丁初未出母，至六箇月出母一千八百兩，又過四箇

1 據後文“乙母衰”、“丙母衰”，此處“母衰”當作“甲母衰”，“甲”字脱，依例補。

2 按：$\frac{16}{342.4} \approx 0.04673$，原文“四六六八”當作“四六七三”。

3 居積，囤積。

箇月取去九百兩暨十六箇月又加一千五百兩求各分息若干

答甲七千〇九十三兩八錢零　乙六千三百八十四兩四錢零

丙二千八百八十三兩二錢零　丁三千六百三十八兩四錢零

法甲分三支以三千乘八月得二萬四千為甲一支取出一千止剩二千兩暨第九箇月數至第十九箇月共十一月以二千乘之得二萬二千為甲二支二千加一千二百共三千二百暨第二十箇月數至滿二年得五箇月以三千二百乘之得一萬六千為甲三支通共六萬二千為甲衰乙分三支二千四百乘六月得一萬四千四百為乙一支取八百兩剩一千六百兩暨第七箇月數至第十五箇月共九月以一千六百乘之得一萬四千四百為乙二支一千六百加一千四百共三千暨第十六箇月數至滿二年共九月以三千乘之得二萬七千為乙三支通共五萬五千八百為乙衰丙分二支三千兩乘七箇月得二萬一千為丙一支暨第十八箇月數至滿二年共七箇月以另出長一千六百乘之得一萬一千二百為丙二支通共三萬二千二百為丙衰丁分三支以一千八百兩乘四箇月得七千二百為丁一支取九百剩九百兩暨先空六箇月出長後四箇月計十箇月又暨十一箇月數至十六箇月共六箇月以九百乘之得五千四百為丁二支九百加一千五百共二千四百暨第十七箇月數至滿二年得八箇月以二千四百乘之得一萬九千二百為丁三支通共三萬一千八百為丁衰四人通計十七萬四千八百以二乘甲衰得十二萬四千以二乘乙衰得一十一萬一千六百以二乘丙衰得五萬〇四百以二乘丁衰得六萬

（箇）月取去九百兩，至十六箇月又加一千五百兩。求各分息若干[1]？

答：甲七千〇九十三兩八錢零；　　乙六千三百八十四兩四錢零；

丙二千八百八十三兩二錢零；　　丁三千六百三十八兩四錢零。

法：甲分三支：以三千乘八月，得二萬四千，爲甲一支；取出一千，止剩二千兩，從第九箇月數至第十九箇月，共十一月，以二千乘之，得二萬二千，爲甲二支；二千加一千二百，共三千二百，從第二十箇月數至滿二年，得五箇月，以三千二百乘之，得一萬六千，爲甲三支。通共六萬二千，爲甲衰。

乙分三支：二千四百乘六月，得一萬四千四百，爲乙一支；取八百兩，剩一千六百兩，從第七箇月數至第十五箇月，共九月，以一千六百乘之，得一萬四千四百，爲乙二支；一千六百加一千四百，共三千，從第十六箇月數至滿二年，共九月，以三千乘之，得二萬七千，爲乙三支。通共五萬五千八百，爲乙衰。

丙分二支：二千兩乘七箇月，得一萬四千，爲丙一支；從第十八箇月數至滿二年，共七箇月，以另出銀一千六百乘之，得一萬一千二百，爲丙二支。通共二萬五千二百，爲丙衰。

丁分三支：以一千八百兩乘四箇月，得七千二百，爲丁一支；取九百剩九百，從先空六箇月出銀後四箇月，計十箇月，又從十一箇月數至十六箇月，共六箇月，以九百乘之，得五千四百，爲丁二支；九百加一千五百，共二千四百，從第十七箇［月］數至滿二年，得八箇月，以二千四百乘之，得一萬九千二百，爲丁三支。通共三萬一千八百，爲丁衰。

四人通計十七萬四千八百。以二乘甲衰，得十二萬四千；以二乘乙衰，得一十一萬一千六百；以二乘丙衰，得五萬〇四百；以二乘丁衰，得六萬

1 此題爲《同文算指通編》卷二“合數差分上”第六題。

三千六百者，以全衰十七萬四千八百除之，合問

解 各母但多息必少，母少息多，故變衰之更多，倣此

一月照本分，以均求不均，取子母同而分子異，以不均求均，取子母異而分子同，只以為同

分為法，互相變而得率，求不均則多者多之，少者少之，求均則以多為少，以少為多

前以零求全者，兩相對減，餘者以零合除之得法，以除全數，或用餘除零得法，以全數乘之

問 今有三商共販，各出銀一千二百兩，五分息，甲得三百二十兩，乙得五百六十兩，丙得六百八十兩

甲係一年，求乙丙年分各若干

答 乙一年九箇月　丙二年一箇月十五日

法 以年日法三百六十乘乙息五百六十兩，得二萬一千六百，以甲息三百二十除之，得六百

三十日，以年法三百六十除之，得一年，整餘二百七十日，以月法三十除之，得九箇月。○以年

日法乘丙息六百八十，得二十四萬四千八百，以甲息三百二十除之，得七百六十五日，以

年法三百六十除之，得二年，整餘四十五日，以月法三十除之，得一箇月，零十五日

解 此母同而分息不同，所謂均求不均也。得息多者因年分多，得息少者因年

分少，故置同本不算，只以息相較而得年分，若列率則甲息三百二十為一率，甲年

法三百六十為二率，乙丙息數為三率，乙丙年分為四率，是息視息，年視年，多

寡皆等故也。或甲息除乙丙息，得幾倍，或乙丙息除甲息，得幾分，以甲息自

三千六百。各以全衰十七萬四千八百除之，合問[1]。

解：各母忽多忽少爲出入，故支分之。更多倣此。

一、凡照本分以均求不均，如出母同而分子異；以不均求均，如出母異而分子同者，只以不同者爲法，互相交而得率。求不均，則多者多之，少者少之；求均，則以多爲少，以少爲多。若以零求全者，兩相對減，餘者以零除之，得法以除全數；或用餘除零，得法以全數乘之。

1.問：今有三商共販，各出銀一千二百兩。至分息，甲得三百二十兩，乙得五百六十兩，丙得六百八十兩。甲係一年，求乙丙年分各若干？

答：乙一年九箇月；　　　　丙二年一箇月十五日。

法：以年日法三百六十乘乙息五百六十兩，得二［十］萬一千六百，以甲息三百二十除之，得六百三十日。以年法三百六十除之，得一年整，餘二百七十日；以月法三十除之，得九箇月。◎以年日法乘丙息六百八十兩，得二十四萬四千八百，以甲息三百二十除之，得七百六十五日。以年法三百六十除［之］[2]，得二年整，餘四十五日；以月法三十除之，得一箇月零十五日。

解：此出母同而分息不同，所謂均求不均也。得息多者因年分多，得息少者因年分少，故置同本不算，只以息相較，而得年分。若列率，則甲息三百二十爲一率，甲年法三百六十爲二率，乙丙息數爲三率，乙丙年分爲四率。蓋息視息，年視年，多寡定等故也。或甲息除乙丙息得幾倍；或乙丙息除甲息得幾分；或甲息自

---

1 依法求得甲乙丙丁各衰分别爲：

$$甲衰 = 3000\times8 + 2000\times11 + 3200\times5 = 62000$$
$$乙衰 = 2400\times6 + 1600\times9 + 3000\times9 = 55800$$
$$丙衰 = 2000\times7 + 1600\times7 = 25200$$
$$丁衰 = 1800\times4 + 900\times6 + 2400\times8 = 31800$$

併衰爲：

$$62000 + 55800 + 25200 + 31800 = 174800$$

以各衰乘共利，以併衰除之，得每人分息：

$$甲息 = \frac{62000\times20000}{174800} \approx 7093.8$$

$$乙息 = \frac{55800\times20000}{174800} \approx 6384.4$$

$$丙息 = \frac{25200\times20000}{174800} \approx 2883.2$$

$$丁息 = \frac{31800\times20000}{174800} \approx 3638.4$$

2 之，原書無，朱筆校補。

除年得每息若干年若干或甲年自除息得每年若干息若干四法俱相策

准今所用者止先乘後除之一法耳○若以乙法定率則以乙息為一率乙年法六百

三十日為二率甲丙息數為三率甲丙年分為四率以丙法定率皆求甲乙息○

或以甲每一千二百乘甲年法三百六十得四十三萬二千以甲息三百二十除之得每息一

两應一千三百五十為每息以乙息五百六十乘之得七十五萬六千以乙每一千二百两除之

得六百三十日再置息法一千三百五十以丙息六百八十乘之得九十一萬八千以丙每

一千二百除之得七百六十五日各得其法之捷

問今三商共販一年甲分息三百二十两乙五百六十两丙六百八十两甲原本一百六十两求乙

丙各原本若干

答乙二百八十两 丙三百四十两

法以甲息三百二十两除原本一百六十两得每息一两原本五錢以乙息乘之得乙本以丙息

乘之得丙本合問

解此亦均求不均但前係本同時異此係時同本異○此乃息本自除之法若用前法

則以甲本一百六十两乘乙息五百六十两得八萬九千六百以甲本乘丙息得十萬八千八百若

以甲息三百二十除之餘三法可推

問今有三商共販甲一年乙二年九箇月丙二年六箇月十五日共分息俱一千二百两甲本六

除年，得每息若干年若干；或甲年自除息，得每年若干息若干。四法俱如橐準。今所用者，止先乘後除之一法耳。◎若以乙法定率，則以乙息爲一率，乙年法六百三十日爲二率，甲丙息數爲三率，甲丙年分爲四率。以丙法定率，轉求甲乙，亦然。◎或以甲母一千二百乘甲年法三百六十，得四十三萬二千。以甲息三百二十除之，得每息一兩應一千三百五十，爲母息。以乙息五百六十乘之，得七十五萬六千，以乙母一千二百兩除之，得六百三十日。再置息法一千三百五十，以丙息六百八十乘之，得九十一萬八千，以丙母一千二百除之，得七百六十五日。不如上法之捷。

2. 問：今三商共販，一年甲分息三百二十兩，乙五百六十兩，丙六百八十兩。甲原本一百六十兩，求乙丙各原本若干？

答：乙二百八十兩；　　丙三百四十兩。

法：以甲息三百二十兩除原本一百六十兩，得每息一兩原本五錢。以乙息乘之得乙本，以丙息乘之得丙本。合問。

解：此亦均求不均，但前係本同時異，此係時同本異。◎此乃息本自除之法。若用前法，則以甲本一百六十兩乘乙息五百六十兩，得八萬九千六百；以甲本乘丙息，得十萬八千八百，各以甲息三百二十除之。餘三法可推。

3. 問：今有三商共販，甲一年，乙一年九箇月，丙二年一箇月十五日。至分息，俱一千二百兩。甲本六

百八十兩求乙丙各若干

答乙三百八十八兩五錢七分一釐零一百七十五之七十五　丙三百二十兩

法以年法三百六十化乙一年得三百六十日又以月法化乙九月得二百七十日共六百三十日以甲一年法三百六十除之得一倍七分五釐以除甲本再以年法三百六十化丙二年得七百二十日以月法三十化丙一月得三十日再加十五日共七百六十五日以甲年三百六十除之得二倍一分二釐五毫以除甲本合問

解此與母不同而子同故此理不均求均也其銀多者年分少其銀少者年分多故置息不等其以年分相較此乙年視甲年一倍七分五釐即如甲銀視乙銀之一倍七分五釐也故以乙法除甲本而得試置乙本三百八十八兩五錢七分一釐以一七五乘仍得甲本○頭用交準法以六百八十乘年法三百六十得二四四八以乙年除之得乙數以丙年除之得丙數互除等互法與互准篇內擧之法餘可推

頭上六百八十兩借物乃時以多故除之少者乘之此理以多乃少以少為多也

問今有三商共販甲銀六百八十兩乙銀三百八十八兩五錢七分五釐有奇丙銀三百二十兩分息同得一千二百兩甲一年求乙丙年分若干

答乙一年九箇月　丙二年一月十五日

法置甲六百八十兩以三百六十日乘之得二四四八以乙銀除之得六百三十日為乙年以丙銀除之得七百六十五日為丙年

百八十兩，求乙丙各若干？

答：乙三百八十八兩五錢七分一厘零一百七十五之七十五；

丙三百二十兩。

法：以年法三百六十化乙一年，得三百六十日；又以月法化乙九月，得二百七十日，共六百三十日。以甲一年法三百六十除之，得一倍七分五厘，以除甲本[1]。再以年法三百六十化丙二年，得七百二十日；以月法三十化丙一月，得三十日，再加十五日，共七百六十五日。以甲年三百六十除之，得二倍一分二厘五毫，以除甲本。合問。

解：此出母不同而分子同，所謂不均求均也。出銀多者年分必少，出銀少者年分必多，故置息不筭，只以年分相較。如乙年視甲年一倍又七分五厘，即知甲銀視乙銀亦一倍七分五厘也，故以乙法除甲年而得。試置乙本三百八十八兩五錢七分一厘，以一七五乘，仍得甲本。◎或用變準法，以六百八十乘年法三百六十，得二四四八，以乙年除之得乙數，以丙年除之得丙數。互除等五法，見重準篇内。舉二法，餘可推[2]。

4. 問：今有三商共販，甲銀六百八十兩，乙銀三百八十八兩五錢七分五厘有奇[3]，丙銀三百二十兩。至分息，同得一千二百兩。甲一年，求乙丙年分若干？

答：乙一年九箇月；　　丙二年一月十五日。

法：置甲六百八十兩，以三百六十日乘之，得二四四八。以乙銀除之，得六百三十日，爲乙年；以丙銀除之，得七百六十五日，爲丙年。

---

1 將甲本 680 兩化作 680000 厘，除以 1.75，得：

$$\frac{680000}{1.75}=\frac{68000000}{175}=388571\frac{75}{175}\text{厘}$$

2 原書天頭批註云："將六百八十兩，借物爲時，以多者除之，少者乘之，所謂以多爲少，以少爲多也。"

3 據前題演算，"五厘"當作"一厘"。

解此亦不均求均，前以時求數，此以數求時。此因安准餘法可推

問今有三商共販，甲得息五十兩，乙得息一百五十兩，乙母良原借甲乙零八兩，求共本甲

乙本各若干

答共本三十二兩　甲八兩　乙二十四兩

法倍甲息一百兩，減乙息，餘五十兩，以零八兩除之，得每本一兩息六二五，以除甲息

得甲本，除乙息得乙本，合得總本。問○或以五十兩除零八兩，得一六，以甲息乘之得甲

本，以乙息乘之得乙本，合之得共本同

解此以零折總之法。乙息視甲二倍，又多五十兩，乙本多甲二倍，餘八兩，即折此五十兩

乃八兩。既得以五十除八，得每息一兩用本若干，故以各息乘之，因於甲五十兩得若干

乙一百五十兩得若干也。與以八除五十得每本一兩息若干，因以各息為法，倒得各

本，反覆可以推明

貴賤衰分

物之分價，猶人之分物也。然人分物爲順，此每人幾分，每人幾厘，析之以成當之物

分大爲逆，止可云每幾物可給幾人而已，豈得曰可給幾分人幾厘人乎。雖有其法難

以施用，蓋物之與價固可反覆推求，爲貴賤衰分

一貴賤衰分，那物分價，那價分物積，與人分物同法，其取用者有取異者，取同者，併每

解：此亦不均求均，前以時求數，此以數求時。◎此因變準，餘法可推。

5. 問：今有二商共販，甲分息五十兩，乙分息一百五十兩。乙母銀原倍甲，又零八兩，求共本、甲乙本各若干？

答：共本三十二兩。

甲八兩；　　乙二十四兩。

法：倍甲息一百兩，減乙息餘五十兩，以零八兩除之，得每本一兩息六二五。以除甲息得甲本，除乙息得乙本，合得總。合問。◎或以五十兩除零八兩，得一六，以甲息乘之得甲本，以乙息乘之得乙本，合之得共本。同。

解：此以零知總之法，乙息視甲二倍又多五十兩，乙本多甲二倍餘八兩，即知此五十兩乃八兩所得。以五十除八，得每息一兩用本若干，故以各息乘之，因知甲五十應得若干，乙一百五十應得若干也。與以八除五十，得每本一兩息若干，因以各息爲法，倒得各本，反覆可以相明。

［第四篇］

貴賤衰分

物之分價，猶人之分物也。然人分物爲順，如每人幾分、每人幾厘，析之無窮也。物分人爲逆，止可云每幾物可給幾人而已，豈得曰可給幾分人、幾厘人乎？雖有其法，難以施用。若物之與價，固可反覆相求，爲貴賤衰分[1]。

一、［凡］貴賤衰分，或物分價，或價分物，皆與人分物同法。有取同者，有取異者。取同者，併每

1 貴賤衰分，《算法統宗》卷五作“貴賤差分”，其一般形式爲：已知共價買共物若干，以及貴物單價、賤物單價，求貴物、賤物。本書將此類問題歸入衰分章第七篇“雜和衰分”中。此處貴賤衰分的一般形式爲：已知共價若干，貴物單價、賤物單價，以及貴物和賤物的比例關係，求貴物、賤物。在《算法統宗》中屬“合率差分”。本書衰分章第一篇“合率差分”之“衰分有累數者”第十問即此類問題。

法以爲衆取其共以分數乘每法爲衆差問數物即用物爲每法問數價即用價爲每法共以互換求之

問今有銀一千二百兩以買綾絹每綾一疋價三兩六錢每絹一疋價二兩四錢要二物均平求各疋若干各價若干

答綾絹各二百疋　綾價七百二十兩　絹價四百八十兩

法以綾價三兩六錢併絹價二兩四錢共六兩爲法除總銀一千二百兩爲綾絹各數以各價乘之合問

解此物分價取同者

問今有銀一千二百兩以買綾絹每銀一兩買綾三十尺買絹四十五尺要二物均平求各疋若干各價若干

答綾絹各二萬一千六百尺　綾價七百二十兩　絹價四百八十兩

法二法互換以三十爲賤價法以四十五爲貴價法併得七十五兩除總銀得十六分以貴法乘之得貴價以賤法乘之得賤價各以尺數乘之合問○或以併法除總銀得十六以三十與四五相乘得一百三十五乘之得尺數以原法除之得各價同

解此亦物分價取同者前問以物爲每法則物數自齊此問以價爲每法則物數不齊矣須以一百三十五爲通法貴當值四十五兩賤當值三十兩然後齊故用

法以爲衰；取異者，以分數乘每法爲衰。若問顯物，即用物爲每法；問顯價，即用價爲每法者，以互换求之。

1. 問：今有銀一千二百兩，以買綾絹，每綾一疋價三兩六錢，每絹一疋價二兩四錢。要二物均平，求各疋若干？各價若干[1]？

答：綾絹各二百疋。

綾價七百二十兩；　　絹價四百八十兩。

法：以綾價三兩六錢併絹價二兩四錢，共六兩爲法，除總銀得二百疋，爲綾、絹各數。以各價乘之，合問。

解：此物分價取同者。

2. 問：今有銀一千二百兩，以買綾絹，每銀一兩買綾三十尺，買絹四十五尺。要二物均平，求各疋若干？各價若干？

答：綾絹各二萬一千六百尺。

綾價七百二十兩；　　絹價四百八十兩。

法：二法互换，以三十爲賤價法，以四十［五］爲貴價法，併得七十五兩，除總銀得十六分。以貴法乘之得貴價，以賤法乘之得賤價[2]。各以尺數乘之，合問。◎或以併法除總銀得一六，以三十與四五相乘，得一百三十五，乘之得尺數[3]。以原法除之，得各價，同。

解：此亦物分價取同者。前問以物爲每法，則物數自齊；此問以價爲每法，則物數不齊矣。須以一百三十五爲通法，貴當值四十五兩，賤當值三十兩，然後齊，故用

1 以下絹綾算題，皆據《算法統宗》卷五衰分章“合率差分”第一題改編。題設“二物均平”，《算法統宗》作“絹一停綾二停”。

2 求綾絹各價，解法如下所示：

$$絹價=\frac{1200}{30+45}\times 30=480\text{兩}$$

$$綾價=\frac{1200}{30+45}\times 45=720\text{兩}$$

3 求絹綾尺數，解法如下所示：

$$\frac{1200}{\frac{1}{30}+\frac{1}{45}}=\frac{1200}{30+45}\times(30\times 45)=21600\text{尺}$$

互換而得之也詳見粟布中

問今有綾絹共五萬四千尺每銀一兩買綾三十尺買絹四十五尺要二價均平求各價若干各尺若干

答綾絹價各八百二十兩　綾二萬一千六百尺　絹三萬二千四百尺

法併綾三十尺絹四十五尺得七十五尺為法以除總物得七百二十兩為綾絹價以各尺數乘之合問

解價分物取用與第一問同法

問今有綾絹五萬四千疋每綾疋價三兩六錢每絹一疋價二兩四錢要二價均平求各價若干各疋若干

答綾絹價各七萬七千七百六十兩　綾二萬一千六百疋　絹三萬二千四百疋

法以三兩六錢為賤法以二兩四錢為貴法併得六為法除總物得九以二法相乘八六四乘之得各價數以原法三兩六錢二兩四錢各除之合問

解此亦價分物取用與第二問同法○以上問題價則求物均問題物則求價均若題價求價均題物求物均者以折半為法徑求易求不費○以上俱求用之法

問今有銀四百三十二兩二錢以買綾絹綾價每疋三兩六錢絹價每疋二兩四錢要綾三停絹二停求各價各色若干

互換而得之也。詳見粟布中。

3. 問：今有綾絹共五萬四千尺，每銀一兩買綾三十尺，買絹四十五尺。要二價均平，求各價若干？各尺若干？

答：綾絹價各七百二十兩。

綾二萬一千六百尺；　　　　絹三萬二千四百尺。

法：併綾三十尺、絹四十五尺，得七十五尺爲法。以除總物，得七百二十兩，爲綾絹價。以各尺數乘之，合問。

解：價分物取同，與第一問同法。

4. 問：今有綾絹五萬四千疋，每綾一疋價三兩六錢，每絹一疋價二兩四錢。要二價均平，求各價若干？各疋若干？

答：綾絹價各七萬七千七百六十兩。

綾二萬一千六百疋；　　　　絹三萬二千四百疋。

法：以三兩六錢爲賤法，以二兩四錢爲貴法，併得六爲法，除總物得九。以二法相乘八六四乘之，得各價數。以原法三兩六錢、二兩四錢各除之，合問[1]。

解：此亦價分物取同者，與第二問同法。◎以上問顯價則求物均，問顯物則求價均。若顯價求價均，顯物求物均者，以折半爲法，徑而易求，不贅。◎以上俱求同之法。

5. 問：今有銀四百二十一兩二錢以買綾絹，綾價每疋三兩六錢，絹價每疋二兩四錢。要綾三停[2]、絹二停，求各價各色若干？

---

1 求綾絹各價，解法如下所示：

$$\frac{54000}{\frac{1}{3.6}+\frac{1}{2.4}}=\frac{54000}{3.6+2.4}\times(3.6\times2.4)=9000\times8.64=77760\text{兩}$$

綾絹疋數分別得：

$$\text{綾疋}=\frac{77760}{3.6}=21600\text{疋}$$

$$\text{絹疋}=\frac{77760}{2.4}=32400\text{疋}$$

2 停，等也。總數均分若干份，每份叫做“一停”。

答綾八十二疋　價二百九十二兩六錢　綃五十四疋　價一百二十九兩六錢

法置綾三兩六錢以三乘之得一百〇八衰置綃二兩四錢以二乘之得四十八衰共一百五十六衰置總艮以各衰乘之以總衰除之得各價以每法除各價得疋數合問

解此以物分價取異其

問今有銀三千四百兩以買綾綃每艮一兩買綾三十尺買綃四十尺要綾二倍綃三倍求各價各色若干

答綾價一千六百兩　綃價一千八百兩

法二法互換綾三十尺乘三倍得九十衰爲綃法四十尺乘二倍得八十衰爲綾法共一百七十衰置總艮以各衰乘之以總衰除之得各價以每法乘之得各尺合問

解此亦物分價取異其以價爲每法故用互換

問今有綾綃四千〇八十尺每艮一兩買綾三十尺買綃四十尺要綾價二倍綃價三倍求各色各價若干

答綾二千一百六十尺　價七十二兩

綃一千九百二十尺　價四十八兩

法三十尺以三乘之得九十衰爲綾率四十尺以二乘之得八十衰爲綃率共一百七十衰置總數以各衰乘之以共衰除之合問

答：綾八十一疋；　　　　　　　　價二百九十一兩六錢。

絹五十四疋；　　　　　　　　價一百二十九兩六錢。

法：置綾三兩六錢，以三乘之得一百〇八衰。置絹二兩四錢，以二乘之得四十八衰，共一百五十六衰。置總銀，以各衰乘之，以總衰除之，得各價[1]。以每法除各價，得疋數。合問。

解：此以物分價取異者。

6. 問：今有銀三千四百兩以買綾絹，每銀一兩買綾三十尺，買絹四十尺。要綾二停、絹三停，求各價各色若干？

答：綾價一千六百兩；　　　　　　　　絹價一千八百兩。

法：二法互換，綾三十尺乘三停，得九衰，爲絹法；四十尺乘二停，得八衰，爲綾法，共十七衰。置總銀，以各衰乘之，以總衰除之，得各價[2]。以每法乘之，得各尺。合問。

解：此亦物分價取異者，以價爲每法，故用互換。

7. 問：今有綾絹四千〇八十尺，每銀一兩買綾三十尺，買絹四十尺。要綾價三停，絹價二停，求各色各價若干？

答：綾二千一百六十尺；　　　　　　　　價七十二兩。

絹一千九百二十尺；　　　　　　　　價四十八兩。

法：三十尺以三乘之，得九十衰，爲綾率；四十尺以二乘之，得八十衰，爲絹率，共一百七十衰。置總數，以各衰乘之，以共衰除之。合問[3]。

---

1 求絹綾各價，解法如下所示：

$$綾價=\frac{421.2}{3.6\times3+2.4\times2}\times(3.6\times3)=\frac{421.2}{15.6}\times10.8=291.6\text{兩}$$

$$絹價=\frac{421.2}{3.6\times3+2.4\times2}\times(2.4\times2)=\frac{421.2}{15.6}\times4.8=129.6\text{兩}$$

2 求絹綾各價，解法如下所示：

$$綾價=\frac{3400}{30\times3+40\times2}\times(40\times2)=1600\text{兩}$$

$$絹價=\frac{3400}{30\times3+40\times2}\times(30\times3)=1800\text{兩}$$

3 求綾絹尺數，解法如下所示：

$$綾尺=\frac{4080}{30\times3+40\times2}\times(30\times3)=2160\text{尺}$$

$$綾尺=\frac{4080}{30\times3+40\times2}\times(40\times2)=1920\text{尺}$$

與第五問解法完全相同，惟銀數與尺數互換。

解此物以價分物取異者

問今有綾絹九百三十六疋綾每疋價三兩六錢絹每疋價二兩四錢要綾價二停絹價三停求各若干各價若干

答絹六百四十八疋　價一千五百五十五兩二錢

綾二百八十八疋　價一千〇三十六兩八錢

法二法互換以三兩六錢乘三停得一百〇八衰為絹率以二兩四錢乘二停得四十八衰為綾率共一百五十六衰置總疋以各衰乘之以共衰除之得各疋數以各價乘之合問

解此以價分物取異用互換法故〇以上俱求異之法

一凡貴賤衰分每法不顯實數止顯分數故亦以折乘為衰

問今有銀一千二百兩以買綾絹綾二百五十疋絹一百二十五疋要絹價一分綾價一分有半求各價若干

答綾價九百兩　絹價三百兩

法綾二百五十乘一分有半得三百七十五衰絹一百二十五乘一分仍得一百二十五衰共五百衰以除總銀得二四以綾衰乘之得綾價以絹衰乘之得絹價合問

解前三停二停皆分數暗指物數而言今所謂一分一分有半皆暗指每法而

解：此以價分物取異者。

8. 問：今有綾絹九百三十六疋，綾每疋價三兩六錢，絹每疋價二兩四錢。要綾價二停，絹價三停，求各色各價若干？

答：絹六百四十八疋；　　　　價一千五百五十五兩二錢。

綾二百八十八疋；　　　　價一千〇三十六兩八錢。

法：二法互換，以三兩六錢乘三停，得一百〇八衰，爲絹率；以二兩四錢乘二停，得四十八衰，爲綾率，共一百五十六衰。置總疋，以各衰乘之，以共衰除之，得各疋數[1]。以各價乘之，合問。

解：此以價分物取異，用互換法者。◎以上俱求異之法。

一、凡貴賤衰分，若每法不顯實數，止顯分數者，亦以相乘爲衰。

1. 問：今有銀一千二百兩以買綾絹，綾二百五十疋，絹一百二十五疋。其絹價一分，綾價一分有半，求各價若干？

答：綾價九百兩；　　　　絹價三百兩。

法：綾二百五十乘一分有半，得三百七十五衰；絹一百二十五乘一分，仍得一百二十五衰，共五百衰。以除總銀，得二四。以綾衰乘之得綾價，以絹衰乘之得絹價[2]。合問。

解：前三停、二停，其分數暗指物數而言；今所謂一分、一分有半者，暗指每法而

1 求綾絹尺數，解法如下所示：

$$綾尺=\frac{936}{3.6\times3+2.4\times2}\times(2.4\times2)=288尺$$

$$絹尺=\frac{936}{3.6\times3+2.4\times2}\times(3.6\times3)=648尺$$

與第六問解法完全相同，惟銀數與尺數互換。

2 求綾絹價數，解法如下所示：

$$綾價=\frac{1200}{250\times1.5+125\times1}\times(250\times1.5)=900兩$$

$$絹價=\frac{1200}{250\times1.5+125\times1}\times(125\times1)=300兩$$

言互於相乘為衰實法則一

問今有綾絹三百七十五疋綾價九百兩絹價三百兩每綾一疋值絹一疋五分求各色若干

答綾二百五十疋　絹一百二十五疋

法置九百兩以一乘仍得九百為綾率三百兩以一五乘得四百五十為絹率共一百三十五衰以各衰乘總疋以共衰除之

解前以物求價此以價求物

一凡貴賤衰分不顯每法必以物價相除而得

問今有銀一千二百兩以三分買綾二百五十疋買絹一百二十五疋求每疋各價若干

答綾價三兩六錢　絹價二兩四錢

法綾三絹一共四衰以除原銀得三百兩一乘之為絹為總價以絹數除之得每絹價三乘之得九百兩為綾總價以綾數除之得每綾價合問

解假令先顯每價三兩六錢以除九百迷得二百五十疋先顯每價二兩四錢以除三百迷得一百二十五疋

問今有綾絹三百七十五疋每疋一百〇八尺綾居二分用銀九百兩絹居一分用

言。至於相乘爲衰，其法則一。

2. 問：今有綾絹三百七十［五］疋，綾價九百兩，絹價三百兩，每綾一疋值絹一疋五分，求各色若干？

答：綾二百五十疋；　　　　絹一百二十五疋。

法：置九百兩，以一乘仍得九百兩，爲綾率；三百兩以一五乘，得四百五十，爲絹率，共一百三十五衰。以各衰乘總疋，以共衰除之[1]。

解：前以物分價，此以價分物。

一、凡貴賤衰分不顯每法者，以物價相除而得。

1. 問：今有銀一千二百兩，以三分買綾二百五十疋，［一分］買絹一百二十五疋[2]。求每疋各價若干？

答：綾價三兩六錢；　　　　絹價二兩四錢。

法：綾三絹一，共四衰，以除原銀，得三百兩。一乘之爲絹（爲）總價，以絹數除之，得每絹價；三乘之得九百兩，爲綾總價，以綾數除之，得每綾價。合問。

解：假令先顯每價三兩六錢，以除九百，還得二百五十疋；先顯每價二兩四錢，以除三百，還得一百二十五疋。

2. 問：今有綾絹三百七十五疋，每疋一百〇八尺，綾居二分，用銀九百兩；絹居一分，用

1 求綾絹疋數，解法如下所示：

$$綾疋=\frac{370}{900\times1+300\times1.5}\times(900\times1)=250\text{疋}$$

$$絹疋=\frac{370}{900\times1+300\times1.5}\times(300\times1.5)=125\text{疋}$$

2 一分，據後文解法補。

艮三百兩求每艮一月得幾十尺

答每艮一月買綾三十尺　買絹四十五尺

法綾二絹一共[illegible]三乘以除原尺得一百二十五尺一乘爲絹以尺法化之得一萬三千五百尺以絹價三百兩除之得每兩買絹之數二乘爲綾得二百五十尺以尺法化之得二萬七千尺以綾九百兩除之得每兩買綾數合問

解假令問題每兩三十尺以除綾二萬七千尺還得九百兩問題每兩四十五尺以除絹一萬三千五百尺還得三百兩

圖十四

銀三百兩，求每銀一兩得若干尺？

答：每銀一兩買綾三十尺；　　買絹四十五尺。

法：綾二絹一，共三衰，以除原疋，得一百二十五疋。一乘爲絹，以尺法化之，得一萬三千五百尺，以絹價三百兩除之，得每兩買絹之數。二乘爲綾，得二百五十（尺）[疋]，以尺法化之，得二萬七千尺，以綾九百兩除之，得每兩買綾數。合問。

解：假令問顯每兩三十尺，以除綾二萬七千尺，還得九百兩；問顯每兩四十五尺，以除絹一萬三千五百尺，還得三百兩。

圖十四

中西數學圖說 巳

中西數學圖說

巳集

第五篇

子母衰分

一凡同根之母以原物為母以分其為子　問四

一凡立較之母不從原物而來就併分中立之以為母　問九

第六篇

遞價衰分

一凡一遞價衰分　問三

一凡遞價並遞攙較　問六

第七篇

襍和衰分

一凡相換之和立見在之較為中法　一問立中圖二　二三問无圖

一凡相併之和　二種共一問

第一法偏倚圖

第二三法立小中圖　二問无圖

中西數學圖説

巳集

第八篇

一凡相併之和三種者

　　一問　　　　大中法四圖

　　　　　　　　小中法第一 / 二圖

　　　　　　　　餘中法第一 / 二圖

　　二問　　　　分撥圖前 / 後問

一凡相併之和四種五種以上者

　　一問　　　　第一 / 第二 / 第三法

　　二問三問　　中立法圖二　三盈一縮 / 一盈三縮

　　［四問］　　借互法 / 偏互法 / 分撥取整法

一凡相併之和每法有累數者

　　問一　　　　交乘定差實二圖

　　二問　　　　差法圖

　　三問　　　　無圖

一凡一物而具兩數者　　　　問一

一凡相搭之和二種者　　　　問二

一凡相搭之和二種實撥者　　問（二）［三］

一凡相搭之和二種互撥者　　問三

［一凡相搭之和二種重撥者］　問二

一凡相搭之和三種者　　　　問三

一凡相搭之和三種分搭者

　　一問二問　　無圖

　　三問　　　　解後圖二

一凡流行之和或有入少出多幾次而盡者，或入多出少幾次而滿者

　　　　　　　　　　　　　問五

一凡流行之和入多出少　　　問四

一凡顛倒之和　　　　　　　問（八）［五］

第八篇

借徵法

一凡子母借徵以子總推母總　一問列草　二至五問不列

一凡加法借徵　問三

一凡減法借徵　問一

一凡遞數借徵　問二

一凡遞總子母分顯差借徵　問二

借徵法

一凡子母借徵以子總推母總者

一問 列率

二至五問 不列

一凡加法借徵 問三

一凡減法借徵 問一

一凡匿數借徵 問二

一凡匿總子母分顯差借徵 問二

第五篇

子母衰分

子母衰分有二，有同根之母，有相較之母。如前等級分中二八、四六等是也。為母甲十分之二，乙十分之八；甲十分之四，乙十分之六，所謂同根之母也。如三位以上以化為之丙，其仍以十為母也。二八之一，視丙除八之二；四六之乙，視丙除六之四，是謂相較之母也。但隱而未申盡之，庶之以大其變為子母之衰分。

凡同根之母，以原物為母，以分數為子，乃全母，如十分之五、十分之八是也。有半母，如五分之幾、八分之幾是也。全母單用乘法定衰，半母以母除子乘定之衰，併之為合原母。

問今有物一萬一千五百二十，三人分，甲十分之五，乙十分之三，丙十分之二，求各若干。

答甲五千七百六十　乙三千四百五十六　丙二千三百零四

法置總，以各衰子三二乘之。

解此同根之以全為母者，以十除總，仍得一，故省除法，單用乘求之。

問今有物一萬一千五百二十，三人分，甲九之四，乙九之三，丙九之二，求各若干。

答甲五千一百二十　乙三千八百四十　丙二千五百六十

法先除總，得一二八，以甲乙丙各子乘之，得數合問。

解此以半為母者，用母除子乘而得數。○若九之以下之母，推以上二問十分者理之，全母以

第五篇

子母衰分

子母衰分有二，有同根之母，有相較之母。如前等級分中，二八、四六等分，二人分皆以十爲母，甲十分之二，乙十分之八；甲十分之四，乙十分之六，所謂同根之母也。至三位以上，八化爲二,六化爲四，雖仍以十爲母，然二八之乙，視丙得八之二；四六之乙，視丙得六之四，是即相較之母也。但隱而未note，廣之以盡其變，爲子母衰分[1]。

凡同根之母，以原物爲母，以分者爲子。有全母，如十分之五、十分之八是也；有半母，如五分之幾、八分之幾是也。全母單用乘法定衰，半母以母除子乘定衰，併諸子合原母。

1. 問：今有物一萬一千五百二十,三人分，甲十分之五，乙十分之三，丙十分之二，求各若干？

答：甲五千七百六十；乙三千四百五十六；丙二千三百零四。

法：置總，以各衰子［五］、三、二乘之。

解：此同根之以全爲母者。以十除總，仍得一，故省除法，單用乘求之。

2. 問：今有物一萬一千五百二十,三人分，甲九之四，乙九之三，丙九之二，求各若干？

答：甲五千一百二十；乙三千八百四十；丙二千五百六十。

法：以九除總，得一二八。以甲乙丙各子乘之，得數合問。

解：此以半爲母者，用母除子乘而得數。◎舉九,九以下皆可推。以上二問，十分者謂之全母，以

1 本篇内容主要出自《同文算指通編》卷二、卷三“合數差分法第四”及《算法統宗》卷五衰分章“互和減半差分”附“十分之六”、“十分之七”、“十分之八”衰分算題。

下以傳之等母其母法以之物總乘故合諸子法則仍合原母之數

問今有物一萬三千八百二十四三分之甲得四分之三乙得八分之二求各若干

答甲一萬零三百六十八　乙三千四百五十六

法置總數四歸三因得甲　八歸二因得乙合問

解此同根之異母者凡同根者欲異母蓋總物亦可將此數甲既得四分之三餘者乃四之一乙既得八之二餘者乃八之六是以四爲母或以八爲母俱可而不必更用兩母也又其爲數約而得通融如甲占四分之三餘者占八之二要分得之八之二八之四何哉三十二爲其母四之三乃二十四餘者八年八之二乃十二其衰當三十六無此數矣八分之四乃十六其衰當四十八蓋無此數矣故同根異母之法而以不設於此相視之母互爲辨術耳

問今有物五千七百六十甲得四之一乙得三之一丙得十二之五求各若干

答甲一千四百四十　乙一千九百二十　丙二千四百

解此亦同根之異母者當係異母然實同母也何以明之試將四以三乘之得十二再以十二乘之得一百四十四爲其母甲四之一即一百四十四之三十六也乙三之一即一百四十四之四十八也丙十二之五即一百四十四之六十也合之仍得一百四十四恰合原母不似相視之母而以任意通融溢於原母之外者也

凡互較之母而從原物而乘諸分中互之以爲母有一母有數母一母者如互甲爲母乙得甲

下皆謂之半母。其母法皆從物總而來，故合諸子法，則仍合原母之數。

3. 問：今有物一萬三千八百二十四，二人分，甲得四分之三，乙得八分之二，求各若干？

答：甲一萬零三百六十八；　　乙三千四百五十六。

法：置總數，四歸三因得甲，八歸二因得乙。合問。

解：此同根之異母者。凡同根者無異母，蓋總物只有此數，甲既得四分之三，餘者乃四之一；乙既得八之二，餘者乃八之六。是以四命母，或以八命母，俱可，不必兼用兩母也。又子爲數拘，不得通融。如甲占四分之三，餘者只可云八之二，更不得言八之三、八之四，何者？三十二爲共母，四之三乃二十四，餘只八耳。八之（二）［三］乃十二，共衰當三十六，無此數矣；八分之四乃十六，共衰當四十，益無此數矣。故同根異母之法可以不設，欲與相視之母互爲辨析耳。

4. 問：今有物五千七百六十，甲得四之一，乙得三之一，丙得一十二之五，求各若干[1]？

答：甲一千四百四十；　　乙一千九百二十；

丙二千四百。

［法：置總數，四歸得甲，三歸得乙，五因一二歸得丙。合問。］[2]

解：此亦同根之異母者。雖係異母，然實同母也。何以明之？試將四以三乘之，得一十二，再以十二乘之，得一百四十四，爲共母。甲四之一，即一百四十四之三十六也；乙三之一，即一百四（千）［十］四之四十八也；丙十二之五，即一百四十四之六十也。合之仍得一百四十四，恰合原母。不似相視之母，可以任意通融，溢於原母之外者也。

凡互較之母，不從原物而來，就諸分中立之以爲母，有一母，有遞母。一母者，如立甲爲母，乙得甲

1《同文算指通編》卷三“合數差分下”第三題與此題類型相同。

2 此題“答”後無“法”，不合全書體例，疑抄脱法文，今據前題法文及演算補。

各率丙得甲各率是也 遞母者如甲為母乙得其幾乙又為母丙得其幾是也 合母則單用

乘以定各衰 并母則母除子乘以定各衰 其為法則任置於母法之外 有層數者併之

問今有物三千六百五人分之乙得甲十之八丙得甲十之六丁得甲十之五戊得甲十之三求各若干

答甲一千一百二十五　乙九百　丙六百七十五　丁五百六十二個五分　戊三百三十七個五分

法置甲十乙乘得八丙乘得六丁乘得五戊乘得三合甲十乙八丙六丁五戊三共三十二為共衰

以除總數得一一二五以各衰乘之合問

解曰以甲為母又以十為率此一母全母甚也甲母十合乙子八丙六丁子五戊子三乃共三十二為數溢於母

之外矣所以然者因根之母原總止有此數併子共數之勢不得不溢若相較之母乙丙諸

子原不取之於甲特借假甲為比甲雖十不過總數中之一耳諸子任取原總故不能合之

常倍於甲也

問今有物一百六十八個四人分之乙得甲五分之四丙得甲五分之三丁得甲五分之二求各若干

答甲六十　乙四十八　丙三十六　丁二十四

法甲五乙四丙三丁二共一十四為共衰以除總數得一二以各衰乘之合問

解曰以甲為母又以五為率此一母并母甚甲母五合乙丙丁三子九亦溢於母

問今有物一十三萬四千一百九十四五人分之乙得甲四之三丙得甲三之二丁得甲七之四戊得甲二

之一求各若干

若干，丙得甲若干是也。遞母者，如甲爲母，乙得其幾；乙又爲母，丙得其幾是也。全母則單用乘，以定各衰，半母則母除子乘，以定各衰。其子法則任溢於母法之外，有層數者併之。

1. 問：今有物三千六百，五人分之，乙得甲十之八，丙得甲十之六，丁得甲十之五，戊得甲十之三，求各若干？

答：甲一千一百二十五；乙九百；
丙六百七十五；丁五百六十二個五分；
戊三百三十七個五分。

法：置甲十，乙乘得八，丙乘得六，丁乘得五，戊乘得三。合甲十、乙八、丙六、丁五、戊三，共三十二，爲共衰。以除總數，得一一二五。以各衰乘之，合問。

解：同以甲爲母，又以十爲率，此一母全母者也。甲母十，合乙子八、丙子六、丁子五、戊子三，乃至二十二，子數溢於母之外矣。所以然者，同根之母原總止有此數，諸分共取之，勢不得溢。若相較之母，乙丙諸分原不取之於甲，特借甲爲比。甲雖十，不過總數中之一耳，諸分任取原總，故不妨合之而倍於甲也。

2. 問：今有物一百六十八個，四人分之，乙得甲五分之四，丙得甲五分之三，丁得甲五分之二，求各若干？

答：甲六十；乙四十八；
丙三十六；丁二十四。

法：甲五、乙四、丙三、丁二，共一十四，爲共衰。以除總數，得一二。以各子乘之，合問。

解：同以甲爲母，又以五爲率，此一母半母者。甲母五，合乙丙丁三子九，子溢於母。

3. 問：今有物一十三萬四千一百九十四，五人分之，乙得甲四之三，丙得甲三之二，丁得甲七之四，戊得甲二之一，求各若干？

荅甲三萬八千四百七十二　乙二萬八千八百五十四　丙二萬五千八百四十八　丁一萬一千九百八十四　戊一

萬九千二百三十六

法，從母逆乘，得一百八十八為甲衰，乙四之三，即以三乘四除，得一百二十六為乙衰，丙三之二，即以二乘三除，

得一百十二為丙衰，丁七之四，即以四乘七除，為丁衰六，戊二之一，即以二除之，得六十四為戊衰，共五百八十

六衰，以除總數，得二三九，以各衰乘之，合問。

解：此一母含多母，共甲一百八十八，從多合之，至四百四十八，凡數倍於甲矣，任其所化，隨意命之。

單舉則少，合之則多，多無所不可，此所以為同根之母為逆

問：今有物三十三萬二千七百二十二，令二三四五人，以子母之七逆分之，求各若干。

荅：二人分，甲一十九萬五千七百四十八，零二十七之四　乙一十三萬七千零二十三，零一十七之一十三

三人分，甲十五萬一千九百五十　乙十萬零六千三百六十五　丙七萬四千四百五十五

四人分，甲一十三萬一千三百七十四　乙九萬一千九百六十二　丙六萬四千三百七十三

丁四萬五千零一十五

五人分，甲一十二萬　乙八萬四千　丙五萬八千八百　丁四萬一千一百六十　戊二萬

八千八百一十二

法，甲十乙七，共十七，是二人法，甲十乙七，丙再以七七乘，得四九，共二一九，是三人法，甲十乙七丙四

九丁再以七乘，得三四三，共二五三三，是四人法，甲十乙七丙四九丁三四三，戊再以七乘之，得二

答：甲三萬八千四百七十二；　　乙二萬八千八百五十四；

丙二萬五千（八）[六] 百四十八；　　丁二萬一千九百八十四；

戊一萬九千二百三十六。

法：諸母遞乘，得一百（八）[六] 十八，爲甲衰。乙四之三，即以三乘四除，得一百二十六，爲乙衰。丙三之二，即以二乘三除，得一百一十二，爲丙衰。丁七之四，即以四乘七除，[得九十六]，爲丁衰。戊二之一，即以二除之，得八十四，爲戊衰。共五百八十六衰。以除總數，得二二九。以各衰乘之，合問。

解：此一母含多母者。甲一百六十八，諸子合之，至四百一十八，凡數倍於甲矣。任其變化，隨意命之，單舉則少，合之則多，無所不可，此所以與同根之母異也。

4. 問：今有物三十三萬二千七百（二）[七] 十二[1]，二人至五人以十分之七遞分之，求各若干？

答：二人分：甲一十九萬五千七百四十八零一十七之四；

乙一十三萬七千零二十三零一十七之一十三。

三人分：甲一十五萬一千九百五十；

乙十萬零六千三百六十五；

丙七萬四千四百五十五[2]。

四人分：甲一十三萬一千三百七十四；

乙九萬一千九百六十二；

丙六萬四千三百七十三；

丁四萬五千零六十一。

五人分：甲一十二萬；　　乙八萬四千；

丙五萬八千八百；　　丁四萬一千一百六十；

戊二萬八千八百一十二。

法：甲十、乙七，共十七，是二人法。甲十、乙七，丙再以七乘得四九，共二一九，是三人法。甲十、乙七、丙四九，丁再以七乘得三四三，共二五三三，是四人法。甲十、乙七、丙四九、丁三四三，戊再以七乘之，得二

1 據答案反推，總物當爲 332772。二十二，前“二”當作“七”。

2 依法求得甲乙丙近似值分別爲：151950.685、106365.479、74455.836。原書將零數全部捨去，故三數相併與總數不符。四人分類此。

四叠一共二七七三一，是五人法，俱各乘，损除合问。

解：此题遁母之以全为法，此法为母，除之乘全法，仍得原数，故省一遍。自十分至十三一以此推。

问：今有物三万六千一百一十二，三人至四人遁，以十分之六分之，求各得几何？

答：二人分：甲一万六千三百二十，乙九千七百九十二。

三人分：甲一万三千二百二十二，乙七千九百九十三，丙四千七百九十六。

四人分：甲一万二千，乙七千二百，丙四千三百二十，丁二千五百九十二。

法：甲十乙六共十六，是二人法；甲十乙六，丙以六乘得三六，共一九六，是三人法；甲十乙六丙三六，丁再六乘得二一六，共二一七六，是四人法，各乘，损除合问。

解：此亦遁母之以全为法，此自十分之九以下至十分之一以此推。

问：今有物一千七百七十六，自二人至三人遁，以五分之三分之，求各得几何？

答：二人分：甲七百三十五，乙四百四十一。

三人分：甲六百，乙三百六十，丙二百十六。

法：甲五乙三共八，为共衰，是二人法；甲五乙三，置三五除之三乘之得一八，共九八，为共衰，是三人法也。

解：此题遁母之以半为法，此自九分之几以下以此推。

问：今有物七百八十五，三人分，乙得甲十分之七，丙得乙十四之三，丁得丙十二之九，求各得几何？

四零一，共二七七三一，是五人法。俱各乘總除，合問。

解：此遞母之以全爲法者。法應母除子乘，全法仍得原，故省一遍。自十之九至十之一，皆可推。

5. 問：今有物（三）[二] 萬六千一百一十二，二人至四人遞以十分之六分之，求各若干？

答：二人分：甲一萬六千三百二十；乙九千七百九十二。

三人分：甲一萬三千三百二十二；乙七千九百九十三；

丙四千七百九十六[1]。

四人分：甲一萬二千；乙七千二百；

丙四千三百二十；丁二千五百九十二。

法：甲十、乙六，共十六，是二人法。甲十、乙六，丙以六乘得三六，共一九六，是三人法。甲十、乙六、丙三六，丁再以六乘得二一六，共二一七六，是四人法。各乘總除，合問。

解：此亦遞母之以全爲法者。自十分之九以下至十分之一，皆可推。

6. 問：今有物一千一百七十六，自二人至三人，遞以五分之三分之，求各若干？

答：二人分：甲七百三十五；乙四百四十一。

三人分：甲六百；乙三百六十；

丙二百一十六。

法：甲五、乙三，共八，爲共衰，是二人法。甲五、乙三，置三，五除之、三乘之，得一八，共九八，爲共衰，是三人法也。

解：此遞母之以半爲法者。自九分之幾以下，皆可推。

7. 問：今有物七百八十五，三人分，乙得甲十之七，丙得乙一十四之三，丁得丙一十二之九，求各若干[2]？

---

1 原書捨去零數，僅保留整數，故甲乙丙三數相併與總數不合。

2 此題爲《同文算指通編》卷三“合數差分下”第一題。

荅、甲四百、乙二百八十、丙六十、丁四十五、

法先從少起丁九衰丙十二衰乙以三除之得四以十四乘之得五十六為乙衰甲以七除之得八十、

為甲衰共一百五十七衰各衰乘總數總衰除之、

又法從多起甲十乙七丙將七以三乘十四除得一五丁將一五九乘十二除得一一二五共一十九六分

二厘五毫為共衰得數同

解此題毋之以難為毋者從首起則毋除子乘減之以至衰從尾起子除毋乘加之

以至衰凡法可兩用之者從此例耳但從首不如從尾之穩也

問今有銀四百七十兩零一錢八分四厘令三等人遞以十分之六分之上等二十五人中等三十人

下等四十八人求每人各若干每等共若干

荅、上等每人七兩八錢共一百九十五兩、中等每人四兩六錢八分共一百四十兩零四錢

下等每人二兩八錢零八厘共一百三十四兩七錢八分四厘

法甲十以二十五乘之得二百五十乙六以三十乘之得一百八十丙三個六分以四十八乘之得一百七十二個

八分共六百零二個八分以甲十乘總得四千七百零一兩八錢四分以共衰六百零二個八分除之、

得上等甲每數以二十五乘之得甲共數以乙六乘總得二千八百二十一兩一錢零四厘以共衰六

零二八除之得中等乙每數以三十乘之得乙共數以丙三六乘總得一千六百九十二兩六錢六分

厘二毫五絲以共衰六零二八除之得下等丙每數以四十八乘之得丙共數

答：甲四百；　　乙二百八十；

丙六十；　　丁四十五。

法：先從少起，丁九衰，丙十二衰；乙以三除之得四，以十四乘之得五十六，爲乙衰；甲以七除之，得八十，爲甲衰，共一百五十七衰。各衰乘總數，總衰除之。

又法：從多起，甲十、乙七，丙將七以三乘、十四除，得一五；丁將一五九乘、十二除，得一一二五。共一十九六分二厘五毫，爲共衰。得數同。

解：此遞母之以雜爲母者。從首起，則母除子乘，減之以定衰；從尾起，子除母乘，加之以定衰。凡法皆可用之，舉以見例耳，但從首不如從尾之整也。

8.問：今有銀四百七十兩零一錢八分四厘，令三等人遞以十分之六分之。上等二十五人，中等三十人，下等四十八人，求每人各若干？每等共若干[1]？

答：上等每人七兩八錢；　　共一百九十五兩。

中等每人四兩六錢八分；　　共一百四十兩零四錢。

下等每人二兩八錢零八厘；　　共一百（二）[三]十四兩七錢八分四厘。

法：甲十以二十五乘之，得二百五十；乙六以三十乘之，得一百八十；丙三個六分以四十八乘之，得一百七十二個八分，共六百零二個八分。以甲十乘總，得四千七百零一兩八錢四分。以共衰六百零二個八分除之，得甲每數[2]；以二十五乘之，得甲共數。以乙六乘總，得二千八百二十一兩一錢零四厘，以共衰六零二八除之，得乙每數[3]；以三十乘之，得乙共數。以丙三六乘總，得一千六百九十二兩六錢六分（六厘二毫五絲）[二厘四毫][4]，以共衰六零二八除之，得丙每數[5]；以四十八乘之，得丙共數。

---

1 此題爲《算法統宗》卷五衰分章“互和減半差分”第六題、《同文算指通編》卷二“合數差分上”第三十四題。題設“銀四百七十兩零一錢八分四厘”，《算法統宗》與《同文算指通編》作“官絹四百七十丈零一尺八寸四分”。

2 原書旁註“上等”。

3 原書旁註“中等”。

4 丙三六乘總，得：$3.6\times470.184=1692.6624$ 兩，“六厘二毫五絲”當作“二厘四毫”，據演算改。

5 原書旁註“下等”。

若先求共數，以共衰六二六除總數，得七八，以各衰乘之，得共數，以各等人除之，得各每數。

解：此以子為母，又帶層數者，舉上條凡帶層數者此可推。

問：今發兵百人，以為領隊四人、護牌六人，共破一寨，得留藏七万二千四百件，問充犒。護牌比領隊得八分之五，兵比護牌得五分之三，各該得若干？

答：領隊六千四百件，每人一千六百件。護牌六千件，每人一千件。

兵六万件，每人六百件。

法：領隊四乘八得三十二，護牌六乘五得三十，兵百乘三得三百，共三百六十二衰，以除總得二百，以兵衰三百乘之，得兵總數；以牌衰三十乘之，得牌總；以隊衰三十二乘之，得隊總。各以人數除之，得每數。

解：此亦雜為母，又帶層數，此以子為母，故為用乘除，蓋護牌得領隊八之五，以五為子，兵得護牌五之三，以五為母，二數相貫，第子母實同母，迺兵視護牌得五之三，視領隊得八之三迺

假令護牌得領隊八之五，兵得護牌四之三，則當以母法四除五，得一二五，以子三乘之，得三七五為衰，以百人乘之，得三百七十五衰。然若從尾起，兵衰三，以百乘，得三百，護牌衰四，以六乘，得二十四，以五除四，得八，以每八乘之，得六四，以四乘，得二十五衰六分，共三百四十九衰六分矣，準此例其餘。

若先求共數者，以共衰六零二八除總數，得七八。以各衰乘之，得共數；以各等人除之，得各每數。

解：此以十爲母又帶層數者。舉一條，凡帶層數者皆可推。

9. 問：今發兵百人，外有領隊四人、旗牌六人[1]，共破一寨，得器械七萬二千四百件。即以充犒，旗牌比領隊得八分之五，兵比旗牌得五分之三，各該得若干[2]？

答：領隊六千四百件；　　每人一千六百件。

旗牌六千件；　　每人一仟件。

兵六萬件；　　每人六百件。

法：領隊四乘八得三十二，旗牌六乘五得三十，兵百乘三得三百，共三百六十二衰。以除總，得二百。以兵衰三百乘之，得兵總數。以牌衰三十乘之，得牌總。以隊衰三十二乘之，得隊總。各以人數除之，得每數。

解：此以雜爲母又帶層數者。即子爲母，故不用乘除。蓋旗牌得領隊八之五，以五爲子，兵得旗牌五之三，以五爲母，二數相貫，雖異母實同母也。兵視旗牌得五之三，視領隊即八之三也。假令旗牌得領隊八之五，兵得旗牌四之三，則當以母法四除五，得一二五，以子三乘之，得三七五爲衰，以百人乘之，得三百七十五衰，共四百三十七衰矣。若從尾起，兵衰三以百乘得三百；旗牌衰四，以六乘得二十四；以五除四得八，以母八乘之得六四，以四乘得二十五衰六分，共三百四十九衰六分矣。舉此以例其餘。

1 旗牌，旗牌官之簡稱，軍中擔任傳遞號令等職的軍吏。

2 此題爲《同文算指通編》卷三“合數差分下”第二題。

第六篇

匿價衰分

凡衰分必先列衰以差乘之以除總數若求顯衰分數若甲一乙二丙三之類但顯

差數中帶之匿價衰分

凡匿價衰分或以貴數乘差數以減總數均分之得賤價或以賤數乘差數加入總數

均分之得貴價

問今有銀一萬七千六百九十兩買貴物七百件賤物三百件共貴價多賤價七兩七錢求各

價若干

答貴價二十兩 賤價一十二兩三錢

法置貴物七百以多七兩七錢乘之得五千三百九十兩以減總數餘一萬二千三百兩以貴賤共一

千為法除之得賤價一十二兩三錢加多七兩七錢為貴價合問

或置賤三百以七兩七錢乘之得二千三百一十加入原數共得二萬以共數一千除之得貴

價二十兩減七兩七錢為賤價同

解此二種物故只一差

問今有銀二千九百二十八兩共買綾一百五十疋羅三百疋絹四百五十疋只云綾疋價比羅疋

價多四錢七分羅疋價比絹疋價多一兩三錢五分求三物疋價各若干

第六篇

匿價衰分

凡衰分，皆先列諸衰，以差乘之，以除總數。若不顯諸衰分數，若甲一乙二丙三之類，但顯差數者，謂之匿價衰分。

凡匿價衰分，或以貴數乘差數，以減總數，均分之，得賤價；或以賤數乘差數，加入總數，均分之，得貴價[1]**。**

1. 問：今有銀一萬七千六百九十兩，買貴物七百件，賤物三百件，其貴價多賤價七兩七錢，求各價若干[2]？

答：貴價二十兩；　　賤一十二兩三錢。

法：置貴七百，以多七兩七錢乘之，得五千三百九十兩。以減總數，餘一萬二千三百兩。以貴價共一千爲法除之，得賤價一十二兩三錢。加多七兩七錢，爲貴價。合問。

或置賤三百，以七兩七錢乘之，得二千三百一十。加入原數，共得二萬。以共數一千除之，得貴價二十兩。減七兩七（兩）[錢]，爲賤價。同。

解：此二種物，故只一差。

2. 問：今有銀二千九百二十八兩，共買綾一百五十疋，羅三百疋，絹四百五十疋。只云綾疋價比羅疋價多四錢七分，羅疋價比絹疋價多一兩三錢五分。求三物疋價各若干[3]？

1《算法統宗》卷五“匿價差分歌”云：“匿價分身法更奇，多乘高物以爲實。得價減總餘又列，共物除餘低價知。低價添多爲高價，各乘各物不差池。學者能知此般算，三四物價也相宜。”以銀買貴賤二物，已知總價爲 M，買賤物爲 a，貴物爲 b，不知二物單價，僅知二者差價爲 $y - x = t$。求賤價 x、貴價 y，此類問題隱匿物單價，故稱“匿價衰分”。依術文，求得賤價、貴價分別爲：

$$x=\frac{M-bt}{a+b}$$
$$y=\frac{M+at}{a+b}$$

術文“總數”，即總價 M。

2 此題即《算法統宗》卷五衰分章“匿價差分”第一題、《同文算指通編》卷三“合數差分下”第十一題。原題以銀買馬騾，此改爲以銀買物，題設數據完全一致。此題中，總數 $M=17690$，賤物 $a=300$，貴物 $b=700$，貴價差價 $t=7.7$，依術文，求得賤價、貴價分別爲：

$$x=\frac{M-bt}{a+b}=\frac{17690-700\times7.7}{300+700}=12.3\text{兩}$$
$$y=\frac{M+at}{a+b}=\frac{17690+300\times7.7}{300+700}=20\text{兩}$$

3 此題爲《算法統宗》卷五衰分章“匿價差分”第二題、《同文算指通編》卷三“合數差分下”第十二題（《同文算指通編》改綾絹羅爲上、中、下田）。

答倭價每足四兩三錢二分　共六百四十八兩
羅價每足三兩八錢五分　共一千一百五十五兩
綃價每足二兩五錢　共一千一百二十五兩
法置羅三百足以多綃價一兩三錢五分乘之得四百零五兩又置倭一百五十足以二項多價共一兩八錢二分乘之得二百七十三兩併之得六百七十八兩減總銀餘二千二百五十兩為實併倭羅綃共九百足為法除之得二兩五錢為每足綃價加多一兩三錢五分得羅足價又加多四錢七分得倭足價以各數乘得各總合問
又法置綃四百五十足以羅多一兩三錢五分倭多四錢七分共一兩八錢二分乘之得八百一十九兩又置羅三百足以四錢七分乘之得一百四十一兩併二數共九百六十兩加入總銀得三千八百八十八兩以倭羅綃總九百除之得倭價減四錢七分得羅價再減一兩三錢五分得綃價同
解三種物二等視一等一差三等視二等一差視一等二差故第三等以二差乘之為帶法第一等以二差乘之為減法要多中少照此屢累之
此即連減挨次法同但彼係定差每位若干此則隨意多少為異也
問今有銀三萬三千一百七十兩買四種物甲物三百件乙物一百五十件丙物二百五十件丁物四百五十件乙價比甲價少四兩七錢丙價比甲價少五兩五錢丁價比甲價少十三兩五錢求四物各價若干

答：綾價每疋四兩三錢二分；　　　　　　共六百四十八兩。

羅價每疋三兩八錢五分；　　　　　　共一千一百五十五兩。

絹價每疋二兩五錢；　　　　　　　　共一千一百二十五兩。

法：置羅三百疋，以多絹價一兩三錢五分乘之，得四百零五兩；又置綾一百五十疋，以二項多價共一兩八錢二分乘之，得二百七十三兩。併之，得六百七十八兩。以減總銀，餘二千二百五十兩爲實。併綾羅絹共九疋，爲法除之，得二兩五錢，爲每疋絹價。加多一兩三錢五分，得羅疋價；又加多四錢七分，得綾疋價。以各數乘，得各總。合問[1]。

又法：置絹四百五十疋，以羅多一兩三錢五分、綾多四錢七分共一兩八錢二分乘之，得八百一十九兩；又置羅三百疋，以四錢七分乘之，得一百四十一兩。併二數，共九百六十兩。加入總銀，得三千八百八十兩。以綾羅絹總九百除之，得綾價；減四錢七分，得羅價；再減一兩三錢五分，得絹價。同[2]。

解：三種物，二等視一等一差，三等視二等一差，視一等二差。故第三等以二差乘之，爲增法；第一等（爲）［以］二差乘之，爲減法。更多者，皆照此層累之。

此與遞減挨次法同。但彼係定差，每位若干；此則隨意多少爲異也。

3. 問：今有銀三萬三千一百七十兩，買四種物。甲號三百件，乙號一百五十件，丙號三百五十件，丁號四百五十件。乙價比甲價少四兩七錢，丙價比甲價少五兩五錢，丁價比甲價少十三兩五錢，求四物各價若干？

1 此係三物匿價衰分，先求賤物絹單價：

$$\text{絹價}=\frac{2928-\left[300\times1.35+150\times(1.35+0.47)\right]}{150+300+450}$$
$$=\frac{2928-(405+273)}{900}$$
$$=2.5\text{兩}$$

依次加差價，得羅價與綾價。

2 此法先求貴物綾單價：

$$\text{綾價}=\frac{2928+\left[450\times(1.35+0.47)+300\times0.47\right]}{150+300+450}$$
$$=\frac{2928+(819+141)}{900}$$
$$=4.32\text{兩}$$

依次減差價，得羅價與絹價。

答、甲三十三兩五錢、共一萬零零五十兩、乙二十八兩八錢、共四千三百二十兩、

丙二十八兩、共九千八百兩、丁二十兩、共九千兩、

法、置乙錢一百五十件，以四兩七錢乘之，得七百零五兩；丙錢三百五十件，以五兩五錢乘之，得一

千九百二十五兩；丁錢四百五十件，以十三兩五錢乘之，得六千零七十五兩，併之得八千七百零五兩，

加入總數得總一萬八千七百五十五兩，併計數一千二百五十件除之，得甲價；各以其數減之，得乙丙丁價，以

各數乘之，得各共價，合問。

解、四種物前問許位遞相視，而差數次位以下差數屬多，此問則俱視首位，而差數但視各

項步數為率，本同屬差分之每法，共母遞母同義。

又此問係步視多，步多視少，則丙云丙視丁多八兩，乙視丁多八兩八錢，甲視丁多十三兩五錢，以

差數乘貴數以減總數，平分之得丁數，隨意安通，無不可也。

凡匿價共匿總數，止有貴賤，則相等或相倍，以兩物對減，餘為法；以差乘貴數

為實，以法除之得賤；以差乘賤數為實，以法除之得貴。

問今有貴賤二物，貴價銀多賤價銀三錢六分，貴七件、賤九件，價適等，求每件價、

并共價若干。

答、貴價一兩六錢二分，共價二十二兩六錢八分；賤價一兩二錢六分，各價俱一十一兩三錢四分、

法、或置貴數七，以差法三錢六分乘之，得二兩二錢五分為實；以七減九餘二為法，除實得賤價，增

答：甲三十三兩五錢；　　共一萬零零五十兩。
乙二十八兩八錢；　　共四千三百二十兩。
丙二十八兩；　　共九千八百兩。
丁二十兩；　　共九千兩。

法：置乙號一百五十件，以四兩七錢乘之，得七百零五兩；丙號三百五十件，以五兩五錢乘之，得一千九百二十五兩；丁號四百五十件，以十三兩五錢乘之，得六千零七十五兩。併之，得八千七百零五兩。加入總數，得四萬一千八百七十五兩。併諸數一千二百五十除之，得甲價。各如少數減之，得乙丙丁價；以各數乘之，得各共價。合問[1]。

解：四種物，前問諸位遞相視爲差，故次位以下差數層多。此問則俱視首位爲差，故但據各項少數爲率，不用層差。如子母法，共母遞母同義。

又此問俱少視多。若多視少，則應云丙視丁多八兩，乙視丁多八兩八錢，甲視丁多十三兩五錢。以差數乘貴數，以減總數，平分之，得丁數。隨意變通，無不可也。

凡匿價並匿總數，止云貴若干賤若干，則相等，或相倍者。以兩物對減，餘者爲法，以差乘貴數爲實，以法除之得賤；以差乘賤數爲實，以法除之得貴。

1. 問：今有貴賤二物，貴價銀多賤價銀三錢六分，貴七件賤九件，則價適等，求每件價若干？共價若干[2]？

答：貴價一兩六錢二分；　　賤價一兩二錢六分。
共價二十二兩六錢八分；　　各價俱一十一兩三錢四分。

法：或置貴數七，以差法三錢六分乘之，得二兩（二錢五分）[五錢二分]爲實，以七減九餘二爲法，除實得賤價，增

1 此係四物匿價衰分，先求貴物甲單價：

$$
\begin{aligned}
甲價 &= \frac{33170 + 150\times 4.7 + 350\times 5.5 + 450\times 13.5}{300+150+350+450}\\
&= \frac{41875}{1250}\\
&= 33.5\text{兩}
\end{aligned}
$$

加各差，得乙丙丁各價。

2 此題即《算法統宗》卷五衰分章"匿價差分"第三題、《同文算指通編》卷四"疊借互徵"第二十六題，原題買綾羅，此題改爲買物，題設數據完全一致。

差得貴價或置賤法九以差法乘之得三兩四錢二分爲實以二爲法除之得貴價減差
得賤價各以本數乘之得各總併之得共總合問

解　差者餘數也每物之正價全數也幾個餘數當成一個全數故以積差爲實以對減所餘之個數
爲法如前問貴物每個餘出三錢八分積至七件則餘出二兩六錢五分又如值賤物二個所以七個
係如九個相當也

問今有物貴價比賤差三兩六錢貴物十四件賤物九件則貴價比賤價兩倍求每價若干
共價若干

答　貴價一十六兩二錢　賤價一十二兩六錢　共價三百四十兩零二錢　貴總二百二十六兩
八錢　賤總一百一十三兩四錢

法　置貴數十四以差法三兩六錢乘之得五十兩零四錢爲實倍賤物九得十八對減差四爲法
除之得賤價或置賤數倍之得一十八以差法乘之得六十四兩八錢爲實以十四減一十八餘四爲
法除之得貴價共價者價併如前問求之合問

問今有物貴價比賤差三兩六錢貴物七件賤物十八件則賤比貴價兩倍求每價若干共價若干

答　貴價一十六兩二錢　賤價一十二兩六錢　共價三百四十兩零二錢
賤總三百二十六兩八錢　貴總一百一十三兩四錢

法　置賤物十八以差乘之得六十四兩八錢爲實倍貴數七得一十四對減餘四爲法除之得貴價

差得貴價。或置賤法九，以差法乘之，得三兩四錢二分爲實，以二爲法，除之得貴價，減差得賤價。各以本數乘之，得各總，併之得大總。合問[1]。

解：差者，餘數也；每物之正價，全數也。幾個餘數，當成一個全數，故以積差爲實，以對減所餘之個數爲法。如此問，貴物每個餘出三錢六分，積至七件，則餘出二兩二錢五分，又可值賤物二個，所以七個便與九個相當也。

2. 問：今有物貴價比賤差三兩六錢，貴物十四件，賤物九件，則貴價比賤價兩倍。求每價若干？共價若干？

答：貴價一十六兩二錢；　　賤價一十二兩六錢。

共價三百四十兩零二錢。

貴總二百二十六兩八錢；　　賤總一百一十三兩四錢。

法：置貴數十四，以差法三兩六錢乘之，得五十兩零四錢爲實。倍賤物九，得十八，對減，差四爲法，除之得賤價。或置賤數，倍之得十八，以差法乘之，得六十四兩八錢爲實。以一十四減一十八，餘四爲法，除之得貴價。共價、各價俱如前問求之。合問[2]。

3. 問：今有物貴價比賤差三兩六錢，貴物七件，賤物十八件，則賤比貴價兩倍。求每價若干？共價若干？

答：貴價一十六兩二錢；　　賤價一十二兩六錢。

共價三百四十兩零二錢。

賤總（三）［二］百二十六兩八錢；　　貴總一百一十三兩四錢。

法：置賤物十八，以差乘之，得六十四兩八錢爲實。倍貴數七得一十四，對減，餘四爲法，除之得貴價。

---

1 設賤價爲 x，貴價爲 y。若先求賤價，由 $9x=7y$ 得：

$$2x=7(y-x)$$

求得賤價：

$$x=\frac{7(y-x)}{2}=\frac{7\times3.6}{2}=12.6\text{錢}$$

若先求貴價，由 $9x=7y$ 得：

$$2y=9(y-x)$$

求得貴價：

$$y=\frac{9(y-x)}{2}=\frac{9\times3.6}{2}=16.2\text{錢}$$

2 設賤價爲 x，貴價爲 y，由題意列：

$$14y=2\times9x$$

求得賤價：

$$x=\frac{14(y-x)}{2\times9-14}=\frac{14\times3.6}{4}=12.6\text{兩}$$

求得貴價：

$$y=\frac{(2\times9)\times(y-x)}{2\times9-14}=\frac{18\times3.6}{4}=16.2\text{兩}$$

或倍貴物一十両以差乘之得五十両零四錢以四爲法除之得賤價餘同前合問

解以上問或貴倍賤或賤倍貴此前以適等爲率數異而理同

問今有物貴價一十六両二錢賤價一十二両六錢只求二價相等各物數若干

答貴數七賤數九

法貴賤對減餘三両六錢爲法以除貴物全價得四倍五分以除賤物全價得三倍五分却

將貴賤互換貴三乘半賤四乘半則同各倍之合問

又法徑以貴物敵賤物數一十二個六分賤物敵貴物數一十六個二分用約法約至一十八相同以除一

六二得七除一二六得九同

解此係倒求

問今有重物九件輕物十一件分量適等若交換一件則輕分多一十三両求輕重物

每件若干

答貴一件三十五両七錢五分　輕一件二十九両二錢五分　合三百二十一両七錢五分

法置多一十三両折半得六両五錢爲一差以差乘九得五八五爲實以九與十一對減餘二爲法

除之得輕分或以差乘十一得七一五爲實以二除之得重分合問

問今有長布七疋短布九疋其尺數適等若交換一疋則短分多七十二尺求長短布各疋尺

數若干

或倍貴物一十四，以差乘之，得五十兩零四錢，以四爲法，除之得賤價。餘同前。合問[1]。

解：以上二問，或貴倍賤，或賤倍貴，與前以適等爲率數異而理同。

4.問：今有物貴價一十六兩二錢，賤價一十二兩六錢，欲求二價相等，各物數若干？

答：貴數七；　　賤數九。

法：貴賤對減，餘三兩六錢爲法。以除貴物全價，得四倍五分；以除賤物全價，得三倍五分。卻將貴賤互換，貴三（疋）[個]半、賤四（疋）[個]半，則同，各倍之。合問。

又法：徑以貴物取賤物數一十二個六分，賤物取貴物數一十六個二分，用約法，約至一十八相同。以除一六二得七，除一二六得九，同。

解：此係倒求。

5.問：今有重物九件，輕物十一件，分量適等。若交換一件，則輕分多一十三兩。求輕重物每件若干[2]？

答：貴一件三十五兩七錢五分；　　輕一件二十九兩二錢五分。

各三百二十一兩七錢五分。

法：置多一十三兩，折半得六兩五錢爲一差。以差乘九，得五八五爲實；以九與十一對減，餘二爲法除之，得輕分。或以差乘十一，得七一五爲實，以二除之，得重分。合問[3]。

6.問：今有長布七疋，短布九疋，其尺數適等。若交換一疋，則短分多七十二尺。求長短布各疋尺數若干？

1 設賤價爲 x，貴價爲 y，由題意列：$2\times7y=18x$，求得賤價、貴價分別爲：

$$x=\frac{(2\times7)\times(y-x)}{18-2\times7}=\frac{14\times3.6}{4}=12.6\text{兩}$$

$$y=\frac{18\times(y-x)}{18-2\times7}=\frac{18\times3.6}{4}=16.2\text{兩}$$

2 此題即《算法統宗》卷五衰分章“匿價差分”第四題、《同文算指通編》卷四“疊借互徵”第二十七題，重物、輕物，二書作金、銀。

3 設輕物一件重 x，重物一件重 y，由題意列：$11x=9y$，交換一物，則輕分多 13 兩，得：

$$(11-1)\ x+y=(9-1)\ y+x+13$$

即：

$$2y-2x=13$$

解得輕重差爲：

$$y-x=\frac{13}{2}=6.5\text{兩}$$

求得輕物、重物一件重分別爲：

$$x=\frac{9(y-x)}{11-9}=\frac{9\times6.5}{2}=29.25\text{兩}$$

$$y=\frac{11(y-x)}{11-9}=\frac{11\times6.5}{2}=35.75\text{兩}$$

答：長布每疋一百四十二尺，短布每疋一百二十六尺，共一千一百三十四尺。

法：置多七十二尺，折半得三十六尺為差法，以乘長七疋得二百五十二尺為實，以減九餘二為法除之，得短布尺數。或以差法乘九疋得三百二十四尺，仍以二為法除之，得長布尺數。餘法同前各問。

解：物與價雖二項，然對立為二，其物之數自與其價之量輕重長短總在一物中，然其法實同，故隱匿價之類。其折半為差者，以彼減此加，損一則差二故也。

答：長布每疋一百六十二尺；　　　　　　短布每疋一百二十六尺；

同一千一百三十四尺。

法：置多七十二尺，折半得三十六尺爲差法。以乘長七疋，得二百五十二尺爲實，以七減九，餘二爲法，除之得短布尺數。或以差法乘九疋，得三百二十四尺，仍以二爲法，除之得長布尺數。餘法同前。合問。

解：物與價雖一項，猶對立爲二。若物之數目與其分量之輕重長短，統在一物中，然其法實同，故從匿價之類。其折半爲差者，彼減此加，换一則差二故也。

第七篇

雜和衰分

凡衰分帶需數者，討有六數：二大總，即眾項分者及眾項所分之共數也；二小總，即大總中每項物共幾何，所得共幾何也；二每法，即每項一物若干，應得若干也。此六數者有衆相求，大端先題一大總如銀一千二百兩之類、小總分數如綾二停絹一停之類及每法如綾價三兩五錢絹價二兩四錢之類，求得者小總如綾二百五十價九百絹一百二十五價三百之類，然後合成大總如三百七十五疋之類，此其常也。若將二大總俱先題之，將分總數混為一處，以待揣摩，故謂之雜和。有相換之和，有相并之和，有相搭之和，有流行之和，有顛倒之和，求之總以每法為主。

凡相換之和，立現在之數為中法，原法上者有餘為上差，下者不足為下差，併之為積差，以積差除有餘得下數，以積差除不足得上數。

問：上米每石價二兩，次米每石價一兩二錢，今有米一瓶，盛一石價一兩五錢，求內有上米若干、下米若干。

答：上米三斗七升五合，次米六斗二升五合。

法置一兩五錢為中法，上米有餘五錢，次米不足三錢，併得八錢為積差，以積差除有餘得次米數，以積數除不足得上米數，價俱七錢五分。

立中圖

第七篇

雜和衰分

凡衰分帶層數者，計有六數。二大總，謂眾項分者，及眾項所分之共數也；二小總，謂大總中每項物共幾何，所得共幾何也；二每法，謂每項一物若干，應得若干也。此六數者，反覆相求。大端先顯一大總、如銀一千二百兩之類。小總分數，如綾二停、絹一停之類。及每法，如綾價三兩六錢、絹價二兩四錢之類。求得各小總，如綾二百五十，價九百；絹一百二十五，價三百之類。然後會成大總，如三百七十五疋之類。此其常也。若將二大總俱先顯之，將小總分數混爲一處，以待揣摩，故謂之雜和。有相攙之和，有相並之和，有相搭之和，有流行之和，有顛倒之和，求之總以每法爲主。

【相攙之和】

凡相攙之和，立現在之數爲中法，原法上者有餘爲上差，下者不足爲下差，併之爲積差。以積差除有餘，得下數；以積差除不足，得上數。

1. 問：上酒每石價二兩，次酒每石價一兩二錢。今有酒一瓶盛一石，價一兩五錢。求内有上酒若干？下酒若干[1]？

答：上酒三斗七升五合；　　　　次酒六斗二升五合。

法：置一兩五錢爲中法，上酒有餘五錢，次酒不足三錢，併得八錢爲積差。以積差除有餘，得次酒數；以積（數）［差］除不足[2]，得上酒數。價俱七錢五分[3]。

立中圖

---

1 此題爲《同文算指通編》卷三“和較三率”第一題。

2 積數，“數”當作“差”，據文意改。

3 此題中，價 1.5 兩爲中法，分别與上酒每石 2 兩、次酒每石 1.2 兩相較，得：

$$上差 = 2 - 1.5 = 0.5 兩$$
$$下差 = 1.5 - 1.2 = 0.3 兩$$
$$積差 = 上差 + 下差 = 0.5 + 0.3 = 0.8 兩$$

據術文求得：

$$上酒 = \frac{下差}{積差} = \frac{0.3}{0.8} = 0.375 石$$
$$下酒 = \frac{上差}{積差} = \frac{0.5}{0.8} = 0.625 石$$

上　二兩　縮　三分　上數　以積差除三得上法

中法　一兩五錢

下　一兩二錢　盈　五分　下數　以積差除五得下法

解一物兩價者雜其中故曰攙和現在數價與所攙和相稱故使之中必縮於上物之價者以有
賤在其中也盈於下物之價者以有貴在其中也今比貴少五分和八分內有五分賤法比賤多
三分和八分內有三分貴法故類例如此也

法應置積差八為一率一為二率差三差五為三率二三相乘并之以八除之各為四率緣
二率是一乘之還得本數故省却一乘耳

問玉方寸重八兩石方寸重六兩今有璞方三寸重一百九十兩求內玉石各若干

答玉一十四寸　重一百一十二兩　石一十三寸　重七十八兩

法先置三寸自乘再乘得二十七寸以通玉石各二十七寸玉每寸重八兩該重二百一十六兩石每寸重
六兩該重一百六十二兩却置一百九十兩為中法數玉比中數有餘二十六兩石比中數不足二十八兩共
五十四兩為積差列為一率以各重二十七為二率分兩宗一宗以二十六兩為三率與二率二十七相
乘得五六以一率除之得玉寸數以八乘之得兩數

或用偏借法借貴玉重二百一十六兩為餘二十六兩為實以每重八兩六兩對減餘二為法除之
得賤數借賤石一百六十二兩不足二十八兩仍以餘二為法得貴數同

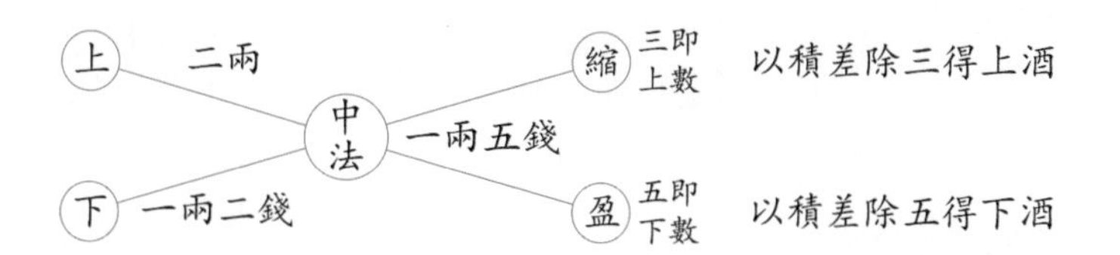

解：一物而兩者雜其中，故曰攙和。現在數價與攙和相稱，故謂之中。凡縮於上物之價者，以有賤在其中也；盈於下物之價者，以有貴在其中也。今比貴少五，即知八分内有五分賤酒；比賤多三，即知八分内有三分貴酒，故顛倒而得之也。

法：應置積差八爲一率，一石爲二率，差三差五爲三率。二三相乘，然後以八除之，各爲四率。緣二率是一，乘之還得本數，故省卻一乘耳。

2. 問：玉方寸重八兩，石方寸重六兩。今有璞方三寸，重一百九十兩，求内玉石各若干[1]？

答：玉一十四寸；　　重一百一十二兩。
　　石一十三寸；　　重七十八兩。

法：先置三寸，自乘再乘得二十七寸。以通玉石，各二十七寸，玉每寸重八兩，該重二百一十六兩；石每寸重六兩，該重一百六十二兩。卻置一百九十兩爲中數，玉比中數有餘二十六兩，石比中數不足二十八兩，共五十四兩爲積差，列爲一率。以各重二十七爲二率，分兩宗：一宗以二十六兩爲三率，與二率二十七相乘得［七零二，以一率除之得石寸數，以六乘之得兩數；一宗以二十八兩爲三率，與二率二十七相乘得］七五六[2]，以一率除之得玉寸數，以八乘之得兩數[3]。

或用偏儘法。儘貴玉重二百一十六兩，有餘二十六兩爲實。以每重八兩六兩對減，餘二爲法，除之得賤數。儘賤石一百六十二兩，不足二十八兩，仍以餘二爲法，得貴數。同[4]。

---

1 此題與《算法統宗》卷五衰分章“仙人換影”第五題、《同文算指通編》卷三“和較三率”第三題同，題設數據略異。

2 抄脱文字據演算補。

3 此題中，璞重190兩爲中法，玉、石方三寸各重爲：

$$玉方三寸重 = 3^3 \times 8 = 216兩；石方三寸重 = 3^3 \times 6 = 162兩$$

分别與中法相較，得：

$$上差 = 216 - 190 = 26兩；下差 = 190 - 162 = 28兩；$$

$$積差 = 上差 + 下差 = 28 + 26 = 54兩$$

求得：

$$玉寸數 = \frac{下差 \times 3^3}{積差} = \frac{28 \times 27}{54} = 14寸；石寸數 = \frac{上差 \times 3^3}{積差} = \frac{26 \times 27}{54} = 13寸$$

各乘每寸重，得總重。

4 儘，最大限度，後文或作“盡”，今統一作“儘”。假設璞全部爲玉，則重216兩；若全部爲石，則重126兩。據前法，上差得26兩，下差得28兩，用偏儘法求得：

$$玉寸數 = \frac{下差}{玉每寸重 - 石每寸重} = \frac{28}{8-6} = 14寸；石寸數 = \frac{上差}{玉每寸重 - 石每寸重} = \frac{26}{8-6} = 13寸$$

解此雜和之用通數者三數俱二十七寸方之相較也上問微異者以有積在中也故如上問只以撥
為準偏侯貴即上價是偏侯賤即下價是對減餘數即積差是故偏侯立中只是一
法若此問每寸只差二兩每塊差五二十六二十八故又不用偏侯為法蓋分每寸差二積五二十七
則成五十四故立中三以五十四為法與偏侯之以二為法其實一也若取其重一百九十兩以二十七除之
得每寸重七兩零三分七厘有奇然後上下相較則全同初問矣

問今有金鍾一口重三百兩九六成色原係九九成色及九一成色鎔成一處所鑄求內二色各若干

答九九成色一百八十七兩五錢　九一成色一百一十二兩五錢

法置重三百兩以九六乘之折得精金二百八十八兩立為實法置九九色金以三百乘之得二百
九十七兩餘九兩再置九一色以三百乘之得二百七十三兩欠一十五兩併之得二十四兩為積差列為
一率以三百兩為二率以上差乘之以總差除之得下色以下差乘之以總差除之得上色

合問

或用折法立九六為中數九九盈三九一縮五共八為積差列一率以三百兩為二率以盈三
為三率乘之以八除之得下色以縮五為三率以八除之得上色為四率同

解此雜和之用折數者非設法極簡易然必並前法折數算之方得明晰蓋此問原立金三
百兩折二百八十八兩上色每兩折九九下色每兩折九一求內有上下色各若干例與前問同例矣

合問只顯色而遮數特為明之庶使學者瞭然耳

解：此攙和之用通數者。三數俱二十七寸，方可相較。與上問微異者，以有積在中故也。如上問只以一瓶爲率，偏儘貴，即上價是；偏儘賤，即下價是；對減餘數，即積差是。故偏儘、立中，只是一法。若此問，每寸只差二兩，每塊差至二十六、二十八，故又可用偏儘爲法。蓋分每寸差二，積至二十七，則成五十四，故立中之以五十四爲法，與偏儘之以二爲法，其實一也。若將共重一百九十兩以二十七除之，得每寸重七兩零三分七厘不盡。然後上下相較，則全同初問矣。

3. 問：今有金鐘一口，重三百兩，九六成色，原係九九成色及九一成色鎔成一處所鑄。求内二色各若干[1]？

答：九九成色一百八十七兩五錢；　　九一成色一百一十二兩五錢。

法：置重三百兩，以九六乘之，折得精金二百八十八兩，立爲中法。置九九色金，以三百乘之，得二百九十七兩，餘九兩；再置九一色，以三百乘之，得二百七十三兩，欠一十五兩。併之得二十四兩，爲積差，列爲一率，以三百兩爲二率。以上差乘之，以總差除之，得下色；以下差乘之，以總差除之，得上色。合問[2]。

或不用折法，立九六爲中數，九九盈三，九一縮五，共八爲積差，列一率。以三百兩爲二率，以盈三爲三率乘之，以八除之得下色；以縮五爲三率，以八除之得上色，爲四率，同[3]。

解：此攙和之用折數者。如後法極簡易，然必如前法折數算之，方得明晰。蓋此問應云金三百兩折二百八十八兩，上色每兩折九九，下色每兩折九一，求内有上下色各若干，則與前問同例矣。今問只顯色而匿數，特爲明之，庶使學者瞭然耳。

1 此題爲《同文算指通編》卷三“和較三率”第九題。

2 據術文，以 $300\times0.96=288$ 兩爲中法，得：

$$\text{上差}=0.99\times300-288=297-288=9\text{兩}$$
$$\text{下差}=288-0.91\times300=288-273=15\text{兩}$$
$$\text{積差}=\text{上差}+\text{下差}=9+15=24\text{兩}$$

求得：

$$\text{九九色重}=\frac{\text{下差}\times300}{\text{積差}}=\frac{15\times300}{24}=187.5\text{兩}$$
$$\text{九一色重}=\frac{\text{上差}\times300}{\text{積差}}=\frac{9\times300}{24}=112.5\text{兩}$$

3 此法直接以成色立爲中法，與前法相比，省卻乘以三百兩，更加簡潔。

共有上色兜九七乘之得一百八十五兩六錢二分五厘次色兜九一乘之得一百兩零二錢三分七厘五

毫合之得精金二百八十八兩之數乃所較中所雜之各數也

凡相併之和二種者或用偏差法以總數俱作貴以貴價乘之視原價若干有餘以總數俱作賤

以賤價乘之視原數若干不足置有餘不足若干為實以兩價相減餘若干為法用除有餘得賤物

數用除不足得貴物數更用互中法以總價為中貴價有餘若干為上差賤價不足若干

為下差併之為積差作一率以總物為二率分二宗一以上差為三率乘之積差除之得下物一

以下差為三率乘之積差除之得上物為四率

問今有酒六百罈每罈一石共銀價八百八十兩上酒每石銀二兩次酒每石銀一兩二錢求共

酒內上酒若干次酒若干

答上酒二百罈價銀四百兩　次酒四百罈價銀四百八十兩

法用偏假法置六百石以上價乘之得一千二百兩有餘三百二十兩為實以兩價對減餘八錢為

法除之得次酒四百石以價一兩二錢乘之得賤總價

或置六百石以下價乘之得七百二十兩不足一百六十兩仍以減八錢為法除之得上酒以價二兩乘

之得貴總價合問

用互中法以共銀八百八十兩為中法貴法一千二百兩上差三百二十兩賤法七百二十兩下差一百六十兩

併之得四百八十兩為積差列為一率以共酒六百石為二率分兩宗一宗以上差為三率乘二率

若將上色以九九乘之，得一百八十五兩六錢二分五厘；次色以九一乘之，得（一百兩零二錢三分七厘五毫）［一百零二兩三錢七分五厘］。合之得精金二百八十八兩之數，乃折數中所藏之各數也。

【相併之和】

凡相併之和二種者，或用偏儘法，以總數盡作貴，以貴價乘之，視原價必有餘；以總數盡作賤，以賤價乘之，視原數必不足。置有餘不足，各爲實，以兩價相減餘者爲法，用除有餘得賤物數，用除不足得貴物數[1]。至用立中法，以總價爲中，貴價有餘若干爲上差，賤價不足若干爲下差，併之爲積差，作一率。以總物爲二率，分二宗：一以上差爲三率乘之，積差除之，得下物；一以下差爲三率乘之，積差除之，得上物，爲四率[2]。

1. 問：今有酒六百罈，每罈一石，共銀價八百八十兩。上酒每石銀二兩，次酒每石銀一兩二錢，求共酒内上酒若干？次酒若干[3]？

答：上酒二百罈；　　　價銀四百兩。

　　次酒四百罈；　　　價銀四百八十兩。

法：用偏儘法。置六百石，以上價乘之，得一千二百兩，有餘三百二十兩爲實。以兩價對減，餘八錢爲法，除之得次酒四百石。以價一兩二錢乘之，得賤總價。

或置六百石，以下價乘之，得七百二十兩，不足一百六十兩。仍以減八錢爲法，除之得上酒。以價二兩乘之，得貴總價。合問[4]。

用立中法。以共銀八百八十兩爲中法，貴法一千二百兩，上差三百二十兩；賤法七百二十兩，下差一百六十兩。併之得四百八十兩，爲積差，列爲一率。以共酒六百石爲二率，分兩宗：一宗以上差爲三率，乘二率

---

1 偏儘法，見《算法統宗》卷五衰分章“貴賤差分歌”。解法如下所示：

$$賤物=\frac{總物\times貴價-總價}{貴價-賤價}；貴物=\frac{總價-總物\times賤價}{貴價-賤價}$$

2 立中法，見《同文算指通編》卷三“和較三率”第十題解法。解法如下所示：

$$賤物=\frac{上差\times總物}{積差}；貴物=\frac{下差\times總物}{積差}$$

其中：

$$積差=上差+下差$$

$$上差=總物\times貴價-總價；下差=總價-總物\times賤價$$

3 此題據“相攙之和”第一題改編。《算法統宗》卷五衰分章“貴價差分”第一題、《同文算指通編》卷三“和較三率”第十題，與此題類型相同。

4 上酒每石 2 兩爲貴價，次酒每石 1.2 兩爲賤價，600 石爲總物，880 兩爲總價，用偏儘法解得：

$$下酒=\frac{600\times2-880}{2-1.2}=400石；上酒=\frac{880-600\times1.2}{2-1.2}=200石$$

得一十九萬二千四百八十兩除之得次率一宗以下差爲三率乘二率得九萬六千以一率除
之得上率合問
或五率中以總率六百石除總價八千八百兩得四兩六錢六六不盡爲帶法上率二兩有餘五三三不盡次
率一兩二錢不足二六六不盡併得八爲積差以除有餘五三三不盡得六六不盡以六百石乘之得
次率數以積差除不足二六六不盡得三三不盡以六百石乘之得上率數合問
或倒偏以貴價除總銀得四百四十罈不足一百八十罈爲實以上價除一罈得五斗以下價除一
罈得八斗三三不盡對減餘三斗三三不盡爲法除實得四百八十爲下價 以除總銀得七
百三十三罈三三不盡有餘一百三三不盡爲法除之得四百爲上價合問
或倒中以六百罈爲帶法上率該四百四十四罈不足一百八十罈爲上差下率該七百三十三罈三三不
盡有餘一百三十三罈三三不盡爲下差併之得二百九十三罈三三不盡爲積差列二率以全
價八百八千兩爲三率分二宗一宗以上差乘之以積差除之得上價合問
或倒中以總價八百八千兩除總率六百石得每銀一兩買率六斗八升二合八八一不盡爲帶法上
率法上率每銀一兩五升不足一升八升二合八八一不盡爲上差下率法每銀一兩八斗三三不盡有餘一
斗五一五一不盡爲下差併之得二三三不盡爲積差以除上差得五四五四不盡以總價乘之得下價
以除下差得四五四五不盡以總價乘之得上價合問
解曰此初問以率一石爲率内上率次率混爲一處故曰相換此則以数百爲率内二項各居其半故曰相併

得一十九萬二千，以一率四百八十兩除之，得次酒；一宗以下差爲三率，乘二率得九萬六千，以一率除之，得上酒。合問[1]。

或立小中。以總酒六百石除總價（八十八）［八百八十］兩，得一兩四錢六六不盡，爲中法。上酒二兩，有餘五三三不盡；次酒一兩二錢，不足二六六不盡。併得八，爲積差。以除有餘五三三不盡，得六六不盡，以六百石乘之，得次酒數；以積差除不足二六六不盡，得三三不盡，以六百石乘之，得上酒數。合問[2]。

或倒偏[3]。以貴價除總銀，得四百四十罈，不足一百六十罈爲實。以上價除一罈得五斗，以下價除一罈得八斗三三不盡，對減餘三斗三三不盡爲法，除實得四百八十爲下價。以賤除總銀，得七百三十三罈三三不盡，有餘一百三三不盡爲［實，仍以減餘三斗三三不盡爲］法[4]，除之得四百爲上價。合問。

或倒中。以六百罈爲中法，上酒該四百四十（四）罈，不足一百六十罈，爲上差；下酒該七百三十三罈三三不盡，有餘一百三十三罈三三不盡，爲下差。併之得二百九十三罈三三不盡，爲積差，列一率，以全價八百八十兩爲二率。分二宗：一宗以上差乘之，以積差除之，得上價；［一宗以下差乘之，以積差除之，得下價］[5]。合問。

或倒小中。以總價八百八十兩除總酒六百石，得每銀一兩買酒六斗八升一合八一八一不盡，爲中法。上酒法，上酒每銀一兩五斗，不足一斗八升一合八一八一不盡，爲上差；下酒法，每銀一兩八斗三三不盡，有餘一斗五一五一不盡，爲下差。併之爲三三不盡，爲積差。以除上差，得五四五四不盡，以總價乘之，得下價；以除下差，得四五四五不盡，以總價乘之，得上價。合問。

解：如初問以酒一石爲率，內上酒次酒混爲一處，故曰相攙。此則以數百爲率，內二項各居若干，故曰相併。

---

1 根據術文，立總價 880 兩爲中法，求得：

$$上差=600\times2-880=320兩；下差=880-600\times1.2=160兩；積差=上差+下差=320+160=480兩$$

用立中法解得：

$$次酒=\frac{320\times600}{480}=400石；\quad 上酒=\frac{160\times600}{480}=200石$$

2 立中法，立總價爲中，與偏儘貴總價、賤總價相較爲二差；立小中法，立單價爲中，與貴單價、賤單價相較爲二差。據法文，立小中：$\frac{880}{600}\approx1.466$，分別與貴物單價、賤物單價相較，得二差爲：

$$上差=2-1.466=0.533兩；下差=1.466-1.2=0.266兩；積差=上差+下差=0.533+0.266=0.8兩$$

解得：

$$次酒=\frac{0.533\times600}{0.8}=400石；\quad 上酒=\frac{0.266\times600}{0.8}=200石$$

與“相攙之和”解法相通。

3 前偏儘法，以價爲主，用總物乘貴價，爲偏儘貴總價；用總物乘賤價，爲偏儘賤總價，與總價相較爲法。此法以物爲主，用總價除以貴價，爲偏儘貴總物；用總價除以貴價，爲偏儘賤總物，與總物相較爲法。倒物爲價，倒價爲物，故稱“倒偏”。解法與偏儘法無異。後“倒中”“倒小中”，解法分別同“立中”“立小中”，惟價物相倒而已。

4 抄脱文字據演算補。

5 抄脱文字據演算補。

第一法偏貴多求本數，以本數而爲賤，故少也。所少之數即賤所權，以餘法除之，化貴爲賤，以權節而合偏賤少權本數，以本數而損貴，故多也。所多之數即貴所權，以餘法除之，化賤爲貴，以帶銷之矣。

第二法立大中，乃合諸物如一物，用圖求之，與相換同法。其列爲四率，以其差爲其物，猶偏差即偏物，物之界限相通，但倒求之爲異耳。蓋以兩有賤方成貴，貴差而有貴方成賤差，故倒求之即偏貴求即賤，偏賤求即貴之說也。

第三法立小中，乃就一物之本零碎求之，即相換法也。蓋知一物中有貴物若干，賤物若干，推即其物中有幾物屬貴，幾物屬賤也。一物爲換，多物爲價，其實一也。

其倒法與正法全同，但以物爲價，以價爲物耳。

第一法，偏貴多於本數，以本數内有賤，故少也。所少之數，即賤所藏。以餘法除之，化貴爲賤，以撙節而合。偏賤少於本數，以本數内有貴，故多也。所多之數，即貴所藏。以餘法除之，化賤爲貴，以帶銷而盡。

第二法立大中，乃合諸物如一物，囫圇求之，與相攙同法。其列爲四率者，以共差得共物，猶偏差得偏物，與纍準相通，但倒求之爲異耳。蓋以内有賤，方成貴差；内有貴，方成賤差，故倒求之。即偏貴求得賤，偏賤求得貴之説也。

第三法立小中，乃就一物之率，零碎求之，即相攙法也。蓋知一物中有貴物若干，賤物若干，推得共物中有幾物屬貴，幾物屬賤也。一物爲攙，多物爲併，其實一也。

其倒法與正法全同，但以物爲價，以價爲物耳。

第一法偏併圖

賤物 四百石 乘 賤價一兩二錢 得 賤價四百八十兩

併貴 一千二百

見價 八百八十

對減 盈三百二十 為實 得

貴價 二兩

賤價 一兩二錢

對減 差八錢 為法 除

見價 八百八十

併賤 七百二十

對減 縮一百六十 為實 得

貴物 二百石 乘 貴價二兩 得 貴價四百兩

第一法 偏儘圖

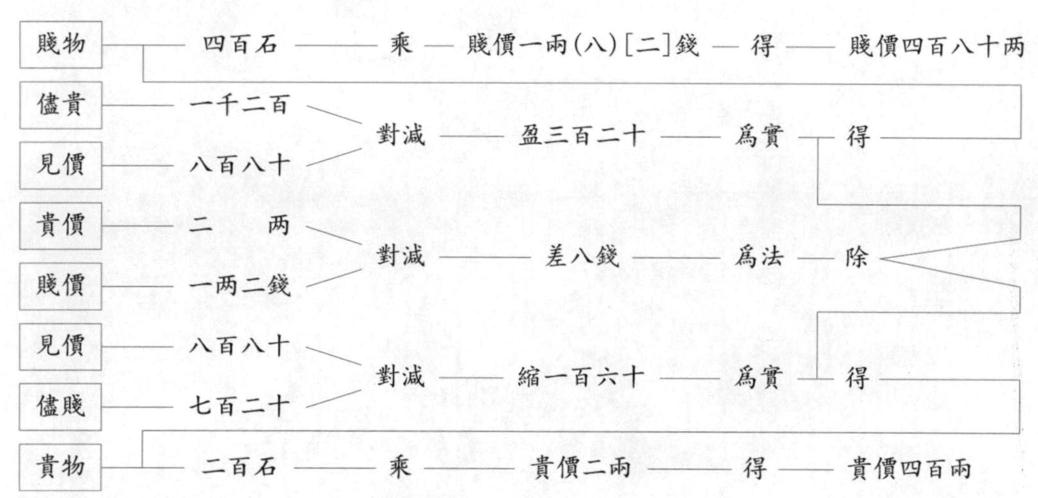
賤物
四百石
乘
賤價一兩(八)[二]錢
得
賤價四百八十兩
儘貴
一千二百
見價
八百八十
對減
盈三百二十
爲實
得
貴價
二　兩
賤價
一兩二錢
對減
差八錢
爲法
除
見價
八百八十
儘賤
七百二十
對減
縮一百六十
爲實
得
貴物
二百石
乘
貴價二兩
得
貴價四百兩

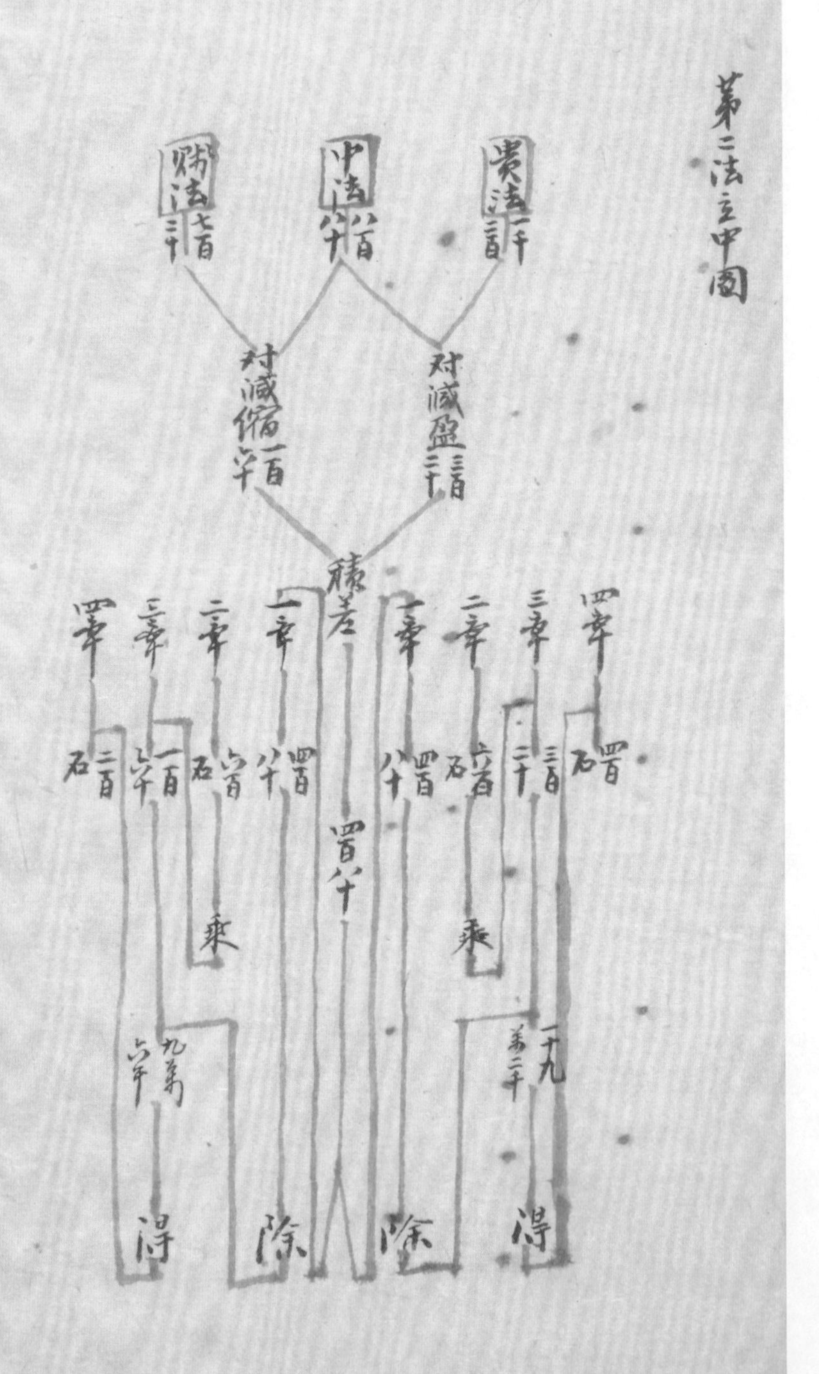

第二法立中圖
貴法
中法
賤法
對減盈
對減縮
積差
乘
乘
除
除
得
得

第二法 立中圖

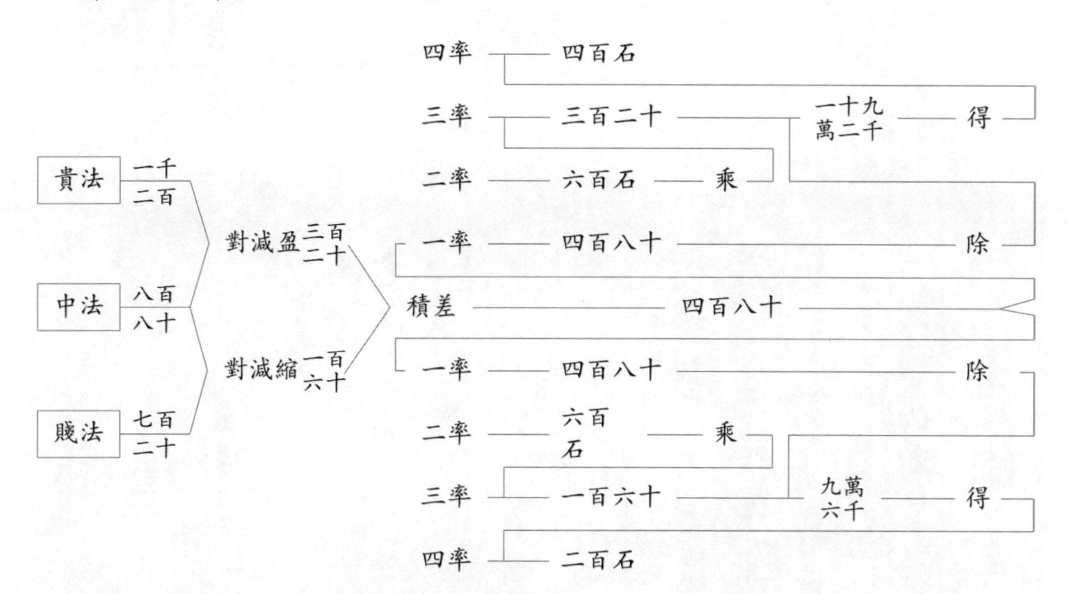
四率
四百石
三率
三百二十
一十九萬二千
得
二率
六百石
乘
貴法
一千二百
對減盈三百二十
一率
四百八十
除
中法
八百八十
積差
四百八十
對減縮一百六十
一率
四百八十
除
賤法
七百二十
二率
六百石
乘
三率
一百六十
九萬六千
得
四率
二百石

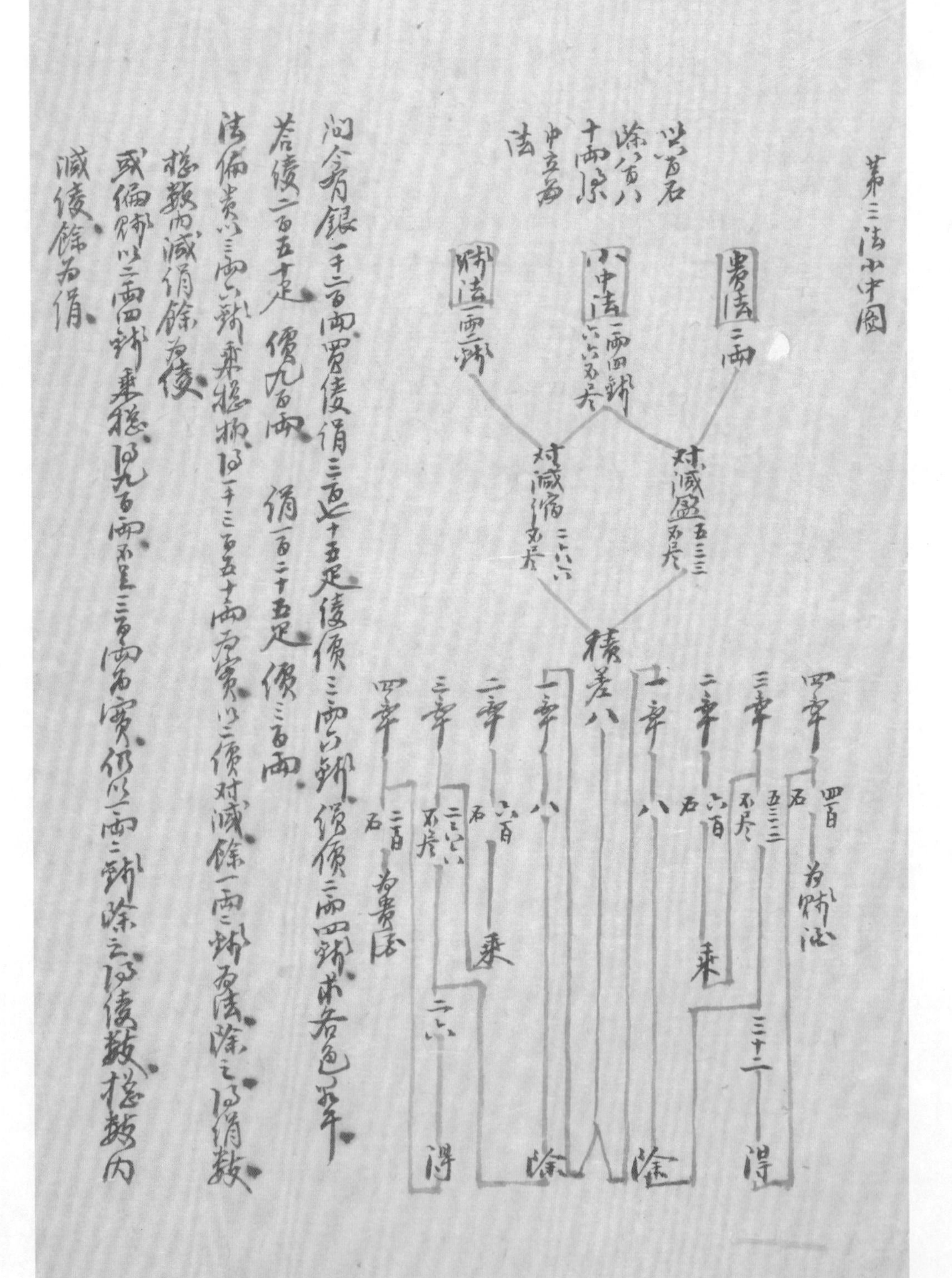

第三法小中圖

問今有銀一千二百兩買綾絹三百七十五疋 綾價三兩六錢 絹價二兩四錢 求各若干

若綾二百五十疋 價九百兩 絹一百二十五疋 價三百兩

法 偏貴以三兩六錢乘總物得一千三百五十兩為實 以二價对減餘一兩二錢為法 除之得絹數

總數內減絹餘為綾

或偏賤以二兩四錢乘總得九百兩 不足三百兩為實 仍以一兩二錢除之得綾數 總數內減綾餘為絹

第三法 小中圖

以六百石除八百八十兩，得小中，立爲法。

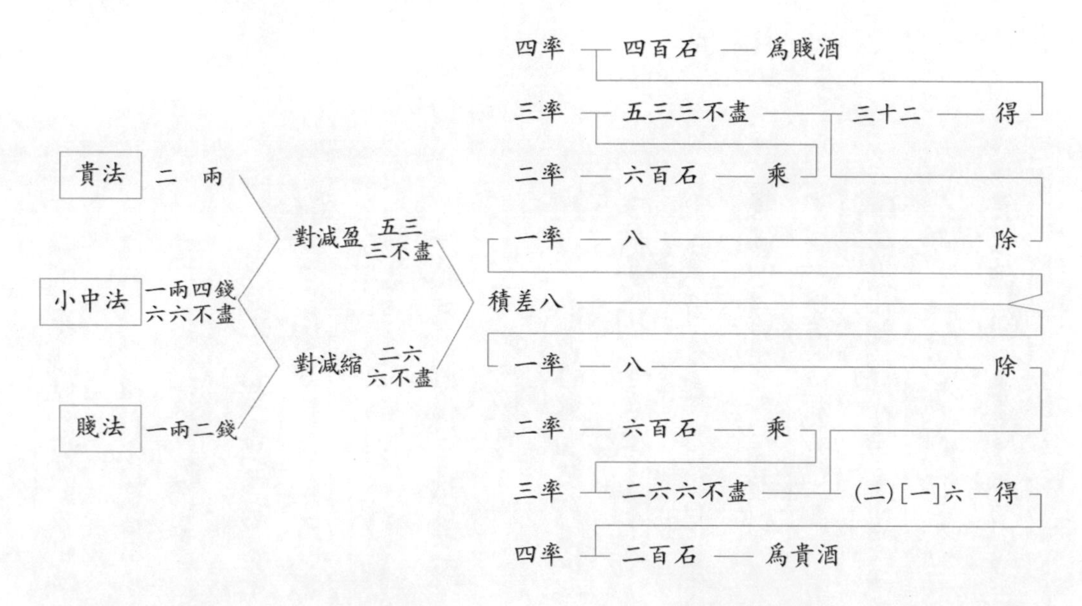

2. 問：今有銀一千二百兩，買綾絹三百七十五疋，綾價三兩六錢，絹價二兩四錢，求各色若干？

答：綾二百五十疋；　　　　價九百兩。

　　絹一百二十五疋；　　　　價三百兩。

法：偏貴。以三兩六錢乘總物，得一千三百五十兩，[餘一百五十兩]爲實。以二價對減，餘一兩二錢爲法，除之得絹數。總數内減絹，餘爲綾。

或偏賤。以二兩四錢乘總，得九百兩，不足三百兩爲實，仍以一兩二錢除之，得綾數。總數内減綾，餘爲絹。

或用一率法，以一千二百兩為中法，貴價一千三百五十兩，餘一百五十兩為上差；賤價九百兩，不足三百兩為下差。併二差四百五十兩為積差，為一率；以三百七十五疋為二率；分列二宗，一宗以上差一百五十兩為三率，乘之得五萬六千二百五十，以一率除之，得下物為四率；一宗以下差三百兩為三率，乘之得一萬一千二百五十，以一率除之，得上物。各以價乘之，得各總價，合問。

解：此以貴賤法中價消息也。彼問賤價六換銀一千二百兩買元絲二百兩，換之分數，後二價消一停是也。賤每法三兩六錢，二兩四錢是也。求以賤換各物者，價合之，得二換物三百七十五疋。今卻先以物價二六換並賤之，不言分數，故曰雜和衰分，偏侶立率，保同前例，舉此以明雜和之說耳。

凡相併之和，三種所立見數為率法，以三種各侶全價較其有餘不足之數，列為三宗，以一宗為主，餘二種相比，交互主率以分作二分為餘差，餘二率合二分作一分為主差，合四分三差為積差，以各差乘總物，以積差除之，得各數。或以總價以二歸者，或一分餘物餘價用偏侶求之。同凡立中交互，以有餘不足相對一邊二偏，乃邊為主，一偏二邊偏為主，偏侶先，或一分亦均通中之數為主，於侶數不整立餘中法，物價各減整數，併為餘數，視其多寡以均法分攙之。

問：今有銅鐵錫八萬三千零五十兩，用價五百五十兩，每銀一兩買銅一百三十兩，買錫一百五十兩，買鐵一百七十兩，求三色各若干。

答：一法銅二萬四千九百一十六兩零　價一百九十一兩六錢六分

或用立中法。以一千二百兩爲中法，貴價一千三百五十兩，餘一百五十兩爲上差；賤價九百兩，不足三百兩爲下差。併之得四百五十兩，爲積差，爲一率，以三百七十五疋爲二率。分列二宗：一宗以上差一百五十兩爲三率，乘之得五萬六千二百五十，以一率除之，得下物，爲四率；一宗以下差三百兩爲三率，乘之得一萬一千二百五十，以一率除之，得上物。各以價乘之，得各總價。合問。

解：此即貴賤法中綾絹問也。彼問顯價，大總銀一千二百兩是也；顯小總之分數，綾二停、絹一停是也；顯每法，三兩六錢、二兩四錢是也。求得小總各物各價，合之得大總物三百七十五疋。今卻先將物價二大總並顯之，不言分數，故曰雜和衰分。偏儘、立中，俱同前例，舉此以明雜和之説耳。

凡相併之和三種者，立見數爲中法，以三種各儘全價，較其有餘、不足之數，列爲三宗。以一宗爲主，餘二種相與交互，主率以一分作二分爲餘差，餘二率合二分作一分爲主差，合四分三差爲積差，以各差乘總物，以積差除之，得各數[1]。或將總價以三歸，先成一分，餘物餘價用偏儘求之，同[2]。凡立中交互，必以有餘不足相對，一盈二縮，盈爲主；一縮二盈，縮爲主。偏儘先成一分，亦約近中之數爲主。若得數不整，立餘中法，物價各減整數，併爲餘數，視其多寡，以均法分撥之[3]。

1. 問：今有銅鐵錫八萬三千零五十兩，用價五百五十［五］兩。每銀一兩，買銅一百三十兩，買錫一百五十兩，買鐵一百七十兩。求三色各若干[4]？

答：一法：銅二萬四千九百一十六兩零；　　價一百九十一兩六錢六分。

1 此即立中交互法。

2 此即偏儘法。

3 此即分撥法，又稱“餘中法”。以上三法，俱詳例問。

4 此題爲《算法統宗》卷五衰分章“貴賤衰分”第二題。《同文算指通編》卷三“和較三率”第十一題與此題類型相同。

錫二萬七千二百五十兩零　價一百八十一兩六錢六分六

鉄三萬零八百八十三兩零　價一百八十一兩六錢六分

一法　銅二萬四千七百兩　價一百九十兩

錫二萬七千七百五十兩　價一百八十五兩

鉄三萬零六百兩　價一百八十兩

一法　銅價一百九十一兩　該二萬四千八百三十兩

錫價一百八十三兩　該二萬七千四百五十兩

鉄價一百八十一兩　該三萬零七百七十兩

法以總銀五千五百五十兩買得共物八萬三千零五十兩為中法原價俱銅該七萬二千一百五十兩俱錫該八萬三千二百五十兩俱鉄該九萬四千三百五十兩銅為主求之一萬零九百兩與錫相互減餘二百兩與鉄相互減餘一萬一千三百兩銅二分錫鉄合作一分共三萬三千三百兩為積差以銅率一萬零九百兩為錫為鉄之率與總銀五百五十五兩相乘得四百零四萬九千五百兩以三萬三千三百兩除之得錫鉄價各一百八十一兩六錢六分六厘以每兩錫鉄之數各乘之再合錫鉄二率一萬一千五百兩為銅率與總銀五百五十五兩相乘得六千三百八十二萬五千以積差三萬三千三百除之得銅價一百九十一兩六錢六分六厘以每兩銅數乘之合問

或置總銀三歸之得一百八十五兩約錫為中數以錫一百八十五兩乘之得錫二萬七千七百五十兩更於總

錫二萬七千二百五十兩零；　價一百八十一兩六錢六分。
鐵三萬零八百八十三兩零；　價一百八十一兩六錢六分。
一法：銅二萬四千七百兩；　價一百九十兩。
錫二萬七千七百五十兩；　價一百八十五兩。
鐵三萬零六百兩；　價一百八十兩。
一法：銅價一百九十一兩；　該二萬四千八百三十兩。
錫價一百八十三兩；　該二萬七千四百五十兩。
鐵價一百八十一兩；　該三萬零七百七十兩。

法：以銀（五千）五百五十［五］兩買得共物八萬三千零五十兩爲中法，原價儘銅該七萬二千一百五十兩，儘錫該八萬三千二百五十兩，儘鐵該九萬四千三百五十兩。銅爲主，不足一萬零九百兩；與錫相互，有餘二百兩；與鐵相互，有餘一萬一千三百兩。銅二分，錫鐵合作一分，共三萬三千三百兩，爲積差。以銅率一萬零九百兩爲錫與鐵之率，與總銀五百五十五兩相乘，得六百零四萬九千五百兩。以三萬三千三百除之，得錫鐵價各一百八十一兩六錢六六不盡，以每兩錫鐵二數各乘之。再合錫鐵二率一萬一千五百兩爲銅率，與總銀五百五十五兩相乘，得（六十三萬八千二百五十）［六百三十八萬二千五百］，以積差三萬三千三百除之，得銅價一百九十一兩六六不盡，以每兩銅數乘之。合問[1]。

或置總銀，三歸之，得一百八十五兩，約錫爲中數，以錫一百五十兩乘之，得錫二萬七千七百五十兩，（更於總

---

1 此爲立中交互法。立總物 83050 爲中法，與偏儘銅、錫、鐵相較，得：

$$銅差 = 83050 - 555 \times 130 = 10900$$
$$錫差 = 555 \times 150 - 83050 = 200$$
$$鐵差 = 555 \times 170 - 83050 = 11300$$

銅差不足，錫差、鐵差有餘，以銅爲主，與錫、鐵交互：

錫	有餘 200	錫率	10900
銅	不足 10900	銅率	11500
鐵	有餘 11300	鐵率	10900

求得積差爲：

$$積差 = 銅率 + 錫率 + 鐵率 = 2 \times 10900 + (200 + 11300) = 33300$$

求得各價爲：

$$鐵價 = \frac{鐵率 \times 總銀}{積差} = \frac{10900 \times 555}{33300} \approx 181.667\,兩$$
$$錫價 = \frac{錫率 \times 總銀}{積差} = \frac{10900 \times 555}{33300} \approx 181.667\,兩$$
$$銅價 = \frac{銅率 \times 總銀}{積差} = \frac{11500 \times 555}{33300} \approx 191.667\,兩$$

各乘每兩重，得各總數。

價內減一百八十五兩餘五萬五千三百兩卻用偏價法將三百四十兩乘作銅當得萬八千一百兩不足七千三百兩為實以銅一百三十兩減鐵一百七十兩餘四十兩為法法除實得一百八十兩為鐵價以百七十乘之得鐵數再以餘總三百七十兩內減鐵價餘為銅價一百九十兩以一百三十乘之得銅數合問偏價附做此

分攢法先取錫總價一百八十一兩錫總數二萬七千一百五十兩銅總價一百九十一兩銅總數二萬四千八百三十兩鐵總價一百八十一兩鐵總數三萬零七百七十兩以減總銀餘二兩以減總物餘三百兩三分為餘中以銅每法乘二兩得二百六十兩不足四十兩以鐵每法乘二兩得三百四十兩有餘四十兩以錫每法乘二兩恰得三百兩加錫價二兩加錫數三百兩或銅鐵各加一兩銅加一百三十鐵加一百七十俱合

解凡三種之中其分法止宜用易差偏價則價不足偏附則價有餘也此三種以上例可以通融多寡蓋以三數相較必有中數或減中數入之上下或減上下入之中數此分搭均勻故其分法游移變化難以執一求也四分三差并此二種同理蓋二種係數故可以一盈一縮相較三種奇數勢須借一盈以較二不足或借一不足以較二盈主於分一以為二餘共合二以為盈故可因分而得三差也

小分法以總銀除總物得四九六三九六三不盡為銅法一百三十不足一十九兩六錢三分九釐六毫三不盡為錫法一百五十有餘三錢六分零三六不盡為鐵法一百七十有餘二十兩零三錢六分零三六不盡銅二差錫鐵共一差得八十差為積差不足一分之為錫鐵二分併得八十之一十九六三九六三

價内減一百八十五兩）［減總數八萬三千零五十兩］，餘五萬五千三百兩，［更於總價内減一百八十五兩，餘三百七十兩］[1]。卻用偏儘法，將三百七十兩盡作銅，當得四萬八千一百兩，不足七千（三）［二］百兩爲實。以銅一百三十兩減鐵一百七十兩，餘四十兩爲法。法除實，得一百八十兩爲鐵價；以一百七十乘之，得鐵數。再將餘總三百七十兩内減鐵價，餘爲銅價一百九十兩；以一百三十乘之，得銅數[2]。合問。偏儘賤倣此。

分撥法：先取錫整價一百八十一兩，錫整數二萬七千一百五十兩；銅整價一百九十一兩，銅整數二萬四千八百三十兩；鐵整價一百八十一兩，鐵整數三萬零七百七十兩。以減總銀，餘二兩；以減總物，餘三百兩，立爲餘中。以銅每法乘二兩，得二百六十兩，不足四十兩；以鐵每法乘二兩，得三百四十兩，有餘四十兩；以錫每法乘二兩，恰得三百兩。加錫價二兩，加錫數三百兩；或銅鐵各加一兩，銅加一百三十，鐵加一百七十，俱合[3]。

解：凡二種立中，其分法皆一定不易，蓋偏貴則價不足，偏賤則價有餘也。至三種以上，則可以通融多寡，蓋以三數相較，必有中數。或減中數入之上下，或減上下入之中數，皆可分搭均勻。故其分法游移變化，難以執一求也。四分三差者，與二種同理。蓋二種偶數，故可以一盈一縮相較；三種奇數，勢須借一盈以較二不足，或借一不足以較二盈，主者分一以爲二，餘者合二以爲一，故以四分而得三差也。

小中法：以總銀除總物，得一四九六三九六三不盡。銅法一百三十，不足一十九兩六錢三分九六不盡；錫法一百五十，有餘三錢六分零三六不盡；鐵法一百七十，有餘二十兩零三錢六分零三六不盡。銅二差，錫鐵共一差，得六十差，爲積差。不足一分，分爲錫鐵二分，俱得六十之一十九六三九六三

---

1 原書抄録錯亂，據演算校改。

2 此即偏儘法，解見《算法統宗》卷五衰分章"貴賤差分"第二題。先約中物錫價爲 185 兩，錫數爲：$185\times150=27750$，總數内減去錫數、總價内減去錫總價，餘銅鐵二色價與數：

$$銅鐵共價=555-185=370$$
$$銅鐵共數=83050-27750=55300$$

用二種相併偏儘法，求得：

$$鐵價=\frac{55300-370\times130}{170-130}=\frac{7200}{40}=180兩$$
$$銅價=\frac{370\times170-55300}{170-130}=\frac{7600}{40}=190兩$$

各乘每兩重，得各總數。

3 分撥法，後文亦稱"餘中法"，利用前立中法所求結果，取整捨零，取銅價一百九十一、錫價一百八十一、鐵價一百八十一，各乘每兩重，得各總數：

$$錫數=181\times150=27150$$
$$銅數=191\times130=24830$$
$$鐵數=181\times170=30770$$

與原總數、總價相較：

$$553-(181+191+181)=2$$
$$83050-(27150+24830+30770)=300$$

餘價 2 兩，餘數 300。買錫 2 兩，或買銅、鐵各 1 兩，俱合 300 之數。

不是損餘二分合爲銅一分除得二千二十零七二零七二零七二五爲其率以五五益乘之所積差除

之此銅價一百九十一兩六錢六分六厘六毫六絲六忽有奇以零星不入爲法

偏從法若此不彼只可行於倍數故先減一分然後可推也

均法立餘中分撥凡有多端蓋三物以須差二十減中二兩可以分上下各一兩減上下各一

兩可以入中二兩以錫價一百八十三兩銅價一百九十一兩鈸價一百八十一兩減錫價二兩分入銅鈸

銅價一百九十二兩該二萬四千九百六十兩鈸價一百八十二兩該二萬零九百四十兩錫價一百

八十一兩該二萬七千一百五十兩合問

減錫價至一兩該錫一百五十兩餘價一百八十二兩作二分各九十一兩分入銅鈸銅價二百八十二

兩該三萬六千六百六十兩鈸價二百七十三兩該四萬六千二百四十兩亦合

減銅鈸各一兩入錫價銅價一百九十兩該二萬四千七百兩鈸價一百八十兩該三萬零六百兩

錫價一百八十五兩該二萬七千七百五十兩亦合

減鈸價至一兩該一百七十兩減銅價至一十一兩該一千四百三十兩加錫價至五百四十三兩

該八萬一千四百五十兩亦合

此舉極多極少其中間游移分法多至數百種亦可以例推也

不盡；有餘二分，合爲銅一分，得六十之二十零七二零七二零七二不盡。各以五五五乘之，以積差除之，得銅價一百九十一兩六錢六六不盡。與大中同，以零星不入爲法[1]。

偏儘法出此入彼，只可行於偶數，故先成一分，然後可推也。

均法立餘中分撥，凡有多端。蓋三物以次差二十，減中二兩，可以分上下各一兩；減上下各一兩，可以入中二兩。如錫價一百八十三兩，銅價一百九十一兩，鐵價一百八十一兩，減錫價二兩，分入銅鐵。銅價一百九十二兩，該二萬四千九百六十兩；鐵價一百八十二兩，該三萬零九百四十兩；錫價一百八十一兩，該二萬七千一百五十兩。合問。

減錫價至一兩，該錫一百五十兩，餘價一百八十二兩，作二分，各九十一兩，分入銅鐵。銅價二百八十二兩，該三萬六千六百六十兩；鐵價二百七十二兩，該四萬六千二百四十兩。亦合。

減銅鐵各一兩，入錫價。銅價一百九十兩，該二萬四千七百兩；鐵價一百八十兩，該三萬零六百兩；錫價一百八十五兩，該二萬七千七百五十兩。亦合。

減鐵價至一兩，該一百七十兩；減銅價至一十一兩，該一千四百三十兩；加錫價至五百四十三兩，該八萬一千四百五十兩。亦合。

此舉極多極少者，中間游移分法，多至數百種，皆可以例推也。

1 立小中法，解同《同文算指通編》卷三“和較三率”第十一題。立每兩重 $\frac{83050}{555}\approx 149.63963$ 爲中法，與銅錫鐵三色每數相較，得各差爲：

$$銅差 = 149.63963 - 130 = 19.63963$$
$$錫差 = 150 - 149.63963 = 0.36036$$
$$鐵差 = 170 - 149.63963 = 20.63036$$

以銅爲主，與錫鐵交互，得：

$$錫率 = 鐵率 = 19.63963$$
$$銅率 = 0.36036 + 20.63036 = 20.72072$$
$$積差 = 銅率 + 錫率 + 鐵率 = 60$$

求得各價爲：

$$鐵價 = 錫價 = \frac{19.63963 \times 555}{60} \approx 181.667\text{兩}$$
$$銅價 = \frac{20.72072 \times 555}{60} \approx 191.667\text{兩}$$

各乘每數，得各總數。

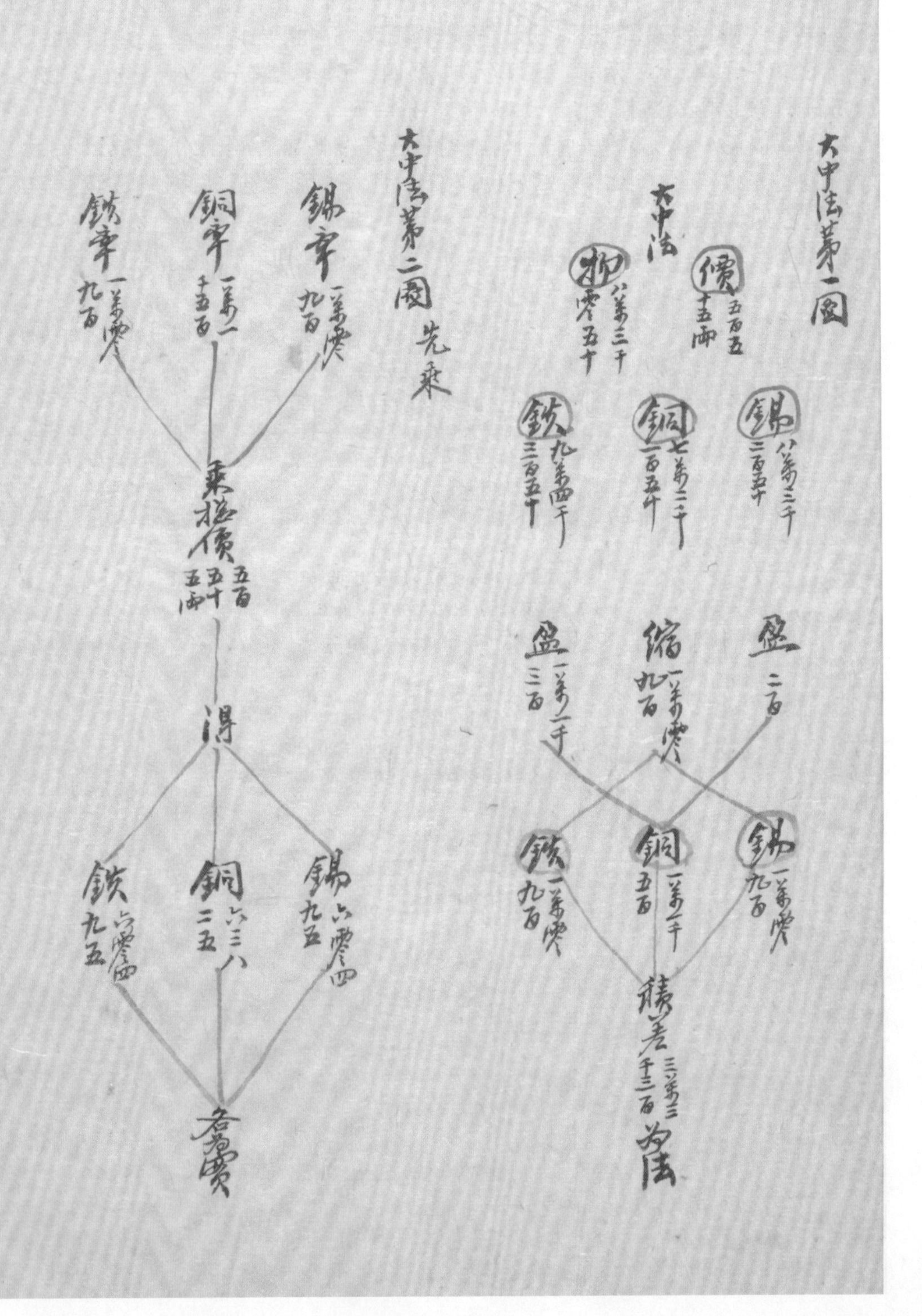
大中法第一圖
大中法
價 五百五十五兩
物 八萬三千零五十
錫 八萬三千三百五十
銅 七萬二千一百五十
鈆 九萬四千三百五十
盈 二百
縮 一萬零八百
盈 一萬一千三百
錫 一萬零九百
銅 一萬一千五百
鈆 一萬零九百
積差 三萬三千三百 為法
大中法第二圖 先乘
錫率 一萬零九百
銅率 一萬一千五百
鈆率 一萬零九百
乘總價 五百五十五兩
得
錫 六零四九五
銅 六三八二五
鈆 六零四九五
各為實

大中法第一圖

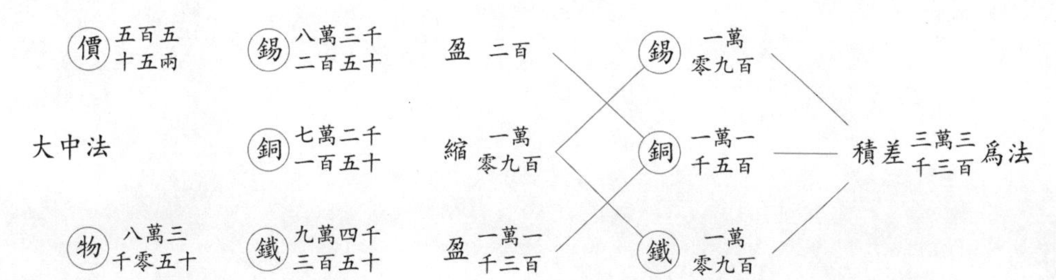

大中法第二圖 先乘

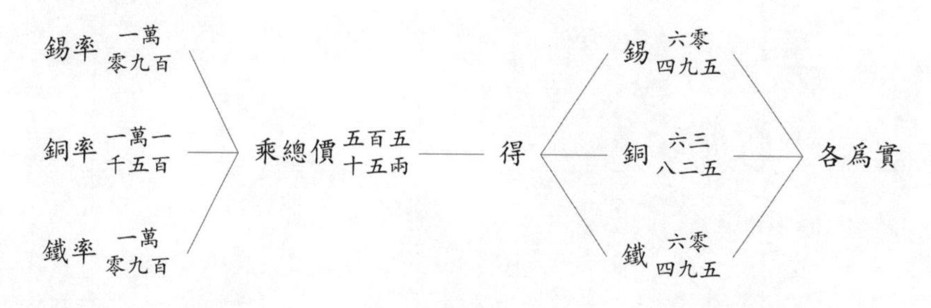

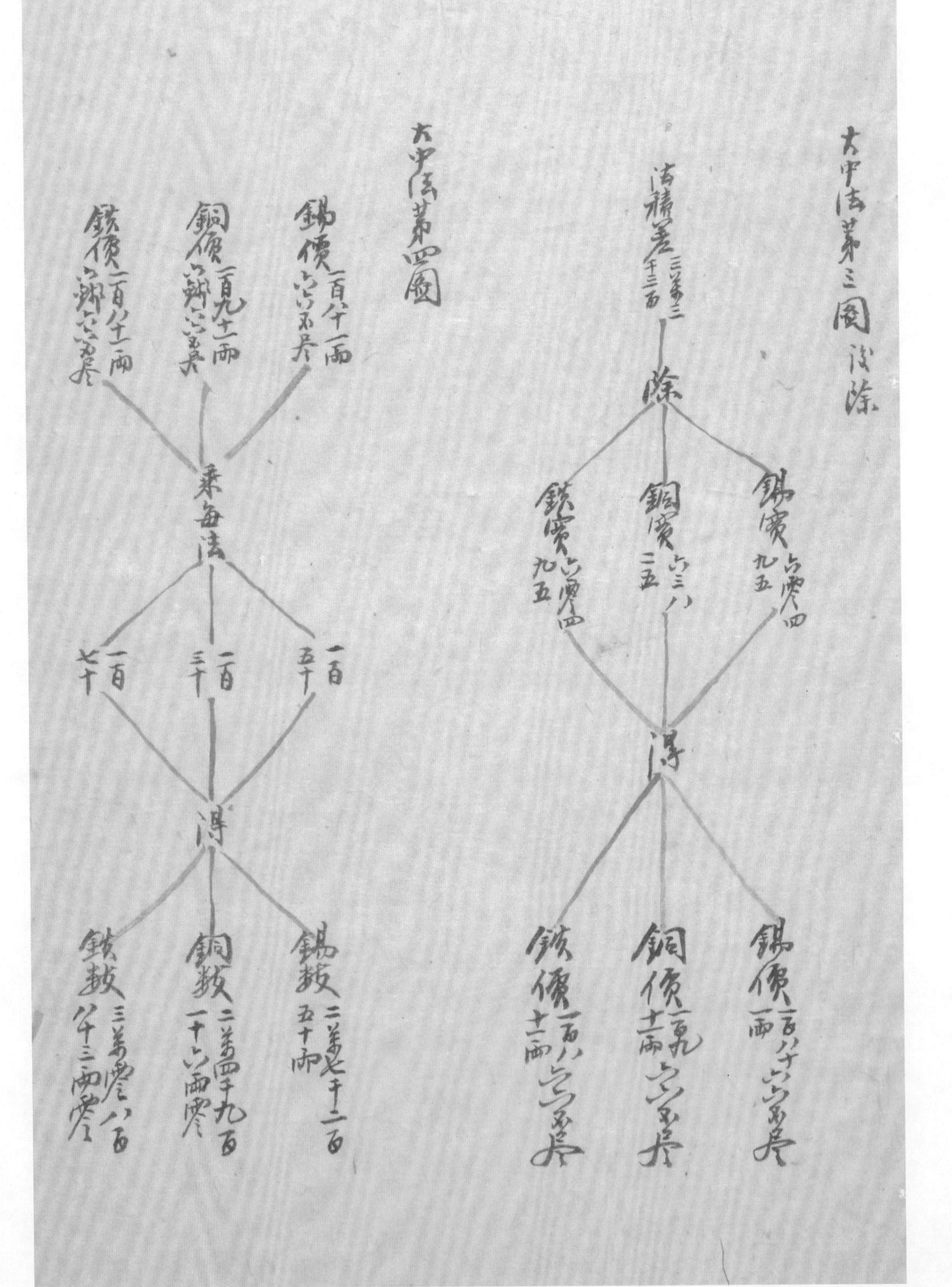
大中法第三圖 設除
大中法第四圖
除
乘每法
得

大中法第三圖 後除

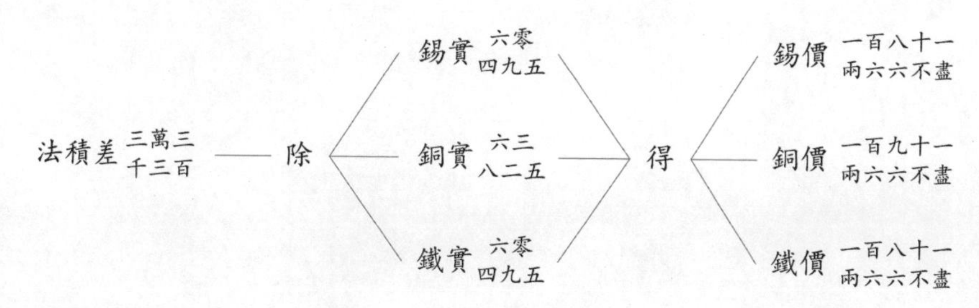

大中法第四圖

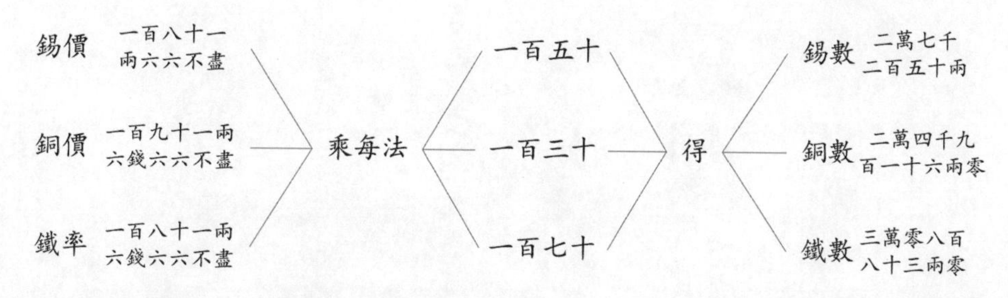

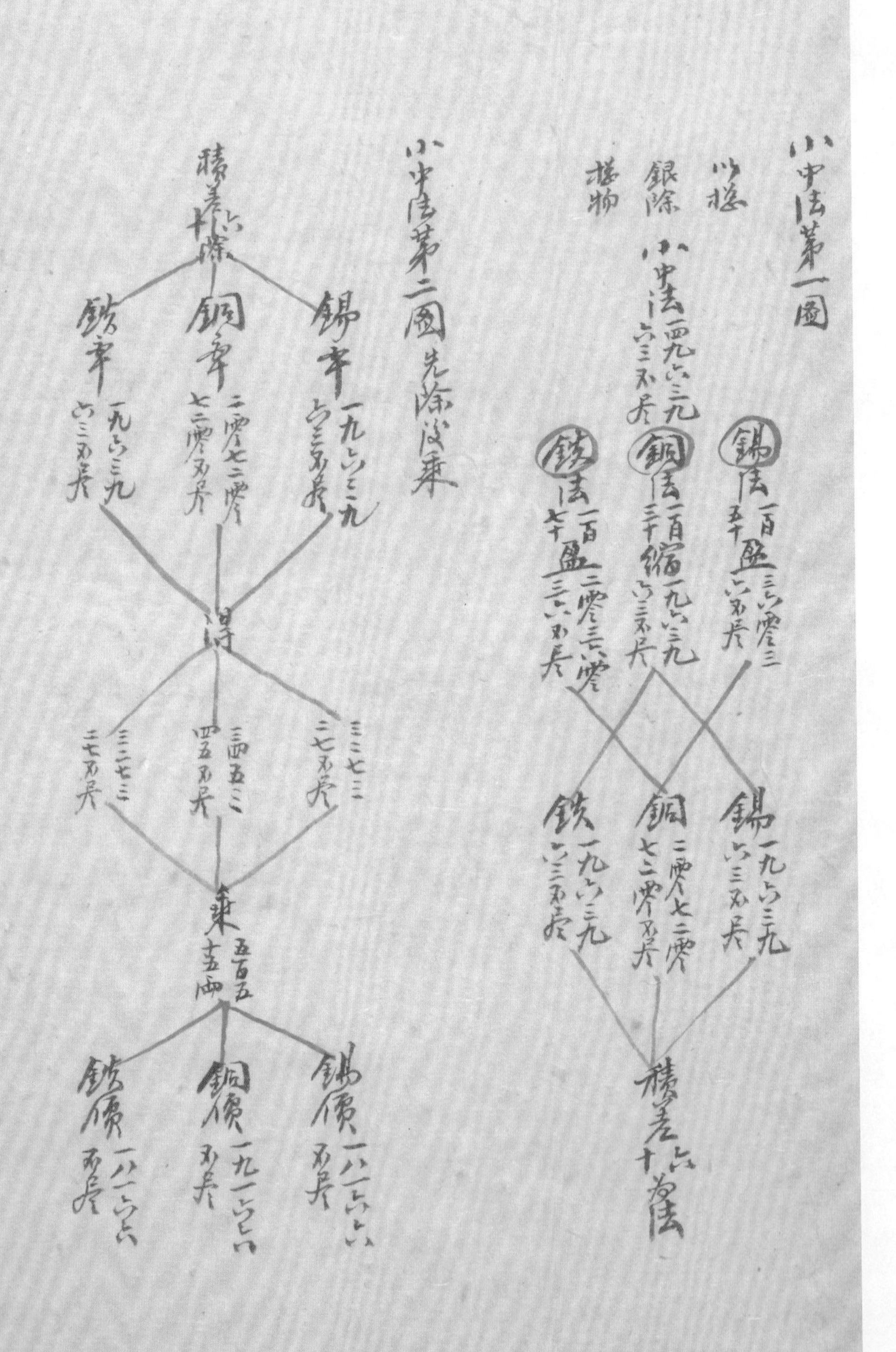
小中法第一圖
小中法第二圖 先除後乘

小中法第一圖 以總銀除總物

錫法一百五十　盈三六零三六不盡　錫一九六三九六三不盡

小中法一四九六三九六三不盡　銅法一百三十　縮一九六三九六三不盡　銅二零七二零七二零不盡　積差六十爲法

鐵法一百七十　盈二零三六零三六不盡　鐵一九六三九六三不盡

小中法第二圖 先除後乘

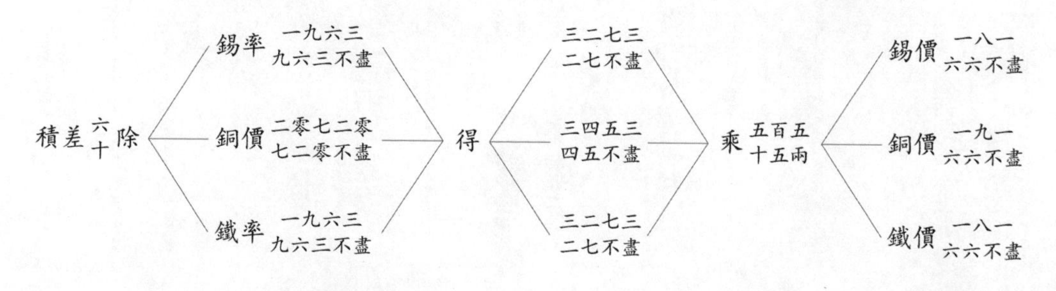

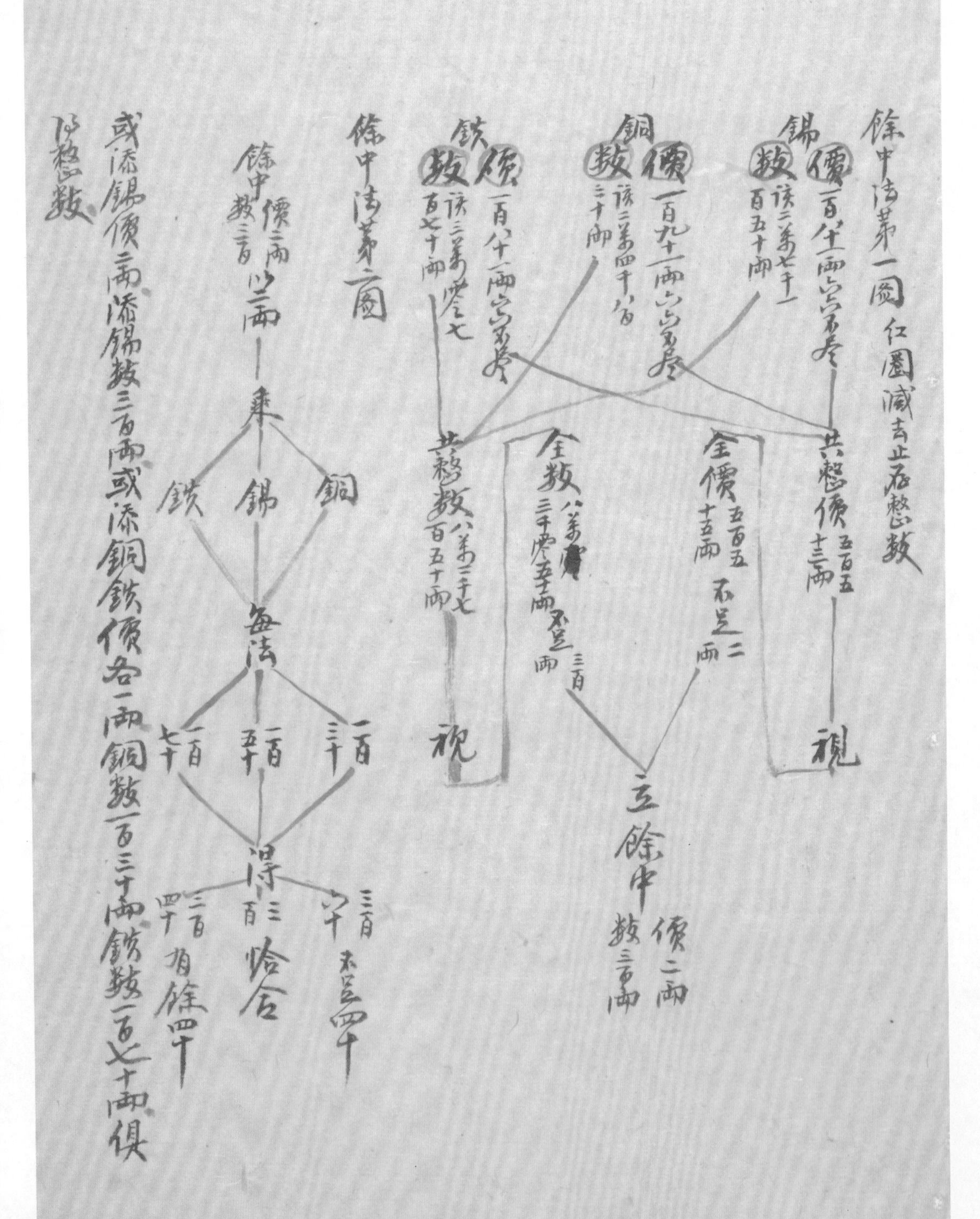
餘中法第一圖
錫
銅
鈌
餘中法第二圖
鈌
錫
銅

餘中法第一圖 紅圈減去[1]，止存整數

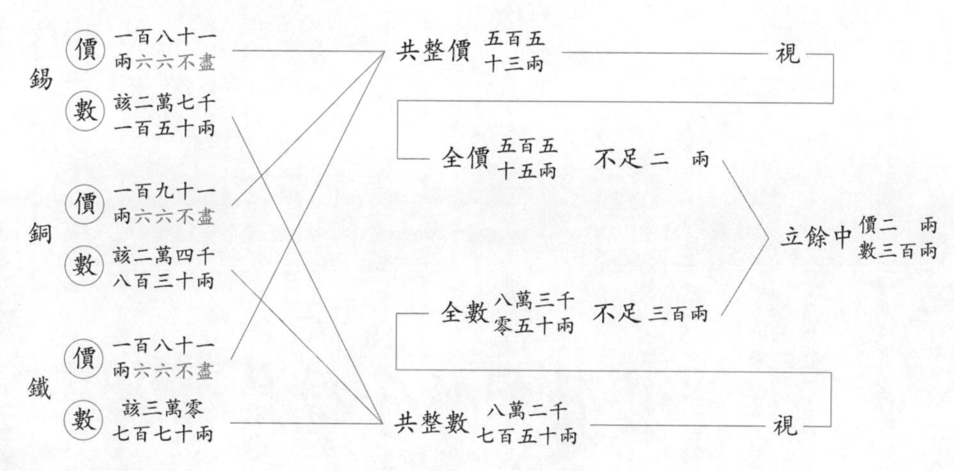

餘中法第二圖

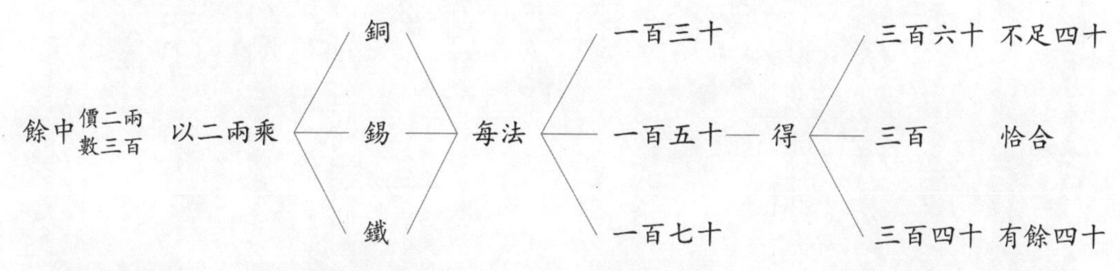

或添錫價二兩，添錫數三百兩；或添銅鐵價各一兩，銅數一百三十兩，鐵數一百七十兩，俱得整數。

---

1 即各價的零數部分，原圖未用紅圈圈出。

問今有銀五百五十五兩買銅錫鉄八萬三千五百兩每銀一兩買銅一百二十兩買錫一百四十兩買鉄

一百六十兩求三色各若干

答一法銅價八十八兩三錢三三不盡　銅一萬零六百兩

錫價八十八兩三錢三三不盡　錫一萬二千三百六十六兩六六不盡

鉄價三百七十八兩三三不盡　鉄六萬零五百三三不盡

一法　銅四千八百兩　價四十兩

錫二萬五千九百兩　價一百八十五兩

鉄五萬二千八百兩　價三百三十兩

一法　銅價八十八兩　銅一萬零五百六十兩

錫價八十九兩　錫一萬二千四百六十兩

鉄價三百七十八兩　鉄六萬零四百八十兩

法置八萬三千五百兩為首法俱銅該六萬六千六百兩少一萬六千九百兩俱錫該七萬

七千七百兩少五千八百兩俱鉄該八萬八千八百兩多五千三百兩一盈二不足以鉄為主分為

二項該銅錫各五千三百以一萬零六百銅錫二項合為一項該鉄二萬二千七百兩通共三

萬三千三百為積差以各差乘總價以積差除之得各價以各每法乘之得各色數

偏俱以原價三歸得一百八十五作錫二萬五千九百兩餘價三百七十兩餘鉄五萬七千六百兩

2. 問：今有銀五百五十五兩，買銅錫鐵八萬三千五百兩。每銀一兩，買銅一百二十兩，買錫一百四十兩，買鐵一百六十兩。求三色各若干？

答：一法：銅價八十八兩三錢三三不盡；　銅一萬零六百兩。

錫價八十八兩三錢三三不盡；　錫一萬二千三百六十六兩六六不盡。

鐵價三百七十八兩三三不盡；　鐵六萬零五百三三不盡。

一法：銅四千八百兩，　價四十兩。

錫二萬五千九百兩；　價一百八十五兩。

鐵五萬二千八百兩；　價三百三十兩。

一法：銅價八十八兩；　銅一萬零五百六十兩。

錫價八十九兩；　錫一萬二千四百六十兩。

鐵價三百七十八兩；　鐵六萬零四百八十兩。

法：置八萬三千五百兩爲中法，儘銅該六萬六千六百兩，少一萬六千九百兩；儘錫該七萬七千七百兩，少五千八百兩；儘鐵該八萬八千八百兩，多五千三百兩。一盈二不足，以鐵爲主，分爲二項，該銅錫各五千三百，得一萬零六百；銅錫二項合爲一項，該鐵二萬二千七百。通共三萬三千三百，爲積差。以各差乘總價，以積差除之，得各價。以各每法乘之，得各色數。

偏儘。將原價三歸，得一百八十五，作錫二萬五千九百兩，餘價三百七十兩，餘物五萬七千六百兩。

餘價係銅該四萬五千四百兩少一萬三千二百兩爲實以銅錫每法對減餘四十兩爲法除之
得三百三十兩爲錫價餘四千兩爲銅價各以每法乘之得數合問
餘四法三色價各除總兩銅八十八錫八十八錢三百七十八各餘三錢三三不盡共餘一兩
三色物除銅總一萬零五百八千兩錫總一萬二千三百二十兩錢總六萬零四百八千兩、
共餘一百四十兩恰合錫數又錫價一兩又錫數一百四十兩合或加銅錢價各五錢加銅
四千兩加錢八千兩亦合

解

舉右中餘中二法小中如前不贅其和推撥取總共一銅一錢爲當二錫或減錫價一兩
多又銅錢各五錢或減銅錢各五錢併入錫之價少爲五一兩多爲五二百八十兩銅價
少爲五五錢多爲五一百三十二兩錢價少爲五二百九十兩五錢多爲五四百二十兩任意分撥爲
作二百六十四法

前問錫與錢俱爲少五一兩惟銅五一十一兩更不爲減此問錫與銅俱爲少五一兩或五
錢惟錢五二百九十兩五錢更不爲減故以錫爲中本價五百五十五兩如前問以一百五十
兩爲法應得八萬三千二百五十兩然原數祇八萬三千零五十兩不足二百兩以貴其偏
多故也此問以一百四十兩爲法應得是[illegible]是百兩以錢其偏多故也若前問銅再減得餘
是爲錫亦多出原數況錢本若此問錢再減得餘是爲錫亦不足原數況銅本
此所以前銅五一十一此錢五二百九十兩五錢俱不可更減也舉此餘可類推

餘價儘銅，該四萬四千四百兩，少一萬三千二百兩爲實；以銅鐵每法對減，餘四十兩爲法，除之得三百三十兩，爲鐵價，餘四十兩爲銅價。各以每法乘之，得數合問。

餘中法。三色價各除整兩，銅八十八，錫八十八，鐵三百七十八，各餘三錢三三不盡，共餘一兩。三色物除銅整一萬零五百六十兩，錫整一萬二千三百二十兩，鐵整六萬零四百八十兩，共餘一百四十兩，恰合錫數。入錫價一兩，入錫數一百四十兩，合。或加銅鐵價各五錢，加銅六十兩，加鐵八十兩，亦合。

解：舉大中、餘中二法，小中如前，不贅。若攤撥取整者，一銅一鐵可當二錫，或減錫價一兩，分入銅鐵各五錢；或減銅鐵各五錢，併入錫。錫價少可至一兩，多可至二百六十四兩；銅價少可至五錢，多可至一百三十二兩；鐵價少可至二百九十兩五錢，多可至四百二十兩。任意分撥，可作二百六十四法。

前問錫與鐵俱可少至一兩，惟銅至一十一兩，更不可減。此問錫與銅俱可少至一兩，或五錢，惟鐵至二百九十兩五錢，更不可減者。以錫爲中率，價五百五十五兩，如前問以一百五十兩爲法，應得八萬三千二百五十兩。然原數卻八萬三千零五十兩，不足二百兩，以貴者偏多故也；此問以一百四十爲法，應得七萬七千七百兩，以賤者偏多故也。若前問銅再減，即餘盡爲錫，亦多出原數，況鐵乎？若此問鐵再減，即餘盡爲錫，亦不足原數，況銅乎？此所以前銅至一十一，此鐵至二百九十兩五錢，俱不可更減也。舉此，餘可類推。

分撥圖 前問

此以二兩與共一兩為法 共以二兩與共五錢為法 皆五百四十樣

錫率

錫價二兩

數三百兩

均法

價二兩

數三百兩

銅鉄率

銅鉄價各一兩

數三百兩

錫

錫少五價一兩數一百五十兩多五價五百四十三兩數八第一千四百五十兩

撥錫價二兩分入銅鉄各一兩撥銅鉄價各一兩入錫二兩計分法二百七十二樣

銅鉄

鉄少五價一兩數一百七十兩多五價二百七十三兩數四第六千三百四十兩銅少五價二十一兩數一千四百三十兩多五價二百八十二兩數三第六千六百六十一兩

分撥圖 前問

此以二兩與一兩爲法，若以一兩與五錢爲法，當五百四十様。

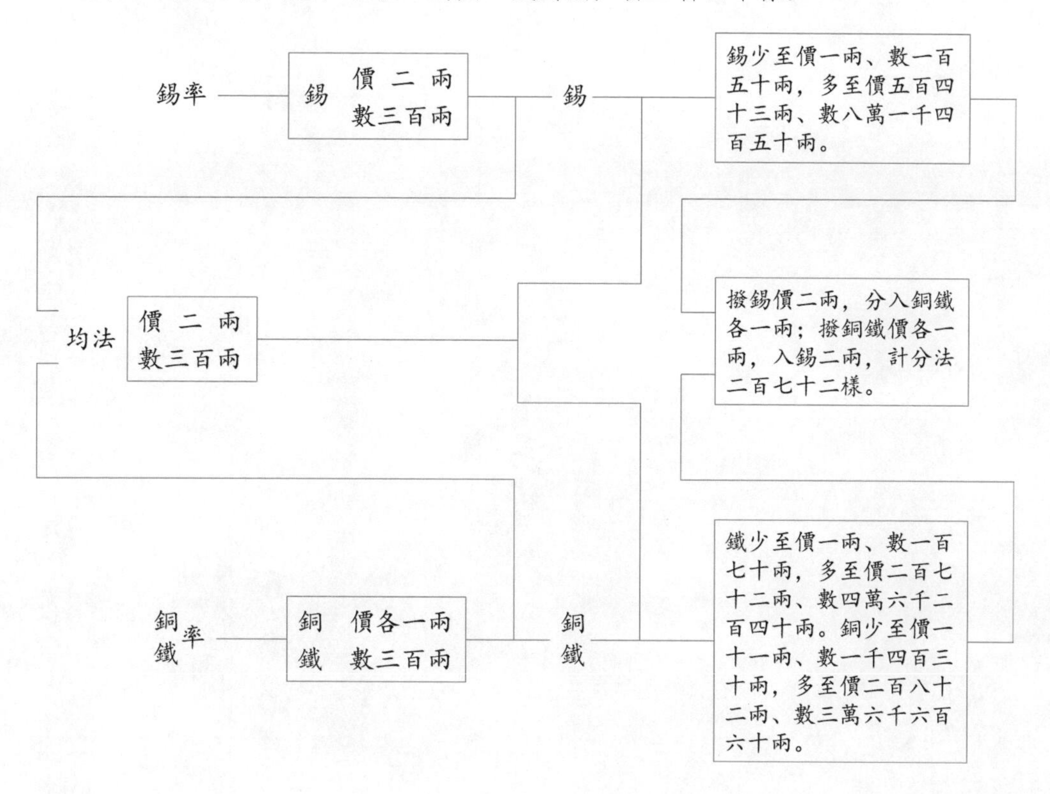

分攙圖說問：此以兩法分攙，若以銲法攙之，當二千六百七十餘樣。

錫率

錫價一兩數一百四十兩

均法

價一兩數一百四十兩

銅鈆率

銅價五銲數六千兩，銲價五銲數八千兩，共價一兩數一百四十兩

錫

錫少出價一兩數一百四十兩，多出價二百六十四兩，數三萬六千九百六十兩

攙錫價一兩分八銅鈆各五銲，攙銅鈆價各五銲，入錫一兩，計分法二百六十四樣

銅鈆

銅少出價五銲數六千兩，多出價一百三十兩，數一萬五千八百四十兩，鈆少出價二萬九十兩，零五銲數四萬六千四百八十兩，多出價四百二十二兩，數六萬七千五百二十一兩

分撥圖 後問

此以兩法分撥，若以錢法撥之，當二千六百七十餘樣。

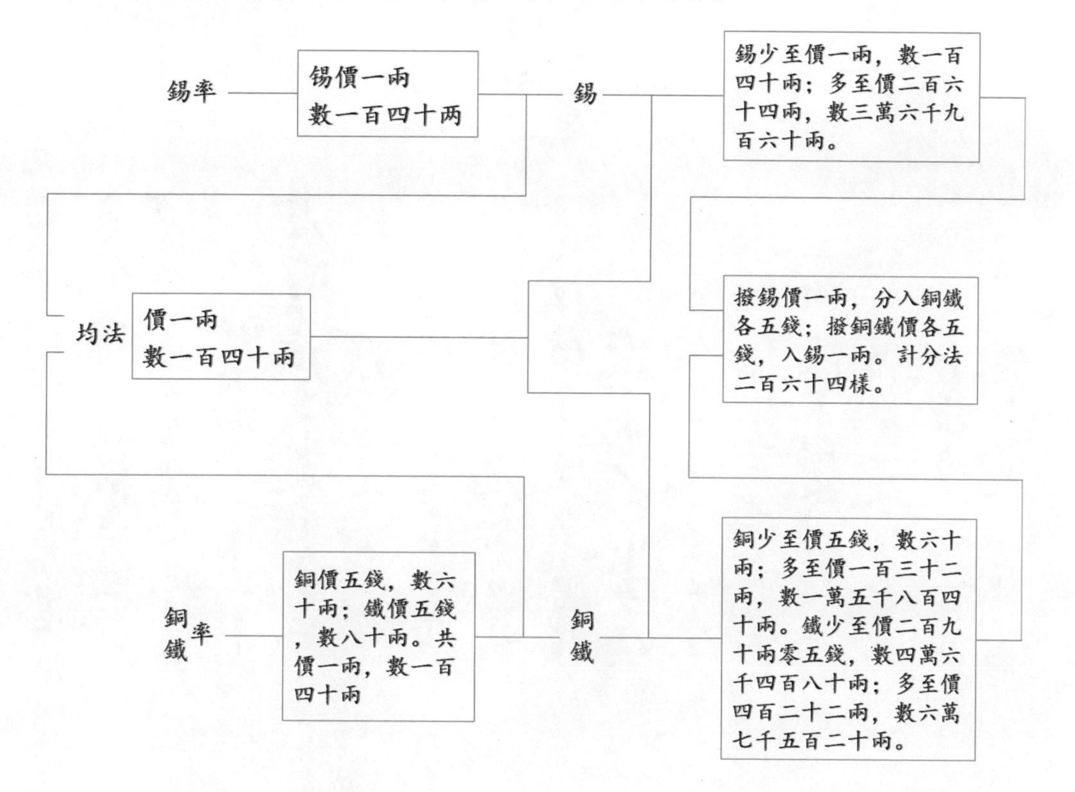

又 相併之和四種五種以上皆中法俱同係位分以盈一縮定互爲法求位及係位之盈縮

不与此用借互或偏互求之

問銀九十三兩買帛一百六十疋倭一疋價銀九錢羅一疋價七錢紗一疋價五錢绡一疋價三錢求各色各價若干

答一法 倭五十六疋二分五釐 價五十兩零六錢二分五釐

羅一十六疋二分五釐 價一十二兩三錢七分五釐

绡六十三疋七分五釐 價一十九兩一錢二分五釐

紗二十三疋七分五釐 價一十一兩八錢七分五釐

一法 倭一十六疋二分五釐 價一十四兩六錢二分五釐

羅五十六疋二分五釐 價三十九兩三錢七分五釐

紗六十三疋七分五釐 價三十一兩八錢七分五釐

绡二十一疋七分五釐 價七兩一錢二分五釐

一法 倭一十六疋 價一十四兩四錢

羅五十六疋 價三十九兩二錢

紗六十五疋 價三十二兩五錢

绡二十三疋 價六兩九錢

凡相併之和四種五種以上者，中法俱同，偶位分以一盈一縮交互爲法；奇位及偶位之盈縮不勻者，用借互或徧互求之。

1. 問：銀九十三兩，買帛一百六十疋。綾一疋價銀九錢，羅一疋價七錢，紗一疋價五錢，絹一疋價三錢。求各色各價若干[1]？

答：一法：綾五十六疋二分五厘；　價五十兩零六錢二分五厘。
羅一十六疋二分五厘；　價一十一兩三錢七分五厘。
絹六十三疋七分五厘；　價一十九兩一錢二分五厘。
紗二十三疋七分五厘；　價一十一兩八錢七分五厘。

一法：綾一十六疋二分五厘；　價一十四兩六錢二分五厘。
羅五十六疋二分五厘；　價三十九兩三錢七分五厘。
紗六十三疋七分五厘；　價三十一兩八錢七分五厘。
絹二十（一）[三]疋七分五厘；價七兩一錢二分五厘。

一法：綾十六疋；　價一十四兩四錢。
羅五十六疋；　價三十九兩二錢。
紗六十五疋；　價三十二兩五錢。
絹二十三疋；　價六兩九錢。

1 此題爲《算法統宗》卷五衰分章“貴賤差分”第三題、《同文算指通編》卷三“和較三率”第十二題。

法置價九十三兩爲中法倭絹與倭值一百四十兩盈五十一作絹率絹值四十八兩縮四十五
作倭率羅紗與羅值一百二十二兩盈二十九兩作紗率紗值八十兩縮一十三兩作羅率共積差一
百二十八以倭率四十五乘總足一百六十得七千二百以積差一百二十八除之得倭數以每足九錢
乘之得倭價以絹率五十一乘總足一百六十得八千一百六十以積差一百二十八除之得絹數以每
足三錢乘之得絹價以羅率一十三乘總足一百六十得二千零八十以積差一百二十八除之得羅
數以每足七錢乘之得羅價以紗率一十九乘總足一百六十得三千零四十以積差一百二十八除之得
紗數以每足五錢乘之得紗價合問
又法置價九十三兩以共數一百六十足除之得每足價銀五錢八分一厘二毫五絲爲中數倭羅二種有
餘紗絹二種不足倭減中數餘三錢一分八厘七毫五絲羅減中數餘一錢一分八厘七毫五
絲中數減紗餘八分一厘二毫五絲中數減絹餘二錢八分一厘二毫五絲即以倭紗互換以倭
爲八分一厘二毫五絲以紗爲三錢一分八厘七毫五絲羅絹互換以羅爲二錢八分一厘二毫五
絲以絹爲一錢一分八厘七毫五絲共差八錢以各數乘總足一百六十以共差八除之倭乘總
得一十三以八除之得一十六足二分五厘紗乘總得五十一以八除之得六十三足七分五厘羅乘總
得四十五以八除之得五十六足二分五厘絹乘總得一十九以八除之得二十三足七分五厘各以原價乘
之得各價
又除中法撥總數共一百五十八足當該二足共價九十二兩當該一兩五一兩爲中法以二除之得五

法：置價九十三兩爲中法，綾絹互，綾值一百四十四兩，盈五十一作絹率；絹值四十八兩，縮四十五作綾率。羅紗互，羅值一百一十二兩，盈一十九兩作紗率；紗值八十兩，縮一十三兩作羅率，共積差一百二十八。以綾率四十五乘總疋一百六十，得七千二百，以積差一百二十八除之，得綾數；以每疋九錢乘之，得綾價。以絹率五十一乘總疋一百六十，得八千一百六十，以積差一百二十八除之，得絹數；以每疋三錢乘之，得絹價。以羅率一十三乘總疋一百六十，得二千零八十，以積差一百二十八除之，得羅數；以每疋七錢乘之，得羅價。以紗率一十九乘總疋一百六十，得三千零四十，以積差一百二十八除之，得紗數；以每疋五錢乘之，得紗價。合問[1]。

又法：置價九十三兩，以共數一百六十疋除之，得每疋價銀五錢八分一厘二毫五絲，立爲中數。綾羅二種有餘，紗絹二種不足。綾減中數，餘三錢一分八厘七毫五絲；羅減中數，餘一錢一分八厘七毫五絲；中數減紗，餘八分一厘二毫五絲；中數減絹，餘二錢八分一厘二毫五絲。卻將綾紗互换，以綾爲八分一厘二毫五絲，以紗爲三錢一分八厘七毫五絲。羅絹互换，以羅爲二錢八分一厘二毫五絲，以絹爲一錢一分八厘七毫五絲。共差八錢。以各數乘總疋一百六十，以共差八除之。綾乘總得一三，以八除之，得一十六疋二分五厘；紗乘總得五一，以八除之，得六十三疋七分五厘；羅乘總得四五，以八除之，得五十六疋二分五厘；紗乘總得一九，以八除之，得二十三疋七分五厘。各以原價乘之，得各價[2]。

又餘中法：撥整數共一百五十八疋，尚該二疋；共價九十二兩，尚該一兩。立一兩爲中法，以二除之，得五

---

1 此爲立中交互法，以總價 93 兩爲中法，與偏儘各數相較得：

$$綾差 = 160 \times 0.9 - 93 = 51 兩$$
$$羅差 = 160 \times 0.7 - 93 = 19 兩$$
$$紗差 = 93 - 160 \times 0.5 = 13 兩$$
$$絹差 = 93 - 160 \times 0.3 = 45 兩$$

綾、羅爲盈，紗、絹爲縮，綾絹交互，羅紗交互，得各率爲：

$$綾率 = 絹差 = 45 兩；絹率 = 綾差 = 51 兩$$
$$羅率 = 紗差 = 13 兩；紗率 = 羅差 = 19 兩$$

併四率，得積差爲：

$$積差 = 45 + 51 + 13 + 19 = 128 兩$$

求得各色疋數分别爲：

$$綾數 = \frac{綾率 \times 總疋}{積差} = \frac{45 \times 160}{128} = 56.25 疋$$
$$羅數 = \frac{羅率 \times 總疋}{積差} = \frac{13 \times 160}{128} = 16.25 疋$$
$$紗數 = \frac{紗率 \times 總疋}{積差} = \frac{19 \times 160}{128} = 23.75 疋$$
$$絹數 = \frac{絹率 \times 總疋}{積差} = \frac{51 \times 160}{128} = 63.75 疋$$

乘各色每疋之價，得各色總價。

2 “又法”爲立小中交互法，即立每疋價爲中法，與各色每疋價相較，得各差。此即《同文算指通編》卷三“和較三率”第十二題解法。

錢恰合紗價添入紗内共六十五疋要盈

第一法

綾盈一五

羅盈一九

中價九十三兩

絹縮五四

紗縮三一

綾五四

羅三一

積差一百二十八

絹一五

紗九一

一六乘一百一十八除得

綾五十二疋二分五厘 價五十兩零六錢二分五厘

羅一十六疋二分五厘 價十一兩三錢七分五厘

絹二十三疋七分五厘 價一十九兩一錢二分五厘

紗二十三疋七分五厘 價一十一兩八錢七分五厘

第二法

綾多三八七五

羅多一六八七五

中價五八一二五

紗少零八一二五

絹少二八一二五

互換

綾零八一二五

羅二八一二五

積差八

紗三八七五

絹一六八七五

一六乘八除得

綾一六二五 價一十四兩六錢二分五厘

羅五六二五 價二十九兩三錢七分五厘

紗六三七五 價三十一兩八錢七分五厘

絹二三七五 價七兩一錢二分五厘

第三法

錢，恰合紗價，添入紗内，共六十五疋。更整[1]。

第一法

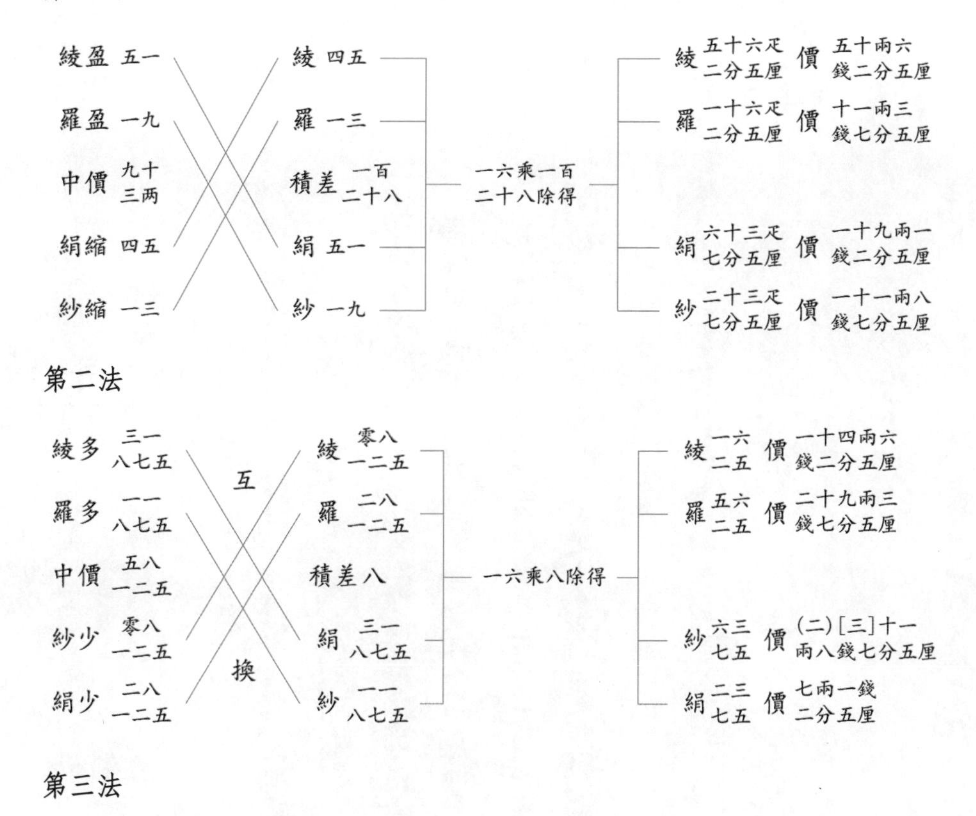

第三法

1 取各色整數，綾 16 疋、羅 56 疋、紗 63 疋、絹 21 疋，併得 185 疋，併價爲：

$$16 \times 0.9 + 56 \times 0.7 + 63 \times 0.5 + 21 \times 0.3 = 92 \text{ 兩}$$

較總數不足 2 疋，總價不足 1 兩。加絹 2 疋，多價 $2 \times 0.5 = 1$ 兩，恰合。

綾一十足　計少　以二足除一兩得五錢恰

羅五十六足　共一百五十八足　價　一十四兩四錢　三十九兩二錢　三十二兩五錢 改三十二兩五錢　六兩九錢　共九十二兩　計少　合紗價入之紗內共六

紗三十二足 改六十五足　十五足價三十二兩五

絹三十二足　二足　一兩　錢足價係合

解此問之併計前法大中設法小中并多少攙法以次差二錢故多少可以相補假如減綾增羅當少二錢則減絹增紗當多二錢可以相消矣減羅增綾當多二錢則減紗增絹當少二錢可以

相消矣故綾之多可以去於七十四羅之多可以去於一百一十紗之多可以去於一百二十五絹之多可以

去於八十四其少也可以止於一通融變化如前三種法推之不能盡講也

凡互法但取一多一少不論若干可以互推兩多兩少則不可互耳

問銀九十三兩買帛一百六十足綾價每足九錢羅價每足七錢紗價每足六錢絹價每足

三錢求各色若干價若干

答綾三十五足六分零　價三十一兩一錢四分零

羅三十四足六分零　價二十四兩二錢二分零

紗三十四足六分零　價二十兩零七錢六分零

絹五十六足一分零　價一十六兩八錢四分零

法九十三兩為率法綾盈五十一羅盈一十九紗值九十六兩盈三絹縮四十五三盈一縮以三互

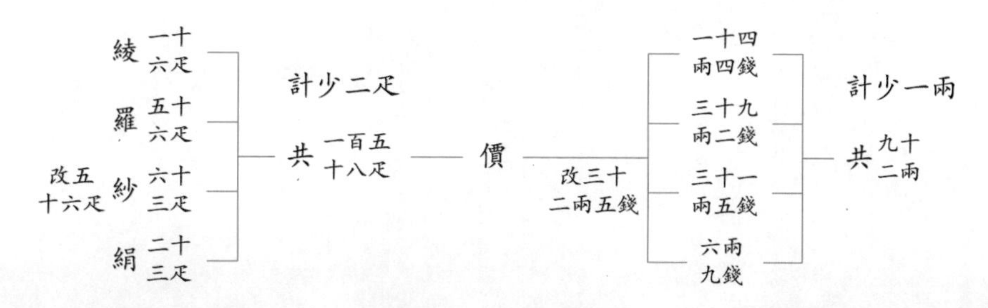

以二疋除一兩，得五錢，恰合紗價。入之紗内，共六十五疋，價三十二兩五錢，疋價俱合。

解：此四色併者，前法大中，後法小中。其分撥法，以次差二錢，故多少可以相補。假如減綾增羅，當少二錢；則減絹增紗，當多二錢，可以相準矣。減羅增綾，當多二錢；則減紗增絹，當少二錢，可以相準矣。故綾之多，可以至於七十四；羅之多，可以至於一百一十；紗之多，可以至於一百二十五；絹之多，可以至於八十四。其少也，可以止於一。通融變化，如前三種法推之，不能盡譜也。

凡互法，但取一多一少，不論若干，皆可互推；兩多兩少，則不可互耳。

2. 問：銀九十三兩，買帛一百六十疋。綾價每疋九錢，羅價每疋七錢，紗價每疋六錢，絹價每疋三錢，求各色各價若干？

答：綾三十四疋六分零；　　價三十一兩一錢四分零。
羅三十四疋六分零；　　價二十四兩二錢二分零。
紗三十四疋六分零；　　價二十兩零七錢六分零。
絹五十六疋一分零；　　價一十六兩八錢四分零。

法：九十三兩爲中法，綾盈五十一，羅盈一十九，紗值九十六兩盈三，絹縮四十五。三盈一縮，以三互

一三倍四十五一為倭一為羅一為紗併得一百三十五合倭五十一羅一十九紗三為絹併得六十
三共二百八十八為積差以共足各乘之以積差除之合問
解四色本係數以盈縮不勻故用借五之法三盈一縮故以縮為主然未敷必須添羅二足
餘零數俱除之合數
問銀九十三兩買帛一百六十足倭價九錢羅價五錢紗價四錢絹價三錢求各色
各價若干
荅倭五十八疋　價五十二兩二錢　羅三十四疋　價一十七兩
紗三十四疋　價一十三兩六錢　絹三十四疋　價十二兩二錢
法倭盈五十一羅值八十兩縮一十三紗值六十四縮二十九絹四十五一盈三縮以三五一三
借五十一為羅一為紗一為絹併得一百五十三合羅一十三紗二十九絹四十五為倭併得八
十七共二百四十八為積差以共足各乘之以積差除之合問
解此亦盈縮不勻用借五十一盈三縮故以盈為主
前問倭羅絹俱照前法惟紗一項不同此問倭絹俱照前法惟羅紗二項不同
故另列於後
立中法三盈一縮

一。三倍四十五，一爲綾，一爲羅，一爲紗，併得一百三十五；合綾五十一、羅一十九、紗三爲絹，併得七十三。共二百零八，爲積差。以共疋各乘之，以積差除之。合問[1]。

解：四色本偶數，以盈縮不勻，故用借互之法。三盈一縮，故以縮爲主。若求整者，添羅二疋，餘零數俱除之，合數[2]。

3. 問：銀九十三兩，買帛一百六十疋。綾價九錢，羅價五錢，紗價四錢，（緝）[絹]價三錢，求各色各價若干？

答：綾五十八疋；　　價五十二兩二錢。

羅三十四疋；　　價一十七兩。

紗三十四疋；　　價一十三兩六錢。

絹三十四疋；　　價十（二）兩二錢。

法：綾盈五十一；羅值八十兩，縮一十三；紗值六十四，縮二十九；絹[縮]四十五。一盈三縮，以三互一。三倍五十一，一爲羅，一爲紗，一爲絹，併得一百五十三；合羅一十三、紗二十九、絹（縮）四十五爲綾[3]，併得八十七。共二百四十，爲積差。以共疋各乘之，以積差除之。合問[4]。

解：此亦盈縮不勻用借互者，一盈三縮，故以盈爲主。

前問綾羅絹俱照前法，惟紗一項不同；此問綾絹俱照前法，惟羅紗二項不同，故另列新譜。

立中法 三盈一縮

---

1 此爲立中借互法。立總銀 93 兩爲中法，與偏儘各價相較，得：

$$綾差=160\times0.9-93=51兩；羅差=160\times0.7-93=19兩$$

$$紗差=160\times0.6-93=3兩；絹差=93-160\times0.3=45兩$$

綾羅紗三差爲盈，絹差爲縮，借二縮湊成三縮，與三盈交互：

綾 盈 51	綾 率 45
羅 盈 19	羅 率 45
紗 盈 3	紗 率 45
絹 盈 45	絹 率 73

求得積差爲：

$$積差=綾率+羅率+紗率+絹率=3\times45+73=208$$

解得各色疋數爲：

$$綾疋=羅疋=紗疋=\frac{45\times160}{208}\approx34.6疋$$

$$絹疋=\frac{73\times160}{208}\approx56.1疋$$

各以每疋價乘，得各總價。

2 綾整爲 34 疋，價爲 30.6 兩；羅整爲 34 疋，價爲 23.8 兩；紗整爲 34 疋，價爲 20.4 兩；絹整爲 56 疋，價爲 16.8 兩。併得 158 疋，91.6 兩，較原疋不足 2 疋，較原總價不足 1.4 兩，恰合 2 疋羅價。故加入羅 2 疋，合原數。“餘零數俱除之”，指除去零數，只留整疋。

3 縮，係墨筆補，後朱筆塗抹。

4 解法同前題。

倭盈一五十　倭四十五

羅盈九十　羅四十五

沙盈三　沙四十五

俏縮四十五　俏七十三

積差二百零八

衰法一盈三縮

倭盈一五十　倭八十七

羅縮一十三　羅五十三

沙縮二十九　沙五十三

俏縮四十五　俏五十一

積差二百四十一

問今有銀七錢買椒丁香桂皮阿魏縮砂五種共一斤每椒一斤價四錢丁香一斤價三錢桂皮

一斤價六錢阿魏一斤價一兩縮砂一斤價八錢求各色若干

答一法椒一兩零六六八五丹　價二分六六八五丹　丁香三兩二錢　價六分

桂皮三兩二錢　價一錢三分　阿魏五兩三錢三三八五丹　價三錢三三三丹

縮砂三兩二錢　價錢六分

一法砂四兩五錢七分一釐四毫二八五七有奇　價二錢二分八釐五毫七一四零

魏四兩五錢七分一釐四毫二八五七有奇　價二錢八分五釐七毫一四零

綾盈五十一	綾四十五	
羅盈一十九	羅四十五	積差二百零八
紗盈　　三	紗四十五	
絹縮四十九	絹七十三	

立中法 一盈三縮

綾盈五十一	綾八十七	
羅縮一十三	羅五十一	積差二百四十一
紗縮二十九	紗五十一	
絹縮四十五	絹五十一	

4. 問：今有銀七錢，買椒、丁香、桂皮、阿魏、縮砂五種，共一斤。每椒一斤價四錢，丁香一斤價三錢，桂皮一斤價六錢，阿魏一斤價一兩，縮砂一斤價八錢。求各色若干[1]？

答：一法：椒一兩零六六不盡；　價二分六六不盡。
丁香三兩二錢；　價六分。
桂皮三兩二錢；　價一錢（三）[二]分。
阿魏五兩三錢三三不盡；　價三錢三三不盡。
縮砂三兩二錢；　價一錢六分。
一法：砂四兩五錢七分一厘四毫二絲有奇；　價二錢二分八厘五毫七絲零。
魏四兩五錢七分一厘四毫二絲有奇；　價二錢八分五厘七毫一絲零。

1 此題爲《同文算指通編》卷三“和較三率”第五題。

椒二兩二錢八分五釐七毫一絲四忽　價五分七釐一毫二絲八忽

丁二兩二錢八分五釐七毫一絲四忽　價四分二釐八毫四絲六忽

桂二兩二錢八分五釐七毫一絲四忽　價八分五釐五毫八絲忽

一滿砂五兩　價二錢五分　魏四兩　價二錢五分　椒二兩　價五分

桂三兩　價一錢一分二釐五毫

法先將各物以斤兩法化之各十六兩以除椒價四錢得每兩二分五釐以除丁價三錢得每兩一分八釐七毫五絲以除桂價六錢得每兩三分七釐五毫以除魏價一兩得每兩六分二釐五毫以除砂價八錢得每兩五分立七錢為中法　椒砂相互搭不足三砂餘一將搭作一將砂作三　丁魏相互丁不足四魏餘三將丁作三魏作四　桂無對借魏相互　桂不足一魏餘三將桂作三魏作一　通計搭一砂三丁三桂三魏二分得五共一十五為積差　搭一以十六乘之仍得十六以積差除之得搭數砂三以十六乘之得四十八以積差除之得砂數　丁三以十六乘之以積差除之得　保同　魏五以十六乘之得八十以積差除之得魏數　各以每價乘之合問

或用編互法　砂魏二種有餘　搭丁桂三種不足　砂魏各益三　搭三丁四桂一　各併十六　搭丁桂各益二　砂一魏三　各四　共十二　通共二十八為積差　各以十六乘之以積差除之

餘中分撥法　故砂四兩　魏四兩　搭丁桂各二兩　共總數十四兩　當除二兩　砂價二錢　魏價二錢五分　搭價五分　丁價三分七釐五毫　桂價七分五釐　共總價六錢一分二釐五毫　當添八分七釐五毫　添

椒二兩二錢八分五厘七毫一絲有奇；　　價五分七厘一毫二絲零。
丁二兩二錢八分五厘七毫一絲有奇；　　價四分二厘八毫四絲零。
桂二兩二錢八分五厘七毫一絲有奇；　　價八分五厘五毫八絲零。

一法：砂五兩；　　價二錢五分。
魏四兩；　　價二錢五分。
椒二兩；　　價五分。
［丁二兩；　　價三分七厘五毫。］
桂三兩；　　價一錢一分二厘五毫。

法：先將各物以斤兩法化之，各十六兩。以除椒價四錢，得每兩二分五厘；以除丁價三錢，得每兩一分八厘七毫五絲；以除桂價六錢，得每兩三分七厘五毫；以除魏價一兩，得每兩六分二厘五毫；以除砂價八錢，得每兩五分。立七錢爲中法，椒砂相互，椒不足三，砂餘一，將椒作一，將砂作三；丁魏相互，丁不足四，魏餘三，將丁作三，魏作四；桂無對，借魏相互，桂不足一，魏餘三，將桂作三，魏作一。通計椒一，砂三，丁三，桂三，魏二分得五，共一十五爲積差。椒一以十六乘之，仍得十六，以積差除之，得椒數；砂三以十六乘之，得四十八，以積差除之，得砂數；丁三以十六乘之，以積差除之，俱同；魏五以十六乘之，得八十，以積差除之，得魏數。各以每價乘之，合問[1]。

或用偏互法。砂魏二種有餘，椒丁桂三種不足。砂魏各兼三，椒三丁四桂一各八，共十六；椒丁桂各兼二，砂一魏三各四，共十二，通共二十八爲積差。各以十六乘之，以積差除之[2]。

餘中分撥法。取砂四兩，魏四兩，椒丁桂各二兩，共整數十四兩，尚該二兩。砂價二錢，魏價二錢五分，椒價五分，丁價三分七厘五毫，桂價七分五厘，共整價六錢一分二厘五毫，尚該八分七厘五毫。添

1 此爲立中借互法，同《同文算指通編》卷三“和較三率”第五題解法一。立總價 7 錢爲中法，與各價相較，得各差：

$$椒差=7-4=3錢；丁差=7-3=4錢；桂差=7-6=1錢；魏差=10-7=3錢；砂差=8-7=1錢$$

椒、丁、桂三差爲縮，魏、砂爲盈，借一魏差，湊成三盈三縮，一一相互，得：

$$椒率=砂差=1錢；砂率=椒差=3錢；丁率=魏差=3錢；桂率=魏差=3錢；魏率=丁差+桂差=4+1=5錢$$

併得：積差 $=1+3+3+3+5=15$。求得各數爲：

$$椒數=\frac{1\times16}{15}\approx1.066兩；砂數=丁數=桂數=\frac{3\times16}{15}\approx3.2兩；魏數=\frac{5\times16}{15}\approx5.33兩$$

2 此爲立中偏互法，同《同文算指通編》卷三“和較三率”第五題解法二。椒丁桂三縮與魏砂二盈偏相交互，得：

$$椒率=丁率=桂率=砂差+魏差=1+3=4錢；砂率=魏率=椒差+丁差+桂差=3+4+1=8錢$$

併得：積差 $=3\times4+2\times8=28$。解得各數爲：

$$椒數=丁數=桂數=\frac{4\times16}{28}\approx2.28571兩；魏數=砂數=\frac{8\times16}{28}\approx4.57142兩$$

砂一兩價五分，桂一兩價二分七厘五毫，俱合總數。

解：此並迴借其或借互或偏互換之價之貴賤與數之多寡兩相准折，期得無平處。凡三種也

種以上借做此推之至於多攙之法遊移無窮，大約識此貴賤滿彼賤勝求物價相當，惟

視卵數多共以賤偏多，視中價數少共以貴偏多，此則遊移中騰挪不必易之率也。

借互法

中價七錢

榔四錢　不足三錢
砂八錢　餘一錢
丁三錢　不足四錢
魏一兩　餘三錢
桂六錢　不足一錢

榔錢一
砂錢三
丁錢三
魏錢五
桂錢三

積差一十五

砂一兩價五分，桂一兩價（二）［三］分七厘五毫，俱合整數[1]。

解：此五色併者。或借互，或偏互，總之價之貴賤與數之多寡，兩相準抵，期得其平而已。六種七種以上，俱倣此推之。至於分撥之法，游移無窮，大約減此貴即添彼賤，務求物價相當。惟視中數多者，必賤偏多；視中價數少者，必貴偏多，此則游移中暗藏不可易之率也。

借互法

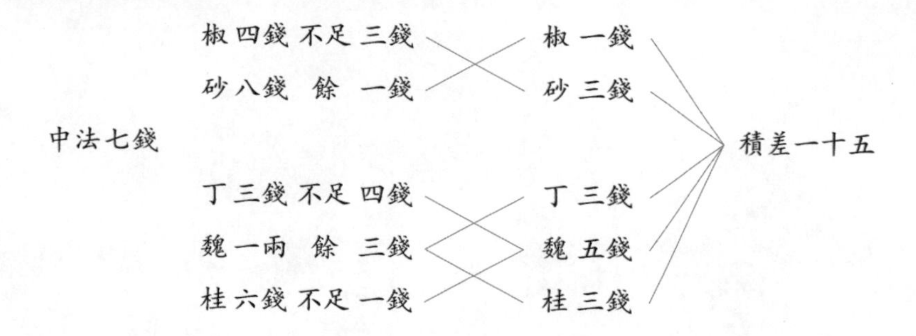

1 據偏互法所求結果，捨零取整，取砂 4 兩、魏 4 兩、椒 2 兩、丁 2 兩、桂 2 兩，共 14 兩，該價：

$$
\begin{aligned}
&4\times\frac{8}{16}+4\times\frac{10}{16}+2\times\frac{4}{16}+2\times\frac{3}{16}+2\times\frac{6}{16}\\
&=4\times0.5+4\times0.625+2\times0.25+2\times0.1875+2\times0.375\\
&=2+2.5+0.5+0.375+0.75\\
&=6.125\text{錢}
\end{aligned}
$$

與原價 7 錢、原物 16 兩相較，價不足 0.875 錢，物不足 2 兩。添砂 1 兩 0.5 錢、桂 1 兩 0.375 錢，恰合。

編互法

中法七錢

椒三不足　砂一餘　桂一不足　魏三餘　丁四不足

椒 砂一魏 三共四

砂 椒三丁四 魏一共八

桂 砂一魏 三共四

魏 椒三丁四桂 一共八

丁 砂一魏 三共四

總差二十八

凡位數不均者及位數雖均而零偏不均者用借互編互二法其互之術亦只有七種而已

此七種之式其處各在四邊之偏相對而餘而不足則不可互矣

分攤取整法

差取第二法分攤者取第一法整數一十五兩整價六錢五分六厘二毫五絲

不足數一兩不足價四分三厘七毫五絲加椒五分魏五錢恰合

偏互法

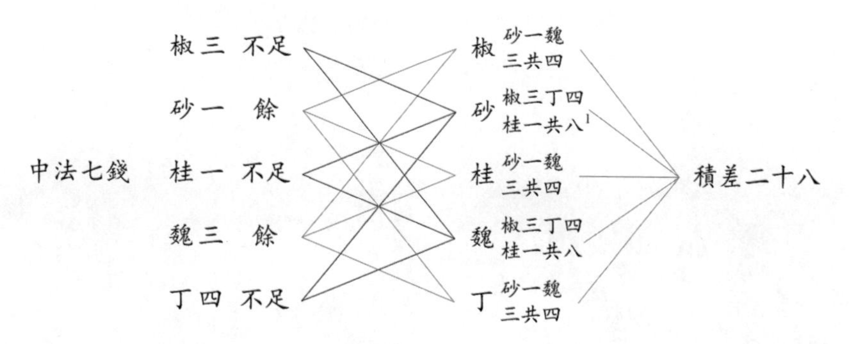

凡位數不勻者，及位數雖勻而盈縮不勻者，用借互、偏互二法，無不可求。六種七種以至多種皆然。要處只在一盈一縮相對，兩餘兩不足則不可互矣。

分撥取整法

蓋取第二法分撥。若取第一法，整數一十五兩，整價六錢五分六厘二毫五絲，不足數一兩，不足價四分三厘七毫五絲，加椒五分，魏五錢，恰合。

砂整數四兩價二錢
麯整數二兩價二錢五分
椒整數二兩價五分
丁整數二兩價三分七厘五毫
桂整數二兩價七分五厘

通共整數十四兩
視
全數十六兩不足二兩
滲砂一兩桂一兩價五分三分七厘五毫
恰合
全價七錢不足八分七厘五毫
共整價六錢二分二厘五毫
視

凡相併之和每法爲累數共以累數爲每以累數所得爲分子以原母共以母除子乘亦得差實或以每物乘總價以每價乘總物對減以空差實用之實法則以各差乘總數以補差除之用偏價法則以一每法對減爲差法以除物價交乘對減爲差實共得以每數其以母除子乘爲差實共以差法除得數仍以物價每法各乘之並以空物價之數並爲母則以兩母相乘爲共母以兩母交乘兩子爲各子化成同母求如前法或以總價總物貴法賤法偏以共母乘之並以用之中偏其等法

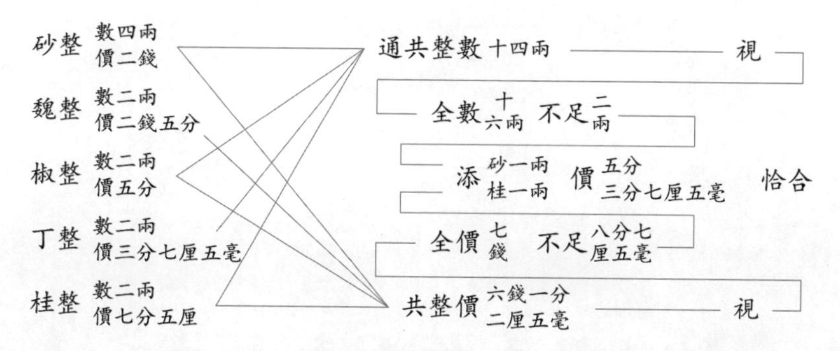

凡相併之和每法有累數者，以累數爲母，以累數所得爲子。若同母者，以母除子乘而得差實。或以每物乘總價，以每價乘總物，對減以定差實。用立中法，則以各差乘總數，以積差除之。用偏儘法，則以二每法對減爲差法，以除物價，交乘對減爲差實者，徑得本數。其以母除子乘爲差實者，以差法除得數，仍以物價每法各乘之，然後定物價之數。若異母，則以兩母相乘爲共母，以兩母交乘兩子爲各子，化成同母，求如前法。或得總價總物，貴法賤法，俱以共母乘之，然後用立中、偏儘等法。

問今有銀五千五百兩買布價一百七十二足每銀五兩買價十六足買布二十足而各得幾斤

答價七十二足　價三十兩　布一百足　價二十五兩

法置總銀以每五除之得一千一百以十二乘之得一万三千二百視原數不足四千以二十乘之得

二万二千視原數有餘四千八百為差實

或以每五兩乘總物一百七十二得八百六十以賣十二乘總價五十五得六百六十不足二百以賠二十

乘總價得一千一百有餘二百四十為差實

五用二為法以有餘四千八不足四千各乘總價以積差八千以除之同以法則所有餘二百

四十不足二百各乘總價以積差四百四十除之

偏價法以每法賣十二減賠二十餘八為差法以除前法有餘四千八得六以除不足四千得

五列之位以每五乘之得各價以子十二二十各乘之得各數共以除得法之交乘為實試

加經得各價母除子乘得各數合問

解此等數之同母異母除子乘所得皆乃貴賠之實數其物價交乘對減以定買差其差

價物相当之交互為同比總銀五千五百兩以買價當一百三十二試交乘之以每價五兩乘一百

三十二得六百六十以十二足乘五十五兩亦得六百六十同乘於是以買布當二百二十試交乘之以

五兩乘二百二十得一千一百以二十足乘五十五兩亦得一千一百同矣所以同其差總價五千五百兩所得

其有幾個五兩以總價一百三十二所得其有幾個十二足總布二百二十所得其有幾個二十足互

1. 問：今有銀五十五兩，買布絹一百七十二疋。每銀五兩買絹十二疋，買布二十疋，求各若干？

答：絹七十二疋；　　　　　　　　價三十兩。

布一百疋；　　　　　　　　價二十五兩。

法：置總銀，以母五除之，得一十一。以子［十］二乘之，得一百三十二，視原數不足四十；以子二十乘之，得二百二十，視原數有餘四十八，爲差實。

或以母五兩乘總物一百七十二，得八百六十。以貴十二乘總價五十五，得六百六十，不足二百；以賤二十乘總價，得一千一百，有餘二百四十，爲差實。

立中。若用前法，以有餘四十八、不足四十各乘總價，以積差八十八除之[1]。用後法，則以有餘二百四十、不足二百各乘總價，以積差四百四十除之[2]。

偏儘法。以每法貴十二減賤二十，餘八爲差法。以除前法有餘四十八，得六；以除不足四十，得五。列二位，以母五乘之，得各價；以子十二、二十各乘之，得各數[3]。若以除後法交乘爲實者，則徑得各價；母除子乘，得各數[4]。合問。

解：此累數之同母者。母除子乘，所得者乃貴賤之實數。其物價交乘對減，以定差者，蓋物價相當，交互必同。如總銀五十五兩，盡以買絹，當一百三十二。試交乘之，以每法五兩乘一百三十二，得六百六十；以十二疋乘五十兩，亦得六百六十，同矣。若盡以買布，當二百二十。試交乘之，以五兩乘二百二十，得一千一百；以二十疋乘五十五兩，亦得一千一百，同矣。所以同者，蓋總價五十五兩，所藏者有幾個五兩；總絹一百三十二，所藏者有幾個十二疋；總布二百二十，所藏者有幾個二十疋。互

---

1 用前法，立總物 172 疋爲中法，分別與偏儘絹、布相較，得：

$$上差=55\times\frac{20}{5}-172=220-172=48疋；下差=172-55\times\frac{12}{5}=172-132=40疋$$

併得：

$$積差=上差+下差=48+40=88疋$$

用立中法解得：

$$布價=\frac{下差\times總價}{積差}=\frac{40\times55}{88}=25兩；絹價=\frac{上差\times總價}{積差}=\frac{48\times55}{88}=30兩$$

2 用後法，立 $5\times172=860$ 爲中法，得二差爲：

$$上差=55\times20-860=240疋；下差=860-55\times12=200疋$$

併得：

$$積差=上差+下差=240+200=480疋$$

用立中法解得：

$$布價=\frac{下差\times總價}{積差}=\frac{200\times55}{480}=25兩；絹價=\frac{上差\times總價}{積差}=\frac{240\times55}{480}=30兩$$

3 偏儘前法，以 48 與 40 爲二差，解得：

$$布價=\frac{下差}{\frac{20}{5}-\frac{12}{5}}=\frac{40}{20-12}\times5=25兩；絹價=\frac{上差}{\frac{20}{5}-\frac{12}{5}}=\frac{48}{20-12}\times5=30兩$$

4 偏儘後法，以 240 與 200 爲二差，解得：

$$布價=\frac{下差}{20-12}=\frac{200}{8}=25兩；絹價=\frac{上差}{20-12}=\frac{240}{8}=30兩$$

乘之是五倍十二亦是十二倍五，五倍二十亦是二十倍五，每以所乘之同也。今原物視貴數多視賤數少，知爲貴賤二色交和其平，故曰以所乘之定差實也。偏侭以母除子乘爲差實，以差法除之，又以母子乘之，方得數耳。並每銀五兩方是差足，是一差中賸錢五兩之數，故以五乘之，所得價每貴十二賤二十方差八足，是一差率又賸錢貴十二賤二十之數，故以十二二十各乘所得數也。若以差法先以五除之得一亦爲差法，則徑得貴賤之價。以差法以十二除之得六亦可矣，以二十除之得四以爲差法，則徑得貴賤之數矣。

交乘定差實圖一

價貝　買絹
每價五兩　以數十二足
總價五十五兩　總數一百三十二足
得　得
六百六十　六百六十
相同
價係一十一個五兩，絹係一十一個十二足，故互乘相同

價貝　買布
每價五兩　以數二十足
總價五十五兩　總數二百二十足
得　得
一千一百　一千一百
相同
價係一十一個五兩，布係一十一個二十足，故互乘相同

布價　相合
絹十二足　每價五兩　布二十足
總數一百七十二　總價五十五兩　總數一百七十二
得　得　得
八百六十　六百六十　一千一百　八百六十
對減差二百　對減差二百四十
價係一十一個五兩止，六分買絹有五分買布，故差二百
價係一十一個五兩止，五分買布有六分買絹，故差二百四十

乘之，是五倍十二，亦是十二倍五；五倍二十，亦是二十倍五，安得而不同哉？今原物視貴數多，視賤數少，知有貴賤二色參和其中，故可以之而定差實也。

偏儘。以母除子乘爲差實，以差法除之，又以母子乘之，方得數者，蓋每銀五兩，方差八疋，是一差中暗藏五兩之數，故以五乘之而得價；每貴十二、賤二十，方差八疋，是一差中又暗藏貴十二、賤二十之數，故以十二、二十各乘而得數也。若將差法先以五除之，得一六爲差法，則徑得貴賤之價。將差法以十二除之，得六六六六不盡，以二十除之得四，以爲差法，則徑得貴賤之數矣。

交乘定差實圖一

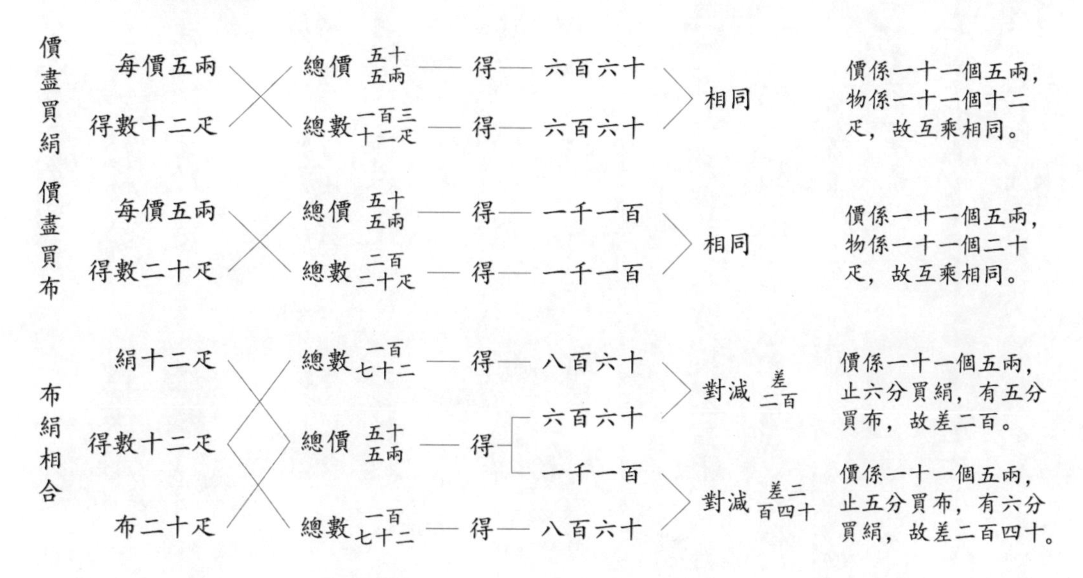

交乘互差實圖二

騾夫　值價五兩　總價七十二兩六錢六分　得八百六十
為綃　每數十二疋　總數一百七十二疋　得八百六十
相同　為十二疋廿十四分三三三三不盡　為五兩廿十六分四分三三三不盡　同

騾夫　值價五兩　總價四十三兩　得八百六十
為綃　每數二疋　總數一百七十二疋　得八百六十
相同　為二十疋廿十八分又六六　為五兩　廿十六八分又六六　故同

布綃　價五兩　總價五十五兩　得六百五十
相和　綃十二疋　總數一百七十二疋　得八百六十四
　　　布三十疋　價五兩　總價五十五兩　得一千一百
對減差二百　為十二廿止六分　故差
對減四十八　差二百　為三十廿止五分　故差

問今有錢四千九百九十五文，共買桃梨五千個，每錢一十二文買桃九個，每錢四文買梨七個，
求總價五千內有桃若干，有梨若干，各價若干。

答　桃三千二百八十五個　價四千零一十五文
　　梨一千七百一十五個　價九百八十文

法　桃梨各每桃價一十二文，梨價四文，先以二價相乘得四十八文，却以梨每四文乘桃子
九個得三十六個，為貴法，以桃每十二文乘梨子七個，得八十四個，為賤法，以共每乘總價

交乘定差實圖二

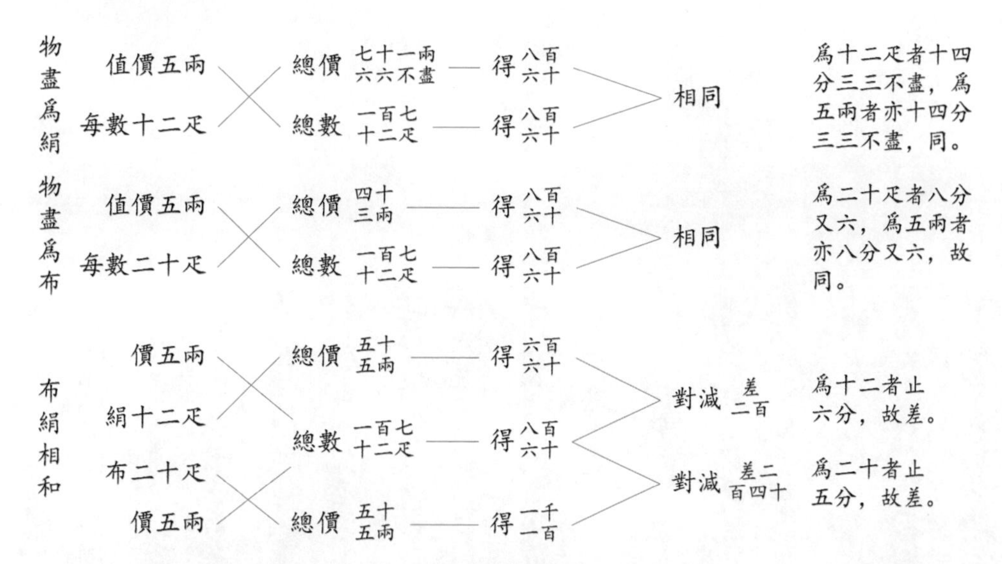

2. 問：今有錢四千九百九十五文，共買桃、梨五千個。每錢一十一文買桃九個，每錢四文買梨七個。求總果五千内有桃若干？有梨若干？各價若干[1]？

答：桃三千二百八十五個；　　　　價四千零一十五文。

　　梨一千七百一十五個；　　　　價九百八十文。

法：桃梨異母，桃價一十一文，梨價四文，先以二價相乘，得四十四文。卻以梨每四文乘桃子九個，得三十六個，爲貴法；以桃母十一文乘梨子七個，得七十七個，爲賤法。以共母乘總價

1 此題爲《算法統宗》卷五衰分章“仙人换影”（即貴賤相和）第一題。

為價法，以共母乘總物為物法，以貴法三十六個減賤法七十七個，餘四十一為差法。

用帝中法，以共母四十四乘總果五千，得二十二萬，為帝中數，以貴法三十六乘總價，得一十七萬九千八百二十，不足四萬零一百八十，以賤法七十七乘總價，得三十八萬四千六百一十五，為有餘一十六萬四千六百一十五，共二十萬零四千七百九十五，為積差，以上差四萬零一百八十乘總價四千九百九十五，得二億零六十九萬九千一百，以積差除之，得梨價，以下差一十六萬四千六百一十五乘總價四千九百九十五，得八億二千二百二十五萬一千九百二十五，以積差除之，得桃價，置梨價四除七乘，桃價十一除九乘，得各數。

偏價，他貴法一十七萬九千八百二十，不足四萬零一百八十，以差法四十一除之，得梨價，他賤法三十八萬四千六百一十五，有餘一十六萬四千六百一十五，以差法四十一除之，得桃價，如前法各乘除之，得各數。

又法：二物相乘，得六十三，為共母，以梨母七個乘桃子十一文，得七十七文，為貴法，以桃母九個乘梨子四文，得三十六文，為賤法，以共母乘總物，為物法，以共母乘總價，為價法，以賤法三十六文減貴法七十七文，餘四十一，為差法。用帝中法，以共母六十三乘總價四千九百九十五文，得三十一萬四千六百八十五，為帝價，以貴法七十七乘總果五千個，得三十八萬五千文，內餘七萬零三百一十五文，以賤法三十六乘總果五千個，得一十八萬，為不足一十三萬四千六百八十五文，共二十萬零五千，為積差，以上差七萬零三百一十五乘總果，得三億五千一百五十七萬五千，以積差

爲價法，以共母乘總物爲物法。以貴法三十六個減賤法七十七個，餘四十一爲差法。

用立中法。以共母四十四乘總果五千，得二十二萬，爲中數。以貴法三十六乘總價，得一十七萬九千八百二十，不足四萬零一百八十；以賤法七十七乘總價，得三十八萬四千六百一十五，有餘一十六萬四千六百一十五。共二十萬零四千七百九十五，爲積差。以上差四萬零一百八十乘總價四千九百九十五，得二億零零六十九萬九千一百，以積差除之，得梨價。以下差十六萬四千六百一十五乘總價四千九百九十五，得八億二千二百二十五萬一千九百二十五，以積差除之，得桃價。置梨價，四除七乘；桃價，十一除九乘，得各數[1]。

偏儘。純貴該一十七萬九千八百二十，不足四萬零一百八十，以差法四十一除之，得梨價。純賤該三十八萬四千六百一十五，有餘一十六萬四千六百一十五，以差法四十一除之，得桃價。如前法，各乘除之，得各數[2]。

又法：二物相乘，得六十三爲共母。以梨母七個乘桃子十一文，得七十七文，爲貴法；以桃母九個乘梨子四文，得三十六文，爲賤法。以共母乘總物爲物法，以共母乘總價爲價法。以賤法三十六文減貴法七十七文，餘四十一爲差法。◎用立中法。以共母六十三乘總價四千九百九十五文，得三十一萬四千六百八十五，爲中價。以貴法七十七乘總果五千個，得三十八萬五千文，有餘七萬零三百一十五文；以賤法三十六乘總果五千個，得一十八萬，不足一十三萬四千六百八十五文。共二十萬零五千，爲積差。以上差七萬零三百一十五乘總果，得三億五千一百五十七萬五千，以積差

1 桃價每 11 文買 9 個，梨價每 4 文買 7 個，以價爲母，以物爲子，異母化作同母，得：

$$每文買桃=\frac{9}{11}=\frac{9\times4}{11\times4}=\frac{36}{44}個$$
$$每文買梨=\frac{7}{4}=\frac{7\times11}{4\times11}=\frac{77}{44}個$$

立 $44\times5000=220000$ 爲中法，求得二差爲：

$$上差=220000-36\times4995=40180$$
$$下差=77\times4995-220000=164615$$

併得：

$$積差=上差+下差=40180+164615=204795$$

用立中法求得桃梨各價：

$$梨價=\frac{上差\times總價}{積差}=\frac{40180\times4995}{204795}=980文$$
$$桃價=\frac{下差\times總價}{積差}=\frac{164615\times4995}{204795}=4015文$$

桃梨各數爲：

$$梨數=980\times\frac{7}{4}=1715個$$
$$桃數=4015\times\frac{9}{11}=3285個$$

2 用偏儘法，求得桃梨各價分別爲：

$$梨價=\frac{上差}{77-36}=\frac{40180}{41}=980文$$
$$桃價=\frac{下差}{77-36}=\frac{164615}{41}=4015文$$

除之得梨數以下差千三百四十七萬五千乘總果五千個得六億七千三百四十三萬五千以積差
除之得桃數○用偏價法先求諸價三十八萬五千有餘七萬零三百二十五以差法四十一除之得
梨數先求諸價一千八萬有零一十三萬四千六百八十五以差法四十一除之得桃數以每數九個七
個除之以每價十文四分乘之得各價

解曰累數是每二每相乘得共每則以是每為同每而共所得無異每錢四十文四分買桃三十六
梨七十七差四十一倒之則每果六十三個是桃值七十七是梨值三十六合差四十一故以四十一為差
法也交乘對減以共每定差而以四十四乘總錢合用三十六七十七乘其差混用四十四乘
總價二千一萬九千七百八十作實以共每四十四除之還得本數故省却一遍耳
舊法先求得差四十一謂之長法若先求錢則以每桃價一十文乘總果五千得五萬五千以
每桃九個乘總錢四千九百九十五得四萬四千九百五十五對減餘一萬四十五以長法除之
得二百四十五為短法列二位以七乘得梨數以四乘得梨價若先求貴則以梨價四乘總果
得二萬以梨數七乘總錢得三萬四千九百六十五對減餘一萬四千九百六十五以長法除之得三
百六十五為短法列二位九乘得桃數十一乘得桃價便之換影仙但除後方乘者如今
法之捷也
若嚴前術須問置總錢四百除之三十六乘之得四千零六十六百有奇捷原數不足九百一
十三有奇以差法四十一除之得二二六六有奇列二位以四千四百乘得梨價以七千七乘得梨

除之，得梨數。以下差一十三萬四千六百八十五乘總果五千個，得六億七千三百四十二萬五千，以積差除之，得桃數[1]。◎用偏儘法。純貴該價三十八萬五千，有餘七萬零三百一十五，以差法四十一除之，得梨數。純賤該價一十八萬，不足一十三萬四千六百八十五，以差法四十一除之，得桃數。以每數九個、七個除之，以每價一十文、四文乘之，得各價[2]。

解：此累數異母，二母相乘得共母，則化異母爲同母，與前問無異。每錢四十四文買桃三十六，買梨七十七，差四十一；倒之，則每果六十三個，是桃值七十七，是梨值三十六，亦差四十一，故以四十一爲差法也。交乘對減，以共母定差，應以四十四乘總錢。今只用三十六、七十七乘者，蓋既用四十四乘總價［得］二十一萬九千七百八十，仍當以共母四十四除之，還得本數，故省卻一遍耳。

舊法先求得差四十一，謂之長法。若先求賤，則以每桃價一十［一］文乘總果五千，得五萬五千，以每桃九個乘總錢四千九百九十五，得四萬四千九百五十五，對減餘一萬四十五，以長法除之，得二百四十五爲短法。列二位，以七乘［得］梨數，以四乘［得］梨價。若先求貴，則以梨價四乘總果，得二萬，以梨數七乘總錢，得三萬四千九百六十五。對減，餘一萬四千九百六十五，以長法除之，得三百六十五爲短法。列二位，九乘得桃數，十一乘得桃價。謂之換影仙。但除後又乘，不如今法之捷也[3]。

若照前布絹問，置總錢，四十四除之、三十六乘之，得四千零八十六有奇，較原數不足九百一十三有奇，以差法四十一除之，得二二二六八有奇。列二位，以四十四乘得梨價，以七十七乘得梨

1“又法”以物爲母，以價爲子，異母化作同母，得：

$$桃每價=\frac{11}{9}=\frac{11\times7}{9\times7}=\frac{77}{63}文\ ；梨每價=\frac{4}{7}=\frac{4\times9}{7\times9}=\frac{36}{63}文$$

立 $63\times4995=314685$ 爲中法，得：

$$上差=77\times5000-314685=70315；下差=314685-36\times5000=134685；積差=上差+下差=205000$$

解得桃梨各數爲：

$$梨數=\frac{上差\times總數}{積差}=\frac{70315\times5000}{205000}=1715個；\ 桃數=\frac{下差\times總數}{積差}=\frac{134685\times5000}{205000}=3285個$$

2 用偏儘法，解得桃梨各數爲：

$$梨數=\frac{上差}{77-36}=\frac{70315}{77-36}=1715個；桃數=\frac{下差}{77-36}=\frac{134685}{77-36}=3285個$$

3《算法統宗》卷五衰分章“仙人换影歌”云：“貴賤相和换影仙，賤物互乘貴價錢。貴物互乘賤價訖，相減餘爲長法然。先使總錢乘賤物，後用總物乘賤錢。二數相減餘爲實，長法除之短法言。貴物貴價各乘短，物價分明皆得全。總内減貴餘爲賤，不遇知音不與傳。”據此解得：

$$梨數=7\times\frac{11\times5000-9\times4995}{7\times11-9\times4}=7\times\frac{10045}{41}=7\times245=1715個$$

$$梨價=4\times\frac{11\times5000-9\times4995}{7\times11-9\times4}=4\times\frac{10045}{41}=4\times245=980文$$

$$桃數=9\times\frac{7\times4995-4\times5000}{7\times11-9\times4}=9\times\frac{14965}{41}=9\times365=3285個$$

$$桃價=11\times\frac{7\times4995-4\times5000}{7\times11-9\times4}=11\times\frac{14965}{41}=11\times365=4015文$$

其中，$7\times11-9\times4=41$ 为長法，$\frac{11\times5000-9\times4995}{7\times11-9\times4}=245$、$\frac{7\times4995-4\times5000}{7\times11-9\times4}=365$ 爲短法。

數置總錢四千四百除七十七乘得八千一百四十一有奇較原數有餘三千七百四十一有奇以差法

四千一除之得九三二四三有奇列二位四千四百乘得桃價三十六乘得桃數其法與自生不

如舊法之難也

差法圖

錢四千四百

十一	四	九	七
九	七	十一	四
三十六	七十七	七十七	二十八

果六十三個

差四千一　錢四千四百買桃三十六　買梨七十七

差四十　果六十三個桃價七千　七梨價二十八

設今有馬步軍一萬二千三百四十名共分布一十二萬五千八百二十尺人每馬軍七人分蘚布四十八

尺每步軍六人分襖布九十二尺求馬步軍各若干名襖蘚布各若干尺

答馬步軍各五千六百七十人　襖布八萬六千九百四十尺　蘚布三萬八千八百八十尺

法馬軍七人步軍六人相乘得四十二為共母以步母六乘蘚布四十八得二百八十八為下法以馬母

七乘襖布九十二得六百四十四為上法以共母乘總人得四十五萬六千二百八十為人法以共母乘

總布得五百二十八萬四千四百四十為布法以下法減上法餘三百五十六為差法以乘法以布總五百

二十八萬四千四百四十為中以下法二百八十八乘總人得三百二十六萬五千九百二十相減餘二百一萬八千

五百二十以共法六百四十四乘總人得七百三十萬二千九百六十相減餘二百零一萬八千五百二十

數。置總錢，四十四除、七十七乘，得八千七百四十一有奇，較原數有餘三千七百四十一有奇，以差法四十一除之，得九一二四三有奇。列二位，四十四乘得桃價，三十六乘得桃數。其法零星，又不如舊法之整矣[1]。

差法圖

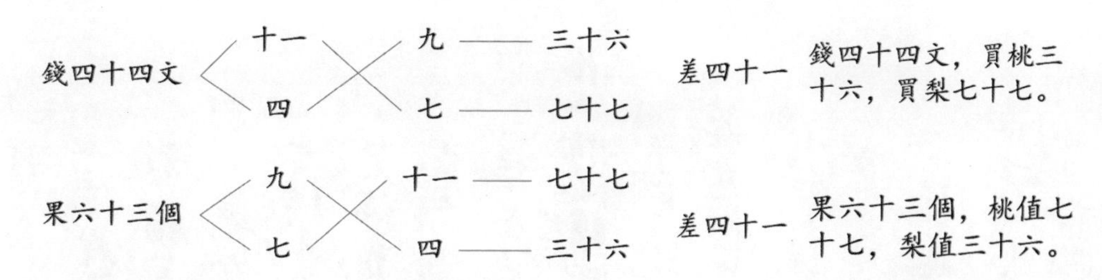

3. 問：今有馬步軍一萬一千三百四十名，共分布一十二萬五千八百二十尺。每馬軍七人分褌布四十八尺，每步軍六人分襖布九十二尺，求馬、步軍各若干名？襖、褌布各若干尺？

答：馬步軍各五千六百七十人。

襖布八萬六千九百四十尺； 褌布三萬八千八百八十尺。

法：馬軍七人、步軍六人相乘，得四十二，爲共母。以步母六乘褌子四十八，得二百八十八，爲下法；以馬母七乘襖子九十二，得六百四十四尺，爲上法。以共母乘總人，得四十七萬六千二百八十，爲人法；以共母乘總布，得五百二十八萬四千四百四十，爲布法。以下法減上法，餘三百五十六，爲差法。立中法，以布總五百二十八萬四千四百四十爲中，以下法二百八十八乘總人，得三百二十六萬五千九百二十，不足二百零一萬八千五百二十；以上法六百四十四乘總人，得七百三十萬零二千九百六十，有餘二百零一萬八千五百二十。

---

1 桃每 44 文買 36 個，梨每 44 文買 77 個，即：

$$每文買桃=\frac{9}{11}=\frac{9\times4}{11\times4}=\frac{36}{44}個；每文買梨=\frac{7}{4}=\frac{7\times11}{4\times11}=\frac{77}{44}個$$

總價 4995 文買桃梨共 5000 個，立 5000 爲中法，總價全部買桃，得偏儘桃數爲：

$$4995\times\frac{36}{44}\approx4086.8個$$

全部買梨，得偏儘梨數爲：

$$4995\times\frac{77}{44}\approx8741.2個$$

分别與中數相較，得二差爲：

$$上差=8741.2-5000=3741.2個；下差=5000-4086.8=913.2個$$

用偏儘法解得：

$$桃價=\frac{913.2}{77-36}\times44\approx980文；桃數=\frac{913.2}{77-36}\times77\approx1715個$$

$$梨價=\frac{3741.2}{77-36}\times44\approx4015文；桃價=\frac{3741.2}{77-36}\times36\approx3285個$$

數有畸零。

共四百零三萬七千零八十四為積差以下差二百零一萬八千五百四十二乘總人得三三九九零七一三四以積差除之得馬步各軍數以七除四十八乘得襍布數以六除九十二乘得襖布數合問

解此題前合率法中之數如此作問則為雜和假令布數照前軍數止一萬二千二百五十一以法求之則馬軍當五千五百零九人襍布當三萬七千七百七十六尺步軍當五千七百四十六人襖布當八萬八千零四十四尺矣又假令軍數照前布數至一十二萬六千五百七十六尺以法求之則馬軍當五千六百二十八人襍布當三萬八千五百九十二尺步軍當五千七百一十二人襖布當八萬七千五百八十四尺矣此為和數撥法之雜也舉二種三四種以上皆可雜

凡一物而具兩數比價一以為母價一以為子求之

問大船三桅六槳次船二桅八槳今望見桅七十三槳二百零二求大小船各若干

答大船一十五隻桅四十五槳九十　小船一十四隻桅二十八槳一百一十二

法三二相乘得六為公母三乘得二十四為小子二乘六得一十二為大子對減餘一十二為差法乃以公母乘槳數得一千二百一十二以小子乘桅數得一千七百五十二對減餘五百四十以差法除之得大船桅數四十五減總桅餘二十八為小船桅以三除大桅以二除小桅得各船數合問

解前所謂子母者皆以人為母則物為子物為母則價為子此則一物中具有二數然而法可相通此問乃借桅為母借槳為子每三桅六槳每二桅八槳設如每三人分六每二人分八

共四百零三萬七千零四十，爲積差。以下差二百零一萬八千五百二十乘總人，得二二八九零零一三四，以積差除之，得馬步各軍數。以七除、四十八乘，得褲布數；以六除、九十二乘，得襖布數。合問[1]。

解：此即前合率法中之數，如此作問，則爲雜和。假令布數照前，軍數止一萬一千二百五十一，以法求之，則馬軍當五千五百零九人，褲布當三萬七千七百七十六尺；步軍當五千七百四十二人，襖布當八萬八千零四十四尺矣。又假令軍數照前，布數至一十二萬六千一百七十六尺，以法求之，則馬軍當五千六百二十八，褲布當三萬八千五百九十二尺；步軍當五千七百一十二人，襖布當八萬七千五百八十四尺矣。如前分撥法可推也。舉二種，三、四種以上皆可推。

凡一物而具兩數者，借一以爲母，借一以爲子求之。

1. 問：大船三桅六槳，次船二桅八槳。今望見桅七十三，槳二百零二，求大小船各若干[2]？

答：大船一十五隻；　桅四十五；　槳九十。

小船一十四隻；　桅二十八；　槳一百一十二。

法：三、二相乘得六，爲共母。三乘［八］得二十四，爲小子；二乘六得一十二，爲大子。對減餘一十二，爲差法。乃以共母乘槳數，得一千二百一十二；以小子乘桅數，得一千七百五十二。對減，餘五百四十。以差法除之，得大船桅數四十五；減總桅，餘二十八爲小船桅。以三除大桅，以二除小桅，得各船數。合問[3]。

解：前所謂子母者，如以人爲母，則物爲子；物爲母，則價爲子。此則一物中具有二數，然而法可相通。如此問乃借桅爲母，借槳爲子，每三桅六槳，每二桅八槳，政如每三人分六，每二人分八；

1 解法同前桃梨題立中法。馬軍 7 人分布 48 尺，步軍 6 人分布 92 尺，以人爲母，以布爲子，7 人、6 人相乘，異母化作同母，得：

$$馬軍每人分布=\frac{48}{7}=\frac{48\times6}{7\times6}=\frac{288}{42}尺；步軍每人分布=\frac{92}{6}=\frac{92\times7}{6\times7}=\frac{644}{42}尺$$

共母乘共布，立中法爲 $42\times125820=5284440$ 尺。求得二差爲：

$$下差=5284440-288\times11340=2018520；上差=644\times11340-5284440=2018520$$
$$積差=上差+下差=2018520+2018520=4037040$$

用立中法解得：

$$馬軍數=步軍數=\frac{2018520\times11340}{4037040}=5670人$$

$$馬軍褲布數=5670\times\frac{48}{7}=38880尺；\ 步軍襖布數=5670\times\frac{92}{6}=86940尺$$

2 此題爲《同文算指通編》卷三“合數差分下”第十題，題設數據不同。

3 以桅爲母，以槳爲子，大船 3 桅、小船 2 桅相通，得大船 6 桅 12 槳，小船 6 桅 24 槳。共母 6 乘共槳，立中法爲：$6\times202=1212$。求得二差爲：

$$上差=24\times73-1212=540；下差=1212-12\times73=336$$

用偏儘法求得：

$$大船桅數=\frac{上差}{24-12}=\frac{540}{12}=45；\ 小船桅數=\frac{下差}{24-12}=\frac{336}{12}=28$$

依法可求各槳數、船數。

又如每三物值六，每二物值八也

或以矢子乘桅得八百，以對減，餘三百三十六，以差法十二除之，得小桅二十八，此用窠求桅之法也二

或以窠母每六個相乘，得四十八，為共母，而子互乘，差六十二，即以共母乘桅，得數以兩子各乘

窠，得數，相對減，以差法十二除之，得小窠數，是以桅求窠之二法也

凡

相搭之和，二種共有虛撥，有實撥，有互撥。虛撥共如甲以幾分添乙，乙以幾分添甲，則其數皆互

也。其法以兩母相乘，得共母，以各母除，以各子乘，為各分，乃以甲子為乙欠，以乙子為甲欠，共母減乙

欠為甲率，減甲欠為乙率，合二實為總率，然問法互減各實，以相搭視所得數為平率，若問

先顯總數，以總率除之，以各率乘之；先顯平數，以平率除之，以各率乘之

問今有甲乙二倉，共二千八百石，甲以二分之一添乙，乙以三分之一添甲，則平，求各若干，各成若干

答甲一千六百石　乙一千二百石　分撥各成二千石

法甲以二為母，乙以三為母，相乘得六，為共母，二之一為三，是乙欠數，三之一為二，是甲欠數，六欠三

餘三為乙率，六欠二，餘四為甲率，合二率得七為總率，置總數七除之，得四百，以甲乙率各因之

合問 二归甲得八百，入乙；三归乙得四百，入甲，俱二千

解此二種虛撥分搭，共以原數從外添之，故曰虛撥，曰先顯總數

問今有甲乙二倉粟，以甲二之一添乙，以乙三之一添甲，則各滿二千石，求原數各若干

答甲一千六百石　乙一千二百石

又如每三物值六，每二物值八也。

或以大子乘桅得八百七十六，對減餘三百三十六，以差法十二除之，得小桅二十八。此以欒求桅之法二也。或以欒爲母，六八相乘得四十八，爲共母，兩子互乘，差亦十二。卻以共母乘桅得數，以兩子各乘欒得數與對減，以差法十二除之，得大小欒數，又以桅求欒之二法也。

【相搭之和】

凡相搭之和二種者，有虛擬，有實撥，有互撥。虛擬者，如甲以幾分添乙，乙以幾分添甲則等是也。其法以兩母相乘得共母，以各母除，以各子乘爲各子，乃以甲子爲乙欠，以乙子爲甲欠，共母減乙欠爲甲率，減甲欠爲乙率，合二實爲總率，照問法擬減各實以相搭，視所得數爲平率。若問先顯總數，以總率除之，以各率乘之；先顯平數，以平率除之，以各率乘之。

1. 問：今有甲乙二倉，共二千八百石。甲以二分之一添乙，乙以三分之一添甲，則平。求各若干？各成若干？

答：甲一千六百石；　　乙一千二百石。

分撥各成二千石。

法：甲以二爲母，乙以三爲母，相乘得六爲共母。二之一爲三，是乙欠數；三之一爲二，是甲欠數。六欠三，餘三爲乙率；六欠二，餘四爲甲率。合二率得七，爲總率。置總數，七除之得四，以甲乙率各因之，合問。二歸甲得八百入乙，三歸乙得四百入甲，俱二千[1]。

解：此二種虛擬分搭者。以原動從外添之，故曰虛擬。◎先顯總數。

2. 問：今有甲乙二倉粟，以甲二之一添乙，以乙三之一添甲，則各滿二千石，求原數若干？

答：甲一千六百石；　　乙一千二百石。

1 據題意列式如下：

$$\frac{1}{2}甲+乙=\frac{1}{3}乙+甲$$

整理得：

$$\frac{甲}{乙}=\frac{4}{3}$$

以 4 爲甲衰，3 爲乙衰，併得 7 衰，解得：

$$甲=\frac{4}{7}\times 2800=1600$$

$$乙=\frac{3}{7}\times 2800=1200$$

法甲以二為母乙以三為母相乘得六為共母二之一為三是乙欠數三之一為二是甲欠數六母
欠三餘三為乙率六母欠二餘四為甲率卻得甲二之一是二也添入乙得五乙三之一是一也添入
甲六得五以五為率率置二千右以率率除之得四以四因之得甲以三因之得乙合問

解此亦二種分攤之搭共○先顯率數

假今問云甲以二之一添乙乙以三之一添甲各滿三千右則置三千右以五歸之得六以四
因之得甲二千四百以三因之得乙一千八百滿數不同其法則一也等而上下之皆可推

凡相搭之和二種實攤共數甲攤幾分入乙乙攤幾分入甲或等或倍是也其法
較見母分母以此遞比母共較所成之數商約取之

問今有銀一千六百兩甲乙二人分之甲以五分之一攤入乙則等乙以三分之一攤入甲則甲多
三倍求各若干

答甲一千兩　乙六百兩

法甲五乙三共母八以除總數得二以甲乙率各乘之甲五之一為二百入乙則各八百相等
乙三之一亦二百入甲則甲一千二百乙四百甲多三倍合問

解此實攤共損此益彼方見定數故曰實攤

問今有銀一千六百兩甲乙二人分之甲攤一分入乙則相等乙攤一分入甲則甲視乙三倍求
各若干

法：甲以二爲母，乙以三爲母，相乘得六爲共母。二之一爲三，是乙欠數；三之一爲二，是甲欠數。六母欠三，餘三爲乙率；六母欠二，餘四爲甲率。卻將甲二之一是二也添入乙，得五；乙三之一是一也添入甲，亦得五。即以五爲平率，置二千石，以平率除之得四。以四因之得甲，以三因之得乙。合問[1]。

解：此亦二種虚擬分搭者。◎先顯平數。

假令問云甲以二之一添乙，乙以三之一添甲，各滿三千石。則置三千石，以五歸之得六。以四因之，得甲二千四百；以三因之，得乙一千八百。滿數不同，其法則一也。等而上下之，皆可推。

凡相搭之和二種實撥者，如甲撥幾分入乙，乙撥幾分入甲，或等或倍是也。其法據見母爲母；若匿母者，據所成之數，商酌取之。

1. 問：今有銀一千六百兩，甲乙二人分之。甲以五分之一撥入乙，則等；乙以三分之一撥入甲，則甲多三倍。求各若干？

答：甲一千兩；　　乙六百兩。

法：甲五乙三，共母八[2]，以除總數得二。以甲乙率各乘之，甲五之一爲二百入乙，則各八百相等；乙三之一亦二百入甲，則甲一千二百，乙四百，甲多三倍。合問。

解：此實撥者。損此益彼，方見定數，故曰實撥。

2. 問：今有銀一千六百兩，甲乙二人分之。甲撥一分入乙，則相等；乙撥一分入甲，則甲視乙三倍。求各若干？

---

1 據前題，以 4 爲甲衰，3 爲乙衰，設甲 $4m$，乙 $3m$，據題意列式如下：

$$\begin{cases}\frac{1}{2}\text{甲}+\text{乙}=2000\\\frac{1}{3}\text{乙}+\text{甲}=2000\end{cases}\longrightarrow\begin{cases}\frac{1}{2}\times 4m+3m=2000\\\frac{1}{3}\times 3m+4m=2000\end{cases}$$

解得：$5m=2000$，即 $m=400$，則：

$$\text{甲}=4m=1600$$
$$\text{乙}=3m=1200$$

2 據題意列式如下：

$$\frac{1}{5}\text{甲}+\text{乙}=\frac{4}{5}\text{甲}$$

整理得：

$$\frac{\text{甲}}{\text{乙}}=\frac{5}{3}$$

故以 5 爲甲衰，3 爲乙衰。乙以三分之一撥入甲，乙餘 2；甲 5 加 1 得 6，爲乙三倍。

答甲一千兩　乙六百兩

法八爲共率三爲乙率五爲甲率置總數八歸之得二以甲乙各率乘之合問

解此實撥逆母并凡撥一得平并必差二如六三五七九二四六八十是也知甲爲五乙爲三并試以甲爲三乙爲五甲撥一入乙平矣然一者可撥再試以甲爲四乙爲二甲撥一入乙平矣然撥一入甲則五倍於乙矣再試以甲爲五乙爲三撥甲一入乙各得四撥乙一入甲甲六乙二是三倍也

問今有銀一千六百八十兩甲乙二人分之甲撥一分入乙則相等乙撥一分入甲則甲多二倍求各若干

答甲九百八十兩　乙七百兩

法十二爲共率七爲甲率五爲乙率置總銀十二歸之以甲乙各率乘之合問

解此亦實撥逆母并和甲爲七乙爲五并爲十二如前問甲五乙三甲撥一入乙各得六平矣乙撥一入甲之且三倍非二倍也加甲爲六乙爲四甲撥一入乙各五平矣乙撥一入甲二倍剩一分甲七乙五方合

凡相搭之和二種互撥若干甲撥若干入乙乙又回撥若干入甲方等也其法以撥之逆一爲率半共母以爲平率

問今有銀三百兩甲乙二人分之甲撥三之一與乙乙持撥四之一入甲則等求各若干

答甲一百八十兩　乙一百二十兩

法十爲共率六爲甲率四爲乙率五爲等法置總數六乘得甲四乘得逆甲三之一爲

答：甲一千兩；　　　　　　　　　　　　乙六百兩。

法：八爲共率，三爲乙率，五爲甲率。置總數，八歸之得二，以甲乙各率乘之。合問[1]。

解：此實撥匿母者。凡撥一得平者，必差二，如一三五七九、二四六八十是也。知甲爲五乙爲三者，試以甲爲三乙爲一，甲撥一入乙，平矣；然［乙］一無可撥。再試以甲爲四乙爲二，甲撥一入乙，平矣；然撥［乙］一入甲，則五倍於乙矣。再試以甲爲五乙爲三，撥甲一入乙，各得四；撥乙一入甲，甲六乙二，是三倍也。

3. 問：今有銀一千六百八十兩，甲乙二人分之。甲撥一分入乙，則相等；乙撥一分入甲，則甲多二倍。求各若干？

答：甲九百八十兩；　　　　　　　　　　乙七百兩。

法：十二爲共率，七爲甲率，五爲乙率[2]。置總銀，十二歸之，以甲乙各率乘之。合問。

解：此亦實撥匿母者。知甲爲七乙爲五者，若如前問甲五乙三，甲撥一入乙，各得六，平矣；乙撥一入甲，甲且三倍，非二倍也。加甲爲六乙爲四，甲撥一入乙，各五，平矣；乙撥一入甲，二倍剩一，必甲七乙五方合。

凡相搭之和二種互撥者，謂甲撥若干入乙，乙又回撥若干入甲，方等也。其法以撥二還一爲率，半共母以爲平率。

1. 問：今有銀三百兩，甲乙二人分之。甲撥三之一與乙，乙轉撥四之一入甲，則等。求各若干[3]？

答：甲一百八十兩；　　　　　　　　　乙一百二十兩。

法：十爲共率，六爲甲率，四爲乙率，五爲等法 。置總數，六乘得甲，四乘得乙。甲三之一爲

1 設每衰爲 m，據題意列：

$$\begin{cases} m+乙=甲-m \\ m+甲=3\times(乙-m) \end{cases}$$

解得：$甲=5m$；$乙=3m$。故以 5 爲甲衰，以 3 爲乙衰，併得 8 衰，解得：

$$甲=\frac{5}{8}\times1600=1000$$

$$乙=\frac{3}{8}\times1600=600$$

2 設每衰爲 m，據題意列：

$$\begin{cases} m+乙=甲-m \\ m+甲=2\times(乙-m) \end{cases}$$

解得：$甲=7m$；$乙=5m$。故以 7 爲甲衰，以 5 爲乙衰。

3《同文算指通編》卷四“疊借互徵”第十一題與此題類型相同。彼以盈朒法解，與此不同。

4 甲撥三分之一入乙，甲餘三分之二；乙撥四分之一入甲，乙餘四分之三，列式如下：

$$\frac{1}{3}甲+\frac{3}{4}乙=\frac{1}{4}乙+\frac{2}{3}甲$$

得：

$$\frac{甲}{乙}=\frac{6}{4}$$

故以 6 爲甲衰，以 4 爲乙衰。

平加入乙爲一百八十，甲止餘一百二十，乙四之一爲三十，轉撥回入甲之乙，各得一百五十，合問

解　前係交撥，分列二宗，或撥甲入乙，或撥乙入甲，欲並行之，此問則先撥甲入乙，後又撥回入甲，故曰互撥。所以知甲六乙四者，乙既以四爲母，受甲之撥，定多於甲者四，撥於止多一，則兩數相等，又不須平差，然須多二者，合受之還一，各得五，甲亦六何

問　今有銀五百六十兩，甲乙二人分之，甲撥四分之一入乙，乙又轉撥六分之一還甲，方等，求各若干

答　甲三百二十兩　乙二百四十兩　等數二百八十兩

法　十四爲五六率，八爲甲率，六爲乙率，七爲平率，置總銀十四歸之，得四，以甲乙各率乘之

合問

解　見前

問　今有銀甲乙二人分之，甲撥四之一入乙，乙又轉撥六之一還甲，則各得二百八十兩，求原數若干

各數若干

答　原數五百六十兩　甲三百二十兩　乙二百四十兩

法　置平率二百八十，七歸之得四十，八乘得甲，六乘得乙，合問

解　此先顯等數，求其總母，與前法得十四，率歸之是平率也，故以此爲法

凡

相搭之和二種，重撥其神甲出若干，乙出若干，合和平分，仍入各數是也。其法要從出數不等，各數相等，出數母大者子小，母小者子大，相對對取之，合兩方爲總率，半之爲平率

六十，加入乙爲一百八十，甲止餘一百二十；乙四之一爲三十，轉撥回入甲，甲乙各得一百五十。合問。

解：前條交撥，分列二宗，或撥甲入乙，或撥乙入甲，非並行也。此問則既撥甲入乙，旋又撥回入甲，故曰互撥。所以知甲六乙四者，乙既以四爲母，受甲之撥，定多於甲，方可回撥。若止多一，則兩數相爭，又不得平矣，須多二方合。受二還一，各得五，甲非六而何？

2. 問：今有銀五百六十兩，甲乙二人分之，甲撥四分之一入乙，乙轉撥六分之一還甲方等。求各若干？

答：甲三百二十兩；　　乙二百四十兩。

等數二百八十兩。

法：十四爲共率，八爲甲率，六爲乙率，七爲平率[1]。置總銀，十四歸之得四，以甲乙各率乘之。合問。

解：見前。

3. 問：今有銀甲乙二人分之，甲撥四之一入乙，乙又轉撥六之一還甲，則各得二百八十兩，求原數若干？各數若干？

答：原數五百六十兩。

甲三百二十兩；　　乙二百四十兩。

法：置平率二百八十，七歸之得四，八乘得甲，六乘得乙。合問[2]。

解：此先顯等數者。求共母如前法，得一十四，半歸之，是平率也，故以七爲法。

凡相搭之和二種重撥者，謂甲出若干，乙出若干，合和平分，仍入各數是也。其法要使出數不等，存數相等。出數母大者子小，母小者子大，相對酌取之，合兩子爲總率，半之爲平率。

---

1 甲撥四分之一入乙，甲餘四分之三；乙撥六分之一入甲，乙餘六分之五，列式如下：

$$\frac{1}{4}甲+\frac{5}{6}乙=\frac{1}{6}乙+\frac{3}{4}甲$$

得：

$$\frac{甲}{乙}=\frac{6}{8}$$

故以 6 爲甲衰，8 爲乙衰。

2 據前題，以 6 爲甲衰，8 爲乙衰。設甲 $6m$，乙 $8m$，據題意列：

$$\begin{cases}\frac{1}{4}甲+\frac{5}{6}乙=280\\ \frac{1}{6}乙+\frac{3}{4}甲=280\end{cases}$$

得：

$$7m=280$$

解得 $m=40$，求得甲 $=240$，乙 $=320$。

問今有銀三百一十五兩甲乙二人分之甲出三之一乙出三之二合和平分之方等求各若干

答甲一百八十兩　乙一百三十五兩　平數一百五十七兩五錢

法以七為總率四為甲率三為乙率三五為平率置總數以七除之得四十五以甲乙率各

乘之得數如法攙之各得一百五十七兩五錢合問

解此攙需又攙而入故曰重攙減數甲九十七兩五留數係九十兩合和平分則加數等

須留數先等方合也甲母二母小故多乙母三母大故少

問今有銀六百八十兩甲出三之一乙出四之一合和平分之方等求各若干

答甲三百六十兩　乙三百二十兩

法以十七為總率九為甲率八為乙率八五為均率置總數十七歸之得四十兩九乘之為甲八

乘之為乙甲三之一為一百二十乙四之一為八十以減甲乙本數各餘二百四十二減數併得二百

各分一百併成三百四十合問

解此亦重攙其各留之相等假令先顯平數三百四十則以均率八五除之得四十以甲九

乙八各乘之

凡相攙之和三種其有全攙有分攙全攙其率以甲加乙視兩若干以甲加兩視乙若干是

也其法合母為母又併之以為子母以各母除之各子乘之為各率若先顯攙數其以

母法歸之以子法乘之先顯子數其以本子法歸之以本母法乘之

1. 問：今有銀三百一十五兩，甲乙二人分之，甲出二之一，乙出三之一，合和平分方等。求各若干[1]？

答：甲一百八十兩；　　　　乙一百三十五兩。

平數一百五十七兩五錢。

法：以七爲總率，四爲甲率，三爲乙率，三五爲平率[2]。置總數，以七除之得四五，以甲乙率各乘之，得數如法撥之，各得一百五十七兩五錢。合問。

解：既撥而出，又撥而入，故曰重撥。減數甲九十，乙四十五，留數俱九十。蓋合和平分，則加數等，須留數先等，方合也。甲母二，母小故子大；乙母三，母大故子小。

2. 問：今有銀六百八十兩，甲出三之一，乙出四之一，合和平分方等。求各若干？

答：甲三百六十兩；　　　　乙三百二十兩。

法：以十七爲共率，九爲甲率，八爲乙率，八五爲均率[3]。置總數，十七歸之得四十兩，九乘之爲甲，八乘之爲乙。甲三之一爲一百二十，乙四之一爲八十，以減甲乙本數，各餘二百四十二。減數併得二百，各分一百，俱成三百四十。合問。

解：此亦重撥者，各留六相等。假令先顯平數三百四十，則以均率八五除之得四，以甲九乙八各乘之。

凡相搭之和三種者，有全搭，有分搭。全搭者，謂以甲加乙視丙若干，以甲加丙視乙若干是也。其法合子母爲母，又併之以爲共母，以各母除之，各子乘之，爲各率。若先顯總數者，以每法歸之，以子法乘之；先顯子數者，以本子法歸之，以異子法乘之。

1《同文算指通編》卷四“疊借互徵”第十二題與此題類型相同。彼以盈朒法解，與此不同。

2 所謂“合和平分方等”，即甲乙出過之後，所餘之數相等，列式如下：

$$甲-\frac{1}{2}甲=乙-\frac{1}{3}乙$$

整理得：

$$\frac{甲}{乙}=\frac{4}{3}$$

故以 4 爲甲衰，3 爲乙衰。

3 據題意列式如下：

$$甲-\frac{1}{3}甲=乙-\frac{1}{4}乙$$

整理得：

$$\frac{甲}{乙}=\frac{9}{8}$$

故以 9 爲甲衰，8 爲乙衰。

問今有兵九萬八千，東北西三處，合東北二處，西得三之一，合東西二處，北得二之一，求各兵若干。

荅東兵四萬名　北兵三萬二千名　西兵二萬四千兵

法東北二處居三分，西居一分，共四分，知是四母；東西二處居二分，北居一分，共三分，知是三母。

四母相乘，得十二為共母，以四除十二，得三為西率；以三除十二，得四為北率；餘五為東率。知

是根設之法，從三起至五，以共母除總數九萬八千，得八千，以三乘得西兵數，以四乘得北兵

數，以五乘得東兵數，合問。

又置總兵數，以四除之，得西兵數；以三除之，得北兵數；餘為東兵數。

解以一整分合二整分，故曰全，稽合母子二數即為全數，總合子母以為母，然此法雖為捷

但然如後問，以母求子，先顯東數，則無率可推矣，故須兩母相乘，以定各子率。

問今有東西北兵三處，合東北二處，西得三之一，合東西二處，北得二分之一，只知東兵四萬，求總

數若干，西北各兵數若干。

荅總兵九萬八千　西兵二萬四千　北兵三萬二千

法如前，母法十二，子法三四五，置東兵四萬，以五歸之，得八千，以十二乘得總數，以三乘得西數，以四

乘得北數，合問。

解前問總母求各子，此以各子互相求，假先知西兵，以三除之，五乘之，即得東；四乘之，即得

北。假先知北兵，以四除之，五乘之，即得東；三乘之，即得西；十二乘之，即得總，以此推也。

1. 問：今有兵九萬六千，南北西三處。合南北二處，西得三之一；合南西二處，北得二之一。求各兵若干？

答：南兵四萬名；　　北兵三萬二千名；

西兵二萬四千（兵）［名］。

法：南北二處居三分，西居一分，共四分，知是四母。南西二處居二分，北居一分，共三分，知是三母。兩母相乘，得十二爲共母。以四除十二，得三爲西率；以三除十二，得四爲北率，餘五爲南率[1]。知是挨次分法。從三起至五，以共母除總數九萬六千，得八千。以三乘得西兵數，以四乘得北兵數，以五乘得南兵數。合問。

又置總兵數，以四除之，得西兵數；以三除之，得北兵數；餘爲南兵數。

解：以一整分合二整分，故曰全搭。合母子二數，即爲全數，故合子母以爲母。如後法雖可徑得，然如後問，以子求子，先顯南數，則無率可推矣。故須兩母相乘，以定各子耳。

2. 問：今有南西北兵三處，合南北二處，西得三之一；合南西二處，北得二分之一。只知南兵四萬，求總數若干？西北各兵數若干[2]？

答：總兵九萬六千。

西兵二萬四千；　　北兵三萬二千。

法：如前母法十二，子法三四五。置南兵四萬，以五歸之得八，以十二乘得總數。以三乘得西數，以四乘得北數。合問。

解：前以總母求各子，此以各子互相求。假先知西兵，以三除之，五乘之而得南，四乘之而得北。假先知北兵，以四除之，五乘之而得南，三乘之而得西，十二乘之而得總，皆可推也。

---

1 據題意列：

$$西兵=\frac{1}{3}(南兵+北兵)$$

得：

$$西兵=\frac{1}{4}(南兵+北兵+西兵)=\frac{3}{12}\times總兵$$

又據題意列：

$$北兵=\frac{1}{2}(南兵+西兵)$$

得：

$$北兵=\frac{1}{3}(南兵+西兵+北兵)=\frac{4}{12}\times總兵$$

則：

$$南兵=\left(1-\frac{3}{12}-\frac{4}{12}\right)\times總兵=\frac{5}{12}\times總兵$$

2 此題爲《同文算指通編》卷四“疊借互徵”第二十四題。彼以盈朒法解，與此不同。

問今有金二百四十兩鑄爲甲乙兩爐共鑄一盞以其盞加甲爐視乙爐三倍以其盞加乙爐視甲爐二倍求盞甲乙爐各重若干

答盞重一百兩　甲爐八十兩　乙爐六十兩

法盞加甲爐三倍乙居一倍共四知是四母盞加乙爐二倍甲居一倍知是三母二母相乘得十二爲共母以四除之得三爲乙率以三除之得四爲甲率餘五爲盞率置總金二百四十兩以十二除之得二十兩以五乘之得盞以四乘之得甲重以三乘之得乙重合問

解先顯盞或顯甲顯乙如上法求之即得

凡相搭之和三種分搭其如甲撥幾分之入乙丙得若干或撥乙幾分之入甲丙得若干是也有虛撥有實撥俱如三種法撥各分母對約求之

問今有物三百件甲乙丙三分之以乙五分之三加甲則甲倍於乙以乙五分之二加丙則乙與丙等求各若干

答甲一百四十　乙一百　丙六十

法乙爲五分甲倍之當十分不足三當爲七丙與乙等當五分不足二當爲三即以七爲甲率五爲乙率三爲丙率十五爲全法置總數以全法除之得二十以三率各乘之得各數試以乙五之三爲六十加甲得二百以乙五之二爲四十加丙合問

解此三種分搭虛撥其分乙與甲丙同以五爲母

3. 問：今有金二百四十兩，鑄爲甲乙兩爐，共鑄一蓋。以此蓋加甲爐，視乙爐三倍；以此蓋加乙爐，視甲爐二倍。求蓋、甲乙爐各重若干[1]？

答：蓋重一百兩；　　甲爐八十兩；

乙爐六十兩。

法：蓋加甲爐三倍，乙居一倍，共四，知是四母。蓋加乙爐二倍，甲居一倍，知是三母。二母相乘，得十二爲共母。以四除之得三，爲乙率；以三除之得四，爲甲率；餘五爲蓋率[2]。置總金二百四十兩，以十二除之，得二十兩。以五乘之得蓋，以四乘之得甲重，以三乘之得乙重。合問。

解：先顯蓋，或顯甲顯乙，如上法求之即得。

凡相搭之和三種分搭者，謂甲取幾分入乙入丙得若干，或取乙幾分入甲入丙得若干是也。有虛擬，有實攤，俱如二種法，取各子母，對酌求之。

1. 問：今有物三百件，甲乙丙三人分之，以乙五分之三加甲，則甲倍於乙；以乙五分之二加丙，則乙與丙等。求各若干？

答：甲一百四十；　　乙一百；

丙六十。

法：乙爲五分，甲倍之，當十分，不足三，當爲七；丙與乙等，當五分，不足二，當爲三。即以七爲甲率，五爲乙率，三爲丙率，十五爲全法[3]。置總數，以全法除之，得二十，以三率各乘之，得各數。試以乙五之三爲六十,三爲丙率，十五爲全法。置總數，以全法除之得二十，以三率各乘之，得各數。試以乙五之三爲六十，加甲得二百；以乙五之二爲四十，加丙，合問。

解：此三種分搭虛擬者，分乙與甲丙，同以五爲母。

---

1 此題據《同文算指通編》卷四“疊借互徵”第十五題改編。原題已知蓋重一百兩，不知總重，求兩爐子各重，解用盈朒法，與此解法不同。

2 據題意列：

$$\begin{cases}蓋+甲=3\ 乙\\蓋+乙=2\ 甲\end{cases}$$

得：

$$乙=\frac{1}{4}(蓋+甲+乙)=\frac{3}{12}\times 總重$$

$$甲=\frac{1}{3}(蓋+甲+乙)=\frac{4}{12}\times 總重$$

則：

$$蓋=\left(1-\frac{3}{12}-\frac{4}{12}\right)\times 總重=\frac{5}{12}\times 總重$$

3 據題意列：

$$\begin{cases}\frac{3}{5}\ 乙+甲=2乙\\\frac{2}{5}\ 乙+丙=乙\end{cases}$$

設乙爲 5 衰，則甲爲 7 衰，丙爲 3 衰，併爲 15 衰，即全法。

問今有物九百件甲乙丙三人分之以乙二分之一入甲則甲視丙二倍以乙二分之一入丙則丙廿甲甚術

各若干

答甲三百五十件　乙三百件　丙二百五十件

法以五乘七為各率甲七乙六丙五以千分為滿法置總數以十八除得五以七因之為甲以

六因之為乙以五因之為丙乙二分之一為一百五十三分之一為一百分加甲丙合問

解此六乘七換成乙入甲丙乙有二母二三如六故以乙為六

此處六乘換實數二因以甲丙相較不比乙較故也

問今有物七百五十件甲乙丙次第分之乙撥一分入甲則甲視乙二倍丙撥一分入乙則乙視丙三

倍求各若干

答甲三百五十　乙二百五十　丙一百五十

法以三五乘七為各率甲七乙五丙三以千五為滿法置總數以千五除之以甲率七乘之乙

率五乘之丙率三乘之得各數乙以五之一與甲之得四百乙餘二百丙以三之一與乙之得六

百丙餘二百合問

解此六三種和分搭實撥廿所以知為三廿蓋撥一成三倍惟對三為盈乙況為三撥之入甲求

甲一乃合今再換次此有甲反廿之理知取對二也撥一成二倍惟對三為盈乙況為三丙即

二數撥一入乙已得四倍知取對三試加丙二為三撥一存二三倍應六除卻撥一知乙是五五

2. 問：今有物九百件，甲乙丙三人分之。以乙二分之一入甲，則甲視丙二倍；以乙（二）［三］分之一入丙，則與甲等。求各若干？

答：甲三百五十件；　　乙三百件；

丙二百五十件。

法：以五六七爲各率，甲七乙六丙五，以十（分）［八］爲滿法[1]。置總數，以十八除得五，以七因之爲甲，以六因之爲乙，以五因之爲丙。乙二分之一爲一百五十，三分之一爲一百分，加甲、丙，合問。

解：此亦虛擬，取乙入甲丙，乙有二母，二三如六，故以乙爲六。

此雖虛擬，實撥亦同。以甲丙相較，不與乙較故也。

3. 問：今有物七百五十件，甲乙丙次第分之。乙撥一分入甲，則甲視乙二倍；丙撥一分入乙，則乙視丙三倍。求各若干？

答：甲三百五十；　　乙二百五十；

丙一百五十。

法：以三五七爲各率，甲七乙五丙三，以十五爲滿法。置總數，以十五除之，以甲率七乘之，乙率五乘之，丙率三乘之，得各數。乙以五之一與甲，甲得四百，乙餘二百；丙以三之一與乙，乙得（六）［三］百，丙餘（二）［一］百[2]。合問[3]。

解：此亦三種和分搭實撥者，所以知爲三者，蓋撥一成三倍，惟對二爲然。乙既爲二，撥之入甲，必甲一乃合。今云挨次，豈有甲反少之理？知非對二也。撥一成二倍，惟對三爲然。乙既爲三，丙即二數，撥一入乙，已得四倍，知非對三。試加丙二爲三，撥一存二，三倍應六，除卻撥一，知乙是五。五

1 據題意列：

$$\begin{cases}\frac{1}{2}乙+甲=2丙\\ \frac{1}{3}乙+丙=甲\end{cases}$$

以 6 爲乙衰，則甲爲 7 衰，5 爲丙衰，併爲 18 衰，即滿法，前題作“全法”。十分，“分”當作“八”，據文意改。

2 依法求得每分爲 50，乙數爲 250，丙數爲 150。丙以一分入乙，則乙得 300，丙餘 100。“六百”當作“三百”，“二百”當作“一百”，據演算改。

3 設每分爲 m，據題意列：

$$\begin{cases}m+甲=2\times(乙-m)\\ m+乙=3\times(丙-m)\end{cases}$$

整理得：

$$\begin{cases}甲=2乙-3m\\ 丙=\frac{4m+乙}{3}\end{cases}$$

設乙爲 $5m$，解得甲爲 $7m$，丙爲 $3m$，併得 $15m$，除總數 750，得 $m=50$，即一分之數。求得各數爲：

$$甲=\frac{7}{15}\times750=350$$

$$乙=\frac{5}{15}\times750=250$$

$$丙=\frac{3}{15}\times750=150$$

又攙一石四倍之得八除却攙一知甲是七也对四攙一減五之三对五攙一減三之二对六攙一減七之五对七攙一減四之三对八攙一減九之七对九攙一減五之四以上可意推也

以上相搭分攙雜率隙形無窮略舉數端以例其餘然求第六答無窮則有借徵之法在

又以上分攙諸法以立率求之然不立率依用盈借互徵之法如第一問甲乙二倉共八二千八百石任意分之為一試以甲為二千二百以乙為六百甲二之一為一千一百加入乙得一千七百乙三之一為二百加入甲得二千四百甲盈七百再試以甲為一千九百以乙為九百甲二之一為九百五十加入乙得一千八百五十乙三之一為三百加入甲得二千二百盈三百五十乃以二千二百乘三百五十得七十七萬以一千九百乘七百得一百三十三萬二數对減餘五十六萬為實以二盈对減餘三百五十為法除之得一千六百為甲定數攙總數內減甲知乙或引先知乙則以乙六百乘盈三百五十得二十一萬以乙九百乘盈七百得六十三萬对減餘四十二萬為實仍以前法三百五十除之得一千二百為乙定數或兩不足或一盈一不足皆可用盈朒法推之詳見後篇

甲二千二百　　甲一千九百

盈七百　　盈三百五十

得一百三十三萬　　对減餘三百五十為法　　得七十七萬

对減餘五十六萬為實法除實

又撥一存四，倍之必八，除卻撥一，知甲是七也。對四撥一，成五之三；對五撥一，成三之二[1]；對六撥一，成七之五；對七撥一，成四之三；對八撥一，成九之七；對九撥一，成五之四。皆可意推也。

以上相搭分撥諸率，游移無窮，畧舉數端，以例其餘。若求萬變不窮，則有借徵之法在。又以上分搭諸法，皆立率求之；若不立率，則用疊借互徵之法。如第一問，甲乙二倉共二千八百石，任意分之爲二。試以甲爲二千二百，以乙爲六百，甲二之一爲一千一百，加入乙得一千七百；乙三之一爲二百，加入甲得二千四百，甲盈七百。再試以甲爲一千九百，以乙爲九百，甲二之一爲九百五十，加入乙得一千八百五十；乙三之一爲三百，加入甲得二千二百，盈三百五十。乃以二千二百乘三百五十，得七十七萬；以一千九百乘七百，得一百三十三萬。二數對減，餘五十六萬爲實。以二盈對減，餘三百五十爲法，除之得一千六百，爲甲定數，總數内減甲知乙。或欲先知乙，則以乙六百乘盈三百五十，得二十一萬，以乙九百乘盈七百，得六十三萬，對減餘四十二萬爲實，仍以前法三百五十除之，得一千二百爲乙定數[2]。或兩不足，或一盈一不足，皆用盈朒法推之。詳見後篇。

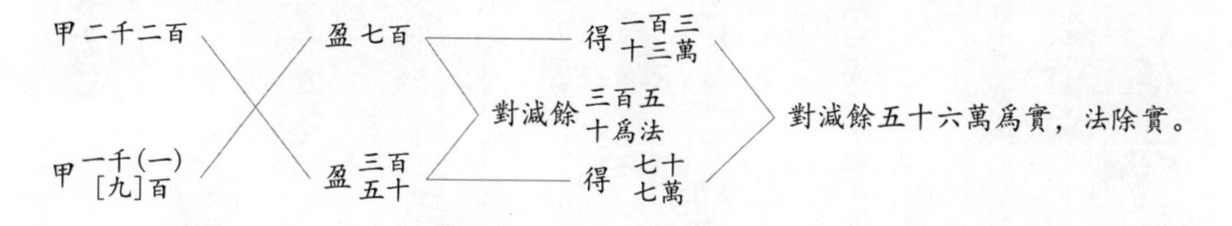

1 甲五乙五，乙撥一入甲，甲成六，乙餘四，即三之二。後"對七撥一"、"對九撥一"，同此。

2 疊借互徵，即盈不足術。已知甲乙共數爲 2800，設甲爲 2200，乙爲 600，則：

$$\left(\frac{1}{3}乙+甲\right)-\left(\frac{1}{2}甲+乙\right)=2400-1700=700$$

盈數爲 700。設甲爲 1900，乙爲 900，則：

$$\left(\frac{1}{3}乙+甲\right)-\left(\frac{1}{2}甲+乙\right)=2200-1850=350$$

盈數爲 350。此係兩盈，用兩盈公式解得：

$$甲=\frac{1900\times700-2200\times350}{700-350}=1600$$

$$乙=\frac{900\times700-600\times350}{700-350}=1200$$

詳參本書盈朒章。

乙六百　　乙七百

不足七百　　不足三百五十

對減餘三百五十為法

得六十三萬　　得二十一萬

對減餘四十二萬為實法除實

凡流行之和或有入少出多幾次而盡者或入多出少幾次而滿者入少出多者以加倍為入者置出數以原數減之視餘若干以為法以除出數得若干為母除原數得若干為子如二之一四之一次而盡者四之三四之二次而盡者八之七三次而盡者以此章遞加求之原數出數次數舉二知一以此章定之出若干倍倍數但以入數減出數為法

問今有商人攜本銀二百六十二兩五錢每次出瓢獲倍息歸留三百兩求幾次留盡

答三次

法置留銀三百兩減原銀二百六十二兩五錢餘三十七兩五錢以為法以除原銀得七以除留銀得八其為八之七知三次

又法置原銀倍之得五百二十五減三百餘二百二十五倍之得四百五十減三百餘一百五十倍之得三百即第三次留數合問

解每次加倍所出入相當二倍者不足故原數出完少一分然一次以知八之七為三次者假如原一

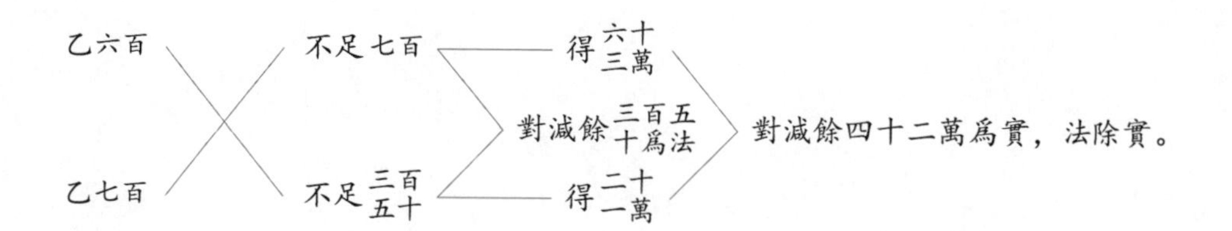

【流行之和】

凡流行之和，或有入少出多幾次而盡者，或入多出少幾次而滿者。入少出多，如以加倍爲入者，置出數，以原數減之，視餘若干以爲法，以除出數得若干爲母，除原數得若干爲子。如二之一，即一次而盡；四之三，即二次而盡；八之七，即三次而盡[1]。以此率遞加求之。原數、出數、次數，舉二知一，皆以此率定之。若不係倍數，但以入數減出數爲法。

1. 問：今有商人攜本銀二百六十二兩五錢，每次出輒獲倍息，歸留三百兩。求幾次留盡[2]？

答：三次。

法：置留銀三百兩，減原銀二百六十二兩五錢，餘三十七兩五錢，以爲法。以除原銀得七，以除留銀得八，是爲八之七，知三次[3]。

又法：置原銀，倍之得五百二十五，減三百，餘二百二十五。倍之得四百五十，減三百，餘一百五十。倍之得三百，即第三次留數。合問。

解：每次加倍，若出入相當，終古不盡，故原數出定少一分。然所以知八之七爲三次者，假如原一

---

1 設原數爲 a，出數爲 b，次數爲 t。若 $t=2$，則：$2a-b=0$，得：

$$\frac{a}{b}=\frac{1}{2}$$

若 $t=3$，則:$2\times(2a-b)-b=0$，得：

$$\frac{a}{b}=\frac{3}{4}$$

若 $t=4$，則:$2\times[2\times(2a-b)-b]=0$ 得：

$$\frac{a}{b}=\frac{7}{8}$$

綜上，若 $t=n$，原數、出數比例關係爲：

$$\frac{a}{b}=\frac{2^{n-1}-1}{2^{n-1}}$$

2 此題據《算法統宗》卷五衰分章“仙人換影”第六題（亦《同文算指通編》卷三“借衰互徵”第十題）改編。原題求本銀，同例問三。

3 據術文，原數 $a=262.5$，出數 $b=300$，得：

$$\frac{a}{b}=\frac{262.5}{300}=\frac{7}{8}$$

則 $t=3$，知是三次。

個倍得二個出二個一次盡原三個倍得六個出四個餘二個再倍得四個出四個二次盡原七個倍得十四個出八個餘六個再倍得十二個出八個餘四個又倍得八個出八個三次盡以此推之六之十五為四次三十二之三十一為五次六十四之六十三為六次一百二十八之一百二十七為七次二百五十六之二百五十五為八次五百一十二之五百十一為九次一千零二十四之一千零二十三為十次以至無窮皆可推也所以然者初次不足一分須扯本一分補之至二次連本利不足四分矣至三次連本利不足八分矣故視其分數之多少以定次數出數有極多極少無窮不易也

問今有商攜本銀二百六十二兩五錢每次獲倍息亦每次留之三次而盡求每次留若干

答每次留三百

法一次一二次二三次四共七以除本銀得三七五以八乘之合問

問今有商人每次獲倍息每次留銀三百兩至三次盡求原本銀若干

答二百六十二兩五錢

法置留數八除之七乘之合問

解原銀留銀次數舉二則知一第一問求次數二問求留數此問求原數也

問今有攜酒遊山每次加倍每飲六斗至四次盡求原酒若干

個，倍得二個，出二個，一次盡。原三個，倍得六個，出四個，餘二個；再倍得四個，出四個，二次盡。原七個，倍得十四個，出八個，餘六個；再倍得十二個，出八個，餘四個；又倍得八個，出八個，三次盡。從此推之，［十］六之十五爲四次，三十二之三十一爲五次，六十四之六十三爲六次，一百二十八之一百二十七爲七次，二百五十六之二百五十五爲八次，五百一十二之五百一十一爲九次，一千零二十四之一千零二十三爲十次，以至無窮，皆可推也。所以然者，初次不足一分，須扯本一分補之，至二次連本利不足四分矣，至三次連本利不足八分矣。故視其分數之多少，以定次數。雖數有極多極少，其率不另也。

2. 問：今有商攜本銀二百六十二兩五錢，每次獲倍息，亦每次留之，三次而盡。求每次留若干？

答：每次留三百。

法：一次一，二次二，三次四，共七。以除本銀，得三七五，以八乘之，合問。

3. 問：今有商人每次獲倍息，每次留銀三百兩，至三次盡。求原本銀若干？

答：二百六十二兩五錢。

法：置留數，八除之，七乘之。合問。

解：原銀、留銀、次數，舉二可以知一。第一問求次數，二問求留數，此問求原數也。

4. 問：今有攜酒遊山，每次加倍，每飲六斗，至四次盡。求原酒若干[1]？

---

1 此題爲《同文算指通編》卷四“疊借互徵”第四題，據《算法統宗》卷十六盈朒難題第十題改編。

荅五斗六升二合五勺

法置六斗以十六乘除之以十五乘之合問

解此章法同前以十六分之十五通乘多係以加倍求之舉求本法求次數求欲數可推

問今有刻漏一壺上有漏鳥注水六時滴一壺下有天池洩水四時洩一壺今先有水一壺卻

上下俱洩求幾時可盡

荅一日

法一日為十二時以六除之得二壺四除之得三壺原有一壺計入二壺出三壺合問

解入少出多不係倍數也

凡流行之和入多出少者以加倍為之其置原數以出數減之視餘若干以為法以除滿數得

若干以除原數得若干以原減滿得三為二七為三十五為四三十一為五六十三為六以是推之可

不係倍數但以出數減入數為法

問今有商人本銀四百兩每次倍息亦每次費二百兩而獲共本息一萬三千兩求幾次將得

荅六次

法置原數四百以出數二百減之餘二百為法以除滿數得六十五以除原數得二以減六十五

餘六十三知六次合問

解此出多入少而以反衆相求蓋初一本加二為三加四為七加八為十五加十六為三十一加三十二為

答：五斗六升二合五勺。

法：置六斗，以十六除之，以十五乘之。合問。

解：求率法同前，此十六分之十五也，更多俱以加倍求之。舉求原法，求次數、求飲數可推。

5. 問：今有刻漏一座，上有渴烏注水[1]，六時滴一壺；下有天池洩水，四時洩一壺。今先有水一壺，卻上下俱開，求幾時可盡[2]？

答：一日。

法：一日爲十二時，六除之得二壺，四除之得三壺。原有一壺，新入二壺，出三壺。合問。

解：入少出多，不係倍數者。

凡流行之和入多出少，如以加倍爲入者，置原數，以出數減之，視餘若干以爲法，以除滿數得若干，以除原數得若干。以原減滿，得三爲二，七爲三，十五爲四，三十一爲五，六十三爲六，以是推之[3]。若不係倍數，但以出數減入數爲法。

1. 問：今有商人本銀四百兩，每次倍息，亦每次費二百兩，獲至本息一萬三千兩。求幾次所得？

答：六次。

法：置原數四百，以出數二百減之，餘二百爲法。以除滿數得六十五，以除原數得二，以減六十五，餘六十三，知六次。合問[4]。

解：與出多入少可以反覆相求。蓋初一率加二爲三，加四爲七，加八爲十五，加十六爲三十一，加三十二爲

1 渴烏，古時吸水用的曲筒。《後漢書·宦者傳·張讓》："又作翻車渴烏"，李賢注："渴烏，爲曲筒，以氣引水上也。"

2 此題據《同文算指通編》卷二"合數差分上"第四十七題改編，原題求幾何可滿，同後文"流行之和入多出少"第四問。

3 設原數爲 a，出數爲 b，滿數爲 c，次數爲 t。若 $t=2$，則：$2\times(2a-b)-b=c$，解得：$\frac{c-a}{a-b}=3$。

若 $t=3$，則：$2\times\left[2\times(2a-b)-b\right]=c$，解得：$\frac{c-a}{a-b}=7$。

若 $t=4$，則：$2\times\left\{2\times\left[2\times(2a-b)-b\right]\right\}-b=c$，解得：$\frac{c-a}{a-b}=15$。

綜上，若 $t=n$，則：$\frac{c-a}{a-b}=2^n-1$。

術文"置原數，以出數減之，視餘若干以爲法，以除滿數得若干，以除原數得若干，以原減滿"，可表示爲：

$$\frac{c}{a-b}-\frac{a}{a-b}=\frac{c-a}{a-b}$$

4 原數 $a=400$，出數 $b=200$，滿數 $c=1300$，據術文得：

$$2^n-1=\frac{c-a}{a-b}=\frac{13000-400}{400-200}=63$$

解得次數爲：$t=n=6$。

六十三加六十四為百二十七加百二十八為二百五十五加二百五十六為五百一十一加五百一十二為一千零二十三

再多一日推出此推次數

問本銀買兩每次加一倍費二百兩至第六次該滿銀若干

答一萬二千兩

法置費二百兩以六十三乘之得一萬二千六百兩加原本合問

解此推滿數

問今有本商每次得倍利費二百兩至第六次有本利一萬二千一兩求原數若干

答四百兩

法置費數二百兩以六十三乘之得數以減滿數合問

解此推原數

問今有水漏一座上有滿烏注水下有承池洩水塞下開上四時可滿塞上開下六時可乾今

上下俱開求幾時滿一壺

答一日

法四箱乘得二十四以四時除之得滿六壺以六時除之得洩四壺是二十四時滿二壺也故知日滿一壺

解入多出少不係倍數

凡類例之和如甲人數與乙物同乙數與甲物同是也有數同而有數異其數同者合而總之以其異者合而

置之據為實合

人物為法以乘之

六十三，加六十四爲一百二十七，加一百二十八爲二百五十五，加二百五十六爲五百一十一，加五百一十二爲一千零二十三，更多可推也。◎此推次數。

2. 問：本銀四百兩，每次加一倍，費二百兩，至第六次，該滿銀若干？

答：一萬三千兩。

法：置費二百兩，以六十三乘之，得一萬二千六百兩。加原本，合問[1]。

解：此推滿數。

3. 問：今有爲商，每次得倍利，費二百兩，至第六次有本利一萬三千兩，求原數若干？

答：四百兩。

法：置費數二百兩，以六十三乘之，得數以減滿數，合問[2]。

解：此推原數。

4. 問：今有刻漏一座，上有渴烏注水，下有天池洩水。塞下開上，四時而滿；塞上開下，六時而盡。今上下俱開，求幾時滿一壺[3]？

答：一日。

法：四六相乘得二十四，以四時除之得滿六壺；以六時除之得洩四壺，是二十四時滿二壺也，故知日滿一壺。

解：入多出少，不係倍數。

【顛倒之和】

凡顛倒之和，如甲人數與乙物同，乙人數與甲物同是也。有取同者，有取異者。取同者，合兩總爲實，合兩

---

1 已知原數 $a=400$，出數 $b=200$，次數 $t=6$，據術文得：

$$\frac{c-400}{400-200}=2^6-1=63$$

解得滿數 $c=13000$。

2 已知出數 $b=200$，滿數 $c=13000$，次數 $t=6$，據術文得：

$$\frac{13000-a}{a-200}=2^6-1=63$$

解得原數 $a=400$。

3 此題爲《同文算指通編》卷二“合數差分上”第四十七題。

數沒以二挨對減為差法為法除之所得分數此沒以無法乘除之故另其或用之中偏供法求之

實以人物對減無法為差

法之除實得數加

入分數中平分之

得多分以減分數

平分之得少

問今有僧一百人分饅頭一百大僧一人三個小僧三人一個求大僧若干小僧若干各分若干

答大僧二十五人　分七十五個　小僧七十五人　分二十五個

法置僧與饅頭共二百為實合二法共八為法除之得二十五為大僧之人數亦為小僧之物數三

乘之得大僧物數三除得小僧人數合問

或以一百為實以四為法同

又置二挨為實合人物為法以求分數再以二挨對減為差實以人物對減無法為差法

法除實得數加入分數中平分之得多分之數以減分數平分之得少分之數

解二十五為分數以人計大一小三以物計大三小一故以四為法

問今有銀三百兩買布假三百疋人假價每疋二兩布價二兩可買六疋求布假各若干價各若干

答假七十五疋　價二百二十五兩　布二百二十五疋　價七十五兩

法置銀物共六百為實合兩法十六為法除之得三七五以六乘之得假價即布數以二乘之得

布價即假數合問

解此物分價出人分物法同三七五為分數以價計假六布二以物計布六假二

問九頭鳥九頭一尾九尾狐一頭九尾今有三百二十頭三百二十尾求鳥狐若干

答鳥三十二個　二百八十八頭　狐三十二個　二百八十八尾

法爲法，除之而得分數，然後以每法乘除之。取異者，［置二總爲實，合人物爲法，以求分數。次以二總對減爲差實，以人物對減每法爲差法。法除實，得數加入分數中，平分之，得多分；以減分數，平分之，得少分］[1]。或用立中、偏儘法求之。

1. 問：今有僧一百人，分饅頭一百，大僧一人三個，小僧三人一個，求大僧若干？小僧若干？各分若干[2]？

答：大僧二十五人；　　分七十五個。

小僧七十五人；　　分二十五個。

法：置僧與饅頭共二百爲實，合二法共八爲法，除之得二十五，即大僧之人數與小僧之物數。三乘之得大僧物數，三除得小僧人數。合問。

或以一百爲實，以四爲法，同。

（又置二總爲實，合人物爲法，以求分數。再以二總對減爲差實，以人物對減每法爲差法。法除實，得數加入分數中，平分之，得多分之數；以減分數，平分之，得少分之數。）[3]

解：二十五爲分數，以人計，大一小三；以物計，大三小一，故以四爲法。

2. 問：今有銀三百兩，買布緞三百（尺）［疋］。緞價每［六］疋二兩，布價二兩可買六疋。求布緞各若干？價各若干？

答：緞七十五疋；　　價二百二十五兩。

布二百二十五疋；　　價七十五兩。

法：置銀物六百爲實，合兩法十六爲法，除之得三七五。以六乘之得緞價，即布數；以二乘之得布價，即緞數。合問。

解：此物分價，與人分物法同。三七五爲分數，以價計，緞六布二；以物計，布六緞二。

3. 問：九頭鳥九頭一尾，九尾狐一頭九尾。今有三百二十頭，三百二十尾。求鳥狐若干[4]？

答：鳥三十二個，　　二百八十八頭。

狐三十二個，　　二百八十八尾。

1“置二總爲實”至“得少分”，原爲眉端批注，據文意移置於此。

2 此題據《算法統宗》卷十四衰分難題第二十六題“僧分饅頭歌”改編。

3“又置二總爲實”至“得少分之數”，與眉端批註文意相同，個別文字略有出入。此爲總人總物取異解法，不應出現於此處，係衍文文字誤植於此者，今刪。

4 此題據《算法統宗》卷九均輸章第二十七題改編，原題云:“前有七十二頭，後有八十八尾”，此題頭尾數同。

法置數六百四十以二物頭尾二十為法除之得三十二為各數九乘之為各物頭尾合問

解此二物中具二數并並六四借用人分物之分價之法

以上所同

問今有僧一百人分饅頭一百零八個大僧一人三個小僧三人一個求大小僧各若干各分若干

答大僧二十八人分八十四個　小僧七十二人分二十四個

法立人一百饅頭一百零八為率却置饅頭一百零八以三除之得大僧三十六個少六十四以三乘之得小僧三百二十四個多二百二十四個共二百八十八為積差以上差乘總饅得六千九百十二以積差除之得小僧分數以下差乘總饅得二萬四千一百九十二以積差除之得大僧分數以三乘三除得僧數

用偏併法置每人三個減每人三分之一餘二又三分之二為法以除上差六十四得下僧分數以除下差二百二十四得上僧分數合問

解單人分物之分價及一物具二數者其餘皆可推偏併法者乃零星不整者欲得上下之差各以三乘之以大僧每三人九個減小僧三人一個差八為法除之

問今有整山燈一座大燈每三盞油四兩小燈每四盞油三兩今用油二百九十五兩大小燈共三百盞求大小燈各若干油各若干

答大燈一百二十盞　油十斤一百六十兩　小燈一百八十盞　油八斤七兩一百三十五兩

法：置數六百四十，以二物頭尾二十爲法，除之得三十二爲各數。九乘之，爲各物頭尾。合問。

解：此一物中具二數者，然亦可借用人分物、物分價之法。

以上取同。

4. 問：今有僧一百人，分饅頭一百零八個，大僧一人三個，小僧三人一個。求大小僧若干？各分若干？

答：大僧二十八人；　　　　分八十四個。

小僧七十二人；　　　　分二十四個。

法：立人一百，饅頭一百零八爲中。卻置饅頭一百零八，以三除之，得大僧三十六個，少六十四；以三乘之，得小僧三百二十四個，多二百二十四個，共二百八十八爲積差。以上差乘總饅，得六千九百一十二，以積差除之，得小僧分數。以下乘總饅，得二萬四千一百九十二，以積差除之，得大僧分數。以三乘三除，得僧數[1]。

用偏儘法。置每人三個，減每人三分三三不盡，餘二六六不盡爲法。以除上差六十四，得下僧分數；以除下差二百二十四，得上僧分數[2]。合問。

解：舉人分物、物分價，及一物具二數者，其餘皆可推。偏儘法，若有零星不整者，即將上下差各以三乘之，以大僧每三人九個，減小僧三人一個，差八，爲法除之。

5. 問：今有鰲山燈一座，大燈每三盞油四兩，小燈每四盞油三兩。今用油二百九十五兩，大小燈共三百盞，求大小燈各若干？油各若干？

答：大燈一百二十盞；　　　　油十斤，一百六十兩。

小燈一百八十盞；　　　　油八斤七兩，一百三十五兩。

---

1 立共僧 100 人爲中法。若總饅 108 全部被大僧所分，得偏儘大僧數爲 $\frac{108}{3}=36$ 人；若全部被小僧所分，得偏儘小僧數爲 $108\times 3=324$ 人。分別與中法相較，得二差分別爲：

$$上差=100-36=64$$
$$下差=324-100=224$$
$$積差=上差+下差=64+224=288$$

用立中法解得：

$$小僧分饅數=\frac{上差\times 總饅}{積差}=\frac{64\times 108}{288}=24\ 個$$
$$大僧分饅數=\frac{下差\times 總饅}{積差}=\frac{224\times 108}{288}=84\ 個$$

2 用偏儘法解得：

$$小僧分饅數=\frac{上差}{大僧每人分數-小僧每人分數}=\frac{64}{3-0.333}=24\ 個$$
$$大僧分饅數=\frac{下差}{大僧每人分數-小僧每人分數}=\frac{224}{3-0.333}=84\ 個$$

3 此題爲《同文算指通編》卷三“合數差分下”第九題，據《算法統宗》卷十四衰分難題第二十二題改編。題設“大小燈共三百盞”，原題作“大燈二停、小燈三停”。

法二五二百九十五為中置三百盞三除四乘之得四百兩多一百零五兩四除三乘之得二百二十五兩少
七十兩併之得一百七十五兩為積差以上差乘總盞數得三萬一千五百以積差除之得小
盞數以下差乘總盞數得二萬一千以積差除之得大盞數小盞四除三乘得一百三十五兩
以斤法歸之得八斤七兩大盞三除四乘得一百六十兩為十斤合問
三四乘得十二大盞三除四乘得十六小盞四除三乘得九對減餘七為差置上差七十十二乘
七除之置下差一百零五十二乘七除之
或以總盞三百內減總油二百九十五餘五為差實四盞三盞差一為法以油總廿六五百
九十五以七除之得八十五以差法除差實仍得五加入得九十平分之得四十五三乘四除
盞油數四乘三除小盞盞數或以差五減八十五得八十平分得四十三乘得大盞盞數四乘
得大盞油數
偏供法同上求之
解此先題二種放入之雜和中假令問者不題盞數先題分數大盞二倍小盞三倍則
當人費銷法中大小各乘得一十二以為法乘除之大在十六小在九兩再以三乘九得二十七以二
乘十六得三十二共五十九衰以除總油得五以二十七乘之得小盞油數以三十二乘之得大盞油
數以法乘除之得盞數
以上兩异

法：立二百九十五爲中。置三百盞，三除四乘之，得四百兩，多一百零五兩；四除三乘之，得二百二十五兩，少七十兩，併之得一百七十五兩，爲積差。以上差乘總盞數，得三萬一千五百，以積差除之，得小燈數。以下差乘總盞數，得二萬一千，以積差除之，得大燈數。小燈四除三乘，得一百三十五兩，以斤法歸之，得八斤七兩。大燈三除四乘，得一百六十兩，爲十斤。合問[1]

三四乘得一十二，大燈三除四乘得十六，小燈四除三乘得九，對減餘七爲差。置上差七十，十二乘七除之；置下差一百零五，十二乘七除之[2]。

或以總燈三百内減總油二百九十五，餘五爲差實，四盞三盞差一爲法。以油燈共五百九十五，以七除之得八十五。差法除差實，仍得五，加入得九十，平分之得四十五。三乘爲小燈油數，四乘爲小燈盞數。或以差五減八十五，得八十，平分得四十，三乘得大燈盞數，四乘得大燈油數[3]。

偏儘法，同上求之。

解：此先顯二種，故入之雜和中。假令問若不顯盞數，先顯分數，大盞二停，小盞三停，則當入貴賤法中。大小互乘，得一十二，以各法乘除之，大應十六兩，小應九兩。再以三乘九得二十七，以二乘十六得三十二，共五十九衰，以除總油得五。以二十七乘之，得小盞油數；以三十二乘之，得大盞油數。以法乘除之，得盞數[4]。

以上取異。

---

1 立共用油 295 兩爲中法。共燈 300 若全部爲大燈，得偏儘大燈用油爲 $300\times\frac{4}{3}=400$兩；若全部爲小燈，得偏儘小燈用油爲 $300\times\frac{3}{4}=225$ 兩。分别與中法相較，得二差分别爲：

$$上差=400-295=105;\ 下差=295-225=70;\ 積差=上差+下差=105+70=175$$

用立中法求得：

$$小燈盞=\frac{上差\times共燈}{積差}=\frac{105\times300}{175}=180\ ;\ 大燈盞=\frac{下差\times共燈}{積差}=\frac{70\times300}{175}=120$$

2 大燈每 3 盞油 4 兩，小燈每 4 盞油 3 兩，化異母爲同母，得大燈每 12 盞油 16 兩，小燈每 12 盞油 9 兩。依法文解得：

$$小燈盞=\frac{上差}{7}\times12=\frac{105}{7}\times12=180\ ;\ 大燈盞=\frac{下差}{7}\times12=\frac{70}{7}\times12=120$$

3 據法文，求得各數如下：

$$小燈油=\frac{\left(\frac{300+295}{4+3}\right)+\left(\frac{300-295}{4-3}\right)}{2}\times3=135\ ;\ 小燈盞=\frac{\left(\frac{300+295}{4+3}\right)+\left(\frac{300-295}{4-3}\right)}{2}\times4=180$$

$$大燈油=\frac{\left(\frac{300+295}{4+3}\right)-\left(\frac{300-295}{4-3}\right)}{2}\times4=160\ ;\ 大燈盞=\frac{\left(\frac{300+295}{4+3}\right)-\left(\frac{300-295}{4-3}\right)}{2}\times3=120$$

解詳後文。

4 大燈每 3 盞油 4 兩，小燈每 4 盞油 3 兩，化異母爲同母，得大燈每 12 盞油 16 兩，小燈每 12 盞油 9 兩。又大燈二分，小燈三分，得各油衰爲：

$$大燈油衰=16\times2=32;\ 小燈油衰=9\times3=27$$

求得各用油爲：

$$大燈油=\frac{32}{32+27}\times295=160兩\ ;\ 小燈油=\frac{27}{32+27}\times295=135兩$$

又觀例之和若不用立中偏併法，其合人物爲法，以乘分數，以人物對減爲差法，以問數人物對減

餘爲差實，以差法歸之，得數，將分數加減之，加以乘分爲多分，減以乘分爲少分。如前僧飯問

人少飯多，知是大分多也，合人物四爲法，歸之，得五十二分之一，對減餘二爲差法，僧飯對減餘八爲

差實，以法除實，得四，以減五十二，餘四十八，乘分爲原僧之飯，或加入五十二，得五十六，乘分爲大僧

之人。假令問僧一百饅頭分十四人，多飯少，知小分多，以四歸一百分十四，得四十六分，以差法二除對

減僧飯餘一十六，得八，加入分數，得五十四，乘分三十又爲原僧之飯，以減分數，餘三十八，乘分爲一

十九，是大僧之人。如前分狐問，設若敵并置三百一十二頭，三百一十二尾，對減餘一十六，爲差實，以

減九，餘八，爲差法，以法除實，得二，置其數六百四十，以千爲一，得六十四，加二，得六十六，乘分之，得狐

減二，得六十二，乘分之，得鵰，所以然者，爲有一尾狐有一頭，所以相抵，故以餘[illegible]八爲多一鵰僧

飯僧人物共爲一數之狀是也

又顛倒之和若不用立中、偏儘法者，合人、物爲法，以求分數；以人、物對減爲差法，以問數人、物對減，餘爲差實，以差法歸之，得數將分數加減之，加以平分爲多分，減以平分爲少分。如前僧飯問，人少飯多，知是大分多也。合人、物四爲法歸之，得五十二分。（二）［三］一對減，餘二爲差法；僧飯對減，餘八爲差實，以法除實得四。以減五十二，餘四十八，平分爲小僧之飯；或加入五十二，得五十六，平分爲大僧之人[1]。假令問僧一百，饅頭八十四，人多飯少，知小分多。以四歸一百八十四，得四十六分。以差法二除對減僧飯餘一十六，得八。加入分數，得五十四，平分二十七，爲小僧之飯；以減分數餘三十八，平分爲一十九，是大僧之人。

如前烏狐問，設若取異，置三百一十二頭，三百（一十二）［二十八］尾[2]，對減餘一十六爲差實，（以）［一］減九餘八爲差法，以法除實得二。置共數六百四十，以十爲一，得六十四。加二得六十六，平分之得狐；減二得六十二，平分之得烏。所以然者，烏有一尾，狐有一頭，可以相抵，故以餘八爲多一物也。僧飯借人、物共爲一數，亦猶是也。

---

1 依法列式如下：

$$小僧之饅=\frac{\left(\frac{108+100}{3+1}\right)-\left(\frac{108-100}{3-1}\right)}{2}=\frac{52-4}{2}=24個$$

$$大僧之人=\frac{\left(\frac{108+100}{3+1}\right)+\left(\frac{108-100}{3-1}\right)}{2}=\frac{52+4}{2}=28人$$

2 據後文，狐 33，烏 31，共尾得：$33\times9+31\times1=328$。知此“三百一十二”當作“三百二十八”，據改。

第八篇

借徵法

數有隱伏難立衰分者借虛數以徵之或本借多數以顯少或仍借少數以顯多者準測同但準測有見在原數而準此則於無而準中設率以準之耳前雖合篇中所立諸率亦略見借徵之意西書則以此法設立一篇目今依其法演之於左顯爲分析子母借徵遞加借徵遞減數借徵其用其同不再贅衰分也

凡子母借徵以子總推母總者以借母遞乘爲共母各除爲各子併之得共子以共子爲一率以共母爲二率以所問總子總數爲三率推得原數爲四率此人分物之借用此法物與價亦如之

問今有錢借不知幾何其三之一四之一五之一併得四十七不足求全數若干

答六十足

法三乘四得十二又五乘得六十爲共母置共母三除之得二十四除之得十五五除之得十二併之得四十七以共母六十乘四十七得二千八百二十以共子四十七除之合問

解此借少而知多者知四十七當於六十即知四千七百當於六千此準測以原推合同法以子推母故爲隱伏假令以母推子置六千以三除之又以四除又以五除併之得數直而易求不必用借徵矣

列率

第八篇

借徵法

數有隱伏，難立衰分者，借虛數以徵之。或廣借多數以明少，或約借少數以明多，與準測同。但準測有見在原數可準，此則於無可準中設率以準之耳。前雜（合）［和］篇中所立諸率，亦畧見借徵之意，西書則以此法設立篇目[1]。今依其法，演之於左。頗爲分析，有子母借徵，遞加借徵，匿數借徵，善用者固不耑賴衰分也。

【子母借徵】

凡子母借徵，以子總推母總者，將諸母遞乘爲共母，各除爲各子，併之得共子。以共子爲一率，以共母爲二率，以所問諸子總數爲三率，推得原數爲四率。若人分物，亦借用此法。物與價亦如之。

1. 問：今有貯絹不知幾何，其三之一、四之一、五之一，併得四千七百疋，求全數若干[2]？

答：六千疋。

法：三乘四得十二，又五乘得六十，爲共母。置共母，三除之得二十,四除之得十五,五除之得十二，併之得四十七。以共母六十乘四千七百，得二十八萬二千，以共子四十七除之。合問。

解：此借少可知多者，知四十七出於六十，即知四千七百出於六千，與準測以原推今同法。

以子推母，故爲隱伏。假令以母推子，置六千，以三除之，又以四除，又以五除，併之得數。直而易求，不必用借徵矣。

列率

1《同文算指通編》卷三有“借衰互徵法”，云:“數有隱伏，非衰分可得者，則別借虛數，以類徵之。或合率增減，或母子射覆，如藏鬮然。借彼徵此，借虛徵實，大抵即三率之法而觸類長之。”

2 此題爲《同文算指通編》卷三“借衰互徵”第二題。

一率　千零四十四　除

二率　七百二十　乘

三率　五百二十二　二八二　得

四率　三百六十

問二分之一、三分之一、四分之一、五分之一、六分之一，併得五百二十二，求原數若干。

答三百六十。

法二三相乘得六，四乘之得二十四，五乘之得一百二十，六乘之得七百二十，為共母。二之為三百六十，三之為二百四十，四之為一百八十，五之為一百四十四，六之為一百二十，併之得一千零四十四，為共子。置併數五百二十二，以共母乘之，以共子除之，合問。

解此借多知少者。

前問子少於母，此問子多於母，其別在此耳。

問今有客子不知其數，但知二人共飯，三人共羹，四人共肉，用器六十五件，求客若干。

答六十人　飯器三十　羹器二十　肉器十五

法二人乘三人得六，又乘四人得二十四，為共母。以二除飯器得十二件，以三除得羹器八件，以四除得肉器六件，併之得二十六件為共子。置器六十五件，以子除母乘合問。

解此以人分物，借人為母，物為子也。

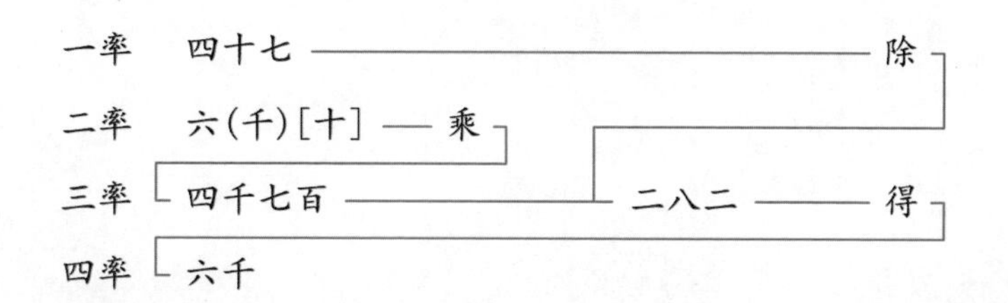

2. 問：二分之一、三分之一、四分之一、五分之一、六分之一，併得五百二十（一）［二］。求原數若干[1]?

答：三百六十。

法：二三相乘得六，四乘之得二十四，五乘之得一百二十，六乘之得七百二十，爲共母。二之一爲三百六十，三之一爲二百四十，四之一爲一百八十，五之一爲一百四十四，六之一爲一百二十，併之得一千零四十四，爲共子。置併數五百二十二，以共母乘之，以共子除之。合問。

解：此借多知少者。

前問子少於母，此問子浮於母，其列率如前。

3. 問：今有客子不知其數，但知二人共飯，三人共羹，四人共肉，用器六十五件。求客若干[2]?

答：六十人。

飯器三十； 羹器二十； 肉器十五。

法：二人乘三人得六，又乘四人得二十四，爲共母。以二除，飯器得十二件；以三除，得羹器八件；以四除，得肉器六件。併之得二十六件，爲共子。置器六十五件，子除母乘。合問。

解：此以人分物，借人爲母，物爲子也。

1 此題爲《同文算指通編》卷三“借衰互徵”第七題。

2 此題爲《算法統宗》卷五衰分章“物不知總”第三題，據《算法統宗》卷十四衰分難題第二十四題“河邊洗碗歌”改編。

問上等絹銀四兩一疋中等三兩一疋下等二兩一疋今買此絹二百四十疋共用銀若干

答共銀七百二十兩　上六十疋　中八十疋　下一百二十疋　各價俱二百四十兩

法遞乘得二十四爲共母置上絹六疋中絹八疋下絹十二疋併之得二十六疋爲共子置絹數

母乘子除得銀二百四十兩三倍之得共價各以法除之得各等合問

解此價以物借銀爲母物爲子以數從又三因之前問用飯用羨同是一容此問買各等

絹須各用價故也

問上等布二疋價銀一兩中等三疋一兩下等四疋一兩今用銀二百四十兩求買布若干

答共九百二十疋　上一百二十兩　中八十兩　下六十兩　各二百四十疋

法遞乘得二十四疋上布價應十二兩中應八兩下應六兩三色應二十六兩爲母三價應

二十六兩爲子置銀數子除母乘合問

解此以物分價物爲母銀爲子也

凡加法借徵立一通數遞加之視滿數若干乃以通數爲二率滿數爲一率問數爲

三率如法求之

問今有馬不知幾匹但云加一倍又加二之一又加三之一又加四之一又加一共得一百一十二匹求

原數若干

答三十六匹

4. 問：上等絹銀四兩一疋，中等三兩一疋，下等二兩一疋。今買得絹二百六十疋，求用銀若干？

答：共銀七百二十兩。　　上六十疋；

中八十疋；　　下一百二十疋。

各價俱二百四十兩。

法：遞乘得二十四爲共母，買上絹六疋、中絹八疋、下絹十二疋，併之得二十六疋，爲共子。置絹數，母乘子除，得銀二百四十兩，三倍之得共價。各以法除之，得各等。合問[1]。

解：此以價分物，借銀爲母、物爲子。得數後又三因者，前問用飯用羹同是一客，此問買各等絹，須各用價故也。

5. 問：上等布二疋價銀一兩，中等三疋一兩，下等四疋一兩。今用銀二百四十兩，求買布若干？

答：共七百二十疋。　　上一百二十兩；

中八十兩；　　下六十兩。

各二百四十疋。

法：遞乘得二十四疋，上布價應十二兩，中應八兩，下應六兩，三色應七十二疋，爲母。三價應二十六兩爲子。置銀數，子除母乘。合問[2]。

解：此以物分價，物爲母，銀爲子也。

【遞加借徵】

凡加法借徵，立一通數，遞加之，視滿數若干，乃以通數爲二率，滿數爲一率，問數爲三率，如法求之。

1. 問：今有馬不知幾匹，但云加一倍，又加二之一，又加三之一，又加四之一，又加一，共得一百一十二匹，求原數若干[3]？

答：三十六匹。

---

1 設共銀 x，各等絹俱用銀 $\frac{x}{3}$，據題意列：

$$\frac{x}{3}\times\frac{1}{4}+\frac{x}{3}\times\frac{1}{3}+\frac{x}{3}\times\frac{1}{2}=260$$

即：

$$\left(\frac{1}{4}+\frac{1}{3}+\frac{1}{2}\right)x=3\times 260=780$$

解得共銀：

$$x=\frac{780}{\frac{26}{24}}=\frac{780\times 24}{26}=720\text{兩}$$

2 解同前題。

3 此題爲《同文算指通編》卷三“借衰互徵”第三題。

法二三四遞乘得二十四倍之得四十八加二之一為七十二加三之一為八加四之一為百八共得二百四十為滿數

乃以二十四乘一百二十以滿數七十四除之得數再加一為合問

解加一在母法之外故但以一百二十為法

問今有商撲貲與販初次得息視本合三分之二併之為本二次得息視本合五分

之四又併為本三次得息視本合四分之三又併之得四百兩求原本若干

答七十六兩一錢九分有奇

法仍借六為原本加三之二為十兩併入原本得十六兩五除四乘為八兩併入得二十四兩四除三

乘為十三兩五錢併入得三十一兩五錢為滿數以六兩乘四百以滿法三十一兩五錢除之合問

解此併息為本若干

問今有商獲貲與販初次視本獲三之二二次視本獲五之四三次視本獲四之三

併原母共四百兩求原母若干

答一百二十四兩三錢五分二厘有奇

法三五相乘得十五又四乘得六十三之二為四十五之四為四十八四之三為四十五併之得

百九十三兩為滿法以六十四乘四百以滿法除之合問

解此不併息共以原本起息耳

凡減法借徵立一通數本通減之視餘數若干乃以通數為一率餘數為二率問數為

法：二三四遞乘，得二十四，倍之得四十八。加二之一爲十二，加三之一爲八，加四之一爲六，共得七十四，爲滿數。乃以二十四乘一百一十一，以滿數七十四除之，得數再加一匹。合問[1]。

解：加一在母法之外，故但以一百一十一爲法。

2. 問：今有商攜貲興販，初次得息視本合三分之二，併之爲本；二次得息視本合五分之四，又併爲本；三次得息視本合四分之三，又併之得四百兩。求原本若干[2]？

答：七十六兩一錢九分有奇。

法：約借六爲原本，加三之二爲四兩，併入原本得十兩；五除四乘爲八兩，併入得十八兩；四除三乘爲十三兩五錢，併入得三十一兩五錢，爲滿數。以六兩乘四百，以滿法三十一兩五錢除之，合問[3]。

解：此併息爲本者。

3. 問：今有商攜貲興販，初次視本獲三之二，二次視本獲五之四，三次視本獲四之三，併原母共四百兩，求原母若干？

答：一百二十四兩三錢五分二厘有奇。

法：三五相乘得一十五，又四乘得六十。三之二爲四十，五之四爲四十八，四之三爲四十五，併之得一百九十三兩，爲滿法。以六十（四）乘四百（六），以滿法除之，合問[4]。

解：此不併息共以原本起息者。

凡減法借徵，立一通數，遞減之，視餘數若干，乃以通數爲二率，餘數爲一率，問數爲

---

1 二分、三分、四分三母遞乘得共母二十四，即以二十四爲原數之率，據題意求得共數率爲：

$$24+24+\frac{1}{2}\times 24+\frac{1}{3}\times 24+\frac{1}{4}\times 24=74$$

今共數爲 $112-1=111$，求得原數當爲：

$$\frac{111\times 24}{74}=36$$

2 此題爲《同文算指通編》卷三“借衰互徵”第十二題。

3 以 6 爲原本率，據題意求得：

$$初次本息率=6\times\left(1+\frac{2}{3}\right)=10$$

$$二次本息率=10\times\left(1+\frac{4}{5}\right)=18$$

$$三次本息率=18\times\left(1+\frac{3}{4}\right)=31.5$$

今本息爲 400，求得原本爲：

$$\frac{400\times 6}{31.5}\approx 76.19$$

4 三分、五分、四分三母遞乘得共母六十，即以 60 爲原本率，三次獲息併原母率得：

$$60+60\times\frac{2}{3}+60\times\frac{4}{5}+60\times\frac{3}{4}=193$$

今三次獲息併原母爲 400，求得原本當爲：

$$\frac{400\times 60}{193}\approx 124.352$$

三率以借術之

問今有旗竿，其三之一白色，五之一黑色，九之二青色，外餘紅色十二尺，求竿共長若干

答曰四十九尺零三十三之三

法每借竿長一百三十五，三除為白四十五，五除為黑二十七，九除二乘為青三十尺，共減一百零二，餘三十三為餘率，以一百三十五乘紅十二尺，以餘率三十三除之，合問

解曰借徵者借偶任意設法，如上法係借，偶借以四十五為法，三除得十五，五除得九，二乘九除得十，共減三十四，餘十一為一率，四十五為二率，十二尺為三率，以借術求之，得四十九零十一之一，即三十三之三也

凡遇數借徵以三五七數之，三而餘一置算七十，五而餘一置算二十一，七而餘一置算十五，以一百零五為滿法，以餘共為實數

問今有物三數之餘二個，五數之餘三個，七數之餘二個，求實數若干

答二十三個

法三數餘二每一算七十，該一百四十，五數餘三每一算二十一，該六十三，七數餘二每一算十五，該三十，通之得二百三十三，減一百零五餘一百二十八，再減一百零五餘二十三，合問

問今有物三人分之不剩，五人分之餘四，七人分之餘六，求實數若干

答六十九

三率，如法求之。

1. 問：今有旗竿，其三之一白色，五之一黑色，九之二青色，外餘紅色十二尺。求竿共長若干？[1]

答：四十九尺零三十三之三。

法：每法遞［乘］得一百三十五，三除爲白四十五，五除爲黑二十七，九除二乘爲青三十尺。共減一百零二，餘三十三爲餘率。以一百三十五乘紅十二尺，以餘率三十三除之，合問[2]。

解：凡借徵，廣借約借，任意設法。如上法係廣借，若用約借，只以四十五爲法，三除得十五，五除得九，二乘九除得十，共減三十四，餘一十一爲一率，四十五爲二率，十二尺爲三率。如法求之，得四十九零一十一之一，即三十三之三也。

【匿數借徵】

凡匿數借徵，以三五七數之，三而餘一，置算七十；五而餘一，置算二十一；七而餘一，置算十五。以一百零五爲滿法，以餘者爲實數。

1. 問：今有物三數之餘二個，五數之餘三個，七數之餘二個。求實數若干？[3]

答：二十三個。

法：三數餘二，每一算七十，該一百四十；五數餘三，每一算二十一，該六十三；七數餘二，每一算十五，該三十。通之得二百三十三，減一百零五，餘一百二十八；再減一百零五，餘二十三，合問。

2. 問：今有物三人分之不剩，五人分之餘四，七人分之餘六。求實數若干？

答：六十九。

---

1 此題爲《同文算指通編》卷三“借衰互徵”第十八題。

2 三分、五分、九分三母遞乘得一百三十五，即以 135 爲旗竿率，據題意求得外餘紅色率爲：

$$135-135\times\frac{1}{3}-135\times\frac{1}{5}-135\times\frac{2}{9}=33$$

今外餘紅色爲 12 尺，求得旗竿長爲：

$$\frac{12\times135}{33}=49\frac{3}{33}$$

3 此題爲《算法統宗》卷五衰分章“物不知總”第一題，原出《孫子算經》卷下。

法三無剩而以置算五餘四每一算二十一該八十四七餘六每一算十五該九十通得一百七十五減

滿法餘合問

解前問減滿法而轉此問一轉而合前問俱有零此問一無零二有零借法定位以此

推之所以三數餘一者七十也以五七乘為三十五三數之餘二加一倍則三數零一故以三剩一

為七十也五數餘一為二十一廿三七乘為二十一然以五數則餘一故以五剩一為二十一也七數餘一為

十五廿三五乘為一十五然以七數則餘一故以七剩一為十五也以一百零五為滿法廿三五七

遞乘而得故以為滿法也然此法只可推一百零五數多則不能推蓋一百零五所廿二

百一十同所三百一十五又同無可分別故也舊謂之秘而直兵今附之借徵法然之謂

之從俱不剩至俱剩止一百零五樣矣故從略

凡遞減而每分題差借徵以得每遞乘為首衰以每除之乘以定各衰視其首衰

十以為法用除所題之差得倍數幾分數以乘各衰

問今有兄弟三人仲算得伯之五季算得伯四之三仲多季八米求各算幾米

答伯九十六　仲八十　季七十二

法兩母乘得二十四為伯衰六除五乘得二十為仲衰四除三乘得十八為季衰仲視季

只多二米而差法以除差八得四知是四倍以乘各衰合問

解每季只差二今差八是四倍也假今差三以二除之得一五則伯三十六仲三十季二十七

法：三無剩，不必置筭。五餘四，每一筭二十一，該八十四。七餘六，每一筭十五，該九十。通得一百七十四，減滿法，餘合問。

解：前問減滿法兩轉，此問一轉而合；前問俱有零，此問一無零，二有零。錯綜變化，以此推之。所以三數餘一爲七十者，以五七乘爲三十五，三數之餘二，加一倍則三數零一，故以三剩一爲七十也。五數餘一爲二十一者，三七乘爲二十一，獨以五數則餘一，故以五剩一爲二十一也。七數餘一爲十五者，三五乘爲一十五，獨以七數則餘一，故以七剩一爲十五也。以一百零五爲滿法者，三五七遞乘而得，故以爲滿法也。然此法只可推一百零五，數多則不能推。蓋一百零五與二百一十同，與三百一十五又同，無可分别故也。舊謂之"孫子點兵"，今附之借徵法。若一一譜之，從俱不剩至俱剩，亦一百零五樣矣，故從畧。

凡匿總子母分顯差借徵，以諸母遞乘爲首衰，以母除子乘，以定各衰。視其差若干以爲法，用除所顯之差，得倍數、幾分數，以乘各衰。

1. 問：今有兄弟三人，仲年得伯六之五，季年得伯四之三，仲多季八歲。求各若干歲[1]？

答：伯九十六；　仲八十；
季七十二。

法：兩母乘得二十四爲伯衰，六除五乘得二十爲仲衰，四除三乘得十八爲季衰。仲視季只多二歲爲差法，以除差八得四，知是四倍。以乘各衰，合問。

解：每率只差二，今差八，是四倍也。假令差三，以二除之，得一五，則伯三十六，仲三十，季二

1 此題爲《算法統宗》卷五衰分章"帶分母子差分"第二題、《同文算指通編》卷三"借衰互徵"第六題。

十七爲衰衰差四以二除之得伯四十八仲四十二季三十六爲衰

假令題伯多十六衰則以伯二十四視仲二十得四爲差法以四除十六得四倍也

假令差法反多於原差則以差法除差得其幾分如云仲多季一衰差法郄

多二衰以二除一得五分是伯十二仲十季九也少除多得幾倍多除少得幾

分與本章同也

問今有四人分錢乙得甲六之五丙得甲四之三丁得甲二十四之十七丙丁相差四文求總若干

答若干

答總錢三百一十六　甲九十六　乙八十　丙七十二　丁六十八

法三母通乘得五百七十六爲甲衰六除五乘得四百八十爲乙四除三乘得四百三十二爲

丙二十四除十七乘得四百零八爲丁以丁減丙餘二十四爲差法以除差四得六分之一爲衰以

各衰乘之合問

解曰多求少得其幾分者以乘法則先以四乘各衰以二十四除之得若干以總求得差二十

四百二十四總一千八百九十六爲二十四總以四爲二十四之一二三相乘一除之同差知二十四之差當於一千八

百九十六則知四文之差當於三百一十六也

十七歲矣。差四以二除之，則伯四十八，仲四十，季三十六歲矣。

假令顯伯多十六歲，則以伯二十四視仲二十，得四爲差法，以四除十六，亦得四倍也。

假令差法反多於原差，則以差法除差，得其幾分。如云仲多季一歲，差法卻多二歲，以二除一得五分，是伯十二、仲十、季九也。少除多得幾倍，多除少得幾分，其率同也。

2. 問：今有四人分錢，乙得甲六之五，丙得甲四之三，丁得甲二十四之一十七，丙丁相差四文，求總若干？各若干[1]？

答：總錢三百一十六。

甲九十六；　　乙八十；

丙七十二；　　丁六十八。

法：三母遞乘，得五百七十六爲甲衰，六除五乘得四百八十爲乙，四除三乘得四百三十二爲丙，二十四除十七乘得四百零八爲丁。以丁減丙餘二十四爲差法，以除差四得一六六不盡。以各衰乘之，合問。

解：此以多求少，得其幾分者。欲整則先以四乘各衰，以二十四除之，併各分得總。若以差二十四爲一率，總一千八百九十六爲二率，以四爲三率，二三相乘，一除之，同。蓋知二十四之差出於一千八百九十六，即知四文之差出於三百一十六也。

圖三十

1 此題爲《同文算指通編》卷三"借衰互徵"第七題。

中西數學圖說 午

中西數學圖説 午

卷之七

方圓襍説序 方圓形説 圓無外內圖四九

圓無斜偏圖八 圓不可合分圖解七

圓無有餘無不足圖三 圓無不容入圖十八

卷第一篇

芃開平方問八解後平方隅位同法圖

平方聯位同數圖 方廉隅圖

平方用法圖 層廉隅圖二三四 層三四五位開

芃開方不書者問二解後開方餘積論

零數每一化百圖三 筭盤字位式

第二篇

芃積与較求闊者一二問無圖三問四圖法

帯合併逐位法減積法西書帯法

合併帯字位式

芃積与較求長廿問二減 法益積法二

芃積与和求闊廿問三減法二借商減

卷之七

少廣

第一篇

第二篇

商減初異次（異）［同］方隅／商減初同次（同）［異］長隅
益積加一／益積加二
凡積與和求（闊）［長］者　　　　　問四
平形翻積法／長形翻積法／長法翻餘積開除法圖二
長不足翻積餘法／長有餘不足圖二／翻積求闊
加較求長求闊／西書翻積法二

（篇）［第］叁篇

凡開立方　　　　　問六
方廉隅總圖　　立廉／平廉／小隅／［大方］
（平／立）立方全形／平廉［聚］／立廉［聚］
立方命法／立方聯三同數隔三同法

第四篇

凡立方帶縱　　　　　問四
立方帶縱諸形四
方廉隅相生相併圖
一／二／三／四／五／六／七／八／九／十／十一／十二／十三乘方
一／平／立／三／四／（又）［五］方廉隅圖（七）［六］
諸乘方法尋源定率法十一
諸乘方求廉隅通用法八

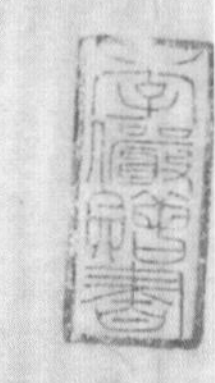

方圓襍說序

原夫形而下者謂之器器有出於方圓者乎形而上者謂之道道有出於方圓者乎道之入也以方如云方術之方便是也其究竟也必圓必如云圓滿圓成者是也故方圓者之道之所以成始而成終也夫為法不可勝窮也大地以為紙大海以為墨不能盡方圓之德之妙也就所窺測上原天道下及人情推其自然之致列為數端猶夫大地之一塵大海之一滴也塵不盡地滴不盡海然地不外於滴也塵海不外於滴也

圓形說

李子曰大哉圓之為德也本生於自然道之象也天之體也聖人之所德也天之生莫出於五行水之為珠也火之為光也圓木之為實也圓金形堅氣液之則成珠猶水也土形不能為圓而能為圓任所為無不可于無圓之體而有圓之性異國之言曰地為圓球則體亦圓也以理推之物有自然而不圓者自然能圓則無所之也故其有所可裁也有角可磷也必非小也小之極則必圓也有虛可補也有廉可界也必非大也大之極則必圓也故通體為一面而無可指為面也通體無徑而無可執為徑也撲之則無

#【方圓裸説】

方圓裸説序[1]

原夫形而下者謂之器，器有出於方圓者乎？形而上者謂之道，道有出於方圓者乎？道之入也以方，如云方術、方便是也；其究竟也必圓，如云圓滿、圓成者是也。故方圓者，道之所以成始而成終也，其爲德不可勝窮也。大地以爲紙，大海以爲墨，不能盡方圓之德之妙也。就所窺測，上原天道，下及人情。推其自然之致，列爲數端，猶夫大地之一塵，大海之一滴也。塵不盡地，滴不盡海，然地不外於塵，海不外於滴也。

圓形説

李子曰[2]：大哉圓之爲德（也）乎[3]！生於自然，道之象也，天之體也，聖人之所德也[4]。天之生，莫出於五行。水之爲珠也圓，火之爲光也圓，木之爲寔也圓。金形堅矣，液之則成珠，猶水也。土形不能爲圓而能爲圓，任所爲無不可焉，無圓之體而有圓之性，異國之言曰：地爲圓球[5]，則體亦圓也。以理推之，物未有自然而不圓者，自然非圓，則無所之也。故夫有廣可裁也，有角可磷也[6]，必非小也，小之極則必圓也。有虛可補也，有廉可界也，必非大也，大之極則必圓也。故通體爲一面，而無可指爲面也；通體無［非］徑[7]，而無可執爲徑也。揆之則無

1 自“方圓裸説序”至“圓無不容無不入”諸條，道光《招遠縣志》（後省稱《縣志》）卷九“人物・李篤培”引録，有文無圖。

2 李子，李篤培自指，《縣志》無此二字。

3 也，原文有朱筆句抹，《縣志》無此字，係衍文，據删。

4 德，《縣志》作“法”。

5 球，《縣志》作“珠”，形近而訛。

6 磷，薄。《論語・陽貨》：“不曰堅乎？磨而不磷。”何晏集解引孔安國曰：“磷，薄也。……言至堅者磨之而不薄。”

7 非，據《縣志》補。

偶也循之則無端也自内而達無不斉也自外而起無不可以為中也方剖而仍為圓割而非圓渾淪而不可破也方之在方也横則絶塞之直則觧附之圓之在圓也虚懸而無倚自為用而不相依互為而不可偶也其於萬形無不容也亦無不辨也其入萬形也無不勝也亦無不合也以一為倚以三為用一也其數之所不能多也三也其數之所不能窮也置一而三之終古不盡又從而一之亦終古不盡故其形之有容其莫逆於圓其不可撲量也亦莫逆於圓聖人備美以象其内無名以象外圓也其道之無以加天之不能外聖人之不能學也

方形説

方之於圓也相生也相為用也一而三之因而為四圓之子也衡運則規圓之母也或四而三之或三而二之奇偶相御無無忤焉則圓之配也圓之不斉焉方則斉矣又圓之师也圓之徑也直藏方之倚方之斜也為方無窮焉亦藏圓之用故聖人之心法曰執中中圓也執之則方矣其用之天下也曰絜矩矩方也絜之則圓矣方圓互用聖人之能事畢矣

圓無外

一曰圓無外曷言乎無外也圓自為圓無有餘形與之比亦不借餘形以

隅也[1]，循之則無端也。自内而達，無不齊也；自外而起，無不可以爲中也。方剖而仍方，圜剖而非圜，渾淪而不可破也。方之在方也，横則能塞之，直則能附之；圜之在圜也，虚懸而無倚[2]，自爲用而不相依，至尊而不可偶也。其於萬形［也］[3]，無不容也，亦無不辨也[4]。其入萬形也，無不睽也[5]，亦無不合也。以一爲體，以三爲用。一也者，數之所不能分也；三也者，數之所不能窮也。置一而三之，終古不盡；又從而一之，亦終古不盡。故夫形之有容者，莫過於圜；其不可揆量也，亦莫過於圜。聖人備美以象其内，無名以象其外。圜也者，道之無以加，天之不能外，聖人之不能學也。

方形説

方之於圜也，相生也，相爲用也。一而三之，因而爲四，圜之子也。衡運則規，圜之母也。或四而三之，或三而二之，奇偶相御無忤焉，則圜之配也。圜之不齊，至方則齊矣，又圜之師也。圜之徑也直，藏方之體；方之斜也，爲方無窮焉，亦藏圜之用。故聖人之心法，曰執中[6]。中，圜也，執之則方矣。其用之天下也，曰絜矩[7]。矩，方也，絜之則圜矣。方圜互用，聖人之能事畢矣。

圜無外

一曰圜無外。曷言乎無外也？圜自爲圜，無有餘形與之比，亦不借餘形以

---

1 隅，《縣志》作“偶”，形近而訛。
2 懸，《縣志》作“縣”，二者通用。
3《縣志》“形”下有“也”字。按：後文“其入萬形也”與此句相對，《縣志》是，據補。
4 辨，别也。
5 睽，背離，不合。揚雄《法言》：“守失其微，天下孤睽。”
6《尚書 · 大禹謨》：“人心惟微，道心惟微，惟精惟一，允執厥中。”
7《禮記 · 大學》：“所謂平天下在治其國者，上老老而民興孝，上長長而民興弟，上恤孤而民不倍，是以君子有絜矩之道也。”朱熹集注：“絜，度也。矩，所以爲方也。”

為餘形也。故圓與餘形相遇，其相附其少分而已。此猶粗言之也。物之相附，其必以面，圓無面也，無則附（無）雖或附之少分，有餘字其為几何其私。遇之未嘗有附焉而也。方之與餘形附遇也，集甚一面則面附，集其多面則多面附，故合小方而成大方，合小圓不能成大圓也。故圓天也，君道也，父道也，友道也，特立而無偶。方地也，臣道也，子道也，妻道也，臣比肩而事盡，兄弟怡而順其親，妻妻和而家道正也。圓以莫並為尊，方以得朋為義，此必然之勢，亦自然之理也。或曰：方以角相遇，亦止少分，何也？曰：不見方之在圓乎，四角必切，四面必虛，其切其圓之少分在焉，故其惟存而不變。

圓與圓遇或與方遇相附止少分紅點是

方四角遇與餘形遇相附止少分紅點是

方與餘形遇集一面則一面附，集多面則多面附，但有面可合

方在圓內四角外切即圓之少分

圓無內

一曰圓無內，言其無內也。圓止一圓，更不能內容一圓也，並大者不成

爲形也。故圓與餘形相遇，其相附者少分而已。此猶粗言之也。物之相附（者）［也］必以面[1]，圓無面也，無［面］則無附[2]。雖所附之少分，有能定其爲幾何者乎？謂之未嘗有附焉可也。方之與餘形遇也，集其一面則一面附，集其多面則多面附。故合小方可成大方，合小圓不能成大圓也。故圓，天（道）也[3]，君道也，父道也，夫道也，特立而無偶。方，地也，臣道也，子道也，妻道也，臣比肩而事主，兄弟怡而順其親，妻妾和而家道正也。圓以莫並爲尊，方以得朋爲義。此必然之勢，亦自然之理也。或曰：方以角相遇，亦止少分，何也？曰：不見方之在圓乎？四角必切，四面必虛，其切者圓之少分在焉，故其性存而不變。

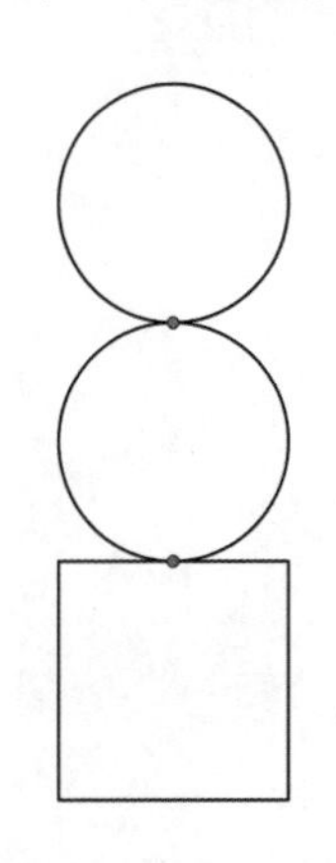

圓與圓遇，或與方遇，相附止少分，紅點是。

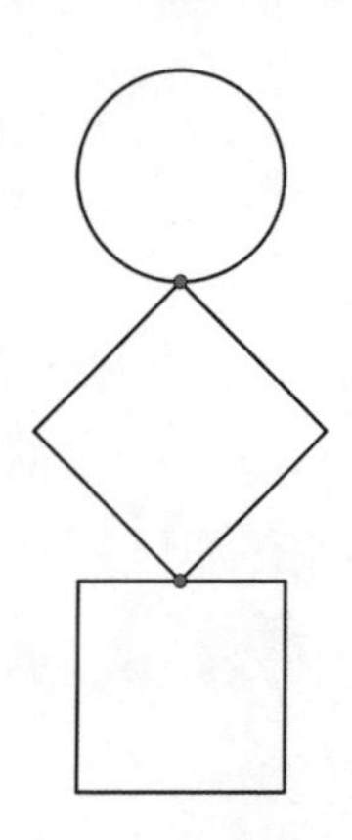

方以角與餘形遇，相附止少分，紅點是。

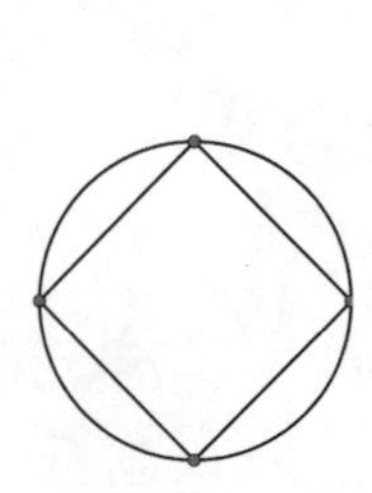

方在圓内，四角外切，即圓之少分。

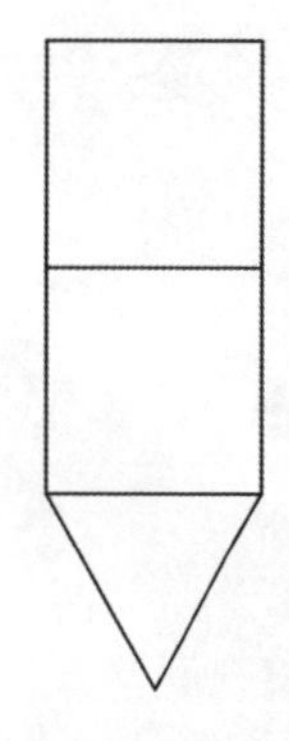

方與餘形遇，集一面則一面附，集多面則多面附，但有面即合。

圓無内

一曰圓無内。曷言乎無内也？圓止一圓，更不能内容一圓也。並大焉不成

---

1 者，《縣志》作“也”。按：作“也”是，“者”涉前文“其相附者少分”而訛，據《縣志》改。

2 面，據《縣志》補。

3 道，《縣志》無。原書本亦無“道”字，後校改時補入。後文“方，地也”，亦無“道”字，據刪。

其為容小則周者也。居中則全者也。居其偏止少分之合。未有定其為凡何其也。試裡者懸而無倚。自為用而不相依也。方之入於方也。比其平則一面合。比其角則兩面合。橫之則四塞。故方之在方。如山河之麗地。不盡其域。圓之在圓。如日月之麗天。雖大小不同。而各自為行也。萬物之統体一物之各具。並行而不悖其也。虽並圓出於圓其勢逆。圓入於圓其勢順。逆其如列辟之不相君臣也。順其如其君世嫡之相為父子也。其順則容身。但容其虽親而嚴。受容其無順而不陵。閨父子之道也。或曰。圓不容圓而容方。方雖容方。又能容圓何也。曰。圓之容方。猶夫之有妻。方之方圓並容也。猶母之兼孕子女也。

圓居圓中迫全

露居偏止少分合

圓在圓外

勢逆在內

勢順在止

一点合

方在方中比平一面合。比角兩面合。橫則四塞。圓止容方。方容方又容圓。

圓無偏

一曰圓無偏何言乎無偏也。圓通体為一面。惟其通体為一面。是以偏体

其爲容，小則周虛也。居［其］中則全虛[1]，居其偏止少分之合，未有［能］定其爲幾何者也[2]。所謂虛懸而無倚，自爲用而不相依也。方之入於方也，比其平則一面合，比其角則兩面合，横之則四塞。故方之在方，如山河之麗地，不出其域；圓之在圓，如日月之麗天，雖大小不同，而各自爲行也。萬物之統體，一物之各具，並行而不悖者也。雖然，圓出於圓，其勢逆；圓入於圓，其勢順。逆者如列辟之不相君臣也，順者如大君世嫡之相爲父子也。夫順則容矣，但容者雖親而嚴，受容者雖順而不阿，固父子之道也。或曰圓不容圓而容方，方能容方，又能容圓[3]，何也？曰：圓之容方，猶夫之有妻；方之方圓並容也，猶母之兼孕乎子女也。

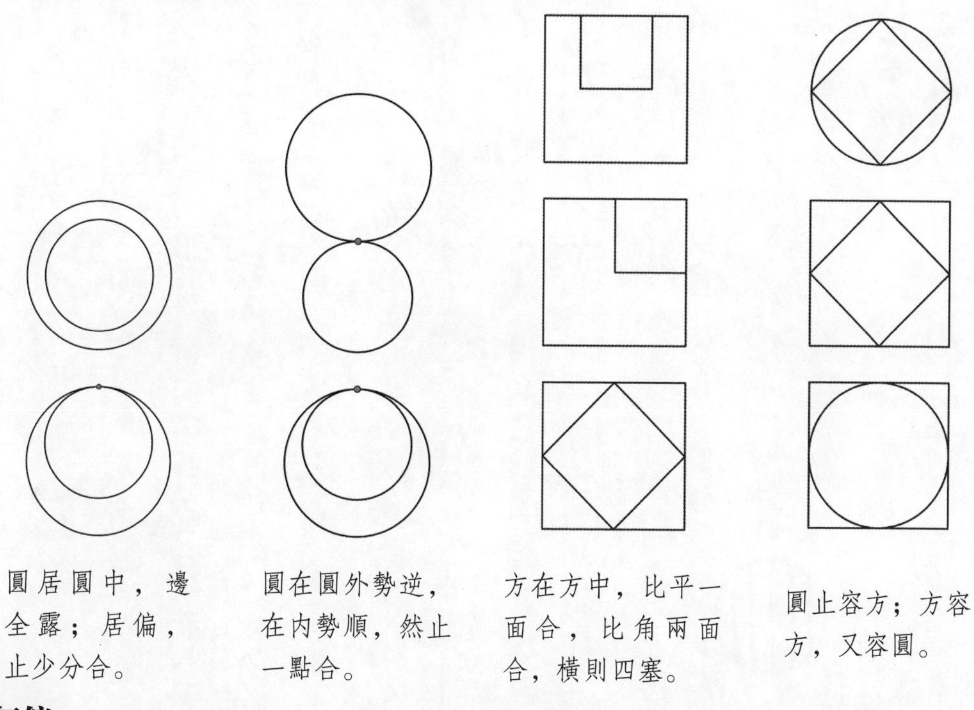

圓居圓中，邊全露；居偏，止少分合。

圓在圓外勢逆，在内勢順，然止一點合。

方在方中，比平一面合，比角兩面合，横則四塞。

圓止容方；方容方，又容圓。

圓無偏

一曰圓無偏，何言乎無偏也？圓通體爲一面，惟其通體爲一面，是以徧體

1 其，據《縣志》補。
2 能，據《縣志》補。
3 又，《縣志》作“有”。按:“有”通“又”。

無非徑也。任起一㪅引而伸之。無不可以至心也。更引之。無不可以竟倂也。視其兩端則已齊矣。視其兩畔則已均矣。居其中也。當中之未定。無不可為中。及其既立也。惟中最長。稍遠之則短。愈遠則愈短。至當而不可易。確然中也。故圓有心有界。界無定。然實有定。絲而入焉。共歸於極也。所謂殊途而同歸也。心有定。然實無定。錯而出焉。各任所之也。所謂一而貫萬也。北辰萬古而甚不移。三百六十五度無須臾不容推於子午之定也。故中曰執。又曰時。亦執而不忘時。所謂執中而無權。猶為時而無所執。則人小而無忌憚也。方之中居面而角之際。稍易其要。平而滿倂。必不至心。斜而至心。必不滿倂。然雖不至心。兩端末始不齊也。雖不滿倂。兩端末始不均也。何以故。圓而方不同倂而同心。惟同心。故不齊而齊。不均而均也。其心之同。如君臣之合。法其歸之倡隨。其倂之不同。如其外而事內。君行意而臣行令也。

無非徑也。任起一處，引而伸之，無不可以至心也。更引之[1]，無不可以竟體也。視其兩端，則已齊矣；視其兩畔，則已均矣，居然中也。當中之未立，無不可爲中；及其既立也，惟中最長，稍遠之則短，愈遠則愈短，至當而不可易，確然中也。故圓有心有界，界無定，然實有定，紛而入焉，共歸於極也，所謂殊途而同歸也。心有定，然實無定，錯而出焉，各任所之也，所謂以一而貫萬也。北辰萬古而不移，三百六十五度無須臾不密推於子午之交也，故中曰執，又曰時。知執而不知時，所謂執中而無（权）［權］[2]。欲爲時而無所執，則小人而無忌憚者也。方之中居面與角之際，稍易其處，平而滿體，必不至心；斜而至心，必不滿體。然雖不至心，兩端未始不齊也；雖不滿體，兩（端）［畔］未始不均也[3]。何以故？圓與方不同體而同心，惟同心，故不齊而齊，不均而均也。其心之同，如君臣之合德，夫婦之倡隨[4]。其體之不同，如夫外而妻内，君行意而臣行令也。

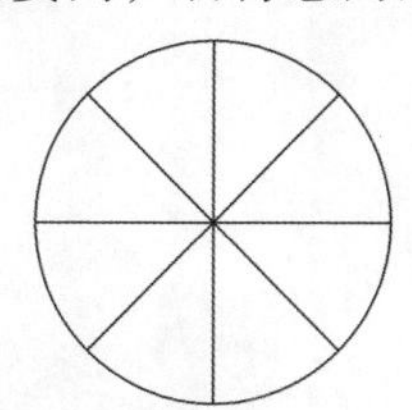

圓通體爲面，任起一處，引之皆可至心，再引之皆可竟體。

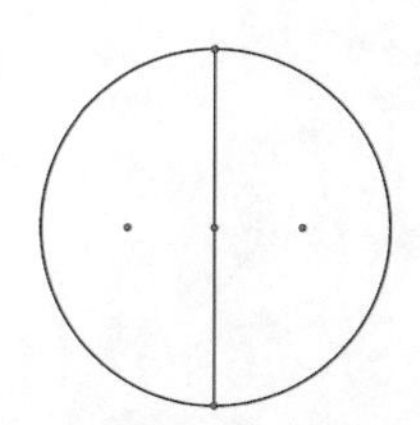

但居中一畫，兩端必齊，兩畔必均。

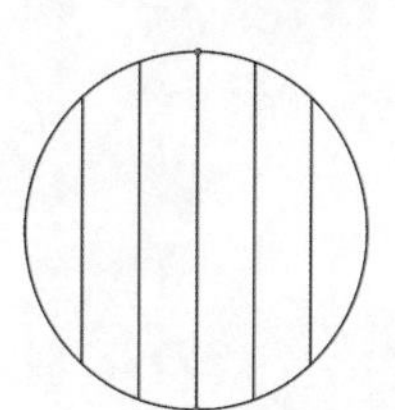

中既立，惟中最長。稍遠則短，（逾）［愈］遠（逾）［愈］短。

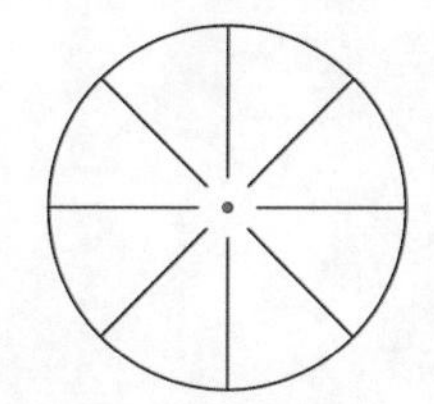

從界起，俱可歸心。

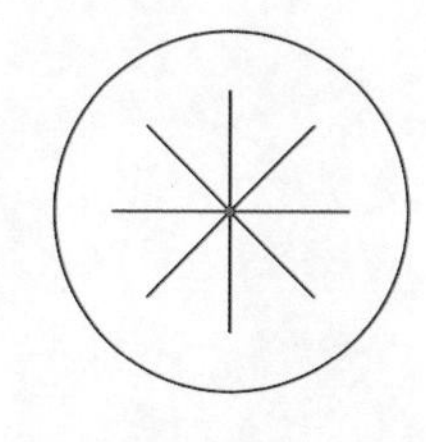

從心出，俱可至界。

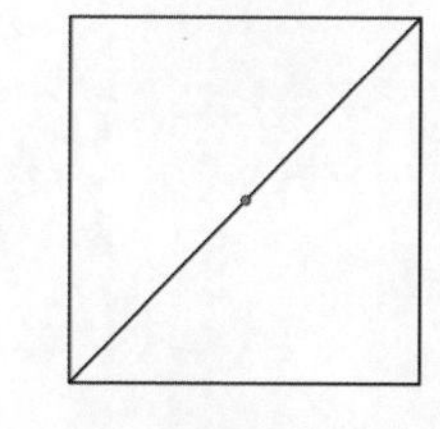

方之中，居面角之際。

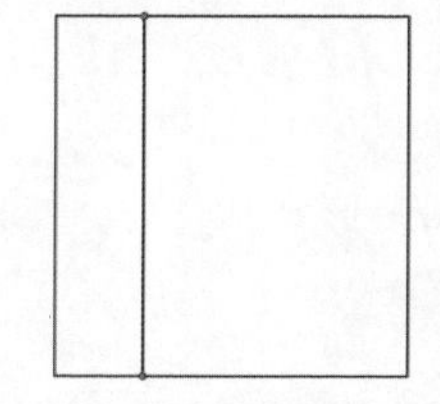

平爲徑，若不居中，雖滿體不至心，然兩端亦齊。

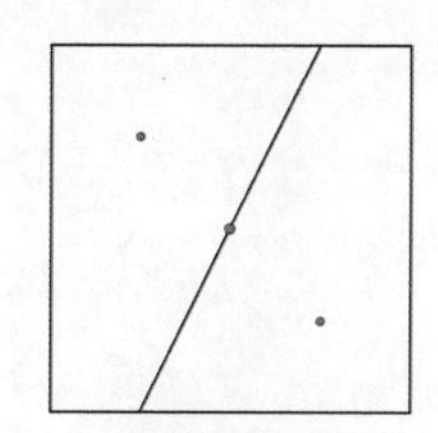

斜爲徑，若不居中，雖過心不滿體，然兩畔必均[5]。

1 更引之，《縣志》作“更引而伸之”。

2 权，《縣志》作“權”，據改。按：權，俗體作“权”，权係形近訛字。執中無權，見《孟子·盡心篇上》：“楊子取爲我，拔一毛而利天下，不爲也。墨子兼愛，摩頂放踵利天下，爲之。子莫執中，執中爲近之。執中無權，猶執一也。”朱熹集注云“權，稱錘也，所以稱物之輕重而取中也。執中而無權，則膠於一定之中而不知變，是亦執一而已矣。”

3 端，《縣志》作“畔”，據改。按：端，指線段兩個端點。畔，指線段兩側面積。“兩畔未始不均”，指線段兩側面積相等。前文“視其兩端，則已齊矣；視其兩畔，則已均矣”，可證作“畔”是，據改。

4 倡，《縣志》作“唱”。

5 原圖有誤，據文意重繪。

圓無斜

一曰圓無斜者，言乎無斜也。圓自邊而之心，無不中也；其不之心而旁之者，則斜矣（斜矣）。然而無斜也。何也？圓之剖為弧，弧有弦，有背，有矢，有角。其弦平，其背端，矢中居，兩角端等，儼然正也。弦之中與兩角各出一線，會而至心，中必短，旁必長也；直而至邊，旁必短，中必長也。固確然正也。其弦形既自正，又能與全圓為正，何斜之有？若方之正，惟在心，或傍心而直行者也。稍斜，則雖復毫釐，必一見而知之，不俟比度而後知也。蓋圓無斜，既得並於無過之地；方不掩其斜，既得君子之過，人皆見之者也。徹斜者存四面而不篆，去斜者正面三見也。雖然，四面者闊與狹相表，皆可以直推也；三面者勾與股相合，無不與弦符也。蓋圓之法旁行而不流，方之法雖多而不失其正者也。故去方者賢人之法，而與圓者也；圓者聖人之事，而與權者也。方不能為圓，然未有不方而能圓者，猶以為之圓之中徑即方之心也，圓之斜徑即方之面也。方不立，圓雖斜，孰從而知其斜？圓並斜而未嘗斜，孰識其為無斜也。圓以方為體，方以圓為用，故曰大圓方無隅，去其無隅，則圓矣。何以為之方圓也？其圓方之至也。舍方而與圓，鄉愿、法之賊也。

徑弦之心而旁之則為斜

弦平背端矢中角等其形自正

弦與兩角各出一線至心中短旁長 去視圓之全形 亦正

弦與兩角各出一線至邊中長旁短 視圓之全形 亦正

圓無斜

一曰圓無斜，曷言乎無斜也？圓自邊而之心，無不中也。其不之心而旁之焉，則斜矣。然而無斜也，何也？圓之剖爲弧，［弧］有弦有背[1]，有矢與角。其弦平，其背端[2]，矢中居，兩角等，儼然正也。弦之中與兩角各出一徑，會而至心，中必短，旁必長也；直而至邊，旁必短，中必長也，固確然正也。夫（弦）［弧］形既自正[3]，又能與全圓爲正，何斜之有？若方之正惟在心，或傍心而直行者也[4]，稍斜焉，雖復毫厘，必一見而知之，不俟比度而後知也。蓋圓無斜，所謂立於無過之地[5]。方不掩其斜，所謂君子之過，人皆見之者也[6]。微斜者，存四面而不等；甚斜者，則止三面見也。雖然，四面者，闊與狹相衷[7]，皆可以直推也；三面者，句與股相合，無不與弦符也。蓋圓之德，旁行而不流；方之德，雖變而不失其正者也。故夫方者，賢人之德，可與立者也；圓者，聖人之事，可與權者也。方不能爲圓，然未有不方而能圓者。何以明之？圓之中徑，即方之心也。圓之斜徑，即方之面也。方不立，圓雖斜，孰從而知其斜？圓雖斜，而未嘗斜，孰從而証其爲無斜也。圓以方爲體，方以圓爲用，故曰大方無隅[8]，夫無隅則圓矣。何以爲之方，圓也者，固方之至也。舍方而言圓，鄉愿，德之賊也[9]。

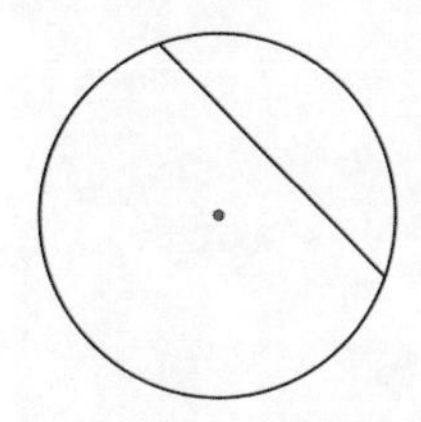

徑不之心而旁之，則爲斜。

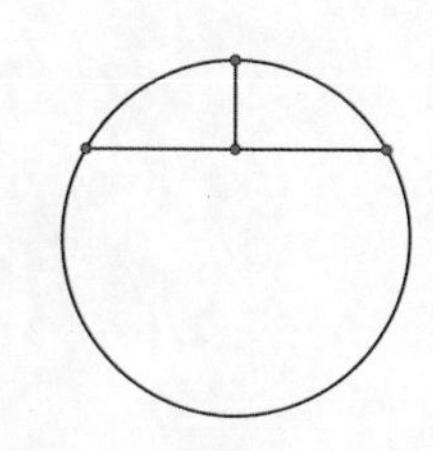

弦平、背端、矢中、角等，其形自正。

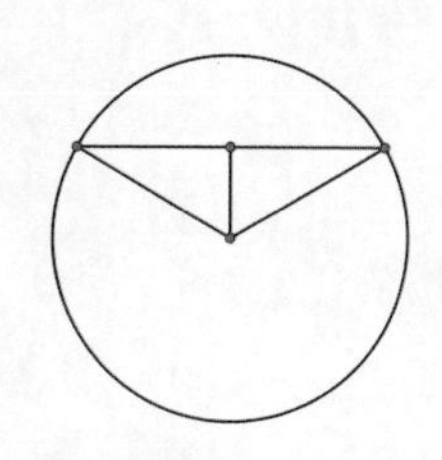

弦與角各出一線至心，中短旁長，視圓之全形必正。

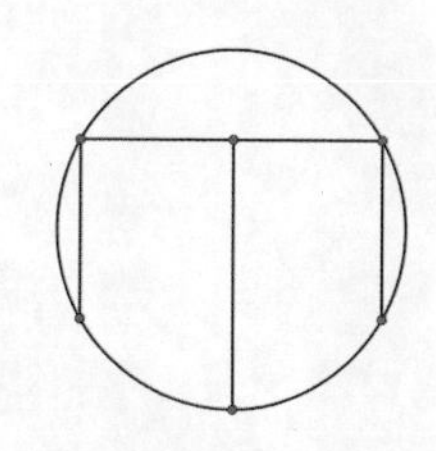

弦與角各出一線至邊，中長旁短，視圓之全形必正。

1 弧，據《縣志》補。原書似有“弧”字，校改時誤刪。

2 端，正也。

3 弦，《縣志》作“弧”，據改。

4 傍，《縣志》作“旁”。

5《禮記 · 禮運》:“故聖人參於天地，竝於鬼神，以治政也。處其所存，禮之序也；玩其所樂，民之治也。故天生時而地生財，人，其父生而師教之。四者，君以正用之，故君者立於無過之地也。”

6《論語 · 子張》:“子貢曰：‘君子之過也，如日月之食焉。過也，人皆見之；更也，人皆仰之。’”

7 衷，折衷。後圖注云:“取餘補缺，二闊相折成直形”，即此義。

8《老子》四十一章:“大方無隅，大器晚成，大音希聲，大象無形。”

9《論語 · 陽貨》:“子曰：鄉原，德之賊也。”朱熹集注:“鄉者，鄙俗之意。原，與愿同。……鄉原，鄉人之愿者也。蓋其同流合汙以媚於世，故在鄉人之中，獨以愿稱。”

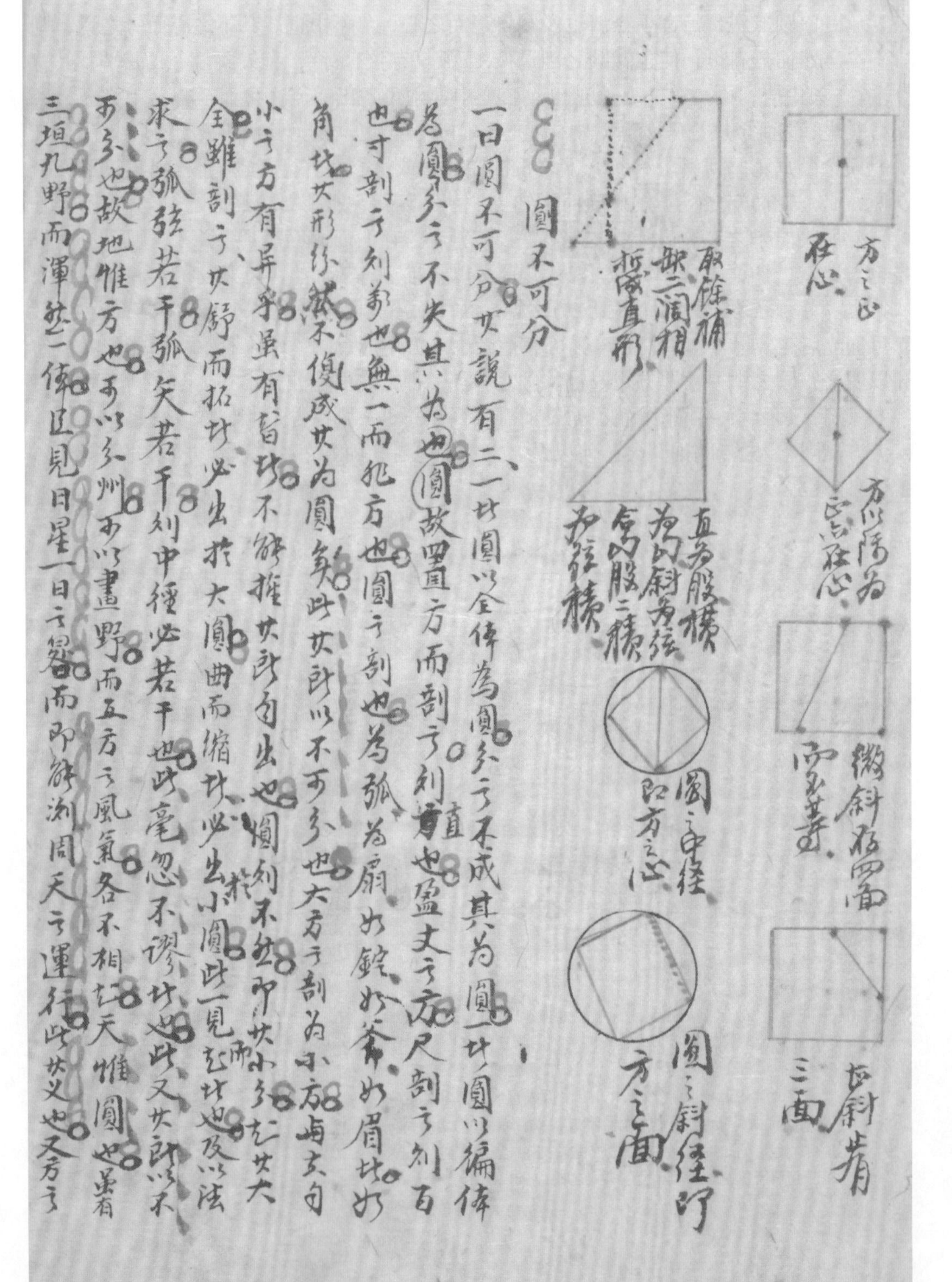

圓不可分

一曰圓不可分其說有二一其圓以全體為圓分之不成其為圓一其圓以偏體為圓分之不失其為圓故四直方而剖之則直也盈丈之方尺剖之則百也寸剖之則萬也無一而非方也圓之剖也為弧為扇如鏡如斧如眉如角其形雖然不復成其為圓矣此其所以不可分也大方之剖為小方而其自小之方有異乎曷有皆其不能推其所自出也圓則不然即其小分於其大全雖剖之其歸而拓其必出於大圓曲而縮其必出小圓此一見於其也及以法求之弧弦若干弧矢若干則中徑必若干也此毫忽不謬者也此又其所以不可分也故地惟方也可以分州可以畫野而五方之風氣各不相能天惟圓也雖有三垣九野而渾然一體但見日星一日之窮而即能測周天之運行此其又也又方之

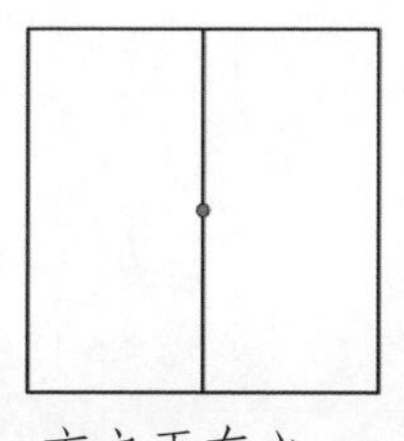
方之正在心。

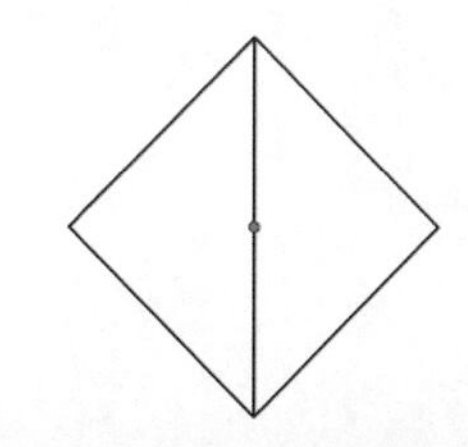
方以隅爲正，亦在心。

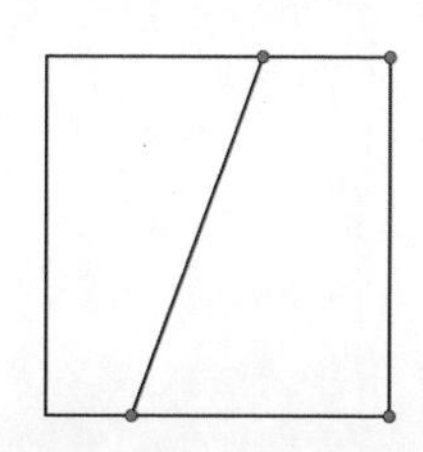
微斜，存四面而不等。

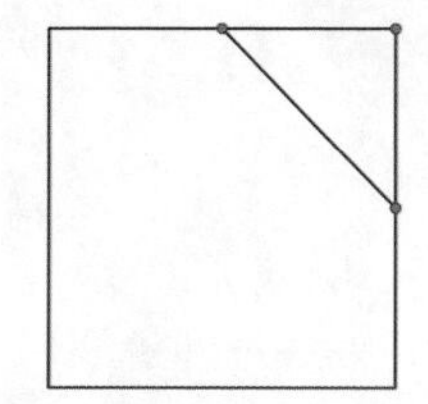
甚斜，止有三面。

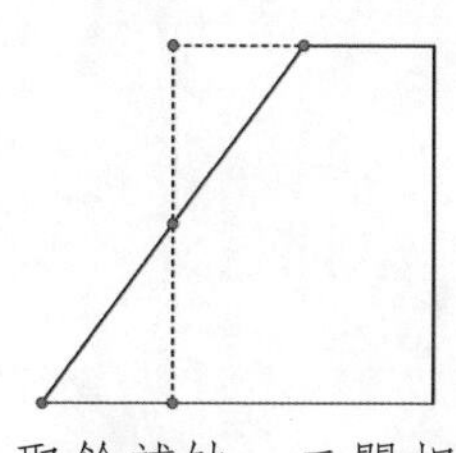
取餘補缺，二闊相折成直形[1]。

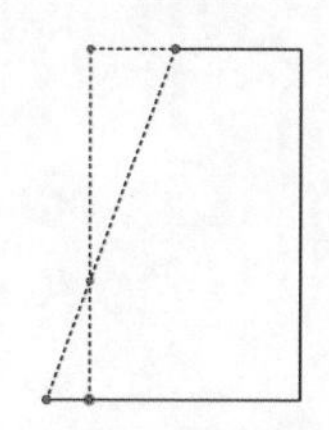
直爲股，横爲句，斜爲弦，合句股二積爲弦積。

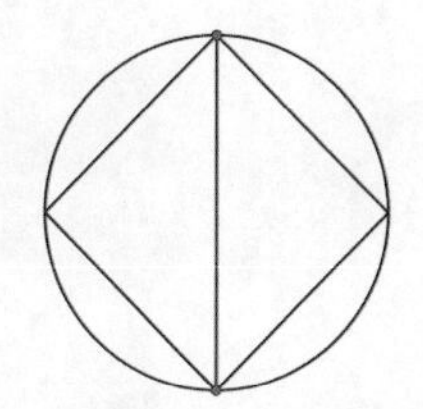
圓之中徑，即方之心。

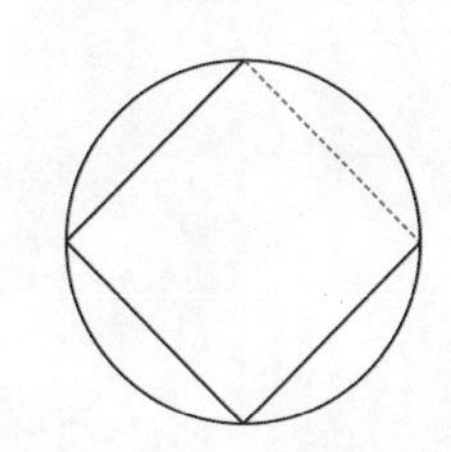
圓之斜徑，即方之面。

圓不可分

一曰圓不可分。其説有二：一者圓以全體爲圓，分之不成其爲圓；一者圓以徧體爲圓，分之不失其爲圓也。故置方而剖之，則直也，[再剖之，則方也][2]。盈丈之方，尺剖之則百也，寸剖之則萬也，無一而非方也。圓之剖也，爲弧爲扇，如錠如斧，如眉者，如角者，其形紛然[3]，不復成其爲圓矣。此其所以不可分也。大方之剖爲小方，與夫自小之方有異乎[4]？雖有智者，不能推其所自出也。圓則不然，即其小分[5]，知其大全。雖剖之，其舒而拓者，必出於大圓；曲而縮者，必出於小圓。此一見而知者也。及以法求之，弧弦若干，弧矢若干，則中徑必若干也，此毫忽不謬者也。此又其所以不可分也。故地惟方也，可以分州，可以畫野，而五方之風氣各不相知。天惟圓也，雖有三垣九野，而渾然一體，且見日星一日之晷，而即能測周天之運行。此其義也。又方之

1 相折處當爲斜線中點，原圖有誤，據圖註改繪。
2 再剖之則方也，底本脱落，據《縣志》補。按：後圖有"再剖成方"，知此處脱落此句。
3 紛，《縣志》誤作"粉"。
4 有異乎，《縣志》"有"下有"以"字。
5 小分，《縣志》作"少分"。

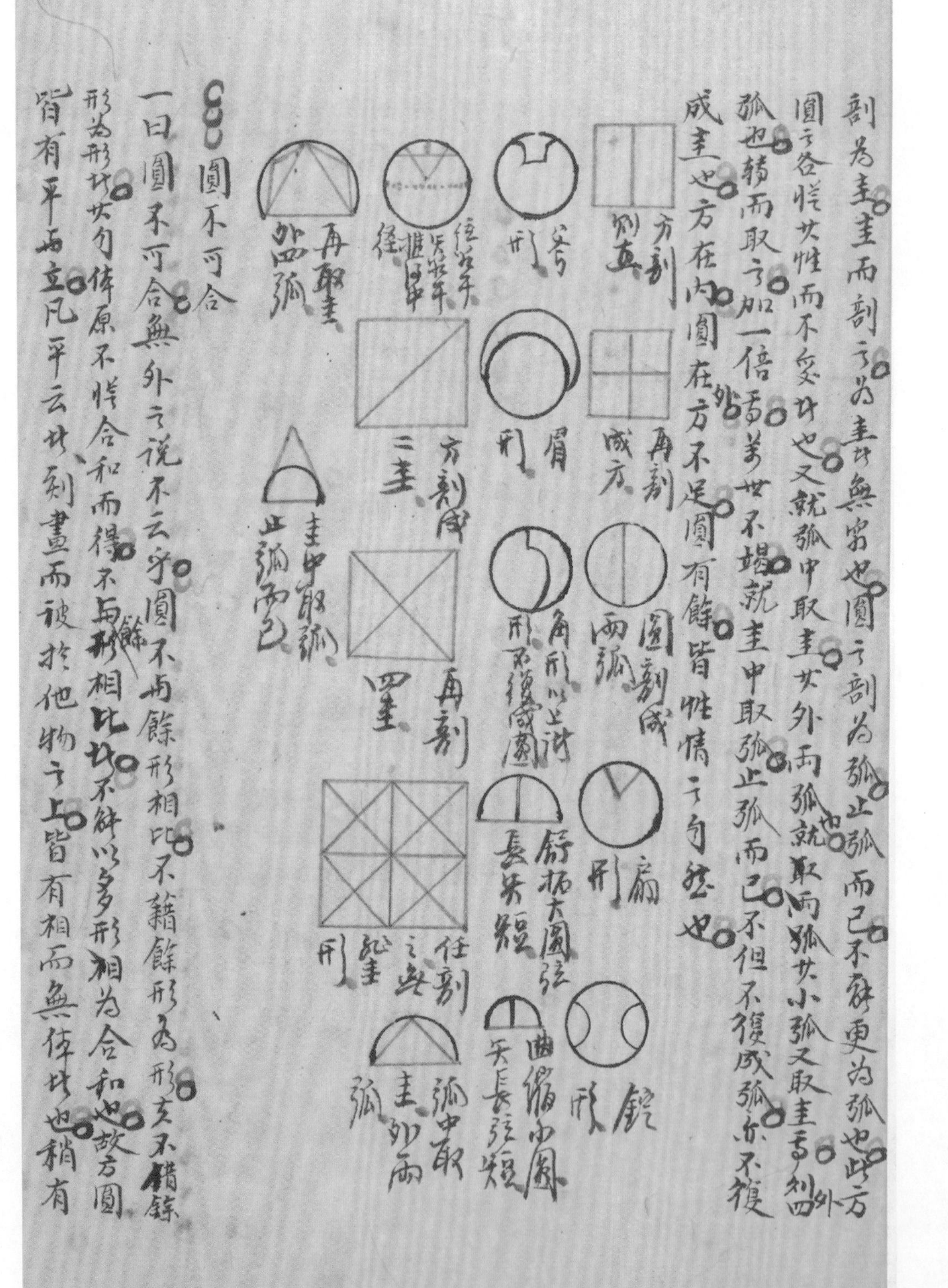

剖為圭，圭而剖之為圭，圭無窮也。圓之剖為弧，止弧而已，不能更為弧也。此方圓之各從其性而不變者也。又就弧中取圭，其外兩弧，就取兩弧，其小弧又取圭，當剖四外弧也。轉而取之，加一倍焉。若世不揚，就圭中取弧，止弧而已，不但不復成弧，亦不復成圭也。方在內，圓在方外，不足。圓有餘，皆性情之自然也。

〇〇圓不可合

一曰圓不可合。無外之說，不云乎？圓不與餘形相比，不藉餘形為形，亦不錯餘形為形者也。其自体原不能合和而得，不與餘形相比者，不能以多形相為合和也。故方圓皆有平面立。凡平云者，刻畫而被於他物之上，皆有相而無体者也。稍有

剖爲圭，圭而剖之，爲圭者無窮也。圓之剖爲弧，止弧而已，不能更爲弧也。此方圓之各從其性，而不變者也。又就弧中取圭，其外兩弧也，就其小弧又取圭焉，則外四弧也。轉而取之，加一倍焉，萬世不竭。就圭中取弧，止弧而已，不但不復成弧，亦不復成圭也。方在內，圓在外，方不足，圓有餘，皆性情之自然也。

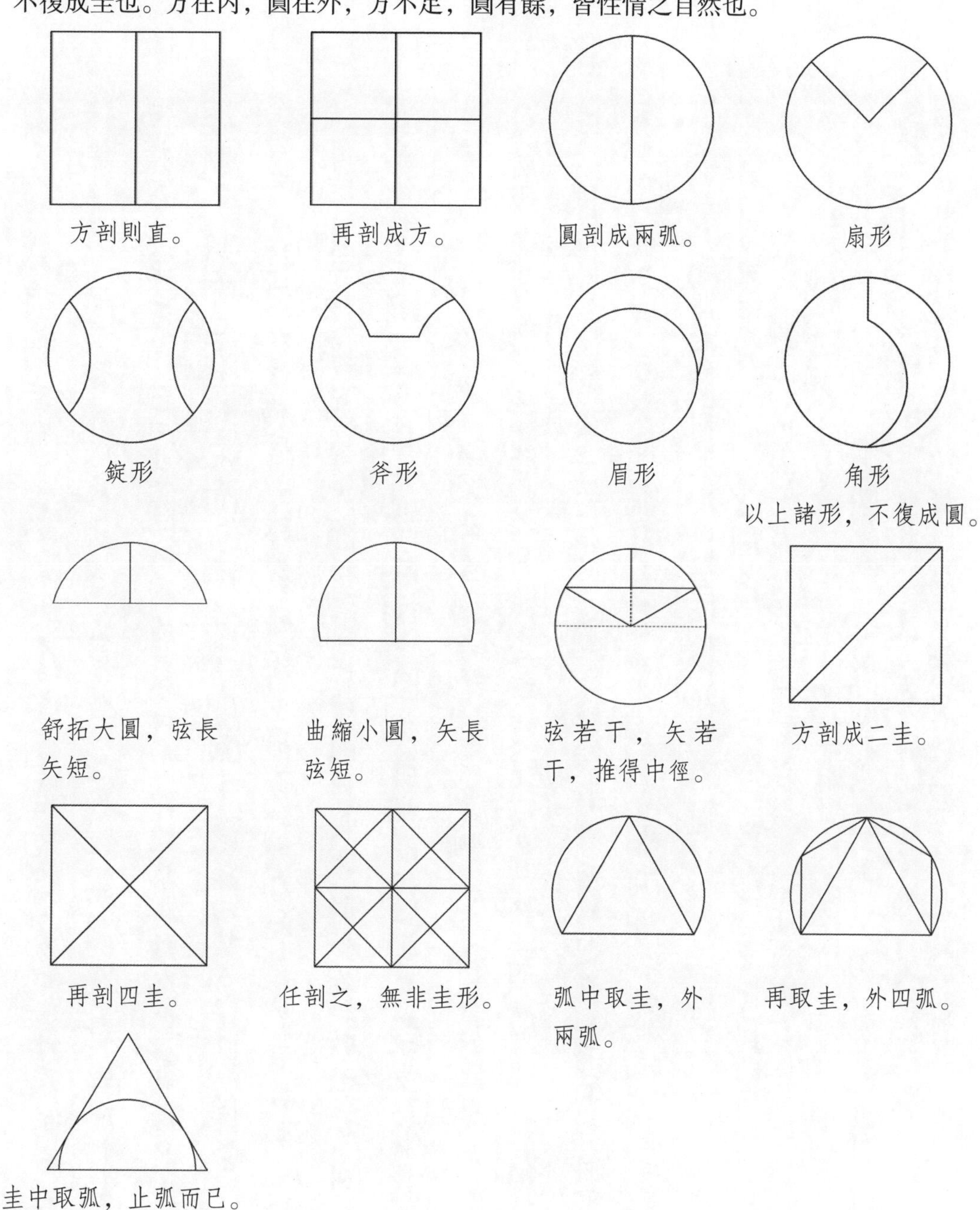

圓不可合

一曰圓不可合。無外之説不云乎："圓不與餘形相比，不藉餘形爲形。"夫不借餘形爲形者，其自體原不從合和而得；不與餘形相比者，不能以多形爲合和也，故方圓皆有平與立。凡平云者，刻畫而被於他物之上，皆有相而無體者也。稍有倴事如裁褚刻葉而為之雖無厚已有厚矣加厚事為不滿其原度皆有倴而未成者也其有倴而成者立圓立方是也長短等闊狹等高下等四維上下備而後謂之立方為其面六為隅廿八為廉者十有二是一形原具象形也若立圓則深然一倴而已孰從而面之而隅之而廉之哉故曰其自倴不從合和而得也今有立方於此比之而得二為長形闊之而得四又為平之方累之而得八又為立方再乘三乘以至無窮其六面八隅十二廉同也是衆形合為一形也若圓之合和也否置之依於方錯置之依於角皆能圓也且各形相附俱一点而已点之外中邊皆虛也不成其為倴矣故曰不兩餘形為合和也其然圓不以和合為倴而其聚也亦有自然之度事遇四而交遇六而藏交也其配之道也藏也其孚之象也蓋三奇四偶陰陽合刻交二其三三其二為六陰陽和故育也凡形之可以相聯為形者方之外惟三角與六角皆圓之交倴也五角為陽陽之參故一虛二盈三勾四股五弦六面七曲八宲累九而成徑環九而成規也

體焉，如裁（褚）［楮］刻葉而爲之[1]，雖無厚，已有厚矣。加厚焉，苟不滿其原度，皆有體而未成者也。其有體而成者，立圓立方是也。長短等，闊狹等，高下等，四維上下備，而後謂之立方。爲面者六，爲隅者八，爲廉者十有二，是一形原具衆形也。若立圓，則渾然一體而已，孰從而面之，而隅之，而廉之哉？故曰：“其自體不從合和而得也”。今有立方於此，比之而得二爲長形，闊之而得四又爲平方，累之而得八又爲立方，再乘三乘，以至無窮，其六面八隅十二廉同也。是衆形合爲一形也。若圓之和也，正置之依於方，錯置之依於角，皆非圓也。且各形相附，俱一點而已。點之外中邊皆虛也，不成其爲體矣[2]，故曰：“不與餘形爲合和也”。雖然，圓不以（和合）［合和］爲體[3]，而其聚也，亦有自然之度焉[4]。遇四而交，遇六而藏。交也者，配之道也；藏也者，孕之象也。蓋三奇四偶，陰陽會則交，二其三、三其二爲六，陰陽和故育也。凡形之可以相聯爲形者，方之外，惟三角與六角，皆圓之變體也。五角爲陰陽之參會，故一虛二盈三句四股五弦六面七曲八實，累九而成徑，環九而成規也。

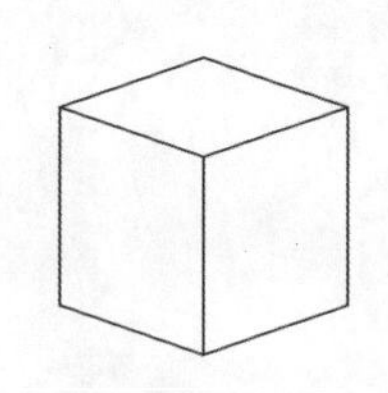

立方爲面六，爲隅八，爲廉十有二。

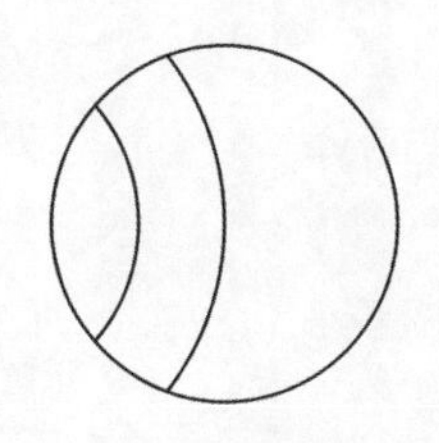

立圓渾然，無廉無隅。

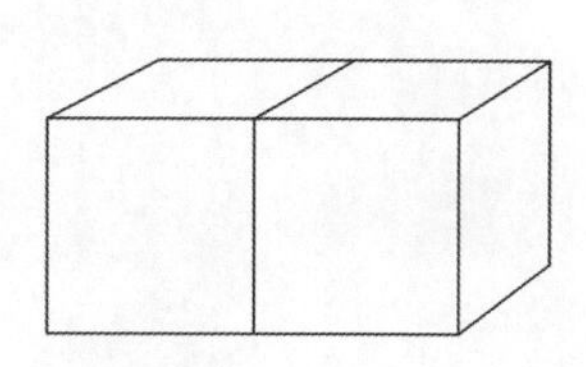

立方二，並爲長形。

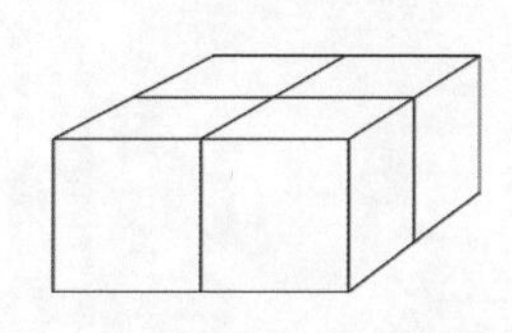

立方四，復成平形。

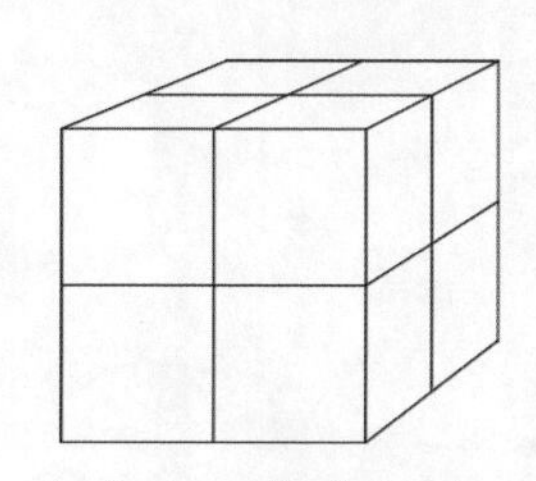

立方八，復成立形。

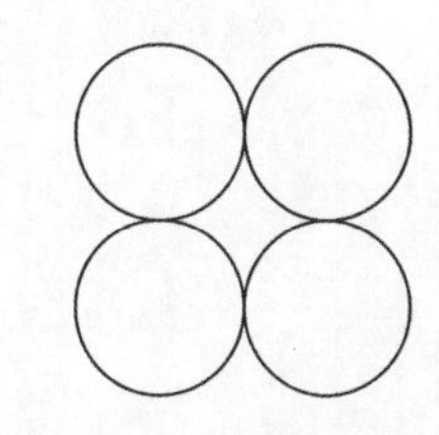

圓正置依於方。

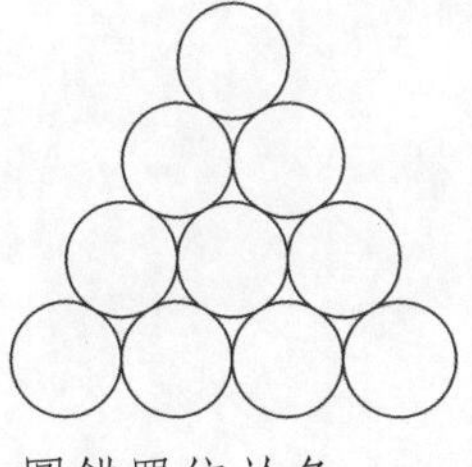

圓錯置依於角。

圓遇四而交。

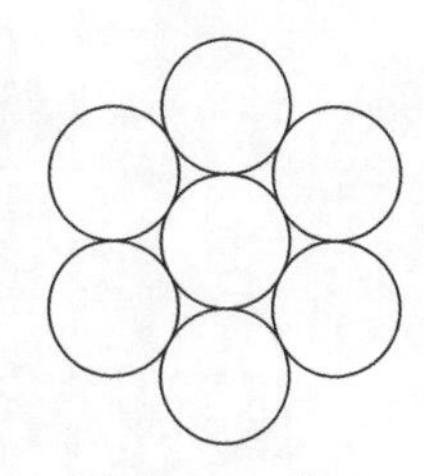

圓遇六而藏。

1 褚，《縣志》作“楮”。據改。
2《縣志》“體”前有“一”字。
3 圓，《縣志》作“圓形”。和合，道光《縣志》作“合和”，作“合和”是，前文有“不與餘形爲合和”，據改。
4 之，《縣志》作“自”，蓋涉前文“自然”而訛。

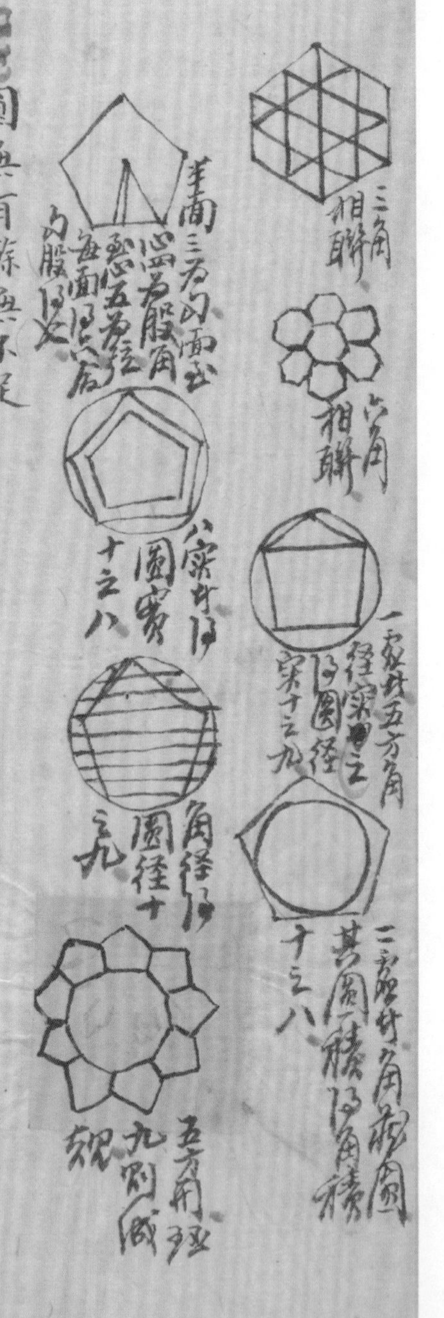

圓無有餘無不足

一曰圓無有餘無不足今夫方之為形也有面焉有角焉挺而出其角也有餘之象也直而廉其面也不足之象也圓則不然自中而覌之充然而開拓拓之又拓以至於無可拓何要而見其不足乎自外而覌之退然而斂藏斂之又斂以至於無可斂何要而見其有餘乎故置方於圓之外圓之外際乎方之面由此而推之要要皆面也則要要皆不足也置方於圓之內圓之內聯於方之角由此而推之圓要要皆角也則要要皆有餘也置方於圓之交角出焉面入焉由此而推之惟角之處故面不得而不盈惟面之盈故角不得而不盡也損有餘而益不足性情之自然而不得不然者也是以聖人備道而全美讓功而遠名倘亦取諸是乎

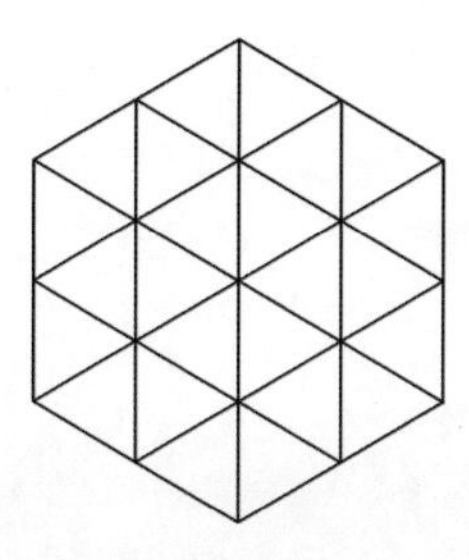

三角相聯。

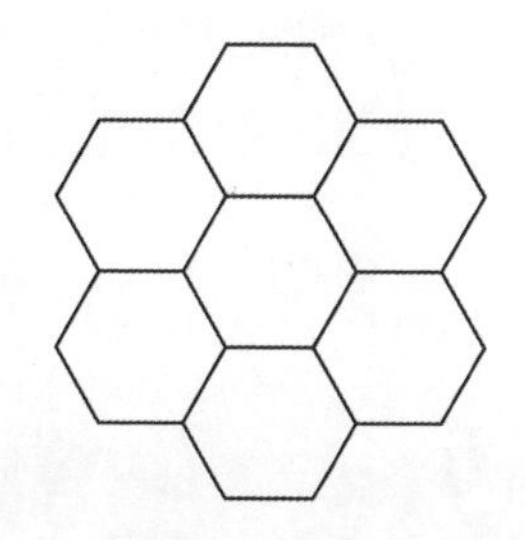

六角相聯。

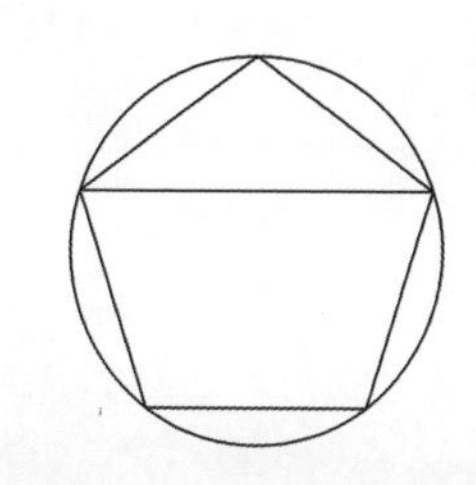

一虛者，五方角徑（實之）［之實］得圓徑實十之九。

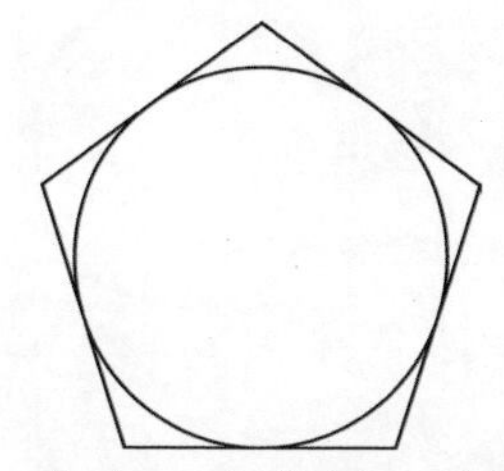

二虛者，角藏圓，其圓積得角積十之八。

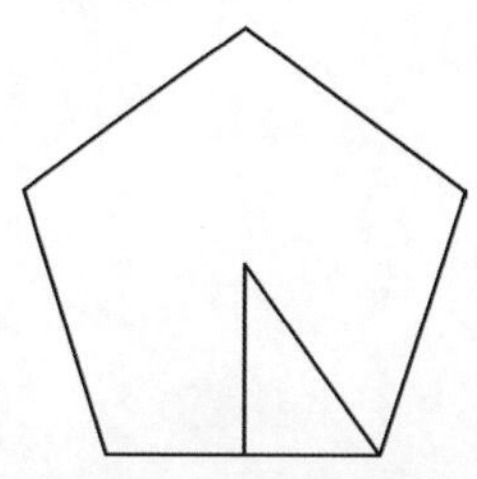

半面三爲句，面至心四爲股，角至心五爲弦，每面得六，合句股得七。

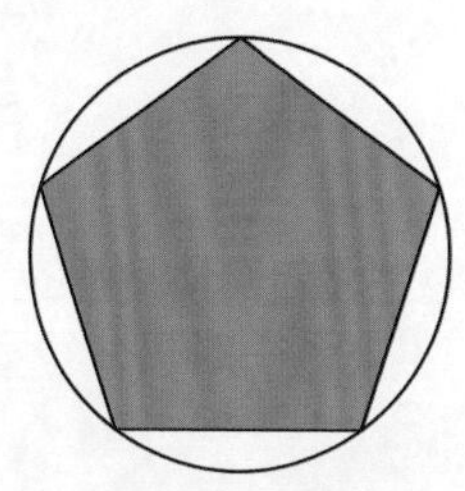

八實者，得圓實十之九。

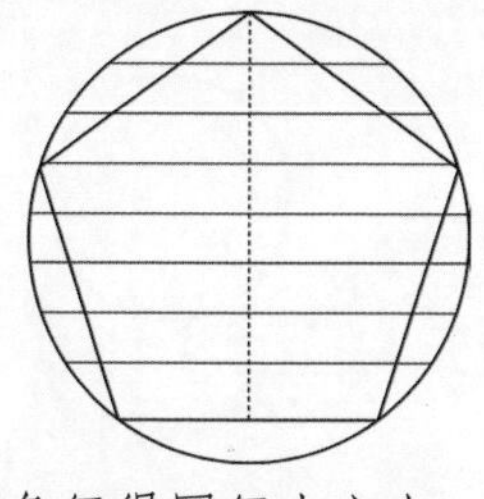

角徑得圓徑十之九。

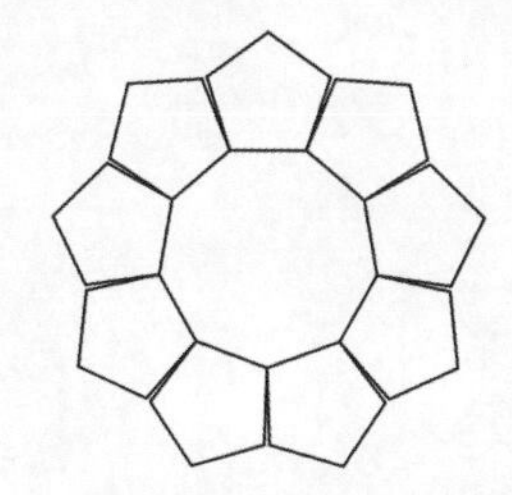

五方形環九則成規[1]。

圓無有餘無不足

一曰：圓無有餘無不足。今夫方之爲形也，有面焉，有角焉[2]。挺而出者角也，有餘之象也；直而廉者面也，不足之象也。圓則不然。自中而觀之，充然而開拓，拓之又拓，以至於無可拓，何處而見其不足乎？自外而觀之，退然而斂藏，斂之又斂，以至於無可斂，何處而見其有餘乎？故置方於圓之外，圓之外際乎方之面，由此而推之，處處皆面也，則處處皆不足也。置方於圓之内，圓之内聯於方之角，由此而推之，圓處處皆角也，則處處皆有餘也。置方於圓之交，角出焉，面入焉，由此而推之，惟角之虛，故面不得而不盈；惟面之盈，故角不得而不虛也。損有餘而益不足，性情之自然，而不得不然者也。是以聖人備道而全美，讓功而遠名，倘亦取諸是乎[3]？

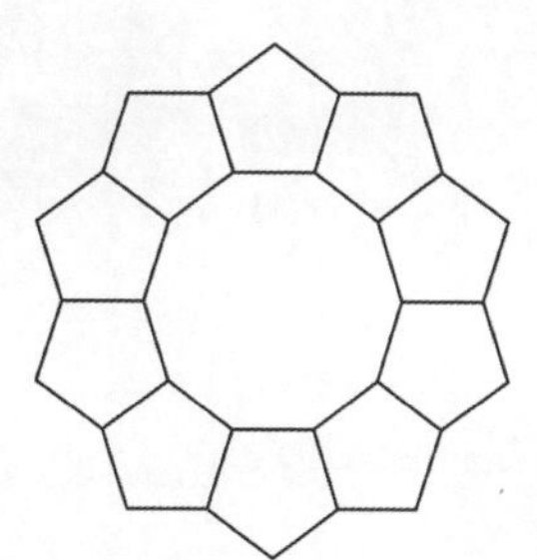

圖 7-1

1 五角環九不能成規，原圖不確。如圖 7-1，五角環十方成規。

2 有面焉有角焉，《縣志》作“有角焉有面焉”。

3 倘，《縣志》作“儻”，二字同，或許。

方在圓外
圓之外際
乎方之面

方在圓內
之內際於
方之角

方在圓之交
角出面入

圓無不容無不入

一曰圓無不容無不入。其圓更而不居。方確而易求。此方所以爲圓之配也。然方特圓中之一物而已。又得爲得而并圓哉。圓之容方也。冒其角。凡有角者圓無不得而冒之也。圓之入方也。曳其面。凡有面者圓無不得而曳之也。且能徒冒之曳之而已也。長短有度。多寡有數。多少必有自然者與之相符。姑舉其畧。如圓內之方角當圓外之方面。圓內之方面視圓外之方角。必半之。外方之數四。圓則三。內方則二也。三角之中徑得圓四之三。其各面則以圓積平開而得者也。五角面得圓徑之六。徑得圓徑之九。置圓徑之實九之平開之得隅一角之徑數。則十之八也。六角之面半圓徑。其平徑即三角之面也。七角取圓徑十之以其六爲股。曲而抵邊以爲句股實。六句實四合之而得十。平開之。即隅角之徑也。八角其徑方之變也。九角者三角之變也。八角隅一之徑即方徑。九角隅二之徑即三角之面也。取八角之平徑爲中方。倍之爲大方。半之爲小方。中之不及大者即面徑。其過於小者即隅隅徑也。取圓徑七之以其三爲句。曲而抵邊以爲股。句實三。股實四。合之得七。平開

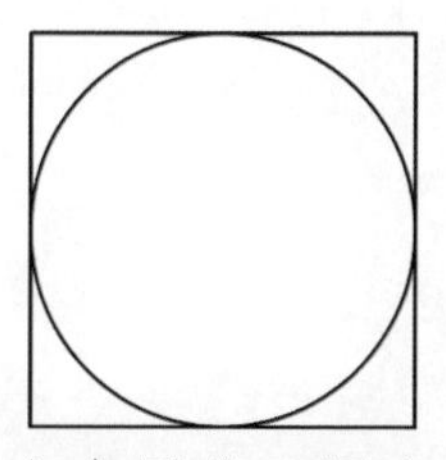

方在圓外，圓之外際乎方之面。

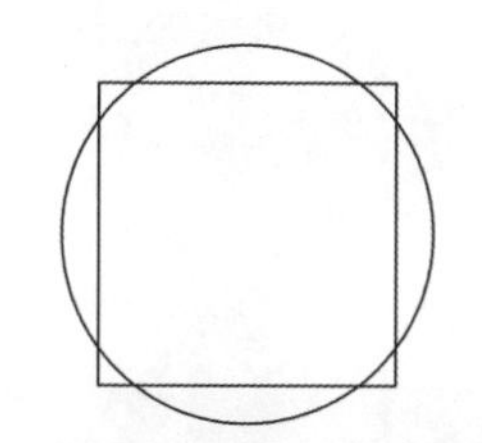

方在圓内，圓之内聯於方之角。

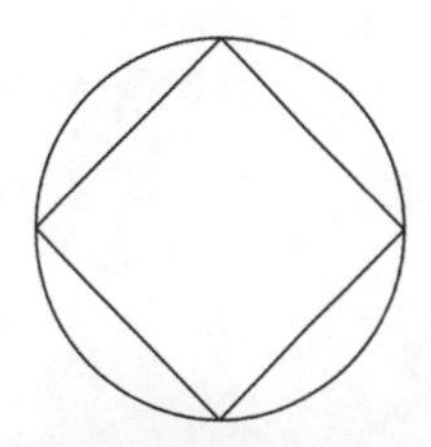

方在圓之交，角出面入。

圓無不容無不入

一曰：圓無不容無不入。夫圓變而不居，方確而易求，此方所以爲圓之配也。然方特圓中之一物而已，又烏得而並圓哉？圓之容方也，冒其角，凡有角者，圓無不得而冒之也。圓之入方也，至其面，凡有面者，圓無不得而至之也。且非徒冒之至之而已也，長短有度焉，多寡有數焉，必有自然者與之相符。姑舉其畧。如圓内之方角，當圓外之方面。圓内之方面，視圓外之方角必半之。外方之數四，圓則三，内方則二也[1]。三角之中徑，得圓四之三[2]，其各面則以圓積平開而得者也。五角面得圓徑之六，徑得圓徑之九[3]。置圓徑之實九之，平開之，得隔一角之徑，數則十之八也。六角之面半圓徑，其平徑即三角之面也。七角取圓徑十之，以其六爲股，曲而抵邊以爲句，股實六，句實四，合之而得十，平開之，即隔角之徑也。八角者，方之變也；九角者，三角之變也。八角隔一之徑，即方徑；九角隔二之徑，即三角之面也。取八角之平徑爲中方，倍之爲大方，半之爲小方。中之不及大者即面徑，其過於小者即隅徑也。取圓徑七之，以其三爲句，曲而抵邊以爲股，句實三，股實四，合之得七，平開

---

1 皆就積而言。圓外方積爲四，圓積爲三，圓内容方積爲二。

2 圓四之三，當作“圓徑四之三”。

3 之六、之九，指十之六、十之九。

之理九角隅一之徑由此而推之千萬其角以至無窮無一而非圓之所冒也其入所形也奇面則減一弧之矢以為圓徑偶面則減二弧之矢以為圓徑隅方之圓內積得外積之半隅三角之圓內得外四之一隅五角之圓內得外八之八隅六角之圓內得外四之三也由此而推之千萬其面以至無窮無一而非圓之所入也蓋方與所角不相中故不能容不能容入也至八角與方形相稱矣或方其內或方其外冒其四角仍有四角之虛至其四面仍有四面之虛是故不得理之容不得理之入也蓋圓之容所角也所面自不足圓不任其有餘也圓之入所面也所角自有餘圓不受其不足也故以虛空虽有甚大必出而冒之虽有甚細必入而居之夫以有形而與形比德至矣哉圓之為用乎

圓容之方與其方容之方圓度故圓內之方角當圓外之方面

圓內之方面視圓外之方角得半外方實四內方實二圓徑三尺

圓容三角之中徑得圓徑四分之三其容面以圓積乘開而得

圓容五角之面得圓徑十之六中徑得圓徑十之九其隅角徑以圓實十之九乘開而得

圓容六角其大徑與其圓同度其平徑則三角之面也直徑得圓徑之半角至四其面徑同度

圓容七角其隅二徑猶居圓平太半得六步半得四斛圓徑十之六為股因而抵边為內股得六內實四合為弦實乘開之為隅一角之徑

之，（謂）［爲］九角隔一之徑[1]。由此而推之，千萬其角，以至無窮，無一而非圓之所冒也。其入諸形也[2]，奇面則減一弧之矢，以爲圓徑；偶面則減二弧之矢，以爲圓徑。隔方之圓，内積得外積之半；隔三角之圓，内得外四之一；隔五角之圓，内得外八之（八）［六四］[3]；隔六角之圓，内得外四之三也。由此而推之，千萬其面，以至無窮，無一而非圓之所入也。若方與諸角不相中，故不能容、不能入也。至八角與方形相稱矣，或方其内，或方其外，冒其四角，仍有四角之虚；至其四面，（何）［仍］有四面之虚[4]。是故不得謂之容，不得謂之入也。蓋圓之容諸角也，諸面自不足，圓不任其有餘也。圓之入諸面也，諸角自有餘，圓不受其不足也。政如虚空，雖有甚大，必出而冒之；雖有甚細，必入而居之。夫以有形而與形比德，至矣哉，圓之爲用乎！

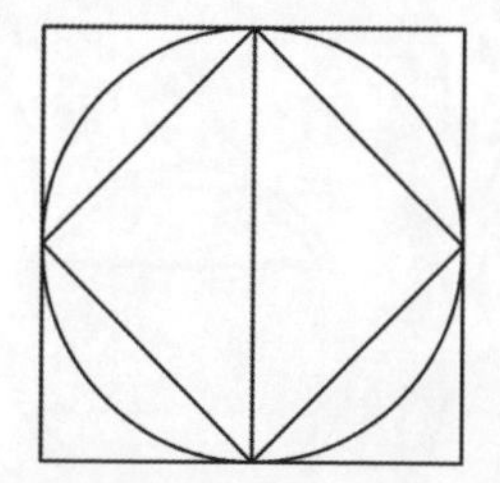

圓容之方，與方容之方同度，故圓内之方角，當圓外之方面。

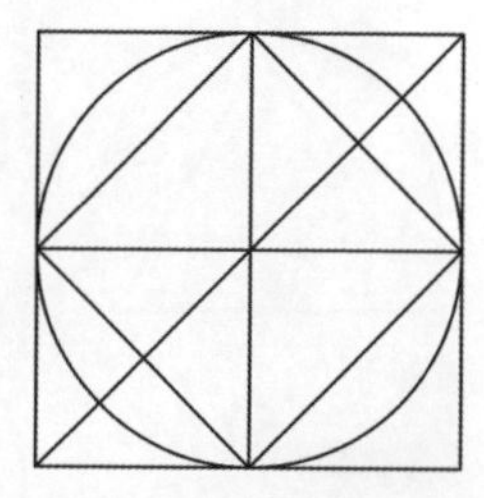

圓内之方面，視圓外之方角得半，外方實四，内方實二，圓得三焉。

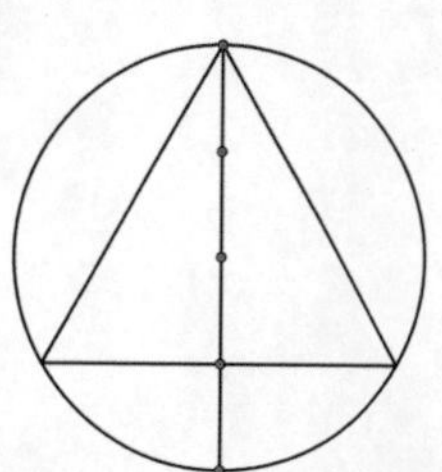

圓容三角，角中徑得圓徑四分之三，其各面以圓積平開而得。

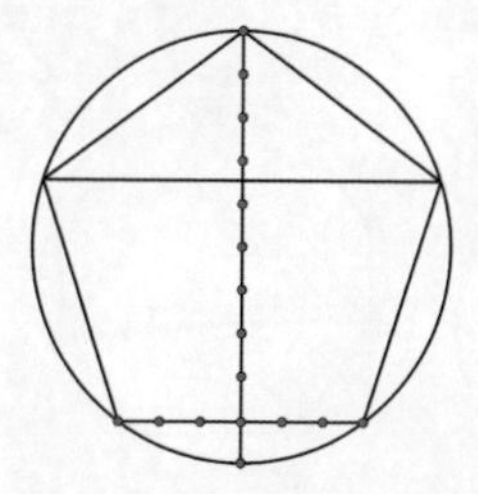

圓容五角，角面得圓徑十之六，中徑得圓徑十之九。其隔角徑，以圓實十之九平開而得。

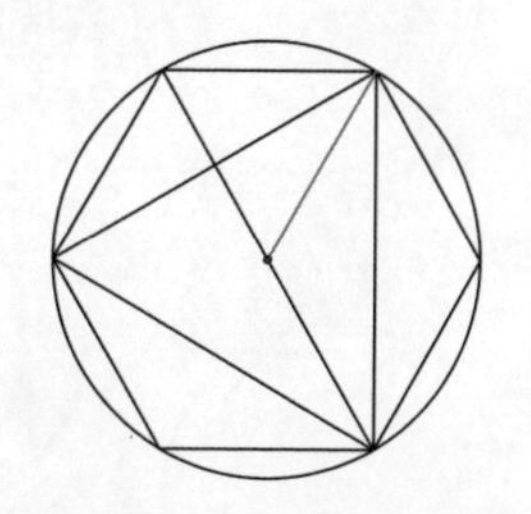

圓容六角，其尖徑與圓同度，平徑則三角之面也，面徑得圓徑之半，角至心與面徑同度。

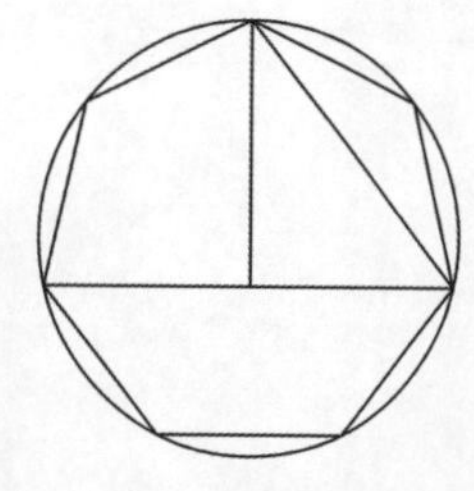

圓容七角，其隔二徑横居圓中，大半得六，少半得四。取圓徑十之六爲股，曲而抵邊爲句。股實六，句實四，合爲弦實，平開之，爲隔一角之徑。

---

1 謂，《縣志》作“爲”，據改。

2 入，《縣志》作“八”，形近而訛。

3 八分之八，後圖十七注云：“隔五角之圓，内得外八分之六四”，據改。

4 何，《縣志》作“仍”，後圖十六注云：“方入八角，至其四面，仍有四面之虚”，作“仍”是，據改。

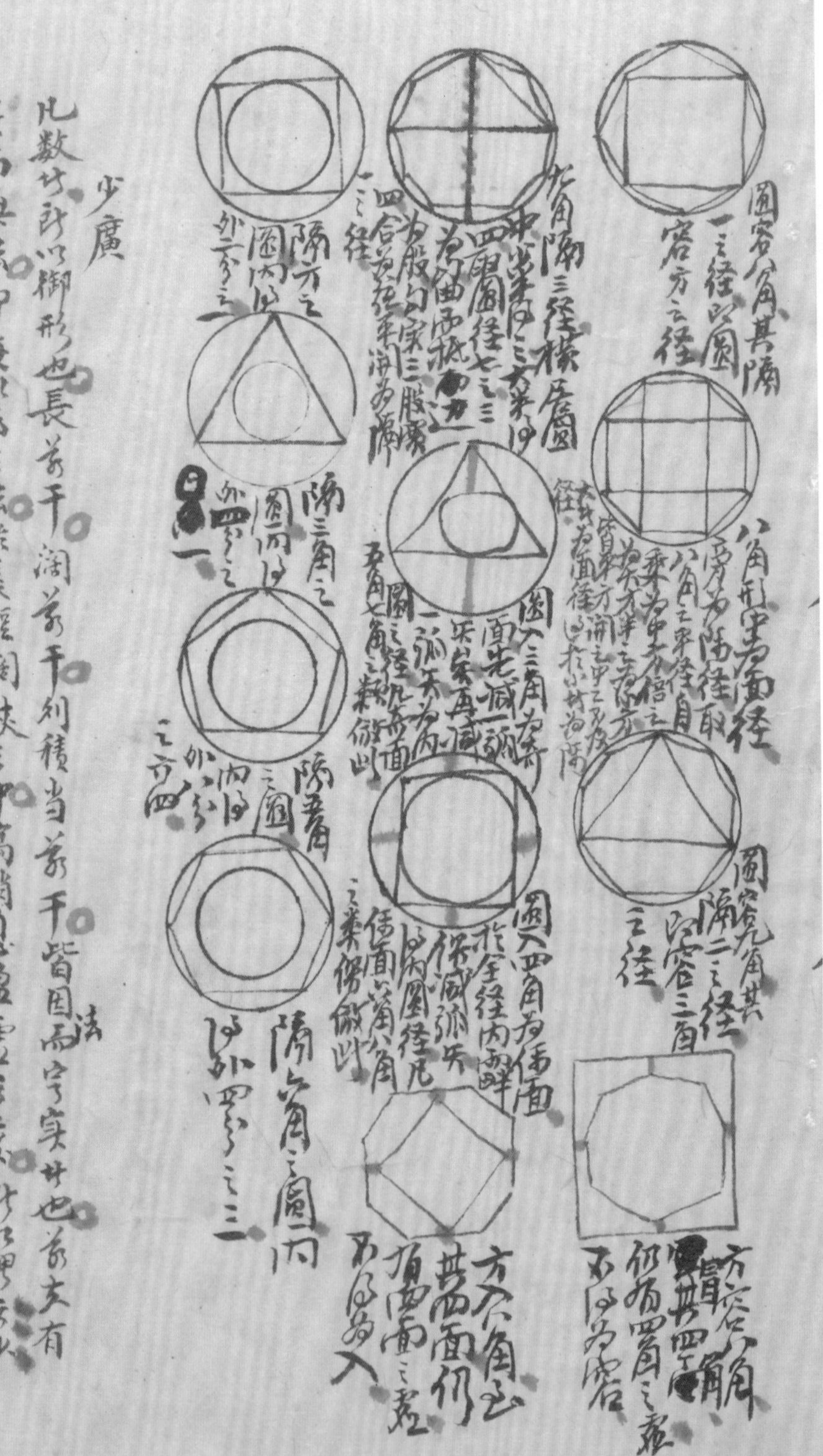

少廣

凡數者所以御形也長若干闊若干則積當若干皆因法而定其實者也若夫有實而無法即究以爲之法於長短闊狹之中寓消息盈虛之妙所以謂之少廣也法雖平列無所倚有縱者有橫者如一者謂之平方平方者所方之所受也別有長者有闊者而度不齊須顯其較或顯其和有餘者損之不足者益之然後平方而得而用也謂之縱方有長短有闊狹有高下三度如一者謂之

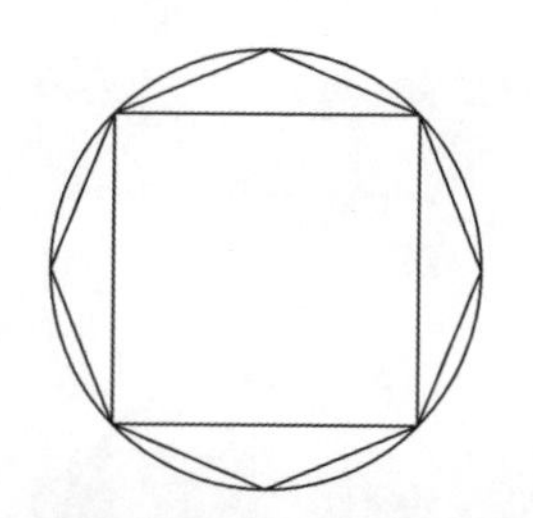

圓容八角，其隔一之徑即圓容方之徑。

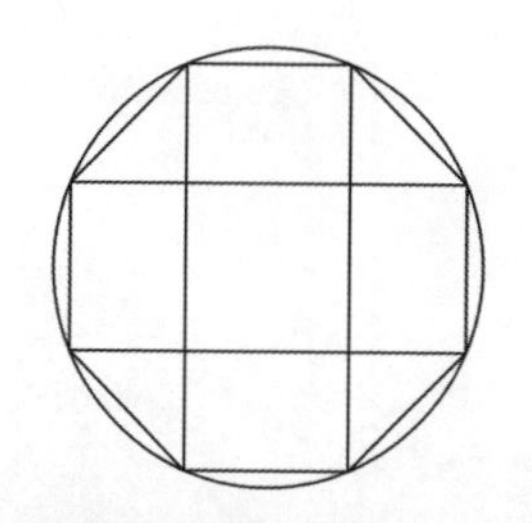

八角形，中爲面徑，旁爲隅徑。取八角之平徑，自乘爲中方，倍之爲大方，半之爲小方。皆平方開之，中之不及大者爲面徑，過於小者爲隅徑[1]。

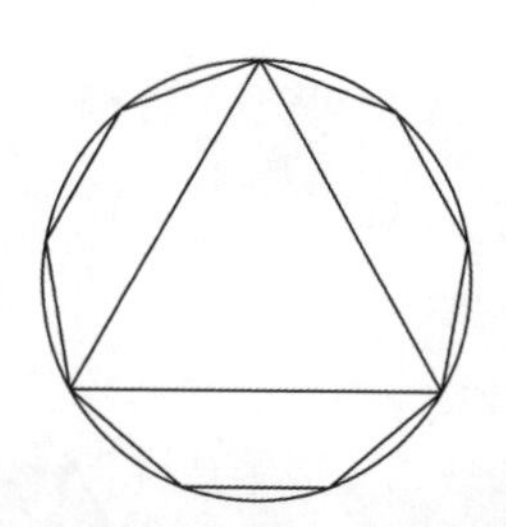

圓容九角，其隔二之徑即容三角之徑。

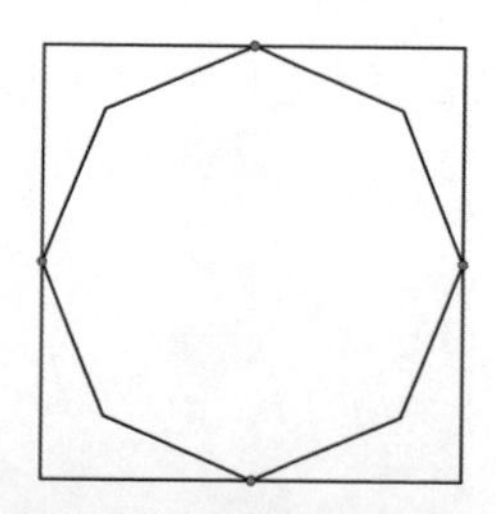

方容八角，冐其四角，仍有四角之虚，不得爲容。

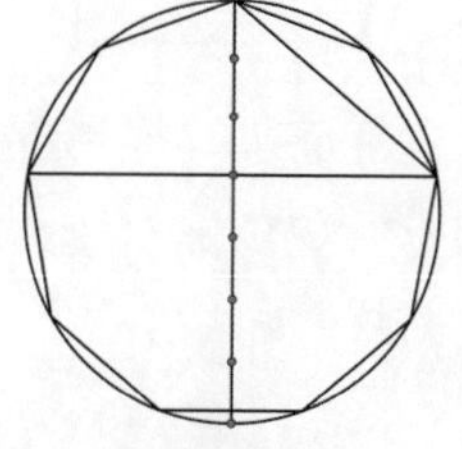

九角隔三徑，横居圓中，少半得三，大半得四。取圓徑七之三爲句，曲而抵邊爲股。句實三，股實四，合爲弦，平開爲隔一之徑。

圓入三角爲奇面，先減一弧矢矣，再減一弧矢，爲内圓之徑。凡奇面，五角、七角之類，倣此。

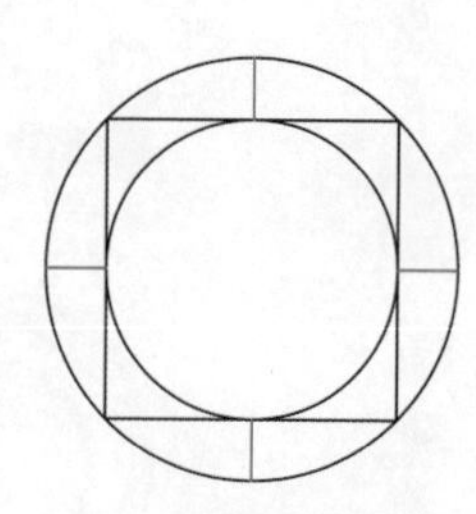

圓入四角爲偶面，於全徑内兩畔俱減弧矢，得内圓徑。凡偶面，六角、八角之類，俱倣此。

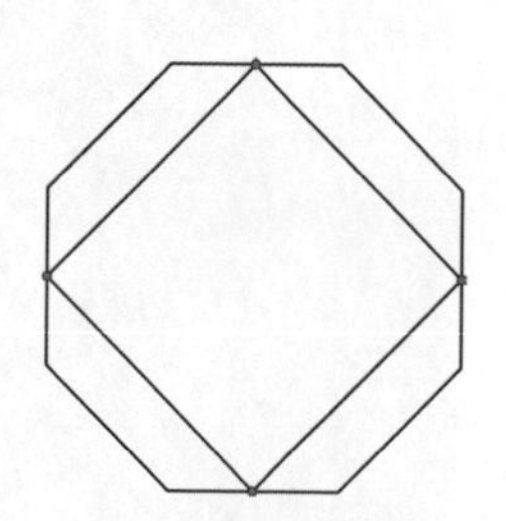

方入八角，至其四面，仍有四面之虚，不得爲入。

1 如圖 7-2，AB 爲八角面徑，AD 爲平徑，$AE = DF$ 爲隅徑。$DG = AB$，$AMND$ 爲平徑自乘之中方，$APQG$ 爲大方，$ASTF$ 爲小方，大方之積得二倍中方積，中方之積得二倍小方積。AG 爲大方面，AD 爲中方面，AF 爲小方面。大方開方減去中方開方得面徑，即：$AG - AD = DG$；中方開方減去小方開方得隅徑，即：$AD - AF = DF$。

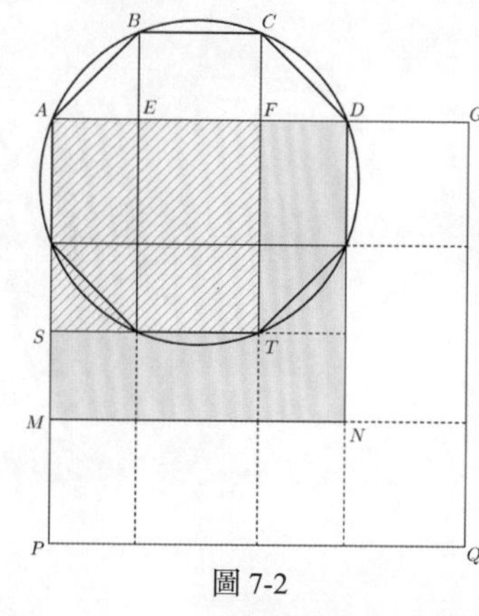

圖 7-2

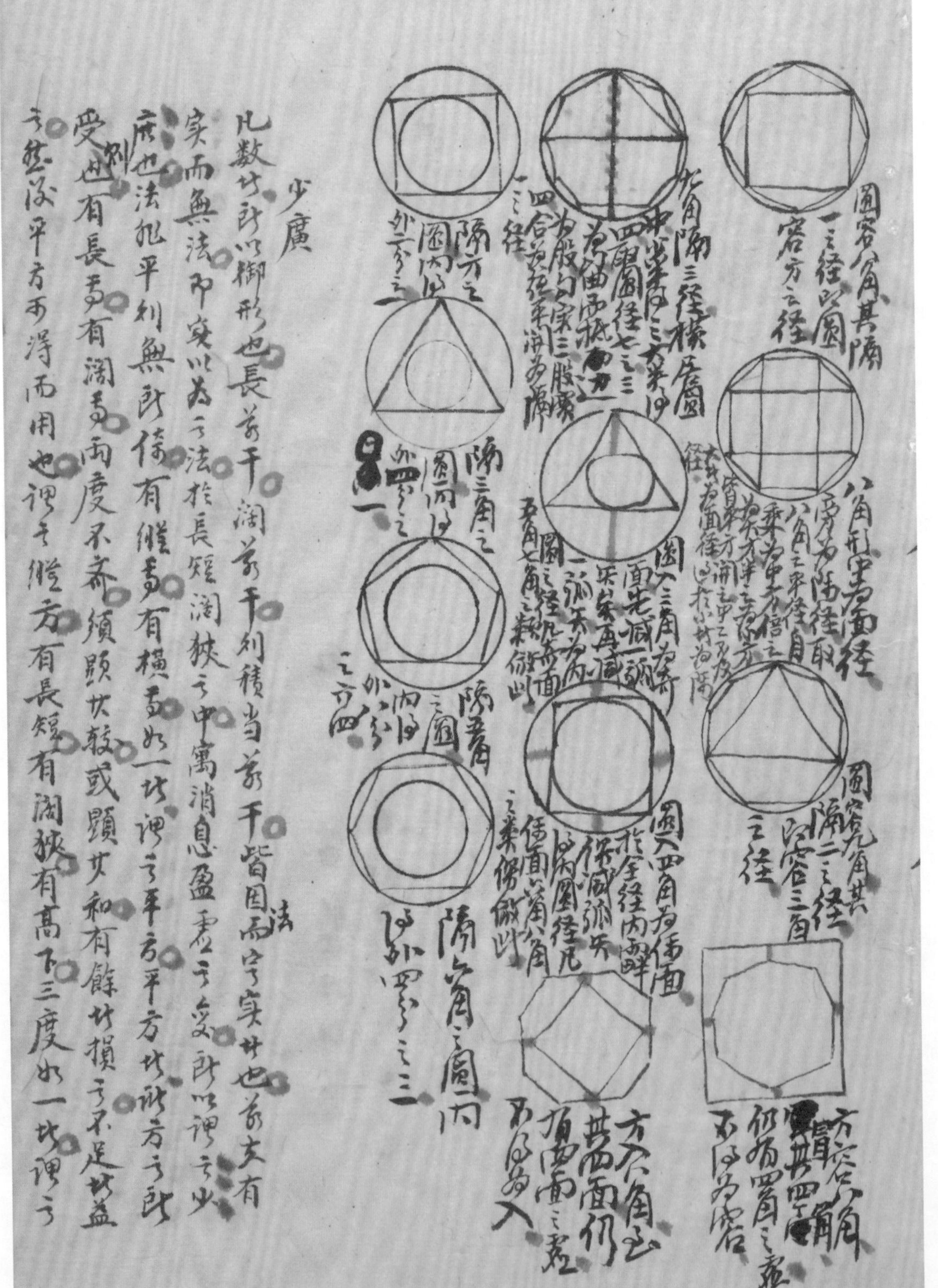

少廣

凡數若干所以御形也。長若干，闊若干，列積當若干，皆因法而定其實者也。若夫有實而無法，即實以為之法，於長短闊狹之中寓消息盈虛之妙，所以謂之少廣也。法雖平列，無所倚，有縱者，有橫者，如一者謂之平方。平方者，謂方之所受也。有長者，有闊者，而度不齊，須顯其較，或顯其和，有餘者損之，不足者益之，然後平方可得而用也，謂之縱方。有長短，有闊狹，有高下，三度如一者謂之

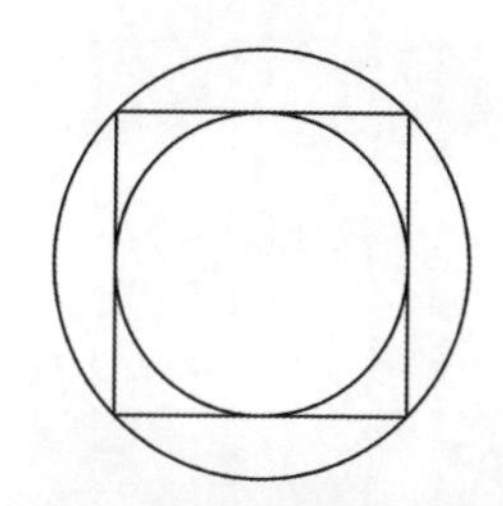

隔方之圓，内得外二分之一。

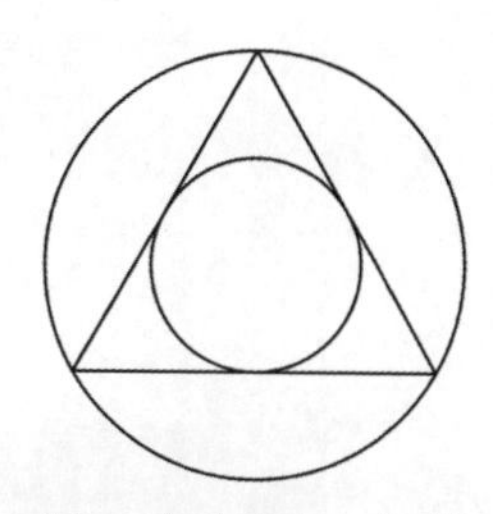

隔三角之圓，内得外四分之一。

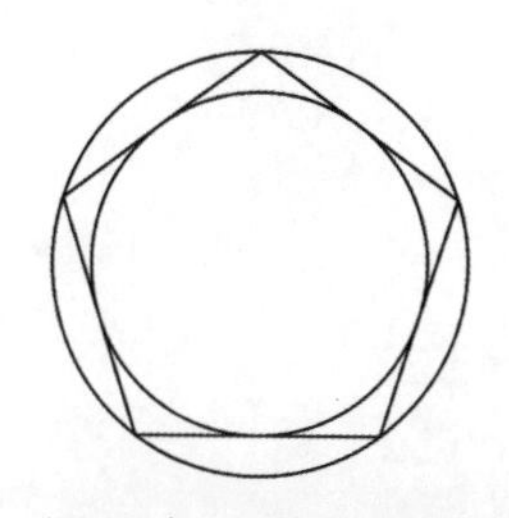

隔五角之圓，内得外八分之六四。

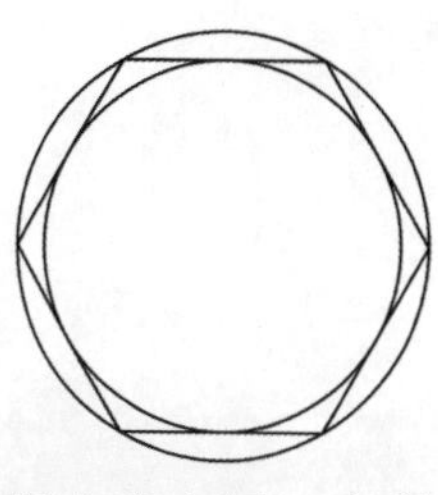

隔六角之圓，内得外四分之三。

少廣

凡數者，所以御形也。長若干，闊若干，則積當若干，皆因法而定實者也。若夫有實而無法，即實以爲之法，於長短闊狹之中，寓消息盈虚之變，所以謂之少廣也。法非平則無所倚，有縱焉，有横焉，如一者[1]，謂之平方。平方者，諸方之所受則也。有長焉，有闊焉，兩度不齊，須顯其較，或顯其和，有餘者損之，不足者益之，然後平方可得而用也，謂之縱方。有長短，有闊狹，有高下，三度如一者，謂之

1 東西爲横，南北爲縱，縱横指長方形田地的長闊兩邊。縱横如一，意爲長闊相等，即平方。

立方其有不齊者則從立方也三度備又長之又濶之又高之各以其率而登
之謂之試乘方此數者皆方之層也圓之實以方法御之為圓形三角而成形
之始且能至兩方圓等如為角形五相角六角以上不可立而可平者為襍角物
聚而成形視平方然而不同者隅不足也為束法聚而得三度視立方然
而不同者三度皆不足也為堆法從方之變不離和兩較然而其用不同者
以虛責實以零求整以襍合求之以顯測隱其變不可勝窮也畧舉大
凡從方諸變有其形無其法未聞於前可俟於後君子於其所不知蓋闕如也
為測疑共得十二篇

平方

平方者從橫如一以方廉隅三法求之大方之外每一位作廉隅一層開止一
數則止餘以法命之一數以下又開之為奇零之法

一凡開平方置所積商自乘之數以為大方以除積不盡者以兩之廉一隅除之倍
初商為廉法以次商自乘為隅法又不盡則倍初次二商為廉三商自乘為隅
又不盡則倍前三商為廉四商自乘為隅以至多位皆以此法推之
○凡一為百為萬為百萬為萬萬同法十為千為十萬為千萬為十億同法以
至無窮皆隅一位相同

立方。其有不齊焉，則縱立方也。三度備，又長之，又闊之，又高之，各以其率而登之，謂之諸乘方。此數者，皆方之屬也。圓之實，以方法御之，爲圓形。三角而成形之始，且能立，與方圓等，爲角形。五角、六角以上，不可立而可平者，爲襍角。物聚而成形，視平方，然而不同者，隅不足也，爲束法。展而得三度，視立方，然而不同者，三度皆不足也，爲堆法。縱方之變，不離和與較，然而其用不同焉。以虚求實，以零求整，以襍合求分，以顯測隱，其變不可勝窮也。畧舉大凡，［爲］縱方諸變[1]。有其形無其法，未開於前，可俟於後，君子於其所不知，蓋闕如也，爲闕疑。共得十二篇。

平方

平方者，縱横如一，以方廉隅三法求之。大方之外，每一位作廉隅一層，開止一數則止，餘以法命之。一數以下又開之，爲奇零法。

一、凡開平方，置（約積）［積，約］商自乘之數[2]，以爲大方，以除積。不盡者，以兩廉一隅除之，倍初商爲廉法，以次商自乘爲隅法。又不盡，則倍初次二商爲廉，三商自乘爲隅。又不盡，則倍前三商爲廉，四商自乘爲隅。以至多位，皆以此法推之。◎凡一與百，與萬，與百萬，與萬萬同法。十與千，與十萬，與千萬，與十億同法。以至無窮，皆隔一位相同。

1 揣文意，“縱方諸變”前當有“爲”字，據文意補。
2 “約積”二字倒乙，後“立方”篇術文作“置積，約商自乘再乘之數”，与此句式相同，據改。

問今有積三百六十一求開平方若干　答一十九

法置初商一十為大方除積一百餘二百六十一乃倍初商一十得二十為廉

法視餘積可得九轉遞商九呼除二九一百八十餘積八十一以次商九自乘

為隅法除九九八十一恰盡得一十九合問

解積數是百故單位開一一如一若商二則二二如四須積四百方合故大方只開一耳

百而千開十萬而十萬開百百萬而千萬開千億以上開萬今略譜於左

問今有積八百四十一求平方若干　答二十九

法初商二呼二二如四除積四百餘四百四十一倍初商為廉得四十視餘積可

九轉遞商九呼除四九三十六餘八十一隅法九對呼除盡

解未至九百故只開二

問今有積一千五百二十一求開方若干　答三十九

法初商三除九百餘六百二十一倍初商三得六約可九轉遞商九呼除六九

五十四餘八十一為隅法

解以未滿一千六百故止開三

問今有積三千六百一十求開方若干　答六十不盡一百二十一之一十

法置積約商六十除積三千六百餘一十合問

1. 問：今有積三百六十一，求開平方若干[1]？

答：一十九。

法：置初商一十爲大方，除積一百，餘二百六十一。乃倍初商之一十，得二十爲廉法，視餘積可得九轉，遂商九，呼除二九一百八十，餘積八十一。以次商九自乘爲隅法，除九九八十一，恰盡，得一十九。合問。

解：積數是百，故以十位開之。一一如一，若商二，則二二如四，須積四百方合，故大方只開一耳。凡百與千開（千）[十]，萬與十萬開百，百萬與千萬開千，一億以上開萬。今略譜於左[2]。

2. 問：今有積八百四十一，求[開]平方若干？

答：二十九。

法：初商二，呼二二如四，除積四百，餘四百四十一。倍初商爲廉，得四十，視餘積可九轉，遂商九，呼除四九三十六，餘八十一。隅法九，對呼除盡。

解：未至九百，故只開二。

3. 問：今有積一千五百二十一，求開方若干？

答：三十九。

法：初商三，除九百，餘六百二十一。倍初商三得六，約可九轉，遂商九，呼除六九五十四。餘八十一，爲隅法。

解：以未滿一千六百，故止開三。

4. 問：今有積三千六百一十，求開方若干？

答：六十不盡一百二十一之一十。

法：置積，約商六十，除積三千六百，餘一十。合問。

---

1 此題與《算法統宗》卷六少廣章第一題數據同，原題作："假如今有圍棊盤，共子三百六十一箇，問每面子若干？"

2 即後文"平方隔位同法圖""平方聯位同數圖"。

解只一大方餘積足兩廉一隅之數○此與上同數但以積是千故開與上異
合二位作一開六六三十六
問今有積三萬六千一百求開方若干　答一百九十
法與第一條三百六十一同
解以一百除一萬為大方二九一十八除一萬八千為兩廉九九八十一除八千一百為
一隅故俾百與萬同法也更多可推
問今有積三十六萬一千求開方若干　答六百不尽一千二百一之一千
法與第四條三千六百一十同
解故俾千與十萬同法也更多可推
問今有積二千一百一十七萬八千四百零四求開方若干　答四千六百四二
法置積約商四除一千六百萬為大方餘五百一十七萬八千四百零四乃倍
初商四千為八千以為廉法呼除[illegible]六八四十八除積四百八十萬六百自乘得
三十六為隅法呼除三十六萬餘積三萬八千四百零四乃倍初商次商四千六
百得九千二百為廉百下商開十以一十開之應九萬二千無此數可空一位更
以單位開之二九一十八三二如四呼除一萬八千四百以二自乘得四為隅呼除
四恰尽合問

解：只一大方，餘積不足兩廉一隅之數。◎此與上同數，但以積是千，故開法與上異。合二位作一，開六六三十六。

5. 問：今有積三萬六千一百，求開方若干？

答：一百九十。

法：與第一條三百六十一同。

解：以一百除一萬爲大方；二九一十八，除一萬八千爲兩廉；九九八十一，除八千一百爲一隅。所謂百與萬同法也，更多可推。

6. 問：今有積三十六萬一千，求開方若干？

答：六百不盡一千二百一之一千。

法：與第四條三千六百一十同。

解：所謂千與十萬同法也，更多可推。

7. 問：今有積二千一百一十七萬八千四百零四，求（問）[開]方若干[1]？

答：四千六百〇二。

法：置積，約商四，除一千六百萬爲大方，餘五百一十七萬八千四百零四。乃倍初商四千爲八千，以爲廉法，呼除六八四十八，除積四百八十萬；六百自乘得三十六爲隅法，呼除三十六萬，餘積一萬八千四百零四。乃倍初商、次商四千六百，得九千二百以爲廉，百下應開十，以一十開之，應九萬二千，無此數，即空一位，更以單位開之。二九一十八,二二如四，呼除一萬八千四百；以二自乘得四爲隅，呼除四恰盡。合問。

1 此題爲《同文算指通編》卷六"開平方法"第一題。

解此四位開盡此凡餘積不足兩廉皆空本位下一位開之○係千萬故與十同法

問今有積四億五千六百七十八萬九千零一十二求開方若干

答二萬一千三百七十二不盡四萬二千七百四十五云不足二萬六千六百二十八

法初商二萬二二如四為大方呼除四億餘積五千六百七十八萬九千零一十二倍初商之二得四萬為廉商一呼除四千萬以一千自乘得百萬為隅呼除一百萬餘一千五百七十八萬九千零一十二乃倍初次二商四萬二千為廉商三呼除一千二百六十萬以三百自乘得九萬呼除九萬餘三百零九萬九千零一十二乃倍三商二萬一千三百得四萬二千六百為廉商七十呼除四七二百八十萬二七一十四萬六七四萬二千七十自乘得四千九呼除四千九百餘一十一萬二千一百一十二乃倍四商四萬二千七百四十為廉商二呼除二四如八除八萬二二如四除四千二七一十四除一千四百二四如八除八十二自乘得四為隅呼除二二如四餘二萬六千六百二十八命

解此五位開不盡此係萬萬故與百同法○凡廉法呼除須數與位相酌而定之如初商餘積尚有五千六百七十八萬有奇廉法如仍以不呼四九三十六而只呼一蓋開過此係萬位次位當開千廉數四萬相乘得四萬為一數○若開四九三十六則餘積當滿三億六千萬方合今無此數故只作一開之耳

平方隅位同法圖

解：此四位開盡者。凡餘積不足兩廉，皆空本位，下一位開之。◎係千萬，故與十同法。

8. 問：今有積四億五千六百七十八萬九千零一十二，求開方若干[1]？

答：二萬一千三百七十二，不盡四萬二千七百四十五之二萬六千六百二十八。

法：初商二萬，二二如四，爲大方，呼除四億，餘積五千六百七十八萬九千零一十二。倍初商之二得四萬爲廉，商一，呼除四千萬；以一千自乘得百萬爲隅，呼除一百萬，餘一千五百七十八萬九千零一十二。乃倍初次二商四萬二千爲廉，商三，呼除一千二百六十萬；以三百自乘得九，呼除九萬，餘三百零九萬九千零一十二。乃倍三商二萬一千三百，得四萬二千六百爲廉，商七十，呼除四七二百八十萬，二七一十四萬，六七四萬二千；七十自乘得四十九，呼除四千九百，餘一十一萬二千一百一十二。乃倍四商四萬二千七百四十爲廉，商二，呼除二四如八，除八萬；二二如四，除四千；二七一十四，除一千四百；二四如八，除八十。二自乘得四爲隅，呼除二二如四，餘二萬六千六百二十八。合問。

解：此五位開不盡者，係萬萬，故與百同法。◎凡廉法呼除，須數與位相酌而定之。如初商餘積尚有五千六百七十八萬有奇，廉法四，何以不呼四九三十六，而只呼一，蓋開過者係萬位，次位當開千，廉數四萬，相乘得四千萬爲一數，若開四九三十六，則餘積當滿三億六千萬方合。今無此數，故只作一開之耳。

平方隔位同法圖

---

1 此題爲《同文算指通編》卷六“開平方法”第二題。

一　百　萬　百萬　一億　俱同

十　千　十萬　千萬　十億　俱同

如百開一如一至一萬亦開一如一如之百開二
二如之至之萬亦開二二如之
如一十開三三如九至一千亦開三三如九如二十
開之之一十六至二千亦開之之一十六故曰隔位同法

平方聯位同數圖

百　千　同用十開

萬　十萬　同用百開

百萬　千萬　同用千開

如一百開一十至一千開三十四至九千亦止
開九十能至萬不能開百如一萬開一
百至十萬開三百四至九十萬亦止開
九百能滿百萬不能開千故曰聯位
同數

一億　十億　同用萬開

百億　千億　同用十萬開

萬億　十萬億　同用百萬

方廉隅圖

青十六方初商十為下法十對呼得得實兩廉次商九為下法
二十對呼得黃實為隅次商九為下法九對呼得

大法方之面等兩廉縱等於方橫等
於隅隅之面亦等〇方以[illegible]自乘為
法兩廉有方之長無其闊故次商闊
以乘其長隅有廉之闊而無其長
故又以次商自乘為法也

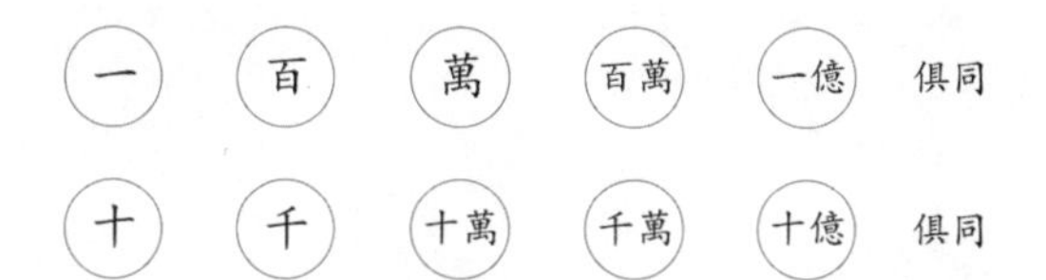

如一百開一一如一，至一萬亦開一一如一；如四百開二二如四，至四萬亦開二二如四。

如一十開三三如九，至一千亦開三三如九；如二十開四四一十六，二千亦開四四一十六，故曰隔位同法。

平方聯位同數圖

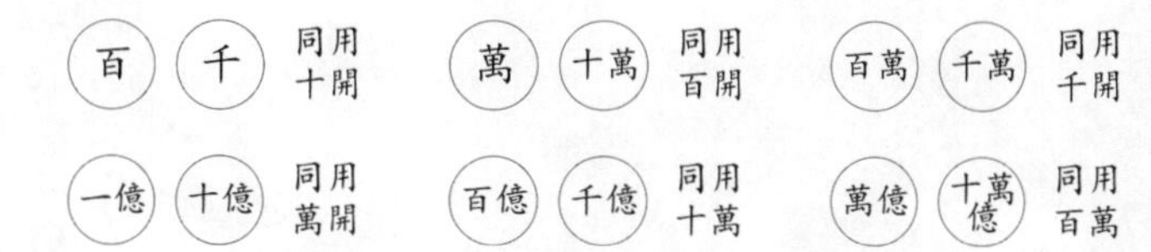

如一百開一十，至一千開三十，即至九千，亦止開九十，非至萬不能開百。

如一萬開一百，至十萬開三百，即至九十萬，亦止開九百，非滿百萬，不能開千。故曰聯位同數。

方廉隅圖[1]

青（十）［實］大方，初商十與下法十對呼者。綠實兩廉，次商九與下法二十對呼者。黃實爲隅，次商九與下法九對呼者。

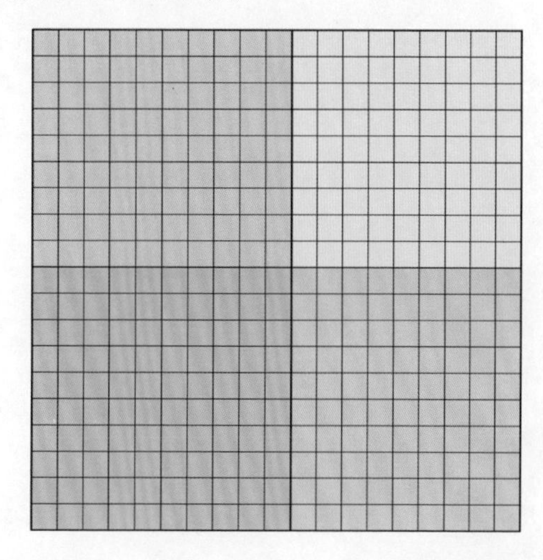

大方四面等，兩廉縱等於方，横等於隅，隅四面亦等。◎方以自乘爲法；兩廉有方之長無其濶，故次商闊以乘其長；隅有廉之闊而無其長，故又以次商自乘爲法也。

1 據圖説，青實一百爲大方，黃實八十一爲隅。原圖青實八十一，黃實一百，圖繪有誤，據圖説改繪。

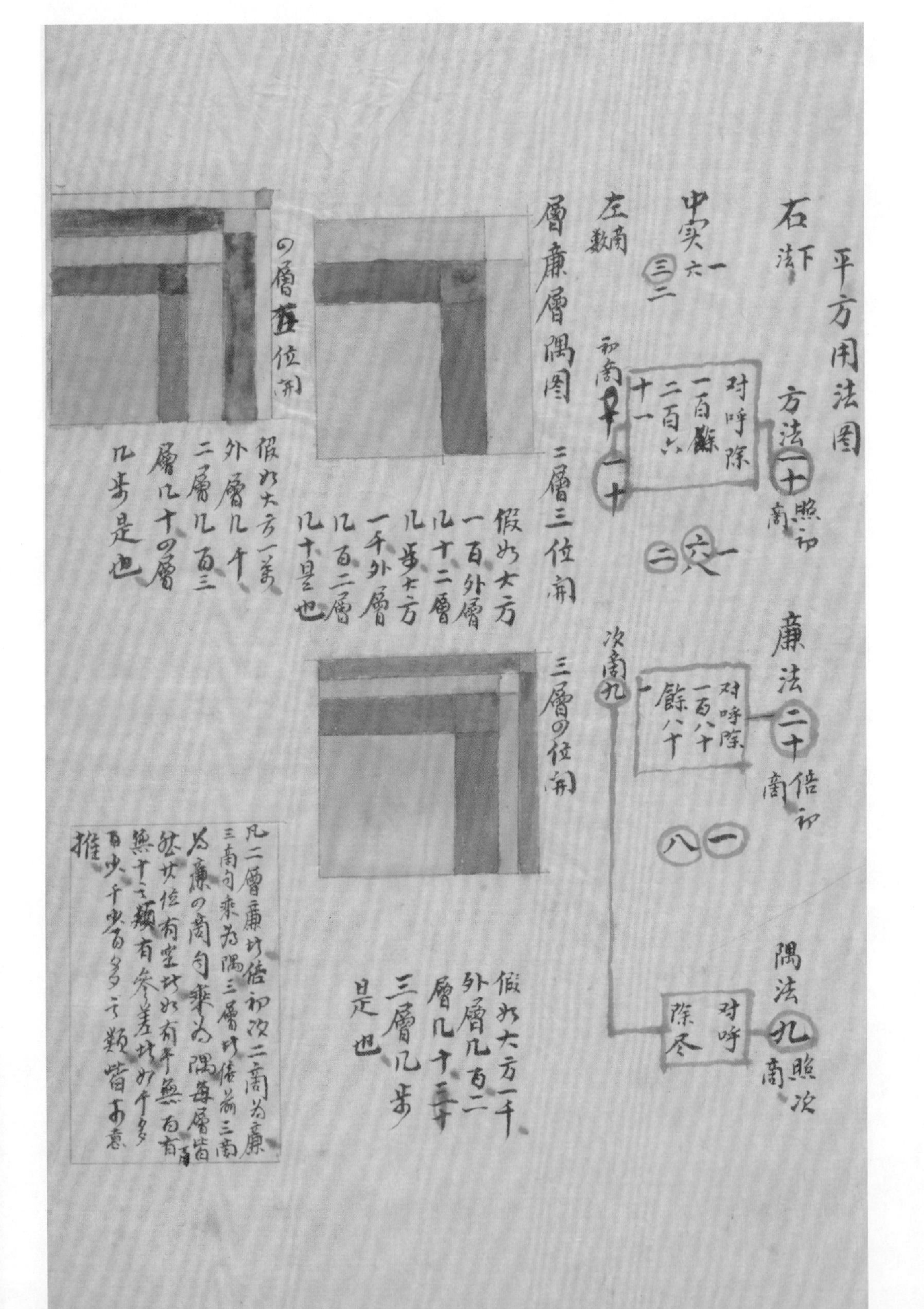
平方用法圖
右 下法
中實 一六一 三二
左 商數
層廉層隅圖
方法 一十 照初商
對呼除 一百 餘二百六十一
初商 一十
一六一 二
廉法 二十 倍初商
對呼除 一百八十 餘八十
次商 九
八一
隅法 九 照次商
對呼除盡
二層三位用
假如大方一百外層几十二層几步大方一千外層几百二層几十是也
三層の位用
假如大方一千外層几百二層几十三層几步是也
の層五位用
假如大方一萬外層几千二層几百三層几十の層几步是也
凡二層廉以倍初次二商為廉三商自乘為隅三層以倍前三商為廉の商自乘為隅每層皆然其位有空者如有千無百有百無十之類有參差者如千多百少千少百多之類皆可意推

平方用法圖

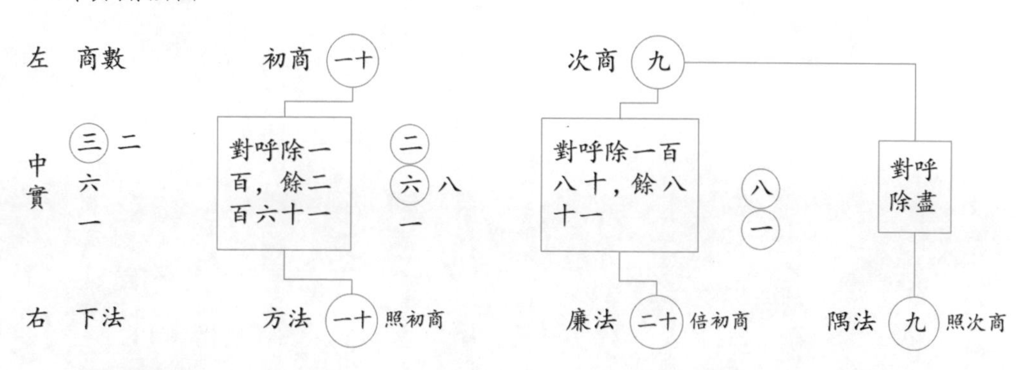

層廉層隅圖

二層三位開

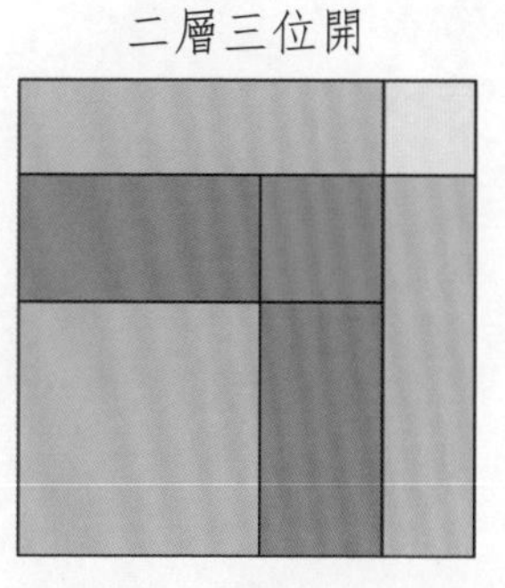

假如大方一百，外層幾十，二層幾步；大方一千，外層幾百，二層幾十是也。

三層四位開

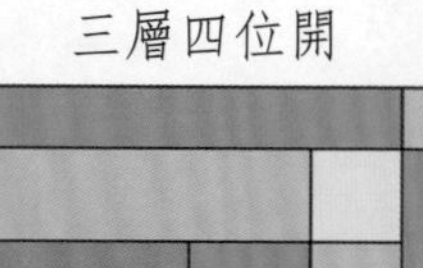

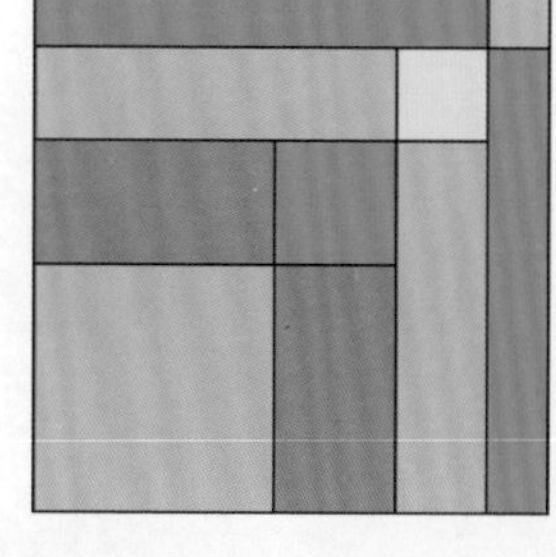

假如大方一千，外層幾百，二層幾十，三層幾步是也。

四層五位開

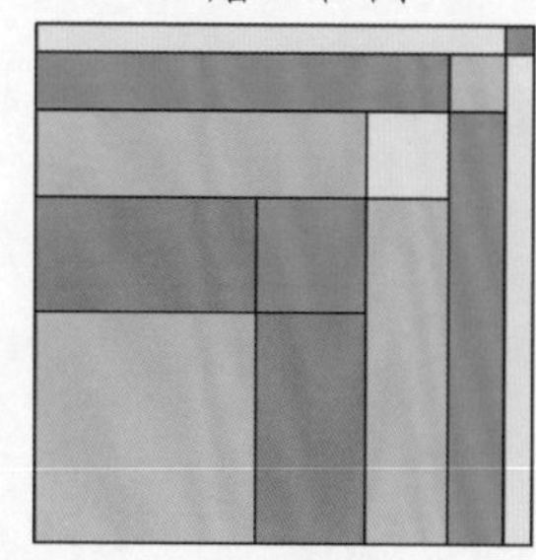

假如大方一萬，外層幾千，二層幾百，三層幾十，四層幾步是也。

凡二層廉者，倍初次二商爲廉，三商自乘爲隅。三層者，倍前三商爲廉，四商自乘爲隅。每層皆然。其位有空者，如有千無百，有百無十之類；有參差者，如千多百少，千少百多之類，皆可意推。

一凡開方不盡者倍前用數為兩廉加一為隅併之為母以見在餘積為子命之曰几几分之幾 〇若欲還原以開過數自數乘加入餘積而合 〇若欲開盡者單數以下皆作百分以分為百釐以釐為百毫為百絲仍以廉法隅法開之

問今有田積先用六十步開過餘實一十步作何命再開當用何法還原若干

答六十步零一百二十一分之一十

開步　開分　開至釐六十步〇〇八釐零一步二十分〇一十七釐之三十九分三十六釐

開至毫六十步〇〇八釐三毫零一十二分〇一釐六十七毫之三分三十一釐一十一毫

原積三千六百一十步

法倍六十得一百二十為廉加一為隅共一百二十一為母以見在餘數一十為子 〇若欲再開者置餘積一十步為實以廉法一百二十開之商一步亦應一百二十一步無此數空一位就分位開之以一步為百分商一步分亦應一十二步一分又無此數再空一位就釐位開之以一步為萬釐商八呼除一八如八二八一十六再以開數自乘八八六十四呼除六十四釐餘積三十九分三十六釐倍前商一二〇一六為廉加一隅共一二〇一七當命曰一步二十分〇一十七釐之三十九分三十六釐若欲還原以六十步〇〇八釐自乘得三千六百〇九步六十分〇六十四釐加入除積三十九分三十六釐合原積三千六百一十步

〇若欲再開者置餘積三十九分三十六釐為實以廉一二〇一六就毫位開之以一

一、凡開方不盡者，倍前用數爲兩廉，加一爲隅，併之爲母，以見在餘積爲子，命之曰幾之幾[1]。◎若欲還原，以開過數自乘，加入餘積而合。◎若欲開盡者，單數以下，皆作百分，以分爲百厘，以厘爲百毫，毫爲百絲，仍以廉法隅法開之[2]。

1. 問：今有田積，先用六十步開過，餘實一十，當作何命？再開當用何法？還原若干？

答：六十步零一百二十一之一十。

開步開分[3]。

開至厘：六十步〇〇八厘零一步二十分〇一十七厘之三十九分三十六厘。

開至毫：六十步〇〇八厘三毫零一十二分〇一厘六十七毫之三分三十一厘一十一毫。

原積三千六百一十步。

法：倍六十得一百二十爲廉，加一爲隅，共一百二十一爲母，以見在餘數一十爲子。◎若欲再開者，置餘積一十爲實，以廉法一百二十開之，商一步，亦應一百二十一步，無此數，空一位，就分位開之。以一步爲百分，商一分，亦應一十二步一分，又無此數，再空一位，就厘位開之。以一步爲萬厘，商八，呼除一八如八，二八一十六；再以開數自乘，八八六十四，呼除六十四厘，餘積三十九分三十六厘。倍前商一二〇一六爲廉，加一隅，共一二〇一七，當命曰一步二十分〇一十七厘之三十九分三十六厘[4]。若欲還原，以六十步〇〇八厘自乘，得三千六百〇九步六十分〇六十四厘，加入（除）[餘]積三十九分三十六厘，合原積三千六百一十步。◎若欲再開者，置餘積三十九分三十六厘爲實，以廉一二〇一六就毫位開之，以一

1 開方命法，即開方不盡時，用餘數來命名一個分數，從而得到方根的近似值。見《九章算術·少廣》"開方術"劉徽注："術或有以借筭加定法而命分者，雖粗相近，不可用也。凡開積爲方，方之自乘當還復其積分。令不加借筭而命分，則常微少；其加借筭而命分，則又微多。其數不可得而定。"這裏給出兩種命法，設原積爲 S，開過之數爲 a，兩種命法分別可以表示爲：

$$\sqrt{S} \approx a + \frac{S - a^2}{2a + 1}$$

$$\sqrt{S} \approx a + \frac{S - a^2}{2a}$$

前者較實際方根略小，後者較實際方根略大，即：

$$a + \frac{S - a^2}{2a + 1} < \sqrt{S} < a + \frac{S - a^2}{2a}$$

本書術文同前法，其中，$2a$ 爲兩廉，1 爲隅，$S - a^2$ 爲見在餘積。

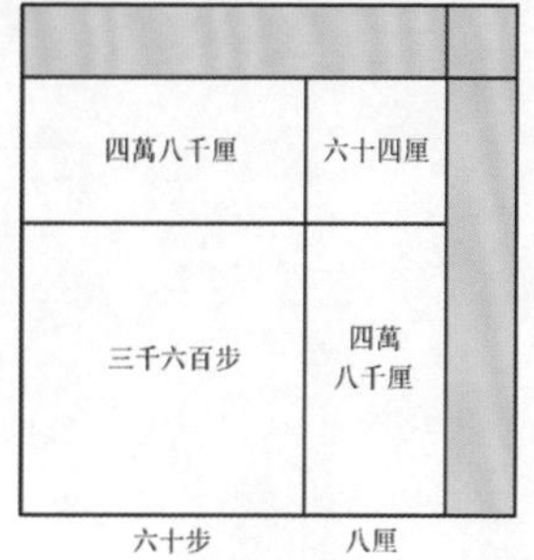

圖 7-3

2 此即開方求微數法，係繼續開方法。見《九章算術·少廣》"開方術"劉徽注："不以面命之，加定法如前，求其微數。微數無名者以爲分子，其一退以十爲母，其再退以百爲母。退之彌下，其分彌細。"

3 開步與開分同，皆六十步零一百二十一之一十。

4 原積 3610 平方步，初商 60 步，原積內減去大方 3600 平方步，餘積 10 平方步。化餘積爲厘，得 100000 平方厘。如圖 7-3，約商 8 厘，兩廉積爲 $(2\times6000)\times8=96000$ 平方厘；隅積爲 $8\times8=64$ 平方厘，餘積爲 $100000-96000-64=3936$ 平方厘。命分爲：

$$\frac{3936}{2\times(6000+8)+1} = \frac{3936\text{平方厘}}{12017\text{平方厘}} = \frac{39\text{平方分}36\text{平方厘}}{1\text{平方步}20\text{平方分}17\text{平方厘}}$$

步為百萬毫商三呼三三如三二三如六一三如三三六一十八以商三自乘三三如九呼

除九毫餘積三分三十七厘十一毫當命曰一十二分〇一厘六十七毫又三分三十二厘

一十一毫若欲還原以六十步〇〇八厘三毫自乘得千三六百〇九步十六分六十八

厘八十九毫加入餘積合原數係忽以下皆以此推之

解一百二十一廿兩廉一隅更加一週之滿法也一十廿見在之餘數也假令餘數實有一

百二十一則當作六十一步開之矣次開八厘若餘數也尚有一步二十分〇一十七厘

則又足一厘之數今止三十九分三十六厘不足八十分〇八十一厘故另以法命之假令添

八十分〇八十一厘於原數之外作實積三千六百一十步八十分八十一厘則當作六十步

〇〇九厘開之矣三開毫數亦然〇單數以下作百分廿蓋縱橫計之實有此數

隨法攢湊以合廉隅餘之數耳凡隅位少數與廉相隔位廿易為混誤莫若就

盤寫定位數一之下寫十分更下寫一分再下十厘再下一厘毫絲忽微皆如

此順去最為捷妙如次商八厘開廉已完餘積四十分隅法却隔二位是也

問今有田積先用二萬一千三百七十二開過餘數二萬六千六百二十八作幾何命再

開何法原數若干

答二萬一千三百七十二步零四萬二千七百四十五之二萬六千六百二十八

開至分二萬一千三百七十二步六分零四千二百七十四步五十三分二之九百八十一步

步爲百萬毫，商三，呼一三如三，二三如六，一三如三，三六一十八，以商三自乘，三三如九，呼除九毫，餘積三分三十一厘一十一毫，當命曰一十二分〇一厘六十七毫之三分三十一厘一十一毫[1]。若欲還原，以六十步〇〇八厘三毫自乘，得三千六百〇九步［九］十六分六十八厘八十九毫，加入餘積，合原數。絲忽以下，皆以此推之。

解：一百二十一者，兩廉一隅更加一週之滿法也。一十者，見在之餘數也。假令餘數實有一百二十一，則當作六十一步開之矣。次開八厘，若餘數尚有一步二十分〇一十七厘，則又足一厘之數。今止三十九分三十六厘，不足八十分〇八十一厘，故另以法命之。假令添八十分〇八十一厘於原數之外，作實積三千六百一十步八十分八十一厘，則當作六十步〇〇九厘開之矣。三開毫數亦然。◎單數以下作百分者，蓋縱横計之，實有此數。隨法撥湊，以合廉隅之數耳。凡隅位數少，與廉位相隔者，易爲混誤。莫若就盤寫定位數，一之下寫十分，更下寫一分，再下十厘，再下一厘，毫絲忽微皆如此順去，最爲捷妙。如次商八厘，開廉已完，餘積四十分，隅法卻隔二位是也。

2. 問：今有田積，先用二萬一千三百七十二開過，餘數二萬六千六百二十八，作幾何命？再開何法？原數若干？

答：二萬一千三百七十二步零四萬二千七百四十五之二萬六千六百二十八。

開至分：二萬一千三百七十二步六分零四千二百七十四步五十三分之九百八十一步

1 開過 60 步 8 厘，餘積 3936 平方厘。化餘積爲毫，得 393600 平方毫。如圖 7-4，約商 3 毫，兩廉積爲 $(2\times60080)\times3=360480$ 平方毫，隅積爲 $3\times3=9$ 平方毫，餘積爲 $393600-360480-9=33111$ 平方毫。命分爲：

$$\frac{33111}{2\times(60080+3)+1}=\frac{33111\text{平方毫}}{120167\text{平方毫}}=\frac{3\text{平方分}31\text{平方厘}11\text{平方毫}}{12\text{平方分}1\text{平方厘}67\text{平方毫}}$$

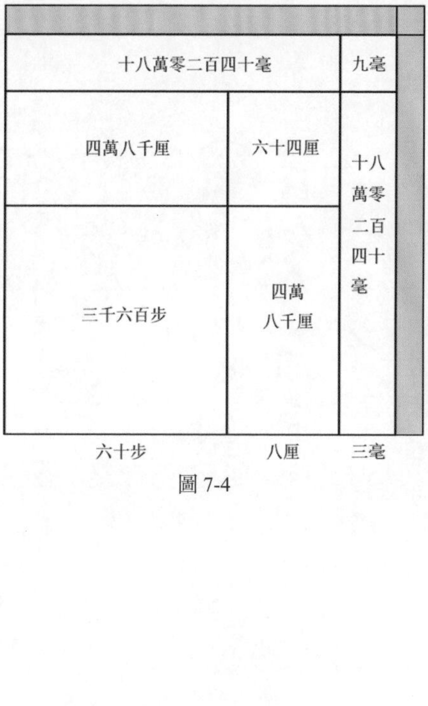

圖 7-4

二十四分

開至釐二萬一千三百七十步六分二釐零四百二十七步四十五分二十五步之一百二十六步三十三分五十六釐

開至毫二萬一千三百七十二步六分三釐二毫零四十二步七十四分五十二釐四十五毫之四十步〇八十四分五十一釐一十六毫

開至絲二萬一千三百七十二步六分二釐二毫九絲零四步二十七分四十五釐二十四毫五十九絲之二步三十七分四十三釐九十五毫五十九絲

原積四億五千六百七十八萬九千〇一十二

法倍用數二十一三七二得四二七四四為廉加一為隅併為共母以餘積為子命之還原過自乘得四億五千六百七十六萬二千三百八十四加餘積合〇前開至分減去隅用倍數為法商六對呼除四六二十四二六一十二六七四十二四六二十四再以六自乘呼除六六三十六分餘積為子將新開六倍作十二加入前用法為廉又加一為隅共為母命之〇前開至釐至毫至絲以下皆用此推之還原俱以開過用數自乘以餘積合之

解凡廉長隅方廉因前開為法故至毫釐之細而以積至億萬隅以自乘為法以分開必不能滿一步以釐開必不能滿一分惟令九數六八十一而止耳

二十四分。

開至厘：二萬一千三百七十［二］步六分二厘零四百二十七步四十五分二十五步之一百二十六步三十三分五十六厘。

開至毫：二萬一千三百七十二步六分二厘二毫零四十二步七十四分五十二厘四十五毫之四十步〇八十四分五十一厘一十六毫。

開至絲：二萬一千三百七十二步六分二厘二毫九絲零四步二十七分四十五厘二十四毫五十九絲之二步三十七分四十三厘九十五毫五十九絲。

原積四億五千六百七十八萬九千〇一十二[1]。

法：倍用數二一三七二，得四二七四四爲廉，加一爲隅，併爲共母，以餘積爲子命之。還原［以開］過［用數］自乘[2]，得四億五千六百七十六萬二千三百八十四，加餘積合。◎若開至分，減去隅，用倍數爲法，商六對呼，除四六二十四，二六一十二，六七四十二，四六二十四，四六二十四。再以六自乘，呼除六六三十六分，餘積爲子。將新開六倍作十二，加入前用法爲廉，又加一爲隅，共爲母命之。◎若開至厘至毫至絲以下，皆用此推之。還原俱以開過用數自乘，以餘積合之。

解：凡廉長隅方，廉因前開爲法，故雖毫厘之細，可以積至億萬。隅以自乘爲法，以分開必不能滿一步，以厘開必不能滿一分，縱令九數，亦八十一而止耳。

---

1 已知開過之數 $a=21372$，見在餘數爲 $S-a^2=26628$，則原數爲：

$$S=a^2+26628=21372^2+26628=456789012$$

2 原書文意不暢，當有脱文，據後文“還原俱以開過用數自乘”補。

開方餘積命法

假如方積二百四十六步開平方，[illegible]一十五步，除積二百二十五步，餘二十一步，當以兩廉各十五併之隅共三十一為母，以餘積為子，命曰三十一之二十一。

青為本方，綠為兩廉，黄為隅，隅是開過者外一周，共三十一為母；紫為子。

開方餘積命法

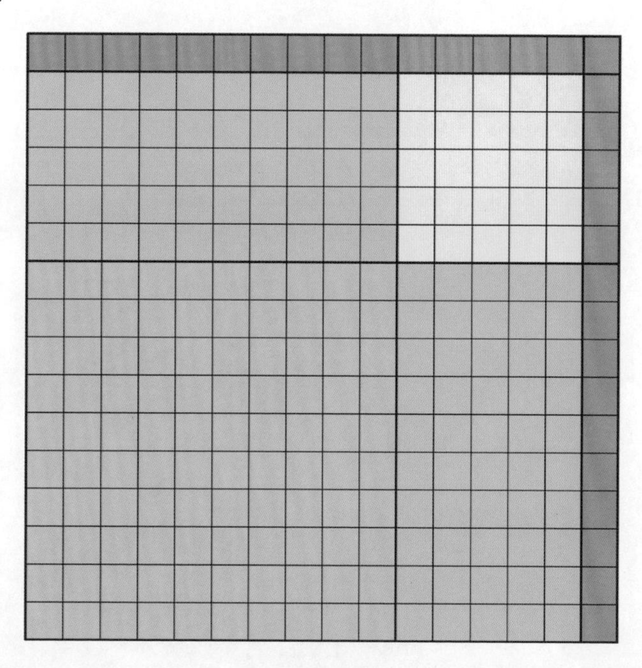

假如有積二百四十六步，開過一十五步，除積二百二十五步，餘二十一步。當以兩廉各十五，併一隅共三十一爲母，以餘積爲子，命曰三十一之二十一。青爲大方，緑爲兩廉，黄爲小隅，是開過者。外一週共三十一爲母，紫實爲子。

商數每一化百圖

假令積二十二步闊[illegible]四[illegible]步除積千六餘積六[illegible][illegible][illegible]并九分之六[illegible]明再闊却以六步化爲百分倍初商爲八約得[illegible]轉商除當四百[illegible]又[illegible]除六三十六餘八十四分如第十二圖

零數每化百圖

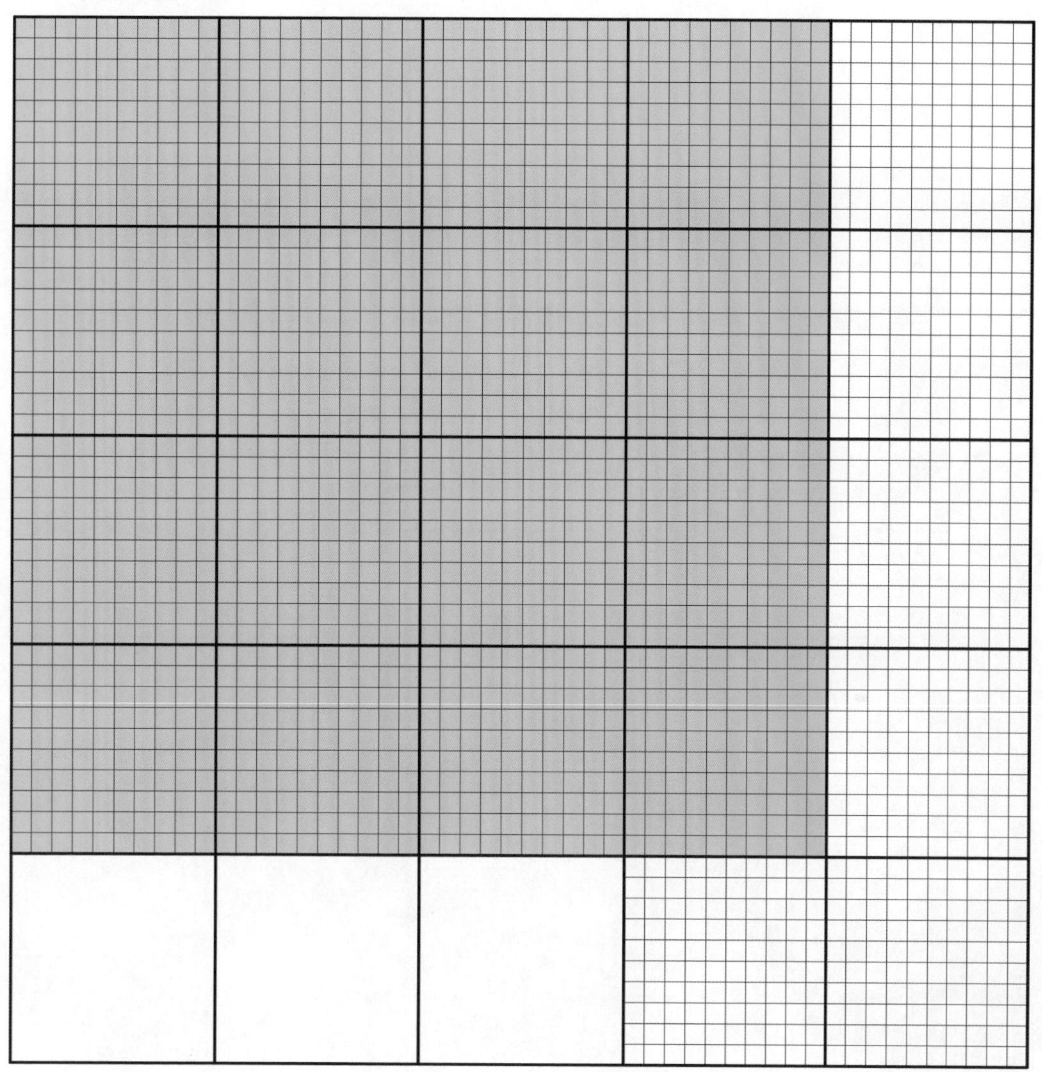

假令積二十二步，開過四步，除積一十六，餘積六步，命爲九分之六。若欲再開，卻將六步化爲六百分，倍初商爲八，約得六轉，商六，除六八四百八十，又呼除六六三十六，餘八十四分，如第二圖。

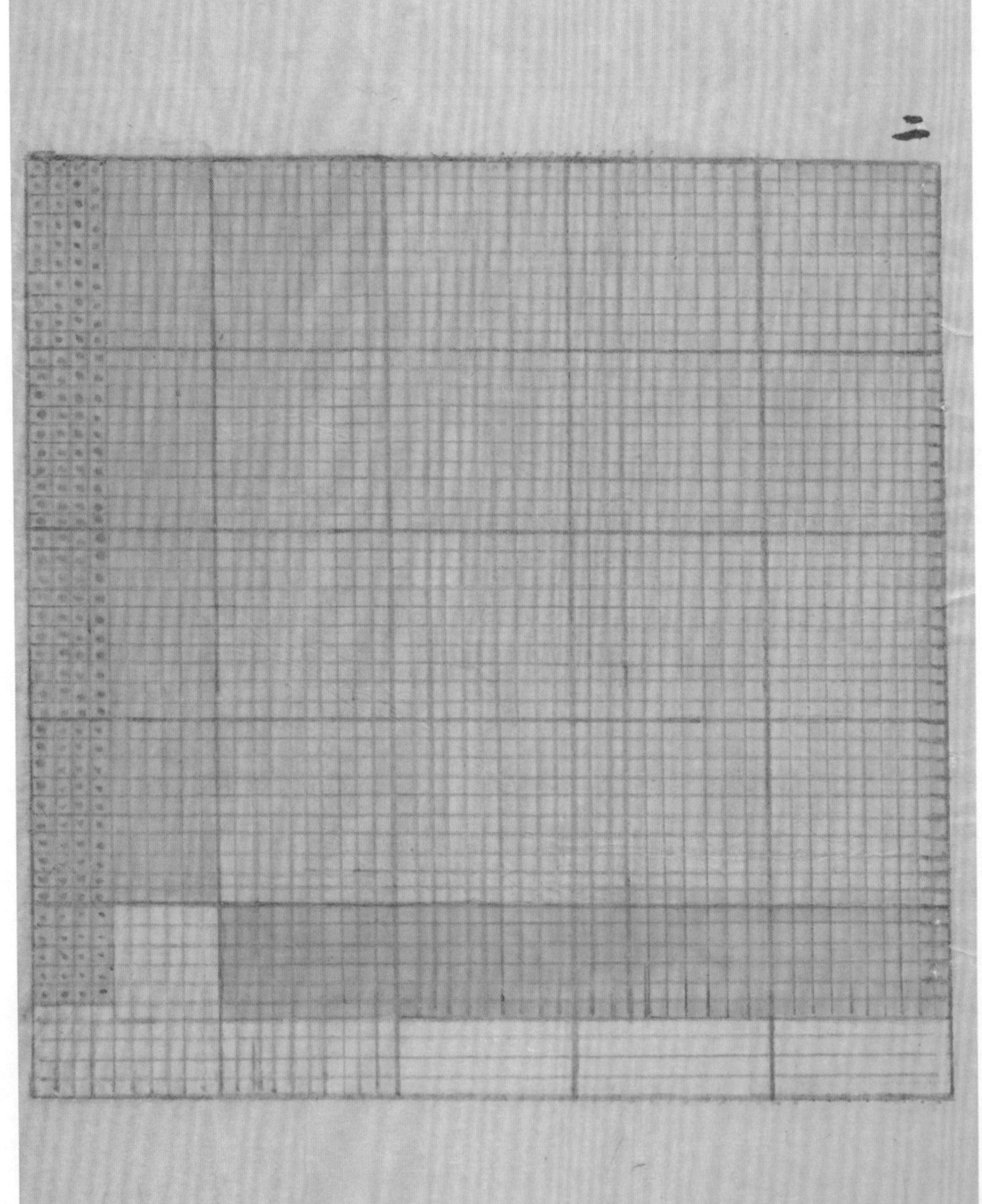
二

二

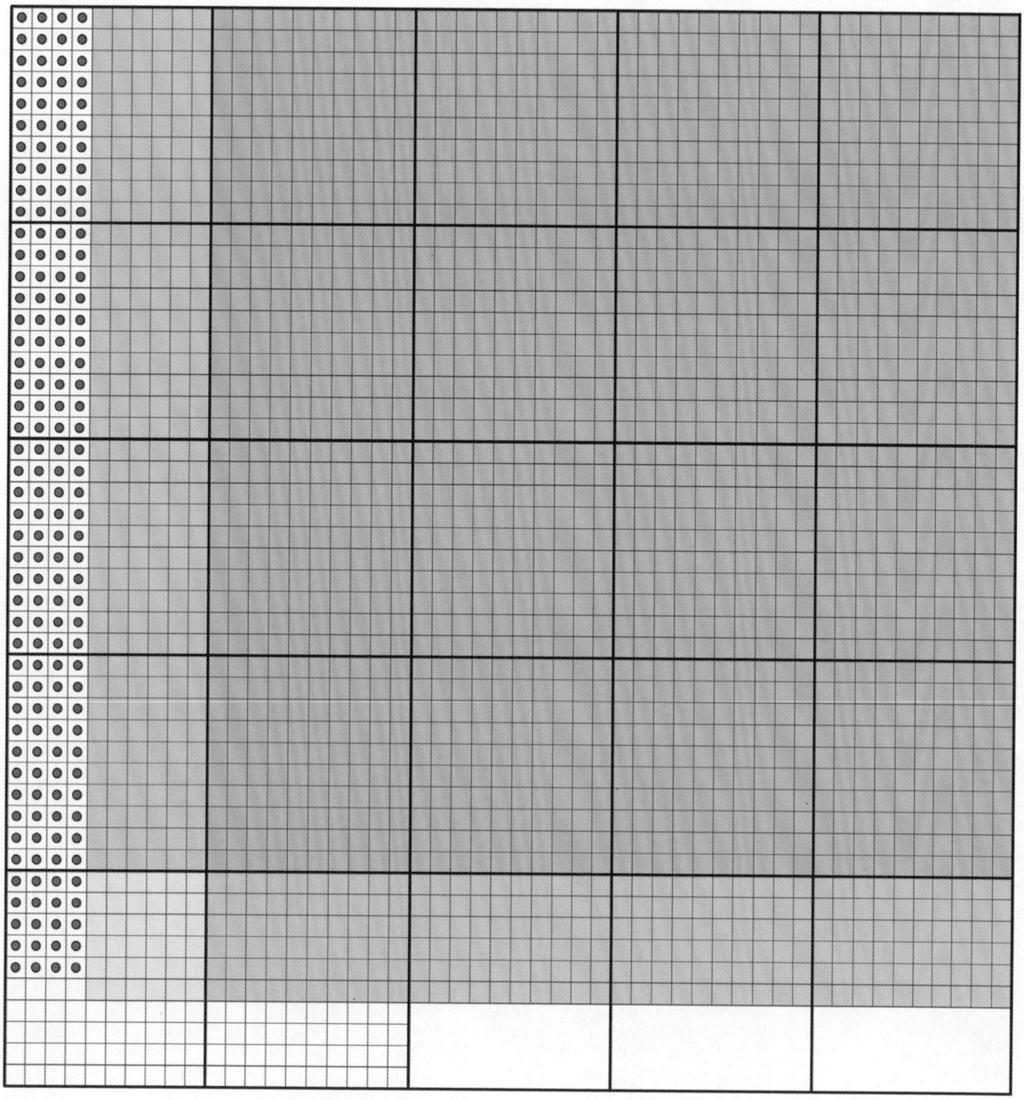

右第二圖明六百之除之也廉四百八十之縱實是爲除法三十六之叢實是共五百一十六其積是廿一百八十積入七六方成實積仍餘實八十四共是七六自乘是再作命法如後第三圖

右第二圖，將六百分除過二廉四百八十分，緑實是；又除隅三十六分，黄實是，共五百一十六，其有點者一百八十，移入空方成實積，仍餘實八十四，無點空白者是。再作命法，如後第三圖。

三

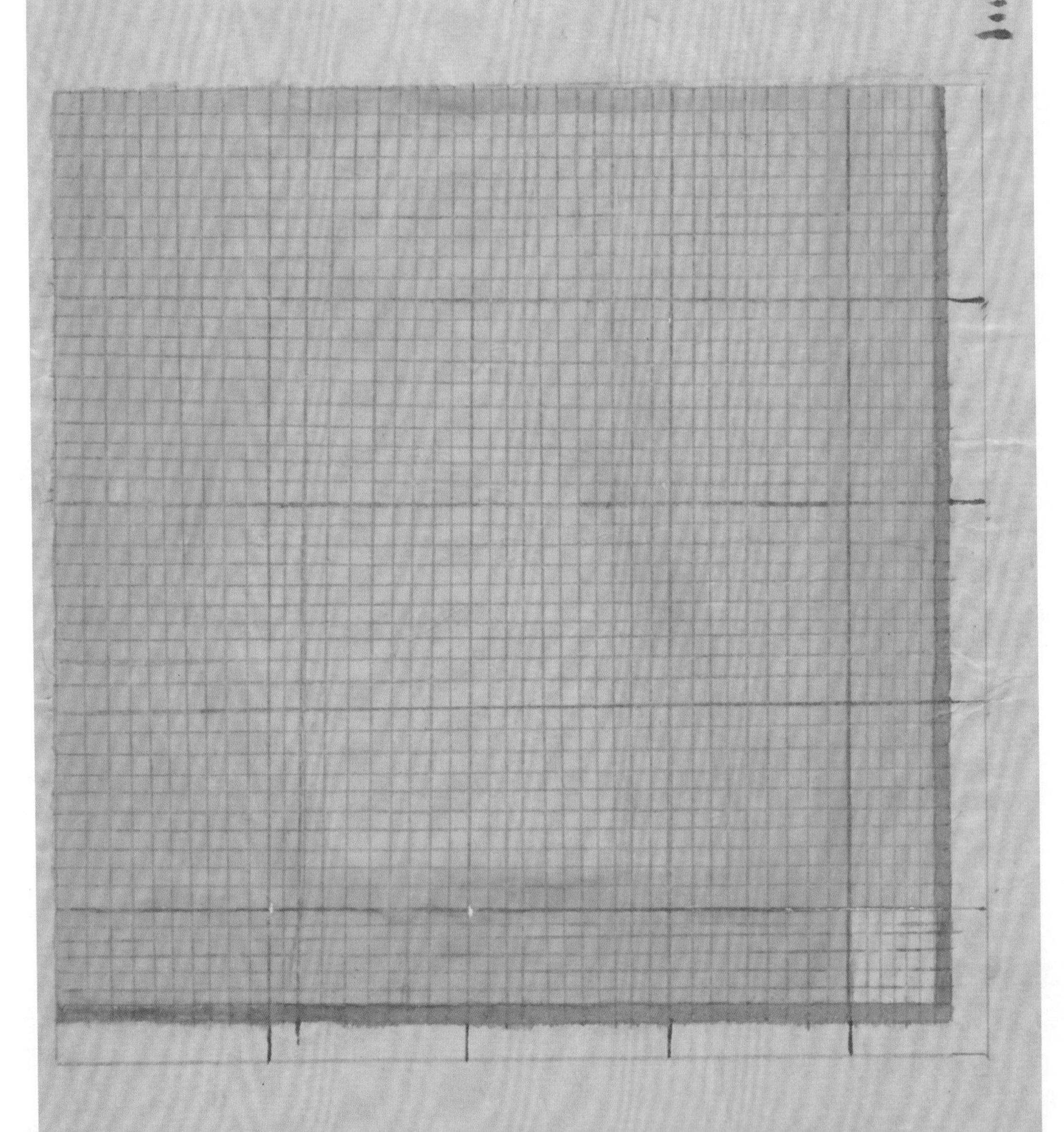

加一週兩廉
一隅當九十三
為母今餘八
十〇為子紫實
是也命曰九十
三之八十〇不
足九紅實是也

三

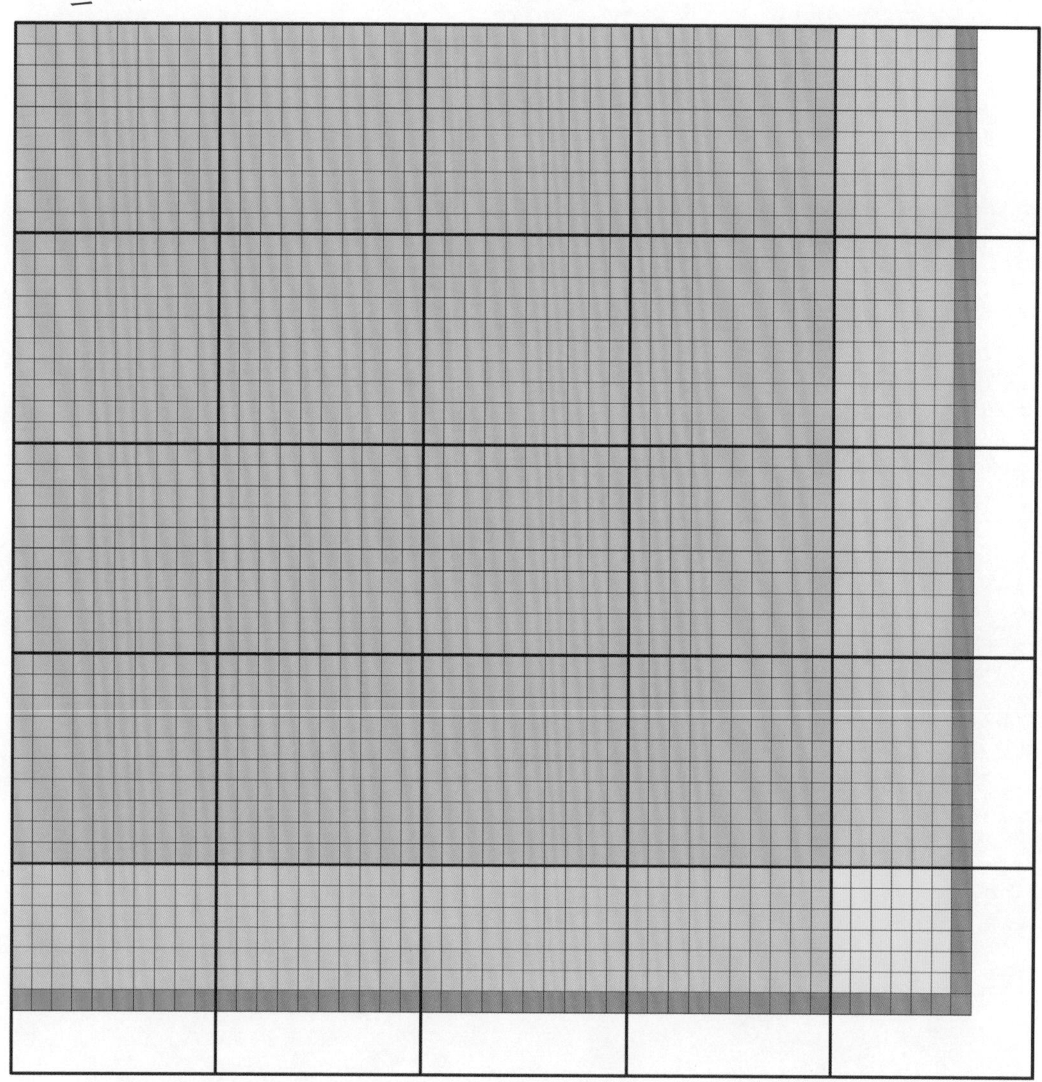

加一週兩廉一隅當九十三爲母，今餘八十四爲子，紫實是也，命曰九十三之八十四。不足九，紅實是也。

算盤定位毫絲以下可推

假打三百六十六步開十九步除去三百六十一步餘五步要開分將五步化作五分廉法三十八續商一分呼三如三一八如八隅法呼一一如一餘一百九一十九分

法呼一一如一餘百一十九分

口要開厘將百十九化作一萬一千九百厘廉法三百八十二續商三厘呼三三如九三八二十四二三如六隅法呼三三如九餘四百三十一厘

算盤定位 毫絲以下可推

假於三百六十六步，開十九步，除去三百六十一步，餘五步。要開分，將五步化作五［百］分，廉法三十八，續商一分，呼一三如三，一八如八，隅法呼一一如一，餘一百一十九分。◎要開厘，將一百十九化作一萬一千九百厘，廉法三百八十二，續商三厘，呼三三如九，三八二十四，二三如六，隅法呼三三如九，餘四百三十一厘。

開還

	一釐	十釐	一分	十分	一位	十位	百位	一
					六 五存	六	三	九
開分 廉法三八 隅法一			九	二 抽一除一還九於下位 本位存一	五 除三抽一除八還二 於下位本位存一	減盡	減盡	商一
開釐 廉法三八二 隅法三	一	四 抽四除九還一於下位 本位存三	九 除四抽一除六還四於下 位本位存四	一 連上還一得二減盡	一 抽除九還一於下位 本位減盡			商三
零	一	三	四					四商自乘 併零[illegible]還原
合積	九 一	六 三	五 四	九	五 六	六	三	

開過 一	九	商（一）		商（三）		四商自乘併零還原		
百位	三	減盡					三	
十位	六	減盡					六	
一位	六存五	（五）	除三抽一，除八還二於下位，本位存一	一	抽[一]除九，還一於下位，本位減盡		（五）	六
十分		（二）	抽一除一，還九於下位，本位存一	一	連上還一得二，減盡		（九）	
一分		九		九	除四抽一，除六還四於下位，本位存四	四	（五）	（四）
十厘				四	抽(四)[一]除九，還一於下位，本位存三	三	（六）	（三）
一厘				一		一	（九）	（一）
		開（分）	廉法三八 隅法一	開（厘）	廉法三八二 隅法三	零	合積	

縱方

縱方者長闊不等之方也闊不及長之數謂之較闊與長併之數謂之和反覆相求其變甚多今約為四法曰積與較求長積與較求闊積與和求長積與和求闊一切諸法俱統於其中矣若求其典要一四因法足以該之不必多端也

凡積與較求闊者用四因法置積四因之加較自乘平方開之得長闊和減較折半而得闊。或用帶縱其法有二有逐位帶法先商大方呼除所以餘之商數與縱呼除次商兩廉呼除即又以次商數與縱呼除次第帶減之有合併帶法先商方若干即以縱法併入次商兩廉若干又以縱數併入同呼除之縱小於方列附於商數之下大於方列超數之上與方數相等列附於本位倍廉不倍衆縱若與隅法與平方同不帶縱。或用減積法先以廉商方商廉之數乘縱得數就積減之無須用平法開之

問今有直田積八百六十四步闊不及長一十二步求闊若干

答闊二十四步

法四因積得三千四百五十六步又以較十二步自乘得一百四十四步併之得三千六百步平開得六十步減一十二步為四十八步半之得闊

〇帶縱逐位法列兩商於積左廉法於積右又列縱十二於廉法之右相對呼除

縱方

縱方者，長闊不等之方也。闊不及長之數謂之較，闊與長併之數謂之和。反覆相求，其變甚多。今約爲四法：曰積與較求長，積與較求闊，積與和求長，積與和求闊[1]。一切諸法，俱統於其中矣。若求其典要，一四因法足以該之，不必多端也。

一、凡積與較求闊者[2]，用四因法。置積四因之，加較自乘，平方開之，得長闊和，減較折半而得闊[3]。◎或用帶縱，其法有二。有逐位帶法，先商大方呼除，即以所商數與縱呼除；次商兩廉呼除，即又以次商數與縱呼除，次第帶開之。有合併帶法，先商方若干，即以縱法併入；次商兩廉若干，又以縱數併入，同呼除之[4]。縱小於方，則附於商數之下；大於方，則超於商數之上；與方數相等，則附於本位[5]。倍廉不倍縱。其隅法與平方同，不帶縱。◎或用減積法，先以商方商廉之數乘縱，得數就積減之，然後用平法開之[6]。

1. 問：今有直田積八百六十四步，闊不及長一十二步，求闊若干？

答：闊二十四步。

法：四因積得三千四百五十六步，又以較十二步自乘，得一百四十四步，併之得三千六百步，平開得六十步。減一十二步爲四十八步，半之得闊。◎帶縱逐位法。列商於積左，廉法於積右，又列縱十二於廉法之右，相對呼除。

---

1 四法俱見《同文算指通編》卷七“積較和相求開平方諸法”，原出《神道大編曆宗算會》卷四“開方”。

2《同文算指通編》卷七“積較和相求開平方諸法”積較求闊有“帶縱開平方”“減積開平方”二法，分别與術文“帶縱法”“減積法”同。

3 設闊爲 m，長爲 n，已知長闊積 mn、長闊較 $n-m$，求長闊各若干。依法先求長闊和：

$$n+m=\sqrt{(n-m)^2+4mn}$$

與長闊較相加折半得長，相減折半得闊。

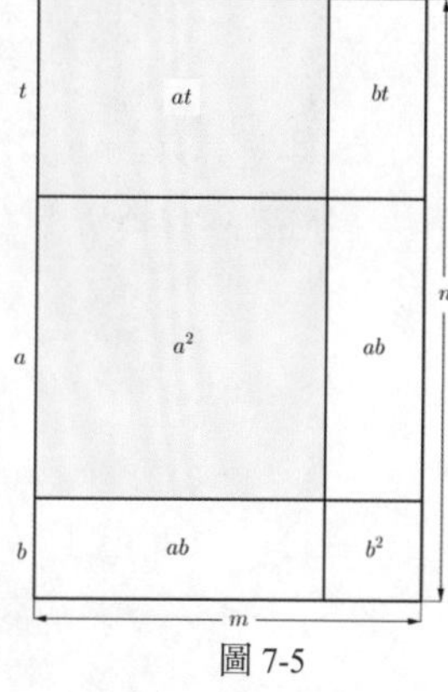

圖 7-5

4 設長方闊爲 m，長爲 n，縱方爲 $n-m=t$，用帶縱法求闊。如圖 7-5，約得初商爲 a，先從原積内依次減去大方 a^2、縱方 at，餘積約得次商爲 b，再從餘積内依次減去兩廉 $2ab$、縱廉 bt，餘隅積 b^2。此爲逐位帶法。若先從原積内減去大方與縱方併積 $(a+t)a$，再減去兩廉與縱廉併積 $(2a+t)b$，餘隅積 b^2，則爲合併帶法。

5 若商爲十位數，帶縱爲個位數，是“縱小於方”，則將縱附列於商數下一位；若縱爲百位數，是“縱大於方”，則將縱超列於商數前一位。若縱亦爲十位數，是“與方數相等”，則將縱加於商數的本位。詳後文“合併帶縱定位式”。

6 減積法，即從原積中減去闊與縱的乘積 $at+bt$，餘積構成一個以闊爲邊長的正方，再以平方法開之。如圖 7-5，約初商爲 a，先從原積内減去縱方 at，再減去大方 a^2。餘積約得次商爲 b，先減去縱廉 bt，再減去兩廉 $2ab$，餘隅積 b^2。減積法可與“積與較求長”之“益積法”並觀，前者爲減積成方，後者則爲增積成方。

7 此題爲《同文算指通編》卷七“積較和相求開平方諸法”積較求闊“帶縱開平方”與“減積開平方”第一題。與《算法統宗》卷六少廣章“演段根源開方圖解”諸問數據相同。

先商二十呼除二二め〤為大方餘の百〦十の步次以縱〡十呼除〡三め二以縱〢二呼除
二二め〥餘二百二十の步再列廉法の〥商呼除のの〡十〦為廉次以縱〢十呼除〡の
め〥以縱〢二呼除二の〥八餘二十〦步商の自乘呼除のの〡十〤為隅恰盡合併
法先商二十加入縱十二共三十二為下法〥商二十相呼除二三め〦二三め〥餘〤二百
二十の乃另換下法倍商二得〤十步為廉加入縱十二共五十二為法卻商の步
呼除五の二十二のめ八餘實〡十〦以次商の自乘呼除恰盡〇減積法商二十
〤以二十乘縱得二百の十以減積餘六百二十の然後以方法二三めの呼除餘二
百二十の續商の〤以の乘縱得の十八以減餘積仍餘一百七十〦然後以廉法呼除
四の〡十〦以隅法呼除のの〡十〦恰盡合洞
解の因積縱橫迴環置之中成空兩較自乘之數加入の積之中則成一平方實數故
平濶之而得勾股和也和乃一之一濶減較則成兩濶故以折半而得濶也〇帶縱
前一法方與縱多為二後法方與縱合為一但有先後其實一也濶位十帶縱六十則
初位籌則附於本位廿也〇減積與帶縱本是一法但帶縱先開而後減
減積先減而後開蓋既求是濶則積有餘而法不足帶縱乃加法以銷實減積
乃損實以就法其實一也
問今有積六萬〇四百八十步濶不及長一十二步求濶若干

先商二十，呼除二二如四，爲大方，餘四百六十四步。次以縱十呼除一二如二，以縱之二呼除二二如四，餘二百二十四步。再列廉法四，與商四呼除四四一十六，爲廉；次以縱之十呼除一四如四，以縱之二呼除二四如八，餘一十六步。商四自乘，呼除四四一十六爲隅，恰盡[1]。◎合併法。先商二十，加入縱十二，共三十二爲下法，與商二十相呼，除二三如六，二二如四，餘實二百二十四。乃另换下法，倍商二得四十步爲廉，加入縱十二，共五十二爲法。卻商四步，呼除五四二十，二四如八，餘實一十六，以次商四自乘，呼除恰盡[2]。◎減積法。商二十，即以二十乘縱，得二百四十，以減積，餘六百二十四；然後以方法二二如四呼除，餘二百二十四。續商四，即以四乘縱得四十八，以減餘積，仍餘一百七十六；然後以廉法呼除四四一十六，以隅法呼除四四一十六，恰盡。合問。

解：四因積縱横迴還置之，中成一空，即較自乘之數，加入四積之中，則成一平方實數，故平開之而得句股和也。和乃一長一闊，減較則成兩闊，故以折半而得闊也。◎帶縱前一法方與縱分爲二，後法方與縱合爲一，但有先後，其實一也。開位十，帶縱亦十，所謂位等則附於本位者也。◎減積與帶縱本是一法，但帶縱先開而後減，減積先減而後開。蓋所求是闊，則積有餘而法不足，帶縱乃加法以銷實，減積乃損實以就法，其實一也。

2. 問：今有積六萬〇四百八十步，闊不及長一十二步，求闊若干？

1 逐位帶縱法運算過程如下表所示：

商	積	廉法	縱	
初商20	864		12	
	−400			大方積：20 × 20 = 400
	−240			縱方積：20 × 12 = 240
次商4	224	40		廉法：2×20 = 40
	−160			方廉積：4 × 40 = 160
	−48			縱廉積：4 × 12 = 48
	16			
	−16			隅積：4 × 4 = 16
	0			除積盡，開得長爲24。

2 合併帶縱法運算過程如下表所示：

商	積	廉法	縱	下法	
20	864	40	12	32	下法：20 + 12 = 32
	−640				大方併縱方積：20 × 32 = 640
4	224			52	下法：40 + 12 = 52
	−208				方廉併縱廉積：4 × 52 = 208
	16				
	−16				隅積：4 × 4 = 16
	0				除積盡，開得長爲24。

答二百〇十步

法四因法同前〇帶縱若用合併法廿初商二百帶縱係十四列於本位之下作

二百一十二為法與商二相呼二二如〇除〇萬一二如二除二千二二如〇除〇百餘一萬八

千〇八十倍初商四百作廉又將帶縱附列於下共〇百十二為法商〇對呼〇〇除

一萬六千〇〇如〇除百二〇如八除八十餘一千六百以隅法〇自乘除盡減積同前合問

解闊位百帶縱十斜陣縱小列附於下位故也〇西畫稍加一帶縱之法如此問先以

方二百加縱一十二為法除大方長方二積〇萬二千〇百餘一萬八千〇八十却以

方廉〇百加縱廉十併得〇百一十為法除方廉一萬六千長廉〇百餘一千六百

八千却以方隅〇十加縱隅二併得〇十二為法除方隅二千六百縱隅八十此即合

併帶縱法也但帶縱亦有餘隅為異以其廉數當作隅數耳

問今有積一十九萬八千闊不及長一千五百三十步求闊若干

答一百二十步

法〇因減積二法同前〇帶縱合併法商一百加縱一千於一百之上附五百於一百之

位列三十於下共一千六百三十為法與商一百相呼一一如一除十萬一六如六除六萬一

三如三除三千餘三萬五千却以二百為廉加千於上加五於本位附三十於下

共一千七百三十次商二十對呼一二如二除二萬呼二七一十四除一萬四千呼二三如六除六

答：二百四十步。

法：四因法同前。◎帶縱若用合併法者，初商二百，帶縱係十［二］，即列於本位之下，作二百一十二爲法。與商二相呼，二二如四，除四萬；一二如二，除二千；二二如四，除四百，餘一萬八千〇八十。倍初商四百作廉，又將帶縱附列於下，共四百十二爲法。商四對呼，四四除一萬六千；一四如四，除四百；二四如八，除八十，餘一千六百。以隅法四自乘，除盡。減積同前。合問。

解：開位百，帶縱十，所謂縱小則附於下位者也。◎西書有加一帶縱之法。如此問，先以方二百加縱一十二爲法，除大方、長方二積四萬二千四百，餘一萬八千〇八十。卻以方廉四百加縱廉十，併得四百一十爲法，除方廉一萬六千、長廉四百，餘一千六百八十。卻以方隅四十加縱隅二，併得四十二爲法，除方隅（二）［一］千六百、縱隅八十。此即合併帶縱法也[1]。但帶縱亦有隅爲異，以不入廉數，留作隅數耳。

3. 問：今有積一十九萬八千，闊不及長一千五百三十步，求闊若干？[2]

答：一百二十步。

法：四因、減積二法同前。◎帶縱合併法。商一百，加縱一千於一百之上，附五百於一百之位，列三十於下，共一千六百三十爲法。與商一百相呼，一一如一，除十萬；一六如六，除六萬；一三如三，除三千，餘三萬五千。卻以二百爲廉，加千於上，加五於本位，附三十於下，共一千七百三十。次商二十，對呼一二如二，除二萬；呼二七一十四，除一萬四千；呼二三如六，除六

1 如圖 7-6，初商 200，次商 40。大方積得：$200^2=40000$，長方積得：$200\times12=2400$，併得 42400。方廉積得：$2\times200\times40=16000$，長廉積得：$10\times40=400$，併得 16400。方隅積得：$40^2=1600$，縱隅積得：$2\times40=80$，併得 1680。合原積之數。

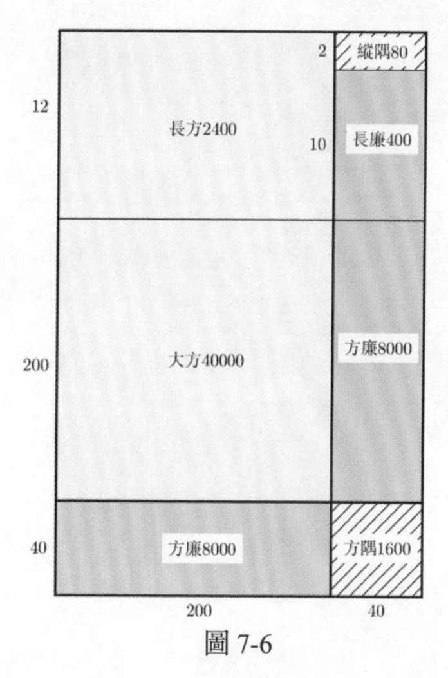

圖 7-6

2 此題爲《同文算指通編》卷七"積較和相求開平方諸法"積較求闊"帶縱開平方"第五題。

百餘四百為隅合問

解此闊位百縱位十此謂縱大則超於本位之上也○據積而以四因縱第数多闊一百縱位十（便当）若曰用二点無本是故只用一闊耳凡用法須以方与縱対酌定之此数是也 積[illegible]

四因法積三百八十四 和四十 較八

假如方二十四闊一十六計積三百八十四較八和四十先以較則以較自乘六十四加入四積一千五百三十六成一千六百平開得和先以和則以和自乘一千六百減四積餘数平開得較和較相減折半得闊和較相併折半得方○四邑実為四積萬為較將四積迴環置之中成一空四較実也又得方除積為闊得闊除積為方

百，餘四百爲隅。合問。

解：此開位百，縱位十，所謂縱大則超於本位之上者也。◎據積可以四開，以縱帶數多，開一百便當十萬，即開二亦不足，故只用一開耳。凡用法，須以方與縱對酌定之，此數是也。

四因法 積三百八十四，和四十，較八。

假如長二十四，闊一十六，計積三百八十四，較八，和四十。先知較，則以較自乘六十四加入四積一千五百三十六，成一千六百，平開得和。先知和，則以和自乘一千六百減四積，餘數平開得較。和較相減，折半得闊；和較相併，折半得長。◎四色實爲四積，黃爲較。將四積迴環置之，中成一空，即較實也。又得長，除積爲闊；得闊，除積爲長。

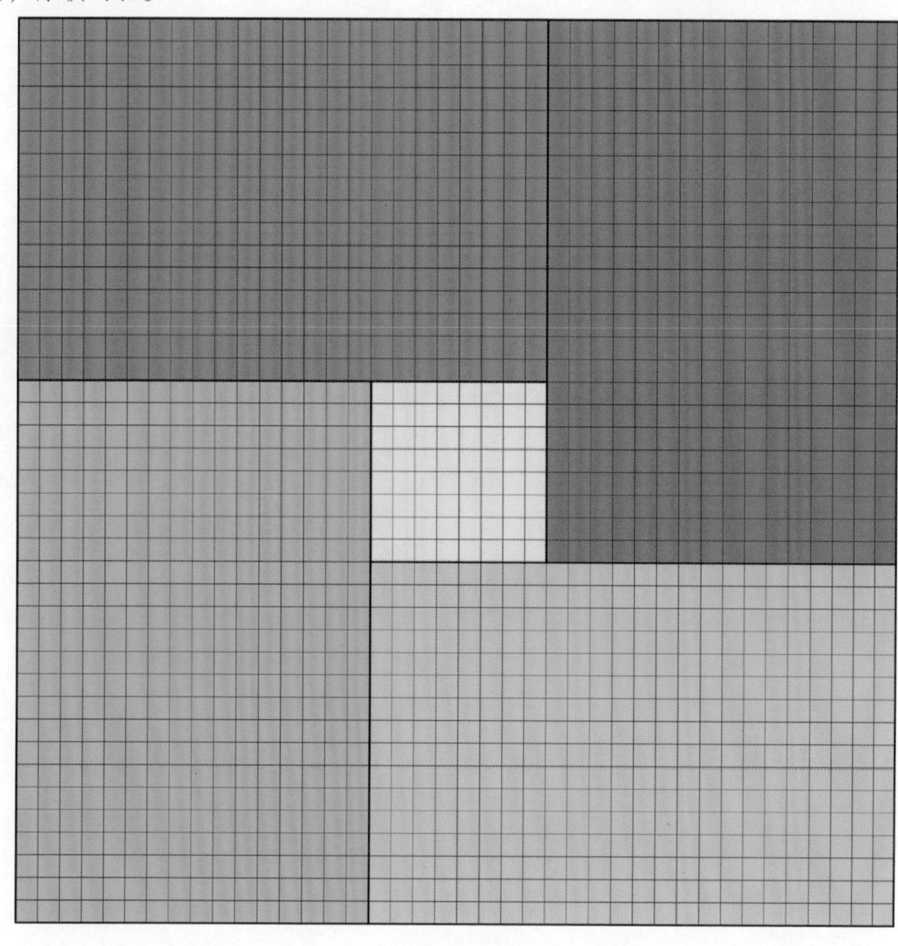

帯縦法合併法実八百六十の　縦一十二

隅法若帯入廉
法五十二再加商
四得五十六以商
四对呼除之

方法二十併帯縦一十二共三十二以初商对呼除二三如六二三如の青実是

廉法四帯縦一十二共五十二以次商の対呼五四二十二四如八除実是

隅法四自乘除一十六黄実是

帶縱合併法 實八百六十四，縱一十二。

方法二十，併帶縱一十二，共三十二。與初商對呼，除二三如六，二二如四，青實是。

廉法四［十］，帶縱一十二，共五十二。與次商四對呼，五四二十，二四如八，綠實是。

隅法四，自乘除一十六，黃實是。

隅法若帶入廉法，五十二再加商四，得五十六，與商四對呼除之。

帶縱逐位法 實八百六十四 縱一十二

初商二自乘除四百
青實是

次商四與廉法四相乘時除
一百六十係實是

隅法四自乘除一十六
黃實是

帶縱一十二與初商二相乘除
二百四十朱實是

帶縱一十二與次商四相乘
除四十八紫實是

帶縱逐位法 實八百六十四，縱一十二。

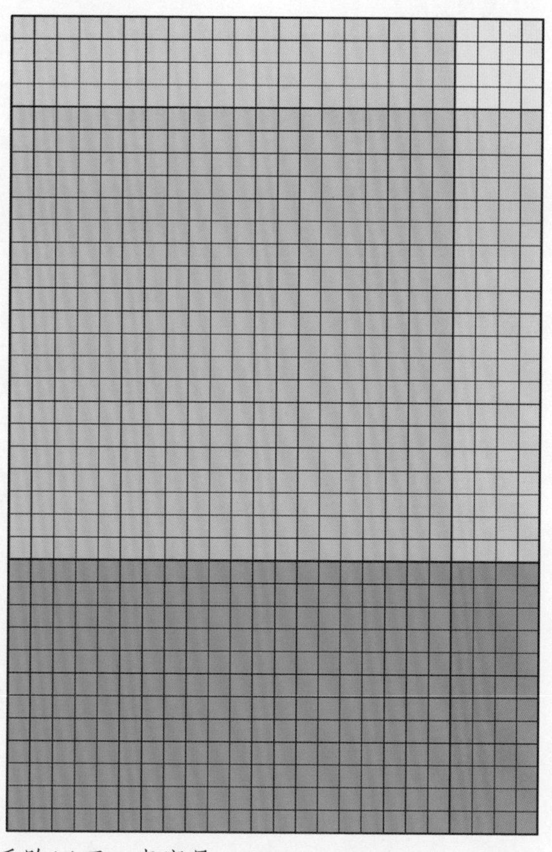

初商二［十］，自乘除四百，青實是。

次商四，與廉法四［十］相乘，呼除一百六十，綠實是。

隅法四，自乘除一十六，黄實是。

帶縱一十二，與初商二［十］相乘，除二百四十，朱實是。

帶縱一十二，與次商四相乘，除四十八，紫實是。

減積法 積八百六十四 較一十二

初商二乘較一十二減積二百四十青点一段是 餘実六百二十四

方法二自乘除四百青実是 餘実二百二十四

縱商四乘除較一十二減積四十八紅点一段是 餘積一百七十六

廉法四与商四相乘除一百六十 餘積一十六 係実是

隅法四自乘除一十六 無実是

減積法 積八百六十四，較一十二。

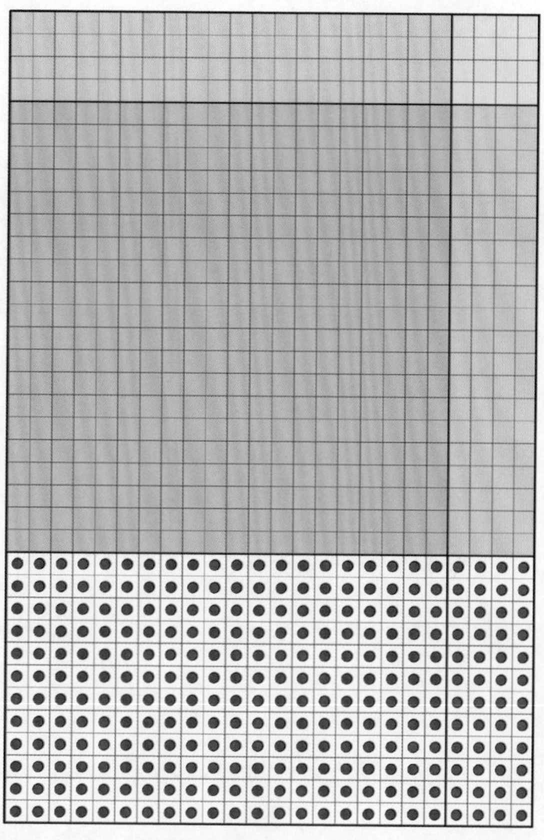

初商二［十］，乘縱一十二，減積二百四十，青點一段是。餘實六百二十四。

方法二［十］，自乘除四百，青實是。餘實二百二十四。

縱商四，乘縱一十二，減積四十八，紅點一段是。餘積一百七十六。

廉法四［十］，與商四相乘，除一百六十，［綠實是］。餘積一十六。（綠實是）

隅法四，自乘除一十六，黃實是。

西蒙帶縱法與合併同但縱亦有隅為異積八百六十四較一十二

方法十二帶縱一十二共三十二與初商二相乘呼除二三如六二二如四青実是

廉法四十帶縱一十共五十與次商四相乘呼除五四二十除実是

隅法方隅四縱隅二共六與次商四相乘呼除四六二十四黃実兩段是

亦有隅法貫入廉法如此詞廉法四十帶縱一十二共五十二之以次商乎四加入共五十六以商四乘之開盡

西書帶縱法 與合併同，但縱亦有隅爲異。積八百六十四，較一十二。

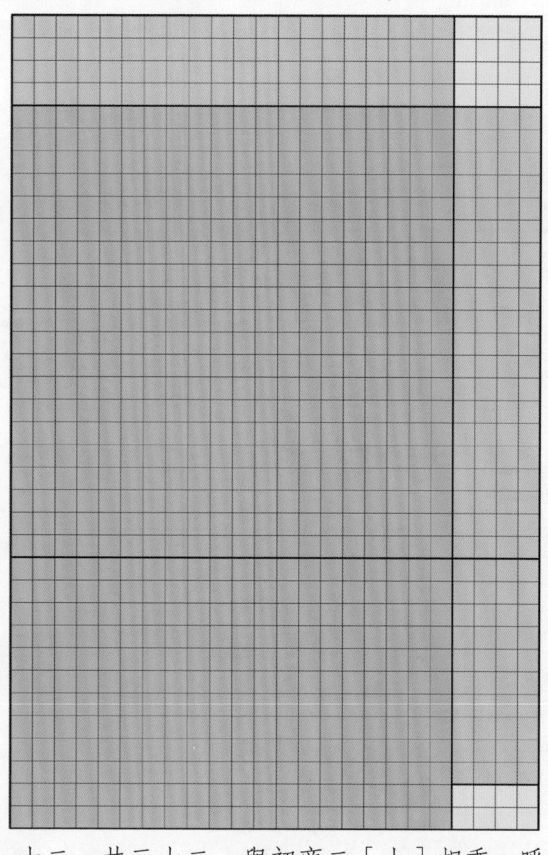

方法二十，帶縱一十二，共三十二。與初商二[十]相乘，呼除二三如六，二二如四，青實是。

廉法四十，帶縱一十，共五十。與次商四相乘，呼除五四二十，綠實是。

隅法方隅四，縱隅二，共六。與次商四相乘，呼除四六二十四，黄實兩段是。

亦有隅法貫入廉法者，如此問，廉法四十，帶縱一十二，共五十二；又以次商之四加入，共五十六。以商四乘之，開盡。

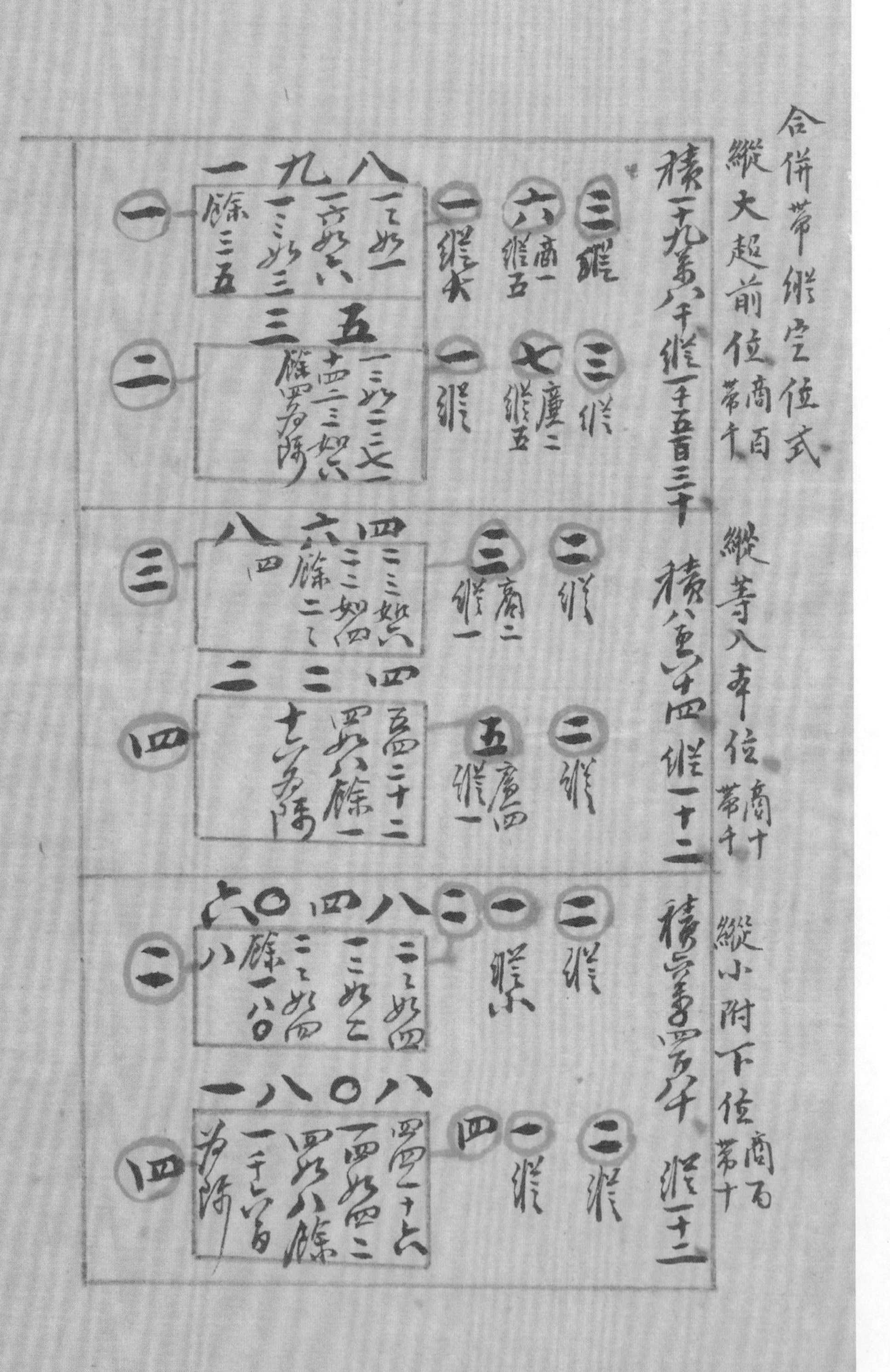

合併帶縱定位式

縱大超前位 商百帶千

積一十九萬八千，縱一千五百三十。

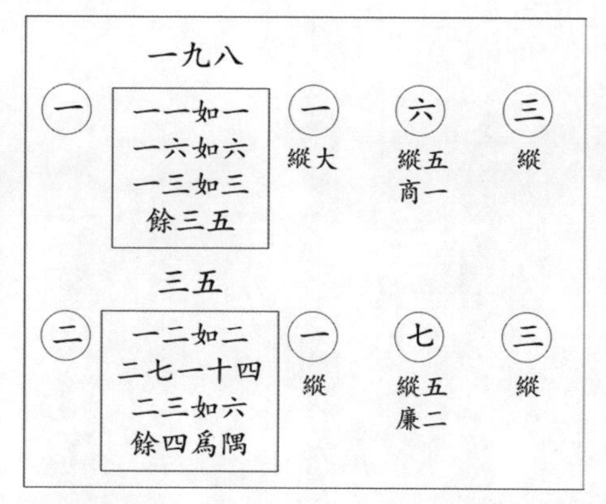

縱等入本位 商十帶（千）[十]

積八百六十四，縱一十二。

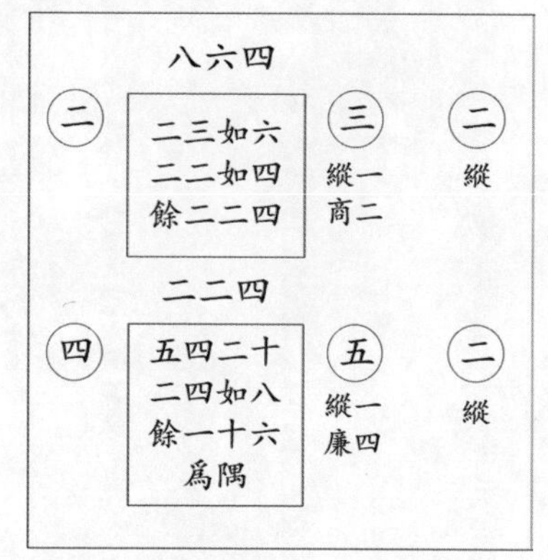

縱小附下位 商百帶十

積六萬〇四百八十，縱一十二。

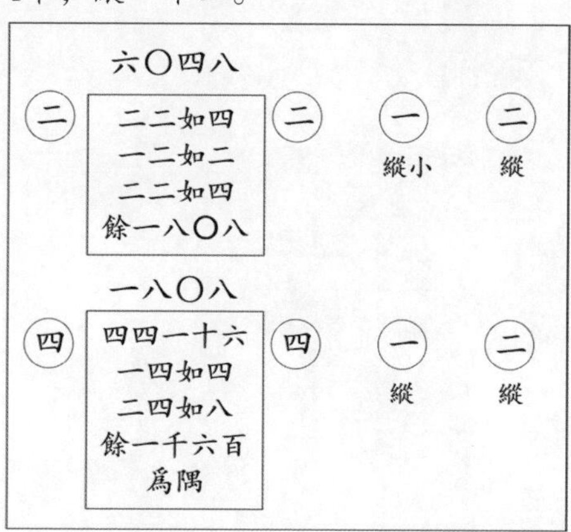

一凡積與較求長共用四因法四因積加較自乘平方開得和加較折半而得長○或用減縱法視初商數視平法常溢列左以縱數減商數餘數列右對呼除之餘積再將初商併入減餘為廉法與次商對呼除之次第除訖其餘法皆以自乘除之○或用益積法初商大小視縱之多寡定之縱少共視平法稍溢縱多共視平法大溢卻以所商數乘縱得數加入原積以平方方法呼除之再商廉亦以所商乘縱得數加入餘積以平方廉法呼除之餘積以隅法自乘除之

問今有直田積八百六十四步闊不及長一十二步求長几何　答長三十六步

法四因積得三千四百五十六加較自乘一百四十四共三千六百以平方開之和以六十步加較一十二得七十二步折半合問○減縱法如方積九百方面商三十今雖無數此則溢商三十列積左積右亦置三十減較一十二餘一十八對呼除之一三如三三八二十四餘三百二十四卻以初商三十為長廉併入右法十八為短廉共四十八為法次商六相對呼除四六二十四六八四十八餘積以商六自乘呼除之六六三十六恰盡合問○益積法初商三十即以三十乘較一十二得三百六十加入原積成一千二百二十四卻以平方法三三如九呼除九百餘積三百二十四次商六又以六乘較一十二得七十二加入餘積成三百九十六卻以平方廉法倍初商為六與商六對呼六六三十六除三百六十餘三十六為隅合問

解四因說見前和乃一長一闊加較則成兩長故折半得長○減縱法視多商共以求

一、凡積與較求長者[1]，用四因法，四因積，加較自乘，平方開得和，加較折半而得長。◎或用減縱法，初商數視平法常溢，列左；以縱數減商數，餘數列右。對呼除之，餘積。再將初商併入減餘，爲廉法，與次商對呼除之，次第除訖，其餘法皆以自乘除之[2]。◎或用益積法，初商大方視縱之多寡定之，縱少者視平法稍溢，縱多者視平法大溢。卻以所商數乘縱，得數加入原積，以平方方法呼除之。再商廉，亦以所商乘縱得數加入，餘積以平方廉法呼除之。餘積以隅法自乘除之[3]。

1. 問：今有直田積八百六十四步，闊不及長一十二步，求長幾何[4]？

答：長三十六步。

法：四因積得三千四百五十六，加較自乘一百四十四，共三千六百。以平方開之，得和六十步。加較一十二，得七十二步，折半，合問。◎減縱法。如方積九百，方可商三十，今雖無此數，即溢商三十，列積左；積右亦置三十，減較一十二，餘一十八。對呼除之，一三如三,三八二十四，餘三百二十四。卻以初商三十爲長廉，併入右法十八爲短廉，共四十八爲法，次商六相對呼除，四六二十四,六八四十八。餘積以商六自乘呼除之，六六三十六，恰盡。合問。◎益積法。初商三十，即以三十乘較十二，得三百六十，加入原積，成一千二百二十四。卻以平方法三三如九呼除九百，餘積三百二十四。次商六，又以六乘較一十二得七十二，加入餘積，成三百九十六。卻以平方廉法倍初商爲六，與商六對呼，六六三十六，除三百六十，餘三十六爲隅。合問。

解：四因説見前，和乃一長一闊，加較則成兩長，故折半得長。◎減縱法多商者，以求

1《同文算指通編》卷七“積較和相求開平方諸法”積較求長有“負縱益積開平方”“帶減縱開平方”二法，分别與 a 術文“益積法”“減縱法”同。

2 設闊爲 m，長爲 n，長闊較爲 $n-m=t$。用減縱法求長 n，如圖 7-7 所示，約得初商爲 a，減去縱長 t，得 $a-t$，與初商相乘，得 $(a-t)a$。從原積中減去 $(a-t)a$，餘積約得次商爲 b，從餘積内減去兩廉積併縱廉積：$(2a-t)b$。餘積即隅積 b^2。術文“初商併入減餘爲廉法”，“減餘”即初商與長闊較之差 $a-t$，併入初商 a，得廉法爲 $2a-t$。

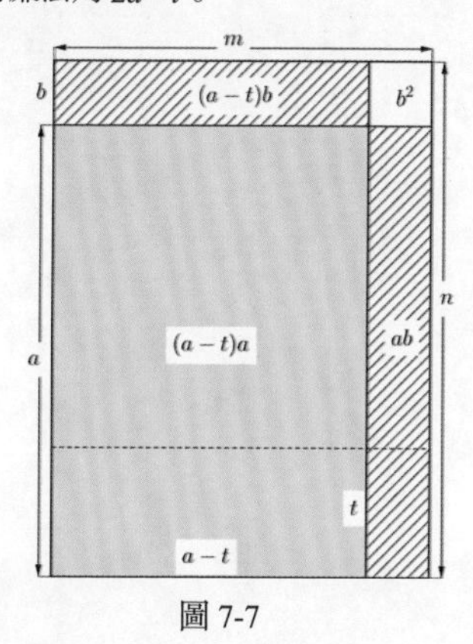

圖 7-7

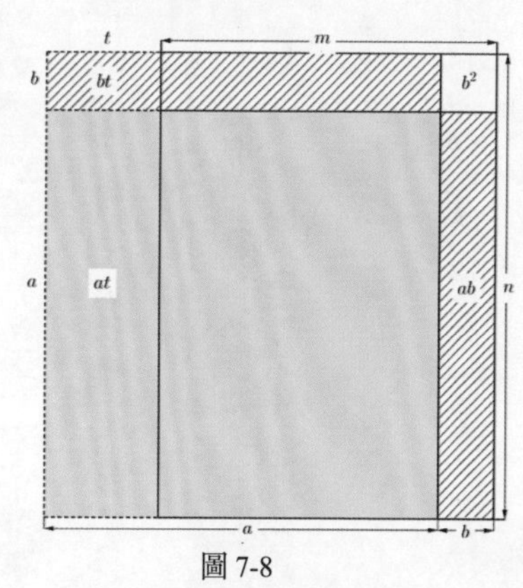

圖 7-8

3 益，增加。益積即增加原積，構成以長爲方根的平方積，然後用平方開之得長。如圖 7-8 所示，虚線部分爲益積，與原積構成邊長爲 n 的正方。減積過程如下：約得初商爲 a，將初商與縱乘積 at 加入原積，減去初商自乘積 a^2。餘積約得次商爲 b，加入商與縱乘積 bt，減去兩廉積 $2ab$。餘爲隅積 b^2。

4 此題爲《同文算指通編》卷七“積較和相求開平方諸法”積較求長“負縱益積開平方”與“帶減縱開平方”第一題。

濶以濶為法故商不常足求者以長為法故商須有餘也初商不尽者亦不尽濶如此

濶初商者三尽十減為一十八如三十乘一十八步然作一者整方形縱計積之為三十步

十八積計之為十八步三十步缺尽之者為短廉應有几個十八步缺尽之濶為長廉應有

几個三十短廉之縱數長廉之橫數少等故併之為廉法既以然比濶不及長之數

已於初商減縱內空差步餘者餘濶勢不容於不同也○益積説見後

問今有直田積一十九万八千濶不及長一千五百三十步求長若干

答一千六百五十步

法四因法同前○減縱法初商一千六百減縱一千五百三十餘七十已以七十與一千六百对呼

一七如七除七万呼六七四十二除四万二千餘積八百六千却以初商一千六百併入七十共一

千六百七十為法次商五十以法对呼一五如五除五万呼五六三十除三万呼七五三十五餘

二千五百以隅法自乘呼五五二十五除之○益積法初商一千以乘縱得一百五十三万

却以方法呼二一如一除一百万餘七十二万八千次商六百以乘縱得九十一万八千

加於本積之上作一百七十二万八千併入餘積得一百六十四万六千倍初商二千為廉法與

商六对呼二六一十二除一百二十万以六百自乘為隅法呼六六三十六除三十六万餘八万六千

三商五十以乘縱得七万六千五百併入餘積得一十六万二千五百倍前二商一千六百作三

千二百為廉法與商五对呼三五一十五除一十五万呼二五一十除一万餘二千五百以五

自乘為隅呼除恰尽合問

闊以闊爲法，故商常不足；求長以長爲法，故商須有餘也。初商不盡長，亦不盡闊。如此問，初商長三十，減爲一十八，如以三十乘一十八者然，作一長整方形。縱計之，爲三十者十八；横計之，爲十八者三十。其未盡之長爲短廉，應有幾個十八；其未盡之闊爲長廉，應有幾個三十。短廉之縱數、長廉之横數必等，故併之爲廉法。所以然者，闊不及長之數，已於初商減縱内定差，其餘長餘闊，勢不容於不同也。◎益積説見後。

2. 問：今有直田積一十九萬八千，闊不及長一千五百三十步，求長若干[1]？

答：一千六百五十步。

法：四因法同前。◎減縱法。初商一千六百，減縱一千五百三十，餘七十。即以七十與一千六百對呼，一七如七，除七萬；呼六七四十二，除四萬二千，餘積八百六千。卻以初商一千六百併入七十，共一千六百七十爲法。次商五十，以法對呼，一五如五，除五萬；呼五六三十，除三萬；呼五七三十五，餘二千五百。以隅法自乘，呼五五二十五除之。◎益積法。初商一千，以乘縱得一百五十三萬，加於本積之上，作一百七十二萬八千。卻以方法呼一一如一，除一百萬，餘七十二萬八千。次商六百，以乘縱得九十一萬八千，併入餘積，得一百六十四萬六千。倍初商二千爲廉法，與商六對呼，二六一十二，除一百二十萬。以六百自乘爲隅法，呼六六三十六，除三十六萬，餘八萬六千。三商五十，以乘縱，得七萬六千五百，併入餘積，得一十六萬二千五百。倍前二商一千六百作三千二百，爲廉法，與商五對呼三五一十五，除一十五萬；呼二五一十，除一萬，餘二千五百。以五自乘爲隅，呼除恰盡[2]。合問。

1 此題與“積較求闊”第三題數據同。

2 此問原積長闊相差懸遠，如圖 7-9，虚线部分为益積，運算過程如下所示：

商	積	廉法	縱	
初商1000	198000		1530	
	1530000			加入初商益積：1000×1530=1530000
	-1000000			減去初商方積：1000×1000=1000000
初商600	728000	2000		廉法：2×1000=2000
	918000			加入次商益積：600×1530=918000
	-1200000			減去次商廉積：600×2000=1200000
	-360000			減去次商隅積：600×600=360000
初商50	86000	3200		廉法：2×（1000+600）=3200
	76500			加入三商益積：50×1530=76500
	-160000			減去三商廉積：50×3200=160000
	-2500			減去三商隅積：50×50=2500
	0			減積盡，開得長爲1650

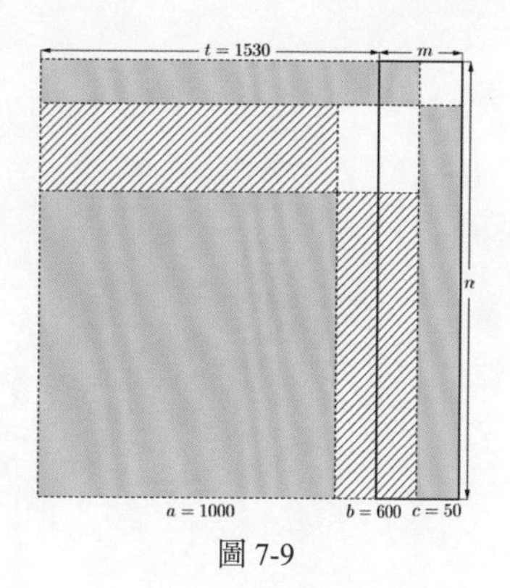

圖 7-9

解減縱初商便作二位一千六百步以為減縱之地少則無可減矣然何以不商一千七百蓋初商長一千六百以一千五百三十為多於濶之數七十為與濶等之數非以七十乘一千六百步然作一長方形尚有餘積可以更商餘長餘濶若商一千七百則濶數當百七十丈與一千七百相乘當二十八萬九千全積亦無此數不但無餘長餘濶而已故止可商一千六百耳凡定商俱以此法酌之姑舉以例其餘○益積法積係一百二十乘一千六百五十是止可有一百二十個一千六百五十也尚少一千五百三十個一千六百五十方可乘成一大方應益積二百五十二萬四千五百故次第逐位加之耳前濶縱少方多此濶縱多方少縱以長有餘濶不足故增濶數以成其方明大率減縱與帶縱相表裏帶縱求濶欲銷其長減縱求長須約其濶減積與益積相表裏減積以濶為主成其為小方益積以長為主成其為大方互觀則得其解矣

減縱法

初商三十為長減於一十二餘一十八為濶對呼除三如三三八二十四共五百四十為長方青寔是

解：減縱初商便作二位一千六百者，以爲減縱之地少則無可減矣。然何以不商一千七百？蓋初商長一千六百，以一千五百三十爲多於闊之數，七十爲與闊等之數，如以七十乘一千六百者然，作一長方形，尚有餘積，可以更商餘長餘闊。若商一千七百，則闊數當爲百七十，又與一千七百相乘，當二十八萬九千。全積亦無此數，不但無餘長餘闊而已，故止可商一千六百耳。凡定商，俱以此法酌之，姑舉以例其餘。◎益積法積係一百二十乘一千六百五十，是止有一百二十個一千六百五十也，尚少一千五百三十個一千六百五十，方可成一大方，應益積二百五十二萬四千五百，故次第逐位加之耳。前問縱少方多，此問縱多方少。縱以長有餘闊不足，故增闊數以成其方耳。大率減縱與帶縱相表裏，帶縱求闊，欲銷其長；減縱求長，欲約其濶。減積與益積相表裏，減積以闊爲主，成其爲小方；益積以長爲主，成其爲大方。互觀則得其解矣。

減縱法

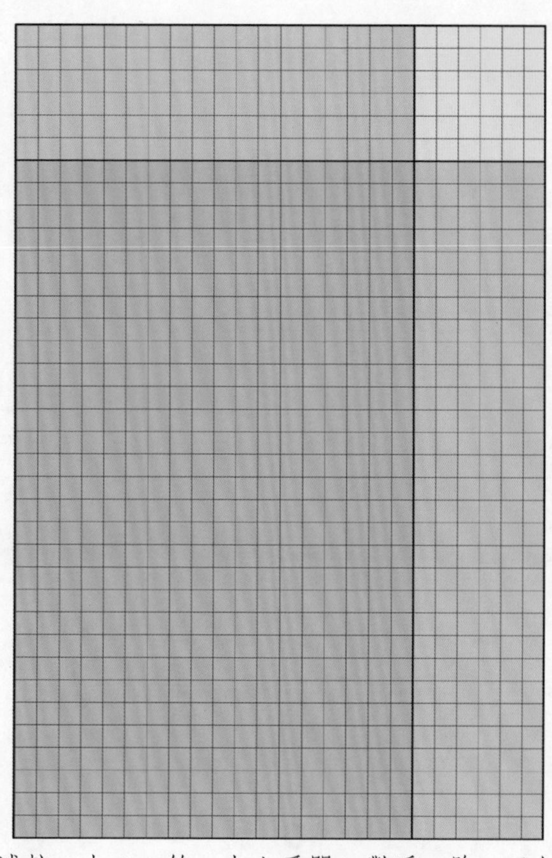

初商三十爲長，減較一十二，餘一十八爲闊。對呼，除一三如三，三八二十四，共五百四十爲長方，青實是。

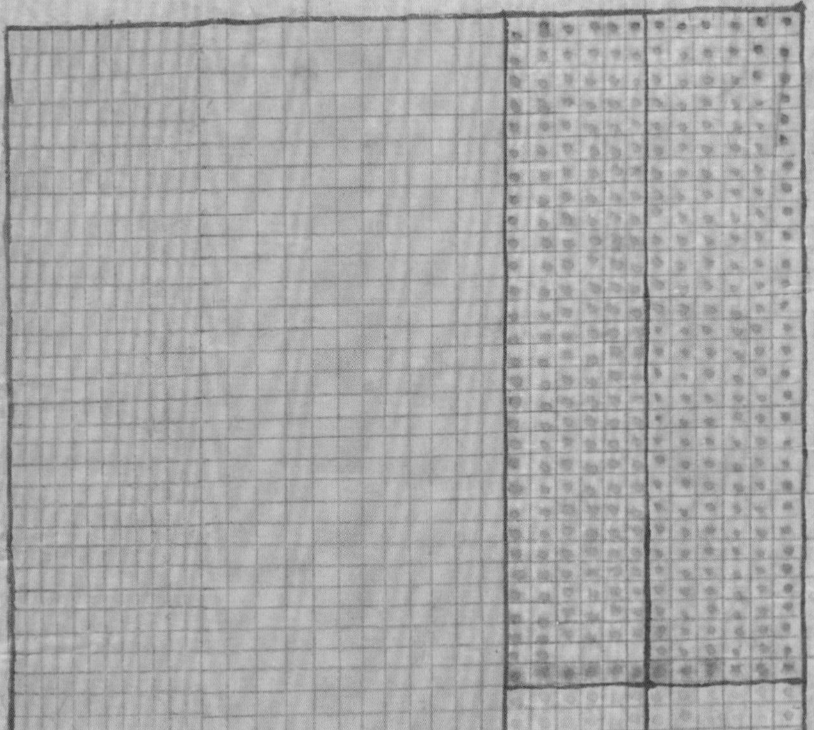

〇三十為長廉十八為短廉共四十八為法商六対呼除四六二十四六八四十八共二百八十八除寔是〇商六自乘三十六為隅 畨寔是

益積法 從寔闊起

初商三十乘較一十二得三百六十紅点是〇次商六乘較一十二得七十二係点是〇從寔面闊起大方九百内寔積七百二十虛積一百八十〇兩廉三百六十内一廉虛積一百八十一廉寔積一百四十四虛積三十六〇隅三十六皆虛積〇從虛面闊起

第二圖

假令闊三十長三十六積當一千〇八十較當六益積當二百一十六刪大方全寔一廉寔一廉虛一隅實〇又令闊三十一長三十六積當一千一百一十六較當五益積當一百八十刪大方二方外虛廉虛隅二方内仍當有寔積三十六矣具

餘要互推

◎三十爲長廉，十八爲短廉，共四十八爲法。商六對呼，除四六二十四，六八四十八，共二百八十八，緑實是。◎商六自乘三十六爲隅，黄實是。

益積法 縱實開起

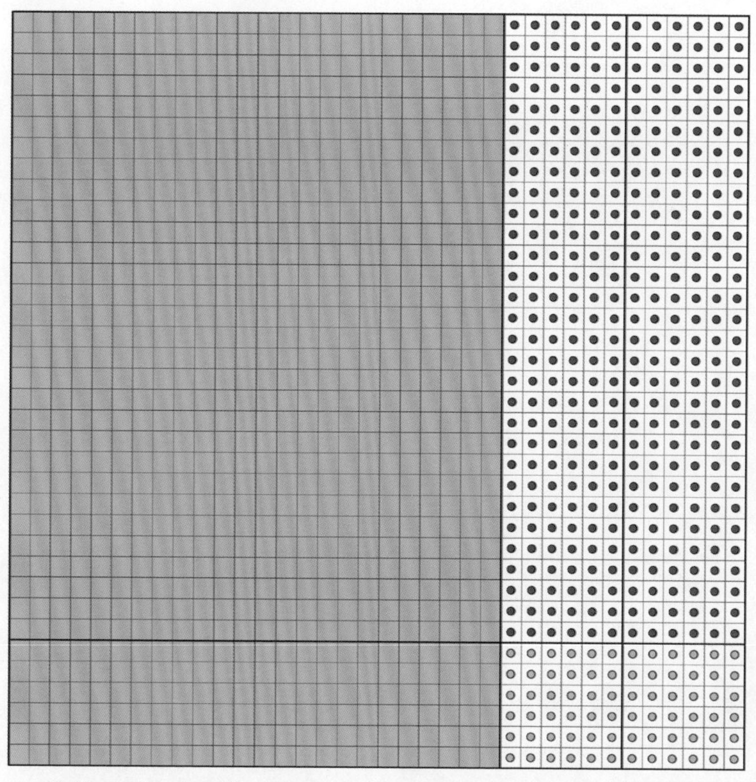

初商三十，乘較一十二，得三百六十，紅點是。◎次商六，乘較一十二，得七十二，緑點是。◎從實面開起，大方九百，内實積七百二十，虚積一百八十。◎兩廉三百六十，内一廉虚積一百八十，一廉實積一百四十四、虚積三十六。◎隅三十六，皆虚積。◎從虚面開，如第二圖。

假令闊三十、長三十六，積當一千〇八十，較當六，益積當二百一十六。則大方全實，一廉實，一廉虚，一隅虚矣[1]。◎又令闊三十一、長三十六，積當一千一百一十六，較當五，益積當一百八十。則大方之外，虚廉虚隅之内，仍當有實積三十六矣[2]。(具)［其］餘變可推。

1 如圖 7-10（1）所示，灰色部分爲益積。大方爲實，右廉爲虚，下廉爲實，隅爲虚。

2 如圖 7-10（2）所示，灰色部分爲益積。大方爲實，右廉有實有虚，下廉爲實，隅有實有虚。右廉、隅積内，含實積三十六，即斜線部分。

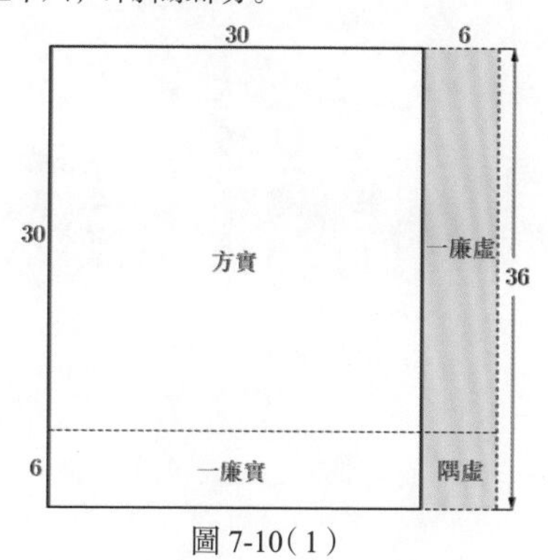

圖 7-10（1）

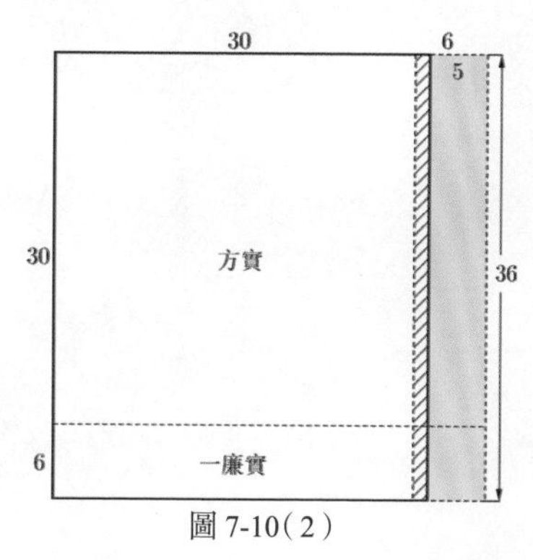

圖 7-10（2）

第二

若從虛面濶起大方九百內虛積三百六十寔積五百四十兩廉三百六十內一廉寔積一百八十一廉寔積七十二虛積一百〇八〇隅三十六俱寔假令濶六長三十六積當二百一十六較當三十益積當一千〇八十刻大方全虛一廉虛一廉寔一隅寔矣〇又令濶五長三十六積當一百八十較當三十一益當一千一百一十六刻大方之外寔廉寔隅之內仍當有虛積三十六矣如第二洞一十九第八千是其例也

第二

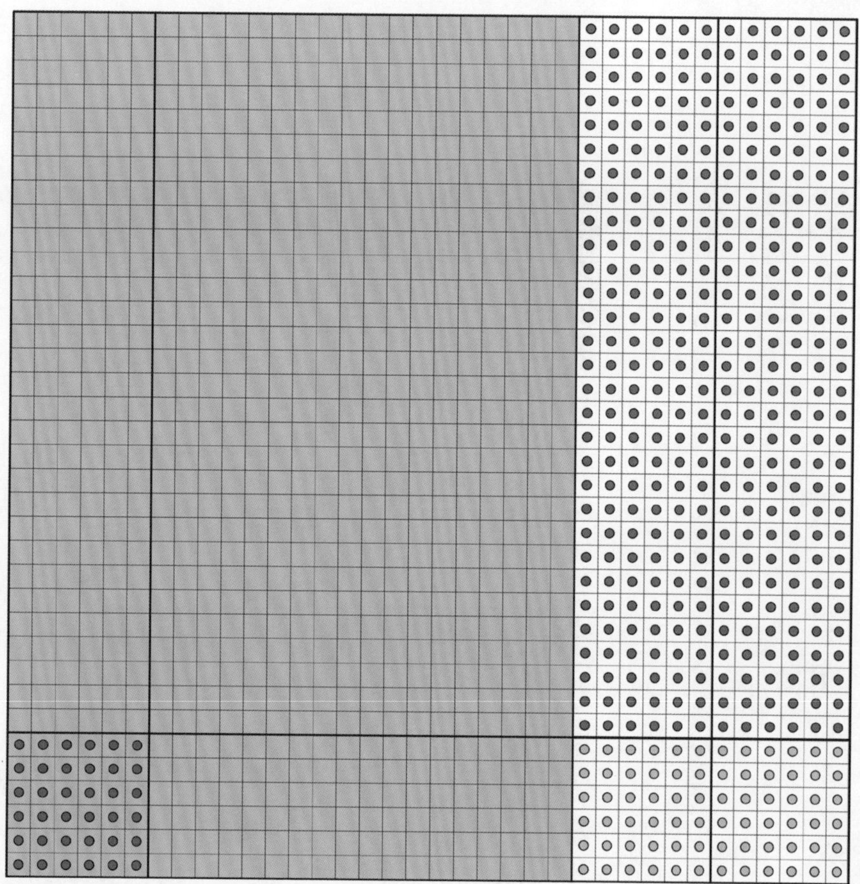

若從虚面開起，大方九百，内虚積三百六十，實積五百四十。兩廉三百六十，内一廉實積一百八十；一廉實積七十二，虚積一百〇八。隅三十六，俱實。◎假令闊六、長三十六，積當二百一十六，較當三十，益積當一千〇八十。則大方全虚，一廉虚，一廉實，一隅實矣。◎又令闊五、長三十六，積當一百八十，較當三十一，益當一千一百一十六。則大方之外，實廉實隅之内，仍當有虚積三十六矣。如第二問一十九萬八千，是其例也。

一凡積与和求濶者用四因法以和自乘四因積減之餘以平方開之得較於和折半得濶〇用減

縱其法有二有商減有借減商減者約略和數以少點為濶法以多點為長法商濶減和餘其

餘以為長仍量商餘和以俟續商乃以商濶与商長相对呼除積為長方次將所商餘和與商若

干為餘濶以減之餘者為餘長亦互相呼次商餘濶与和商之長相乘以為長廉次商餘長与初商

之濶相乘以為短廉再以餘濶餘長為隅法以除餘積不盡者仍用前法其有位數參差者或

長位多而濶位少（如以几千几百為長几千几百几十几個為濶）或有長濶空位（如以几千〇几十為長几千几百几十為濶）或濶有空位（如以几千几百几十

為長几千〇几十為濶）或長短俱有空位（如以几千〇几十為長几千〇几十為濶）其有多寡參差者或差在首位（如五百几十為長三百几十為濶）

或差在次位（如一千五百為長一千三百為濶）又有隔位者（如長從萬起濶從千起為隔一位長從萬起濶從百起為隔二位）變化多端皆視原積消

息之〇借減者以商濶減和餘盡借作長以相呼除畢旋以濶法減長法當其餘以俟次

商再以次商減餘以其存數与次商相对呼除不用廉隅等法〇用益積其法亦有二有倍益

者有單益者單益初商相濶若干以自乘加入原積而以初商与对和呼除之以倍和商与次商相

乘為廉以次商自乘為隅加入餘積又而以次商与和对呼除之不盡則倍前所商与見商相乘

為廉餘如前法〇倍益者方法廉法隅法視前法皆加倍置和如較然全用積較求濶之

法併之入縱以求之

濶今有直田積八百六十四步長濶和六十步求濶若干　答二十四步

法四因法先以和自乘得三千六百步以四積三千四百五十六步減之餘一百四十四步平開之

一、凡積與和求闊者[1]，用四因法，以和自乘，四因積減之，餘以平方開之得較。［減較］於和，折半得闊[2]。◎用減縱，其法有二，有商減，有借減。商減者，約略和數，以少分爲闊法，以多分爲長法。商闊減和，留其餘以爲長，仍量留餘和，以俟續商。乃以商闊與留長相對呼，除積爲長方。次將所留餘和，再商若干爲餘闊，以減之，餘者爲餘長，交互相呼。次商餘闊與初留之長相乘，以爲長廉；次留餘長與初商之闊相乘，以爲短廉。再以餘闊餘長爲隅法，以除餘積[3]。不盡者，仍用前法。其有位數參差者，或長位多而闊位少，如以幾千幾百爲長，幾千幾百幾十幾個爲闊。**或長有空位，**如以幾千〇幾十爲長，幾千幾百幾十爲闊。**或闊有空位，**如以幾千幾百幾十爲長，幾千〇幾十爲闊。**或長短俱有空位；**如以幾千〇幾十爲長，幾千〇幾十爲闊。**其有多寡參差者，或差在首位，**如五百幾十爲長，三百幾十爲闊。**或差在次位，**如一千五百爲長，一千三百爲闊。**又有隔位者。**如長從萬起，闊從千起，爲隔一位；長從萬起，闊從百起，爲隔二位。**變化多端，皆視原積消息之。◎借減者，以商闊減和，餘盡借作長，以相呼除。除畢，旋即以闊法減長法，留其餘以俟次商。再以次商減餘，以其存數與次商相對呼除，不用廉隅等法[4]。◎用益積，其法亦有二，有倍益者，有單益者。單益，初商闊若干，以自乘加入原積，即以初商與和對呼除之。以倍初商與次商相乘爲廉，以次商自乘爲隅，加入餘積，即又以次商與和對呼除之[5]。不盡則倍前諸商，與見商相乘爲廉，餘如前法。◎倍益者，方法廉法隅法視前法皆加倍。置和如較然，全用積較求闊之法，併方入縱以求之[6]。**

1. 問：今有直田積八百六十四步，長闊和六十步，求闊若干？

答：二十四步。

法：四因法。先以和自乘，得三千六百步，以四積三千四百五十六步減之，餘一百四十四步，平開之，

1《同文算指通編》卷七“積較和相求開平方諸法”積和求闊有“帶縱益隅開平方”“帶縱負隅減縱開平方”二法，分別與術文“單益”“借減”同。

2 原文作“於和折半得闊”，語義不通，據文意補“減較”二字。

3 設長闊和爲 t。商減法如圖 7-11(1) 所示，約得初商闊爲 a，初留之長爲 a_1，$t-(a+a_1)$ 爲餘和。原積内減去長方積 $a\cdot a_1$，以餘積約得次商闊爲 b，餘長爲 $t-(a+a_1)-b=b_1$。餘積内依次減去短廉積 $a\cdot b_1$、長廉積 $b\cdot a_1$、隅積 $b\cdot b_1$。除積恰盡，$a+b$ 即所開之闊。

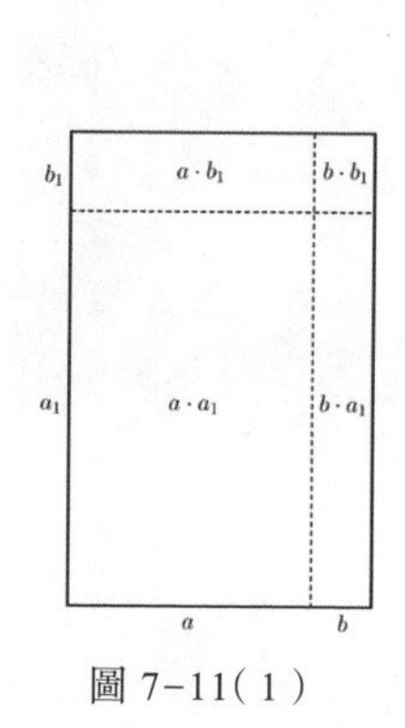

圖 7-11(1)

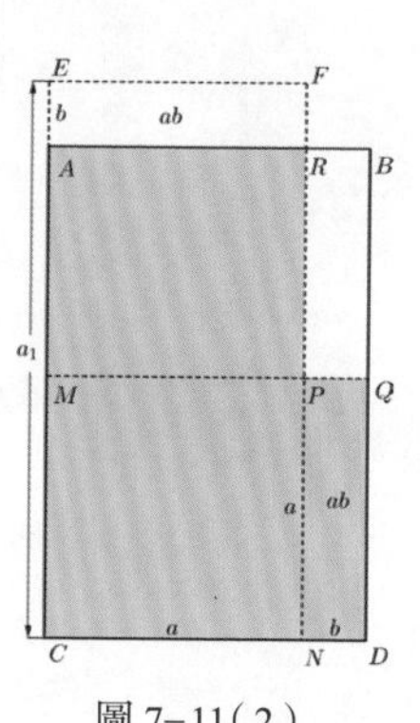

圖 7-11(2)

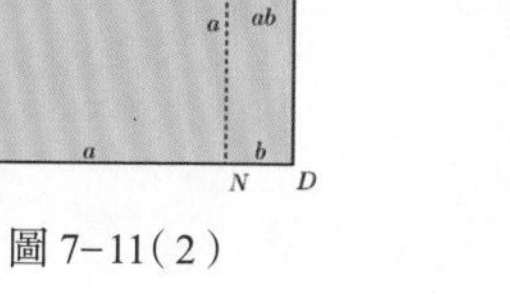

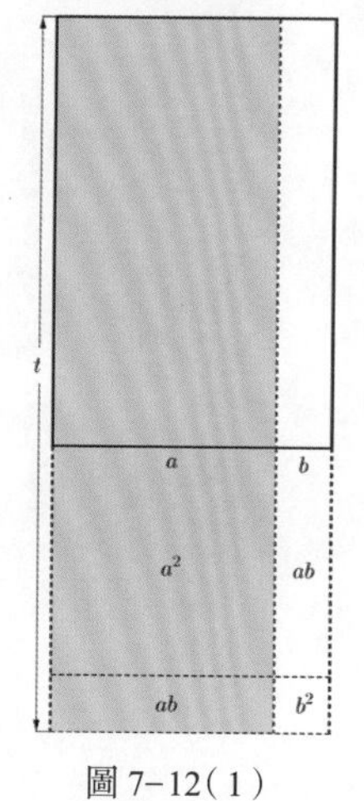

圖 7-12(1)

圖 7-12(2)

（轉一〇二一頁）

得一十二步為較以較減和餘の十八步折半合問〇減縱用前法置和六十於積右商二十
步為闊於左減全和餘の十步留の十步以俟續商取三十步為長與商闊對呼二三如六
除六百步餘二百六十の步卻於先留十步內商の步為闊以減和十步餘六步為長是互對呼
以除の闊對先長三十呼三四一十二除一百二十步以除六長對先闊二十呼二六一十二除一百二步為長
短二廉再以餘闊の與餘長六對呼の六二十の除積為長隅恰盡用除法先商二十步為闊
餘和の十步盡借為長對呼二の如八除積八百步餘六十の步旋於餘和の十內減先商
二十止餘二十再商の步以減二十止餘一十六與商の步對呼四如四除の千呼の六二十の除積盡〇
益積用前法商二十為闊自乘得の百加入原積得一千二百六十の與和六十對呼二六一十二除一
千二百餘六十の倍初商二得の與商乘得一百六十為廉法以商の自乘得一十六為隅法
廉隅共一百七十六加入餘積六十の共二百の十卻以續商の與全和對呼の六二十の除積恰盡用除法
商二十自乘得の百倍之為八百加入原積得一千六百六十の卻以商二十併入和六十共八十為法與
商二對呼二八一十六除一千六百餘積六十の步廉隅法同前得一百七十六倍之得三百五十二加入
餘積得の百一十六卻倍初商二十得の十為廉法續商の與以の為隅法共の十の加入和得一百
の與續廉の對呼一の如の除の百の一十六除積十六恰盡合問
解於寔加の積成和寔和寔減の積餘於寔較和相推自得闊長之數〇商減法就和中商
大若干為長若干為闊也此求闊法故以商者為闊以減減闊則留者為長和以二十與三十

得一十二步爲較。以較減和，餘四十八步，折半合問。◎減縱用前法，置和六十於積右，商二十步爲闊於左，減全和，餘四十步，留（四）十步以俟續商[1]，取三十步爲長，與商闊對呼，二三如六，除六百步，餘二百六十四步。卻於先留十步内商四步爲闊，以減和十步，餘六步爲長，交互對呼。以後四闊對先長三十，呼三四一十二，除一百二十步；以後六長對先闊二十，呼二六一十二，除一百二步，爲長、短二廉。再以餘闊四與餘長六對呼，四六二十四，除積爲長隅，恰盡。

用後法，先商二十步爲闊，餘和四十步盡借爲長，對呼，二四如八，除積八百步，餘六十四步。旋於餘和四十内減先商二十，止餘二十，再商四步，以減二十，止餘一十六，與商四步對呼，一四如四，除四十；呼四六二十四，除積盡[2]。

◎益積用前法，商二十爲闊，自乘得四百，加入原積，得一千二百六十四。與和六十對呼[3]，二六一十二，除一千二百，餘六十四。倍初商二得四，與商乘[4]，得一百六十爲廉法，以商四自乘得一十六爲隅法，廉隅共一百七十六，加入餘積六十四，共二百四十。卻以續商四與全和對呼，四六二十四，除積恰盡。

用後法，商二十自乘得四百，倍之爲八百，加入原積，得一千六百六十四。卻以商二十併入和六十，共八十爲法，與商二對呼，二八一十六，除一千六百，餘積六十四步。廉隅法同前，得一百七十六，倍之得三百五十二，加入餘積，得四百一十六。卻倍初商二十得四十爲廉法，續商四，即以四爲隅法，共四十四，加入和，得一百〇四，與續商四對呼，一四如四，除四百；四四一十六，除積十六，恰盡[5]。合問。

解：較實加四積成和實，和實減四積餘較實。較和相推，自得闊長之數。◎商減法，就和中商其若干爲長，若干爲闊也。此求闊法，故以商者爲闊，以減闊所留者爲長。初以二十與三十

---

1 四十，當作“十”，“四”係衍文，據演算刪。

2 減縱前法，即商減法；減縱後法，即借減法。俱詳術文及注釋。

3 與和六十對呼，指商二十與和六十對呼。

4 與商乘，指與次商四乘。

5 益積前法，即單益；益積後法，即倍益。俱詳術文及注釋。

（接一〇一九頁）

4 借減法如圖 7-11（2）所示，約得初商之闊爲 a，減長闊和得初長爲 $t-a=a_1$。初闊乘初長得 $a \cdot a_1$，相當於圖中陰影部分面積，減去原積，餘積即矩形 $RBQP$ 之積。由圖可知，$RB=b$，$RP=FN-PN-FR=a_1-a-b$，$S_{PBQP}=RB \cdot RP=b(a_1-a-b)$。減餘積恰盡，$a+b$ 即所開之闊。

5 單益，在原積中加入一個闊自乘積，《同文算指通編》稱作“帶縱益隅開平方”。如圖 7-12（1）所示，初商爲 a，原積加入大方 a^2，減去初商與長闊和乘積 at（即圖中陰影部分）。餘積商得次商爲 b，加入兩廉一隅之積 $2ab+b^2$，減去次商與長闊和乘積 bt（即圖中空白部分）。除積恰盡，$a+b$ 即所開之闊。

6 倍益，在原積中加入兩個闊自乘積。如圖 7-12（2）所示，初商爲 a，原積加入兩個大方積 $2a^2$，減去 $a(t+a)$（即圖中陰影部分）。餘積約得次商爲 b，加入四廉二隅之積 $4ab+2b^2$，減去 $b(t+2a+b)$（即圖中空白部分）。除積恰盡，$a+b$ 即所開之闊。

7 此題爲《同文算指通編》卷七“積較和相求開平方諸法”積和求闊“帶縱益隅開平方”與“帶縱負隅減縱開平方”第一題。

呼減廿大半方形也續商二闊視和半廉也續商二半視初闊廿短廉也蓋初半既定三十更
闊二步俱當以三十為半和闊既定二十更半二步俱當以二十為闊故縱橫互相乘以為廉法也儻
商二數自相乘又作一小長方形故以二為隅法也此兩平方法同全但形不整類耳又有初商異次
商同如二十五為闊三十五為半是也則兩廉有半短隅法為平方有初商同次商異如三十為闊三
十六為半是也則兩廉同度隅法為半方皆因積與和為消息難可執一也借減法闊有二十長
半無四十借為半用廿中暗藏二三十六為半應有二數兩初商二十相乘止應減七百二十暗
藏二四步宜係闊又兩初商二十相乘復減八十共成八百此八十者以四為闊以二十為半乃二十
步小方外二廉積也以全廉計二在四為闊三十六為半先減二十故止餘十六為半法和六十兩初
減二二十尾減二四步皆移闊於左當半於右以用故減二中減二二十乃積已先減法無可施以不用
故減二須斯二乃暢也○益積前法加一積廿原積合一半一闊兩成令以和為法則六十俱為半
少一闊故加自闊乘為小方積如以二十四為闊六十為半廿然後法加兩積共以一積作小方以一積入
原積為帶縱如以二十四為闊八十四為半廿然將六十半尽作較矣
問今有積一十九萬八千半闊和一千七百七十步求闊若干　答一百二十步
法四因法四因積七十九萬二千以減和自乘三百一十三萬二千九百餘二百三十四萬●九百平開之
得一千五百三十以減和餘二百四十折半合問○減縱法置和於右商一百於左減和一百餘一千
六百七十兩商一相呼二如一除十萬一六如六除六萬一七如七除七千餘三萬一千旋於餘

呼減者，大長方形也。續商之闊，視（和）［初］長者[1]，長廉也；續留之長，視初闊者，短廉也。蓋初長既定三十，更闊之步，俱當以三十爲長；初闊既定二十，更長之步，俱當以二十爲闊。故縱横互相乘，以爲廉法也。續商二數自相乘，又作一小長方形，故以之爲隅法也。此與平方法全同，但形不類耳。又有初商異、次商同，如二十五爲闊、三十五爲長是也，則兩廉有長短，隅法爲平方。有初商同、次商異，如三十四爲闊、三十六爲長是也，則兩廉同度，隅法爲長方。皆因積與和爲消息，難可執一也。

借減法，闊有二十，長本無四十，借爲長用。其中暗藏之三十六爲長分應有之數，與初商二十相乘，止應減七百二十[2]；暗藏之四步實係闊分，又與初商二十相乘，復減八十[3]，共成八百。此八十者，以四爲闊，以二十爲長，乃二十步小方外之廉積也。以全廉計之，應四爲闊，三十六爲長。先減二十，故止餘十六爲長法耳。和六十内初減之二十、尾減之四步，皆移闊於左，留長於右，以用故減之；中減之二十，乃積已先減，法無可施，以不用故（減）［藏］之[4]，須晰之乃暢也。◎益積前法加一積者，原積合一長一闊而成，令以和爲法，則六十俱爲長，少一闊，故加闊自乘爲小方積，如以二十四爲闊、六十爲長者然。後法加兩積者，以一積作小方，以一積入原積爲帶縱，如以二十四爲闊、八十四爲長者然，將六十步盡作較矣。

2. 問：今有積一十九萬八千，長闊和一千七百七十步，求闊若干[5]？

答：一百二十步。

法：四因法，四因積七十九萬二千，以減和自乘三百一十三萬二千九百，餘二百三十四萬〇九百，平開之，得一千五百三十。以減和，餘二百四十，折半合問。◎減縱法。置和於右，商一百於左，減和一百，餘一千六百七十。與商一相呼，一一如一，除十萬；一六如六，除六萬；一七如七，除七千，餘三萬一千。旋於餘

1 和長，當作“初長”，與“初闊”相對。和、初形近而訛，據文意及下文“初長既定三十”改。初長，術文或稱“留長”，或稱“初留之長”，皆同，即前圖 7-11（1）中 a_1 。

2 即前圖 7-11（2）中矩形 $ARNC$ 。

3 即前圖 7-11（2）中矩形 $PQDN$ 。

4 減，原作“藏”，墨筆塗改作“減”。按：作“藏”是，據文意改。

5 此題與“積較求闊”第三題數據同。

和一千六百七十內減去一百餘一千五百七十次商二十於尚和內再減餘三萬二十餘一千
五百五十與次商二十對呼二二如二除二萬二五一十除一萬二五一十除一千恰盡○商減
剩以一百為濶以一千為長原和不減對呼一一如一除十萬餘積九萬八千餘和七百七十內減去初
商一百餘六百為長對呼一六如六除六萬餘積三萬八千餘和七十內商二十置左為濶餘五
十當右為長以濶二十與先當一千六百對呼一二如二除二萬二六一十二除一萬二千以長五十
與先商一百對呼一五如五除五千又以二十與五十對呼二五一十除一千恰盡○益積法
初商一百自乘得一萬加入原積得二十萬八千却以全和與商一對呼二如一除十萬一七如七
除七萬一七如七除七萬餘三萬一千倍初商作二百以為廉法續商二十與廉法相乘得
四千二十自乘為隅法得四百共四千四百加入餘積得三萬五千四百仍以商二與全和對呼
一三如二除二萬二七一十四除一萬四千二七一十四除一千四百合以倍加法如前條可推
解長從千起濶從百起長三位濶二位但舉參差可倒推餘○初商止一百故假如以
三百為濶以一千四百七十為長積當四十四萬一千以二百為濶以一千五百七十為長
亦當三十一萬四千與此數故
問今有積六萬九千三百六十步長濶和七百八十二求濶若干　答一百〇二步
法四因法如前○減縱法商一百為濶當六百為長對呼一六如六除六萬餘九千三百六
十次將八十步盡為長與和一百對呼一八如八除八千餘一千三百六十次於十位商濶

和一千六百七十内減去一百，餘一千五百七十。次商二十，於留和内再減二十，餘一千五百五十，與次商二十對呼，一二如二，除二萬；二五一十，除一萬；二五一十，除一千，恰盡[1]。◎商減則以一百爲闊，以一千爲長，原和不減，對呼一一如一，除十萬，餘積九萬八千，餘和七百七十。内減去初商一百，餘六百爲長，對呼一六如六，除六萬，餘積三萬八千，餘和七十。内商二十，置左爲闊，餘五十留右爲長。以闊二十與先留一千六百對呼，一二如二，除二萬；二六一十二，除一萬二千。以長五十與先商一百對呼，一五如五，除五千。又以二十與五十對呼，二五一十，除一千，恰盡。◎益積法。初商一百，自乘得一萬，加入原積得二十萬八千。卻以全和與商一對呼，一一如一，除十萬；一七如七，除七萬；一七如七，除七千，餘三萬一千。倍初商作二百以爲廉法，續商二十，與廉法相乘，得四千；二十自乘爲隅法，得四百，共四千四百，加入餘積，得三萬五千四百。仍以商二與全和對呼，一二如二，除二萬；二七一十四，除一萬四千；二七一十四，除一千四百。合問。倍加法，如前條可推。

解：長從千起、闊從百起，長三位、闊二位，但舉參差，可例其餘。◎初商止一百者，假如以三百爲闊，以一千四百七十爲長，積當四十四萬一千；以二百爲闊，以一千五百七十爲長，亦當三十一萬四千，無此數故。

3. 問：今有積六萬九千三百六十步，長闊和七百八十二，求闊若干[2]？

答：一百〇二步。

法：四因法如前。◎減縱法。商一百爲闊，留六百爲長，對呼一六如六，除六萬，餘九千三百六十。次將八十步盡爲長，與初商一百對呼，一八如八，除八十，餘一千三百六十。次於十位商闊，

1 此借減。

2 此題爲《同文算指通編》卷七"積較和相求開平方諸法"積和求闊"帶縱負隅減縱開平方"第五題。

商一十六当六千無此數下一位商二尽為潤与長六百八十对呼二六一十二除一千二百二八一十六
除一百六十恰尽〇或用借減先商一百為潤以減和餘百六八十二对呼一六如六除六万一八如八
除八千一二如二除二百餘積一千一百六十旋於苗和六百八十二内減一百餘五百八十二續於隔位商二
再於苗和五百八十二内減二餘五百八十与商二对呼二五一十除一千二八一十六除一百六十恰尽〇
益積法初商一百自乘得一万加入原積得七万九千三百六十為全和对呼一七如七除七万
一八如八除八千一二如二除二百餘一千一百六十倍初商一百作二為廉續商二与相乘得四百又以
二自乘得四為隅共四百四加入餘積得一千五百六十四以續商二与全和对呼二七一十四除一千四
百呼二八一十六除一百六十二如四除四合問
解曰空位以倒共餘數以點八十尽為方廿假如八十中止取一十為潤苗七十為方以一十与方六百乘應
有六千以七十与潤一百乘應有七千亦当一万三千矣積無此數故數以點二尽為潤廿假如
以一為潤以一為方以一潤与六八呼應除六百八十以一方与一百呼應除一百連隅法一止七百八十
一積有餘故

減縱法 商減

商一十，亦當六千，無此數。下一位商二，盡爲闊，與長六百八十對呼，二六一十二，除一千二百；二八一十六，除一百六十，恰盡。◎或用借減，先商一百爲闊，以減和，餘六百八十二，對呼一六如六，除六萬；一八如八，除八千；一二如二，除二百，餘積一千一百六十。旋於留和六百八十二内減一百，餘五百八十二。續於隔位商二，再於留和五百八十二内減二，餘五百八十，與商二對呼，二五一十，除一千；二八一十六，除一百六十，恰盡。◎益積法。初商一百，自乘得一萬，加入原積，得七萬九千三百六十。與全和對呼，一七如七，除七萬；一八如八，除八千；一二如二，除二百，餘一千一百六十。倍初商一百作二爲廉，續商二，與相乘得四百；又以二自乘得四爲隅，共四百〇四，加入餘積，得一千五百六十四。以續商二與全和對呼，二七一十四，除一千四百；呼二八一十六，除一百六十；二二如四，除四。合問。

解：舉空位以例其餘。所以知八十盡爲長者，假如八十中止取一十爲闊，留七十爲長，以一十與長六百乘，應有六千；以七十與闊一百乘，應有七千，亦當一萬三千矣，積無此數故。所以知二盡爲闊者，假如以一爲闊，以一爲長，以一闊與六八呼，應除六百八十；以一長與一百呼，應除一百，連隅法一，止七百八十一，積有餘故。

減縱法 商減

---

1 此商減。

減縱法 借減

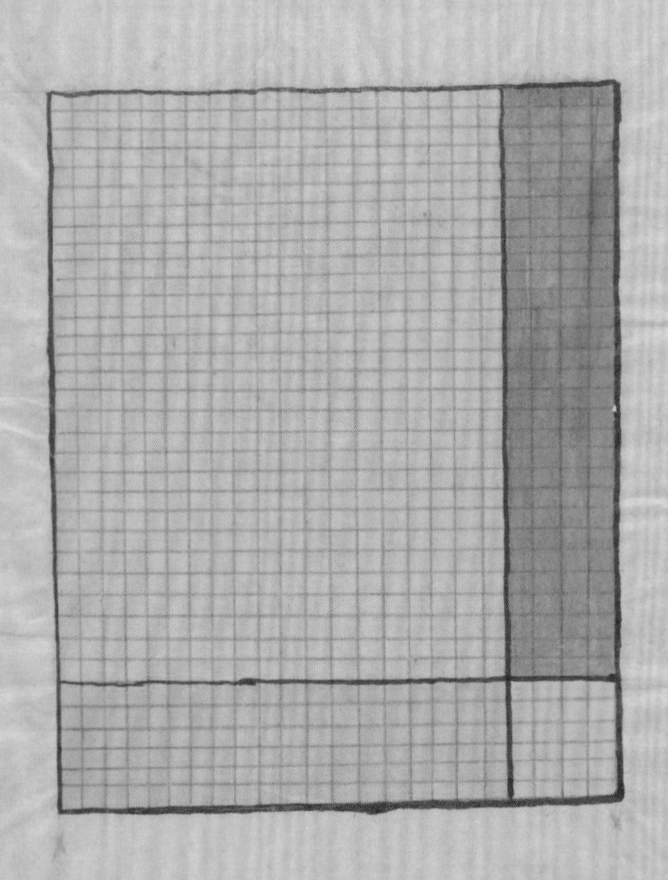

初商二十為闊二十為平除六百青寔是是〇次商〇為闊六為平以〇闊與平三十呼除一百二十為長為廉紫寔是〇以六平與闊二十呼除一百二十為短廉綠寔是〇以闊〇與平〻呼除二十〇為平隅黄寔是

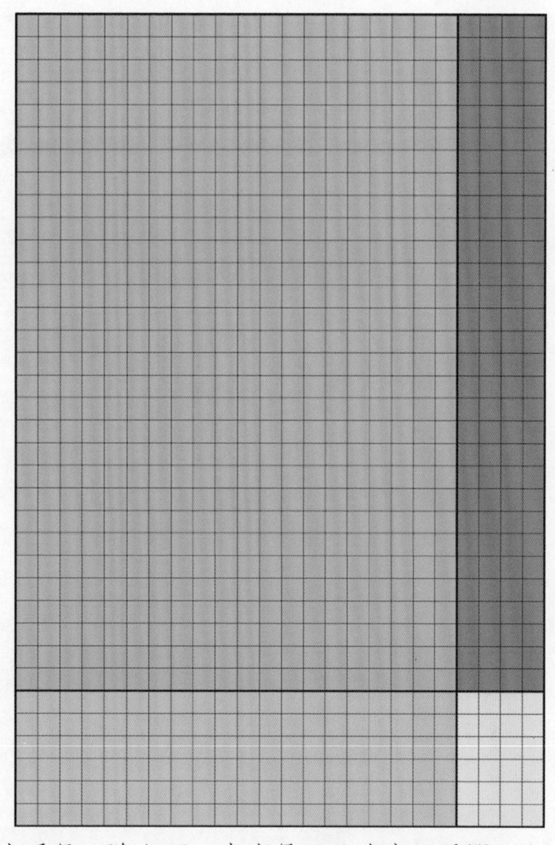

初商二十爲闊，三十爲長，除六百，青實是。◎次商四爲闊，六爲長，以四闊與長三十呼除一百二十，爲長廉，紫實是。◎以六長與闊二十呼除一百二十，爲短廉，綠實是。◎以闊四與長六呼除二十四，爲長隅，黄實是。

減縱法 借減

商減初異次同　方隅

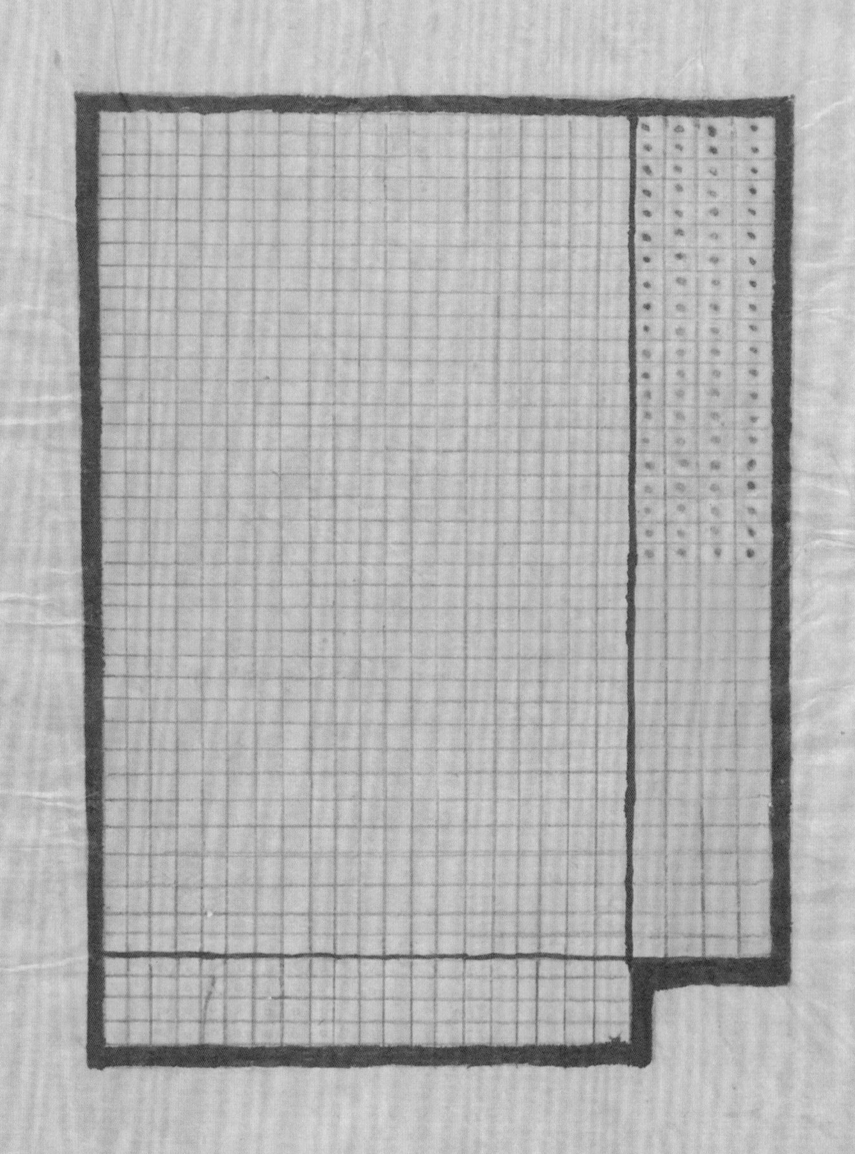

初商二十為濶餘尽為方
以二十乘〇十廿紅青
色尽寔二段是紅長
寔無此數乃借濶〇
作方耳仍須撥方还濶
以尽一段移作寔一段
青寔有点廿是餘濶
〇與方三十六乘本應有
〇個三十六因前已筭
銷〇個二十止有〇個
十六而已故減去二十商
〇與十六相乘也黄
寔是

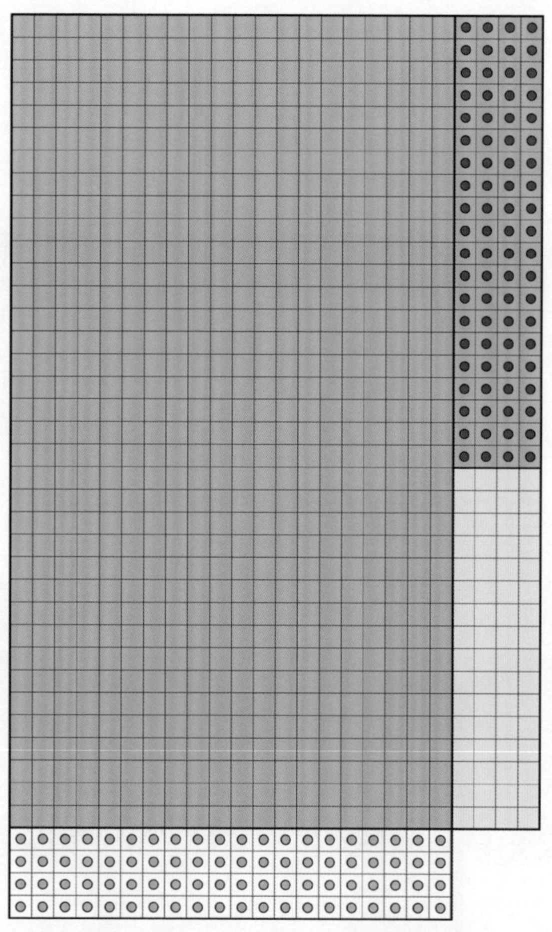

初商二十爲闊，餘盡爲長，如以二十乘四十者然，青色虚實二段是。然長實無此數，乃借闊四作長耳，仍須損長還闊，以虚一段移作實一段，青實有點者是。餘闊四與長三十六乘，本應有四個三十六，因前已帶銷四個二十，止有四個十六而已，故減去二十，商四與十六相乘也，黄實是。

商減初異次同 方隅

商減和同次異長闊

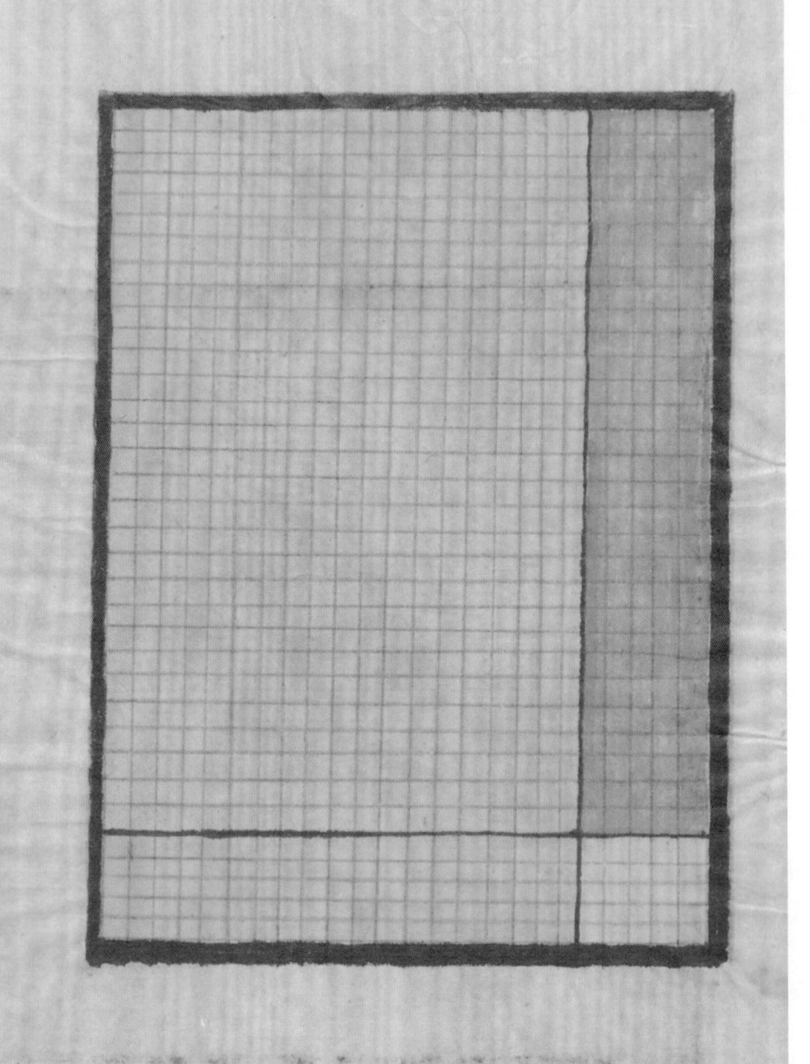

二十五為闊三十
五為長初二十兩
三十相乘青寔
是○長廉
三十為長五
為闊紫寔是
是○短廉
二十五為闊
五為長綠
寔是○五々
自乘而得

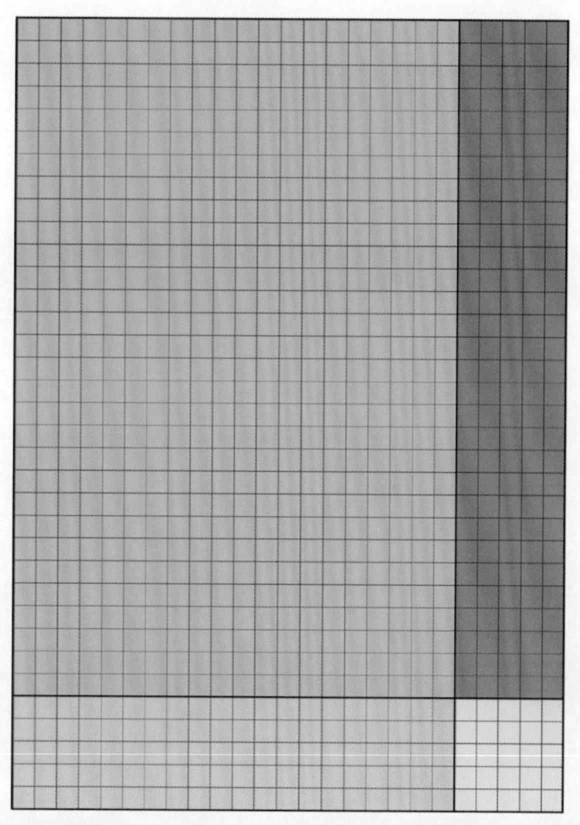

二十五爲闊，三十五爲長，初二十與三十相乘，青實是。◎長廉三十爲長，五爲闊，紫實是。◎短廉二十五爲闊，五爲長，緑實是。◎五五自乘爲隅。

商減初同次異 長隅

益積加一

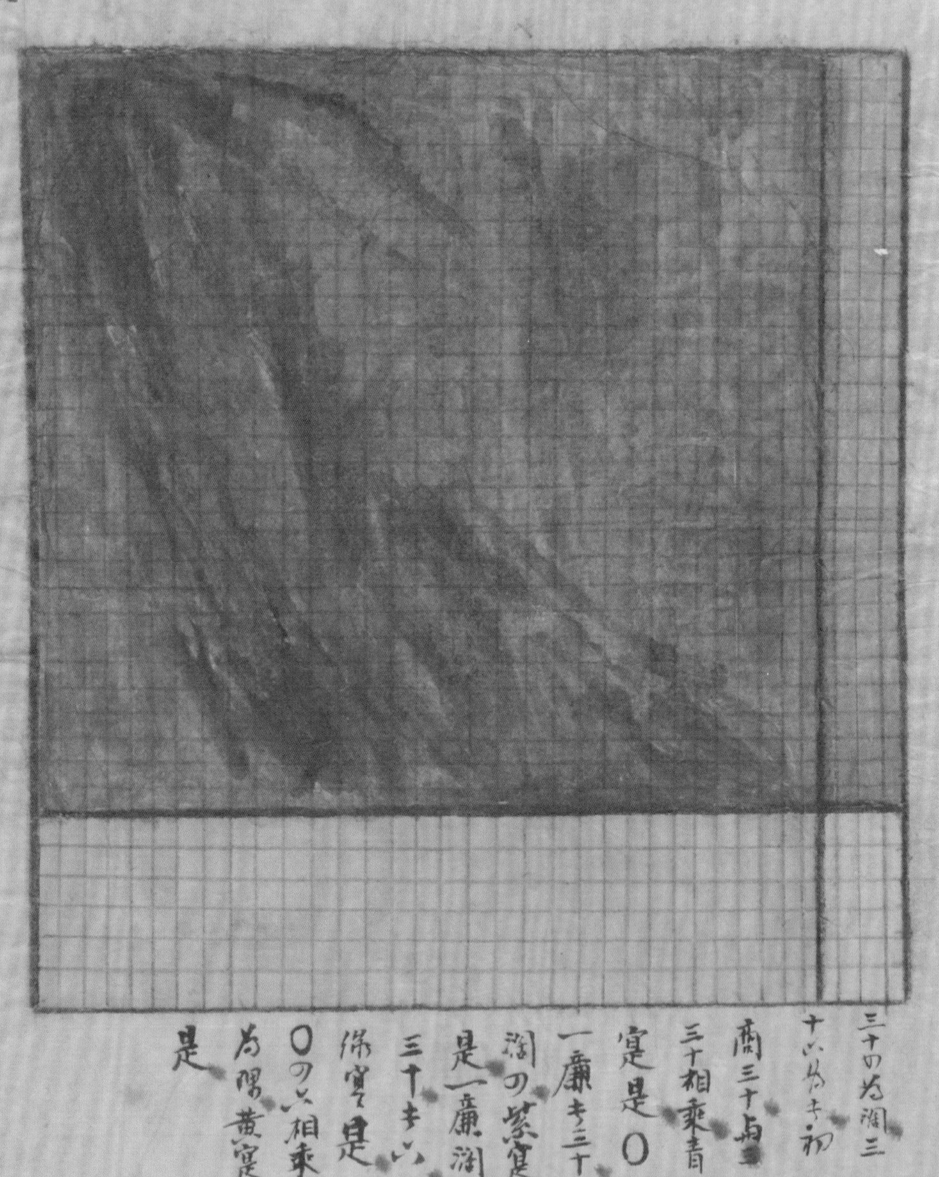
三十四為濶三
十六為長。初
商三十与
三十相乘青
寔是〇
一廉長三十
濶四紫寔
是一廉濶
三十長六
綠寔是
〇四六相乘
為陽黃寔
是

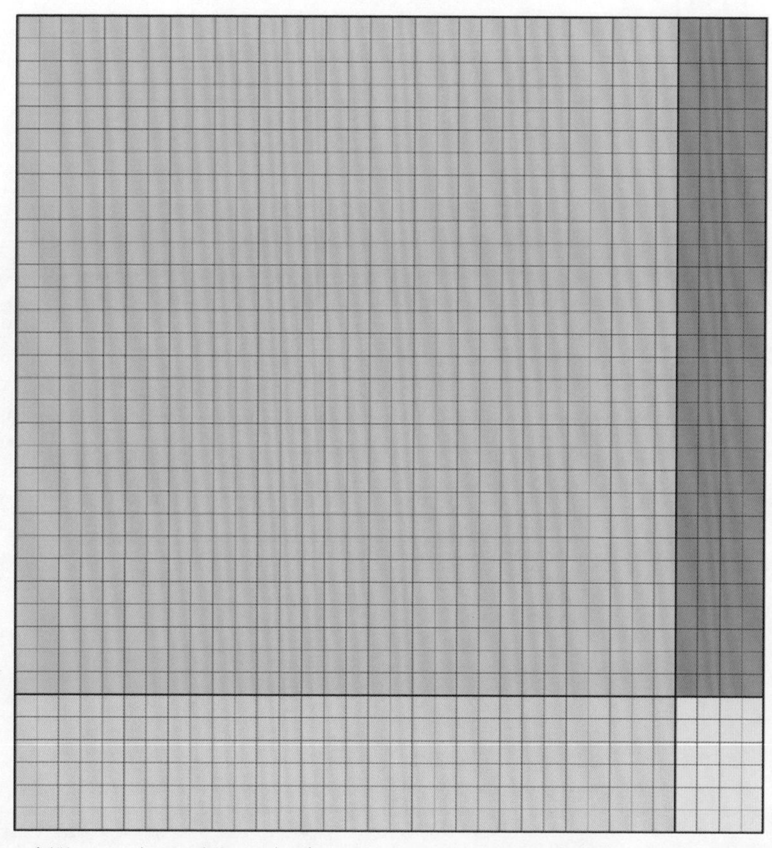

三十四爲闊，三十六爲長，初商三十與三十相乘，青實是。◎一廉長三十闊四，紫實是；一廉闊三十長六，綠實是。◎四六相乘爲隅，黄實是。

益積 加一

青寔為原積点共為益積青点為方係点為一廉紫点一廉黄点為隅〇初商二十與六十対呼

青寔與青点係点三段是〇次商の與六十対呼黄点紫点兩青寔紓点共是〇初加止の

百以方法一千二百除積（寔）七百二十外更有の百八十溢八十於所加之外以借用之廉旋政以再

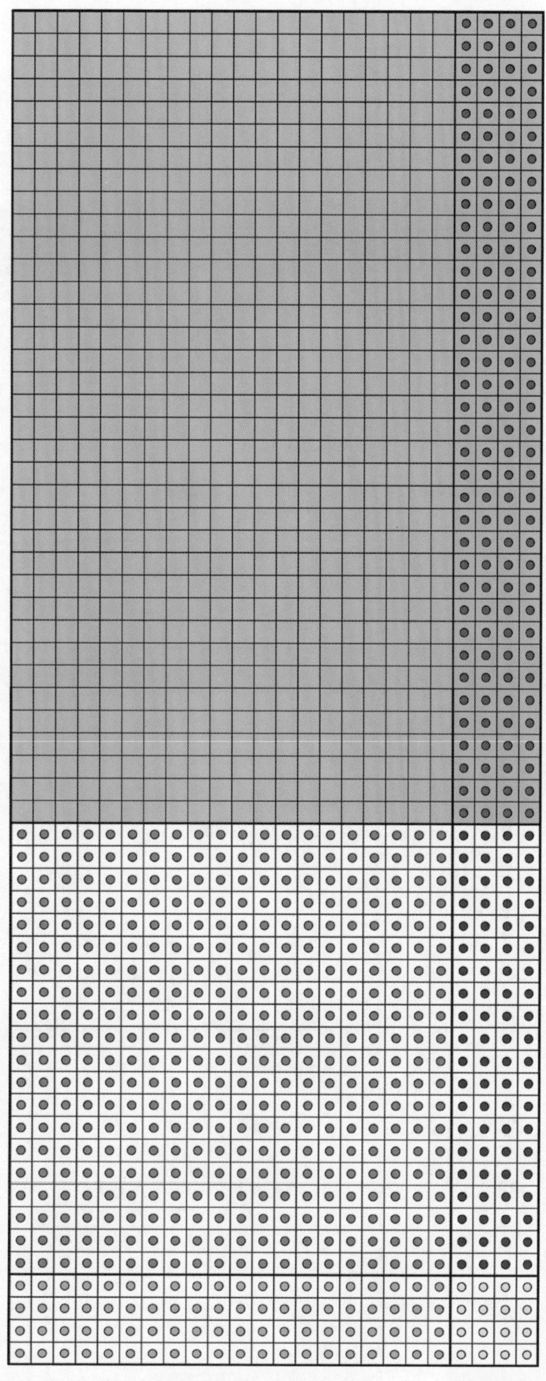

青實爲原積，點者爲益積。青點爲方，綠點爲一廉，紫點[爲]一廉，黃點爲隅。◎初商二十，與六十對呼，青實與青點、綠點三段是。◎次商四，與六十對呼，黃點、紫點與青實紅點者是。◎初加止四百，其方法一千二百，除實積七百二十，外更有四百八十，溢八十，於所加之外，以借用長廉，旋即以再

加補还耳益積加五

益積加二

青寔為原積点，㘴為益積。〇初商二十幂能容六十，共八十，再二十对呼，青寔青点二段是。〇次倍初商四十幂能容六十，共一百，再次商四呼除，綠点二段，再青寔有除点一段是。〇四自乘黄点一段是。〇初加正八百方法，多八十，亦係借法。

一凡積兩和求半㘴用四因法，加積和來濶法，求得較，加較於和，折半得長。〇開商減法就和内以多數為長，少數為濶，商長減和，當其餘以為濶，对呼為長方，當其餘以後續商廉法文呼除加補還耳。

益積 加二

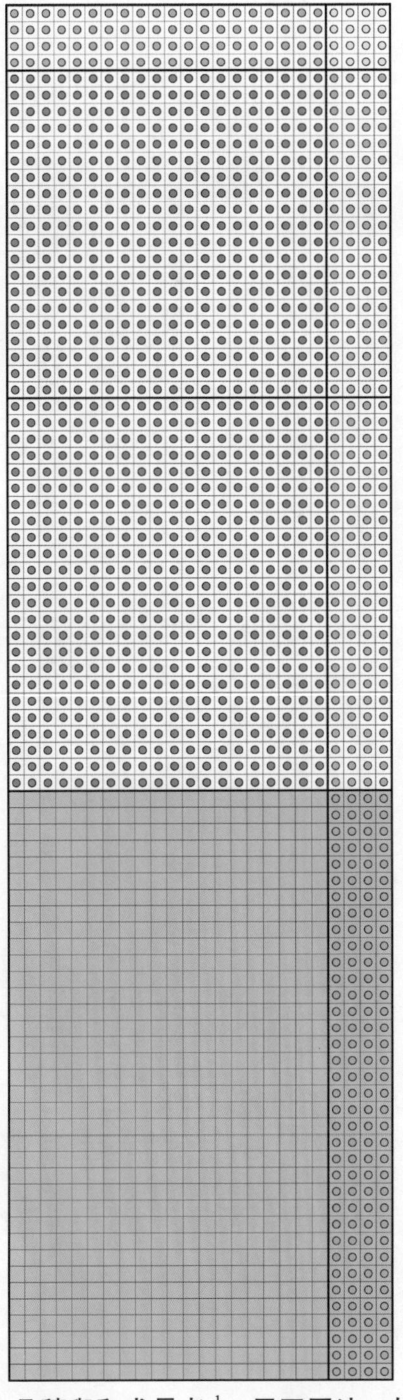

青實爲原積，點者爲益積。◎初商二十，帶縱六十，共八十，與二十對呼，青實青點二段是。◎次倍初商四十，帶縱六十，共一百，與次商四呼除，綠點二段與青實有綠點一段是。◎四自乘，黄點一段是。◎初加止八百，方法多八十，亦係借法。

一、凡積與和求長者[1]，用四因法，如積和求闊法，求得較，加較於和，折半得長。◎用商減法，就和内以多分爲長，少分爲闊，商長減和，留其餘以爲闊，對呼爲長方。留其餘以俟續商，廉法交呼，隅

1《同文算指通編》卷七“積較和相求開平方諸法”積和求長有“帶縱負隅減縱翻法開平方法”，與術文翻積法同。

法对呼全如求濶之法○用翻積法其法有二有平法已翻平翻者將和數平分之以半為長以〔積有長法翻積〕

半為濶作一平方積却以原積減之其餘數另用平方開之得數倍之即較也加較於和折半

餘不盡另作一平方形為長長法翻積者仍商多分為長少分為濶或以長方形以原積減之餘數不盡者另為法以濶

以撥濶減撥長餘者減長餘數列右並添續商長以加之視若干為法與續商对呼不盡再商長加於右為法與

為較仍再商对呼大率三商加法仍兼次商四商加法仍兼三商每位以此推之

用積較求濶者法而得濶及撥濶今有積八百六十四步長濶和六十步求長濶各若干

答長三十六步

長不足之法以四因積三千四百五十六減和自乘三千六百餘一百四十四為較積平開之得一十二加入和得七十

數也

二折半合濶○商減法商三為長二為濶对呼二三如六除六百餘二百六十四續商六為長四為濶六商二

对呼二六一十二除一百二十以四商三对呼三四一十二除一百二十又以四再六对呼四六二十四除二四恰盡〔除二四〕○平方

翻積法和六十以三十為長三十為濶乘得九百為方積減原積八百六十四餘三十六平開得六倍之得

十二為較也餘如前法

解四因說見前○減法與求濶同彼用濶減濶留長此用長減長留濶○平方翻法者蓋積之肥滿

圓之外莫過於方若長濶不等則積亦隨之而少故平分長濶和以為方未有不多於原積者也置平

方於此以原積減之其餘者為一隅原積隨成兩廉一方之形方者勾也股原濶也方連一廉則為股

其濶勾其長一為一較也其一廉則勾較相乘而得其長勾其濶較也方連一廉有原積之濶而無長者一廉

於股之下以縱為橫使勾為濶一為二較為長則成原積之長形象蓋方形縱橫如一長則長有餘

法對呼，全如求闊之法[1]。◎用翻積法，其法有二，有平法翻積，有長法翻積。平翻者，將和數平分之，以半爲長，以半爲闊，作一平方積。卻以原積減之，其餘數另用平方開之，得數倍之即較也[2]。加較於和，折半爲長。長法翻積者，約商多分爲長，少分爲闊，或以長方形，以原積減之，餘數不盡者，另爲法[3]。以闊減長，餘數列右，然後續商長以加之，視若干爲法，與續商對呼。不盡再商長，加於右爲法，與再商對呼。大率三商加法，仍兼次商；四商加法，仍兼三商，每位以此推之[4]。

1. 問：今有積八百六十四步，長闊和六十步，求長若干[5]？

答：長三十六步。

法：以四因積三千四百五十六減和自乘三千六百，餘一百四十四爲較積，平開之，得一十二。加入和，得七十二，折半合問。◎商減法。商三爲長，二爲闊，對呼二三如六，除六百，餘二百六十四。續商六爲長，四爲闊，六與二對呼二六一十二，除一百二十；以四與三對呼三四一十二，除一百二十。又以四與六對呼四六二十四，除二十四，恰盡。◎平方翻積法，和六十，以三十爲長，三十爲闊，乘得九百爲方積，減原積八百六十四，餘三十六。平開得六，倍之得十二，即較也。餘如前法。

解：四因説見前。◎減法與求闊同，彼用闊，減闊留長；此用長，減長留闊。◎平方翻法者，蓋積之肥滿，圓之外莫過於方，若長闊不等，則積亦隨之而少。故平分其和以爲方，未有不多於原積者也。置平方於此，以原積減之，其餘者爲一隅。原積隨成兩廉一方之形，方者句也，即原闊也。方連一廉則爲股，其濶句，其長一句與一較也；其一廉則句、較相乘而得，其長句，其濶較也。方連一廉，有原積之闊而無長。轉一廉於股之下，以縱爲横，使句爲闊，一句二較爲長，則成原積之長形矣。蓋方形縱横如一，長則長有餘

1 法同“積和求闊”商減法，詳彼術文注釋。

2 如圖 7-13，$ABCD$ 爲原積，闊爲 m，長爲 n。$EGCF$ 爲以 $\frac{n+m}{2}$ 爲邊長的平方積，由圖易知：$S_{ADHF}=S_{EHJI}$，以原積減去平方積，得：$S_{EGCF}-S_{ABCD}=S_{IGBJ}=\left(\frac{n-m}{2}\right)^2$，開方得 $\frac{n-m}{2}$。此過程用代數法可以表示爲：$\left(\frac{n+m}{2}\right)^2-mn=\left(\frac{n-m}{2}\right)^2$。

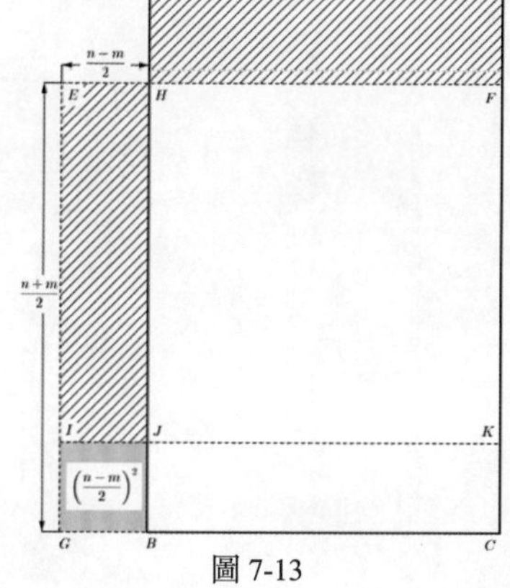

圖 7-13

3 原書天頭批註云：“餘不盡另作一小形，以擬闊減擬長，餘者爲較，仍用積較求闊諸法而得闊，即擬長不足之數也。”

（轉一〇四七頁）

闊不足故損闊以成之也方形為中數長既有餘闊又不足故差一而得両如此說以三十為中數之多六闊少六合之則一十二為較一平闊得數又倍之蓋為此也○凡之闊互相損益如若減減增之得積必少減之增闊得積必多蓋增之則所得廿也若干闊故少增闊則所得廿若干之故多也

問今有積七百五十六步之闊和六十步求之若干

答闊十二步

法用方法翻積半和三十步自乘得九百減原積餘一百四十四平開得一十二倍倍得二十四加和得八十四半之合問用長法翻商四十為之掛二十為闊乘得八百步減原積餘四十四卻以闊二十減之四十餘二十置右為法續商二加右法得二十二與續商二對呼二二如四除四十二二如四餘四恰盡

合問

解四因商減俱同前○前問若用之翻法如假如縱四十為之二十為闊反少於原積六十四步則將餘積另作一少之方形以之闊相減餘二十為和用積和求闊之法和自乘得四百步減四因積二百五十六步餘一百四十四步平開得較一十二步以減和餘八步折半得四步即是此少形闊四步為縱闊不及之數○若用平翻法十步為之十步為闊得一百減少積餘三十六○以上二問減餘為隅原積為方為廉若第四問以縱之縱闊對減餘為和用和積求闊之法以除實積則餘為大方原積為隅與廉以較之故然法則一也○右法二十於初縱闊不及之之數也續加之於再縱闊不及之之數也長無有餘闊餘不足故加之以為法也他法除實積故置闊與之以定法相對呼恒翻除實積故置之之有餘與闊之不足以實法相對呼也

平闊得六以減縱闊餘四同大率縱長不足則積不足以縱之縱闊對減餘為較用積較求闊之法以除實積縱之有餘則積有餘

闊不足，故損闊以成長也。方形爲中數，長既有餘，闊又不足，故差一而得兩。如此問，以三十爲中數，長多六，闊少六，合之則一十二爲較。平開得數又倍之，蓋爲此也。◎凡長闊互相損益者，若減闊增長，得積必少；減長增闊，得積必多。蓋增長則所得者若干闊，故少；增闊則所得者若干長，故多也。

2. 問：今有積七百五十六步，長闊和六十步，求長若干？

答：四十二步。

法：用方法翻積。半和三十步，自乘得九百，減原積，餘一百四十四。平開得一十二，倍得二十四，加和得八十四，半之合問。用長法翻。商四十爲長，留二十爲闊，乘得八百步，減原積餘四十四。卻以闊二十減長四十，餘二十，置右爲法。續商二，加右法得二十二，與續商二對呼，二二如四，除四十；二二如四，(餘)[除]四恰盡。合問。

解：四因、商減俱同前。◎前問若用長翻法者，假如擬四十爲長，二十爲闊，反少於原積六十四步。則將餘積另作一(少)[小]長方形，以長闊相減餘二十爲和，用積和求闊之法。和自乘得四百步，減四因積二百五十六步，餘一百四十四步，平開得較一十二步。以減和，餘八步，折半得四步。即知此(少)[小]形闊四步，爲擬闊不及之數[1]。◎若用平翻法，十步爲長，十步爲闊，得一百，減小積，餘三十六[2]。◎以上二問，減餘爲隅，原積爲方與廉。若第四問，(以擬長擬闊對減，餘爲和，用積和求闊之法，以除實積)[3]則餘爲大方，原積爲隅與廉，以較長故，然法則一也。◎右法二十者，初擬闊不及長之數也。續加之者，再擬闊不及長之數也。長愈有餘，闊(餘)[愈][4]不足，故加之以爲法也。他法除實積，故置闊與長，以實法相對呼。惟翻除虛積，故置長之有餘與闊之不足，以虛法相對呼也。

1 如圖 7-15，$ABCD$ 爲原積，$EFCG$ 爲擬積，擬長 $CE = 40$，擬闊 $CG = 20$。原積爲 864，擬積爲 800，擬積不足原積之數，原積減去擬積，餘積 64，即小長方形 $HIGD$ 之積。小長方形長闊和爲 $HI + HG = FK + HG = FG - KH = 40 - 20 = 20$，即擬長、擬闊之差，由積和求闊四因法，求得小長方形闊 $HI = 4$，加入擬闊 20，得原闊爲 24；減擬長 40，得原長爲 36。

2 原書天頭批註云："平開得六，以減擬闊，餘四同。大率擬長不足，則積不足。以擬長擬闊對減，餘爲較，用積較求闊之法，以除虛積。擬長有餘，則積有餘。[以擬長擬闊對減，餘爲和，用積和求闊之法，以除實積]。"按："擬長不足，則積不足"，如圖 7-14，"積不足"指原積不足擬積之數。"擬長擬闊對減，餘爲較"，指擬長擬闊對減，餘數爲小長方形長闊之差。"擬長有餘，則積有餘"，如圖 7-15，"積有餘"指原積多於擬積之數。"擬長擬闊對減，餘爲和"，指擬長擬闊對減，餘數爲小長方形長闊之和。

3 "以擬長擬闊"至"以除實積"與前後文意不協，而與天頭批註語意相貫，當綴於天頭批註後。詳前條注釋。

4 闊餘不足，"餘"當作"愈"，同音而訛，據文意改。

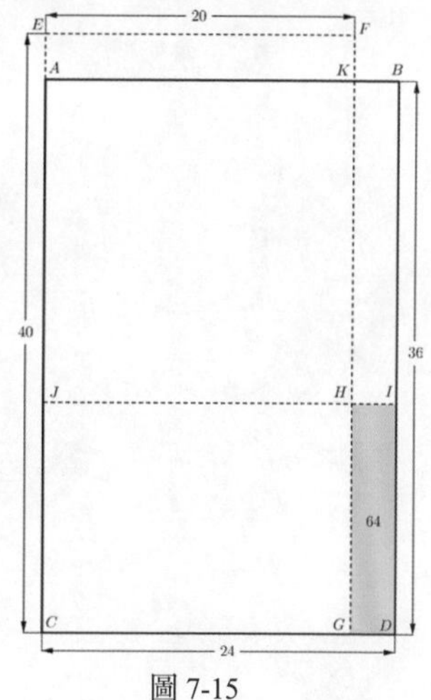

圖 7-15

問今有直積三萬四千八百四十八步，長闊和三百九十六，求長若干。　答長二百六十四步

法四因等法同前〇平方翻法半和一百九十八自乘得三萬九千二百〇四減原積四千三百五十六平開之得六十六倍之得一百三十二加和得五百二十八半之合問〇長方翻法以二百為長一百九十六為闊乘得三萬九千二百減積餘四千三百五十二以闊減長餘四置右為法續商六十加於右法得六十四與六十對呼六六三十六除三千六百四六二十四除二百四十餘積五百十二再商四步連前商六十共六十四加於右法得一百二十八與商四對呼一四如四除四百二四如八除八十四八三十二除積恰盡合問

解此三位開法

此問若用平方翻法餘當五十八萬五千二百二十五則實積為大方原積為隅與廉是

問今有積二十萬〇六千八百七十五長闊和一千七百八十求長若干　答一千六百五十五

法四因商減平方翻俱同前〇長方翻法以一千為長七百八十為闊乘得七十八萬減原積餘五十七萬三千一百二十五以闊減長餘二百二十置右為底法却商六百加入右法得八百二十與商六對呼六八四十八除四十八萬二六一十二除一萬二千餘積八萬一千一百二十五再商五十連前位六百五十加入右法得一千四百七十與商五十對呼一五如五除五萬五四二十除二萬五七三十五除三千五百餘積七千六百二十五再商五連前位五十共五十五加入右法得一千五百二十五與商五對呼一五如五除五千五五二十五除二千五百二五一十除一百五五除二十五恰盡合問

解此四位開法更多可推加法所以連位者蓋以闊減長餘者乃併多於橫之數與初商相併為

3. 問：今有直積三萬四千八百四十八，長闊和三百九十六，求長若干？

答：長（三）［二］百六十四步。

法：四因等法同前。◎平方翻法。半和一百九十八自乘得三萬九千二百〇四，減原積，［餘］四千三百五十六，平開之得六十六，倍之得一百三十二，加和得五百二十八，半之，合問。◎長方翻法。以二百爲長，一百九十六爲闊，乘得三萬九千二百，減積，餘四千三百五十二。以闊減長餘四，置右爲法。續商六十，加右法得六十四，與六十對呼，六六三十六除三千六百，四六二十四除二百四十，餘積五百一十二。再商四步，連前商六十，共六十四，加於右法得一百二十八，與商四對呼，一四如四除四百，二四如八除八十，四八三十二，除積恰盡[1]。合問。

解：此三位開者。

4. 問：今有積二十萬〇六千八百七十五，長闊和一千七百八十，求長若干？

答：一千六百五十五。

法：四因、商減、平方翻俱同前[2]。◎長方翻法，以一千爲長，七百八十爲闊，乘得七十八萬，減原積，餘五十七萬三千一百二十五。以闊減長，餘二百二十，置右爲底法。卻商六百，加入右法，得八百二十，與商六對呼，六八四十八除四十八萬，二六一十二除一萬二千，餘積八萬一千一百二十五。再商五十，連前位六百五十，加入右法，得一千四百七十，與商五十對呼，一五如五除五萬，五四二十得二萬，五七三十五除三千五百，餘積七千六百二十五。再商五，連前位五十共五十五，加入右法得一千五百二十五，與商五對呼，一五如五除五千，五五二十五除二千五百，二五一十除一百，五五除二十五恰盡[3]。合問。

解：此四位開者，更多可推。加法所以連位者，蓋以闊減長餘者，乃縱多於橫之數，與初商相併爲

1 長翻法如圖 7-16，*ABCD* 爲原積，*EFCG* 爲擬積，擬長爲 200，積闊爲 196。以擬積 39200 減去原積 34848，餘積 4352，即圖中灰色長方積。以擬長 200、擬闊 196 對減餘 4 爲帶縱，開帶縱平方，初商 60，次商 4，解得續商爲 64，加入擬長 200，得原長爲 264。

2 原書天頭批註云："此問若用平方翻法，餘當五十八萬五千二百二十五。則虛者爲大方，原積爲隅與廉（是）［寔］。"

3 如圖 7-17，擬長爲 1000，擬闊爲 780，擬積 780000 減去原積 206875，餘積 573125，即圖中灰色長方積。以擬長、擬闊對減餘 220 爲帶縱，開帶縱平方。初商 600、次商 50、三商 5，解得續商長爲 655，加擬長 1000，得原長爲 1655。

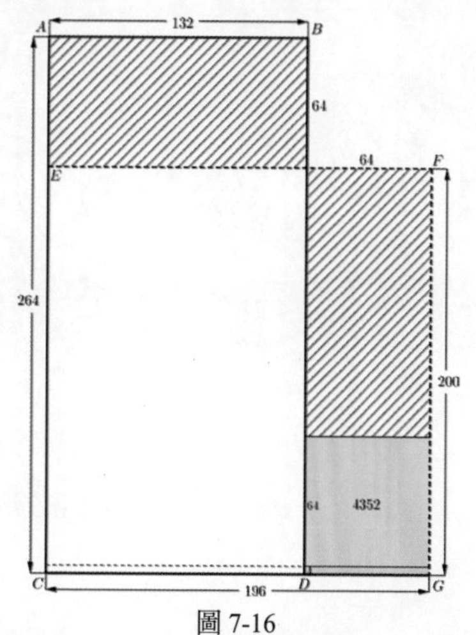

圖 7-16

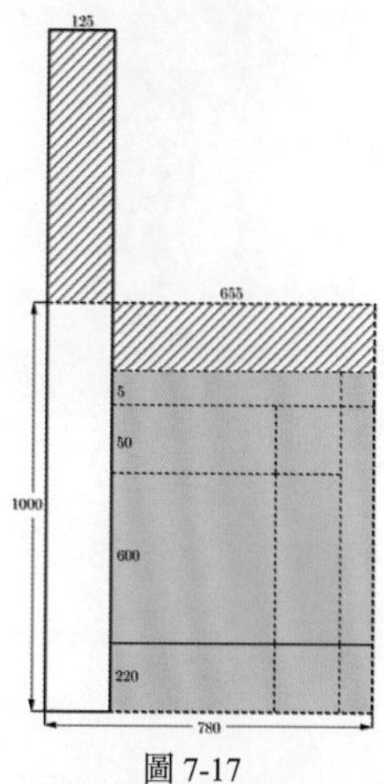

圖 7-17

縱所減者乃一長形也其餘則縱橫相等矣此如兩廉之例如初商六百兩廉當積一千二百隅當五十連前縱多二百二十共成一千四百七十是一長廉一短廉一隅通為一數者設以五十乘之再前位是一短廉故加之以為隅者正如帶縱之便以餘積另作一長形以長闊相減餘者為帶縱開之得闊即　負之餘長也

以帶縱諸法惟四因法最簡妙其餘如以為用　翻積雖本方為難然剏行算者其法亦未之見也

凡長闊和較以其一便可互推矣然多方求之以備其變化耳

又西法翻積法先於和內商長即虛立一闊與長相等為方法然後以長減之又有負積負縱負隅之說今不如剖明如設然後為平方翻法之捷也

又翻法舊也雖用於積和求長蓋以長為實其數少盈故倒用原積以減之求闊則要所用之數此乃翻之法當求闊而用減積之餘平開得數以減方縱即闊也又因而推之積較求闊或求長者但以半較自乘為實加入原積平開得數加半較以為長減半較以為闊其視四因法尤為省便矣大率帶縱減縱益積翻積諸法接設湊泊不免旁枝惟四因

縱，所減者乃一長形也，其餘則縱横相當矣，當如兩廉之例。如初商六百，兩廉當有一千二百，隅當五十，連前縱多二百二十，共成一千四百七十，是一長廉一短廉一隅通爲一數，然後以五十乘之耳。前位是一短廉，故加之以爲法，然不如帶縱之便。以餘積另作一長形，以長闊相減，餘者爲帶縱，開之得闊，即負之餘長也。

以上帶縱諸法，惟四因法最簡妙，其餘可以不用。翻積惟平方爲妙，然刻行筭書者皆未之見也。

凡長闊和較，得其一便可互推，無俟多方，存之以備其變化耳。

又西書翻積法，先於和内商長，即虚立一闊，與長相當爲方法，然後以長減之。又有負積、負縱、負隅之説[1]，今爲剖明如後，然終不如平方翻法之捷也。

又翻法，舊惟用於積和求長，蓋以長爲率，其數必盈，故倒用原積以減之，求闊則無所用之矣。若平翻之法，雖求闊亦可用，減積之餘，平開得數，以減方縱即闊也。又因而推之，積較求闊或求長者，但以半較自乘爲實，加入原積，平開得數，加半較以爲長，減半較以爲闊[2]，其視四因法尤爲省便矣。大率帶縱減縱、益積翻積諸法，擬議湊泊，不免勞擾。惟四因

1 負積負縱負隅，即虚積、虚縱、虚隅。西書翻法，見《同文算指通編》卷七“帶縱負隅減縱翻法開平方法”。詳後圖説。

2 設原長爲 n，原闊爲 m，原積 mn 加半長闊較自乘積 $\left(\frac{n-m}{2}\right)^2$，得：

$$mn+\left(\frac{n-m}{2}\right)^2=\left(\frac{n+m}{2}\right)^2$$

開方得半長闊和 $\frac{n+m}{2}$，加半較 $\frac{n-m}{2}$ 得長，減半較 $\frac{n-m}{2}$ 得闊。

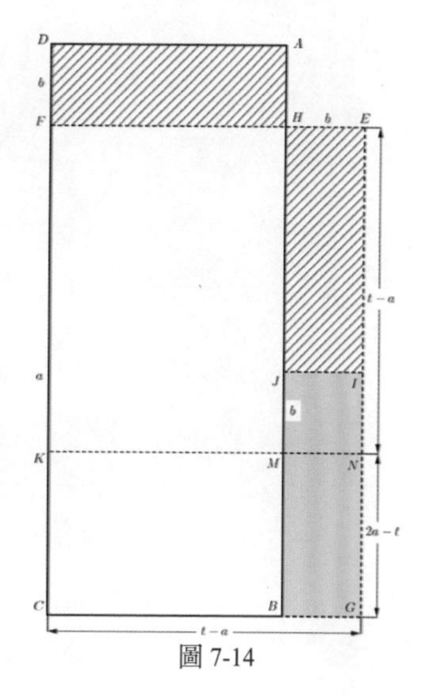

圖 7-14

（接一〇四一）

4 如圖 7-14，$ABCD$ 爲原積，長闊和爲 t；$FECG$ 爲擬積，擬長 $FC=a$，則擬闊 $CG=t-a$。$FEKN$ 是以擬闊 $t-a$ 爲邊長的正方，設 $HE=b$，$JIMN$ 是以 b 爲邊長的正方。由圖易知：$S_{DFAH}=S_{EHJI}$，擬積減去原積，餘積爲 $JIBG$。餘積長闊較爲：$JB-JI=JB-JM=MB=HB-HM=a-(t-a)=2a-t$。已知餘積與長闊較，由積較求闊法，求得餘積闊 b，加入擬長 a，得原長；減擬闊 $t-a$，得原闊。

5 此題爲《同文算指通編》卷七“積較和相求開平方諸法”積和求長“帶縱負隅減縱翻法開平方法”第一題。

此平翻加較之法，所快直捷，奈何舍近求遠，舍易求難耶？由此言之，附古之作者啟其端而未竟其說者固必多矣。一隅三隅，是在後人當仁不讓可也。

平翻積法　積七百五十六　和六十

以半和自之得九百，減原積餘，平開得一十二，為半較。倍之得二十四，加入和，半之為長。或以半較加入半和同。

全圖為平法縱積，以半和青實為原積方一十八，每為大方，闊十二，長一十八，每為兩廉，紅点為負隅。移一廉其積於圖之外，則成原形矣。覆為圖如左

與平翻加較之法，明快直捷。奈何舍近求遠，舍易求難耶？由此言之，則古之作者，啟其端而未竟其説者，固亦多矣。一隅三隅，是在後人，當仁不讓可也。

平翻積法 積七百五十六，和六十。

以半和自之得九百，減原積，餘平開，得一十二爲半較，倍之得二十四。加入和，半之爲長；或以半較加入半和，同。

全圖爲平法，縱横皆半和，青實爲原積，方一十八者爲大方，闊十二、長一十八者爲兩廉，紅點爲負隅，移一廉轉接於圖之外，則成原形矣。爰爲圖如左。

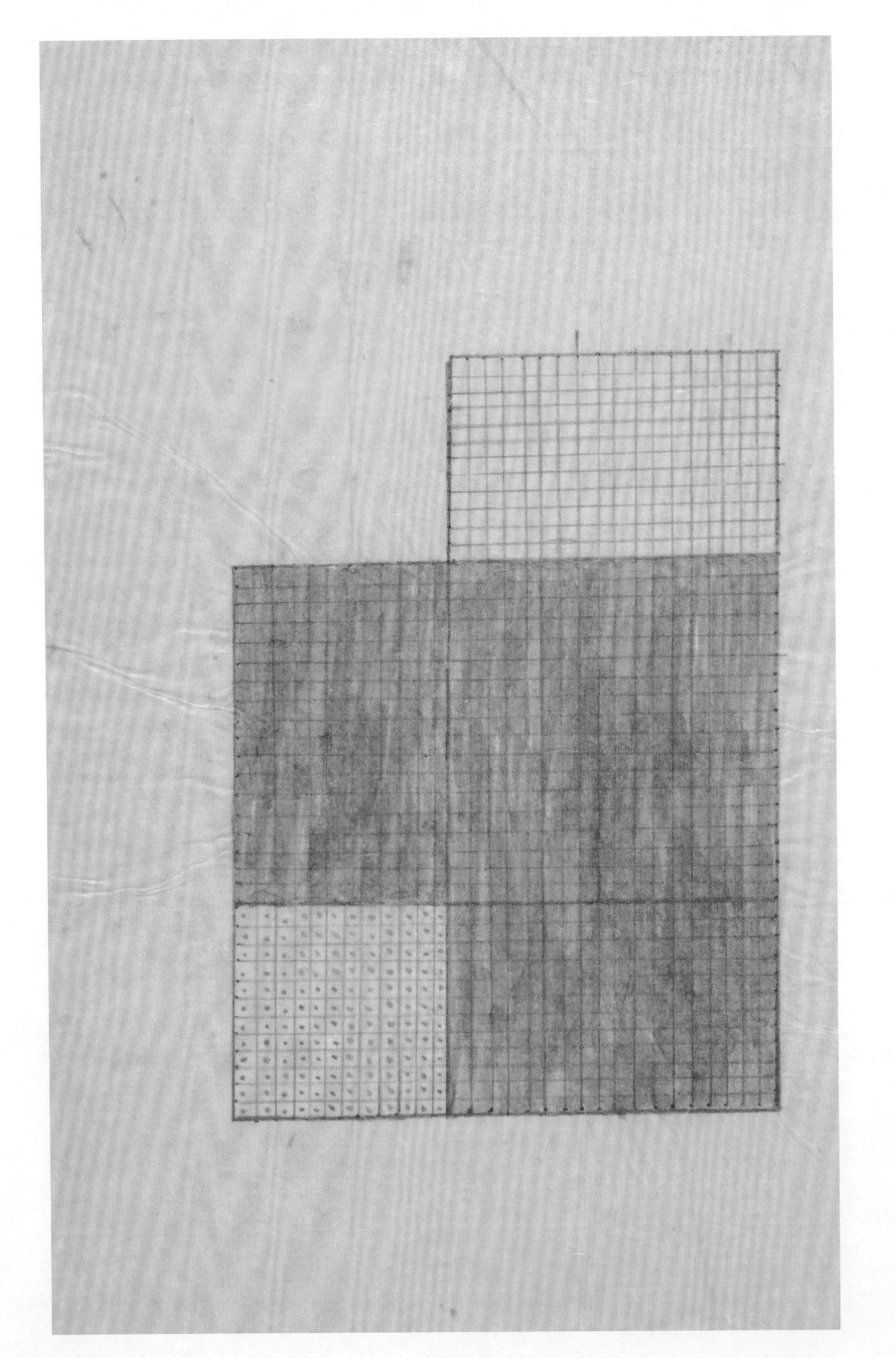

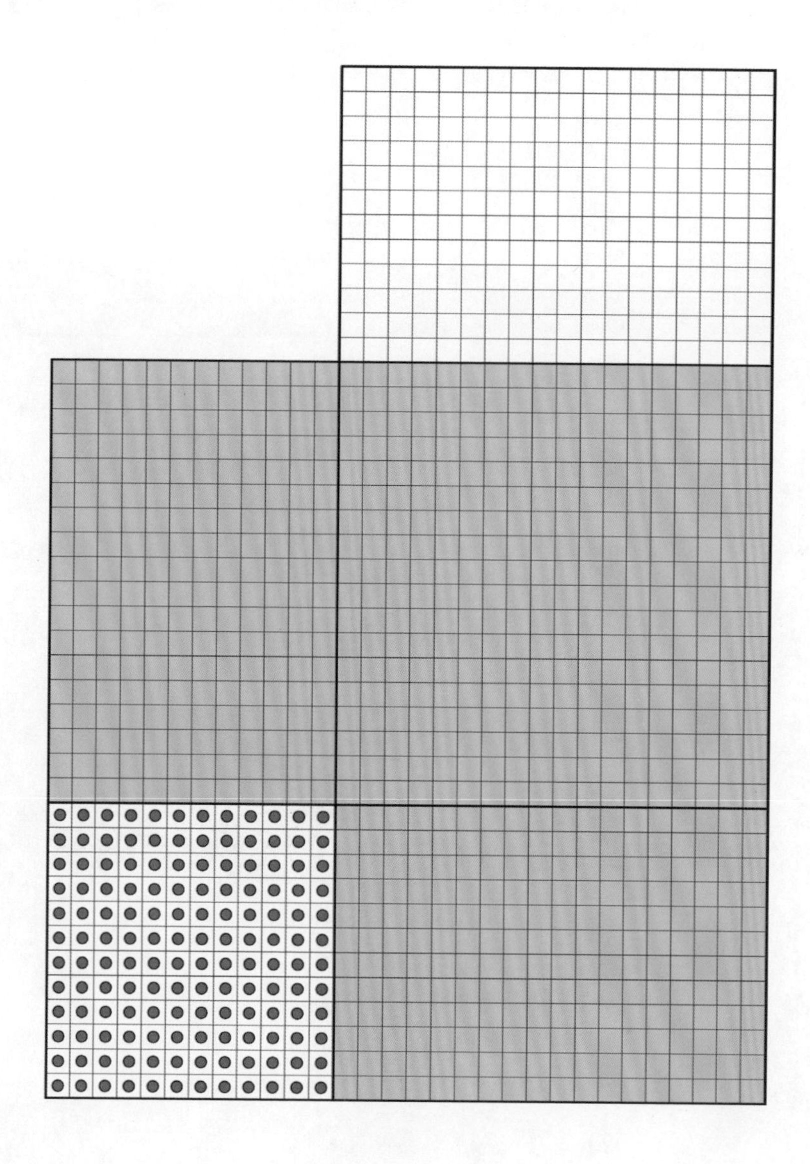

長形翻積法　積七百五十六　和六十

以四十二十相乘得八百，減原積餘四十四。長闊對減餘二十為石法。續商二，加之為二十二，以商二

對呼除積，盡知長當又及二步。

商四十為長，二十為闊，全圖是。減原積餘四十四，紅点。續商二自之，黄点是。蓋初擬長四十闊

二十，已有二十之差，而原長不止四十，原闊又不足二十，所以又有四步之盈也。移青廉一段於接圖外

成原形矣。

原商長四十減二十，餘廿為較。另為一小長方形，積四十四，較二十，用積較求闊之法，以帶

從除之，商二自乘得四，帶從二十除盡。

長形翻積法 積七百五十六，和六十。

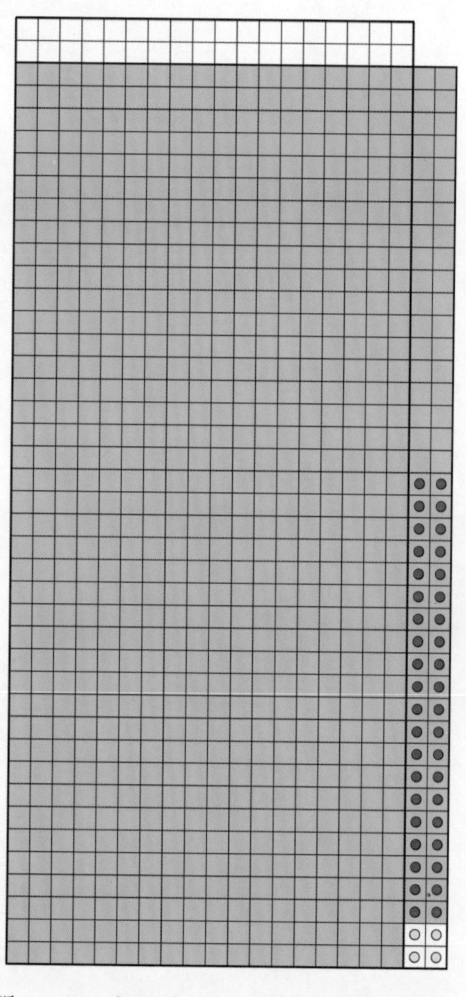

以四十、二十相乘得八百，減原積，餘四十四。長闊對減，餘二十爲右法，續商二，加之爲二十二，與商二對呼，除積盡，知長尚不及二步。

商四十爲長，二十爲闊，全圖是。減原積，餘四十四，紅點 。續商二自之，黃點是。蓋初擬長四十，闊二十，已有二十之差，而原長不止四十，原闊又無二十，所以又有四步之虛也。移青廉一段，轉接圖外，成原形矣。

原商長四十，減二十，餘者爲較。另爲一小長方形，積四十四，較二十。用積較求闊之法，以帶縱除之，商二自乘得四，帶縱二十，除盡。

1 餘積，即圖中紅點與黃點併積。

長法翻餘積開除法　二位　積三萬四千八百四十八　和三百九十六

擬二百爲長一百九十六爲闊相乘得三萬九千二百減原積餘爲積四千三百五十二以六十八爲長六十四爲闊初商六十爲闊六十爻餘從四爲長除積中青實是再商四爲闊以六十四爲長廉以六十爲短廉加四爲隅通以六十四相乘除積綠實是皆以闊六十四多加入擬長二百共二百六十四也白某減去之原積也大方每孔一百長形每孔一十小方每孔一個用帶縱如第二圖

長法翻餘積開除法 二位。積三萬四千八百四十八，和三百九十六。

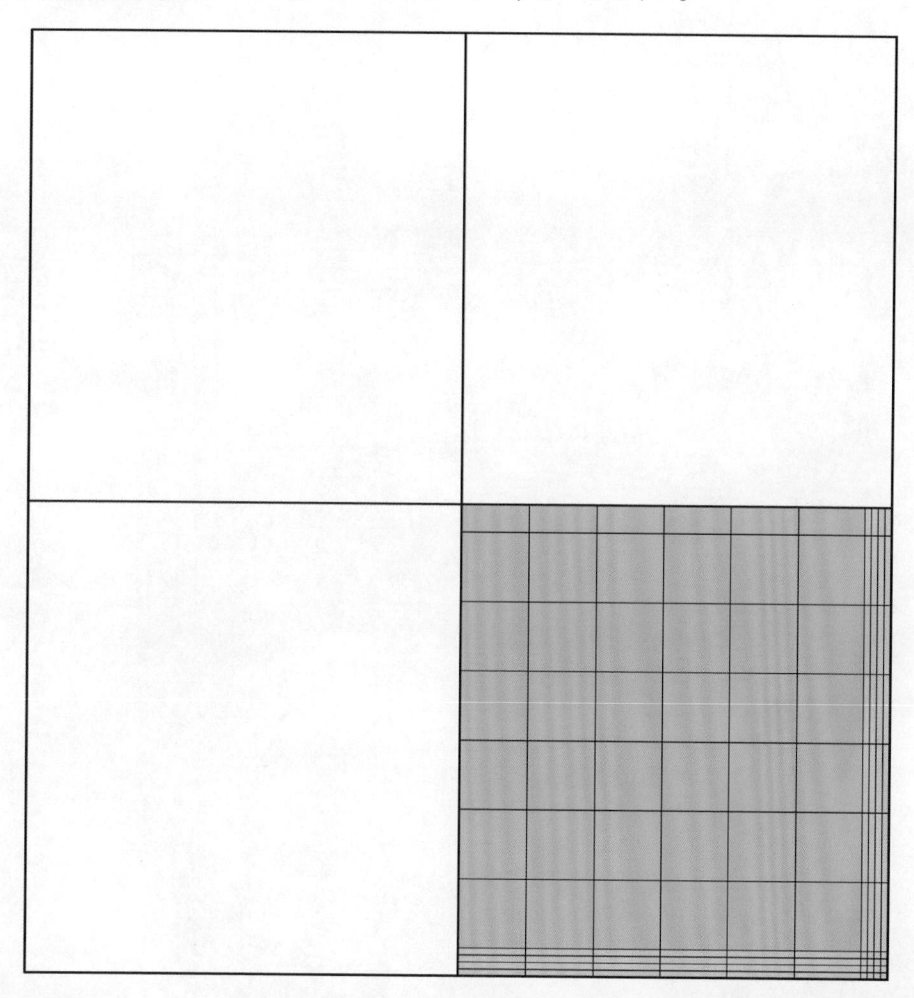

擬二百爲長，一百九十六爲闊，相乘得三萬九千二百。減原積，餘虚積四千三百五十二，當以六十八爲長，六十四爲闊。初商六十爲闊，六十又加餘縱四爲長，除積，中青實是。再商四爲闊，以六十四爲長廉，以六十爲短廉，加四爲隅，通與商四相乘，除積，綠實是。共得闊六十四步，加入擬長二百，共二百六十四。

空白者，減去之原積也。大方每孔一百，長形每孔一十，小方每孔一個，用帶縱如第二圖。

第二圖　餘積四千三百五十二

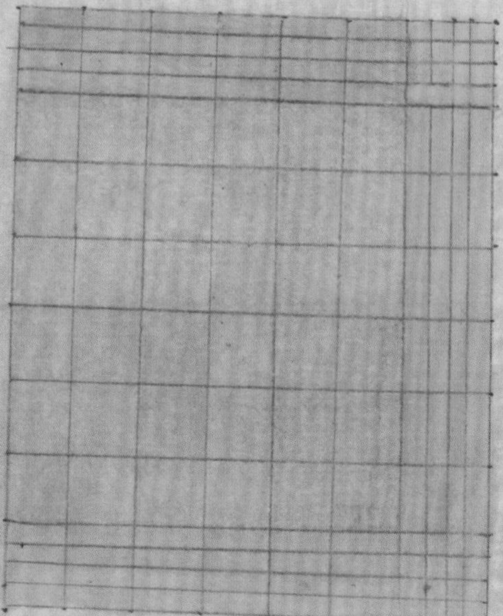

用帶從先商六十為闊四六十帶從六十四為長除積三千八百四十次商四以六十為短廉六十四為長廉共一百二十四以商四乘之除積四百九十六四四自乘一十六為隅

第二圖 餘積四千三百五十二。

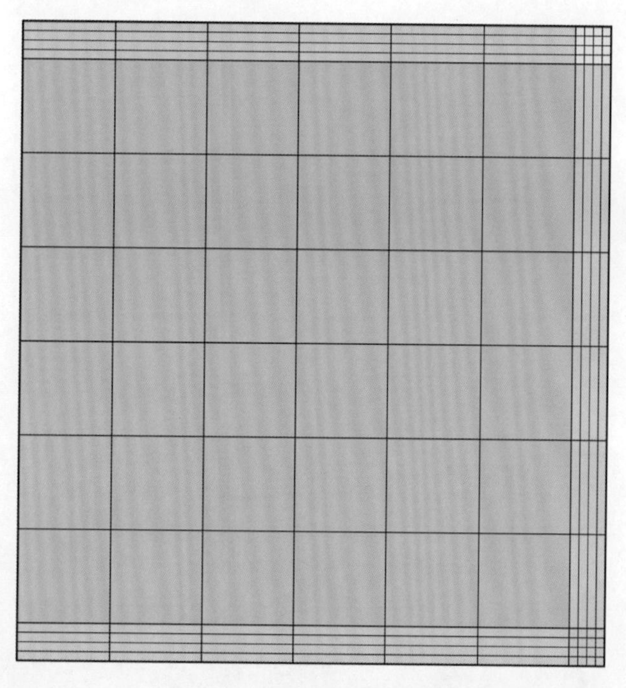

用帶縱，先商六十（四）爲闊，六十帶縱六十四爲長，除積三千八百四十。次商四，以六十爲短廉，六十四爲長廉，共一百二十四，以商四乘之，除積四百九十六；四四自乘一十六爲隅。

按長方是翻積濶餘法 三位

三萬又長六廿千中廿百八廿十 歸除得是三萬方大廿萬
中廿百八廿十一青仁當是
積二十六萬六千八百七十千
五 和一千七百八千 減餘
兩積五十七萬三千
一百二十五 較二百二十

按一千為長七百八十為濶 以積七十八萬 減餘五十七萬三千一百二十五 以濶減
長餘二百二十為較 下廉是先商六百 以乘得三十六萬 以六百乘二百二十
為第從 得十三萬二千 四廉一廉一廉六百一廉六百 第從二百二十 作八
百二十 共一千四百二十 次商五十 乘之 得七萬一千 五十自乘 得二千五百 為

擬長不足翻積開餘法 三位

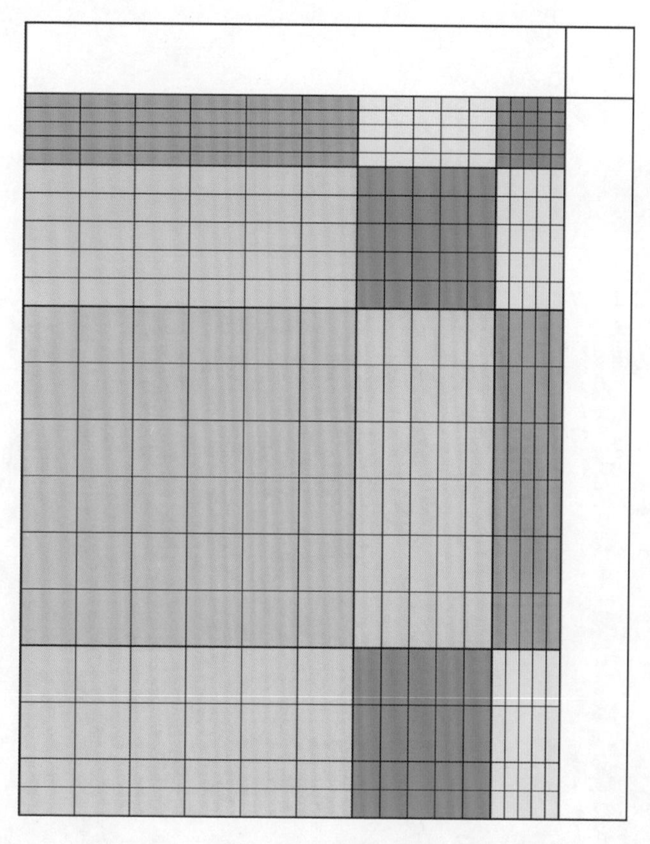

三等長，大者千，中者百，小者十，綠碧黃是[1]。三等方，大者萬，中者百，小者一，青紅紫是。積二十萬六千八百七十五，和一千七百八十，減餘虛積五十七萬三千一百二十五，較二百二十。

擬一千爲長，七百八十爲闊，得積七十八萬，減餘五十七萬三千一百二十五。以闊減長，餘二百二十爲較，下層是。先商六百，自乘得三十六萬，以六百乘二百二十爲帶縱，得一十三萬二千。兩廉：一廉六百；一廉六百帶縱二百二十，作八百二十，共一千四百二十。次商五十，乘之得七萬一千,五十自乘得二千五百爲

1 碧色，原圖作紫色，今據圖註改繪。

法再以一百五十為一廣以一百五十乘得二百二十五並之得七千五百廣共二
十五萬六千以商五乘之得七千七百五十得乘得二十五萬除共得闊
六百五十五加較之得七千七百五十五以上皆法以商之為之平減闊以
增之法假令較之方餘得原積加餘較積為之平減以增闊
其以法以所較之闊相減為和閒積和求闊法求之其問較一千
七百五十為長八千五百為闊得積一千三百六十以減原積餘實積七萬
零八百五十五步以所較闊八千減之一千七百五十步餘一千七百二十步為長
闊和或用四因法和乘之得二百六十二萬四千四百減四積二十八萬
三千五百餘二百三十四萬零九百以平方開之得一千五百三十步以減和
餘九百步折半得四千五百步為餘積之闊即較之方餘之數也以
減較餘得闊之一千七百五十步或用平翻法置和一千七百二十半
之得五十一萬零六百五十步六千一百減去積七萬零八百七千五
餘五千八百五十五萬二百二十五平開之得二千二百五以減半和八百一十餘
四千五得闊總之較之法不足之例以實積作小縱方較之方餘之例以
實積另作小縱方法併其減縱之益積之法
併置而用之也

一隅。再以六百五十爲一廉，以六百五十帶縱二百二十共八百七十爲一廉，共一千五百二十，以商五乘之，得七千六百，五自乘得二十五爲隅。共得闊六百五十五，加擬長得一千六百五十五。

以上諸法，皆商長不足，更減闊以增長之法。假令擬長有餘，則原積有餘，擬積不足，當減長以增闊矣。其法以所擬長闊相減爲和，用積和求闊法求之。如此問，擬一千七百步爲長，八十步爲闊，得積一十三萬六千，以減原積，餘實積七萬零八百七十五步。以所擬闊八十減長一千七百步，餘一千六百二十步，爲長闊和。或用四因法，和自乘得二百六十二萬四千四百，減四積二十八萬三千五百，餘二百三十四萬零九百，以平方開之，得一千五百三十步。以減和，餘九十步，折半得四十五步，爲餘積之闊，即擬長有餘之數也。以減擬商，得定長一千六百五十五步。或用平翻法，置和一千六百二十，半之得八百一十，自之得六十五萬六千一百，減本積七萬零八百七十五，餘五十八萬五千二百二十五，平開之得七百六十五。以減半和八百一十，餘四十五，得闊。總之，擬長不足，則以虚積另作小縱方；擬長有餘，則以實積另作小縱方，信手拈來，無不可者。其減縱益積等法，俱置不用可也。

撥長有餘不足圖　和三十四

青實長二十闊一十四積二百八十黃實長二十二積二百六十四對減餘一十六紅方是也假令青為原積黃為撥積是撥長有餘所餘十六為實積以長形長闊相減餘十為和假令黃為原積青為撥積是撥長不足所餘十六為虛積以長形長闊相減餘六為較

擬長有餘不足圖 和三十四

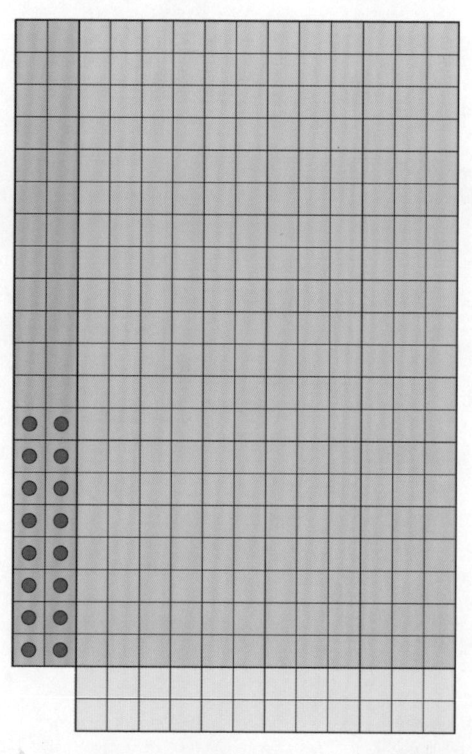

青實長二十，闊一十四，積二百八十；黄實長二十二，積二百六十四 。對減餘一十六，紅點是。假令青爲原積，黄爲擬積，是擬長有餘，所餘十六爲實積，小長形長闊相減，餘十爲和。假令黄爲原積，青爲擬積，是擬長不足，所餘十六爲虚積，小長形長闊相減，餘六爲較。

1 圖中綠色部分爲青色與黄色重疊的面積。

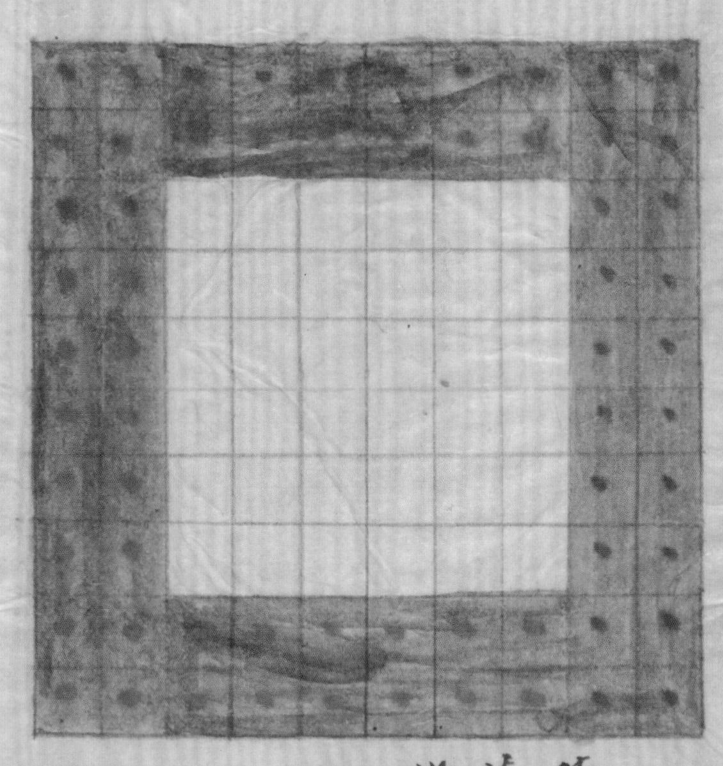

積平方形平數之用圖
其法係此術之得濶二即
撤去有餘不足之數也

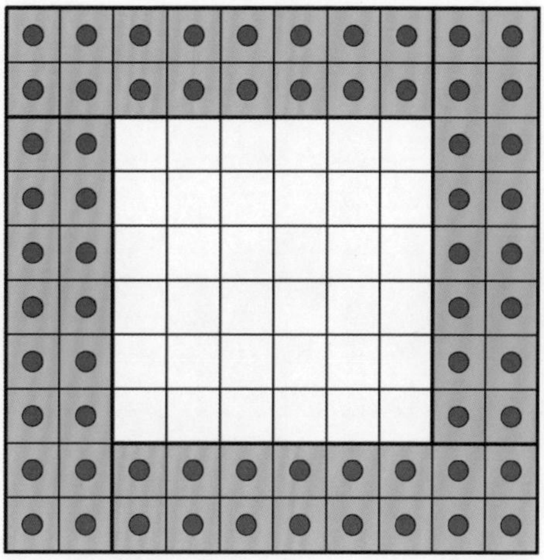

積一十六，和十較六，用四因等法，俱可求。求得闊二，即擬長有餘不足之數也。

翻積求闊　積八百六十四　和六十

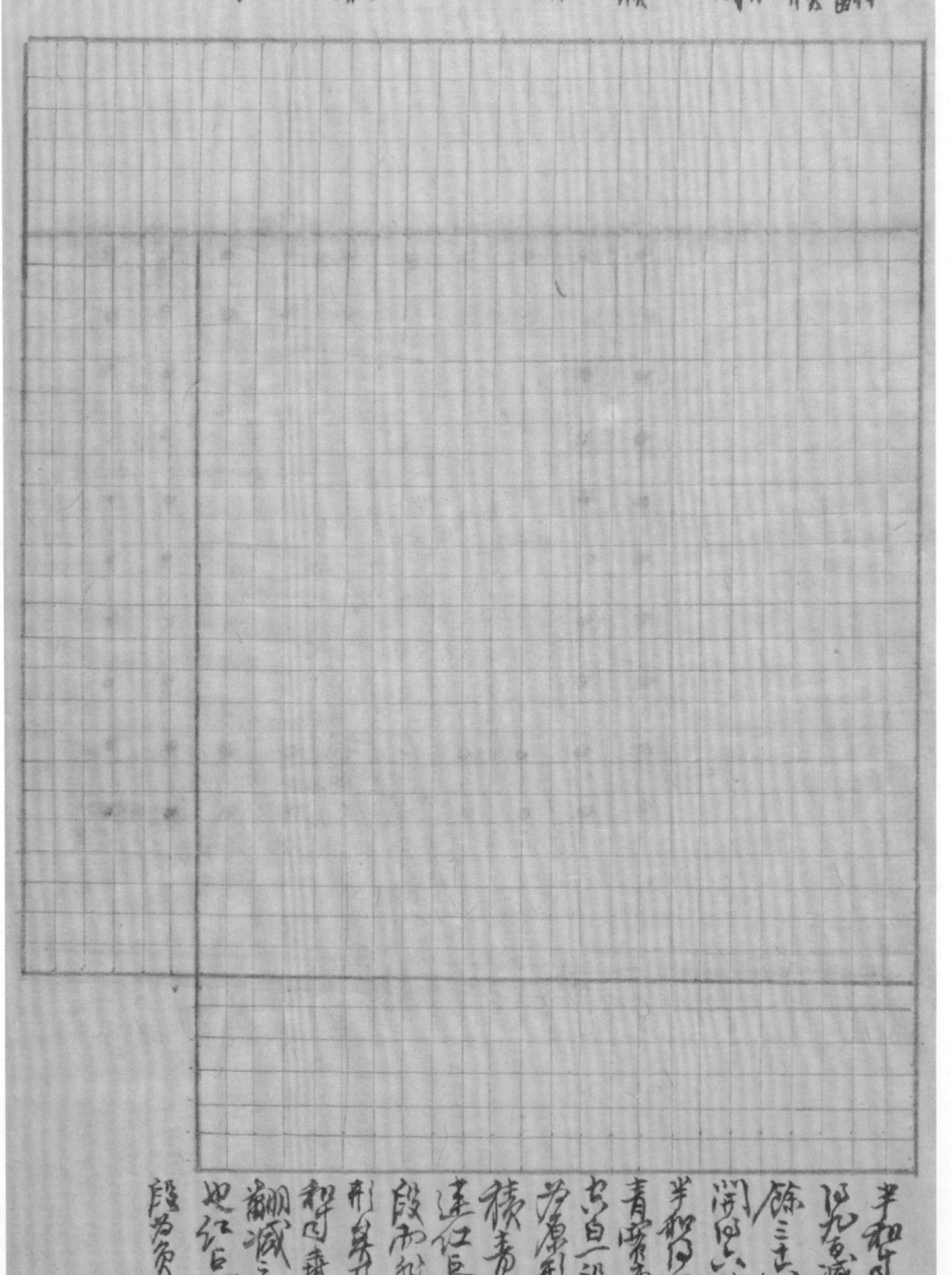

半和自乘得九百減積餘三十六平開得六以減半和得闊青冪連其白一段爲原形原積青冪連紅上一段而形原形與方半和自乘所翻減之積也紅上一段爲負隅

翻積求闊 積八百六十四，和六十。

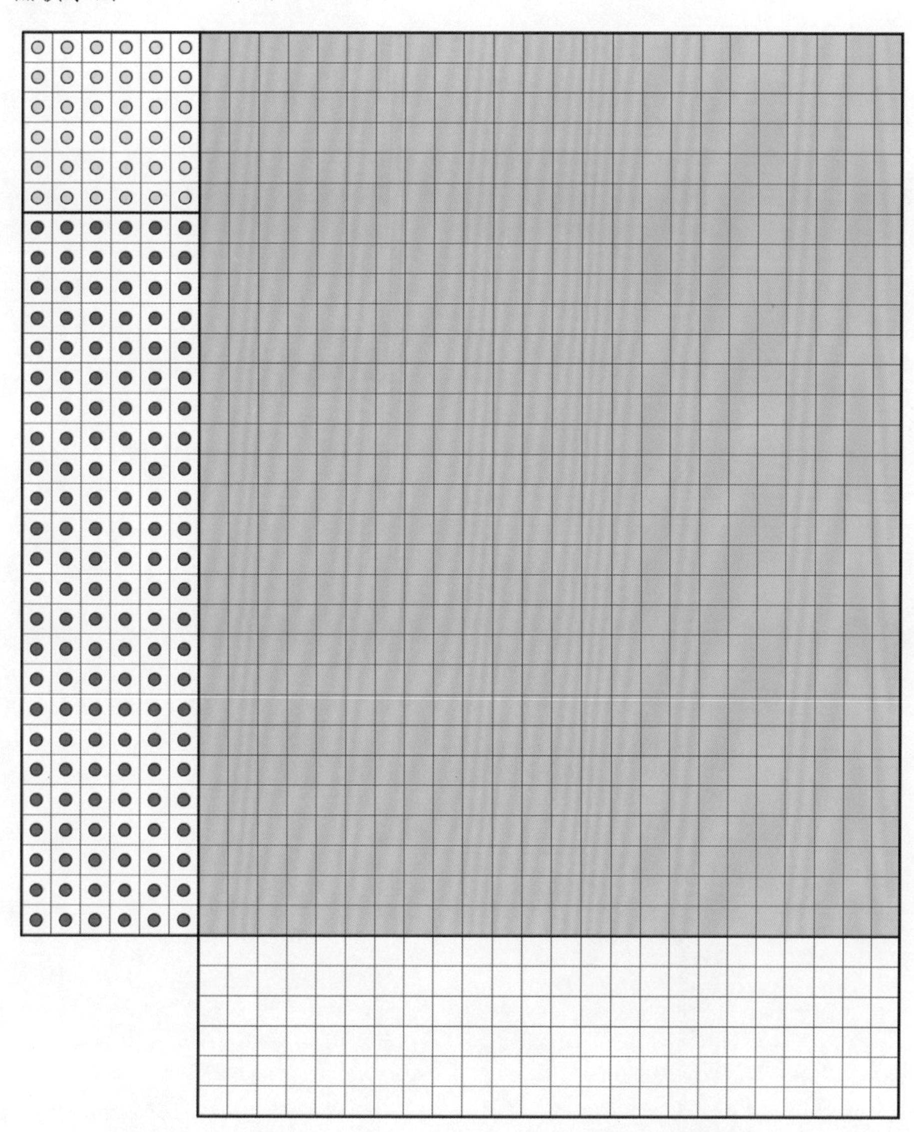

半和自乘得九百，減積餘三十六，平開得六，以減半和，得闊。青實連空白一段爲原形原積，青實連紅點一段而非原形矣，乃半和自乘所翻減之積也。紅點一段爲負隅[1]。

1 原圖無色，據圖注填色。據圖註“青實連紅點一段而非原形”，知紅點一段爲廉積，則負隅不當爲紅點。今繪作黃點，以示區别。

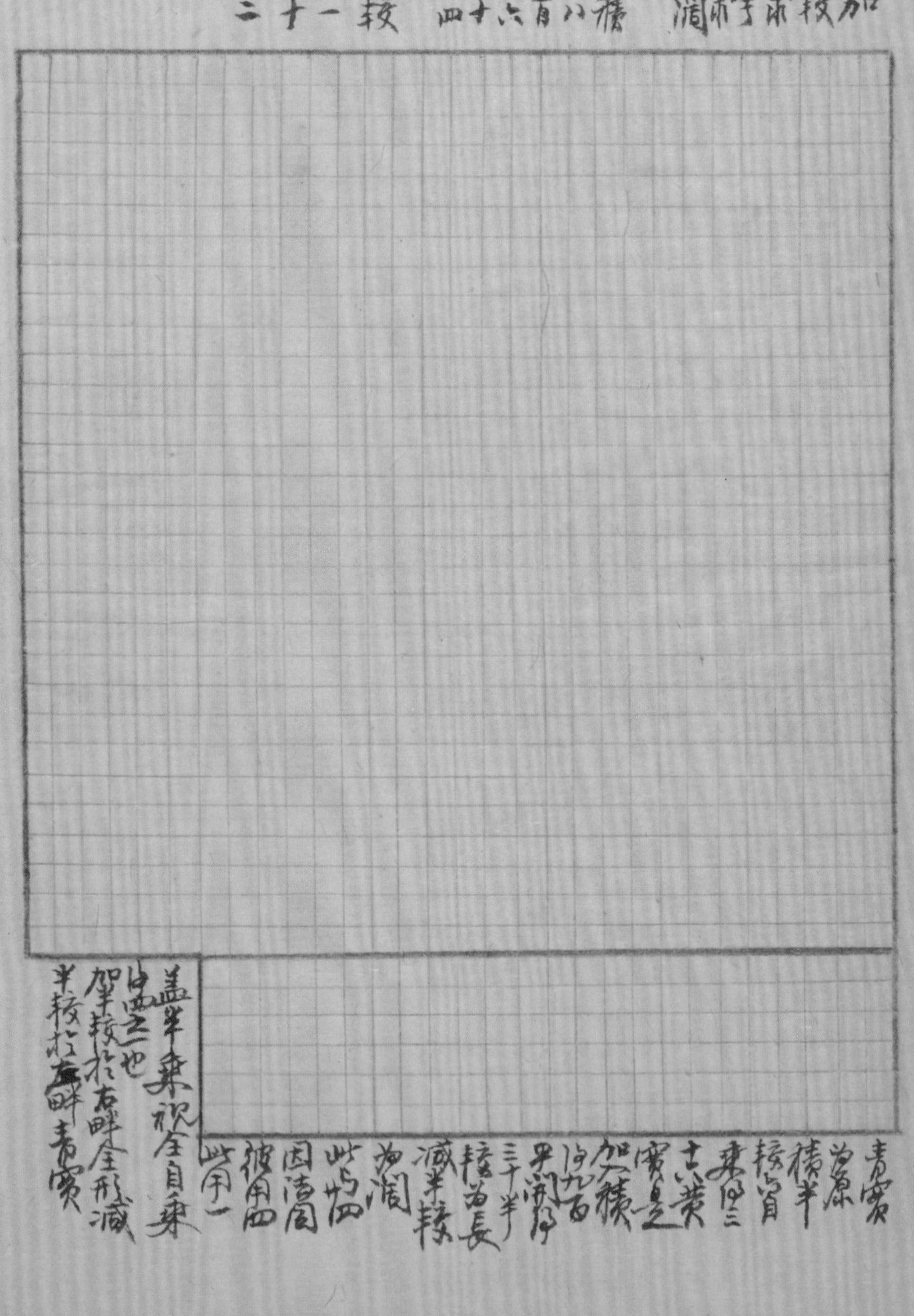
加較求長闊　積八百六十四　較一十二
青實為原積半較六自乘得三十六黃實是之加積得九百平方得三十半較為長減半較為闊此與四因法同彼用四此用一
蓋半乘視全自乘
四之一也
加半較於右畔全形減
半較於左畔青實

加較求長求闊 積八百六十四，較一十二。

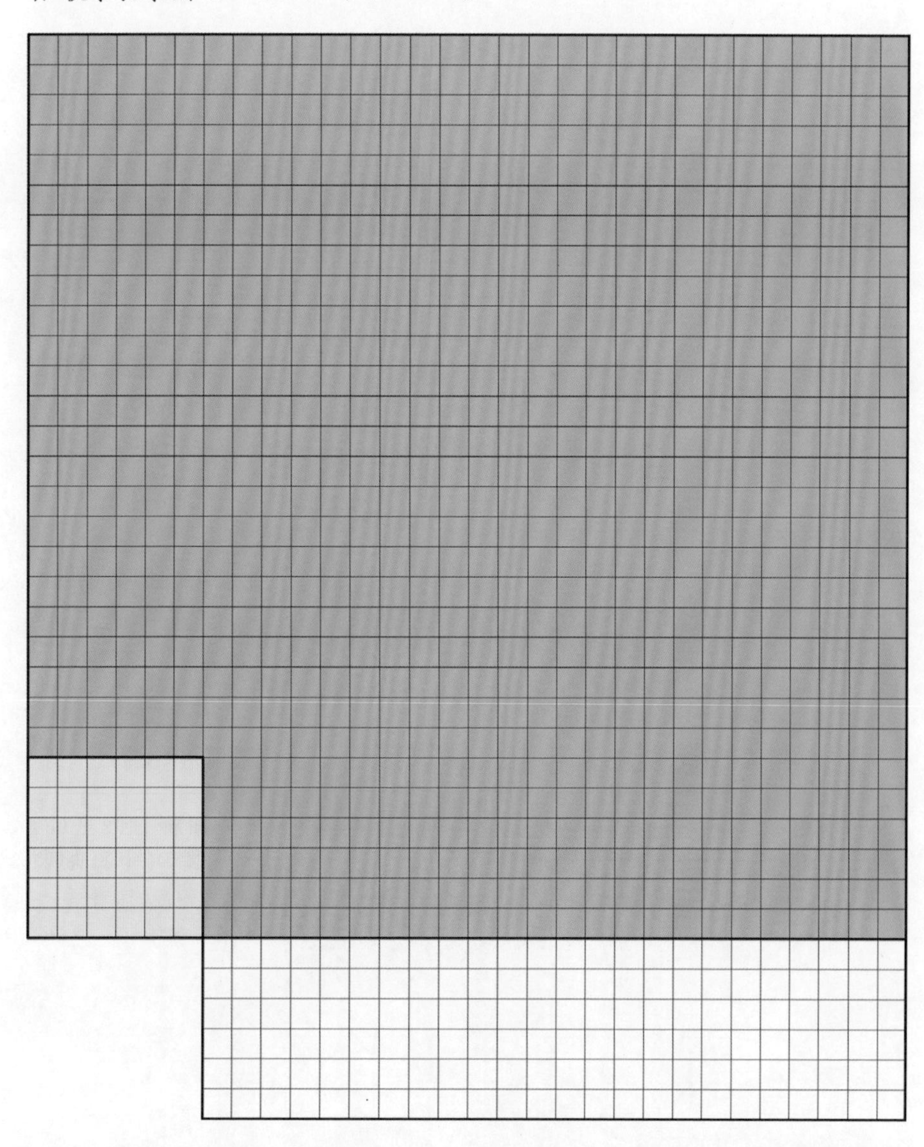

青實爲原積，半較六自乘得三十六，黄實是。加入積得九百，平開得三十，[加]半較爲長，減半較爲闊。此與四因法同，彼用四，此用一，蓋半乘視全自乘得四之一也。加半較於右畔全形，減半較於左畔青實。

西方翻積法

負積不負縱

隅為方形

假如長三十八濶二十二積八百三十六和六十求長法以和為縱方立一為負隅初商三十以乘負隅仍得三減縱餘三十对呼九百較原積不足反以積減之餘六十四為實乃以初商三十與餘縱对減是次商八與負隅一相乘仍得八呼除負實恰是得其長為三十八

此與前翻法同但須立一為隅之說

西書翻積法

負積不負縱，隅爲方形。

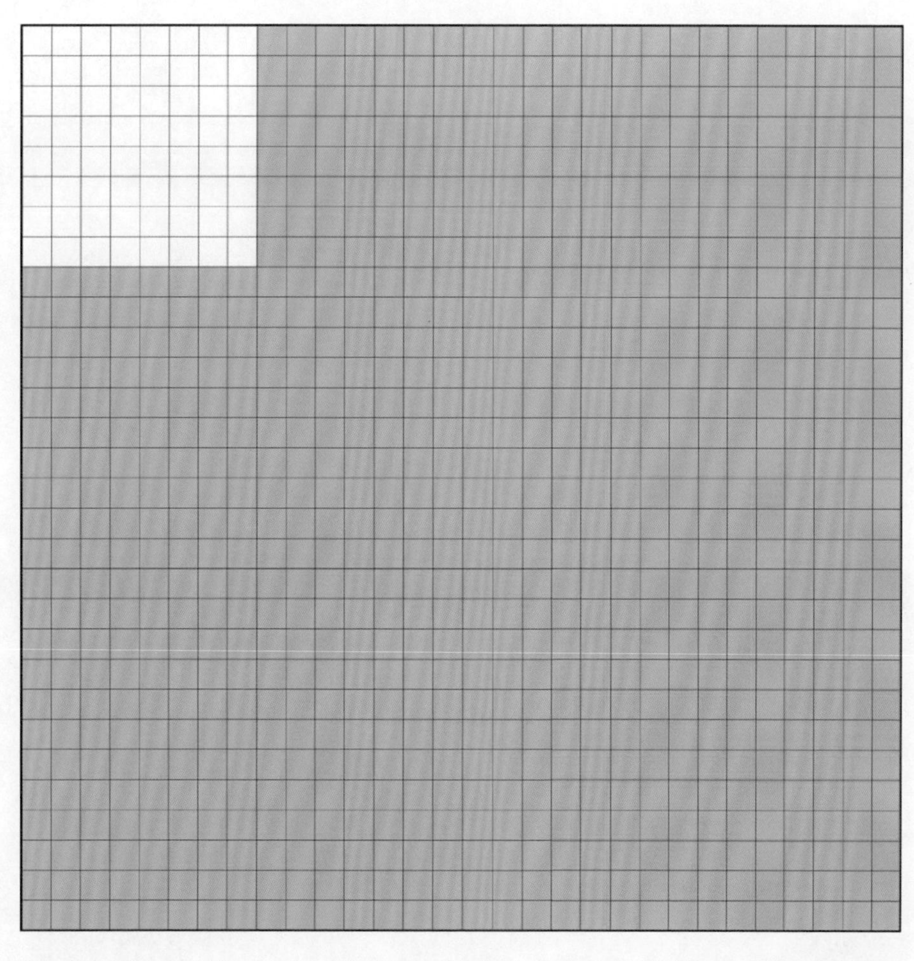

假如長三十八，闊二十二，積八百三十六，和六十，求長者。以和爲縱方，立一爲負隅。初商三十，以乘負隅，仍得三；減縱餘三十，對呼九百。而原積不足，反以積減之，餘六十四爲實，乃以初商與餘縱對減盡。次商八，與負隅一相乘，仍得八，呼除負實恰盡，增入長爲三十八。

此與平翻法同，但有立一爲隅之説。

隅爲長用　積縱縱保負

假如長五十二闊三十八積一千九百七十六求長若干先商五十五爲負隅依隅五以減縱九十餘四十相乘得二千減原積餘二千四百以初商五十減餘縱四而餘縱不足以除縱四十反減五千餘一十爲兩縱五爲負次商二爲隅加入廉得二十二也商二呼除恰盡增入長爲五十二此與平方翻法同若用加鼓之法則餘積

積縱俱負，隅爲長形。

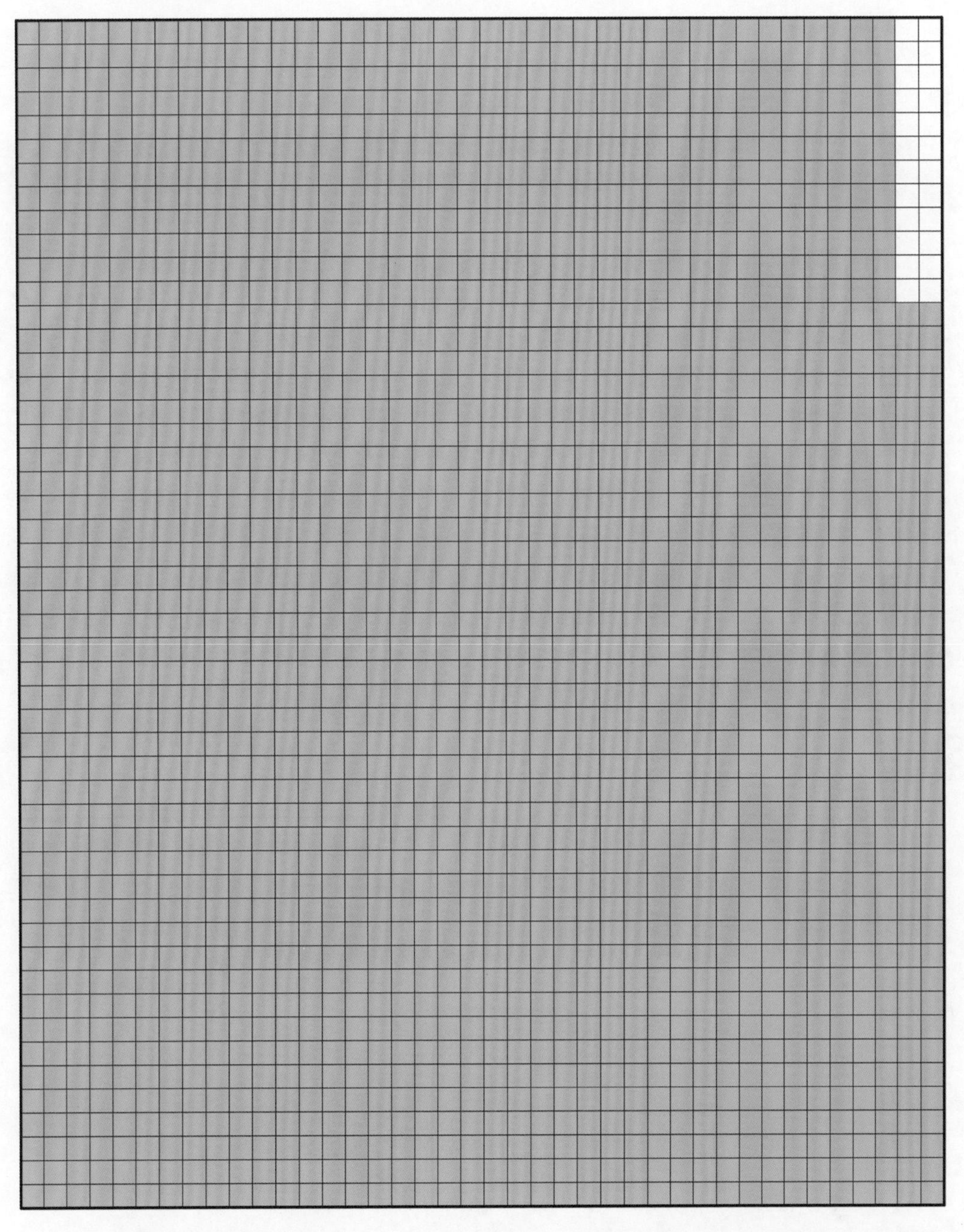

假如長五十二，闊三十八，積一千九百七十六，求長者。先商五十，立一爲負隅，仍得五；以減縱九十，餘四十，相乘得二千。減原積，餘二十四。以初商五十減餘縱四十，而餘縱不足，乃以餘縱四十反減五十，餘一十爲法，而縱又爲負。次商二爲隅，加入廉得一十二，與商二呼除恰盡，增入長爲五十二。

此與長翻法同。

若用加較之法，將餘積

又作一小方形半較五步自之得二十五加餘積得四十九平開得七減較五得二爲方少二步

立方

凡數自乘爲平方又以其數乘之則爲立方其形六面八隅十二廉所謂再乘方也求法與平異者大方小隅皆用再乘廉有平又有立也位數多亦有層廉層隅不盡亦以法命之其三乘四乘以至無窮另爲篇

一凡開立方置積約自乘再乘之數爲大方不盡者以初商自乘又三之爲平廉法約可幾轉以定次商然後以次商與平廉相乘呼除之以次商自乘又三乘之爲立廉法然後與初商相乘呼除之以次商自乘再乘爲隅

問今有積一千七百二十八尺開立方若干　答一十二

法以一十自乘得一百又以十乘之得一千爲大方呼一一如一除一千餘積七百二十八以初商自乘一百三倍之得三百爲平廉法視餘積約可二轉遂商二以二與三相乘對呼二三如六除六百餘積一百二十八次商自乘得四又三倍之得一十二爲立廉法與初商一十相乘對呼一一如一一二如二除一百二十餘積八以次商自乘得四再乘得八除積恰盡合問

解大方以自乘得再乘爲數以六面均平爲傍平廉三居方之面立廉三居平廉之交與方之數積相接隅亦自乘再乘居立廉之交與方爲角相接合之則成一全形矣若一位開則大方開盡二位開方有廉隅與平方之例同也　○凡立方皆以三三爲通率詳見新乘法中

又作一小長形，半較五步自之得二十五，加餘積得四十九，平開得七，減較五得二，知長少二步。

立方

凡數自乘爲平方，又以其數乘之，則爲立方。其形六面八隅十二廉，所謂再乘方也。求法與平異者，大方小隅皆用再乘，廉有平又有立也。位數多亦有層廉層隅，不盡亦以法命之。其三乘四乘，以至無窮，另爲篇。

一、凡開立方，置積，約自乘再乘之數爲大方。不盡者，以初商自乘又三之，爲平廉法，約可幾轉，以定次商。然後以次商與平廉相乘，呼除之。以次商自乘，又三乘之，爲立廉法，然後與初商相乘呼除之。以次商自乘再乘爲隅[1]**。**

1. 問：今有積一千七百二十八，求開立方若干[2]？

答：一十二。

法：以一十自乘得一百，又以十乘之得一千，爲大方。呼一一如一，除一千，餘積七百二十八。初商自乘一百，三倍之得三百，爲平廉法。視餘積約可二轉，遂商二。以二與三相乘，對呼二三如六，除六百，餘積一百二十八。次商自乘得四，又三倍之得一十二，爲立廉法。與初商一十相乘，對呼一一如一，一二如二，除一百二十，餘積八。以次商自乘得四，再乘得八，除積恰盡。合問。

解：大方以自乘再乘爲數，以六面均平爲體。平廉三居方之面，立廉三居平廉之交，與方之角相接。隅亦自乘再乘，居立廉之交，與方之角相接，合之則成一全形矣。若一位開，則大方開盡；二位開，方有廉隅，與平方之例同也。◎凡立方皆以三三爲通率，詳見諸乘法中。

---

1 如圖 7-18，立方積可分解爲大方一、平廉三（II）、立廉三（III）、隅方一（IV）。初商 a，次商 b，大方積爲 a^3，三平廉積爲 $3a^2b$，三立廉積爲 $3ab^2$，隅積爲 b^3。

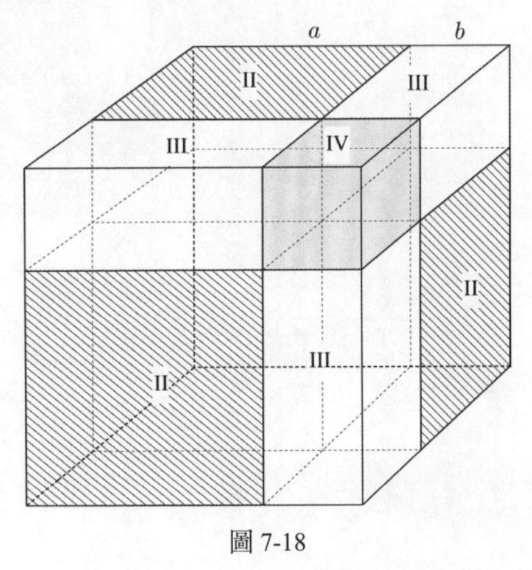

圖 7-18

2 此題爲《同文算指通編》卷八"開立方法"第一題，二至五問皆據此題編制。

問今有積一萬七千二百八十求開立方若干　答二十五餘一千九百五十一之一千六百五十五

法二十自乘得四百再以二十乘得八千為方法除八千餘九千二百八十以通率三乘四百得一千二百約方五積遂商五以乘一千二百得六千為平廉再以五自乘得二十五以二十乘之得五百以通率三乘之得一千五百為立廉以五自乘二十五再以五乘得百二十五為隅合四數共一萬五千六百二十五餘一千六百五十五以法命之一千九百五十一之一千六百五十五

解凡命法俱加一數自乘再乘減本積餘者為母以本積見餘為子

問今有積一十七萬二千八百求立方若干　答五十五步零九千二百四十一之六千四百二十五

法五十自乘得二千五百再以五十乘之得一十二萬五千為大方以方法二千五百以平廉通率三乘之得七千五百約方五積遂商五乘得三萬七千五百為平廉以次商五自乘得二十五以五十乘之得一千二百五十以立廉率三乘之得三千七百五十為立廉五自乘再乘得一百二十五為隅合四數共一十六萬六千三百七十五餘六千四百二十五以法命之九千二百四十一之六千四百二十五

解以上三問俱以十開至下問方以百開

問今有積一百七十二萬八千求立方若干　答一百二十

法與第一問同法

問今有積一千七百二十八萬求立方若干　答二百五十零一百九十五萬一千之一百六十五萬五千

法與第二問同法

2. 問：今有積一萬七千二百八十，求開立方若干？

答：二十五，餘一千九百五十一之一千六百五十五。

法：二十自乘得四百，再以二十乘，得八千爲方法。除八千，餘九千二百八十。以通率三乘四百得一千二百，約可五轉，遂商五，以乘一千二百，得六千爲平廉。再以五自乘得二十五，以二十乘之得五百，以通率三乘之，得一千五百爲立廉。以五自乘二十五，再以五乘，得百二十五爲隅。合四數，共一萬五千六百二十五，餘一千六百五十五。以法命之，一千九百五十一之一千六百五十五。

解：凡命法，俱加一數，自乘再乘減本積，餘者爲母，以本積見餘爲子 。

3. 問：今有積一十七萬二千八百，求立方若干？

答：五十五步零九千二百四十一之六千四百二十五。

法：五十自乘得二千五百，再以五十乘之，得一十二萬五千爲大方。以方法二千五百以平廉通率三乘之，得七千五百，約可五轉，遂商五，乘得三萬七千五百爲平廉。以次商五自乘得二十五，以五十乘之，得一千二百五十，以立廉率三乘之，得三千七百五十爲立廉。五自乘再乘，得一百二十五爲隅。合四數，共一十六萬六千三百七十五，餘六千四百二十五。以法命之，九千二百四十一之六千四百二十五。

解：以上三問，俱以十開。至下問，方以百開。

4. 問：今有積一百七十二萬八千，求立方若干？

答：一百二十。

法：與第一問同法。

5. 問：今有積一千七百二十八萬，求立方若干？

答：二百五十零一百九十五萬一千之一百六十五萬五千 。

法：與第二問同法。

---

1 開立方命法，《算法統宗》卷六"開立方法"云："或有不盡數，以法命之。何謂之命？若餘實若干不盡，卻以所商得立方數若干，自乘得若干，又以三因之得若干；另以所商得立方數若干，用三因之得若干，再添一個，共得若干，便商得多一立方數也。因此不及，而爲之命。"設原積爲V，所商爲x，餘實爲r，開立方命法可表示爲：

$$\sqrt[3]{V}=\sqrt[3]{x^3+r}=x+\frac{r}{3x^2+3x+1}=x+\frac{r}{(x+1)^3-x^3}$$

解文"俱加一數，自乘再乘減本積，餘者爲母"，即：

$$(x+1)^3-x^3=1951$$

"本積見餘"，即：

$$r=V-x^3=1655$$

參後文圖說。

2 該題計算結果有誤。正確結果當爲：

$$\sqrt[3]{17280000}=\sqrt[3]{17173512+106488}=258+\frac{106488}{200467}$$

解每隅三位同法凡立方聯三位同法數隅三位同法

問今有立方積一億零二百五十萬零三千二百三十二尺求立方若干　答四百六十八尺

法尋原方法起四百自乘再乘得六十四餘六千四百萬餘三千八百五十萬〇三千二百三十二以四百自之得一十六萬以平廉通率三乘之得四十八萬約百六轉乃商六乘平率得二千八百八十〇萬餘九百七十萬〇三千二百三十二再以六十之自得三千六百以方四百乘之得一百四十四萬以立廉率三因之得四百三十二萬除積餘五百三十八萬三千二百三十二以六十自乘再乘得二十一萬六千為隅餘五百一十六萬七千二百三十二以四百六十自乘得二十一萬一千六百再以平廉率三因之得六十三萬四千八百約百八轉商八乘平率得五百〇七萬八千四百除積餘八萬八千八百三十二以八自乘六十四以四百六十乘之得二萬九千四百四十以立率三因之得八萬八千三百二十除積餘五百一十二以百八自乘再乘為隅除盡合問

解此三位潤其四位以上可推其廉法皆兼前商所位仍之所謂層廉層隅者也

方廉隅總圖

立廉

小隅

平廉

解：每隔三位同法。凡立方，聯三位同數，隔三位同法。

6. 問：今有立方積一億零二百五十萬零三千二百三十二尺，求立方若干？

答：四百六十八尺。

法：尋原方法起四百，自乘再乘得六十四，（餘）[除]六千四百萬，餘三千八百五十萬〇三千二百三十二。以四百自之得一十六萬，以平廉通率三乘之得四十八萬，約可六轉，乃商六，乘平率得二千八百八十〇萬，餘九百七十萬〇三千二百三十二。再以六十自之，得三千六百，以方四百乘之得一百四十四萬，以立廉率三因之得四百三十二萬，除積餘五百三十八萬三千二百三十二。以六十自乘再乘得二十一萬六千爲隅，餘五百一十六萬七千二百三十二。以四百六十自乘得（一）[二]十一萬一千六百，再以平廉率三因之，得六十三萬四千八百，約可八轉，商八，乘平率得五百〇七萬八千四百，除積餘八萬八千八百三十二。以八自乘六十四，以四百六十乘之得二萬九千四百四十，以立率三因之，得八萬八千三百二十，除積餘五百一十二。以八自乘再乘爲隅，除盡。合問。

解：此三位開者，四位以上可推。其廉法皆兼前商諸位約之，所謂層廉層隅者也。

方廉隅總圖

立廉

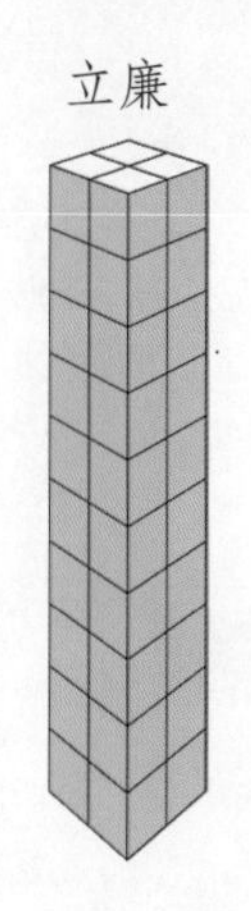

小隅

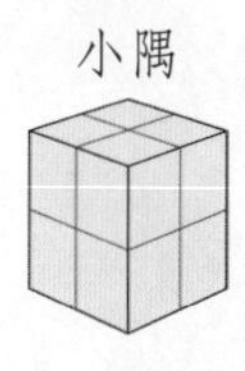

平廉

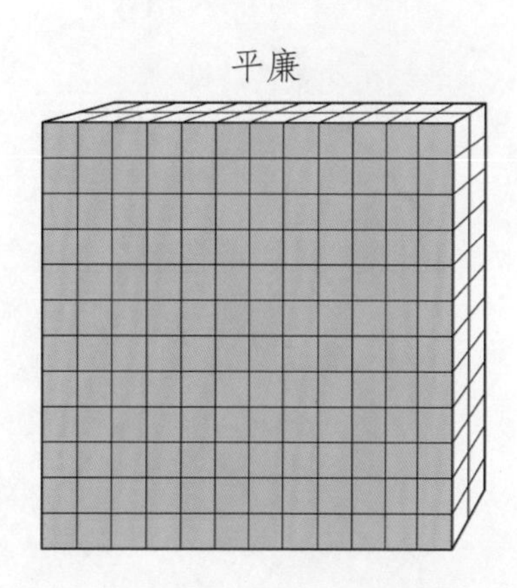

1 立方積三位開者，如圖 7-19，初商 $a=400$，次商 $b=60$，三商 $c=8$。大方積爲 $a^3=64000000$；次商平廉積爲 $3a^2b=28800000$，立廉積爲 $3ab^2=4320000$，隅積爲 $b^3=216000$；三商平廉積爲 $3(a+b)^2c=5078400$，立廉積爲 $3(a+b)c^2=88320$，隅積爲 $c^3=512$。各段積相加，合原立方積。

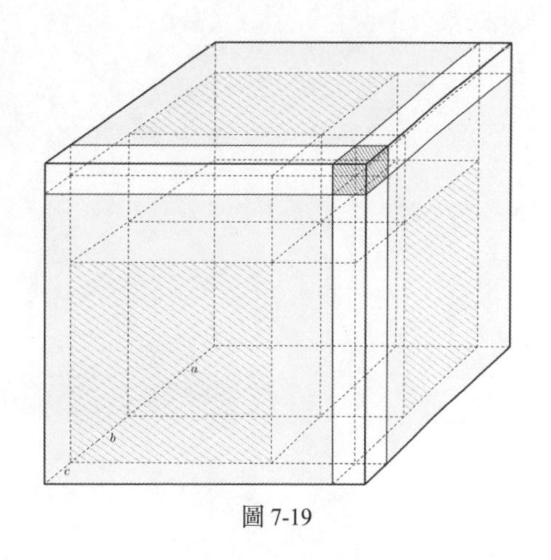

圖 7-19

大方全形

立方全形

立方全形解

以十二為法中方十分乘
得百再乘得千三平廉
通率三百商二層得六
百三立廉通率通率
三十以商二自乘得四以
乘得四通率得一百二十
隅二自乘得四再乘得
八共一千七百二十八

大方

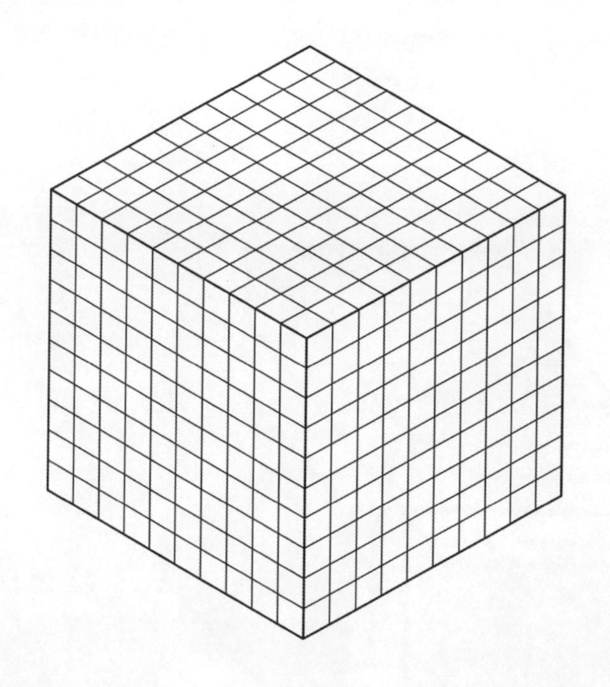

立方全形解

以十二爲法，中方十自乘得百，再乘得千。三平廉通率三百，商二（層）[乘]得六百[1]；三立廉通率三十，以商二自乘得四，以乘通率，得一百二十。隅二自乘得四，再乘得八。共一千七百二十八。

立方全形

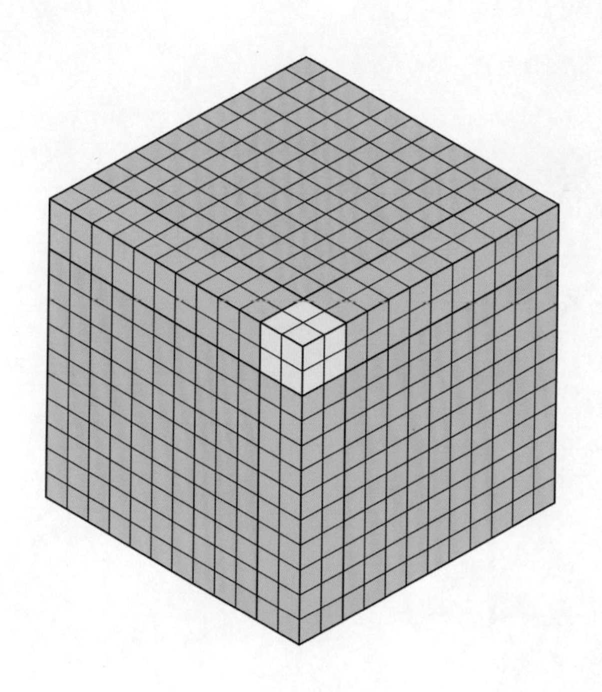

1 據文意，"層"當作"乘"，音近而訛。

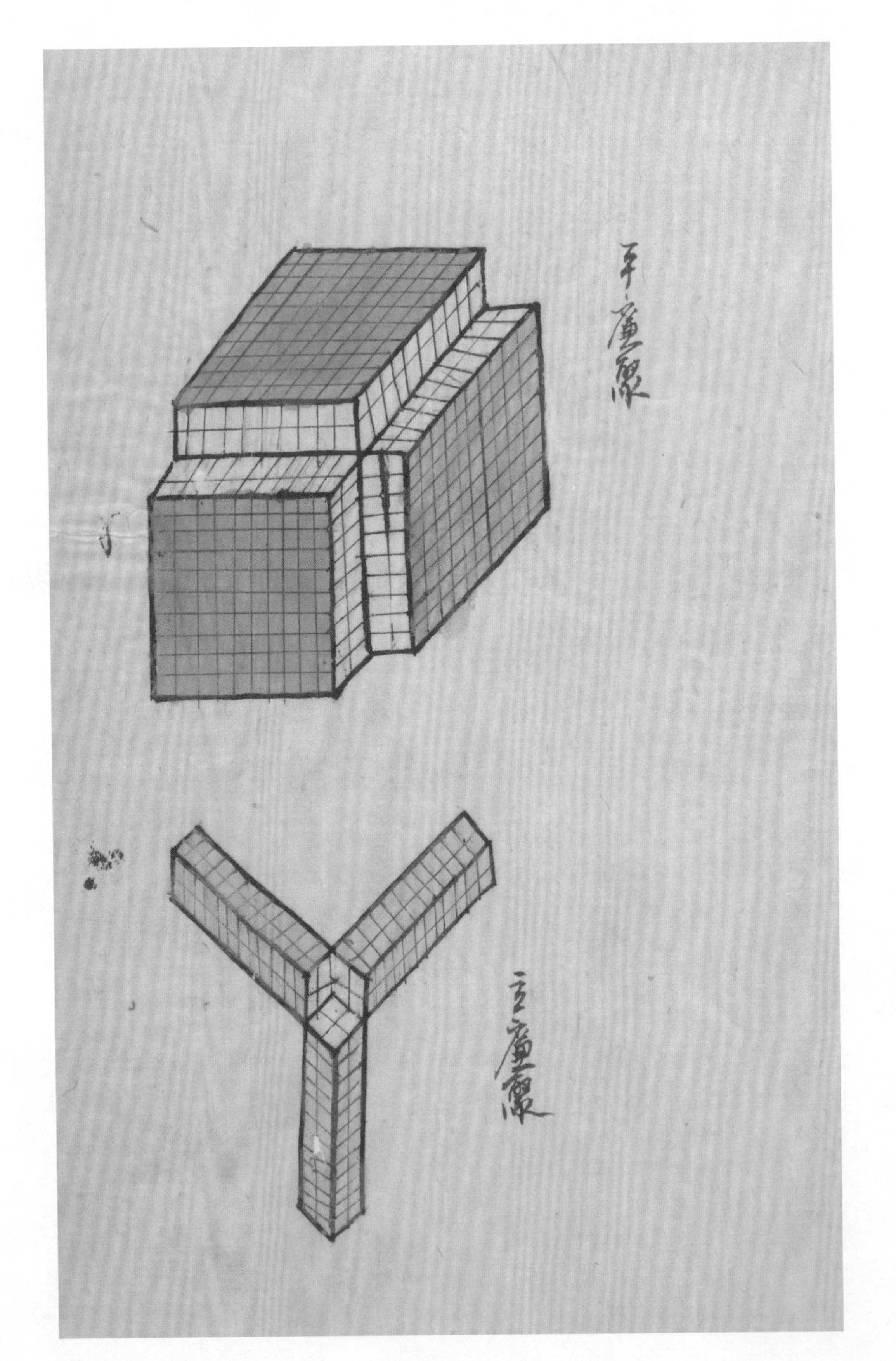
平廉象
立廉象

平廉聚

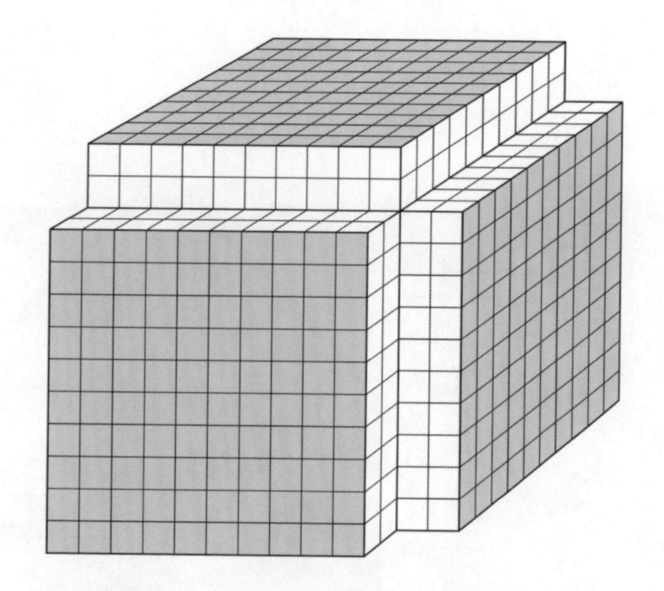

立廉聚

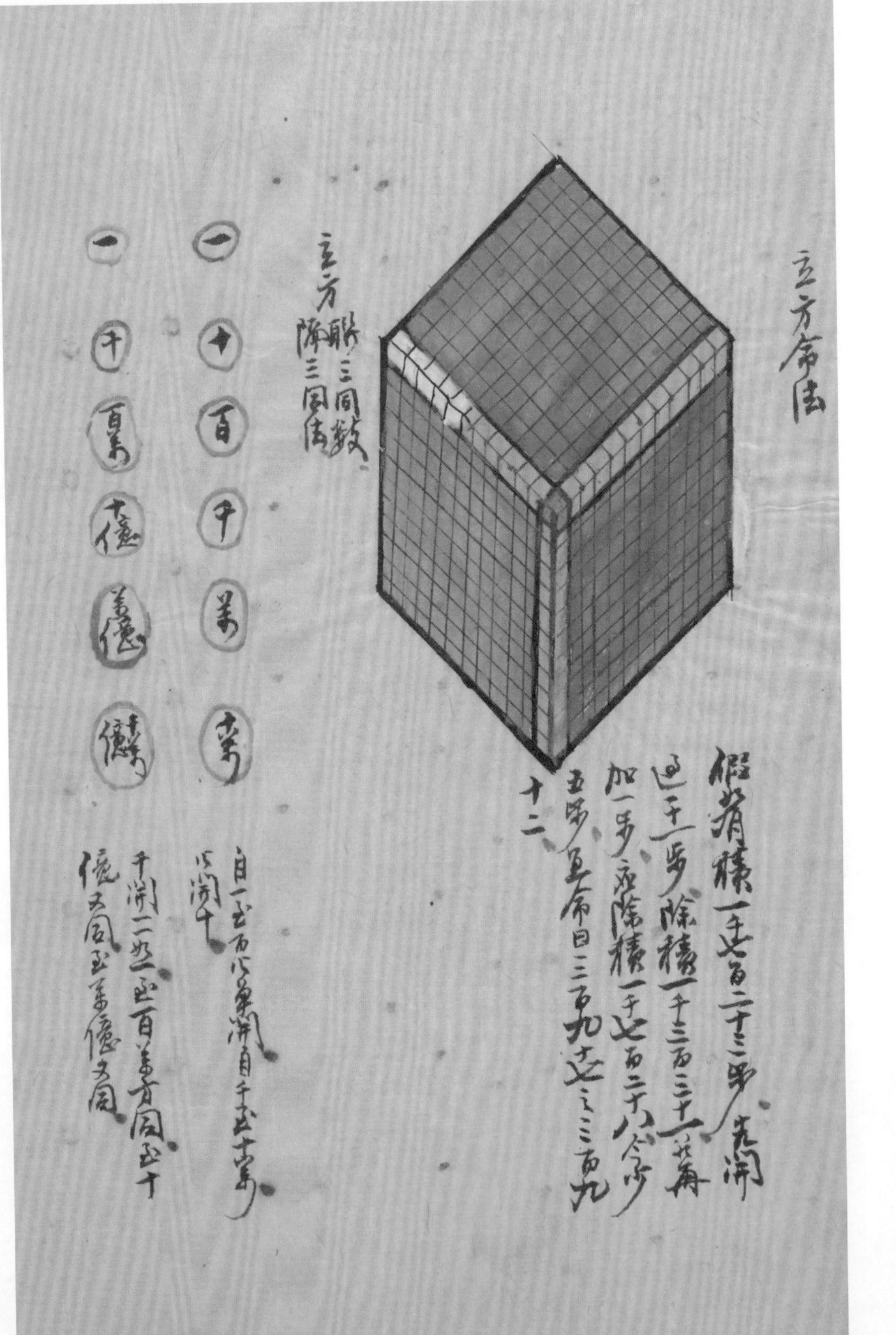
立方命法
立方
自乘三同數
除三同法
一
十
百
千
萬
十萬
一
千
十二

立方命法

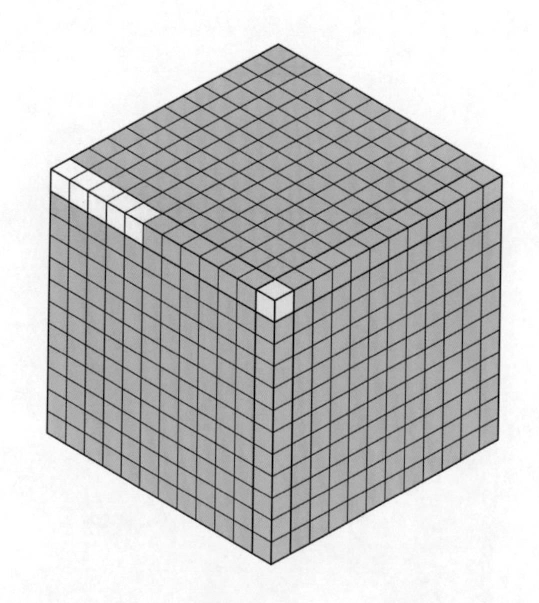

假如有積一千七百二十三步，先開過一十一步，除積一千三百三十一。若再加一步，應除積一千七百二十八步，今少五步，直命曰三百九十七之三百九十二。

立方聯三同數，隔三同法

一　十　百　千　萬　十萬　　自一至百，皆單開；自千至十萬，皆開十。

一　千　百萬　十億　萬億　千萬億　　千開一一如一，至百萬方同，至十億又同，至萬億又同。

立方帶縱

立方帶縱舊無有之。此只以商量揣摩而得，無確法。今以立方之法約之，視其有餘不足，而消息之，為立方帶縱法。

一凡立方帶縱，先以平立方法約之，定其大略。然後以有餘不足而加減之。大方之外餘以平廉一立廉潤之。

問今有立方積一千二百九十六尺，高不及方三尺，求方若干，高若干。

答方一十二尺　高九尺

法置積，以立方法約之，中方應一千尺。以高不及方三尺推之，知方應一十三尺，以二平廉一立廉求之，應以百九十積與此數。減商一尺，得九尺為高，除積九百尺，餘三百九十六尺。九加差三得一十二為方。先潤得大方十尺，次初商二，兩平廉各以十為方，以九為高，應一百八十，与廿商二呼除，一二如二三仝十六，餘三十六尺。立廉以次商二自乘得四，以高九乘之得三十六，除積恰盡。或商九，即以九除積，得一百四十四，平開得方。

解此縱不及方者。凡立方俱有六面，有三度，長短潤狹高下是也。三度俱等者為立方；長短潤狹二度等，而高下一度不等，其帶縱立方也；若三度俱不等，則不可以方法求矣。此以平廉只用二者，以其潤等，惟高下不等，故省却一廉。立廉只用一者，蓋三立廉，一視潤狹，一視長短，一視高下，今長潤之數既入平廉，惟有高下一廉，故只用一耳。

立方帶縱

立方帶縱，舊雖有之，然只以商量揣摩而得，無確法。今以立方之法約之，視其有餘不足而消息之，爲立方帶縱法。

一、凡立方帶縱，先以平立方法約之，定其大畧。然後以有餘不足，約而加減之。大方之外，餘以兩平廉一立廉開之。

1. 問：今有立方積一千二百九十六尺，高不及方三尺，求方若干？高若干[1]？

答：方一十二尺；　　　　　　高九尺。

法：置積，以立方法約之，中方應一千尺，以高不及方三尺推之，知方應一十三尺。以二平廉一立廉求之，應六百九十。積無此數，減商一尺，得九尺爲高。除積九百尺，餘三百九十六尺。九加差三，得一十二爲方，先開過大方十尺，次應商二，兩平廉各以十爲方，以九爲高，應一百八十，與商二呼除，一二如二,二八一十六，餘三十六尺；立廉以次商二自乘得四，以高九乘之，得三十六，除積恰盡[2]。或商九，即以九除積，得一百四十四，平開得方。

解：此縱不及方者，凡立方俱有六面，有三度，長短、闊狹、高下是也。三度俱等者，爲真立方；長短、闊狹二度等，而高下一度不等者，帶縱立方也；若三度俱不等，則不可以方法求矣。所以平廉只用二者，以長闊等，惟高下不等，故省卻一廉。立廉只用一者，蓋三立廉，一視闊狹，一視長短，一視高下。今長闊之數既入平廉，惟有高下一廉，故只用一耳。

---

1 此題爲《算法統宗》卷六少廣章“開立方帶縱法”第一題。

2 如圖 7-20，長方高爲 9，底面方爲 12。初商 10，次商 2，長方剖成一大方、二平廉、一立廉。各段積分别爲：

$$大方積 = 10\times10\times9 = 900$$
$$平廉積 = 2\times(9\times10\times2) = 360$$
$$立廉積 = 2\times2\times9 = 36$$

各段積相加，合原長方積。

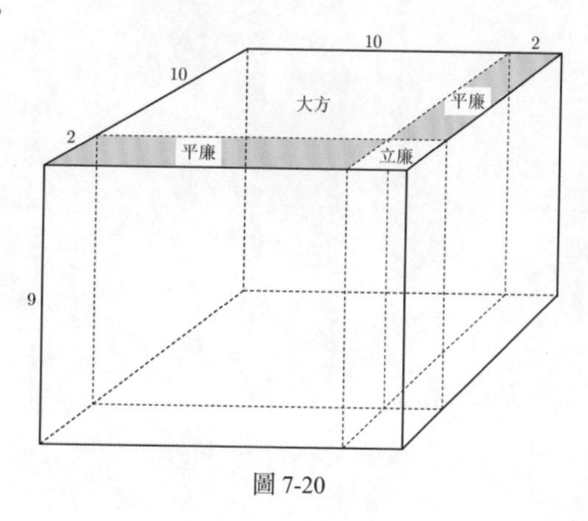

圖 7-20

此形如側置之，則爲高少於長等，惟闊又等，如墻形然，其率一也。

設今有積一千七百八十七萬五千尺，高多方三十六尺，求方若干，高若干。

答：高二百八十六尺　方二百五十尺

法：置積，以三百爲約之，當二千七百萬，不足，以二百爲約之，當八百萬，有餘，約以二百五十爲方，自乘再乘，

得一千五百六十二萬五千，餘二百二十五萬，以方自乘，得六十二萬五千，以有餘三十六尺乘之，

除積恰足。

或曰：以方自乘應得六萬二千五百，今得六十二萬五千，定是差誤。

又法：以二百自乘再乘，得八百萬，再約五十，加三十六尺，共八十六尺，以二百自乘，得四萬，乘之，得三

百四十四萬，餘積六百四十三萬五千，却以二百爲方，以二百八十六爲縱，得五萬七千二百，兩廉

該一十一萬四千四百，以五十乘之，得五百七十二萬，以五十自乘，得二千五百，以二百八十六尺乘之，

得七十一萬五千，爲立廉，除積恰合問。

解：此縱多於方者。

此形如橫置之，如方梁然，其率一也。

又有益積減積二法，如前問益積三尺，以幾再乘方闊之；此問減積三十六尺，以幾再乘方

闊之亦可也。

又此等純用商除，從無難法，以兩數俱是根也。倘設之稍非如題一數，如設問則易求矣。

此形若側置之，則爲高與長等，惟濶不等，如墻形然，其率一也。

2. 問：今有積一千七百八十七萬五千尺，高多方三十六尺，求方若干？高若干？

答：高二百八十六尺；　　　　　　　　　方二百五十尺。

法：置積，以三百約之，當二千七百萬，不足；以二百約之，當八百萬，有餘。約以二百五十爲方，自乘再乘得一千五百六十二萬五千，餘二百二十五萬。以方自乘得六十二萬五千，以有餘三十六尺乘之，除積恰盡。

或曰：以方自乘，應得六萬二千五百，今曰六十二萬五千，定是差訛。

又法：以二百自乘再乘，得八百萬。再約五十，加三十六尺，共八十六尺。以二百自乘得四萬，乘之得三百四十四萬，餘積六百四十三萬五千。卻以二百爲方，以二百八十六爲縱，得五萬七千二百，兩廉該一十一萬四千四百，以五十乘之，得五百七十二萬。以五十自乘得二千五百，以二百八十六尺乘之，得七十一萬五千爲立廉，除積盡。合問。

解：此縱多於方者。

此形若横置之，如方梁然，其率一也。

又有益積、減積二法，如前問益積三尺，以再乘方開之；此問減積三十六尺，以再乘方開之，皆可也。

又此等純用商除，終無確法，以面數俱匿故也，俟後之智者。若顯一數，如後問，則易求矣。

1 此題爲《算法統宗》卷六少廣章“開立方帶縱法”第二題。

2 如圖 7-21，立方高爲 286，底面方爲 250，剖成大方、平廉兩部分，大方積爲 $250^3=15625000$，平廉積爲 $250^2\times36=2250000$。二者相加，合原積。

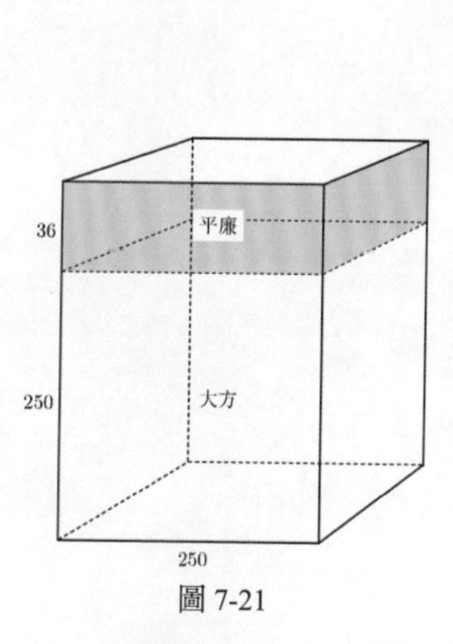

圖 7-21

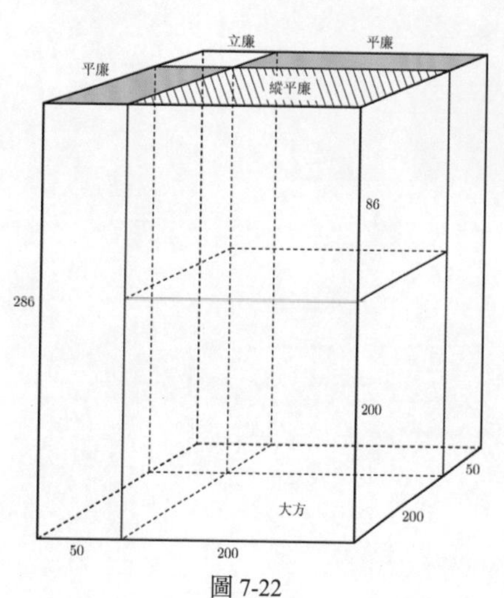

圖 7-22

3 如圖 7-22，初商 200，次商 50，原立方積剖成一大方、一縱平廉、二平廉、一立廉。大方積爲 $200^3=8000000$，縱平廉積爲 $200^2\times(50+36)=3440000$，側面兩平廉積爲 $286\times200\times50\times2=5720000$，立廉積爲 $50^2\times286=715000$。各段積相加，合原積。

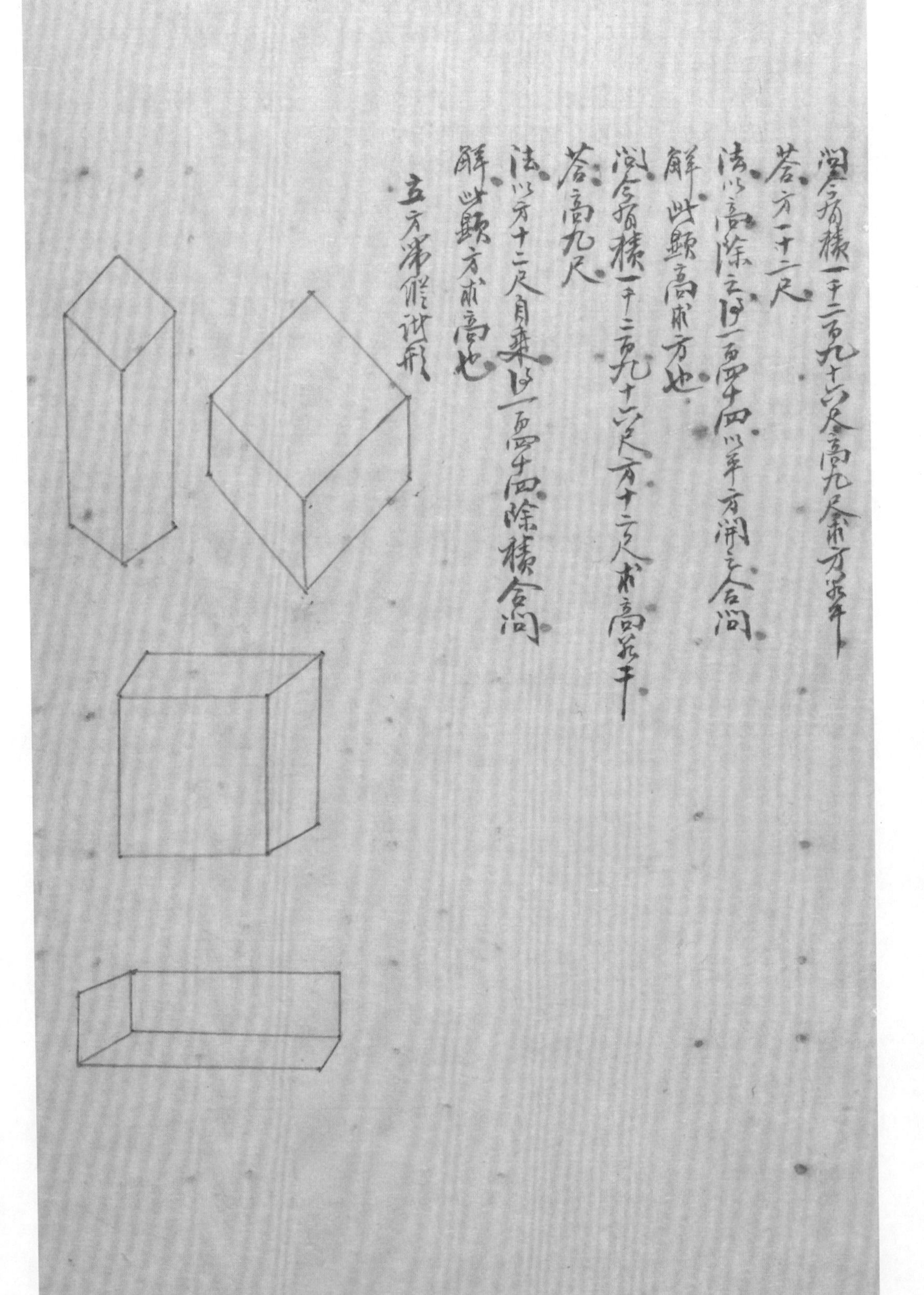
問今有積一千二百九十六尺令高九尺求方若干
荅方一十二尺
法以高除之得一百四十四以平方開之合問
解此題高求方也
問今有積一千二百九十六尺方十二尺求高若干
荅高九尺
法以方十二尺自乘得一百四十四除積合問
解此題方求高也
立方帶縱形

3. 問：今有積一千二百九十六尺，高九尺，求方若干？

答：方一十二尺。

法：以高除之，得一百四十四，以平方開之，合問。

解：此顯高求方也。

4. 問：今有積一千二百九十六尺，方十二尺，求高若干？

答：高九尺。

法：以方十二尺自乘，得一百四十四，除積，合問。

解：此顯方求高也。

立方帶縱諸形[1]

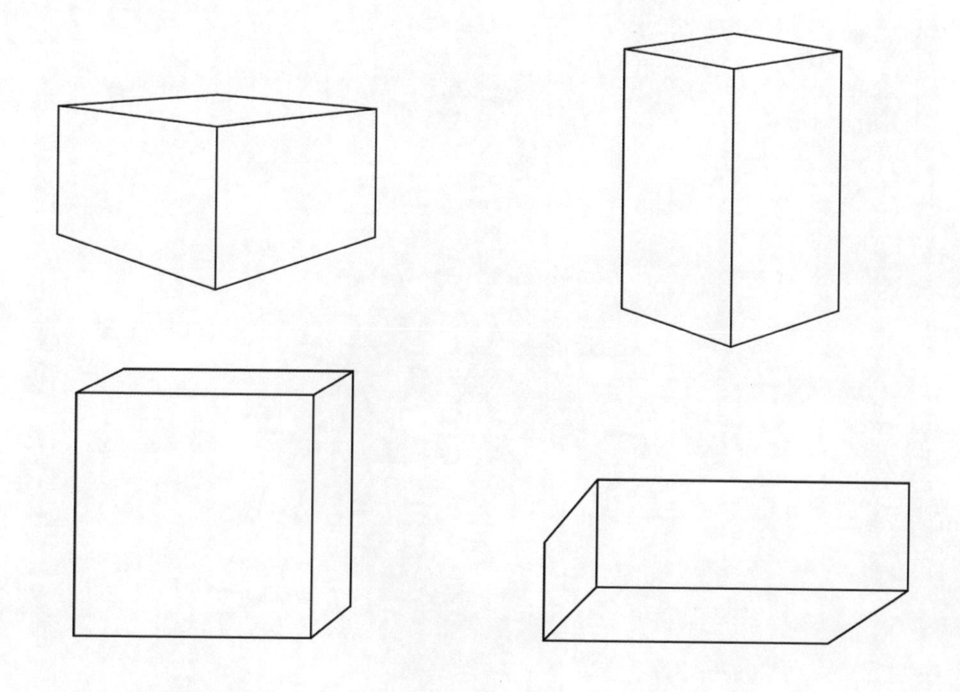

1 以下四圖，第一圖爲高不及方，第二圖爲方不及高。第三圖爲第一圖側置，高與長等，闊不等，如墻形；第四圖爲第二圖横置，高與闊等，長不等，如方梁。

方廉隅相生相併圖

定數目從右起為一數以次進之如三層一二一為一百二十一四層一三三一為千三百三十一是也

分廉隅左一為方右一為隅中為廉法

列諸乘三層平方四立方五為三乘至十一乘

一
一 一
一 二 一
一 三 三 一
一 四 六 四 一
一 五 一○ 一○ 五 一
一 六 一五 二○ 一五 六 一
一 七 二一 三五 三五 二一 七 一
一 八 二八 五六 七○ 五六 二八 八 一
一 九 三六 八四 乙二六 乙二六 八四 三六 九 一
一 一○ 四五 乙二○ 二乙○ 二五二 二乙○ 乙二○ 四五 一○ 一
一 乙一 五五 一六五 三三○ 四六二 四六二 三三○ 一六五 五五 乙一 一
一 一二 六六 二二○ 四九五 七九二 九二四 七九二 四九五 二二○ 六六 一二 一

相生法三層以下以上一十一迭推之

相併法從上二位並作下一位二字者上二字併一位下二字併一位三字者並一行三字一行二字者以下二字平併於前上一字超位

審位法以相生數互相參會如第六層右一為單進前為五十再進前為百位並積已並千則上一字為千再位為百作○再進前為千積已並萬上一字為萬再位作○是也

【諸乘方】

方廉隅相生相併圖[1]

定數目 從右起爲一數，以次進之。如三層一二一，爲一百二十一；四層一三三一，爲一千三百三十一是也。

分廉隅 左一皆方，右一皆隅，中皆廉法。

列諸乘 三層平方，四立方，五爲三乘，至十一乘。

相生法 三層以下，皆以一十一迭推之。

相併法 從上二位並作下一位。二字者，上二字併一位，下二字併一位，三字亦然。一行三字、一行二字者，以下二字平併如前，上一字超位。

審位法 與相生數互相參會。如第六層右一爲單，進前爲五十，再進前爲百位。然積已至千，則上一字爲千，本位無百作〇，再進前爲千。積已至萬，上一字爲萬，本位作〇是也。

1 方廉隅相生相併圖，始見楊輝《詳解九章算法》，稱作“開方作法本源”圖，現存《永樂大典》卷一六三四四“算”字條中，演至五乘方。元朱世傑《四元玉鑑》卷首列“古法七乘方圖”，演至七乘方。明吴敬《九章詳註比類算法大全》卷四“少廣”、程大位《算法統宗》卷六“少廣”皆有此圖，至五乘而止。本書據《同文算指通編》卷八“廣諸乘方法”通率表演至十一乘。

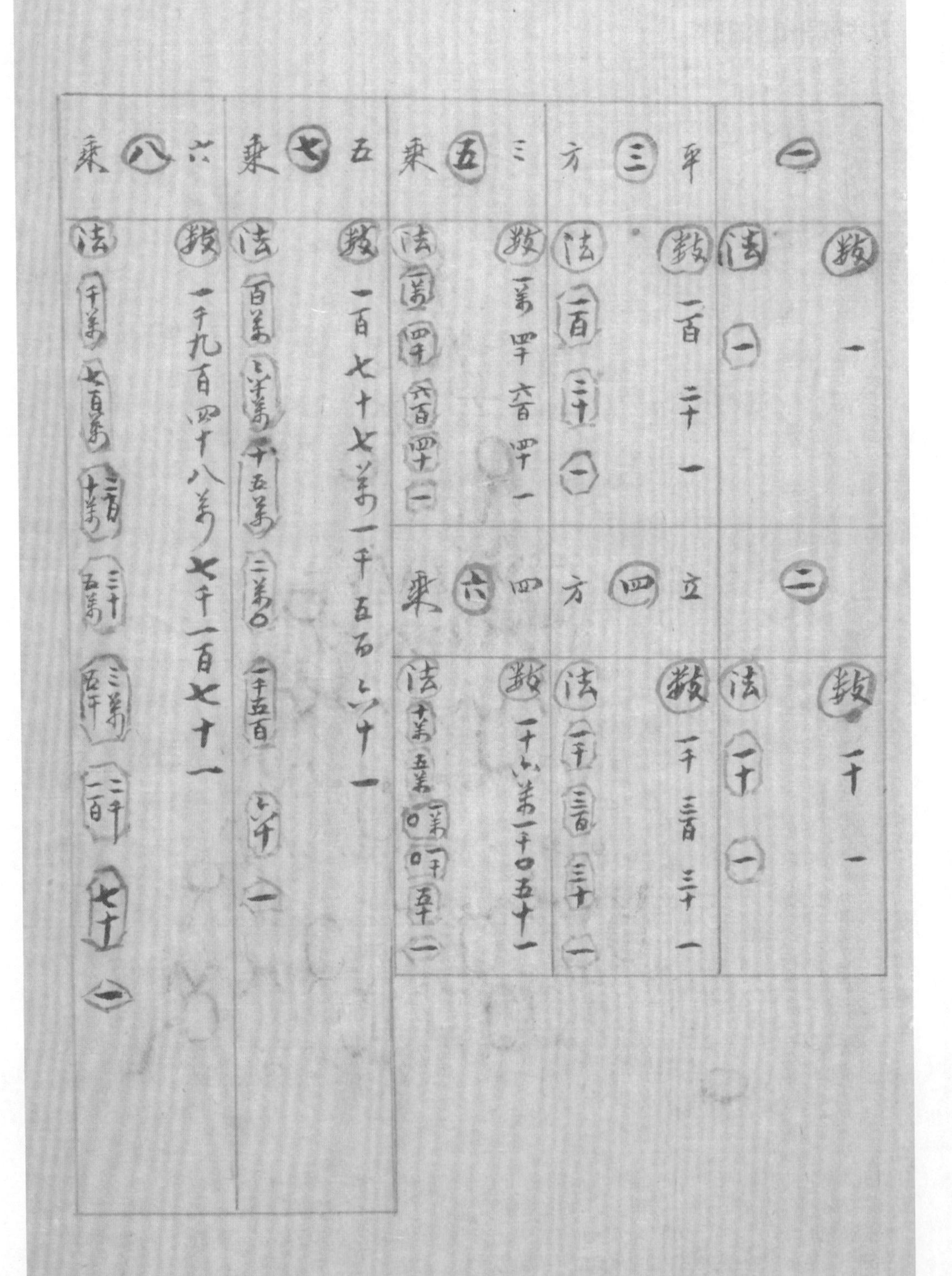

一	數	一
	法	一
二	數	一十一
	法	一十　一
平三方	數	一百二十一
	法	一百　二十　一
立四方	數	一千三百三十一
	法	一千　三百　三十　一
三五乘	數	一萬四千六百四十一
	法	一萬　四千　六百　四十　一
四六乘	數	一十六萬一千〇五十一
	法	十萬　五萬　一萬〇　一千〇　五十　一
五七乘	數	一百七十七萬一千五百六十一
	法	百萬　六十萬　十五萬　二萬〇　一千五百　六十　一
六八乘	數	一千九百四十八萬七千一百七十一
	法	千萬　七百萬　二百十萬　三十五萬　三萬五千　二千一百　七十　一

七九乘	數	二億一千四百三十五萬八千八百八十一
	法	一億 八千萬 二千八百萬 五百六十萬 七十萬 五萬六千 二千八百 八十 一
八十乘	數	二十三億五千七百九十四萬七千六百九十一
	法	十億 九億 三億六千萬 八千四百萬 一千二百六十萬 一百二十六萬 八萬四千 三千六百 九十 一
九十一乘	數	二百五十九億三千七百四十二萬四千六百〇一
	法	一百億 一百億 四十五億 一十二億 二億一千萬 二千五百二十萬 二百一十萬 一十二萬 四千五百 一百 一
十十二乘	數	二千八百五十三億一千一百六十七萬〇六百一十一
	法	一千億 一千一百億 五百五十億 一百六十五億 三十三億 四億六千二百萬 四千六百二十萬 三百三十萬 一十六萬五千 五千五百 一百一十 一
十一十三乘	數	三萬一千三百八十四億二千八百三十七萬六千七百二十一
	法	一萬億 一萬二千億 六千六百億 二千二百億 四百九十五億 七十九億二千萬 九億二千四百萬 七千九百二十萬 四百九十五萬 二十二萬 六千六百 一百二十 一

乘		
七九乘	數	二億一千四百三十五萬八千八百八十一
	法	一億 八千萬 二千八百萬 五百六十萬 七十萬〇 五萬六千 二千八百 八十 一
八十乘	數	二十三億五千七百九十四萬七千六百九十一
	法	一十億 九億 三億六千萬 八千四百萬 一千二百六十萬 一百二十六萬 八萬四千 三千六百 九十 一
九十一乘	數	二百五十九億三千七百四十二萬四千六百〇一
	法	一百億 一百億〇 四十五億 一十二億〇 二億一千萬〇 二千五百二十萬[1] 二百一十萬〇 一十二萬[2] 四千五百 一百〇 一
十十二乘	數	二千八百五十三億一千一百六十七萬〇六百一十一
	法	一千億 一千一百億[3] 五百五十億 一百六十五億[4] 三十三億〇 四億六千二百萬 四千六百二十萬[5] 三百三十萬〇 一十六萬五千 五千五百 一百一十 一
十一十三乘	數	三萬一千三百八十四億二千八百三十七萬六千七百二十一
	法	一萬億 一萬二千億 六千六百億 二千二百億〇 四百九十五億 七十九億二千萬 九億二千四百萬 七千九百二十萬 四百九十五萬 二十二萬〇 六千六百 一百二十 一

1 二千五百二十萬，原書脱，據“方廉隅相生相併圖”補。
2 一十二萬，原書脱，據“方廉隅相生相併圖”補。
3 一千一百億，原書作“一千一一百億”，衍一“一”字，刪。
4 一百六十五億，原書“一”誤作“二”，據“方廉隅相生相併圖”改。
5 四千六百二十萬，原書脱，據“方廉隅相生相併圖”補。

右方廉隅法舊刻有圖而無說余思累月而未得其解也後見西國筭術其數鄰同
然七乘而止其捷籍取數而不晰其所以然設至八乘九乘以至無窮又將以何法取之乎參
對角見乃始豁然知始造此法者實以一十一起例十為數之方法一為零之為廉隅著法一
乘再乘以至無窮有如第二層一一再以一十一乘之成一百二十一得三層■二再以一十一乘之
得四層以上俱以此法推去至於併上二層■位得下一位又其自然湊合之妙如第一層一其數之
始也無長無闊渾然一耳然方廉隅以藏其中矣至第二層一一其一為平其一為一
乃以數之第零者長而無闊之形也至第三層為平方十字為方一字為廉有長又有
闊矣其以一二一為法者十自乘得一百旁生兩廉得二十又一為隅此三層所以一百二十
一也至第四層為立方有長有闊又有高矣其方以十倍為千其廉變為平廉又添
一為高得三者以千自乘為法得三百其隅變為立廉以十乘一得一十居於三廉之合又
得三十更加一隅居於三立之合此四層所以為一千三百三十一也第五層將立方又
自之得未形如第三層然以千立方為數之其十立方之方以千乘千而得一萬其十立方
之平廉得三千其零立方之方又得一千合為四千其十立方之立廉得三百零立
方之平廉又得三百合為六百其十立方之隅得十零立方之立廉又得三十合為四十
又加一為隅此五層所以為一萬四千六百四十一也向後推之再得十一立方又此之長方化為
大平方矣如第三層然又此之大平方又變為大立方矣如第四層然從此大立方又化

右方廉隅法，舊刻有圖而無説，余思累月，而未得其解也。後見西國筭書，其數都同，然七乘而止[1]。若按籍取數，而不晰其所以然，設至八乘九乘以至無窮，又將以何法取之乎？參對旬日，乃始豁然。知始造此法者，實以一十一起例，十爲整，爲方法；一爲零，爲廉隅等法，一乘再乘，以至無窮耳。如第二層一一，再以一十一乘之，成一百二十一，得三層一二一；再以一十一乘之，得四層；以後總以此法推去。至於併上二位得下一位，又其自然湊合之妙。如第一層一者，數之始也，無長無闊，渾然一耳，然方廉隅皆藏其中矣。至第二層一一，其一爲十，其一爲一，乃以整帶零，有長而無闊之形也。至第三層爲平方，十變爲方，一變爲廉，有長又有闊矣。其以一二一爲法者，十自乘得一百，旁生兩廉得二十，又一爲隅，此三層所以一百二十一也。至第四層爲立方，有長有闊又有高矣。其方以十倍爲千；其廉變爲平廉，又添一爲高得三，各以十自乘爲法，得三百；其隅變爲立廉，以十乘一得一十，居於三廉之會，又得三十；更加一隅，居於三立之會，此四層所以爲一千三百三十一也。第五層將立方又自之，得長形，如第二層然。以十立方爲整，其十立方之方，以十乘千而得一萬；其十立方之平廉得三千，其零立方之方，又得一千，合爲四千；其十立方之立廉得三百，零立方之平廉又得三百，合爲六百；其十立方之隅得十，零立方之立廉，又得三十，合爲四十；又加一爲隅。此五層所以爲一萬四千六百四十一也。向後推之，再將十一立方又自之，長方化爲大平方矣，如第三層然。又自之，大平方又變爲大立方矣，如第四層然。從此大立方又化

1 即《同文算指通編》卷八“廣諸乘方法”通率表。

為長之位為本之位為五層之排演何有排記極今姑演本一乘以為後學之梯

其別數也法為三參伍相參會如第五層以上法數相同則易可辨至六層之數

一十六萬一千〇五十一向非明法以証之則圖從左起十萬之右以從六萬何以知五萬

為二宗一萬之其為二宗耶六層之法從左起為十六萬為五萬為一萬為一千為五十

為一向非有數以証之則圖從右起一之上為十五十之上為百安知非一百而定其為

一千百位之上為千安知非一千而定其為一萬耶合宗之要無窮盡其可以不

誤矣余作此說因以西書在九萬里之外作圖其文在百世之上懇合妙契無毫

不違此心此理益之可信乎

數

一□

法

一數 之積 益實 益隅 方為 廉隔 實積 縱中

數一一

法 一 一

法一一

其一 本 其一 為 紋 塤長 益隅

數一二一

一 二 一

法一二一

數實為方實之為廉塤長塤闊

方自一百廉隔二十共一百隔

爲長，又化爲平，又化爲立，層層推演，何有紀極？今姑演爲十一乘，以爲後學之（楷）［階］梯。又列數與法爲二條，□相參會。如第五層以上，法數相同，尚易可辨。至六層之數，一十六萬一千〇五十一，向非有法以証之，則圖從左起，十萬之右，即應六萬，何以知五萬爲一宗，一萬又自爲一宗耶？六層之法，從左起爲十萬，爲五萬，爲一萬，爲一千，爲五十，爲一。向非有數以証之，則圖從右起，一之上爲五十，五十之上爲百，安知非一百而定其爲一千；百位之上爲千，安知非一千而定其爲一萬耶？合而求之，雖至無窮，庶乎可以不誤矣。余作此説，因嘆西書在九萬里之外，作圖者又在百世之上，懸合妙契，絲毫不違，此心此理，豈不信乎[1]？

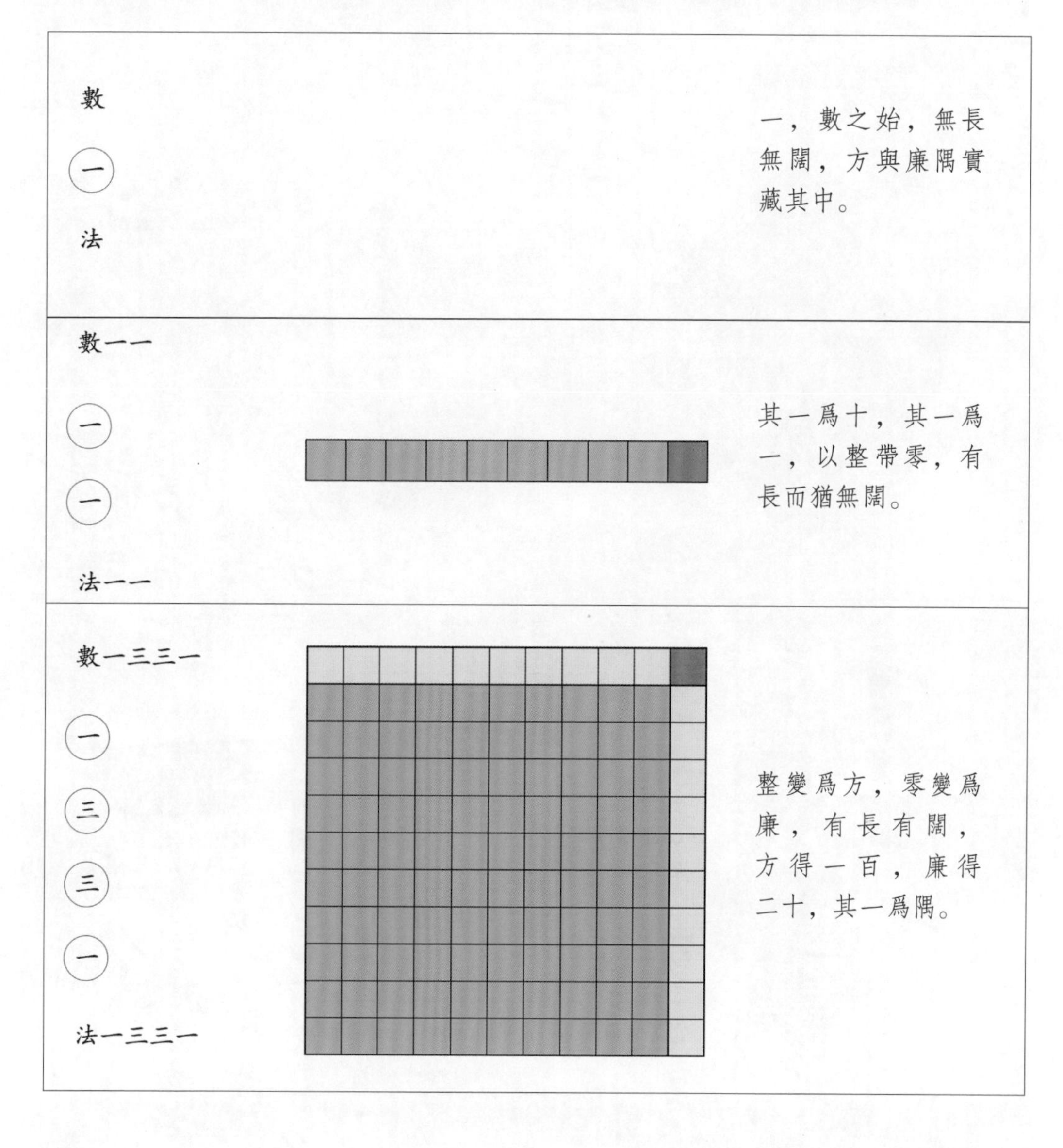

1 此心此理之語，本出宋陸九淵。黃宗羲《宋元學案》卷五八“象山學案”云：“陸九淵，字子靜，自號存齋。……又嘗曰：‘東海有聖人出焉，此心同也，此理同也；西海有聖人出焉，此心同也，此理同也；南海、北海有聖人出焉，此心同也，此理同也。千百世之上有聖人出焉，此心同也，此理同也；千百世之下有聖人出焉，此心同也，此理同也。’”李之藻《同文算指序》引用此語云：“夫西方遠人，安所窺龍馬龜疇之秘，隸首商高之業？而十九符其用，書數共其宗。精之入委微，高之出意表。良亦心同理同，天地自然之數同歟？”

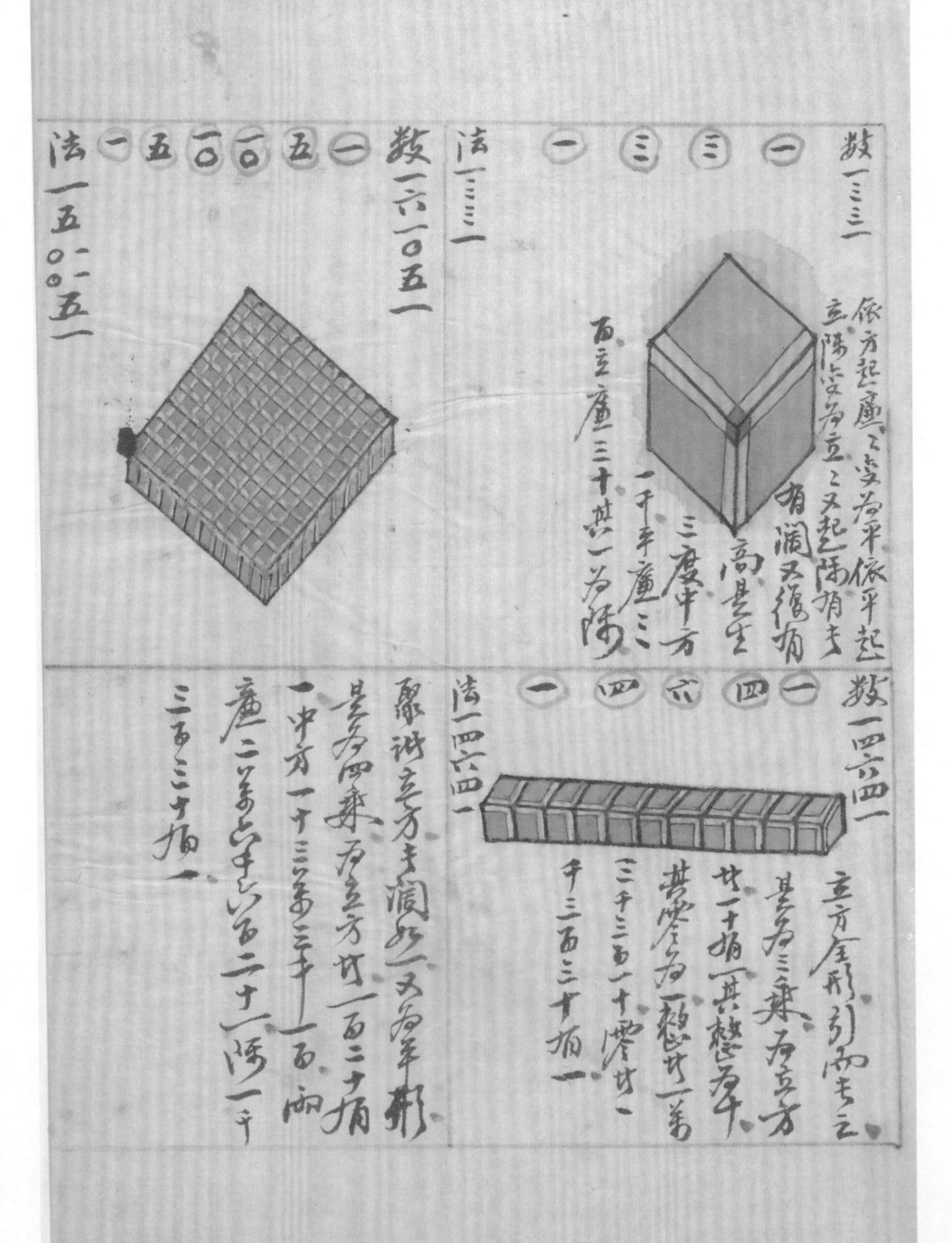
数一三三一
依方起廉廉之変為平依平起
立隅隅変為立立又起隅隅者
有濶又復有
高是也
三度中方
法一三三一
数一六一〇五一
法一五〇〇五一
数一四六四一
法一四六四一

數一三三一

一

三

三

一

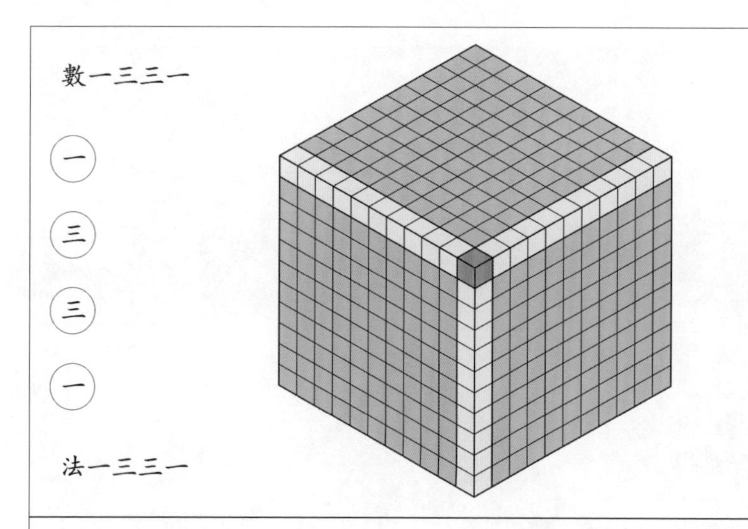

依方起廉，廉變爲平；依平起立，隅變爲立；立又起隅。有長有闊，又復有高，是生三度。中方一千，平廉三百，立廉三十，其一爲隅。

法一三三一

數一四六四一

立方全形引而長之，是爲三乘。爲立方者一十有一，其整爲十，其零爲一。整者一萬三千三百一十，零者一千三百三十有一。

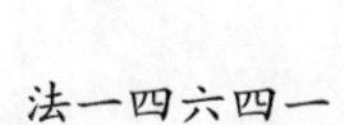

數一六一〇五一

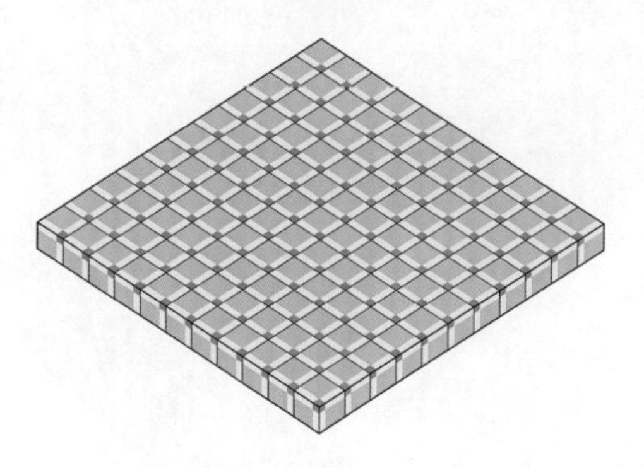

聚諸立方，長闊如一，又爲平形，是爲四乘。爲立方者一百二十有一，中方一十三萬三千一百，兩廉二萬六千六百二十一，隅一千三百三十有一。

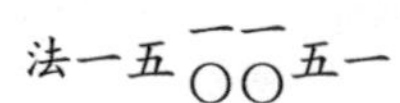

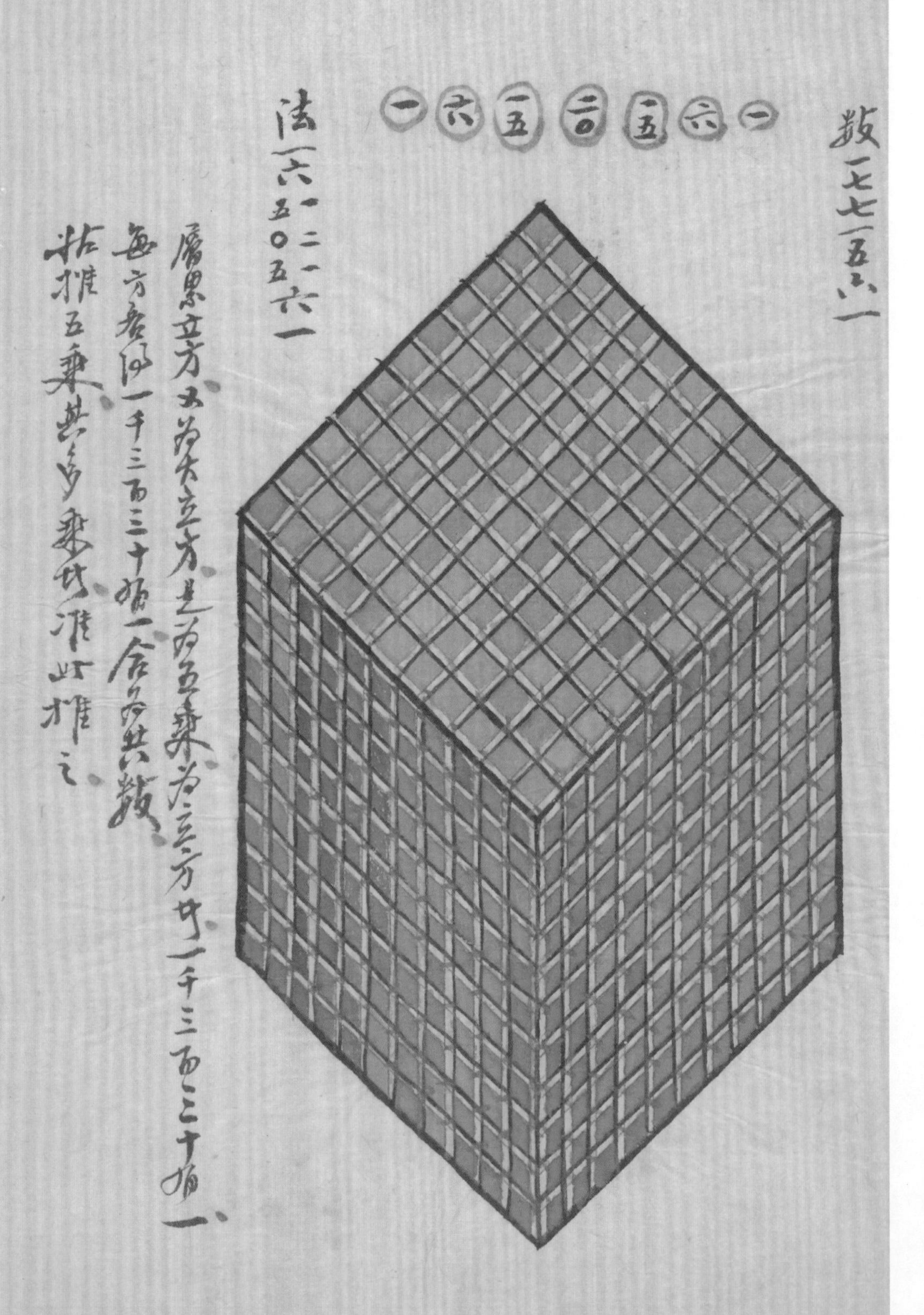
數一七七一五六一
一　六　一五　二〇　一五　六　一
法一六一五二〇一五六一
廣累立方又為大立方是為五乘為立方共一千三百三十有一
每方各得一千三百三十有一合為共六數
若推五乘其多乘者准此推之

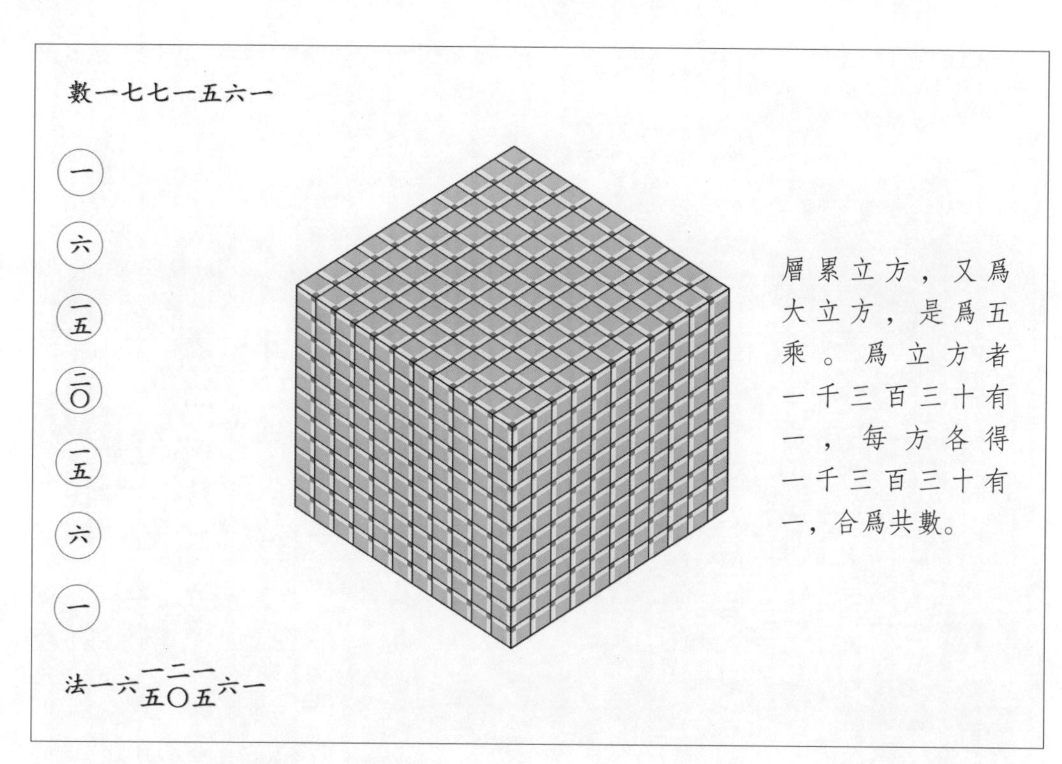

姑推五乘，其多乘者，準此推之。

諸乘方法尋源定率

一乘平方

根		
一		一
二		四
三		九
四	一	六
五	二	五
六	三	六
七	四	九
八	六	四
九	八	一

隔一位開法

自一至八十一開單

自一百至八千一百開十

自一萬至八十一萬開百

自一百萬至八千一百萬開千

自一億至八千一億開萬

再乘立方

根			
一			一
二			八
三		二	七
四		六	四
五	一	二	五
六	二	一	六
七	三	四	三
八	五	一	二
九	七	二	九

隔二位開法

自一至七百二十九開單

自一千至七十二萬七千開十

自一百萬至七億二千九百萬開百

自十億至七千二百九十億開千

自一萬億至七百二十九萬億開萬

三乘方

根				
一				一
二			一	六
三			八	一
四		二	五	六
五		六	二	五
六	一	二	九	六
七	二	四	〇	一
八	四	〇	九	六
九	六	五	六	一

隔三位開法

自一至六千五百六十一開單

自一萬至六千五百六十一萬開十

自一億至六千五百六十一億開百

自一萬億至六千五百六十一萬億開千

自一兆至六千五百六十一兆開萬

諸乘方法尋源定率[1]

	一	一
	四	二
	九	三
一	六	四
二	五	五
三	六	六
四	九	七
六	四	八
八	一	九

一乘平方

隔一位同法。

自一至八十一開單。

自一百至八千一百開十。

自一萬至八十一萬開百。

自一百萬至八千一百萬開千。

自一億至八十一億開萬。

		一	一
		八	二
	二	七	三
	六	四	四
一	二	五	五
二	一	六	六
三	四	三	七
五	一	二	八
七	二	九	九

再乘立方

隔二位同法。

自一至七百二十九開單。

自一千至七十二萬（七）[九] 千開十。

自一百萬至七億二千九百萬開百。

自十億至七千二百九十億開千。

自一萬億至七百二十九萬億開萬。

			一	一
			八	二
		二	七	三
		六	四	四
	一	二	五	五
一	二	一	六	六
二	三	四	三	七
三	五	一	二	八
四	七	二	九	九

三乘方

隔三位同法。

自一至六千五百六十一開單。

自一萬至六千五百六十一萬開十。

自一億至六千五百六十一億開百。

自萬億至六千五百六十一萬億開 [千]。

自一兆至六千五百六十一兆開萬。

1 出《同文算指通編》卷八“廣諸乘方法第十七”，原止七乘，本書演至十一乘。

四乘方

				一	一
			三	二	二
		二	四	三	三
	一	〇	二	四	四
	三	一	二	五	五
	七	七	七	六	六
一	六	八	〇	七	七
三	二	七	六	八	八
五	九	〇	四	九	九

隔四位圈法

自一至五萬九千〇四十九圈單

自十萬至五千九億零四百九十萬圈十

自一百億至五百九十萬零四千九百億圈百

自千萬億至五千九百零四兆九十萬圈千

自萬兆至五京九千零四十九萬兆圈萬

五乘方

					一	一
				六	四	二
			七	二	九	三
		四	〇	九	六	四
	一	五	六	二	五	五
	四	六	六	五	六	六
一	一	七	六	四	九	七
二	六	二	一	四	四	八
五	三	一	四	四	一	九

隔五位圈法

自一至五十三萬一千四百四十一圈單

自一百萬至五千三百一十四億四千一百萬圈十

自一萬億至五十三兆一千四百四十一萬億圈百

自一百兆至五千三百一十四萬四千一百兆圈千

自一京至五十三萬一千四百四十一京圈萬

				一	一
			三	二	二
		二	四	三	三
	一	〇	二	四	四
	三	一	二	五	五
	七	七	七	六	六
一	六	八	〇	七	七
三	二	七	六	八	八
五	九	〇	四	九	九

四乘方

隔四位同法。

自一至五萬九千〇四十九開單。

自十萬至五十九億零四百九十萬開十。

自一百億至五百九十萬零四千九百億開百。

自千萬億至五千九百零四兆九（十萬）［千萬億］開千[1]。

自萬兆至五京九千零四十九萬兆開萬。

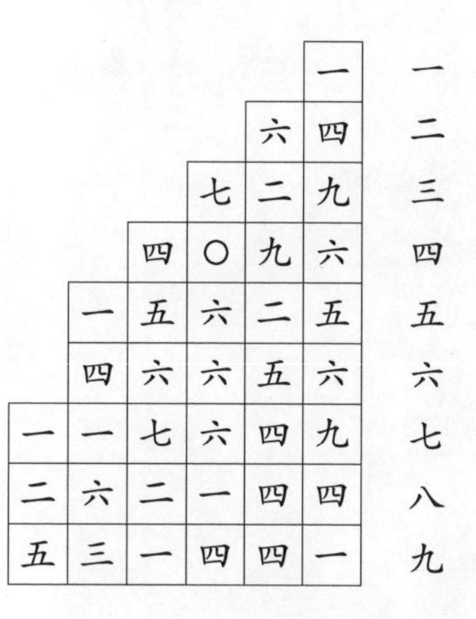

五乘方

隔五位同法。

自一至五十三萬一千四百四十一開單。

自一百萬至五千三百一十四億四千一百萬開十。

自一萬億至五十三兆一千四百四十一萬億開百。

自一百兆至五千三百一十四萬四千一百兆開千。

自一京至五（千）［十］三萬一千四百四十一京開萬。

1 朱世傑《算學啟蒙》卷首“大數之類”云:“萬萬曰億，萬萬億曰兆，萬萬兆曰京，萬萬京曰陔，萬萬陔曰秭”。陔，亦作“垓”。億以後進位如下所示:

億	十億	百億	千億	萬億	十萬億	百萬億	千萬億	萬萬億（兆）
兆	十兆	百兆	千兆	萬兆	十萬兆	百萬兆	千萬兆	萬萬兆（京）
京	十京	百京	千京	萬京	十萬京	百萬京	千萬京	萬萬京（垓）
垓	十垓	百垓	千垓	萬垓	十萬垓	百萬垓	千萬垓	萬萬垓（秭）

兆下一位爲千萬億。原文“四兆九十萬”，當作“四兆九千萬億”，據改。

六乘方

						一	一
				一	二	八	二
			二	一	八	七	三
		一	六	三	八	四	四
		七	八	一	二	五	五
	二	七	九	九	三	六	六
	八	二	三	五	四	三	七
二	〇	九	七	一	五	二	八
四	七	八	二	九	六	九	九

隔六位同法

自四百七十八萬二千九百六十九澗單

自一千六萬四百七十八萬二千九百六十九億九千六百萬澗十

自一百六十萬億四百七十八萬二千八百三十九兆六千九百萬億澗百

自十六萬兆四百七十八萬二千二京九千六百九十萬兆澗千

自一萬六京四百七十八垓二千九百六十九萬京澗萬

七乘方

							一	一
					二	五	六	二
				六	五	六	一	三
			六	五	五	三	六	四
		三	九	〇	六	二	五	五
	一	六	七	九	六	一	六	六
	五	七	六	四	八	〇	一	七
一	六	七	七	七	二	一	六	八
四	三	〇	四	六	七	二	一	九

隔七位同法

自四千三百〇四萬六千七百二十一澗單

自一億四千三百〇四萬六千七百二十一億澗十

自一兆四千三百〇四萬六千七百二十一兆澗百

自一京四千三百〇四萬六千七百二十一京澗千

自一垓四千三百〇四萬六千七百二十一垓澗萬

六乘方

						一	一
				一	二	八	二
			二	一	八	七	三
		一	六	三	八	四	四
		七	八	一	二	五	五
	二	七	九	九	三	六	六
	八	二	三	五	四	三	七
二	〇	九	七	一	五	二	八
四	七	八	二	九	六	九	九

隔六位同法。

自一至四百七十八萬二千九百六十九開單。

自一千萬至四十七萬八千二百九十六億九千萬開十。

自一百萬億至四萬七千八百二十九兆六千九百萬億開百。

自十萬兆至四千七百八十二京九千六百九十萬兆開千。

自萬京至四百七十八垓二千九百六十九萬京開萬。

七乘方

							一	一
					二	五	六	二
				六	五	六	一	三
			六	五	五	三	六	四
		三	九	〇	六	二	五	五
	一	六	七	九	六	一	六	六
	五	七	六	四	八	〇	一	七
一	六	七	七	七	二	一	六	八
四	三	〇	四	六	七	二	一	九

隔六位同法。

自一至四百七十八萬二千九百六十九開單。

自一千萬至四十七萬八千二百九十六億九千萬開十。

自一百萬億至四萬七千八百二十九兆六千九百萬億開百。

自十萬兆至四千七百八十二京九千六百九十萬兆開千。

自萬京至四百七十八垓二千九百六十九萬京開萬。

八乘方

								一	一
						五	一	二	二
				一	九	六	八	三	三
			二	六	二	一	四	四	四
		一	九	五	三	一	二	五	五
	一	〇	〇	七	七	六	九	六	六
	四	〇	三	五	三	六	〇	七	七
一	三	四	二	一	七	七	二	八	八
三	八	七	四	二	〇	四	八	九	九

九乘方

									一	一
						一	〇	二	四	二
					五	九	〇	四	九	三
			一	〇	四	八	五	七	六	四
			九	七	六	五	六	二	五	五
		六	〇	四	六	六	一	七	六	六
	二	八	二	四	七	五	二	四	九	七
一	〇	七	三	七	四	一	八	二	四	八
三	四	八	六	七	八	四	四	〇	一	九

滿八位開法

自一至三億八千七百四十二萬〇四百八十九開第一

自十億至三十八兆七千四百二十〇四千八百九十億開第十

自百兆至三百八十七京四千二百〇四萬八千九百兆開第百

自千京至三千八百七十四垓二千〇四十八萬九千京開第千

自萬垓至三萬八千七百四十二秭〇四百八十九萬垓開第萬

滿九位開法

八乘方

								一	一
						五	一	二	二
				一	九	六	八	三	三
			二	六	二	一	四	四	四
		一	九	五	三	一	二	五	五
	一	〇	〇	七	七	六	九	六	六
	四	〇	三	五	三	六	〇	七	七
一	三	四	二	一	七	七	二	八	八
三	八	七	四	二	〇	四	八	九	九

隔八位同法。

自一至三億八千七百四十二萬〇四百八十九開單。

自十億至三十八兆七千四百二十［萬］〇四千八百九十億開十。

自百兆至三百八十七京四千二百〇四萬八千九百兆開百。

自千京至三千八百七十四垓二千〇四十八萬九千京開千。

自萬垓至三萬八千七百四十二秭〇四百八十九萬垓開萬。

九乘方

									一	一
						一	〇	二	四	二
					五	九	〇	四	九	三
			一	〇	四	八	五	七	六	四
			九	七	六	五	六	二	五	五
		六	〇	四	六	六	一	七	六	六
	二	八	二	四	七	五	二	四	九	七
一	〇	七	三	七	四	一	八	二	四	八
三	四	八	六	七	八	四	四	〇	一	九

隔九位同法。

十乘方

										一	一
							二	〇	四	八	二
						一	七	七	一	四	七	三
				四	一	九	四	三	〇	四	四
			四	八	八	二	八	一	二	五	五
		三	六	二	七	九	七	〇	五	六	六
	一	九	七	七	三	二	六	七	四	三	七
	八	五	八	九	九	三	四	五	九	二	八
三	一	三	八	一	〇	五	九	六	〇	九	九

隔十位開法

十一乘方

											一	一
								四	〇	九	六	二
						五	三	一	四	四	一	三
				一	六	七	七	七	二	一	六	四
			二	四	四	一	四	〇	六	二	五	五
		二	一	七	六	七	八	二	三	三	六	六
	一	三	八	四	一	二	八	七	二	〇	一	七
	六	八	七	一	九	四	七	六	七	三	六	八
二	八	二	四	二	九	五	三	六	四	八	一	九

隔十一位開法

十乘方

										一	一
							二	〇	四	八	二
					一	七	七	一	四	七	三
				四	一	九	四	三	〇	四	四
			四	八	八	二	八	一	二	五	五
		三	六	二	七	九	七	〇	五	六	六
	一	九	七	七	三	二	六	七	四	三	七
	八	五	八	九	九	三	四	五	九	二	八
三	一	三	八	一	〇	〇	九	六	〇	九	九

隔十位同法。

十一乘方

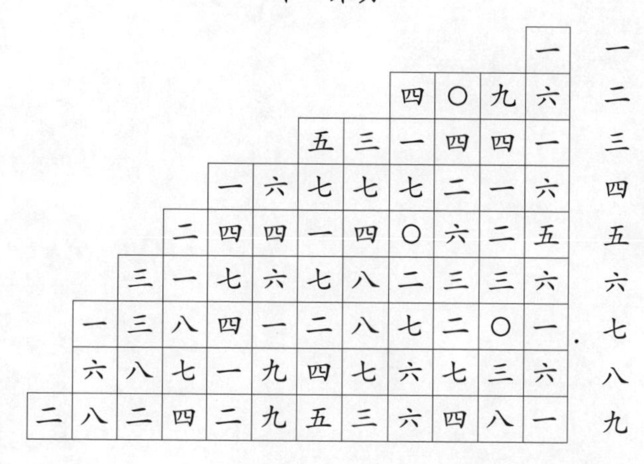

											一	一
								四	〇	九	六	二
						五	三	一	四	四	一	三
				一	六	七	七	七	二	一	六	四
			二	四	四	一	四	〇	六	二	五	五
		三	一	七	六	七	八	二	三	三	六	六
	一	三	八	四	一	二	八	七	二	〇	一	七
	六	八	七	一	九	四	七	六	七	三	六	八
二	八	二	四	二	九	五	三	六	四	八	一	九

隔十一位同法。

前圖說從一十一推之至二則為四三則為九學者能推而廣之逐位譜之便知乘除之出於何數神之耳鼻源法亦出西書余又因而通之豎看則數窮而反上如從十一開九至一百又豎開上是也橫看則位進而倍增如一位之二為單數則二位之二亦為單數如二位之二進為二十則二位之四從四十乃四百也如一位進為二百則二位之四從四百並從四千乃四萬也大約十則向後十上倍之百則向後百上倍之千萬以上是也是宜舉也乘數推至十一開數推至萬學者倣此求之

諸乘方求方廉隅通用法 此以下橫格俱在十百千萬上進合上同

本	數	乘法	一乘	
一	一	十十乘　百百乘　千千乘　萬萬乘	一	
二	二	十 百 千 萬 十倍二因　百倍二因　千倍二因　萬倍二因	四	
二	三	十 百 千 萬 十倍三因　百倍三因　千倍三因　萬倍三因	九	
四	四	十 百 千 萬 十倍四因　百倍四因　千倍四因　萬倍四因	一	六
五	五	十 百 千 萬 十倍五因　百倍五因　千倍五因　萬倍五因	二	五
六	六	十 百 千 萬 十倍六因　百倍六因　千倍六因　萬倍六因	三	六
七	七	十 百 千 萬 倍用七因	四	九
八	八	十 百 千 萬 倍用八因	六	四
九	九	十 百 千 萬 倍用九因	八	一

前圖説皆從一十一推之，至二則爲四,三則爲九，豈得膠柱而調乎？逐位譜之，便知乘得之出於何數，謂之尋源法，亦出西書，余又因而通之。豎看則數窮而反上，如八十一開九，至一百又當開一是也。横看則位進而倍增，如一位之二爲單數，則二位之四亦爲單數；如二位之二進爲二十，則二位之四非四十，乃四百也；如一位進爲二百，則二位之四非四百，並非四千，乃四萬也。大約十則向後十上倍之，百則向後百上倍之，千萬皆然，是其率也。乘數推至十一，開數推至萬，更多倣此求之。

諸乘方求方廉隅通用法

本數	一 一	二 二	三 三	四[1] 四	五 五	六 六	七 七	八 八	九 九
乘法	十 十乘 百 百乘 千 千乘 萬 萬乘	十 十倍二因 百 百倍二因 千 千倍二因 萬 萬倍二因	十 十倍三因 百 百倍三因 千 千倍三因 萬 萬倍三因	十 十倍四因 百 百倍四因 千 千倍四因 萬 萬倍四因	十 十倍五因 百 百倍五因 千 千倍五因 萬 萬倍五因	十 十倍六因 百 百倍六因 千 千倍六因 萬 萬倍六因	十 倍 百 用 千 七 萬 因	十 倍 百 用 千 八 萬 因	十 倍 百 用 千 九 萬 因
一乘	㊀	㊃	㊈	㊀ 六	㊁ 五	㊂ 六	㊃ 九	㊅ 四	㊇ 一

1 原書此列（行）旁有一行小字:“此以下，横格俱在十百千萬上邊，合上同。”

一乘轉				再乘			再乘轉			
一百 十開	一萬 百開	百萬 千開	一億 萬開	㊀			一千 十	百萬 百	十億 千	萬億 萬
四百 十開	四萬 百開	四百萬 千開	四億 萬開	㊇			八千 十	八百萬 百	八十億 千	八萬億 萬
九百 開十	九萬 開百	九百萬 開千	九億 開萬	㊁		七	二萬 十	二千萬 百	二百億 千	二十萬億 萬
一千 開十	十萬 開百	千萬 開千	十億 開萬	㊅		四	六萬 十	六千萬 百	六百億 千	六十萬億 萬
二千 開十	二十萬 開百	二千萬 開千	二十億 開萬	㊀	二	五	十萬 十	一億 百	千億 千	百萬億 萬
三千 開	三十萬 各	三千萬 同	三十億 前	㊁	一	六	二十萬 十	二億 百	二千億 千	二百萬億 萬
四千 開	四十萬 同	四千萬 上	四十億	㊂	四	三	三十萬 十	三億 百	三千億 千	三百萬億 萬
六千	六十萬 開	六千萬 同	六十億 上	㊄	一	二	五十萬 十	五億 百	五千億 千	五百萬億 萬
八千 開	八十萬 同	八千萬 上	八十億	㊆	二	九	七十萬 十	七億 百	七千億 千	七百萬億 萬

一乘轉	一百 開十 一萬 開百 百萬 開千 一億 開萬	四百 開十 四萬 開百 四百萬 開千 四億 開萬	九百 開十 九萬 開百 九百萬 開千 九億 開萬	一千 開十 十萬 開百 千萬 開千 十億 開萬	二千 開十 二十萬 開百 二千萬 開千 二十億 開萬	三千 三十萬 三千萬 三十億 開各同前	四千 四十萬 四千萬 四十億 開同上	六千 六十萬 六千萬 六十億 開同上	八千 八十萬 八千萬 八十億 開同上
再乘	㊀	㊇	㊁ 七	㊅ 四	㊀ 二 五	㊁ 一 六	㊂ 四 三	㊄ 一 二	㊆ 二 九
再乘轉	一千 十 百萬 百 十億 千 萬億 萬	八千 十 八百萬 百 八十億 千 八萬億 萬	二萬 十 二千萬 百 二百億 千 二十萬億 萬	六萬 十 六千萬 百 六百萬 千 六十萬億 萬	十萬 十 一億 百 千億 千 百萬億 萬	二十萬 十 二億 百 二千億 千 二百萬億 萬	三十萬 十 三億 百 三千億 千 三百萬億 萬	五十萬 十 五億 百 五千億 千 五百萬億 萬	七十萬 十 七億 百 七千億 千 七百萬億 萬

三乘	三乘積	四乘
一	一萬 十 一億 百 萬億 千 一兆 萬	一
一 六	一十萬 十 一十億 百 一十萬億 千 一十兆 萬	三 二
八 一	八十萬 十 八十億 百 八十萬億 千 八十兆 萬	二 四 三
二 五 六	二百萬 十 二百億 百 二百萬億 千 二百兆 萬	一〇 二四
六 二 五	六百萬 十 六百億 百 六百萬億 千 六百兆 萬	三一 二五
一二 九六	千萬 十 千億 百 千萬億 千 千兆 萬	七七 七六
二四 〇一	二千萬 十 二千億 百 二千萬億 千 二千兆 萬	一六 八〇 七
四〇 九六	四千萬 十 四千億 百 四千萬億 千 四千兆 萬	三二 七六 八
六五 六一	六千萬 十 六千億 百 六千萬億 千 六千兆 萬	五九 〇四 九

三乘	㊀	㊀ 六	㊇ 一	㊁ 五 六	㊅ 二 五	㊀ 二 九 六	㊁ 四 〇 一	㊃ 〇 九 六	㊅ 五 六 一
三乘轉	一萬 十 一億 百 萬億 千 一兆 萬	一十萬 十 一十億 百 一十 萬億 千 一十兆 萬	八十萬 十 八十億 百 八十 萬億 千 八十兆 萬	二百萬 十 二百億 百 二百 萬億 千 二百兆 萬	六百萬 十 六百億 百 六百 萬億 千 六百兆 萬	千萬 十 千億 百 千萬億 千 千兆 萬	二千萬 十 二千億 百 二千 萬億 千 二千兆 萬	四千萬 十 四千億 百 四千 萬億 千 四千兆 萬	六千萬 十 六千億 百 六千 萬億 千 六千兆 萬
四乘	㊀	㊂ 二	㊁ 四 三	㊀ 〇 二 四	㊂ 一 二 五	㊆ 七 七 六	㊀ 六 八 〇 七	㊂ 二 七 六 八	㊄ 九 〇 四 九

四乘積				五乘			五乘積			
十萬 十	百億 百	千萬億 千	萬兆 萬	(一)			一百萬 十	萬億 百	一百兆 千	一京 萬
三百萬 十	三千億 百	三萬兆 千	三千京 萬	(六)		四	六千萬 十	六十萬億 百	六千兆 千	六十京 萬
三千萬 十	三萬億 百	三十兆 千	三百萬兆 萬	(七)	二	九	七億 十	七百萬億 百	七萬兆 千	七百京 萬
一億 十	十萬億 百	百兆 千	十萬兆 萬	(四)○		九六	四十億 十	四十萬億 百	四十萬兆 千	四千京 萬
三億 十	三萬億 百	三兆 千	三十萬兆 萬	(一)五	六二	五	一百億 十	一兆 百	一百萬兆 千	一萬京 萬
七億 十	七十萬億 百	七百兆 千	七十萬兆 萬	(四)六	六五	六	四百億 十	四兆 百	四百萬兆 千	四萬京 萬
十億 十	百萬億 百	千兆 千	一京 萬	(一)一	七六	四九	一千億 十	一十兆 百	一千萬兆 千	十萬京 萬
三十億 十	三百萬億 百	三千兆 千	三京 萬	(二)六	二一	四四	二千億 十	二十兆 百	二千萬兆 千	二十萬京 萬
五十億 十	五百萬億 百	五千兆 千	五京 萬	(五)三	一四	四一	五千億 十	五十兆 百	五千萬兆 千	五十萬京 萬

四乘轉	十萬 十 百億 百 千萬億 千 萬兆 萬	三百萬 十 三千億 百 三兆[1] 千 三十萬兆[2] 萬	二千萬 十 二萬億 百 二十兆 千 二百萬兆 萬	一億 十 十萬億 百 百兆 千 千萬兆 萬	三億 十 三十萬億[3] 百 三百兆 千 三千萬兆 萬	七億 十 七十萬億 百 七百兆 千 七千萬兆 萬	十億 十 百萬億 百 千兆 千 一京 萬	三十億 十 三百萬億 百 三千兆 千 三京 萬	五十億 十 五百萬億 百 五千兆 千 五京 萬
五乘	㊀	㊅ 四	㊆ 二 九	㊃ 〇 九 六	㊀ 五 六 二 五	㊃ 六 六 五 六	㊀ 一 七 六 四 九	㊁ 六 二 一 四 四	㊄ 三 一 四 四 一
五乘轉	一百萬 十 一萬億 百 一百兆 千 一京 萬	六千萬 十 六十萬億 百 六千兆 千 六十京 萬	七億 十 七百萬億 百 七萬兆 千 七百京 萬	四十億 十 四千萬億 百 四十萬兆 千 四千京 萬	一百億 十 一兆 百 一百萬兆 千 一萬京 萬	四百億 十 四兆 百 四百萬兆 千 四萬京 萬	一千億 十 一十兆 百 一千萬兆 千 十萬京 萬	二千億 十 二十兆 百 二千萬兆 千 二十萬京 萬	五千億 十 五十兆 百 五千萬兆 千 五十萬京[4] 萬

1 三兆，原書誤作“三萬兆”，衍“萬”字。
2 三十萬兆，原書誤作“三十京”。
3 三十萬億，原書誤作“三萬億”，脱“十”字。
4 五十萬京，原書誤作“五十京”，脱“萬”字。

六乘	六乘積	七乘
一	一千萬 十 一百萬億 百 一十萬兆 千 一萬京 萬	一
一二八	十億 十 一兆 百 一千萬兆 千 一百萬京 萬	二五六
二一八七	二百億 十 二十兆 百 二京 千 二千萬京 萬	六五六一
一六三八四	一千億 十 一百兆 百 一十京 千 一垓 萬	六五五三六
七八一二五	七千億 十 七百兆 百 七十京 千 七垓 萬	三九〇六二五
二七九九三六	二萬億 十 二千兆 百 二百京 千 二十垓 萬	一六七九六一六
八二三五四三	八萬億 十 八千兆 百 八百京 千 八十垓 萬	五七六四八〇一
二〇九七一五二	二十萬億 十 二萬兆 百 二千京 千 二百垓 萬	一六七七七二一六
四七八二九六九	四十萬億 十 四萬兆 百 四千京 千 四百垓 萬	四三〇四六七二一

六乘	㊀	㊀ 二 八	㊁ 一 八 七	六八 ㊀三四	八二 ㊆一五	七九六 ㊁九三	二五三 ㊇三四	〇七五 ㊁九一二	七二六 ㊃八九九
六乘轉	十 一千萬 百 一百萬億 千 一十萬兆 萬 一萬京	十 十億 百 一兆 千 一千萬兆 萬 一百萬京	十 二百億 百 二十兆 千 二京 萬 二千萬京	十 一千億 百 一百兆 千 一十京 萬 一垓	十 七千億 百 七百兆 千 七十京 萬 七垓	十 二萬億 百 二千兆 千 二百京 萬 二十垓	十 八萬億 百 八千兆 千 八百京 萬 八十垓	十 二十萬億 百 二萬兆 千 二千京 萬 二百垓	十 四十萬億 百 四萬兆 千 四千京 萬 四百垓
七乘	㊀	㊁ 五 六	㊅ 五 六 一	五三 ㊅五六	九六五 ㊂〇二	六九一 ㊀七六六	七四〇 ㊄六八一	六七二六 ㊀七七一	三四七一 ㊃〇六二

七乘特	八乘	八乘特
一億十　一兆百　一京千　一垓萬	一	一千億十　一百兆百　一千京千　一萬垓萬
二百億十　二百兆百　二百京千　二百垓萬	五　一　二	五千億十　五萬兆百　五千萬京千　五百萬垓萬
六千萬億十　六千萬兆百　六千萬京千　六千萬垓萬	一九　六八　三	一千萬億十　一百萬兆百　一千萬京千　一秭萬
六萬億十　六萬兆百　六萬京千　六萬垓萬	二六　二一　四四	二百萬億十　二千萬兆百　二垓千　二十秭萬
卅萬億十　卅萬兆百　卅萬京千　卅萬垓萬	一九　五三　一二　五	一千萬億十　一京百　一千垓千　一千秭萬
一百萬億十　一百萬兆百　一百萬京千　一百萬垓萬	一〇　〇七　七六　九六	一兆十　一千京百　一百垓千　一千秭萬
五百萬億十　五百萬兆百　五百萬京千　五百萬垓萬	四〇　三五　三六　〇七	四兆十　四千京百　四百垓千　四千秭萬
一千萬億十　一千萬兆百　一千萬京千　一千萬垓萬	一三　四二　一七　七二　八	一兆十　一百京百　一千垓千　一萬秭萬
四千萬億十　四千萬兆百　四千萬京千　四千萬垓萬	三八　七四　二〇　四八　九	三兆十　三百京百　三千垓千　三萬秭萬

七乘轉	一億 十 一兆 百 一京 千 一垓 萬	二百億 十 二百兆 百 二百京 千 二百垓 萬	六千億 十 六千兆 百 六千京 千 六千垓 萬	六萬億 十 六萬兆 百 六萬京 千 六萬垓 萬	卌萬億 十 卌萬兆 百 卌萬京 千 卌萬垓 萬	一百萬億 十 一百萬兆 百 一百萬京 千 一百萬垓 萬	五百萬億 十 五百萬兆 百 五百萬京 千 五百萬垓 萬	一千萬億 十 一千萬兆 百 一千萬京 千 一千萬垓 萬	四千萬億 十 四千萬兆 百 四千萬京 千 四千萬垓 萬
八乘	㊀	㊄ 一 二	㊀ 九 六 八 三	㊁ 六 二 一 四 四	㊀ 九 五 三 一 二 五	㊀ 〇 〇 七 七 六 九 六	㊃ 〇 三 五 三 六 〇 七	㊀ 三 四 二 一 七 七 二 八	㊂ 八 七 四 二 〇 四 八 九
八乘轉	一十億 十 一百兆 百 一千京 千 一萬垓 萬	五千億 十 五萬兆 百 五十萬京 千 五百萬垓 萬	一十萬億 十 一百萬兆 百 一千萬京 千 一秭 萬	二百萬億 十 二千萬兆 百 二垓 千 二十秭 萬	一千萬億 十 一京 百 一十垓 千 一百秭[1] 萬	一兆 十 一十京 百 一百垓 千 一千秭 萬	四兆 十 四十京 百 四百垓 千 四千秭 萬	一十兆 十 一百京 百 一千垓 千 一萬秭 萬	三十兆 十 三百京 百 三千垓 千 三萬秭 萬

1 一百秭，原書誤作“一千秭”。

前圖乃一乘至十二乘以方法因方起廉為左法因廉起隅為右法係取於此數取之再
為此圖以竪看乃一至九以開法橫看乃一乘至多乘以乘數以便隨用若舉兩位如
幾萬幾千幾百幾十幾個之數兼其三位以上如幾萬幾千幾百幾十
幾個四位以上如幾萬幾千幾百幾十幾千幾百幾十幾個以至多位須另立法綜不
能具譜也

凡諸乘以將前圖相生相併之算列為中法並收列左右算此此相乘左有乘而
方法不用右算右未算者除法不用左算
左法左法者初商之方法也按圖尋廉以下依方起廉次第列之假如三乘方第一
問積三千一百六十四萬以三乘方法開下尋得第六格算第視其積不足其第八格
為四千零九十六萬視其積猶餘退和第七格二千四百零一萬為此開之數當用七十開之是也其
云二千萬開十此特舉大數以便尋覓於上有二千萬而不足四百零一萬仍當退一位作
以十開之凡視上位有餘視下位不足是中間諸數開法俱同如二千四百零一萬以上直
至四千零九十六萬以下俱開七十是也方法既定列第一位以下遞減列位如第一問三乘
方開是二千四百零一萬退一位於再乘方下第七格內得一三四三列為一算再退一
位於一乘方下第七格內得四九列為二算再退一位於算數下第七格內得七列為四算

前圖自一乘至十一乘，皆方法。因方起廉爲左法，因廉起隅爲右法，俱可於此數取之，再爲此圖。豎看自一至九皆開法，横看自一乘至多乘皆乘數，以便隨用。姑舉兩位，如幾萬幾千、幾千幾百、幾百幾十、幾十幾個之類；其三位以上，如幾萬幾千幾百、[幾百]幾十幾個；四位以上，如幾萬幾千幾百幾十、幾千幾百幾十幾個，以至多位。臨時立法，殊不能盡譜也。

凡諸乘，皆將前圖相生相併之率，列爲中法，然後列右率，與之相乘。左首率爲方法，不用右率；右末率爲隅法，不用左率。

左法。左法者，初商之方法也。按圖尋源，以下依方起廉，次第列之。假如三乘方第一問，積三千一百六十四萬[1]，即於三乘方轉下，尋得第六格爲千萬，視本積不足；其第八格爲四千萬，視本積有餘，詎知第七格二千四百零一萬爲所開正數，當用七十開之是也。其云二千萬開十者，特舉大數，以便尋覓。若止有二千萬，而不足四百零一萬，仍當退一位作六十開之。凡視上位有餘，視下位不足，中間諸數開法俱同。如二千四百零一萬以上，直至四千零九十六萬以下，俱開七十是也。方法既定，列第一位，以下遞減列位。如第一問三乘方開過二千四百零一萬，退一位於再乘方下第七格内，得（二）三四三，列爲二率；再退一位於一乘方下第七格内得四九，列爲三率；再退一位於本數下第七格内得七，列爲四率。

1 即本書卷八“諸乘方 · 三乘方”第一問，原題三乘方積爲三千一百六十四萬〇六百二十五，此處省引。

或先於四乘列逆以次遞進乘至第一位亦得凡左法俱從一乘起至用末乘

右法者廣其續商之廉法也依廉起除次第列之左法視定除方積從餘積在位

先以左二乘與帶二乘相乘得數視餘積內得幾轉以定右乘列為第二以下遞加

列位如第一問左二乘三四三與帶二乘內相乘得數約內五轉取其數五列於三乘進

於一乘方下第五橫得二五為二乘又進再乘方下第五橫得二五為四乘又進

於三乘方下第五橫得六二五為五乘是也左右乘俱定並從本帶乘次第遞

乘得數除積凡右法俱從二乘起至用首乘

定位法云乘從每下得術因從法前得令以進位數去用之故乘方亦先煉辨令

用點也定位法亦云單也六十一百二千三萬四千萬五百萬六千萬是七一億八十億九百億

十千億十一萬億十二十萬億十三百萬億十四千萬億十五一兆十六也雖去乘除相

併除法相減而用乘除以為論列存位乘除泡畢其乘而減十除而滿法皆須

定其為撮其乘法減十再加一位除而滿法再減一位如五乘方第一問五百六十八億云云

為實尋源得千存以第乘列一於則位仍從千乘之加一為二乘得六三十六是減十也

再加一作三為千是第五乘之三十六乃三十六百也再從千乘復加一作四為萬乘得二

一六是減十也再加作五為千萬是第四乘之二一六乃二十一萬六千也再從千乘復加作

或先於四率列七，以次進乘至第一位，亦得。凡左法，俱從一率起，不用末率。

右法。右法者，續商之廉法也，依廉起隅，次第列之。左法既定，除方積訖，餘積在位，先以左二率與中二率相乘，得數視餘積可得幾轉，以定右率，列爲第二，以下遞加列位。如第一問，左二率三四三與中二率四相乘，得數，約可五轉，取本數五列於二率，進於一乘方下第五格得二五爲三率，又進再乘方下第五格得一二五爲四率，又進於三乘方下第五格得六二五爲五率是也。左右率俱定，然後與中率次第遞乘，得數除積。凡右法，俱從二率起，不用首率[1]。

定位法云：乘從每下得術，歸從法前得令 。皆逐位數去，用之諸乘方，不免煩碎。今用懸空定位法求之，單空、十一、百二、千三、萬四、十萬五、百萬六、千萬七、一億八、十億九、百億十、千億十一、萬億十二、十萬億十三、百萬億十四、千萬億十五、一兆十六，如此推去，乘法相併，除法相減。未用乘除以前，預列在位；乘除既畢，若乘不成十，除可滿法，即以預定者爲據。若乘法成十，再加一位；除不滿法，再減一位。

如五乘方第一問 ，五百六十八億云云爲實，尋源得六十，在第六率，列一於别位。仍以六十乘之，加一爲二；乘得六六三十六，是成十也，再加一作三爲千。是第五率之三十六，乃三千六百也。再以六十乘，復加一作四爲萬；乘得二一六，是成十也，再加一作五，爲十萬。是第四率之二一六，乃二十一萬六千也。再以六十乘，復加一作

1 三乘方展開式如下所示：

$$(a+b)^4 = a^4 + 4a^3b + 6a^2b^2 + 4ab^3 + b^4$$

已知三乘方積爲 31640625，查“諸乘方法尋源定率”表，定 $a=70$。原積内減去 a^4，餘積爲：$31640000 - 70^4 = 31640000 - 24010000 = 7630000$，以 $4a^3 = 4\times 70^3 = 1372000$ 約餘積，約得 $b=5$。即以 a 爲左法、b 爲右法，各項係數爲中法，列率如下：

	左法	中法	右法	得數
一率	a^4= 24010000	1		a^4= 24010000
二率	a^3= 343000	4	b= 5	$4a^3b$= 6860000
三率	a^2= 4900	6	b^2= 25	$6a^2b^2$= 735000
四率	a= 70	4	b^3= 125	$4ab^3$= 35000
五率		1	b^4= 625	b^4= 625

左中右各率一一對應相乘，得數依次從原積中減去，恰盡，$a+b=75$ 即爲所開三乘方根。詳參卷八“諸乘方”。

2 此爲珠算乘除法定位口訣，《算法統宗》卷一稱作“十二字訣”。

3 王文素《新集通證古今算學寶鑑》卷二有“懸空定數”歌訣各首，其“破大名認數口訣”云:“十一百二曰千三，萬四十萬五相連。百萬六，千萬七，八爲一億進於前。”與此處懸空定位法相同。此法最早見於《詳明算法》卷上“乘除見總”，由於術語複雜，只列條目，不舉算例，不易理解。此法與現在的公式定位法基本一致。參見劉五然等《算學寶鑑校注》第 30 頁注釋 8。

4 即本書卷八“諸乘方 · 五乘方”第一問。

六乘得一二九六，是成十也。再加一作七，爲千萬，是第三等之一二九六，乃一千二百九十六萬也。

再以六千乘，復加一作八乘，得七七七六，亦成十，以上八爲數，是亦第二等之七七七六，乃七億七千

七百七十六萬也。再以六千乘，復加一作九乘，得四六六五六，是成十也。再加一作十，爲十萬億，是亦第

一等之四六六五六，乃四百六十六億五千六百萬也。以中指相乘，仍以相併爲法，如左法第

二等之七七六，仍以數爲億，以中三等之相乘，只作乘數，仍八乘得四六六五六，是成十也。

再加一爲九，是四萬三千億云云也。以中指二相乘之，仍單數仍九乘，得九三三一二，亦成十，即以九

爲數，是亦第二等中左右相乘，其數乃九十三萬云云也。

從商減法，從上零下列等，如左二等四六六五六，空位十數位百億，以上千減之，減十作

九，以上降四，其上爲五滿法，再減一作八，是第二等之七七七六，即七億云云也。

中等存法，並如幾乘幾千之數，乃從千一兩萬，並隨列等，其遞乘之數已存於

左法之中法，從數安放，中法只借作單數用之耳。兩位則爲單，三位則爲百。

其尾有四廿，以左進一位，如四乘方之一〇五，五乘方之二〇，以爲千空位，保加一等。

六；乘得一二九六，是成十也，再加一作七爲千萬。是第三率之一二九六，乃一千二百九十六萬也。再以六十乘，復加一作八；乘得七七七六，不成十，即以八爲數。是第二率之七七七六，乃七億七千七百六十萬也。再以六十乘，復加一作九；乘得四六六五六，是成十也，再加一作十爲百億。是第一率之四六六五六，乃四百六十六億五千六百萬也。

與中右相乘，仍以相併爲法。如左法第二率七七［七］六，係八數爲億，與中二率六相乘，只作單數，仍八；乘得四六六五六，是成十也，再加一爲九，是四十六億云云也。與右二相乘，亦係單數，仍九；乘得九三三一二，不成十，即以九爲數。是第二率中左右相乘共數，乃九十三萬云云也。

若用減法，從上而下列率。如左一率四六六五六，定位十數，係百億。以六十減之，減十作九；以六除四，是爲不滿法，再減一作八。是第二率之七七七六，乃七億云云也。

中率原法雖有幾萬幾千之數，乃從十一而出，若隨問列率，其遞乘之數已藏於左法之中。法從數變，故中法只借作單數用之耳。兩位則爲十，三位則爲百。其尾有〇者，皆進一位。如四乘方之一〇，五乘方之二〇，皆爲十，定位俱加一筭。

中西數學圖說 未

中西數學圖説 未

卷之八

第五篇

一凡諸乘方二問圖一三一四問圖一五一六問圖一七問

分兩段求法初再開

一凡四乘方問二圖二

一凡五乘方一問圖二問圖五先平後立開法二

先立後平開法二餘者未詳三問圖一

第六篇

一凡平圓求徑問一圖詳下章

一凡立圓求徑平立圓得平立方問一

第七篇

一凡平形三角求面問一圖詳下章

一凡平形三角求中徑者問一三角求面中徑以圓以方

為率

一凡立三角有廉面立徑問二立三角求中徑二一

第八篇

一凡以零長零闊用子母法命之問一兩母同異出圖

一凡以零長零闊求全長闊者問一無圖

一凡長形有二較者問一二較求長闊圖二

一凡多形有重較者問四重較方形圖一二三四共十重

較減隅長形圖二一共四

一凡立方立圓並積一問方圓並率圖共四

一凡隆積但顯長闊和較問三長闊乘圖七一

第十二篇

立圓容立方角　立角容立圓

立圓方圓外餘圓方　立圓半形

立圓与八角相容　縱圓立圓　橢圓形方形

方圓並形八角形諸角堆柱　橢形

卷之八

第五篇

一凡（諸）［三］乘方

一問圖一　二問圖一
三問圖一　四問圖一
五問圖一　六問圖一
七問［圖七］　分兩局求法初／再開

一凡四乘方　問二圖二

一凡五乘方

一問圖［一］
二問圖五　先平後立開法二／先立後平開法二 餘者未詳
三問圖一

第六篇

一凡平圓求徑　問一 圖詳下章
一凡立圓求徑　問一 平圓得平方／立圓得立方

第七篇

一凡平形三角求面　問一 圖詳下章
一凡平形三角求中徑者　問一 三角求面徑以圓爲率／三角求中徑以方爲率
一凡立三角有廉面立徑　問二 立三角求中徑一／二

第八篇

一凡五角形積求徑者　問一圖一
一凡六角形積求徑者[1]　問一圖一
一凡七／八／九角形積求面徑者　問圖均一

第九篇

一凡［方束積求周者　問二］
一凡方束周求積者　［問二］ 方束積四十九周二十四二積求周／周求積五

一凡圓束積求周者／圓束周求積者

一二問圖三　名義未詳
三問　圖詳下章

一凡三角束積求周者　一問
一凡三角束周求積者　一問圖五　名未詳[2]

1“一凡”二字原書無，據體例補。後文凡無此二字者，皆補出。
2 以上第八、第九两篇目録原在次頁，因排版問題，移至此頁。

一凡五六角形積求在者問一圖一

一凡七九角形積求面在比問圖均一

第九篇

一凡方束周求積者方束積四周二十四九二積周求總五

一凡圓束積周求周積者一二問圖三名義未詳三問圖詳下章

一凡三角束積周求周積者一問圖五名未詳

第十篇

一凡四三角堆求積一問四三角尖半堆圖六

一凡靠壁尖平堆求積一問靠壁尖平堆圖二

一凡四角三角半求積問一圖詳下章

一凡長堆正面平側面尖求積者問二

長形有脊堆　四角用長法

一凡長形半堆一問　長形半堆

第十一篇

一凡以容長容闊求長闊比問一求實圖四

一凡以虛長虛闊虛和虛較求長闊者問一求實圖六一長二闊四較三和配成

第十篇

一凡四角堆求積	一問	
一凡三角堆求積	一問	四角尖／半堆三角尖／半堆　圖六
一凡靠壁尖堆求積	一問	
一凡靠壁平堆求積	一問	靠壁尖／平堆 圖二
一凡四角／三角半求積	問一	圖詳下章
一凡長堆正面平側面尖求積者	問二	長形有脊堆／四角用長法
一凡長形半堆	一問	長形半堆

第十一篇

一凡以虛長虛闊求長闊者	問一	求實圖四
一凡以虛長虛闊虛和虛較求長濶者 問一	求實圖六	一長／二闊／三和／四較／配成
一凡以零長零闊用子母法命之	問一	兩母異／同出圖[1]
一凡以零長零闊求全長闊者	問一	無圖
一凡長形有二較者	問一	二較求長闊圖二
一凡多形有重較者	問四	
［重較長形圖一／二	共四］	
重較方形圖一／二／三／四	共十	
重較減隅長形圖一／二	共四	
一凡方圓並積	一問	
一凡立［方立］圓並積	一問	方圓并率圖 共四
一凡匿積但顯長闊和較	問三	長乘圖一／闊乘圖七
［一凡以積零求徑者	問一］	
［一凡以徑零求積者	問一］	

第十二篇

立圓容立方	立圓容立角	立角容立圓	立圓外餘方
立方外餘圓	立圓半形	立圓與八角相容	縱圓
縱立圓	雜圓形	雜方形	方圓並形
八角形	諸角柱	諸角（堆）［錐］	雜形

1 此條以後原在前頁下欄，今依前後順序移至此處。

諸乘方

方法從一而起，引之而為長，廓之而為濶，則為平方，增之而為高，則為立方。此方之全形也。集立方引而長之為三乘方，又廓而濶為四乘方，又增而高為五乘方。乘方至此則無窮矣。其法總以商除為主，然數多則繁紛，雖有巧曆，難以驟合。先約大率，布為成局，按圖求之，為諸乘方。

一凡諸乘方皆以中左右三法求之。三乘者以一萬為初率，四千為二率，六百為三率，四十為四率，一為五率，立為中法。卻以初商數立為左法，居第四率，与中法四率相乘，自下而上再乘之為第三率，再乘之為第二率，再乘之為第一率。以第一率与中法一率相对除積，記餘積若干在位。然後以左二率与中二率相乘，視餘積可几轉，以定右法，列右与中法二率相乘，自上而下再乘之為三率，再乘之為四率，再乘之為五率。首層無右法，末層無左法，中層俱兩次遞乘而得數，以除積。其初商左法之尾，次商右法之首，即為兩方數也。○其左法為一者只用中右，右法為一者只用中左，左右俱一則合成局，不用餘乘。○其一位開盡，尋原即合者不必立法。○其三位開以上，左右皆重立法，左併前商，右隨現商，中法不変。

問今有積三千一百六十四萬〇六百二十五，作三乘方開之，求各面若干。

答七十五步。

法立一四六四一為中法，列五率，尋原得七，列為左法，居第四率，与中法四率相乘，再

諸乘方[1]

方法從一而起，引之而爲長，廓之而爲闊，則爲平方。增之爲高，則爲立方。立方者，方之全形也。集立方引而長之爲三乘方，又廓而闊爲四乘方，又增而高爲五乘方。至此則無窮矣。其法總以商除爲主，然數多則緒紛，雖有巧曆，難以驟合。先約大率，布爲成局，按圖求之，爲諸乘方。

一、凡諸乘方，皆以中左右三法求之。三乘者，以一萬爲初率，四千爲二率，六百爲三率，四十爲四率，一爲五率，立爲中法。卻以初商數立爲左法，居第四率，與中法四率相平。自下而上，再乘之爲第三率，再乘之爲第二率，再乘之爲第一率。以第一率與中法一率相對，除積訖，餘積若干在位。然後以左二率與中二率相乘，視餘積可幾轉，以定右法列右，與中法二率相平。自上而下，再乘之爲三率，再乘之爲四率，再乘之爲五率。首層無右法，末層無左法，中層俱兩次遞乘而得數以除積。其初商左法之尾，次商右法之首，即每面方數也[2]。◎其左法爲一者，只用中右；右法爲一者，只用中左；左右俱一，則合成局，不用餘乘。◎其一位開盡，尋原即合者，不必立法。◎其三位開以上，左右皆重立法。左併前商，右隨現商，中法不變。

1. 問：今有積三千一百六十四萬〇六百二十五，作三乘方開之，求各面若干？

答：七十五步。

法：立一、四、六、四、一爲中法，列五率。尋原得七，列爲左法，居第四率，與中法四率相平。再

1 諸乘方，見《同文算指通編》卷八“廣諸乘方”。其法原出《神道大編曆宗算會》卷五，列至五乘，《同文算指通編》卷八演至七乘。本書列至五乘，六乘、七乘未列。

2 設三乘方初商爲 a，次商爲 b，三乘方展開式爲：

$$(a+b)^4 = a^4 + 4a^3b + 5a^2b^2 + 4ab^3 + b^4$$

查卷七“諸乘方法尋源定率”表，由積數定初商 a。從原積中減去 a^4，以 $4a^3$ 約餘積，定次商 b。列左中右法如下：

	左法	中法	右法	得數
一率	a^4	1		a^4
二率	a^3	4	b	$4a^3b$
三率	a^2	6	b^2	$6a^2b^2$
四率	a	4	b^3	$4ab^3$
五率		1	b^4	b^4

左中右法各率一一對應相乘，乘得之數順次從原積中減去，減積恰盡，$a+b$ 即所開三乘方根。若減積不盡，則開三位，以 $4(a+b)^3$ 約減積餘數，定三商 c。由於 $(a+b)^4$ 前已減去，故一率不用，其餘各率列如下：

	左法	中法	右法	得數
一率		1		
二率	$(a+b)^3$	4	c	$4(a+b)^3c$
三率	$(a+b)^2$	6	c^2	$6(a+b)^2c^2$
四率	$(a+b)$	4	c^3	$4(a+b)c^3$
五率		1	c^4	c^4

各率對應相乘，得數減積如前。

七乘之得四九列第三率再七乘之得三四三列第二率再七乘之得二四〇一列第一率与中一率相乘得二千四百〇一萬除積餘七百六十三萬〇六百二十五卻以左二率与中二率相乘得一百三十七萬二千約为五轉商五為右法列於第二率再乘之二五為三率再乘之一二五為四率再乘之六二五為五率以左中二率所乘一百三十七萬二千又与右二率五相乘得六百八十六萬以左三率与中三率相乘得二萬九千四百又与右三率相乘得七十三萬五千以左四率与中四率相乘得二百八十又与右四率相乘得三萬五千以中五率与右五率相乘得六百二十五除積恰盡以左法之尾七為整右法之首五為零合問

列率	左法	中法	右法	得數
一率	二四〇一	一		二千四百〇一萬
二率	三四三	四	五	六百八十六萬
三率	四九	六	二五	七十三萬五千
四率	七	四	一二五	三萬五千
五率		一	六二五	六百二十五

解七十為整五為零一率所得比七十之中方也二率所得比整方之平廉及零方之中方也三率所得比整方之立廉及零方之平廉也四率所得比整方之隅及零方之立廉也五率所得比零方之隅也

第一張 第一頁 諸乘方

七乘之得四九，列第三率；再七乘之得三四三，列第二率；再七乘之得二四〇一，列第一率。與中一率相乘，得二千四百〇一萬，除積餘七百六十三萬〇六百二十五。卻以左二率與中二率相乘，得一百三十七萬二千，約可五轉，商五爲右法，列於第二率。再乘之二五爲三率，再乘之一二五爲四率，再乘之六二五爲五率。以左中二率所乘一百三十七萬二千，又與右二率五相乘，得六百八十六萬。以左三率與中三率相乘，得二萬九千四百，又與右三率相乘，得七十三萬五千。以左四率與中四率相乘，得二百八十，又與右四率相乘，得三萬五千。以中五率與右五率相乘，得六百二十五，除積恰盡。以左法之尾七爲整，右法之首五爲零，合問。

列率	一率	二率	三率	四率	五率
左法	二四〇一	三四三	四九	㊆	
中法	一	四	六	四	一
右法		㊄	二五	一二五	六二五
得數	二千四百〇一萬	六百八十六萬	七十三萬五千	三萬五千	六百二十五

解：七十爲整，五爲零。一率所得者，七十之中方也。二率所得者，整方之平廉及零方之中方也。三率所得者，整方之立廉及零方之平廉也。四率所得者，整方之隅及零方之立廉也。五率所得者，零方之隅也。

問今有積二萬〇七百三十六尺三乘方開之求各面若干

答一十二尺

法列中率如前尋原得一列於左四位挨次而上出一位皆一以一率除積一萬餘一萬〇七百三十六却以左二率一与中二率四乘仍得四約餘積乃得二特商二列右二率其三率為四四率為八五率為一六次第与中率相乘得數除積恰合問

列率	左	中	右	得數
一率	一	一		一萬
二率	一	四	二	八千
三率	一	六	四	二千四百
四率	一	四	八	三百二十
五率		一	一六	十六

解此左位係一只用右法諸乘倣此

問今有積一十九萬四千四百八十一尺求三乘方若干

答二十一尺

法列率如前尋原得二列左四率以乘法加之次第挨出一位得一六与中二率相乘除積一十六萬餘積三萬四千四百八十一以左二率与中二率乘得三二約之

2. 問：今有積二萬〇七百三十六尺，三乘方開之，求各面若干？

答：一十二尺。

法：列中率如前，尋原得一，列於左。四位挨次而上，至一位皆一。以一率除積一萬，餘一萬〇七百三十六。卻以左二率一與中二率四乘，仍得四，約餘積，可得二轉。商二列右二率，其三率爲四，四率爲八，五率爲一六。次第與中率相乘，得數除積訖。合問。

列率	一率	二率	三率	四率	五率
左	一	一	一	㊀	
中	一	四	六	四	一
右		㊁	四	八	一六
得數	一萬	八千	二千四百	三百二十	十六

解：此左位係一，只用右法，諸乘仿此。

3. 問：今有積一十九萬四千四百八十一尺，求三乘方若干？

答：二十一尺。

法：列率如前，尋原得二，列左四率。以乘法加之，次第挨至一位，得一六。與中二率相乘，除積一十六萬，餘積三萬四千四百八十一。以左二率與中二率乘，得三二，約只

一轉商一列為右二乘挨次而下至五位俱一以左中二乘行乘除積訖合問

積數	十六萬	三萬二千	二千四百	八十	一
右		㊀	一	一	一
中	一	四	六	四	一
左	一六	八	四	㊁	
列乘	一乘	二乘	三乘	四乘	五乘

解此右位係一以用左法以乘仿此

問今有積一萬四千六百四十一尺三乘方問之求每面若干

答二十一尺

法列中乘一四六四一為中法尋原積一列於左四位三位二位一位俱列一以一位與中一乘行乘得一萬除積餘四千六百四十一却以左第二位一與中二乘乘得四千

仍以一轉商一列於右二位三位四位五位俱列一各仍本數合問

積數	一萬	四千	六百	四十	一
右		㊀	一	一	一

一轉，商一列爲右二率，挨次而下至五位俱一。只以左中二率相乘，除積訖。合問。

列率	一率	二率	三率	四率	五率
左	一六	八	四	㊁	
中	一	四	六	四	一
右		㊀	一	一	一
得數	十六萬	三萬二千	二千四百	八十	一

解：此右位係一，只用左法，諸乘仿此。

4. 問：今有積一萬四千六百四十一尺，三乘方開之，求各面若干？

答：二十一尺。

法：列中率一四六四一爲中法，尋原得一，列於左四位，三位二位一位俱列一。以一位與中一率相乘，得一萬，除積，餘四千六百四十一。卻以左第二位一與中二率乘，得四千，約只一轉，商一列於右二位，三位四位五位俱列一，各仍本數。合問。

列率	一率	二率	三率	四率	五率
左	一	一	一	㊀	
中	一	四	六	四	一
右		㊀	一	一	一
得數	一萬	四千	六百	四十	一

中	一	四	六	四	一
左	一	一	一	一	
列乘	一乘	二乘	三乘	四乘	五乘

解此合啟局故不用餘法

問今有積六百二十五億作三乘方開之求面若干　答五百

法尋廉得五之次乘之得數除積合問

解此一開而尽不必立乘假令積六百二十五萬開五千六百二十五只開五步也

○通乘皆為廉隅而設今只用一開故不用廉隅算法○凡開數大一位即以其位倍之如一數所開之數若以十開則十十倍之為百以百開則百百倍之為萬也

問今有積三億三千二百一十五萬○六百二十五求三乘方來面若干

答一百三十五

法列乘如前尋廉得一百列為左乘与中乘除積一億餘二億三千云云左從四位自下而上皆一以左二乘与中乘乘作得四當開乃乃一十六三位當以六与一六相乘得九六并此數退一數以之開之列之与右二位次之為九次之為二十七次之為八十一併与右次第乘之除積餘四千六百五十四萬零云云以開從百起當作三位添乘於左法之右併開從數一百三十列第四乘次第而上三乘為一六九二乘為二一

解：此合成局，故不用餘法。

5. 問：今有積六百二十五億，作三乘方開之，求面若干？

答：五百。

法：尋原得五，三次乘之，得數除積。合問。

解：此一開而盡，不必立率。假令積六百二十五萬，開五千；六百二十五，只開五步而已。◎通率皆爲廉隅而設，今只用一開，故不用廉隅等法。◎凡開數大一位，即以其位倍之。如一數所開之數，若以十開，則十十倍之爲百；以百開，則百百倍之爲萬也。

6. 問：今有積三億三千二百一十五萬〇六百二十五，求三乘方各面若干？

答：一百三十五。

法：列率如前，尋原得一百，列爲左率，與中率除積一億，餘二億三千云云。左從四位自下而上皆一，以左二率與中率乘，仍得四，當開四四一十六，三位當以六與一六相乘得九六，無此數，退一數，以三開之。列三（與）[於]右二位，次之爲九，次之爲二十七，次之爲八十一。中與右次第乘之，除積，餘四千六百五十四萬零云云。

以開從百起，當作三位，添率於左法之右，併開過數一百三十，列第四率。次第而上，三率爲一六九，二率爲二一九七以二廉乘中二廉四得八七八八視餘積約可五轉商五添廉於右法之右列第二廉次第而下三廉為二十五四廉為一二五五廉為六二五以左右之次廉兼與中法乘之除積合問

列廉	左 初	左 次	中 先與初乘合再與次乘	右 初	右 次	得數 初	得數 次
一	一		一			一億	
二	一	二一九七	四	三	五十	一億二千萬	四千三百九十萬二百五十三萬五千
三	一	一六九	六	九	二五	五千四百萬	
四	一	一三	四	二七	一二五	一千〇八萬	六萬五千
五			一	八一	六二五	八十一萬	六百二十五

問今有積三十六億〇三百萬〇〇〇六百零二十五作三乘方求面方若干

答二百四十五

法列廉如前尋原得二列左四廉次上四次上八次上一六除一十六億餘二十億〇〇三百萬

九七。以二率乘中二率四得八七八八，視餘積，約可五轉，商五，添率於右法之右，列第二率。次第而下，三率爲二十五，四率爲一二五，五率爲六二五。以左右之次率悉與中法乘之，除積合問[1]。

列率		一	二	三	四	五
左	初	一	一	一	一	
	次		二一九七	一六九	一三	
中	先與初乘 再與次乘	一	四	六	四	一
右	初		三	九	二七	八一
	次		五	二五	一二五	六二五
得數	初	一億	一億二千萬	五千四百萬	一千〇八十萬[2]	八十一萬
	次		四千三百九十四萬	二百五十三萬五千	六萬五千	六百二十五

7. 問：今有積三十六億〇三百萬〇〇〇六百二十五，作三乘方，求面方若干？

答：二百四十五。

法：列率如前，尋原得二，列左四率，次上四，次上八，次上一六。除一十六億，餘二十億〇〇三百萬

---

1 三乘方開三位，設初商爲 a，次商爲 b，三商爲 c，三乘方展開式爲：

$$(a+b+c)^4=(a+b)^4+4(a+b)^3c+6(a+b)^2c^2+4(a+b)c^3+c^4$$

$$=(a^4+4a^3b+6a^2b^2+4ab^3+b^4)+4(a+b)^3c+6(a+b)^2c^2+4(a+b)c^3+c^4$$

此題中，$a=100$，$b=30$，$c=5$，左中右法列率相乘如下所示：

	左法		中法	右法		得數	
	初	次		初	次	初	次
一率	$a^4=100000000$		1			$a^4=100000000$	
二率	$a^3=1000000$	$(a+b)^3=2197000$	4	$b=30$		$4ab^3=10800000$	$4(a+b)^3c$ $=43940000$
三率	$a^2=10000$	$(a+b)^2=16900$	6	$b^2=900$	$c^2=25$	$6a^2b^2=54000000$	$6(a+b)^2c^2$ $=2535000$
四率	$a=10000$	$(a+b)=130$	4	$b^3=27000$	$c^3=125$	$4a^3b=120000000$	$4(a+b)c^3$ $=65000$
五率			1	$b^4=810000$	$c^4=810000$	$b^4=810000$	$c^4=625$

2 一千〇八十萬，原書誤作“一千〇八萬”。

云云卻以左中二率相乘得三二約四六轉以次位不足退作五商次位仍不足退作四商列右二率次下一六次下六四次下二五六三位遞乘除積餘二億八千五百二十四万〇六百二十五卻以先商二四併之列左次四率再二四乘之得五七六為三率再二四乘之得一三八二四為二率以乘中二率四得五五二九六視餘積約四五轉商五於右次二率再五乘之得二五為三率再五乘之得一二五為四率再五乘之得六二五為五率仍以左中右遞乘為數除積合問〇或另作兩商求之仝

列率	左 初	左 次	中	右 初	右 次	得數 初	得數 次
一	一六		一			一十六億	
二	八	一三八二四	四	四	五	一十二億八千万	二億七千六百四十八萬
三	四	五七六	六	一六	二五	三億八千四百万	八百六十四萬
四	一	二四	四	六四	一二五	五千一百二十万	一十二萬
五			一	二五六	六二五	二百五十六万	六百二十五

另兩商求法

云云。卻以左中二率相乘得三二，約可六轉，以次位不足，退作五商；次位仍不足，退作四商，列右二率。次下一六，次下六四，次下二五六。三位遞乘，除積，餘二億八千五百二十四萬〇六百二十五。

卻將先商二四併之，列左次四率，再二四乘之，得五七六爲三率；再二四乘之，得一三八二四爲二率。以乘中二率四，得五五二九六，視餘積，約可五轉，商五於右次二率。再五乘之得二五爲三率，再五乘之得一二五爲四率，再五乘之得六二五爲五率。仍以左中右遞乘爲數除積。合問[1]。◎或分作兩局求之，仝。

列率		一	二	三	四	五
左	初	一六	八	四	二	
	次		一三八二四	五七六	二四	
中		一	四	六	四	一
右	初		四	一六	六四	二五六
	次		五	二五	一二五	六二五
得數	初	一十六億	一十二億八千萬	三億八千四百萬	五千一百二十萬	二百五十六萬
	次		二億七千六百四十八萬	八百六十四萬	一十二萬	六百二十五

分兩局求法

1 此題中，初商 $a=200$，次商 $b=40$，三商 $c=5$，左中右法列率相乘如下所示：

	左法		中法	右法		得數	
	初	次		初	次	初	次
一率	$a^4=1600000000$		1			$a^4=1600000000$	
二率	$a^3=8000000$	$(a+b)^3=13824000$	4	$b=40$	$c=5$	$4a^3b=1280000000$	$4(a+b)^3c=276480000$
三率	$a^3=40000$	$(a+b)^2=57600$	6	$b^2=1600$	$c=25$	$6a^2b^2=384000000$	$6(a+b)^2c^2=8640000$
四率	$a^3=200$	$(a+b)=240$	4	$b^3=64000$	$c^3=125$	$4ab^3=51200000$	$4(a+b)c^3=120000$
五率			1	$b^4=2560000$	$c^4=2560000$	$b^4=2560000$	$c^4=625$

得數	右	中	左	列率
一十六億		一	一六	一
一十二億八千萬	四	四	八	二
三億八千四百萬	一六	六	四	三
五千一百二十萬	六四	四	二	四
二百五十六萬	二五六	一		五

得數	右	中	左	列率
		一	一率不用	一
二億七千六百四十八萬	五	四	一三八二四	二
八百六十四萬	二五	六	五七六	三
一十二萬	一二五	四	二四	の
六百二十五	六二五	一		五

解此三位開比所謂重廉重法也添左右法左法以開過比以借之右法現商惟中法不變○若四位以上開比左右法逐位添借○若不添則損商求之○凡三乘方又可以兩次平方而得

列率	一	二	三	四	五
左	一六	八	四	㊁	
中	一	四	六	四	一
右		㊃	一六	六四	二五六
得數	一十六億	一十二億八千萬	三億八千四百萬	五千一百二十萬	二百五十六萬

列率	一	二	三	四	五
左	一率不用	一三八二四	五七六	㊁㊃	
中	一	四	六	四	一
右		㊄	二五	一二五	六二五
得數		二億七千六百四十八萬	八百六十四萬	一十二萬	六百二十五

解：此三位開者，所謂重廉重隅也。添左右法，左法以開過者皆併之，右法現商，惟中法不變。◎若四位以上開者，左右法逐位添併。◎若不添，則換局求之。◎凡三乘方，又可以兩次平方而得。

第一問三乘方

積三千一百六十四萬〇六百二十五作二次平方開方法　初開

積三千一百六十四萬〇六百二十五平開得五千六百二十五

列率	得數 三	得數 次	得數 初	右 三	右 次	右 初	中	左 三	左 次	左 初
一			二千五百萬				一			二五
二	五萬六千二百	二十二萬四千	六百萬	五	二	六	二	五六二	五六	五
三	二十五	四百	三十六萬	二五	四	三六	一			

第一問三乘方積三千一百六十四萬〇六百二十五，作二次平方開法。

初開

積三千一百六十四萬〇六百二十五，平開得五千六百二十五。

列	率	一	二	三
左	初	二五	五	
	次		五六	
	三		五六二	
中		一	二	一
右	初		六	三六
	次		二	四
	三		五	二五
得數	初	二千五百萬	六百萬	三十六萬
	次		二十二萬四千	四百
	三		五萬六千二百	二十五

積五千六百二十五平開得七十五

清數	右	中	左	列率
四千九百		一	四九	一
七百	五	二	七	二
二十五	二五	一		三

第七問作兩次平開法　積三十六億〇三百萬〇〇〇六百二十五平開得六萬〇〇二十五

得數 次	得數 初	右 次	右 初			中
六十萬〇〇二百	三十六億			開百不足	開千不足	一
	二百四十萬	五	二十	〇	〇	二
二十五	四百	二五	四			一

［再開］

積五千六百二十五，平開得七十五。

列率	一	二	三
左	四九	七	
中	一	二	一
右		五	二五
得數	四千九百	七百	二十五

第七問作兩次平開法。

［初開］

積三十六億〇三百萬〇〇〇六百二十五，平開得六萬〇〇二十五。

列率		一	二	三
左	初	三六	六萬	
左	次		六〇〇二	
中		一	二	一
右		開千不足	〇	
右		開百不足	〇	
右	初		二十	四
右	次		五	二五
得數	初	三十六億	二百四十萬	四百
得數	次		六十萬〇〇二百	二十五

左		列率
次	初	
	三六	一
六〇〇二	六萬	二
		三

積六萬〇〇二十五平開得二百四十五

得數		右		中	左		列率
次	初	次	初		次	初	
	四萬			一		四	一
二千四百	一萬六千	五	四	二	二四	二	二
二十五	一千六百	二五	一六	一			三

一凡四乘方以十萬為初率五萬為二率一萬為三率一千為四率五十為五率一為六率為中法其左右率及商法俱同前

問今有積九億一千六百一十三萬二千八百三十二數作四乘方開之求各面若干

答六十二步

［再開］

積六萬〇〇二十五，平開得二百四十五。

列率		一	二	三
左	初	四	二	
	次		二四	
中		一	二	一
右	初		四	一六
	次		五	二五
得數	初	四萬	一萬六千	一千六百
	次		二千四百	二十五

一、凡四乘方，以十萬爲初率，五萬爲二率，一萬爲三率，一千爲四率，五十爲五率，一爲六率，爲中法。其左右率及商法，俱同前[1]。

1. 問：今有積九億一千六百一十三萬二千八百三十二數，作四乘方開之，求各面若干[2]？

答：六十二步。

---

1 設四乘方初商爲 a，次商爲 b，四乘方展開式爲：

$$(a+b)^5=a^5+5a^4b+10a^3b^2+10a^2b^3+5ab^4+b^5$$

查卷七“諸乘方法尋源定率”表，由積數定初商 a。從原積中減去 a^5，以 $5ab$ 約餘積，定次商 b。列左中右法如下：

	左法	中法	右法	得數
一率	a	1		a^5
二率	a^4	5	b	$5a^4b$
三率	a^3	10	b^2	$10a^3b^2$
四率	a^2	10	b^3	$10a^2b^3$
五率	a	5	b^4	$5ab^4$
六率		1	b^5	b^5

對應各率相乘，得數依次減原積，恰盡，則所開方根爲 $a+b$。若減積不盡，則依法開三位。參三乘方開三位法。

2 此題見《同文算指通編》卷八“廣諸乘方法 · 四乘方”下。

法先立一五二一五一為中法尋原得六除積七億七千七百六十萬餘一億三千八百五十三萬二千八百三十二退一乘一二九六為左二廉法次第退乘至第五位以左二廉與中二廉相乘得六千四百八十萬紀乃二轉商二為右法次第進乘至第六位左中右次第相乘除積合問

列第	左	中	右	隅數
一	七七七六	一		左與中乘得七億七千七百六十萬
二	一二九六	五	②二	左中乘得六千四百八十萬又與右乘得一億二千九百六十萬
三	二一六	一〇	四	左中乘得二百一十六萬又與右乘得八百六十四萬
四	三六	一〇	八	左中乘得三萬六千又與右乘得二十八萬八千
五	⑥	五	一六	左中乘得三百又與右乘得四千八百
六		一	三二	中與右乘得三十二

解四乘方聚立方於平方然中積為方為平廉為立廉為隅兩廉積六為方為平廉為立廉為隅隅積六為方為平廉為立廉為隅初於中方之方也次於中之平廉與廉之方也三於中之立廉與廉之平廉與隅之方也四於中之隅與廉之立廉與隅之平廉也五於廉之隅與隅之立廉也六於隅之隅也

問今有積六百八十一億五千三百〇五萬六千八百四十三作四乘方問之於面若干

法：先立一、五、一［〇］、一［〇］、五、一爲中法，尋原得六，除積七億七千七百六十萬，餘一億三千八百五十三萬二千八百三十二。退一乘，一二九六爲左二率法，次第退乘，至第五位。以左二率與中二率相乘，得六千四百八十萬，約可二轉，商二爲右法，次第進乘，至第六位。左中右次第相乘除積，合問。

列率	一	二	三	四	五	六
左	七七七六	一二九六	二一六	三六	㊅	
中	一	五	一〇	一〇	五	一
右		㊁	四	八	一六	三二
得數	左與中乘，仍得七億七千七百六十萬。	左中乘，得六千四百八十萬。又與右乘，得一億二千九百六十萬。	左中乘，得二百一十六萬。又與右乘，得八百六十四萬。	左中乘，得三萬六千。又與右乘，得二十八萬八千。	左中乘，得三百。又與右乘，得四千八百。	中與右乘，仍得三十二。

解：四乘方聚立方若平方。然中積有方，有平廉，有立廉，有隅；兩廉積亦有方，有平廉，有立廉，有隅；隅積亦有方，有平廉，有立廉，有隅。初求者，中方之方也；次求者，中之平廉與廉之方也；三求者，中之立廉與廉之平廉與隅之方也；四求者，中之隅與廉之立廉與隅之平廉也；五求者，廉之隅與隅之立廉也；六求者，隅之隅也[1]。

2. 問：今有積二百八十一億五千三百〇五萬六千八百四十三，作四乘方開之，求面若干？

1 設四乘方根爲 $a+b$，四乘方由 $(a+b)^2$ 個邊長爲 $a+b$ 的小立方平鋪而成。如圖 8-1 所示，四乘方可剖成一中方、二廉、一隅。中方由 a^2 個小立方構成，二廉由 $2ab$ 個小立方構成，隅由 b^2 個小立方構成。小立方剖爲一小方，三平廉，三立廉，一小隅。小方積爲 a^3，三平廉積爲 $3a^2b$，三立廉積爲 $3ab^2$，小隅積爲 b^3。四乘方初求者，中方之方，即 a^5。次求者，中方之平廉，即 $a^2 \cdot 3a^2b$；廉之方，即 $2ab \cdot a^3$，併得：

$$a^2 \cdot 3a^2b + 2ab \cdot a^3 = 5a^4b$$

三求者，中之立廉，即 $a^2 \cdot 3ab^2$；廉之平廉，即 $2ab \cdot 3a^2b$；隅之方，即 $b^2 \cdot a^3$，併得：

$$a^2 \cdot 3ab^2 + 2ab \cdot 3a^2b + b^2 \cdot a^3 = 10a^3b^2$$

四求者，中之隅，即 $a^2 \cdot b^3$；廉之立廉，即 $2ab \cdot 3ab^2$；隅之平廉，即 $b^2 \cdot 3a^2b$，併得：

$$a^2b^3 + 2ab \cdot 3ab^2 + b^2 \cdot 3a^2b = 10a^2b^3$$

五求者，廉之隅，即 $2ab \cdot b^3$；隅之立廉，即 $b^2 \cdot 3ab^2$，併得：

$$2ab \cdot b^3 + b^2 \cdot 3ab^2 = 5ab^4$$

六求者，隅之隅，即 b^5。

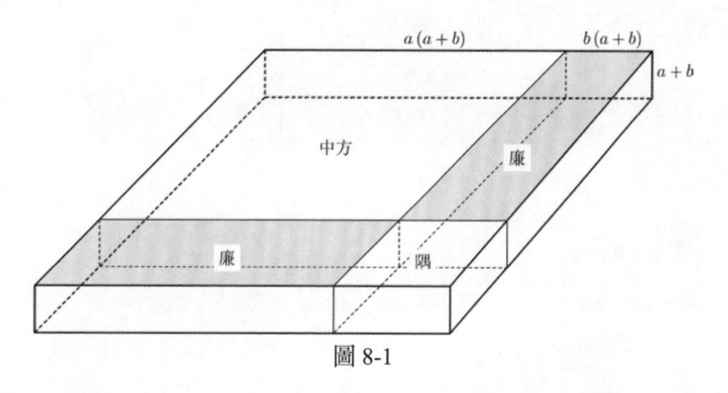

圖 8-1

答一百二十五。

法中法如前，尋原得一，依法列左率，右商二，次第列右率，與中法相乘除，積餘三十二億六千九百八十五萬六千八百九十三。併法爲左，續商爲右三，依法列率，次第與中法遞乘除，積合問。

列率	得數次	得數初	右次	右初	中	左次	左初
一		一百億			一		一 百億位
二	三十一億一千〇四十萬	一百億	三 單位	二 十位	五	二〇七三六 億	一 億位
三	一億五千五百五十二萬	四十億	九 單位	四 百位	一〇	一七二八 百萬位	一 百萬位
四	三百八十八萬八千	八億	二七 單位	八 千位	一〇	一四四 萬位	一 萬位
五	四萬八千六百	八千萬	八一 十位	一六 十萬位	五	一二 百位	二 百位
六	三百四十三	三百二十萬	二四三 百位	三二 百萬位	一		

一凡五乘方以百萬爲一率，六十萬爲二率，十五萬爲三率，二萬爲四率，一千五百萬爲五率，六十爲六率，一爲七率，爲中法。其左右率及商法俱同前。

問今有積五百六十八億〇〇二十三萬五千五百八十四，作五乘方開之，求每面若干。

答：一百二十五。

法：中法如前，尋原得一，依法列左率。右商二，次第列右率。與中法相乘，除積，餘三十二億六千九百八十五萬六千八百四十三。併法爲左，續商爲右三，依法列率，次第與中法遞乘除積。合問。

列率		一	二	三	四	五	六
左	初	一百億位	一億位	一百萬位	一萬位	一百位	
	次		二〇七三六億[位]	一七二八百萬位	一四四萬位	一二百位	
中		一	五	一〇	一〇	五	一
右	初		二十位	四百位	八千位	一六十萬位	三二百萬位
	次		三單位	九單位	二七十位[1]	八一十位	二四三百位
得數	初	一百億	一百億	四十億	八億	八千萬	三百二十萬
	次		三十一億一千〇四十萬	一億五千五百五十二萬	三百八十八萬八千	四萬八千六百	(三)[二]百四十三

一、凡五乘方，以百萬爲一率，六十萬爲二率，十五萬爲三率，二萬爲四率，一千五百萬爲五率，六十爲六率，一爲七率，爲中法。其左右率及商法，俱同前[2]。

1. 問：今有積五百六十八億〇〇二十三萬五千五百八十四，作五乘方開之，求各面若干[3]？

1 十位，原書誤作“單位”。

2 設五乘方初商爲 a，次商爲 b，五乘方展開式爲：

$$(a+b)^6=a^6+6a^5b+15a^4b^2+20a^3b^3+15a^2b^4+6ab^5+b^6$$

查卷七“諸乘方法尋源定率”表，由積數定初商 a。從原積中減去 a^6，以 $6a^5$ 約餘積，定次商 b。列左中右法如下：

	左法	中法	右法	得數
一率	a^6	1		a^6
二率	a^5	6	b	$6a^5b$
三率	a^4	15	b^2	$15a^4b^2$
四率	a^3	20	b^3	$20a^3b^3$
五率	a^2	15	b^4	$15a^2b^4$
六率	a	6	b^5	$6ab^5$
七率		1	b^6	b^6

對應各率相乘，得數依次減原積，恰盡，則所開方根爲 $a+b$。若減積不盡，則依法開三位。參三乘方開三位法。

3 此題見《同文算指通編》卷八“廣諸乘方法 · 五乘方”下。

答六十二

法先立一六一五二五六一為中法并層得六五次乘之得四六六五六為左一率次七七七六為二率次一二九六為三率次二一六為四率次三六為五率次六為六率以左中一率相乘除積四百六十六億五千六百萬餘積一百〇一億四千四百二十三萬五千五百八十四以左中二率相乘得四六六五六約為二積商二在右二率次四為三率次八為四率次一六為五率次三二為六率次六四為七率却以左中右遞乘得數除積合問

列率	左	中	右	得數
一	四百六十六億五千六百萬	一		四百六十六億五千六百萬
二	七億七千七百六十萬	六	二	九十三億三千一百二十萬
三	一千二百九十六萬	一五	四	七億七千七百六十萬
四	二十一萬六千	二〇	八	三千四百五十六萬
五	三千六百	一五	一十六	八十六萬四千
六	六十	六	三十二	一萬一千五百二十
七		一	六十四	六十四

解五乘方者聚諸立方又取之方之方之方方之平方之立方之隅為平之方平

答：六十二。

法：先立一、六、一五、二[〇]、[一]五、六、一爲中法。尋原得六，五次乘之，得四六六五六爲左一率，次七七七六爲二率，次一二九六爲三率，次二一六爲四率，次三六爲五率，次六爲六率。以左中一率相乘，除積四百六十六億五千六百萬，餘積一百〇一億四千四百二十三萬五千五百八十四。以左中二率相乘，得四六六五六，約可二轉，商二於右二率。次四爲三率，次八爲四率，次一六爲五率，次三二爲六率，次六四爲七率。卻以左中右遞乘，得數除積。合問。

列率	一	二	三	四	五	六	七
左	四百六十六億五千六百萬	七億七千七百六十萬	一千二百九十六萬	二十一萬六千	三千六百	㊅㊉	
中	一	六	一五	二〇	一五	六	一
右		㊁	四	八	一十六	三二	六十四
得數	四百六十六億五千六百萬	九十三億三千一百二十萬	七億七千七百六十萬	三千四百五十六萬	八十六萬四千	一萬一千五百二十	六十四

解：五乘方者，聚諸立方，又成立方。有方之方、方之平、方之立、方之隅；有平之方、平

之平平之立平之隅有立之方立之平立之立立之隅有隅之方隅之平隅之立隅之隅初求所得於中方也再求所得於中方之平廉與平廉之方也三求所得於中方之立廉平廉之平廉立廉之方也四求所得於中方之隅平廉之立廉立廉之平廉及隅之方也五求所得於平廉之隅立廉之立廉隅之平廉也六求所得於立廉之隅及隅之立廉也七求所得於隅之隅也○凡五乘方又如以一平方一立方求之

問今有積三萬四千六百二十八億二千五百九十九萬一千六百八十九作五乘方開之求面

答一百二十三

算法

法立中法如前尋原得一列左一乘除積一萬億餘積二萬四千六百云云左二乘以下俱列一至六乘以左中二乘乘仍得六約商二於右二乘次四次八至七乘為六四於乘除積餘四千七百六十八億四千一百九十九萬云云却備前二商一二列次六乘次第俱乘至二乘得二四八八三二与中二乘六於乘得一四九二九九二約商三於次右二乘次九次二七至七乘為七二九次第与中後次左於乘除積合問

得數 次	得數 初	右 次	右 初
	一萬億		
四千四百七十八億九千七百六十萬	一萬二千億	三	二十
二百七十九億九千三百六十萬	六千億	九	四百
九億三千三百一十二萬	一千六百億	二十七	八千
一千七百四十九萬六千	二百四十億	八十一	一十六萬
一十七萬四千九百六十	一十九億二千萬	二百四十三	三百廿萬
七百二十九	六千四百萬	七百二十九	六千四百萬

之平、平之立、平之隅；有立之方、立之平、立之立、立之隅；有隅之方、隅之平、隅之立、隅之隅。初求所得者，中方也。再求所得者，中方之平廉與平廉之方也。三求所得者，中方之立廉、平廉之平廉、立廉之方也。四求所得者，中方之隅、平廉之立廉、立廉之平廉，及隅之方也。五求所得者，平廉之隅、立廉之立廉、隅之平廉也。六求所得者，立廉之隅及隅之立廉也。七求所得者，隅之隅也[1]。◎凡五乘方，又可以一平方一立方求之。

2. 問：今有積三萬四千六百二十八億二千五百九十九萬一千六百八十九，作五乘方開之，求面若干？

答：一百二十三。

法：立中法如前，尋原得一，列左一率。除積一萬億，餘積二萬四千六百云云。左二率以下俱列一，至六率。以左中二率乘，仍得六，約商二於右二率。次四，次六，次八，至七率爲六四。相乘除積，餘四千七百六十八億四千一百九十九萬云云。卻併前二商一二，列次六率，次第進乘，至二率得二四八八三二。與中二率六相乘，得一四九二九九二，約商三於次右二率。次九，次二七，至七率爲七二九。次第與中及次左相乘除積。合問。

---

1 設五乘方根爲 $a+b$，五乘方由（$a+b$）^{3} 個邊長爲 $a+b$ 的小立方組成，是一個邊長爲（$a+b$）^{2} 的大立方。五乘方可剖爲一中方、三平廉、三立廉、一隅，各部分由若干小立方構成，每個小立方亦可剖爲一中方、三平廉、三立廉、一隅。各段積如下所示：

五乘方	中方 a^3 個小立方				三平廉 $3a^2b$ 個小立方				三立廉 $3ab^2$ 個小立方				隅 b^3 個小立方			
小立方	中方	平廉	立廉	隅	中方	平廉	立廉	隅	中方	平廉	立廉	隅	中方	平廉	立廉	隅
	a^3	$3a^2b$	$3ab^2$	b^3	a^3	$3a^2b$	$3ab^2$	b^3	a^3	$3a^2b$	$3ab^2$	b^3	a^3	$3a^2b$	$3ab^2$	b^3

初求者，中方之方：$a^3 \cdot a^3 = a^6$；

再求者，中方之平廉與平廉之方：$a^3 \cdot 3a^2b + 3a^2b \cdot a^3 = 6a^5b$；

三求者，中方之立廉、平廉之平廉、立廉之方：$a^3 \cdot 3ab^2 + 3a^2b \cdot 3a^2b + 3ab^2 \cdot a^3 = 15a^4b^2$；

四求者，中方之隅、平廉之立廉、立廉之平廉、隅之方：$a^3 \cdot b^3 + 3a^2b \cdot 3ab^2 + 3ab^2 \cdot 3a^2b + b^3 \cdot a^3 = 20a^3b^3$；

五求者，平廉之隅、立廉之立廉、隅之平廉：$3a^2b \cdot b^3 + 3ab^2 \cdot 3ab^2 + b^3 \cdot 3a^2b = 15a^2b^4$；

六求者，立廉之隅、隅之立廉：$3ab^2 \cdot b^3 + b^3 \cdot 3ab^2 = 3ab^5$；

七求者，隅之隅：$b^3 \cdot b^3 = b^6$。

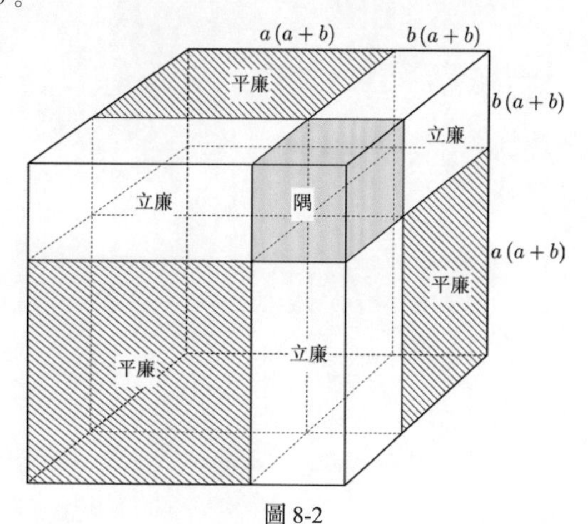

圖 8-2

中	左		列率
	次	初	
一		一萬億	一
六	二百四十八億八千三百二十萬	一百億	二
一五	二億〇七百三十六萬	一億	三
二〇	一百七十二萬八千	一百萬	四
一五	一萬四千四百	一萬	五
六	一百二十	[illegible]	六
一			七

五乘方先平後立開法

積五百六十八億〇〇二十三萬五千五百八十四平開得二十三萬八千三百二十八〇換局法

得數	右	中	左	列率	
四百億		一	四	一	初局以下不用一率
一百二十億	三	二	二	二	
九億	九	一		三	
二十六億千萬	八	二	二三	二	二局
六千四百萬	六四	一		三	
一億四千二百八十萬	三	二	二三八	二	三局
九萬	九	一		三	
九百五十三萬二千	二	二	二三八三	二	四局
四百	四	一		三	
三百六十一萬二千一百二十	八	二	二三八三二	二	五局
六十四	六四	一		三	

積二十三萬八千三百二十八作立方開得六十二

列率		一	二	三	四	五	六	七
左	初	一萬億	一百億	一億	一百萬	一萬	一百	
	次		二百四十八億八千三百二十萬	二億〇七百三十六萬	一百七十二萬八千	一萬四千四百	一百二十	
中		一	六	一五	二〇	一五	六	一
右	初		二十	四百	八千	一十六萬	三百廿萬	六千四百萬
	次		三	九	二十七	八十一	二百四十三	七百二十九
得數	初	一萬億	一萬二千億	六千億	一千六百億	二百四十億	一十九億二千萬	六千四百萬
	次		四千四百七十八億九千七百六十萬	二百七十九億九千三百六十萬	九億三千三百一十二萬	一千七百四十九萬六千	一十七萬四千九百六十	七百二十九

五乘方先平後立開法

積五百六十八億〇〇二十三萬五千五百八十四，平開得二十三萬八千三百二十八。◎换局法。

	初局以下不用一率			二局		三局		四局		五局	
列率	一	二	三	二	三	二	三	二	三	二	三
左	四	二		二三		二三八		二三八三		二三八三二	
中	一	二	一	二	一	二	一	二	一	二	一
右		三	九	八	六四	三	九	二	四	八	六四
得數	四百億	一百二十億	九億	(二)[三]十六億八千萬	六千四百萬	一億四千二百八十萬	九萬	九百五十三萬二千	四百	三百八十一萬三千一百二十	六十四

積二十三萬八千三百二十八，作立方開得六十二。

得數	二十一萬六千	二萬一千六百	七百二十	八
右		二	四	八
中	一	三	三	一
左	二二六	三六	六	
列率	一	二	三	四

定位法如左三率六為六十得一算又以十乘作二因成十添一作三三為千是二率乃三千六百也再以十乘作四為萬因成十又添一算作五是一率乃二十一萬六千也○左二率二千六百得三算中法三為單仍千因成十添一作四為萬以右二率併單數不成十仍為萬是二率乃二萬一千六百也○左三率六十得一算以中法單二乘之成十添一算作二為百右法亦單數不成十仍為百是三率所得乃七百二十也

列率	一	二	三	四
左	二一六	三六	⑥	
中	一	三	三	一
右		②	四	八
得數	二十一 萬六千	二萬一 千六百	七百二十	八

定位法：如左三率六爲六十，得一算。又以十乘作二，因成十，添一作三，三爲千，是二率乃三千六百也。再以十乘作四爲萬，因成十，又添一算作五，是一率乃二十一萬六千也。◎左二率三千六百，得三算。中法三爲單，仍千，因成十，添一作四爲萬；以右二率係單數，不成十，仍爲萬，是二率乃二萬一千六百也。◎左三率六十，得一算。以中法單三乘之，成十，添一算作二爲百；右法亦單數，不成十，仍爲百也，是三率所得乃七百二十也。

五乘方先三後平開法

積五百六十八億〇〇二十三萬五千五百八十〇立方開得三千八百四十〇

局	列率	左	中	右	得數
初局以下不用一率	一	二七	一		二百七十億
	二	九	三	八	二百一十六億
	三	三	三	六四	五十七億六千萬
	四		一	五一二	五億一千二百萬
二局	二	一千四百四十〇萬	三	四	一十七億三千二百八十萬
	三	三八	三	一六	一千八百二十〇萬
	〇		一	六〇	六萬四千
三局	二	一四七四五六	三	四	一億七千六百九十四萬七千二百
	三	三六〇	三	一六	一十八萬四千三百二十
	〇		一	六〇	六十四

積三千八百四十〇平開得六十二

列率	左	中	右	得數
一	三六	一		三千六百
二	六	二	二	二百〇十
三		一	四	四

定位法以左二率六為六千得一算又以六十乘之得二算
因成十又添一算為三是乘出之數乃千也〇以左
二率六乘中法二為單數仍作一算因成十添一
算作二是乘出之數為百也再以二乘亦單數不
成十仍為二故云二百〇十也

五乘方先立後平開法

積五百六十八億〇〇二十三萬五千五百八十四，立方開得三千八百四十四。

	初局以下不用一率				二局			三局		
列率	一	二	三	四	二	三	四	二	三	四
左	二七	九	㊂		一千四百四十四萬	三八		一四七四五六	三八四	
中	一	三	三	一	三	三	一	三	三	一
右		㊇	六四	五一二	㊃	一六	六四	㊃	一六	六四
得數	二百七十億	二百一十六億	五十七億六千萬	五億一千二百萬	一十七億三千二百八十萬	一千八百二十四萬	六萬四千	一億七千六百九十四萬七千二百	一十八萬四千三百二十	六十四

積三千八百四十四，平方開得六十二。

列率	一	二	三
左	三六	㊅	
中	一	二	一
右		㊁	四
得數	三千六百	二百四十	四

定位法：如左二率六爲六十，得一筭。又以六十乘之，得二筭，因成十，又添一筭爲三，是乘出之數乃千也。◎以左二率六乘，中法二爲單數，仍作一筭，因成十，添一筭作二，是乘出之數爲百也。再以二乘，亦單數，不成十，仍爲二，故云二百四十也。

問今有積三億〇八百九十一萬五千七百七十六作五乘方開之求面若干

答二十六

法尋原得二五次乘之得六四為左一乘次三二為二乘次一六為三乘次八為四乘次四為五乘次二為六乘以左中一乘相乘除積六千四百萬餘積二億四千四百九十一萬五千七百七十六以左中二乘相乘得一九二約可六時商六於右二乘次三六為三乘次二一六為四乘次一二九六為五乘次七七七六為六乘次四六六五六為七乘却以左中右遍乘得數除積合問

二乘反大於一乘舉此為例

列乘	左	中	右	得數
一	六四	一		六千四百萬
二	三二	六	六	一億一千五百二十萬
三	一六	一五	三六	八千六百四十萬
四	八	二〇	二一六	三千四百五十六萬
五	四	一五	一二九六	七百七十七萬六千
六	二	六	七七七六	九十三萬三千一百二十
七		一	四六六五六	四萬六千六百五十六

以上所演止於五乘開數止於三億然有相生相併之法在因而廣之為億兆京垓秭穰溝澗正載甚不可以例推也〇其奇零命法亦以加一為母以是在為子如前問以二十六五乘得三億〇八百餘萬之數假令數出於三億〇八百餘萬之外則以二十七數作

3. 問：今有積三億〇八百九十一萬五千七百七十六，作五乘方開之，求面若干？

答：二十六。

法：尋原得二，五次乘之，得六四爲左一率，次三二爲二率，次一六爲三率，次八爲四率，次四爲五率，次二爲六率。以左中一率相乘，除積六千四百萬，餘積二億四千四百九十一萬五千七百七十六。以左中二率相乘，得一九二，約可六轉，商六於右二率。次三六爲三率，次二一六爲四率，次一二九六爲五率，次七七七六爲六率，次四六六五六爲七率。卻以左中右遞乘，得數除積。合問。

二率反大於一率，舉此爲例。

列率	一	二	三	四	五	六	七
左	六四	三二	一六	八	四	㊁	
中	一	六	一五	二〇	一五	六	一
右		㊅	三六	二一六	一二九六	七七七六	四六六五六
得數	六千四百萬	一億一千五百二十萬	八千六百四十萬	三千四百五十六萬	七百七十七萬六千	九千三萬三千一百二十	四萬六千六百五十六

以上所演，止於五乘，開數止於三位。然有相生相併之法在，因而廣之，爲億兆京垓秭穰溝澗正載，無不可以例推也。◎其奇零命法，亦以加一爲母，以見在爲子。如前問，以二十六五乘得三億〇八百餘萬之數，假令數出於三億〇八百餘萬之外，則以二十七數作

五乘乘之積得何數爲母今作二十六開訖止有餘數若干爲子命之〇若奇零再開者如一尺之數以寸計當有千寸以分計當有百萬分以厘計當有十億厘仍以列率法求之〇而書曰尋原之法與還原不同還原者依其乘之數以還實積再尋原者用前列乘以尋下手方法凡尋原惟平方最易以每段只二位也次則立方亦易以每段只三位也三乘則四位爲一段尋原難矣自是而上位置愈多尋原愈難矣然而即平方可求立方之原即平方立方可以求多乘之原若三乘方者以平方法開之得數又以平方法開之得數即原矣若五乘方者先以平方開之得數乃以立方開之或先以立方開之得數乃以平方開之即原矣若六乘方者作四乘方開二次即得其原若七乘方者作開平方三次即得其原若八乘方者作立方二次即得其原若九乘方者先以平方開一次又以四乘方開之或先以四乘方開一次又以平方開之即得其原若十乘方者作四乘方開三次亦得其原錯綜變化從由自然進退開闔俱有定法孰謂開方祇乘過遠難冀其分神而明之從積正負帶減加翻巧由心造妙以題生智者於斯蓋不啻思過半也〇

圓法

圓無法以方爲法平圓用平方法開之立圓用立方開之須以法乘除圓積使化爲方積然後可求也其縱平原縱立圓舊無法姑存其目於關疑篇中〇

一凡平圓求徑置其積以三歸四因或用七五乘積得數用平方法開之〇

五乘乘之，視得何數爲母，今作二十六開訖，止有餘數若干爲子命之[1]。◎若奇零再開者，如一尺之數，以寸計當有千寸，以分計當有萬分，以厘計當有十億厘。仍以列率法求之。◎西書曰[2]："尋原之法，與還原不同。還原者，依本乘之數以還實積耳；尋原者，用前列乘以尋下手方法。凡尋原，惟平方最易，以每段只二位也。次則立方亦易，以每段只三位也。三乘則四位爲一段，尋原難矣。自是而上，位置愈多，尋原愈難矣。然而即平方可求立方之原，即平方立方可以求多乘之原。若三乘方者，以平方法開之，得數又以平方法開之，得數即原矣[3]。若五乘方者，先以平方開之，得數乃以立方開之；或先以立方開之，得數乃以平方開之，即原矣[4]。若六乘方者，作四乘方開二次，即得其原[5]。若七乘方者，作開平方三次，即得其原[6]。若八乘方者，作立方二次，即得其原[7]。若九乘方者，先以平方開一次，又以四乘方開之；或先以四乘方開一次，又以平方開之，即得其原[8]。若十乘方者，作四乘方開三次[9]，亦得其原[10]。錯綜變化，總由自然；進退開闔，俱有定法。孰謂開方諸乘，迂遠難冀者乎？神而明之，從積正負，帶減加翻，巧由心造，妙以熟生。智者於斯，蓋不啻思過半也。"

圓法

圓無法，以方爲法。平圓用平方法開之，立圓用立方開之。須以法乘除圓積，使化爲方積，然後可求也。其縱平（原）[圓]、縱立圓，舊無法，姑存其目於闕疑篇中。

一、凡平圓求徑，置積，以三歸四因，或用七五乘積，得數用平方法開之。

---

1 設原積爲 V，開得整數方根爲 x，五乘方命法爲：

$$\frac{V-x^5}{(x+1)^5-x^5}$$

與平方、立方命法同，各乘方命法依此類推。

2 以下文字，出《同文算指通編》卷八"廣諸乘方"。

3 即：$x^4=(x^2)^2$。

4 即：$x^6=(x^2)^3=(x^3)^2$。

5 此句有誤。四乘方開二次，原積應爲 $(x^5)^5=x^{25}$，非六乘方 x^7。

6 即：$x^8=\left[(x^2)^2\right]^2$。

7 即：$x^9=(x^3)^3$。

8 即：$x^{10}=(x^2)^5=(x^5)^2$。

9 四乘方開三次，《同文算指通編》作"四乘開方三次"。

10 此句有誤。四乘方開三次，原積應爲 $\left[(x^5)^5\right]^5=x^{125}$，非十乘方 x^{11}。

問今有圓積一十一萬一千七百四十七求徑若干　答三百八十六

法置積四因之得四十四萬六千九百八十八三歸之得一十四萬八千九百九十六或以七五除之

得數開以平方法開之合問

解七五者以十分為率得四之三故數開平方法見前若求周者以十二乘積得一百三十

四萬〇九百六十四以平方開之得一千一百五十八為周

一凡立圓求徑置積以十六乘之以九歸之得數用立方開之

問今有立圓積九萬八千七百八十四尺求徑若干　答五十六尺

法置積十六乘之得一百五十八萬〇五百四十四以九歸之得方積一十七萬五千六百一

十六尺用立方法開之合問

解平圓以平方四分之三為率立圓應四其四為一十六三其三為九故以十六與九

為率也○若求周者得方積再以二十七因之或以四十八乘圓積亦得如此問

以四十八乘圓積得四百七十四萬一千六百三十二或以二十七乘方積得數開用立

方開之得一百六十八尺是周也○凡平圓立圓有奇零不盡之數者以方法命之

平圓得平方四分之三　　立圓得立方十六分之九

1. 問：今有圓積一十一萬一千七百四十七，求徑若干？

答：三百八十六。

法：置積四因之，得四十四萬六千九百八十八，三歸之，得一十四萬八千九百九十六；或以七五乘之，得數同。以平方法開之，合問。

解：七五者，以十分爲率，得四之三，故數同。平方法見前。若求周者，以十二乘積，得一百三十四萬〇九百六十四，以平方開之，得一千一百五十八爲周。

一、凡立圓求徑，置積，以十六乘之，以九歸之，得數用立方開之。

1. 問：今有立圓積九萬八千七百八十四尺，求徑若干？

答：五十六尺。

法：置積十六乘之，得一百五十八萬〇五百四十四，以九歸之，得方積一十七萬五千六百一十六尺。用立方法開之，合問。

解：平圓以平方四分之三爲率，立則應四其四爲一十六，三其三爲九，故以十六與九爲率也。◎若求周者，得方積，再以二十七因之；或以四十八乘圓積，亦得。如此問，以四十八乘圓積，得四百七十四萬一千六百三十二；或以二十七乘方積，得數同。用立方開之，得一百六十八尺，是周也[1]。◎凡平圓立圓有奇零不盡之數者，以方法命之。

平圓得平方四分之三　　　　**立圓得立方十六分之九**

1 設圓徑 = 方面 = d， 立圓周 = C，由：

$$立方積 = d^3 = \left(\frac{C}{3}\right)^3$$

求得立圓周爲：

$$C = \sqrt[3]{27\times 立方積} = \sqrt[3]{27\times\left(\frac{16}{9}\times 立圓積\right)} = \sqrt[3]{48\times 立圓積}$$

角法

凡兩面不能成形成形以三角為始其面徑皆有自然之率又就形推圓方三角皆可立舊難其法而以意推為角法列於篇

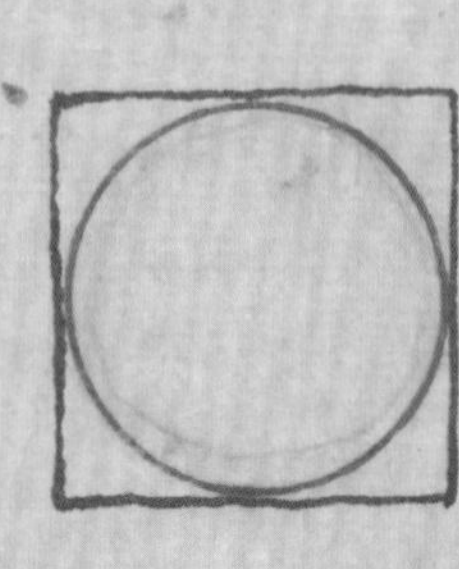

一凡平形三角求面以圓法為率置積以五百〇九除之以一千一百七十六乘之得圓積以平方開之得面

問今有三角積八十〇尺八寸七分〇四毫有奇求三面各若干　　答一十〇尺

法置積以一千一百七十六乘之得九萬九千七百六十〇以五百〇九除之得一百九十六尺平方開之合問

解凡三角正數整列面是零數面數整列正有零數必不能齊取大略而已五百〇九之法亦約略得之非確法也須会其所以然三角面以圓積平開而得此最確故立於乘除之法隨時立率不必泥也

一凡平形三角求中徑以方法為率置積以五百〇九除之以一千五百六十八乘之為

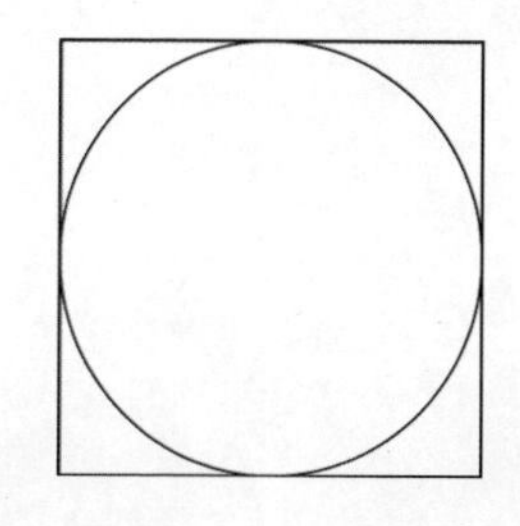

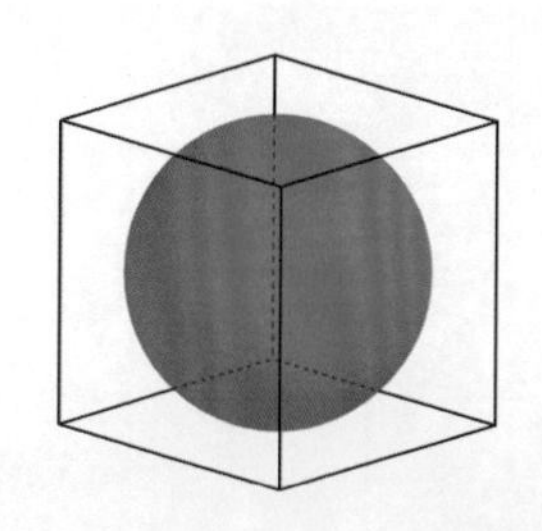

角法

凡兩面不能成形，成形以三角爲始，其面徑皆有自然之率。又諸形惟圓方三角皆可立，舊雖無法，可以意推，爲角法列於篇。

一、凡平形三角求面，以圓法爲率。置積，以五百〇九除之，以一千一百七十六乘之，得圓積。以平方開之，得面[1]**。**

1. 問：今有三角積八十四尺八寸七分〇四毫有奇，求三面各若干？

答：一十四尺。

法：置積，以一千一百七十六乘之，得九萬九千七百六十四[2]；以五百〇九除之，得一百九十六尺。平方開之，合問。

解：凡三角正數整，則面有零數；面數整，則正有零數。必不能齊，取大略而已。五百〇九之法，亦約略得之，非確法也，須會其所以然。三角面以圓積平開而得[3]，此最確者。至於乘除之法，隨時立率，不必泥也。

一、凡平形三角求中徑者，以方法爲率。置積，以五百〇九除之，以一千五百六十八乘之，爲

---

1 三角積與面徑比率，參本書卷一“形積相求補 · 三角以面求積”術文及注釋。設三角積爲 S ，三角面長爲 a ，得：

$$\frac{S}{a^2}=\frac{509}{1176}$$

故：

$$a=\sqrt{\frac{1176}{509}S}$$

2 按：三角積爲 84.8704 尺，以 1176 乘得：$84.8704\times1176=99807.5904$ ，原文作 99764 尺，略有出入。

3 設三角外接圓徑爲 d ，三角面徑與圓徑關係爲：

$$a^2=\frac{3}{4}d^2$$

當 π 取 3 時，$\frac{3}{4}d^2$ 即圓積，故平開圓積得三角面徑。詳參卷一“形積相求補 · 三角以面求積”例問解文注釋。

方積平方開之得數減四分之一

問今有三角積八十三尺一寸三分八厘七毫六絲有奇求面若干　答一十二尺

法置積以一千五百六十八乘之得一十三萬〇三百六十以五百〇九除之得二百五十六尺平方開之得一十六尺以七五乘之或四歸三因合問

解中徑得方徑四分之三故或四歸三因或用七五此方求圓法或以三〇八乘之得數即平開之同此亦約率不必泥也餘詳方田中

三角求面徑以圓為率

圓積平
開則為
三角之
面

三角求中徑以方為率

三角中徑
得方徑四
分之三

一尺立三角有廉徑有面徑有立徑廉徑以圓積平開而得面徑以圓積四分之三平開而得立徑以圓積三分之二平開而得三度相乘為立方六歸之而得積

問今有立三角積面徑四十二尺求廉徑立徑及積各若干

答廉徑四十八尺四寸九分七厘四毫二絲五忽有奇

立徑三十九尺五寸九分七厘九毫七絲有奇

方積。平方開之，得數減四分之一[1]**。**

1. 問：今有三角積八十三尺一寸三分八厘七毫六絲有奇，求正若干？

答：一十二尺。

法：置積，以一千五百六十八乘之，得一十三萬〇三百六十，以五百〇九除之，得二百五十六尺。平方開之，得一十六尺。以七五乘之，或四歸三因，合問。

解：中徑得方徑四分之三，故或四歸三因，或用七五，如方求圓法。或以三〇八乘之[2]，得數即平開之，同。此亦約率，不必泥也。餘詳方田中。

三角求面徑以圓爲率

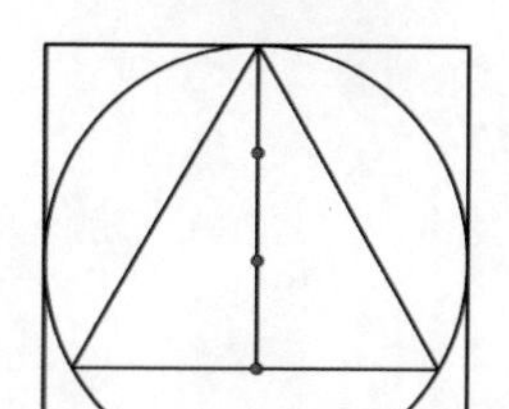

圓積平開，則爲三角之面。

三角求中徑以方爲率

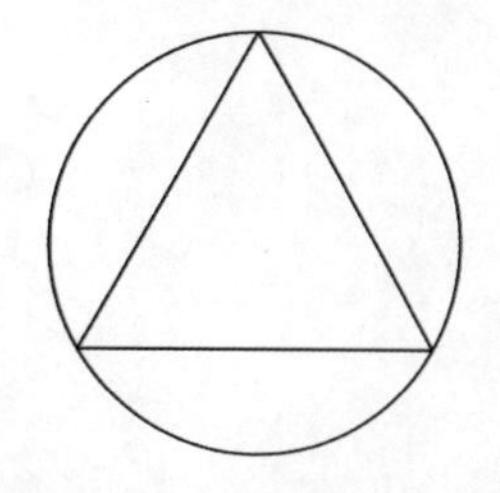

三角中徑得方徑四分之三。

一、凡立三角，有廉徑，有面徑，有立徑。廉徑以圓積平開而得，面徑以圓積四分之三平開而得，立徑以圓積三分之二平開而得。三度相乘爲立方，六歸之而得積。

1. 問：今有立三角積，面徑四十二尺，求廉徑、立徑及積各若干？

答：廉徑四十八尺四寸九分七厘四毫二絲五忽有奇；

立徑三十九尺五寸九分七厘九毫七絲有奇。

---

1 設三角積爲 S，三角正徑爲 h，外接圓徑爲 d。據卷一“形積相求補 · 三角以正徑求積”術文，正徑與三角積關係爲：$S=\frac{509}{882}h^2$。又已知 $h=\frac{3}{4}d$，得：

$$S=\frac{509}{882}h^2=\frac{509}{882}\times\frac{9}{16}d^2=\frac{509}{1568}d^2$$

故：

$$d=\sqrt{\frac{1568}{509}S}$$

求得圓徑 d，減四分之一，即乘以四分之三，得三角正徑 h。其中，$\frac{1568}{509}S$ 爲圓外接方積，d 亦方徑。

2 三〇八，即 1568 除以 509 所得約數：$\frac{1568}{509}\approx 3.08$。如圖 8-3，設立三角廉徑爲 a，平三角外接圓積爲 S_1，圓徑爲 d。立三角廉徑即平三角面徑，自乘得圓徑，故：$a=\sqrt{S_1}$。設立三角面徑爲 h，由句股定理得：

$$h=\sqrt{a^2-\left(\frac{a}{2}\right)^2}=\sqrt{\frac{3}{4}a^2}=\sqrt{\frac{3}{4}S_1}$$

設立三角立徑爲 l，由句股定理得：

$$l=\sqrt{h^2-\left(\frac{h}{3}\right)^2}=\sqrt{\frac{8}{9}h^2}=\sqrt{\frac{8}{9}\times\frac{3}{4}S_1}=\sqrt{\frac{2}{3}S_1}$$

立三角積爲：$V=\frac{hla}{6}$。

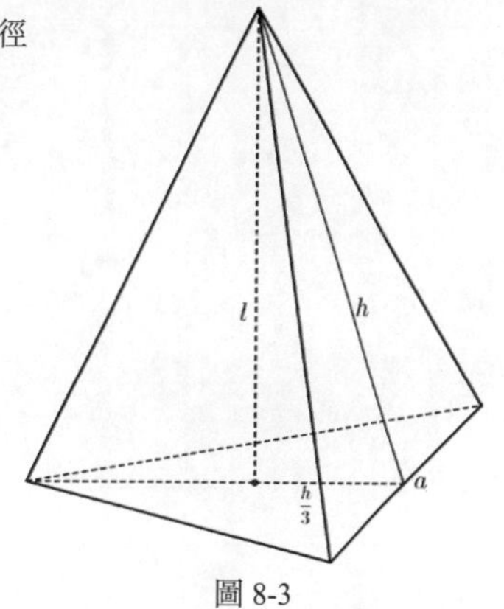

圖 8-3

積一萬三千四百四十二尺有奇

法面徑自乘得一千七百六十四三歸四因或以七五除之或以一三三三不盡乘之為廉積得二千三百五十二尺平開得廉徑置廉積以一五除之為立積得一千五百六十八平開之得立徑以面徑乘廉徑得二千〇三十六尺九寸再以立徑乘之得八萬〇六百五十餘尺以六歸得積合問○或以方法為率置面積一千七百六十四九歸十六因或以一七七七不盡乘之或以五六二五除之皆得三千一百三十六為方積取方積四之三平開得廉徑取方積二之一開得立徑方積平開得五十六取四之三仍得面徑○或各徑自求廉積自減四之一五百八十餘得面積一千七百六十四自減三分之一七百八十四餘得立積一千五百六十八○面積自加三之一五百八十八得廉積二千三百五十二面積自減九之一一百九十六餘得立積一千五百六十八○立積自加二之一為廉積自加八之一為面積

解立三角有四面四隅六廉其廉徑即平三角之面徑也其面徑即平三角之正徑也其立徑乃立形之中心也○面積得圓積四之三得方積十六分之九皆用乎除母乘其用一數為乘除或乃省法也○立形自求用勾股法廉徑為弦半廉徑為勾勾積得弦積四之一餘為股開得面徑○廉徑為弦面徑三之二為勾勾積得廉積三之一得面積九之四餘為股開得立徑○面徑為弦面徑三之一為勾勾積得面積九之一得廉積十二之一餘為股開得立徑

積一萬三千四百四十二尺有奇。

法：面徑自乘，得一千七百六十四，三歸四因，或以七五除之，或以一三三三不盡乘之，爲廉積，得二千三百五十二尺，平開得廉徑。置廉積，以一五除之，爲立積，得一千五百六十八，平開之得立徑。以面徑乘廉徑，得二千〇三十六尺九寸，再以立徑乘之，得八萬〇六百五十餘尺，六歸得積[1]。合問。◎或以方法爲率。置面積一千七百六十四，九歸十六因，或以一七七七不盡乘之，或以五六二五除之，皆得三千一百三十六，爲方積。取方積四之三，平開得廉徑。取方積二之一，開得立徑。方積平開得五十六，取四之三，仍得面徑[2]。◎或各徑自求。廉積自減四之一五百八十［八］，餘得面積一千七百六十四；自減三分之一七百八十四，餘得立積一千五百六十八。◎面積自加三之一五百八十八，得廉積二千三百五十二；面積自減九之一一百九十六，餘得立積一千五百六十八。◎立積自加二之一，爲廉積；自加八之一，爲面積[3]。

解：立三角有四面四隅六廉，其廉徑即平三角之面徑也，其面徑即平三角之正徑也，其立徑乃立形之中心也。◎面積得圓積四之三，得方積十六分之九，皆用子除母乘。其用一數爲乘除者，乃省法也。◎立形自求，用句股法，廉徑爲弦，半廉徑爲句，句積得弦積四之一，餘爲股，開得面徑。◎廉徑爲弦，面徑三之二爲句，句積得廉積三之一，得面積九之四，餘爲股，開得立徑。◎面徑爲弦，面徑三之一爲句，句積得面積九之一，得廉積一十二之一，餘爲股，開得立徑。

---

1 設立三角廉徑爲 a，面徑爲 h，立徑爲 l，積爲 V，平三角外接圓積爲 S_1 。已知面徑 $h=42$ ，依術文求得：

$$a=\sqrt{S_1}=\sqrt{\frac{4}{3}h^2}=\sqrt{\frac{4}{3}\times 1764}=\sqrt{2352}\approx 48.4974226$$

$$l=\sqrt{\frac{2}{3}S_1}=\sqrt{\frac{2}{3}a^2}=\sqrt{\frac{2}{3}\times 2352}=\sqrt{1568}\approx 39.5979797$$

$$V=\frac{hla}{6}\approx\frac{80656.7981}{6}\approx 13442.7997$$

2 設平三角外接圓積爲 S_1，圓外接方積爲 S_2 ，已知 $S_1=\frac{3}{4}S_2$ ，依術文求得立三角各徑分别爲：

$$h=\sqrt{\frac{3}{4}S_1}=\sqrt{\frac{3}{4}\frac{3}{4}S_2}=\sqrt{\frac{9}{16}S_2}$$

$$a=\sqrt{S_1}=\sqrt{\frac{3}{4}S_2}$$

$$l=\sqrt{\frac{2}{3}S_1}=\sqrt{\frac{2}{3}\frac{3}{4}S_2}=\sqrt{\frac{1}{2}S_2}$$

3 如前圖 8-3，由句股定理得：

$$h^2=l^2+\left(\frac{h}{3}\right)^2;\ a^2=h^2+\left(\frac{a}{2}\right)^2;\ a^2=l^2+\left(\frac{2h}{3}\right)^2$$

求得三徑自乘積的比例關係爲：

$$l^2=\frac{8}{9}h^2=\frac{2}{3}a^2;\ h^2=\frac{3}{4}a^2=\frac{9}{8}l^2;\ a^2=\frac{4}{3}h^2=\frac{3}{2}l^2$$

問今有立三角其廉徑四十二尺求面徑立徑各若干積若干

答面徑三十六尺三寸七分有奇

立徑三十四尺二寸九分有奇

積八千七百三十二尺有奇

法廉徑自乘得一千七百六十四為圓積以七五乘之得一千三百二十三平開得平徑再取圓積以一五除之得一千一百七十六平開得立徑以三徑遞乘得五萬二千三百九十四尺有奇六歸之得積合問

解七五乘即三歸四因之省法一五除即三歸二因之省法也三角立形其三度惟立一度整此其二度皆有零數如前問惟面徑整此問惟廉徑整是也為立有奇零故取算之間動積至數十合法不過取大約而已○立三角以六為法此緣方之三度有長有闊有高皆為面平句股三角之三度一面之闊一面無闊一面之長一面無長且底平末鋭其高下之度非止此可算一面乃立層折半故六而得一

立三角求中徑一

面徑為弦 面徑三之一為勾求得股為立徑

立三角求中徑二

廉徑為弦 面徑三之二為勾求得股為立徑

2. 問：今有立三角，其廉徑四十二尺，求面徑、立徑各若干？積若干？

答：面徑三十六尺三寸七分有奇；　　　　立徑三十四尺二寸九分有奇。

積八千七百三十二尺有奇。

法：廉徑自乘，得一千七百六十四爲圓積，以七五乘之，得一千三百二十三，平開得平徑[1]。再取圓積，以一五除之，得一千一百七十六，平開得立徑。以三徑遞乘，得五萬二千三百九十四尺有奇，六歸之得積。合問。

解：七五乘，即三歸四因之省法。一五除，即三歸二因之省法也。三角立形，其三度惟有一度整者，其二度皆有零數。如前問惟面徑整，此問惟廉徑整是也。爲有奇零，故收棄之間，動積至數十，今法不過取大約而已。◎立三角以六爲法者，緣方之三度，有長有闊有高，皆兩面平勻。若三角之三度，一面有闊一面無闊，一面有長一面無長，且底平末鋭，其高下之度，亦止可筭一面耳。三層折半，故六而得一。

立三角求中徑一

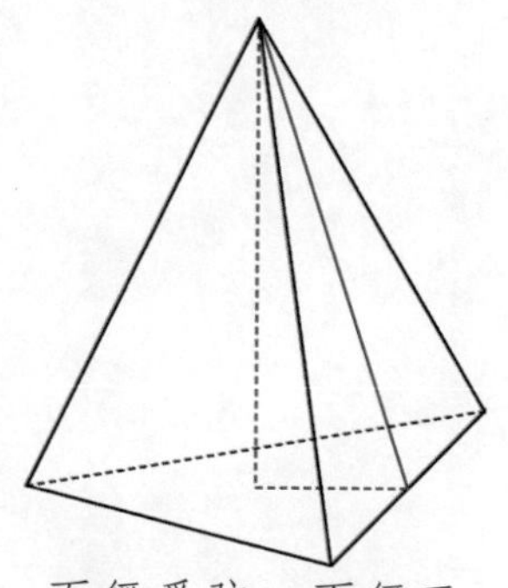

面徑爲弦，面徑三之一爲句，求得股爲立徑。

立三角求中徑二

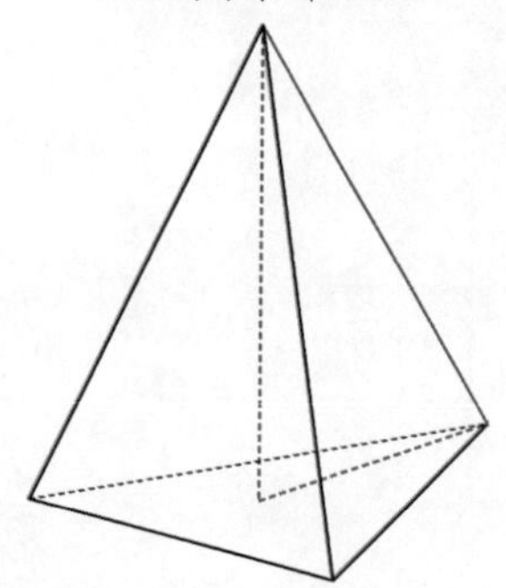

廉徑爲弦，面徑三之二爲句，求得股爲立徑。

1 平徑，即面徑。

○○○襍角

余以三角居方圜之会，圜為天，方為地，三角比人也，故三形皆能立其餘。自五角以至多角，有平形無三形，然其積與徑皆有自然之率焉，為襍角篇。

一凡五角形積求徑，法置積六归之得方積，平方開之得方徑，以六因之得五方之徑面

問今有五角積一千八百八十二尺六分，求每面若干尺。　答二十二尺六寸

法置積六归之得三千一百三十六尺，平開之得五十六尺為方徑，以六因之合問

解五角與圜同周，若置積八归之得圜積，七五除之得方積，九倍其積得二萬八千二百二十四，平開得周，以五除之得○。五角有三徑，一面徑，一中徑，一隔角之徑。其中徑得全圜徑十之九，置方徑九因而得如此問中徑應五十尺○四分。其隔角徑置方積九之得數平開之，如此問九因積得六千八百二十二尺四分，平開得五十三尺一分二厘六毫二絲有奇是也。其與求周法同而數不同，蓋求周九倍其積，乘少為多得篇，故用一六八開；求隔角乃十分之九乘多為少得千，故用五三一開之可

五方有三徑，一面徑，一隔角徑，一中徑，求法詳見別卷

雜角

余以三角居方圓之會，圓爲天，方爲地，三角者人也，故三形皆能立。其餘自五角以至多角，有平形，無立形。然其積與徑皆有自然之率焉，爲雜角篇。

一、凡五角形積求徑者，置積六歸之，得方積，平方開之，得方徑。以六因之，得五方之面徑[1]**。**

1. 問：今有五角積一千八百八十一尺六分，求每面若干尺？

答：三十三尺六寸。

法：置積六歸之，得三千一百三十六尺，平開之，得五十六尺爲方徑，六因之。合問。

解：五角與圓同周。若置積八歸之，得圓積，七五除之，得方積。九倍其積，得二萬八千二百二十四，平開得周，以五除之，同[2]。◎五角有三徑，一面徑，一中徑，一隔角之徑。其中徑得全圓徑十之九，置方徑，九因而得。如此問，中徑應五十尺〇四分。其隔角徑，置方積九之，得數平開之。如此問，九因積得二千八百二十二尺四分，平開得五十三步一分二厘六毫二絲有奇是也[3]。其與求周法同，而數不同。蓋求周九倍其積，乘少爲多，得萬，故用一六八開；求隔角乃十分之九，乘多爲少，得千，故用五三一開之耳。

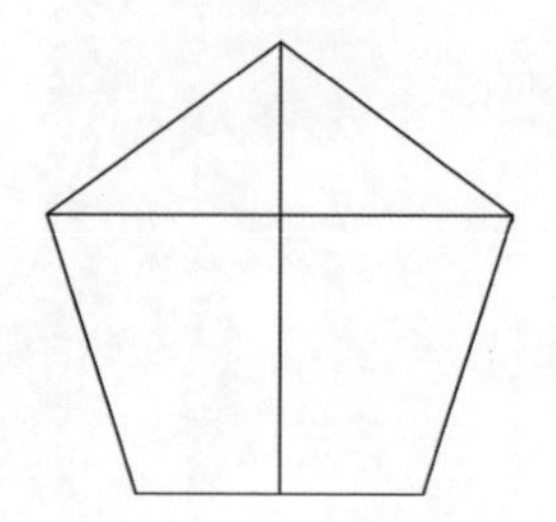

五（方）[角] 有三徑：一面徑，一隔角徑，一中徑。求法詳見別卷。

---

1 如圖 8-4，設五角面徑爲 a，五角外接圓徑爲 d，五角積爲 S，圓積爲 S_1，圓外接方積爲 S_2。據卷一“形積相求補 · 十角求積”例問法文，五角積得圓積十分之八，得：

$$S=\frac{8}{10}S_1=\frac{8}{10}\cdot\frac{3}{4}S_2=\frac{6}{10}S_2=\frac{6}{10}d^2$$

又據卷一“形積相求補 · 十角求面徑”術文，五角面徑得圓徑十分之六，即：

$$a=\frac{6}{10}d$$

故由五角積求五角面徑得：

$$a=\frac{6}{10}d=\frac{6}{10}\sqrt{S_2}=\frac{6}{10}\sqrt{\frac{10}{6}S}$$

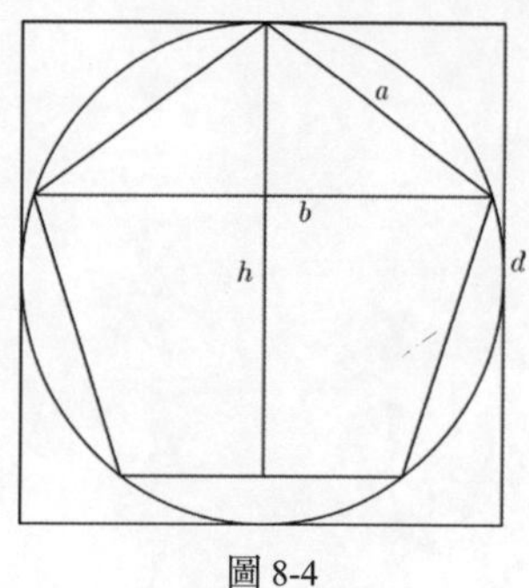

圖 8-4

2 據前條注釋，五角面徑得圓徑十分之六：$a=\frac{6}{10}d$，故五角周爲：

$C=5a=5\times\frac{6}{10}d=3d$。當圓周率取 3 時，$3d$ 恰爲圓周，故云“五角與圓同周”。由五角周求面徑得：

$$a=\frac{C}{5}=\frac{3d}{5}=\frac{\sqrt{9d^2}}{5}$$

3 如圖 8-4，a 爲面徑，h 爲中徑，b 爲隔角之徑。中徑、隔角之徑分別爲：

$$h=\frac{9}{10}d;\ b^2=\frac{9}{10}d^2$$

参卷一“形積相求補 · 十角求積”。

一凡六角形積求徑　法置積以七百八十四乘之以五百〇九除之得方積平開之得方徑半之為面徑

問今有六角積二千〇三十六尺求每面若干　　答二十八尺

法置積以七百八十四乘之以五百〇九除之得方積三千一百三十六平開得五十六半之為各面合問

解六角有三徑其尖徑即圓徑其隔一角徑為平徑即三角之面其面徑得圓徑六分之一以与圓同周故也說俱見前〇或置積以一百九十六乘之以五百〇九除之平開而得面徑蓋面徑半全徑故取四分之一為乘法耳

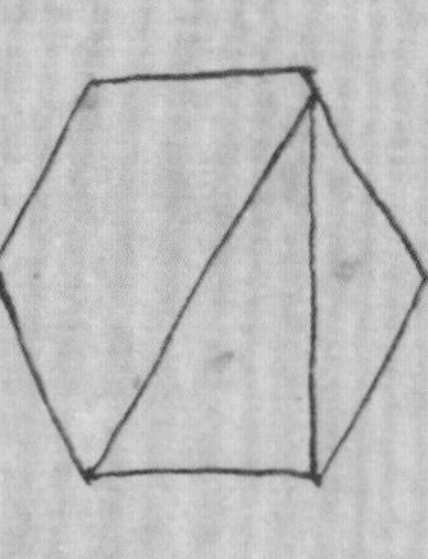

六角有三徑一面徑一平徑一尖徑求法詳見別卷

一凡七角形積求面徑　法置積以七百四十六六不尽乘之以五百〇九除之得方積以四十九除之以九乘之平開之得面徑

問今有七角積二千一百三十七尺有奇求各面若干　　答二十四尺

法置積以七百四十六六不尽乘之得一百五十九萬六千二百二十四以五百〇九除之得

一、凡六角形積求徑者，置積，以七百八十四乘之，以五百〇九除之，得方積。平開之得方徑，半之爲面徑[1]。

1. 問：今有六角積二千三十六尺，求每面若干？

答：二十八尺。

法：置積，以七百八十四乘之，以五百〇九除之，得方積三千一百三十六，平開得五十六，半之爲各面。合問。

解：六角有三徑，其尖徑即圓徑；其隔一角徑爲平徑，即三角之面；其面徑得圓（徑）[周]六分之一，以[六角周]與圓周同故也[2]。説俱見前。◎或置積，以一百九十六乘之，以五百〇九除之，平開亦得面徑。蓋面徑半全徑，故取四分之一爲乘法耳。

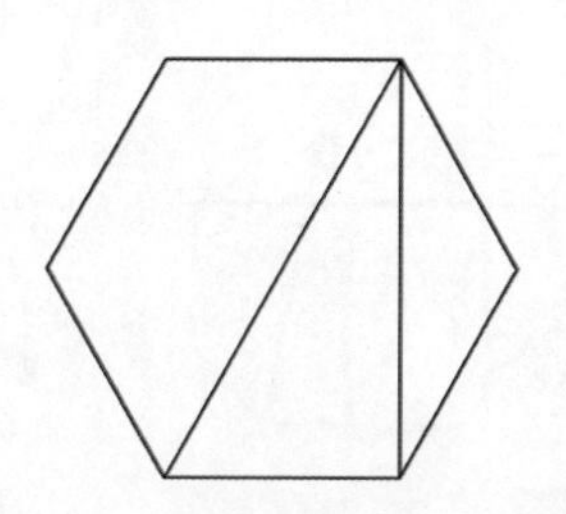

六角有三徑：一面徑，一平徑，一尖徑。求法詳見别卷。

一、凡七角形積求面徑者，置積，以七百四十六六六不盡乘之，以五百〇九除之，得方積。以四十九除之，以九乘之，平開之得面徑[3]。

1. 問：今有七角積二千一百三十七尺有奇，求各面若干？

答：二十四尺。

法：置積，以七百四十六六六不盡乘之，得一百五十九萬六千二百二十四 ，以五百〇九除之，得

---

1 如圖 8-5，六角面徑爲 a ，尖徑（即圓徑，亦圓外接方徑 d ）爲 c 。設六角積爲 S ，據本書卷一“形積相求補 · 六角以平徑求積”術文，六角尖徑與六角積關係爲：

$$\frac{S}{c^2}=\frac{509}{784}$$

求得六角面徑爲：

$$a=\frac{1}{2}c=\frac{1}{2}\sqrt{\frac{784}{509}S}$$

圖 8-5

2 設六角面徑爲 a ，圓徑爲 d ，六角周爲 $C=6a=3d$ 。當圓周率取 3 時，$3d$ 即六角外接圓周，故云：“[六角周]與圓周同”。

3 如圖 8-6，七角面徑爲 a ，外接圓徑爲 d ，七角積爲 S ，圓積爲 S_1 ，圓外接方積爲 S_2 。據本書卷一“形積相求補 · 七角求積”例問解文，得：$\frac{S}{S_1}=\frac{509}{560}$ ，求得方積：

$$S_2=\frac{4}{3}S_1=\frac{560\times\frac{4}{3}}{509}S\approx\frac{746.66}{509}S$$

又據卷一“形積相求補 · 徑實求七角諸徑”術文，$\frac{a^2}{d^2}=\frac{9}{49}$ ，求得七角面徑爲：

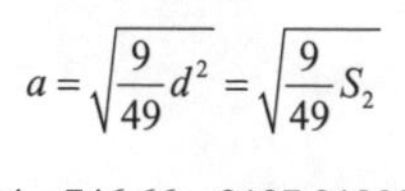

$$a=\sqrt{\frac{9}{49}d^2}=\sqrt{\frac{9}{49}S_2}$$

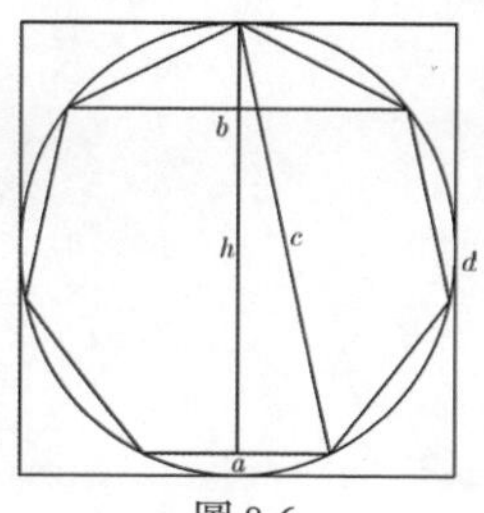

圖 8-6

4 由此數反推七角積得：$1596224\div746.66\approx2137.81909$ 。

三千一百三十六以九因之得二萬八千二百二十四以四十九除之得五百七十六尺平開之得
數合問或將方積平開得五十六三因得一百六十八七歸之同
解此法以圓周爲率其實不止此也七角形有隅一隅二中徑面徑共四徑詳於
別卷

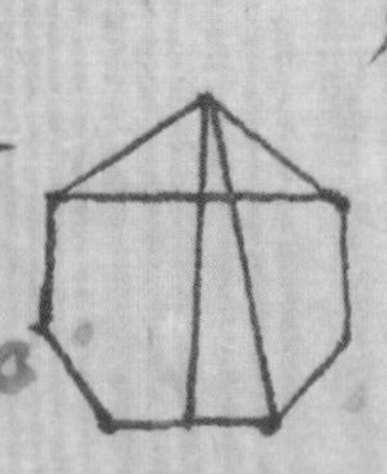

七角有四徑一面徑一隅一角徑一隅二角徑即
隅三角之徑也一中徑求法詳見別卷

一凡八角形積求面徑法以二千五百九十八除之以三千一百三十六乘之得小方積倍之爲
大方積各平開之以小徑減大徑餘爲面徑
問今有八角積七十七尺三寸求各面若干
答四尺
法置積以三千一百三十六乘之得二十四萬二千四百一十二尺八寸以二千五百九十八除之得小
方積九十三尺三寸有奇平開得九寸六分五厘三毫有奇倍小方積得一百八十七尺六寸爲大
方積平開得一十三尺六寸五分五厘有奇以小徑減大徑餘四尺合問
解八角有尖徑平徑隅角與面徑而四小方減大方説詳別卷
八角有四徑一面徑一隅一徑
一隅二徑即平徑也一隅三徑
即尖徑也求法詳見別卷

三千一百三十六。以九因之，得二萬八千二百二十四，以四十九除之，得五百七十六尺。平開之，得數合問。或將方積平開，得五十六，三因得一百六十八，七歸之，同。

解：此姑以圓周爲率，其實不止此也。七角形有隔一、隔二、中徑、面徑，共四徑。詳於別卷。

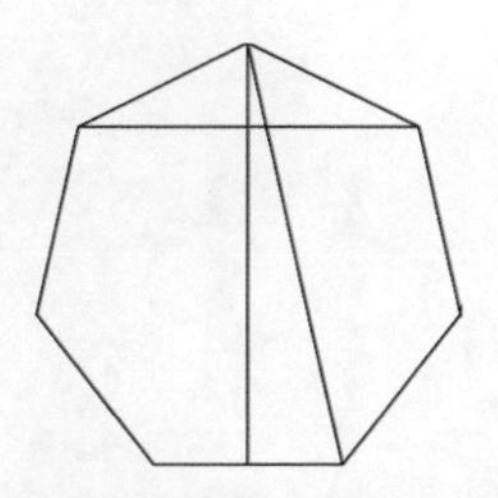

七角有四徑：一面徑；一隔一角徑；一隔二角徑，即隔三角之徑也；一中徑。求法詳見別卷。

一、凡八角形積求面徑者，以二千五百九十八除之，以三千一百三十六乘之，得小方積，倍之爲大方積。各平開之，以小徑減大徑，餘爲面徑[1]。

1. 問：今有八角積七十七尺三寸，求各面若干？

答：四尺。

法：置積，以三千一百三十六乘之，得二十四萬二千四百一十二尺八寸，以二千五百九十八除之，得小方積九十三尺三寸有奇，平開得（九寸六分五厘三毫）[九尺六寸五分三厘]有奇。倍小方積得一百八十（七）[六]尺六寸，爲大方積，平開得一十三尺六寸五分五厘有奇[2]。以小徑減大徑，餘四尺，合問。

解：八角有尖徑、平徑、隔角與面徑而四。小方減大方，説詳别卷[3]。

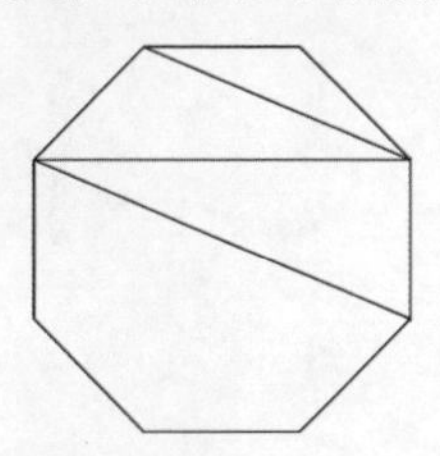

八角有四徑：一面徑；一隔一徑；一隔二徑，即平徑也；一隔三徑，即尖徑也。求法詳見別卷。

1 如圖 8-7，$ABCD$ 爲圓外接方，即大方；$EFGH$ 爲圓内容方，即小方。設八角面徑爲 a，隔一角之徑爲 b，即小方面；尖徑爲 d，即大方面。設八角積爲 S，大方積爲 S_2，小方積爲 S_3，據術文得：

$$S_3=\frac{2598}{3136}S=d^2$$

$$S_2=2S_3=2\times\frac{2598}{3136}S=b^2$$

求得八角面徑爲：

$$a=d-b=\sqrt{S_2}-\sqrt{S_3}=\sqrt{\frac{2\times2598}{3136}S}-\sqrt{\frac{2598}{3136}S}$$

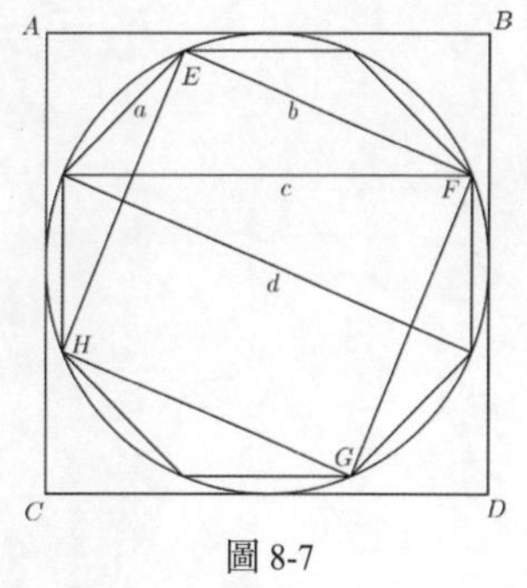

圖 8-7

2 原書大小積開方得數有誤，小方當爲：$\sqrt{93.3}\approx9.659$；大方當爲：$\sqrt{186.6}\approx13.66$。

3 本書卷一“形積相求補”無八角形。

一凡九角形求面徑法以七百八十四乘之以七百七十五除之得圓積以十六乘之平開之得面徑

問今有九角積二千三百二十五尺求各面若干

答一十九尺三寸九分八厘九毫有奇

法置積以約法七百八十四乘之得一百八十二萬二千八百以七百七十五除之得二千三百五十二爲圓實以一十六乘之得三萬七千六百三十二尺三寸二分平開得面徑合問

解九角有面徑隔一角隔二角隔三角並中徑而五其隔二之徑即三角徑以圓積平開而得此也面徑當得隔二徑五分之二九角形內三角之分各加一梯得全積具梯積以隔二徑爲底面徑爲頂折長得三十三尺九寸四分八厘以梯徑乘之而得積欲知梯徑法面徑既得隔二徑五之二兩數對減餘三是兩畔分餘之數又折半得一五是一邊之數也以爲股以減面積餘爲勾平開之即梯徑也如此問隔二徑當四十八尺四寸九分七厘四毫二絲五忽五歸之得九尺六寸九分九厘四毫八絲五忽以一五乘之得一十四尺五寸四分九厘二毫二忽七絲自乘得二百一十一尺六寸九分七厘七毫三絲八忽以減面積二百七十六尺三寸二分餘一百六十四尺六寸二分二厘六絲二忽爲勾積平開得一十二尺八寸三分〇五毫二絲即梯徑也以乘折長三十三尺九寸四分八厘得四百三十五尺七寸二分二厘

一、凡九角形求面徑者，以七百八十四乘之，以七百七十五除之，得圓積。以十六乘之，平開之，得面徑[1]。

1. 問：今有九角積二千三百二十五尺，求各面若干？

答：一十九尺三寸九分八厘九毫有奇。

法：置積，以約法七百八十四乘之，得一百八十二萬二千八百，以七百七十五除之，得二千三百五十二，爲圓實。以一十六乘之，得三百七十六尺三寸二分，平開得面徑。合問。

解：九角有面徑、隔一角、隔二角、隔三角，並中徑而五。其隔二之徑即三角徑，以圓積平開而得者也。面徑常得隔二徑五分之二。九角形内，三角之外，各加一梯，得全積。其梯積以隔二徑爲底，面徑爲頂，折長得三十三尺九寸四分八厘，以梯徑乘之而得積。欲知梯徑者，面徑既得隔二徑五之二，兩數對減餘三，是兩畔多餘之數，又折半得一五，是一邊之數也，以爲股，以減面積，餘爲句[2]，平開之，即梯徑也。如此問，隔二徑當四十八尺四寸九分七厘四毫二絲五忽，五歸之得九尺六寸九分九厘四毫八絲五忽，以一五乘之，得一十四尺五寸四分九厘二毫二忽七絲，自乘得二百一十一尺六寸九分七厘七毫三絲八忽。以減面積三百七十六尺三寸二分，餘一百六十四尺六寸二分二厘六絲二忽爲句積。平開得一十二尺八寸三分〇五毫二絲，即梯徑也[3]。以乘折長三十三尺九寸四分八厘，得四百三十五尺七寸二分二厘

---

1 如圖 8-8，設九角面徑爲 a，九角積爲 S，九角外接圓積爲 S_1。據本書卷一“形積相求補 · 九角求積”例問解文，得九角積與圓積關係爲：

$$\frac{S_1}{S}=\frac{784}{775}$$

又據“形積相求補 · 圓徑求九角諸徑”術文，十六乘圓積，平開得面徑。求得九角面徑爲：

$$a=\sqrt{16S_1}=\sqrt{16\times\frac{784}{775}S}$$

圖 8-8

2 面積即九角面徑自乘積。如圖 8-8，句股 AHD 中，面徑自乘積 AD^2 爲弦積，減去股積 DH^2，得句積，平開得 AH，即梯形 $ABCD$ 之徑。原文表述有省略，完整表達當作“以爲股，自乘，以減面積，餘爲句積”。

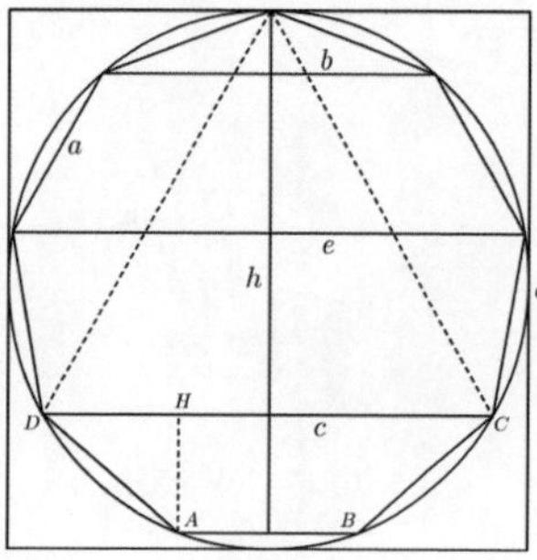

3 如圖 8-8，$ABCD$ 爲三角外九角内梯形，DC 爲隔二之徑，即三角面徑，平開圓積求得：

$$DC=\sqrt{S_1}=\sqrt{2352}\approx 48.4974226$$

據卷一“形積相求補 · 九角諸徑自求”術文，面徑得隔二之徑四十分之十六，即五分之二。由隔二之徑求得 DH 爲：

$$DH=\frac{DC-AB}{2}=\frac{1}{2}\left(DC-\frac{2}{5}DC\right)=\frac{1.5}{5}DC=\frac{1.5\times 48.497425}{5}\approx 14.549227$$

在句股 AHD 中，弦積 $AD^2=376.32$，股積 $DH^2=14.549227^2\approx 211.697738$，求得句即梯高：

$$AH=\sqrt{AD^2-DH^2}\approx\sqrt{376.32-211.697738}\approx 12.83052$$

五厘有奇三因得一千三百〇七尺合内三角一千〇一十八尺得全積〇以上推角自五至九雖舉大略其各徑奇零數之必不能齊於收弃之間動差千百要之有自然之數在焉固無害其可求也然古人以六角之周為圜周以十二角之積為圜積數纔十百差已顯然近於疎矣然以通各形祇率無不可求於微密等術以校一物視古法誠為精細以通餘形難茫之不可為典要矣譬之有物十萬以三除之得三餘一至百則差十千則差百萬則差千然已分之數固不失為大略也其未分之數又不失為可求也有精焉之說於曰三分未盡當為三分三厘又有精為之說於三厘未盡當為三分三厘三毫豈可窮乎且自執為是而極詆前人不知祇益勞擾乃曆法識差設自此此可与語於道也

九角有五徑一面徑一隅一徑一隅二徑一隅三徑

印隅四之徑也一中徑求法詳見別卷

〇〇〇束法

束法者聚物而求其率也与開方异於方則四隅有負圜角則以六九為圜法〇仍以方圜等法求之則不合矣另列束法為簡要而開方之所撥也〇

一凡束積求周者以八而圍一為率〇置積減一〇餘以一十六乘之〇以八為較〇用積較求濶法求之〇或以半濶積減一〇以四乘之〇

五毫有奇，三因得一千三百〇七尺。合内三角一千〇一十八尺，得全積。

◎以上雜角，自五至九，粗舉大略。其各徑奇零數之必不能齊者，取棄之間，動差千百。要之有自然之數在焉，因無害其可求也。如古人以六角之周爲圓周，以十角十二角之積爲圓積，數纔十百，差已顯然，近於疎矣。然以通各形諸率，無不可求者。如徽、密等術[1]，以校一物，視古法誠爲精細；以通餘形，輒茫茫不可爲典要矣。譬之有物十焉，以三除之，得三餘一，至百則差十，千則差百，萬則差千。然已分之數，固不失爲大略也；其未分之數，又不失爲可求也。有精爲之説者曰：三分未盡，當爲三分三厘；又有精爲之说者：三厘未盡，當爲三分三厘三毫，豈可窮乎？且自執爲是，而極詆前人，不知衹益勞擾耳。曆法歲差，政自如此，可與智者道也。

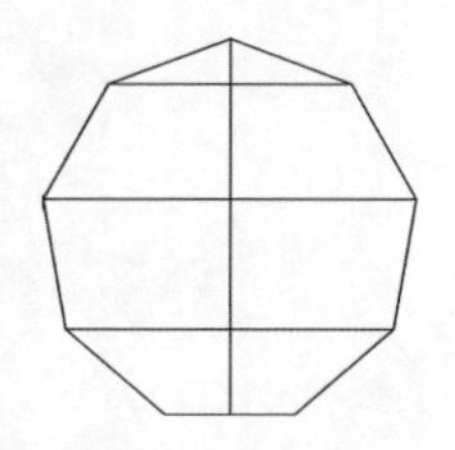

九角有五徑：一面徑；一隔一徑；一隔二徑；一隔三徑，即隔四之徑也；一中徑。求法詳見别卷。

束法

束法者，聚物而求其率也。與開方異者，方則四隅有負，圓角則以六九爲圍法，若仍以方圓等法求之，則不合矣。另列束法爲篇，要亦開方之所攝也[2]。

一、凡方束積求周者，以八而圍一爲率。置積減一，餘以一十六乘之，以八爲較，用積較求闊法求之[3]。◎或平開積，減一，以四乘之[4]。

---

1 徽、密等術，即徽率和密率，指劉徽圓周率和祖沖之圓周率：

$$徽率=\frac{157}{50}=3.14;\ 密率=\frac{22}{7}\approx 3.14285714$$

詳參本書卷二“句股密率”注釋。

2 束法，見《算法統宗》卷六“少廣章”。箭束問題屬於垛積術範疇，包括方束、圓束、三稜束三種形狀，《算法統宗》給出三種箭束以積求周、以周求積歌訣各八句，名爲“方圓三稜總歌”與“還原束法歌”。

3 方束分有中心與無中心兩種，有中心方束，中心爲 1，自内至外，除中心外，各層積數依次爲 8，16，24，32……，構成首項爲 8、末項爲 a_n、公差爲 8、項數爲 $\frac{a_n}{8}$ 的等差數列，其求積公式爲：

$$S=\frac{a_n}{8}\cdot\frac{a_n+8}{2}+1=\frac{a_n(a_n+8)}{16}+1$$

無中心方束，中心爲 4，自内至外，各層積數依次爲 4，12，20，28……，構成首項爲 4、末項爲 a_n、公差爲 8、項數爲 $\frac{a_n+4}{8}$ 的等差數列，其求積公式爲：

$$S=\frac{a_n+4}{8}\cdot\frac{a_n+4}{2}=\frac{a_n(a_n+8)}{16}+1$$

與有中心方束解法同。若以積求周，上述求積公式變換得：$a_n(a_n+8)=16(S-1)$，即以 a_n+8 爲長，以 a_n 爲闊，以 8 爲長闊較，以 $16(S-1)$ 爲長闊積，用積較求闊法，求得闊，即方束外周 a_n。積較求闊法參見卷七少廣章“縱方 · 積與較求闊”。

4 此法用公式可表示爲：$a_n=4(\sqrt{S}-1)$，由外周求積公式 $S=\left(\frac{a_n}{4}+1\right)^2$ 逆推而得。其中，$\left(\frac{a_n}{4}+1\right)$ 即方束外周每面之長，相當於方田邊長，用方田求積法，自乘得積。

問今有方物一束四十九枚求周若干　答二十四

法置積減一作四十八以十六乘之得七百六十八為積以八為較用四因法四因積得三千〇七十二加較自乘六十四共三千一百三十六平開之得五十六減較八餘四十八折半為周合問或用帶縱益積算法俱同〇又法平開積得七減一得六四因之或先用四因得數減四同

解束法与方法本同但法少四子蓋方法就边量之每面七每法俱算而直共得二十八束法就物心數之止得二十四子〇以十六乘積者蓋方法准一而周四十六乘積外周變為往矣平方開之兩得方周以束法之周負法四外方之方視束之方有兩廉一隅之虛矣先減一其乘為十六即一隅也若多兩廉每廉四合得八故以之為帶縱也〇算為謂單數者心可減偶數無心可減以死也無心与有心同法

問今有方物一束三十六枚求周若干　答二十

法積減一三十五以十六乘之得五百六十以八為帶縱先商二除四百再除帶縱二八一百六十捻之得周〇又法平開積得六四因得二十四減四同

解此係數無心故然法同也〇前用四因此用帶縱餘法可推然總不如減四之便

一凡方束周求積者置周加八又以周乘之得數以十六除之得數再加一〇或周加四以四归之得數自乘為積

問今有方箭一束外周一十六根求共數若干　答二十五根

1. 問：今有方物一束四十九枚，求周若干？

答：二十四。

法：置積減一，作四十八，以十六乘之，得七百六十八爲積。以八爲較，用四因法，四因積得三千〇七十二，加較自乘六十四，共三千一百三十六，平開之得五十六。減較八，餘四十八，折半爲周。合問。或用帶縱、益積等法，俱同。◎又法：平開積得七，減一得六，四因之。或先用四因，得數減四。同。

解：束法與方法本同，但隅少四耳。蓋方法就邊量之，每面七，每隅俱筭兩面，共得二十八。束法就物心數之，止得二十四耳。◎以十六乘積者，蓋方法徑一而圍四，十六乘積，則周變爲徑矣，平方開之而得方周。以束法之周負隅四，則方之方視束之方，有兩廉一隅之虚矣。先減一其乘爲十六，即一隅也，尚多兩廉，每廉四，合得八，故以之爲帶縱也。◎筭書謂單數有心可減，偶數無心可減者，非也，無心與有心同法。

2. 問：今有方物一束三十六枚，求周若干？

答：二十。

法：積減一，三十五，以十六乘之，得五百六十。以八爲帶縱，先商二，除四百，再除帶縱二八一百六十，恰盡，得周。◎又法：平開積得六，四因得二十四，減四。同。

一、凡方束周求積者，置周加八，又以周乘之，得數以十六除之，得數再加一。◎或用加四，以四歸之，得數自乘爲積[1]**。**

1. 問：今有方箭一束，外周一十六根，求共數若干？

答：二十五根。

---

1 術文兩種解法用公式分別可表示爲：

$$S=\frac{a_n(a_n+8)}{16}+1$$

$$S=\left(\frac{a_n+4}{4}\right)^2$$

詳方束“積求周”注釋。

法置周加八得二十四以周乘之得三百八十四以十六除之仍得二十四加一合問○又法周加四得二十以四歸之得五自乘合問

解此單數有心者

問今有方箭一束外周二十根求共數若干　答三十六根

法置周加八得二十八以周乘之得五百六十以十六除之得三十五加一合問○又法周加四得二十四以四歸之得六自乘合問

解此雙數無心者○方法用積於合乘法則積多一層而周不足故積求周則減從以消積周求積則加從以合積也○方束不論本物方圓但行行相對方圓說中所謂正置之依於方者也但有四角之交互所以方求減四最爲直捷若以圓法求之者置外周加近身周折半爲中數以層數乘之而得積假如積四十九外周二十四加近身周八共三十二折半得一十六即中數也再以八歸外周得三知是三層以三乘中數得四十八再加一合積是也○層數奇者合內外二周折半必與中一層等層數偶者合中二層必與內外二層等皆定率也其雙數無心者並同此例如三十六爲積外周二十加內周八得二十八折半得一十四即中數也置外周八歸之得二層半以乘得三十五加一合積以此知奇去心偶不去心各自有說非果立二法也

法：置周加八，得二十四，以周乘之，得三百八十四。以十六除之，仍得二十四。加一，合問。◎又法：周加四得二十，以四歸之得五，自乘，合問。

解：此單數有心者。

2. 問：今有方箭一束，外周二十根，求共數若干？

答：三十六根。

法：置周加八，得二十八，以周乘之，得五百六十。以十六除之，得三十五。加一，合問。◎又法：周加四得二十四，以四歸之得六，自乘，合問。

解：此雙數無心者。◎方法周積相合，束法則積有餘而周不足。故積求周則減縱以消積，周求積則加縱以合積也。◎方束不論本物方圓，俱行行相對，方圓説中所謂"正置之依於方"者也[1]。但有四角之負耳，所以方求減四，最爲直捷。若以圜法求之者，置外周，加近身周，折半爲中數，以層數乘之而得積。假如積四十九，外周二十四加近身周八，共三十二，折半得一十六，即中數也。再以八歸外周得三，知是三層。以三乘中數得四十八，再加一合積，是也。◎層數奇者，合内外二周折半，必與中一層等；層數偶者，合中二層，必與内外二層等，皆定率也。其雙數無心者，並同此例。如三十六爲積，外周二十，加内周八，得二十八，折半得一十四，即中數也。置外周八歸之，得二層半，相乘得三十五，加一合積。以此知奇去心，偶不去心，另自有説，非果有二法也。

---

1 參卷七"方圓雜説·圓不可合"條。

方束積四十九周二十四

方法就边量之每面七共得二十八束法就物数之并得二十四耳於平濶積減一四乘而得周〇周求積則加四以四归之自乘得積

近身周八外周二十四共三十二折半得一十六為中數以三層乘得積

方束每層加八奇層俱合近身周与边周折半見与最中一層等偶層俱合近身周与边周折半見与最中二層折半等凡内外两数漸次相折皆等〇边周以八归之即知層数

方束積四十九周二十四

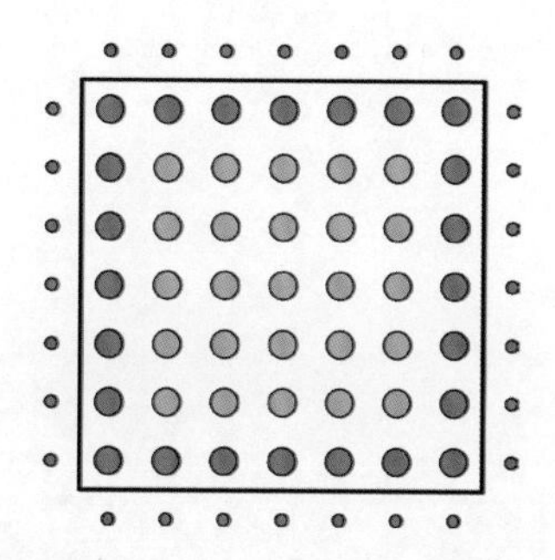

方法就邊量之，每面七，共得二十八。束法就物數之，止得二十四耳。故平開積，減一四乘而得周。◎周求積，則加四，以四歸之，自乘得積。

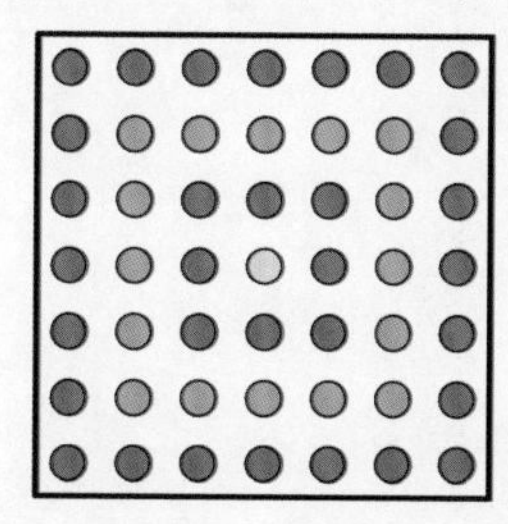

近身周八，外周二十四，共三十二，折半得一十六爲中數，以三層乘得積。

方束每層加八。奇層者，合近身周與邊周折半，必與最中一層等。偶層者，合近身周與邊周折半，必與最中二層折半等。凡内外兩數，漸次相折皆等。◎邊周以八歸之，即知層數。

積求周

十六乘全積平開得二十八是方法四隅矣四廿二十四是束法以束視方有兩廉一隅之寬減一以十六乘先少十六一隅是也餘兩廉併得八故以八為帶縱○全圖為方法實積為束法寬積為兩廉點積為一隅

積求周

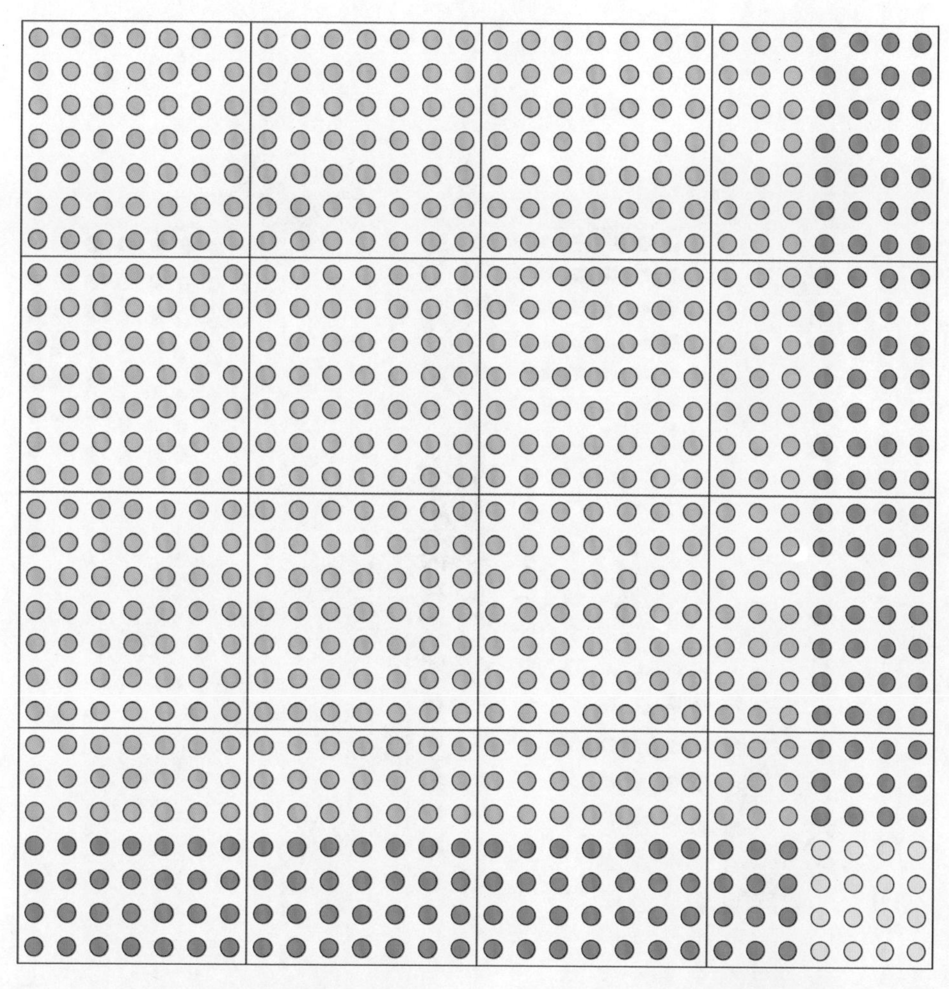

十六乘全積，平開得二十八，是方法。四隅負四，止二十四，是束法。以束視方，有兩廉一隅之虚。減一以十六乘，先少十六，一隅是也。餘兩廉，併得八，故以八爲帶縱。◎全圖爲方法，實者爲束法，虚者爲兩廉，點者爲一隅[1]。

1 原圖與圖注文字不符，原圖各段積皆以點表示，無虚實之分。另，兩廉與隅角皆用紅色表示，無法區分，今廉既用紅色，隅則改繪黄色，以示區别。

周求積

方積以八归之為三角形故八凡三角之例加一以層數乘之仍長方折半為積全周加八是八段前求也止以三層乘便合兩積折半而仍存積今又以全周乘之則是八個長方故以十六除而仍存積也○積求周以廣除得之周求積以参除得之各就易曉者陳其所以然同以加八為率反復相求凡有二也

奇層合內外二周折半必与中等○如二十四內八共三十二折半得一十六中層亦十六

偶層合內外二周必与中二層等○如三十二內八共四十中二層一層十六一層二十四共四十

偶數無心式与有心俱同法

一凡圓束積求周法以六而圓一為率減積一餘以十二因之以六為較用積較求闊之法○或倍積以六除之以一為較用積較求闊之法求得多面數亦因之

問今有圓束三十七枚求周若干

答一十八

積求周

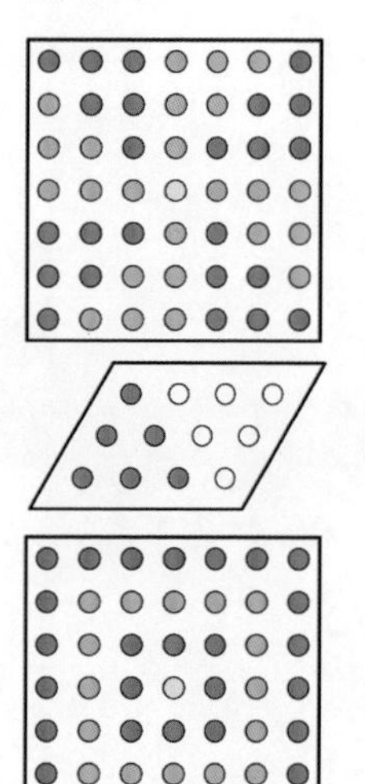

方積以八歸之，爲三角形者八。凡三角之例，加一以層數乘之得長方，折半爲積。全周加八，是八段齊求也。止以三層乘，便合兩積，折半而得本積。今又以全周乘之，則是八個長方，故以十六除而得本積也[1]。◎積求周，以廉隅明之；周求積，以分段明之。各就易曉者，悟其所以然。同以加八爲率，反復相求，非有二也。

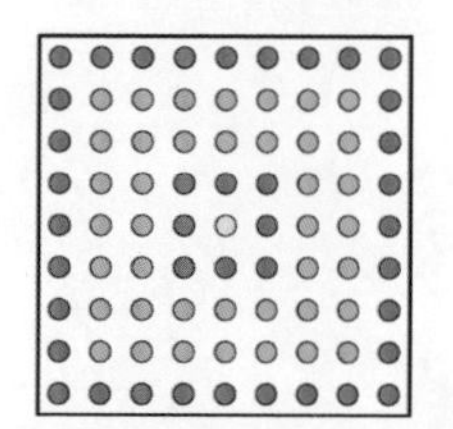

奇層合内外二周，折半必與中等。◎外二十四，内八，共三十二，折半得一十六，中層亦十六。

偶層合内外二周，必與中二層等。◎外三十二，内八，共四十；中二層，一層十六，一層二十四，亦四十。

偶數無心者，與有心俱同法。

一、凡圓束積求周者，以六而圍一爲率，減積一，餘以十二因之，以六爲較，用積較求闊之法[2]**。◎或倍積以六除之，以一爲較，用積較求闊之法，求得每面數，六因之**[3]**。**

1. 問：今有圓束三十七枚，求周若干？

答：一十八。

---

1 以上釋“方束周求積”術文解法一，即：$S=\dfrac{a_n(a_n+8)}{16}+1$。

2 圓束中心爲 1，自内至外，各層積數依次爲 6，12，18，24，30，36，……，構成首項爲 6、末項爲 a_n、公差爲 6、項數爲 $\dfrac{a_n}{6}$ 的等差數列。其求積公式爲：

$$S=\frac{a_n}{6}\cdot\frac{a_n+6}{2}+1=\frac{a_n(a_n+6)}{12}+1$$

若以積求周，上述求積公式變换得：$a_n(a_n+6)=12(S-1)$，以 6 爲長闊較，以 $12(S-1)$ 爲長闊積，用積較求闊法，求得闊，即原束外周。

3 圓束實際爲六棱束，形如正六邊形，如圖 8-9，除中心外，構成三個相同的平行四邊形，其邊長分别爲 $\dfrac{a_n}{6}$、$\dfrac{a_n}{6}+1$，求得圓束積爲：

$$S=3\times\frac{a_n}{6}\left(\frac{a_n}{6}+1\right)+1=\frac{6\times\frac{a_n}{6}\left(\frac{a_n}{6}+1\right)+2}{2}$$

該公式變换得：

$$\frac{a_n}{6}\left(\frac{a_n}{6}+1\right)=\frac{2(S-1)}{6}$$

即以 1 爲長闊較，以 $\dfrac{2(S-1)}{6}$ 爲長闊積，用積較求闊法，求得闊，六乘得外周。

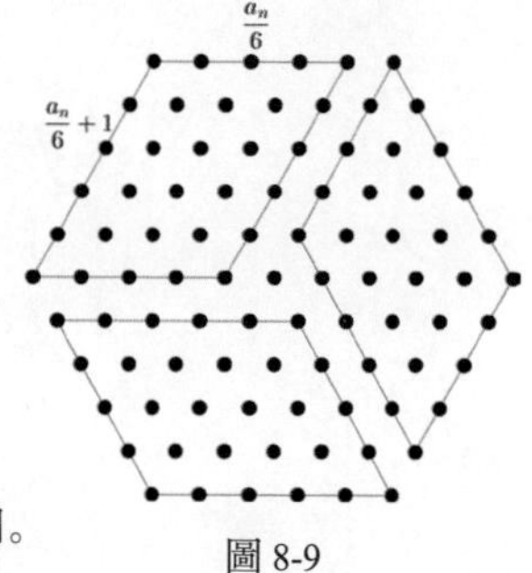

圖 8-9

術文“倍積以六除之”，“倍積”當作“積減一加倍”。

法積減一餘三十六以四十二乘之得四百三十二以六爲帶縱商一除一百再除帶縱六十餘二百七十二再商八除廣二八一百六十又除帶縱六八四十八又除隅八八六十四恰盡合問

又截法減一餘三十六倍得七十二以六除之得一十二以一爲較用四因法四因得四十八加一爲四十九平開得七減較一餘六折半得三爲每面之數六因得周同

解算若以此爲圓束但内物是圓乃外形非圓也圓物急束自成六角不能成圓

○方法奇則有心偶則無心若圓則未有無心者也○六角形爲三角者六凡三角束求積之法以底幾個再加一個以底乘之折半而得積蓋底幾個則高幾層乃定率也以通六角每面即底也底幾個知入裏幾層合六面爲底各加一個成六段以本面乘之得長方者六是二積也以總周乘則六倍矣非十二而何故積求周用十二爲乘周求積用十二爲除相爲表裡也○後法是分作六段求之與總求同理

一凡圓束周求積者周加六以乘周以十二除之再加一○或周加六爲實以六歸周爲法二乘實折半加一而得

問今有圓物一束周三十求積若干　答九十一

法周加六得三十六以乘周得一千〇八十以十二除之得九十加一合問○又法周加六三十六爲實六歸周得五爲法相乘得一百八十折半得九十加一同

法：積減一，餘三十六，以十二乘之，得四百三十二。以六爲帶縱，商一，除一百，再除帶縱六十，餘二百七十二；再商八，除廉二八一百六十，又除帶縱六八四十八，又除隅八八六十四，恰盡。合問。

又法：減一餘三十六，倍得七十二，以六除之，得一十二。以一爲較，用四因法。四因得四十八，加一爲四十九，平開得七。減較一餘六，折半得三，爲每面之數，六因得周，同。

解：算書以此爲圓束，但内物是圓耳，外形非圓也。圓物急束，自成六角，不能成圓。◎方法奇則有心，偶則無心，若圓則未有無心者也。◎六角形爲三角者六。凡三角束求積之法，以底幾個再加一個，以底乘之，折半而得積。蓋底幾個，則高幾層，乃定率也。以通六角，每面即底也。底幾個，知入裏幾層。合六面爲底，各加一個，成六段，以本面乘之，得長方者六，是二積也。以總周乘，則六倍矣，非十二而何？故積求周，用十二爲乘；周求積，用十二爲除，相爲表裡也。◎後法是分作六段求之，與總求同理。

一、凡圓束周求積者，周加六以乘周，以十二除之，再加一。◎或周加六爲實，以六歸周爲法，二乘實，折半加一而得 [1]**。**

1. 問：今有圓物一束，周三十，求積若干？

答：九十一。

法：周加六得三十六，以乘周，得一千〇八十。以十二除之，得九十。加一，合問。◎又法：周加六［得］三十六爲實，六歸周得五爲法，相乘得一百八十。折半得九十，加一，同。

1 術文兩種解法用公式分别可表示爲：

$$S=\frac{a_n\left(a_n+6\right)}{12}+1$$

$$S=\frac{1}{2}\left[\frac{a_n}{6}\left(a_n+6\right)\right]+1$$

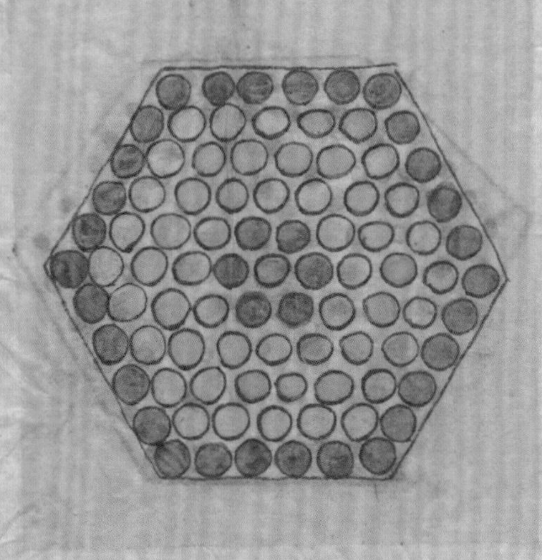

解自内而外每層加六以六歸周得數即知幾層也○周加六乃逐身周与边周共數折半得十八爲中數故以五層乘之加一而得積也先折半与後折半周每直數之得六六逐數之止合五周之負法六六九方之負法四也

以外周法求之外周三十加内周六共三十六折半得一十八爲中數以六歸外周得五即是五層故以乘加一而得積也○係奇層故内外兩層与第二第四兩層折半与中層等○每直數之得六六周數之止五周之負法六六秋方之負法四也

解：自内而外，每層加六，以六歸周得幾，即知幾層也。◎周加六，乃近身周與邊周共數，折半得十八爲中數，故以五層乘之，加一而得積也。先折半與後折半同。每面數之得六，通數之止合五。圓之負隅六，亦如方之負隅四也。

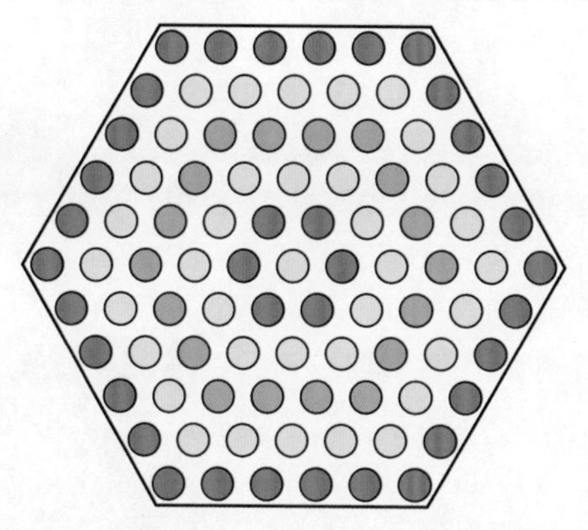

以圜法求之，外周三十，加内周六，共三十六，折半得一十八爲中數。以六歸外周得五，知是五層，故相乘加一而得積也。◎此係奇層，故内外兩層與第二第四兩層折半，與中層等。◎每面數之得六，周數之止五。圓之負隅六，猶方之負隅四也。

以方法求之積本六段三角形倍之即成長方形橫濶豎六其積三十以一爲較用四周法求得濶五即爲濶之數〇全周加六是六段各加一也以本濶乘之已得倍積又以全周六濶乘之是十二倍也故積求周十二乘周求積十二除也〇或三归積即三段長形以一爲較求得濶更簡

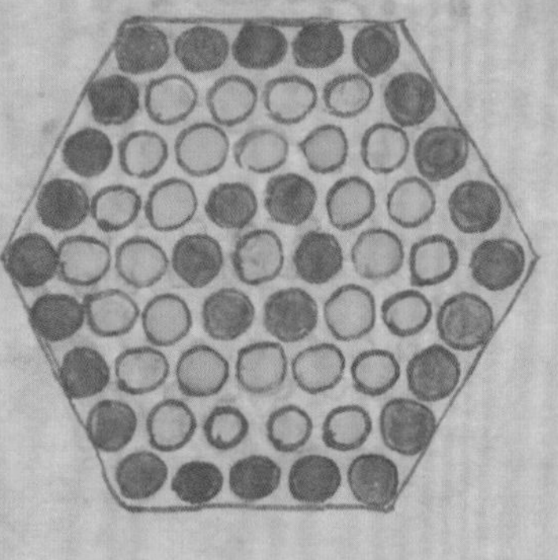

倘層比合内外二周與中二周等

一凡三角束積求周者以九而周一爲率置積減一以十八乘之以九爲較用積求濶之法或倍積以一爲帶縱求得濶三因之減三爲周

問今有三角束二十八枚求周幾何　答一十八

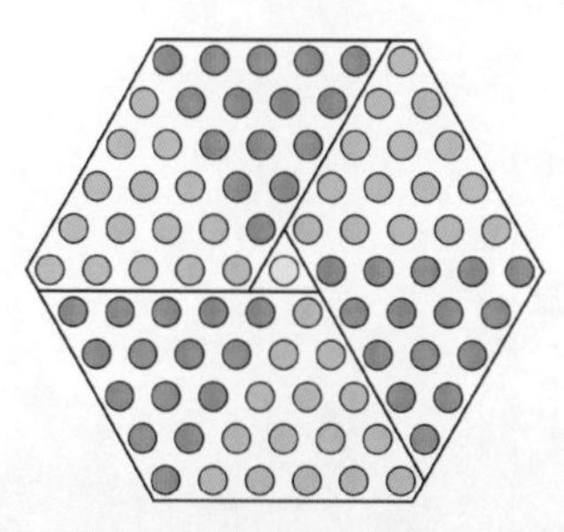

以方法求之，積本六段三角形，倍之俱成長方形，橫五豎六，其積三十。以一爲較，用四因法求得闊五，即每面之數。◎全周加六，是六段各加一也，以本面五乘之，已得倍積；又以全周六面乘之，是十二倍也。故積求周，二十乘；周求積，十二除也。◎或三歸積，即三段長形，以一爲較，求得面，更簡。

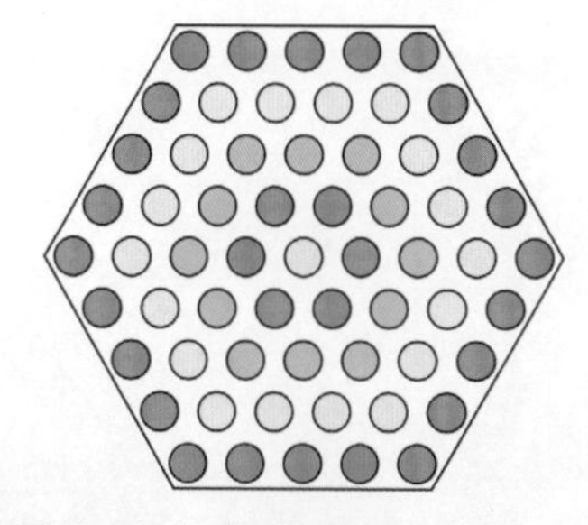

偶層者，合内外二周，與中二周等。

一、凡三角束積求周者，以九而圍一爲率，置積減一，以十八乘之，以九爲較，用積求闊之法[1]。或倍積以一爲帶縱，求得面，三因之，減三爲周[2]。

問：今有三角束二十八枚，求周若干？

答：一十八。

1 三角束有三種情況：中心爲一的三角束；内周爲三的三角束；内周爲六的三角束。第一種爲有中心三角束，除中心1外，其餘各層積數依次爲：9，18，27，36，……，構成首項爲9、末項爲a_n、項數爲$\frac{a_n}{9}$、公差爲9的等差數列，其求積公式爲：

$$S=\frac{a_n}{9}\cdot\frac{a_n+9}{2}+1=\frac{a_n\left(a_n+9\right)}{18}+1$$

後兩種爲無中心三角束。内周爲三者，各層積數依次爲：3，12，21，30，……，構成首項爲3、末項爲a_n、項數爲$\frac{a_n+6}{9}$、公差爲9的等差數列，其求積公式爲：

$$S=\frac{a_n+6}{9}\cdot\frac{a_n+3}{2}=\frac{a_n\left(a_n+9\right)}{18}+1$$

内周爲六者，各層積數依次爲：6，15，24，33，……，構成首項爲6、末項爲a_n、項數爲$\frac{a_n+3}{9}$、公差爲9的等差數列，其求積公式爲：

$$S=\frac{a_n+3}{9}\cdot\frac{a_n+6}{2}=\frac{a_n\left(a_n+9\right)}{18}+1$$

三者求法相同。若以積求周，上述求積公式變換得：$a_n\left(a_n+9\right)=18\left(S-1\right)$，以9爲較，用積較求闊法。

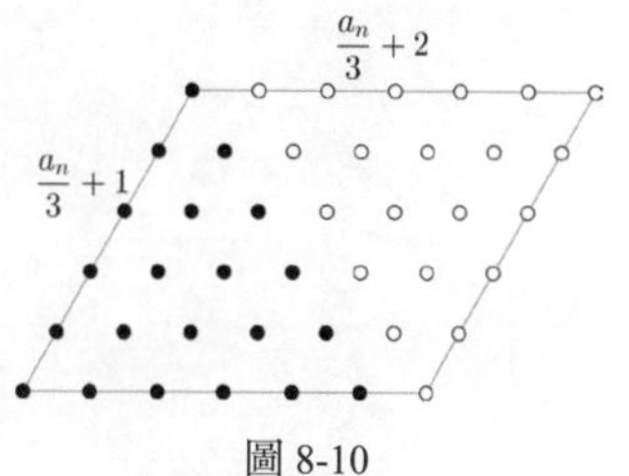

圖 8-10

2 如圖8-10，三角束翻轉，與原三角束構成平行四邊形，邊長分别爲$\frac{a_n}{3}+1$、$\frac{a_n}{3}+2$，三角束求積公式爲：

$$S=\frac{1}{2}\left(\frac{a_n}{3}+1\right)\left(\frac{a_n}{3}+2\right)=\frac{1}{2}\left(\frac{a_n+3}{3}\right)\left(\frac{a_n+3}{3}+1\right)$$

以積求周，得：$\left(\frac{a_n+3}{3}\right)\left(\frac{a_n+3}{3}+1\right)=2S$，以1爲帶縱，開得數爲$\frac{a_n+3}{3}$，三因減三，即得束周$a_n$。

法積減一餘二十七以十八乘之得四百八十六用四因法四因之得一千九百四十四加較九自乘八十一共二千〇二十五平開之得四十五減較九得三十六折半合問〇又法八因積得二百二十四加一得二百二十五平開之得一十五減一得一十四折半得七三因得二十一減三同

解各層加九枚以九為帶縱算為以此為三稜但分形三稜乃內輪尾三稜也三稜不倣九而圍一〇後法八因者即倍積四因之省法也加一為較即四因求潤之法減一折半所得者乃一直之數餘二直一直負一一直負二此方除之例故三因之又減三也

一凡三角束周求積者周加九以乘周以十八除之再加一〇或周加九為實九歸周為法相乘折半加一

問今有三角束周三十六求積若干　答九十一

法周三十六加九得四十五以乘周得一千六百二十以十八除之得九十加一合問〇又法周加九得四十五九歸周得四相乘得一百八十折半得九十加一同

解六角與三角周法六角乃合六三角而成又加一為心三角得六角六分之一〇後法周加九者乃分周與近身周之共數以九歸分周得若干知邊去心幾層與方與六角例但同〇三角形亦有無心者皆求法一也

法：積減一餘二十七，以十八乘之，得四百八十六。用四因法，四因之得一千九百四十四。加較九自乘八十一，共二千〇二十五。平開之，得四十五。減較九，得三十六，折半，合問。◎又法：八因積得二百二十四，加一得二百二十五。平開之，得一十五。減一得一十四，折半得七,三因得二十一，減三，同。

解：每層加九，故以九爲帶縱。算書此爲三棱，但外形三棱耳，内物非三棱也。三棱不能九而圍一。◎後法八因者，即倍積四因之省法也。加一爲較，即四因求闊之法。減一折半，所得者乃一面之數，餘二面，一面負一,一面負二，如方隅之例，故三因之又減三也。

一、凡三角束周求積者，周加九以乘周，以十八除之，再加一。◎或周加九爲實，九歸周爲法，相乘折半加一[1]。

1. 問：今有三角束，周三十六，求積若干？

答：九十一。

法：周三十六加九，得四十五，以乘周，得一千六百二十。以十八除之得九十，加一，合問。◎又法：周加九得四十五,九歸周得四，相乘得一百八十，折半得九十，加一，同。

解：六角與三角同法。六角乃合六三角而成，又加一爲心，三角得六角六分之一。◎後法周加九者，乃外周與近身周之共數；以九歸外周得若干，知邊去心幾層。與方與六角例俱同。◎三角形亦有無心者，然求法一也。

1 術文兩種解法用公式分别可表示爲：

$$S=\frac{a_n(a_n+9)}{18}+1$$

$$S=\frac{1}{2}\times\frac{a_n}{9}(a_n+9)+1$$

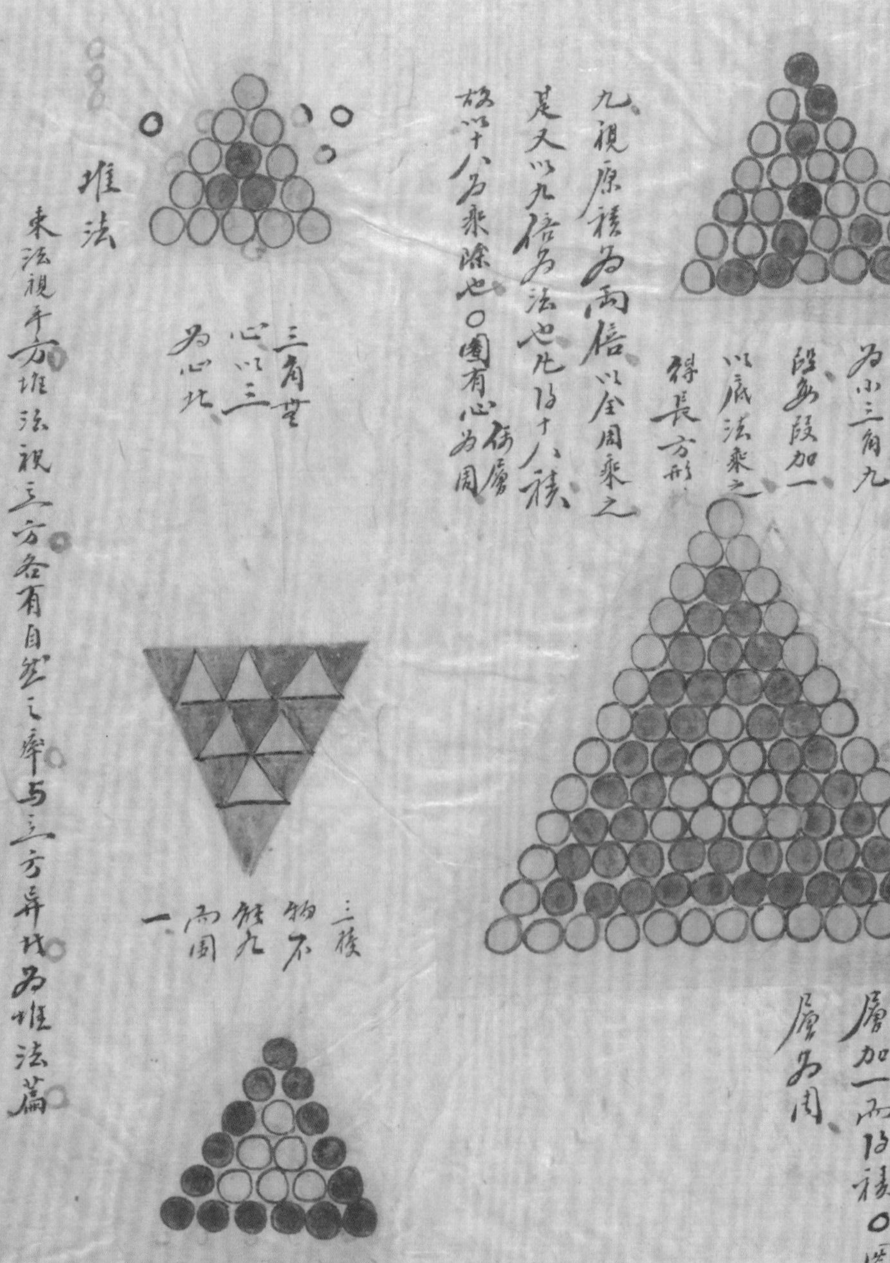

以方法求之為小三角九段每段加一以底法乘之得長方形

九視原積為兩倍以全周乘之是又以九倍為法也凡得十八積故以十八為乘除也〇圜有心每層為周

以圜法求之每内外二周折半得中數以九歸周知是四層加一而得積〇圜有心奇層為周

堆法

東法視平方堆法視立方各有自然之率與立方異故為堆法篇

三角無心以三為心比

三積物不能九而周一

三角無心以六為心比

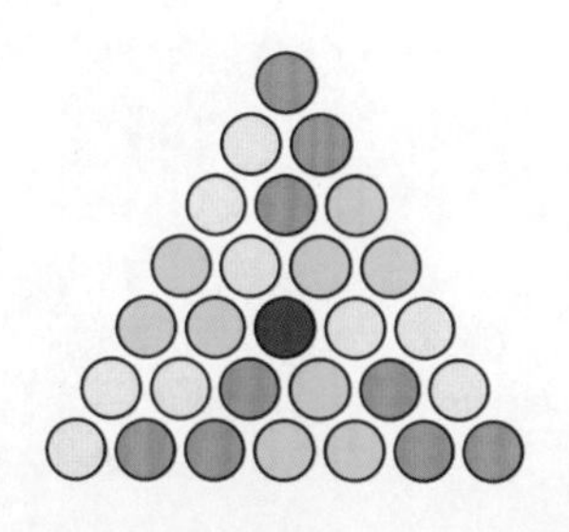

以方法求之，爲小三角九段。每段加一，以底法乘之，得長方形九，視原積爲兩倍。以全周乘之，是又以九倍爲法也，凡得十八積，故以十八爲乘除也。◎圖有心，偶層爲周。

以圍法求之，併内外二周，折半得中數，以九歸周，知是四層，加一而得積。◎圖有心，奇層爲周。

三角無心，以三爲心者。

三角無心，以六爲心者。

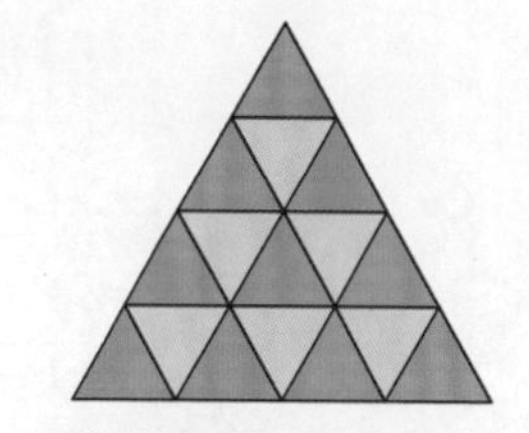

三棱物不能九而圍一。

堆法

束法視平方，堆法視立方，各有自然之率，與立方異者，爲堆法篇[1]。

---

1 堆法，見《算法統宗》卷八“商功章·堆垛”。

一凡四角堆求積置底長若干加一個與底數相乘再加半個乘之得數三歸之

問今有四角堆每面八個求積若干　答二百〇四個

法置八個加一為九相乘得七十二再加半個得八個半乘之得六百一十二三歸之合問

解加一相乘如平三角法再加一乘為高其用半個為法者頂一個分為兩畔故也〇若積求堆者置積三因之商數為左法加一又加半相乘為右法相乘除積如此問商八為左法卻添一作九添半作八五二數相乘得七六五為右法相乘除積恰足

一凡三角堆求積置底若干加一相乘又加二相乘以六歸之

問今有三角堆每面九個求積若干　答一百六十五

法九個加一為十相乘得九十加二為十一乘之得九百九十六歸之合問

解若積求面者六倍積以商數為左法加一加二相乘為右法相乘除積如此問六倍積九百九十商九為左法以十與十一相乘得一百一十為右法對除積恰足

四角尖堆

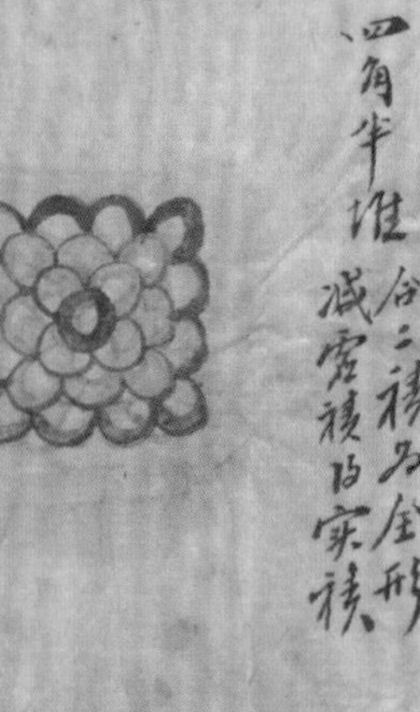

四角半堆　合二積為全形　減虛積得實積

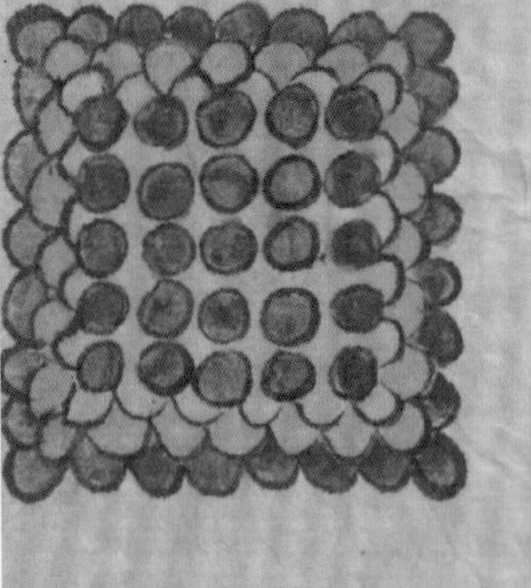

一、凡四角堆求積，置底面若干，加一個與底數相乘，再加半個乘之，得數三歸之[1]。

1. 問：今有四角堆，每面八個，求積若干？

答：二百〇四個。

法：置八個加一爲九，相乘得七十二；再加半個得八個半，乘之得六百一十二。三歸之，合問。

解：加一相乘，如平三角法。再加一乘爲高，其用半個爲法者，頂一個分爲兩畔故也。◎若積求徑者，置積三因之，商數爲左法，加一又加半相乘爲右法，相乘除積。如此問，商八爲左法；卻添一作九，添半作八五,二數相乘得七六五，爲右法，相乘除積恰盡。

一、凡三角堆求積，置底若干，加一相乘，又加二相乘，以六歸之[2]。

1. 問：今有三角堆，每面九個，求積若干？

答：一百六十五。

法：九個加一爲十，相乘得九十；加二爲十一，乘之得九百九十。六歸之，合問。

解：若積求面者，六倍積，以商數爲左法，加一加二相乘爲右法，相乘除積。如此問，六倍積九百九十，商九爲左法，以十與十一相乘得一百一十爲右法，對呼除積恰盡。

四角尖堆

四角半堆[3] 合二積爲全形，減虛積得實積。

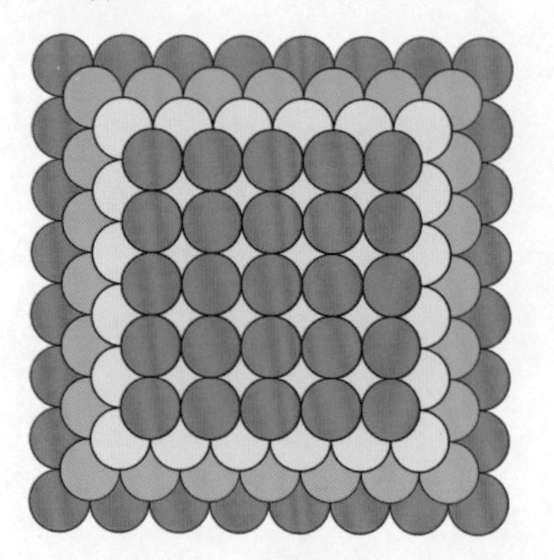

1 四角堆，《算法統宗》稱作“四角果垛”，設底面闊爲 a，其求積公式爲：

$$S=\frac{a(a+1)\left(a+\frac{1}{2}\right)}{3}$$

2 三角堆，《算法統宗》稱作“三角果垛”，設底面闊爲 a，其求積公式爲：

$$S=\frac{a(a+1)(a+2)}{6}$$

3 四角半堆與後三角半堆圖，當在“三角四角半堆求積”下。

三角尖堆

三角半堆 合二積爲全形 減容積得實積

一凡靠壁堆求積視底若干視加一乘之得數半之而得積

問今有靠壁一面尖堆底闊一十八求積若干 答一百七十一

法十八個加一爲十九与十八相乘得三百四十二折半合問

解此即平三角但豎置之了加一相乘得顛倒之積故折半而得○若積求底其倍積得三百四十二以加一爲帶縱四因倍積得一千三百六十八加一得一千三百六十九平開得三十七減縱一餘三十六折半得每底之數若求周其三因之得五十四減三得五十一

一凡靠壁半堆求積併上下兩闊爲實以上闊減下闊視餘几個加一爲法乘之折半而得

問今有一面平堆底闊七上闊三求積若干 答二十五

法七減三餘四加一得五爲法上下二闊併得十爲實 法乘實得五十折半合問

解每層減一四減至次連底是五層也尖堆加一即爲二闊平堆併二闊其實一也

三角尖堆　　　　　　　　　　　　三角半堆 合二積爲全形，減虚積得實積。

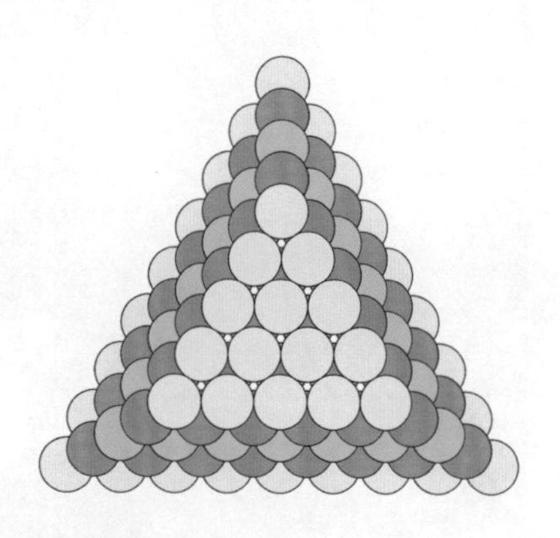

一、凡靠壁堆求積，視底若干，加一乘之，得數半之而得積[1]。

1. 問：今有靠壁一面尖堆，底闊一十八，求積若干？

答：一百七十一。

法：十八個加一爲十九，與十八相乘，得三百四十二，折半合問。

解：此即平三角，但竪置之耳。加一相乘，得顛倒二積，故折半而得。◎若積求面者，倍積得三百四十二，以加一爲帶縱，四因倍積，得一千三百六十八，加一得一千三百六十九。平開得三十七，減較一，餘三十六，折半得每面之數。若求周者，三因之得五十四，減三得五十一。

一、凡靠壁半堆求積，併上下兩闊爲實；以上闊減下闊，視餘幾個，加一爲法乘之，折半而得[2]。

1. 問：今有一面半堆，底闊七，上闊三，求積若干？

答：二十五。

法：七減三餘四，加一得五爲法；上下二闊併得十爲實。法乘實得五十，折半合問。

解：每層減一，四減至頂，連底是五層也。尖堆加一，即爲二闊，平堆併二闊，其實一也。

---

1 靠壁尖堆，《算法統宗》稱作“一面尖堆”，形如平三角，設底闊爲 a，求積公式爲：

$$S=\frac{a(a+1)}{2}$$

2 靠 a 壁半堆，“半”或作“平”，《算法統宗》稱作“一面平堆”，形如梯形，設上闊爲 a，底闊爲 b，求積公式爲：

$$S=\frac{(b+a)(b-a+1)}{2}$$

其中，$(b-a+1)$ 爲半堆高。

靠壁尖堆

加一即兩濶也，或先折半後用層數乘之同

靠壁平堆

上尖則底濶即層數，不上尖則層減底以定層數，四減五頂連底空，頂無有三上空止二，故減兩又加

一凡四角三角半堆求積，先求全法，再以上法減之

問今有四面堆下濶九個上濶五個求積幾千　答二百五十五個

法以全法求得二百八十五為全積，再以濶四個以五乘之得二十，又以四個五分乘之得九十個，二歸之得三十，以減全積合問

問今有三面堆底濶八個上濶九個求積幾千　答一百一十

法以全法求得一百二十，再以三個與四個相乘得一十二，又與五個相乘得六十，以六歸之得十個，以減全積合問

靠壁尖堆[1]

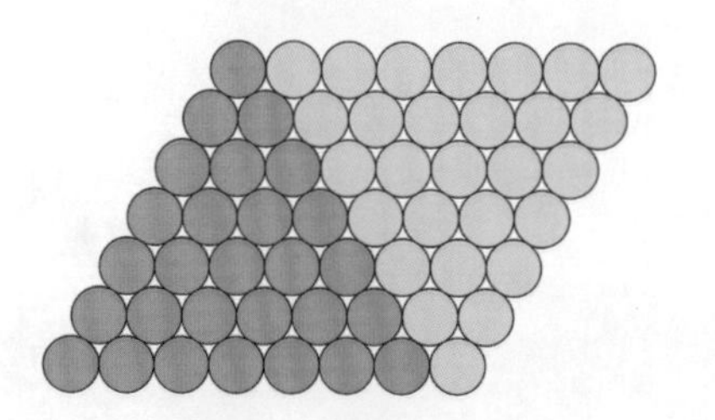

加一即兩闊也。或先折半，後用層數乘之，同。

靠壁平堆

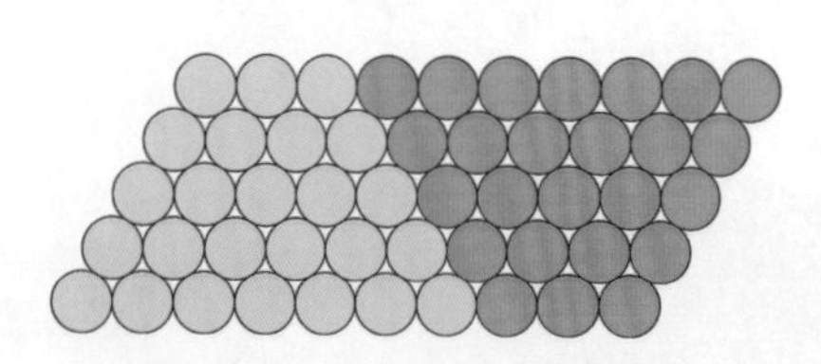

至尖則底闊即層數，不至尖則當減虛以定層數。四減至頂，連底而五。頂雖有三，上虛止二，故減而又加。

一、凡四角三角半堆求積，先求全法，再以上法減之[2]。

1. 問：今有四面堆，下闊九個，上闊五個，求積若干？

答：二百五十五個。

法：以全法求得二百八十五，爲全積。再以闊四個以五乘之，得二十；又以四個五分乘之，得九十個，三歸之得三十。以減全積，合問[3]。

2. 問：今有三面堆，底闊八個，上闊九個，求積若干？

答：一百一十。

法：以全法求得一百二十。再以三個與四個相乘，得一十二；又與五個相乘，得六十，以六歸之，得十個。以減全積，合問。

1 原書“靠壁尖堆”與“靠壁平堆”兩圖倒置，今改正。

2 四角、三角半堆圖見尖堆下。《算法統宗》無四角半堆，王文素《算學寶鑒》卷十一稱作“四方垛”，給出求積歌訣爲：“四方垛物上平平，上自乘來下自乘。上下相乘另寄位，另將上下相減行。餘數折來四位併，相乘高數實分明。如三而一知其積，方窖形同法不同。”設四角半堆頂闊爲 a，底闊爲 b，求積公式爲：

$$S=\frac{\left(a^2+b^2+ab+\frac{b-a}{2}\right)(b-a+1)}{3}$$

三角半堆，《算法統宗》稱作“三角半堆果垛”，設三角半堆頂闊爲 a，底闊爲 b，求積公式爲：

$$S=\frac{(a^2+b^2+ab+2a+b)(b-a+1)}{6}$$

兩式中，$(b-a+1)$ 爲半堆高。本書術文解法比較簡單，用大尖堆積減去半堆頂部的小尖堆積，餘即半堆積。

3 全積，即大尖堆，底闊爲 9，求得大尖堆積爲：

$$S_1=\frac{a(a+1)\left(a+\frac{1}{2}\right)}{3}=\frac{9\times(9+1)\times\left(9+\frac{1}{2}\right)}{3}=285$$

半堆頂闊爲 5，減 1 得 4，即小尖堆底闊，求得小尖堆積爲：

$$S_2=\frac{a(a+1)\left(a+\frac{1}{2}\right)}{3}=\frac{4\times(4+1)\times\left(4+\frac{1}{2}\right)}{3}=30$$

二者相減，餘即半堆積：

$$S=S_1-S_2=285-30=255$$

例問二“三角半堆”解法類此。

解以上皆以究積減全積餘為實積

一凡長堆正直平側直尖求積者以正側二濶相減餘數折半添半個併入正濶以側濶乘之得數再將側濶添一個乘之三歸之又法倍正濶加上濶以側濶乘之為一數再以側濶乘先積以六歸之

問今有物一堆正直底濶一十二個側面底濶十個求積若干　答四百九十五個

法置正底十二個減側底十個餘兩個折半一個添半個作一個半併入正底得一十三個半以側底十因之得一百〇三十五個添側底十個作十一個乘之得一千四百八十五個以三歸之〇又法倍正濶二十四加上濶三共二十七以側濶十乘之得二百七十為一數再以側濶十乘前積二百七十得二千七百為一數併得二千九百七十以六歸之合問

解所以知正濶上直三比側濶十層至頂正濶不至頂者尚有二層故知三也

問今有磁瓶一垜平直底十三個側直底八個求積若干　答三百八十四個

法二濶相減餘五個知平直頂尚有六個倍正濶得二十六加上濶六得三十二以側濶八乘之得二百五十六個為一數另以側直八個乘二百五十六得二千〇四十八為一數併二數得二千三百〇四以六歸之合問〇又法平直十三減側直八餘五折半得兩個半添半個作三個併入平直得一十六以側直八因之得一百二十八添側直八作九乘之得一千一百五十二三歸之同

解前法試以少為例假如正直三側直二其積八倍正直三得六加頂二得八以側二

解：以上皆以虛積減全積，餘爲實積。

一、凡長堆正面平，側面尖。求積者，以正側二闊相減，餘數折半，添半個，併入正闊；以側闊乘之，得數；再將側闊添一個乘之，三歸之。又法：倍正闊加上闊，以側闊乘之爲一數，再以側闊乘先積，以六歸之[1]**。**

1. 問：今有物一堆，正面底闊一十二個，側面底闊十個，求積若干？

答：四百九十五個。

法：置正底十二個，減側底十個，餘兩個，折半一個；添半個作一個半，併入正底，得一十三個半。以側底十因之，得一百（〇）三十五個。添側底（十）[一]個[2]，作十一個，乘之得一千四百八十五個。以三歸之。◎又法：倍正闊二十四，加上闊三，共二十七，以側闊十乘之，得二百七十爲一數；再以側闊十乘前積二百七十，得二千七百爲一數。併得二千九百七十，以六歸之，合問。

解：所以知正闊上面三者，側闊十層至頂，正闊不至頂者，尚有二層，故知三也。

2. 問：今有酒瓶一垛，平面底十三個，側面底八個，求積若干？

答：三百八十四個。

法：二闊相減，餘五個，知平面頂尚有六個。倍正闊得二十六，加上闊六得三十二，以側闊八乘之，得二百五十六個爲一數；另以側面八個乘二百五十六，得二千〇四十八爲一數。併二數，得二千三百〇四。以六歸之，合問。◎又法：平面十三，減側面八餘五，折半得兩個半，添半個作三個，併入平面，得一十六。以側面八因之，得一百二十八。添側面八作九，乘之得一千一百五十二。三歸之，同。

解：前法試以少爲例。假如正面三，側面二，其積八。倍正面三得六，加頂二得八，以側二

---

1 長堆，即長尖堆。底面爲長方形，設側闊（即底面闊）爲 a，正闊爲（即底面長）b，上闊（即頂長）爲 c，其求積公式爲：

$$S=\frac{\left[b+\left(\frac{b-a}{2}+\frac{1}{2}\right)\right]a(a+1)}{3}$$

此式見於《算法統宗》卷八商功章“堆垛歌”。術文“又法”爲：

$$S=\frac{(2b+c)a+(2b+c)a\cdot a}{6}$$

2 十，當作“一”。“添側底一個作十一個”，意爲在底十個上添加一個，共得十一個。

因之則得二積矣又别以二因之得四積併之得六積故以六除之而得積也○設法即添半添一之例以正面之項尚餘五故變其法耳○若積求面如假問云積三百八十四個正面十三個其例面當添半則將十三個加一為十四乘之得一百八十二再加半個為十三個半乘之得二千四百五十七三歸之得八百一十九為四面尖堆全數減去積餘四百三十五卻將十三個加一為十四個與十三相乘得一百八十二折半得九十一為層法約五可互轉用益積求之五減一得四以三角堆法為益積四加一為五與四乘得二十再加一為六乘之得一百二十以六除之仍得二十加入餘積得四百五十五以層法九十一與五對呼除積是知例面少五以減十三得八為例面○假歟以例知正比則得八個加一為九乘得七十二再以八個半乘之得六百一十二三歸之得二百○四為四面尖堆以減原積餘一百八十卻將八加一為九相乘七十二折半三十六為層法以除餘積得五加入例面八得一十三為正面蓋以正面為法求得大堆層之減之其頂有尖第二層少一個第三層少一又少二個共三個第四層少一個二個三個共少六個第五層少一個二個三個四個共少十個通得二十與三角堆同法故用為益積以例面為法求得小堆層之加之皆有一為頂故經除餘積不用加法也○又平方四角堆俱可用前法

因之，則得二積矣；又別以二因之，得四積，併之得六積，故以六除之而得積也。◎後法即添半添一之例，以正面之頂尚餘五，故變其法耳。◎若積求面者，假問云：積三百八十四個，正面十三個，其側面當若干？則將十三個加一爲十四，乘之得一百八十二；再加半個爲十三個半，乘之得二千四百五十七。三歸之得八百一十九，爲四面尖堆全數。減本積，餘四百三十五。卻將十三個加一爲十四個，與十三相乘，得一百八十二，折半得九十一爲層法，約可五轉。用益積求之，五減一得四，以三角堆法爲益積。四加一爲五，與四乘得二十；再加一爲六，乘之得一百二十。以六除之，仍得二十，加入餘積，得四百五十五。以層法九十一與五對呼積盡，知側面少五。以減十三，得八爲側面[1]。◎假欲以側知正者，則將八個加一爲九，乘得七十二，再以八個半乘之，得六百一十二，三歸之得二百〇四，爲四面尖堆。以減原積，餘一百八十。卻將八加一爲九，相乘七十二，折半三十六爲層法，以除餘積得五，加入側面八，得一十三爲正面[2]。蓋以正面爲法，求得大堆，層層減之。其頂有尖；第二層少一個；第三層少一，又少二個，共三個；第四層少一個二個三個，共少六個；第五層少一個二個三個四個，共少十個，通得二十。與三角堆同法，故用爲益積。以側面爲法，求得小堆，層層加之，皆有一爲頂，故徑除餘積，不用加法也。◎又平方四角堆，俱可用前法。

1 如圖 8-11，原長尖堆補入白色虛積，成一四角尖堆。四角尖堆底闊即長堆正闊 $b=13$，求得四角尖堆積爲：

$$S_1=\frac{13\times(13+1)\times\left(13+\frac{1}{2}\right)}{3}=819$$

四角尖堆積減去原長堆積 432，餘即白色虛積：$S_2=819-382=435$。

虛積最外層爲靠壁尖堆，求得靠壁尖堆積爲：$S'=\frac{13\times(13+1)}{2}=91$。

S_2 爲 S' 四倍有餘，不足五倍，約虛積爲五層。除去最外層，餘各層皆爲靠壁半堆，補入一個三角尖堆，各層皆成靠壁尖堆。所補三角尖堆底闊爲 4，求得三角尖堆積爲：

$$S_3=\frac{4\times(4+1)\times(4+2)}{6}=20$$

三角尖堆積併虛積，得五倍三角尖堆積：$S_3+S_2=20+435=5S'=5\times91$。知側闊比正闊少五層，求得側闊爲：

$$b=a-5=13-5=8$$

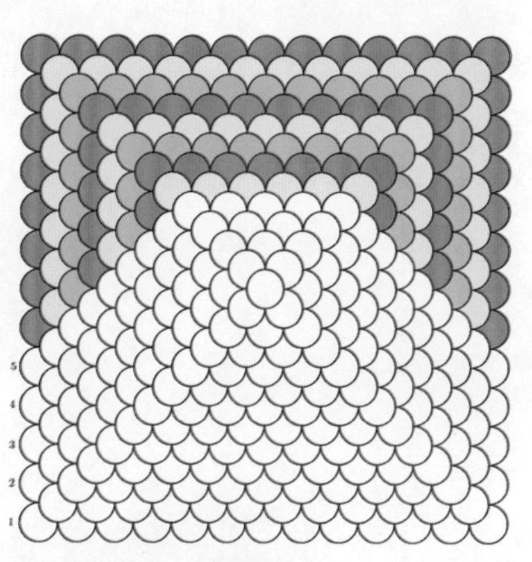

圖 8-11

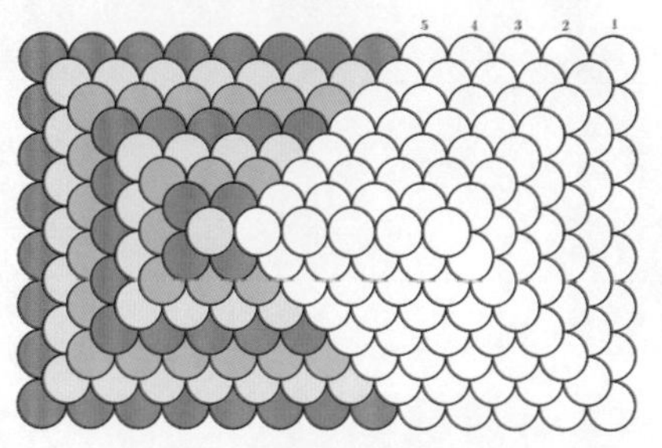

圖 8-12

2 如圖 8-12，原長尖堆由一個四角尖堆和若干層靠壁尖堆構成。四角尖堆底闊即長尖堆側闊 $b=8$，求得四角尖堆積爲：

$$S_1=\frac{8\times(8+1)\times\left(8+\frac{1}{2}\right)}{3}=204$$

長堆積 384 減去四角尖堆積，餘即靠壁尖堆積：$S_2=384-204=180$。又每層靠壁尖堆積爲：$S'=\frac{8\times(8+1)}{2}=36$。

求得靠壁尖堆層數爲：$\frac{S_2}{S'}=\frac{180}{36}=5$，知長尖堆正闊比側闊多五層，求得正面闊爲：$a=b+5=8+5=13$。

長形有脊堆側面无頂正面不无頂

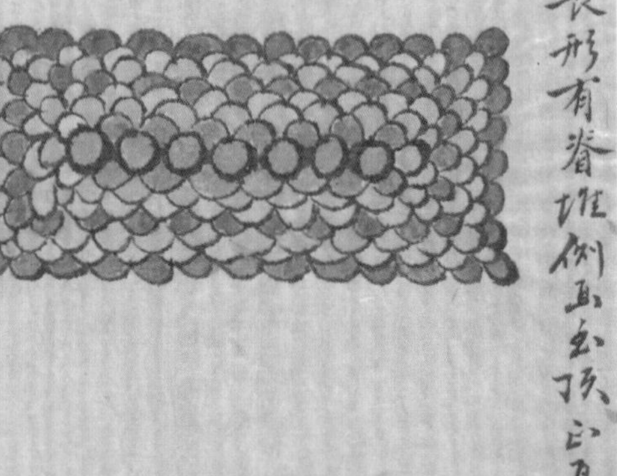

四面堆用長法如首問每面八個倍之得十六加一為十七以八乘之得一百三十六另以八乘得一千〇八十八共一千二百二十四以六歸之

若用半法倍頂一得二加底八得十以一乘之仍得十倍底八得十六加頂一得十七以八乘之得一百三十六又以頂減底餘七併入前二數共一百五十三以八乘之得一千二百二十四以六歸之合積蓋全法不必用半而半可施之全也

一凡長形半堆上下各有長闊倍上長加下長以上闊乘之為一數再倍下長加上長以下闊乘之為一數又二長相減餘以高乘之為一數併三數為實以二長相減餘數加一為高法高乘實得數六歸之

問今有物一堆上長二十五闊一十二下長三十闊一十七求積若干　答二千四百一十個

法倍上長加下長以上闊乘之得九百六十又倍下長加上長以下闊乘之得一千四百四十

長形有脊堆 側面至頂，正面不至頂。

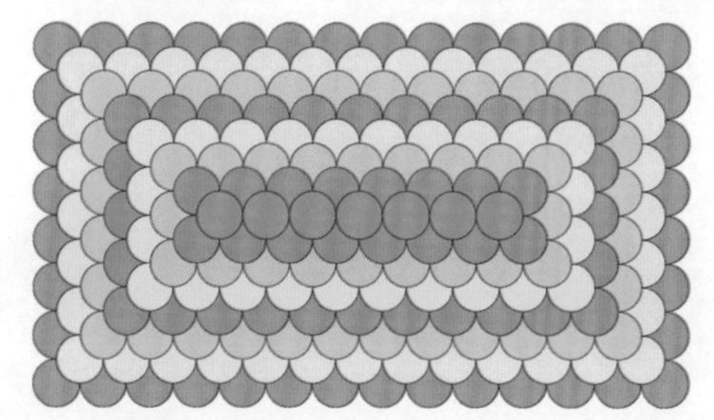

四角堆用長法，如首問每面八個，倍之得十六，加一爲十七，以八乘之得一百三十六；另以八乘，得一千〇八十八，共一千二百二十四，以六歸之[1]。若用半法，倍頂一得二，加底八得十，以一乘之，仍得十；倍底八得一十六，加頂一得十七，以八乘之，得一百三十六；又以頂減底餘七，併入前二數，共一百五十三。以八乘之，得一千二百二十四，以六歸之，合積[2]。蓋全法不可用半，而半可施之全也。

一、凡長形半堆，上下各有長闊，倍上長加下長，以上闊乘之爲一數；再倍下長加上長，以下闊乘之爲一數；又二長相減，餘者爲一數。併三數爲實。以二長相減，餘數加一爲高法。高乘實，得數六歸之[3]。

1. 問：今有物一堆，上長二十五，闊一十二，下長三十，闊一十七，求積若干？

答：二千四百一十個。

法：倍上長加下長，以上闊乘之，得九百六十；又倍下長加上長，以下闊乘之，得一千四百四十

---

1 四角尖堆底闊 $a=c=8$，頂闊 $c=1$。用長尖堆求積“又法”，求得四角尖堆積爲：

$$S=\frac{(2b+c)\,a+(2b+c)\,a\cdot a}{6}$$

$$=\frac{(2\times 8+1)\times 8+(2\times 8+1)\times 8\times 8}{6}$$

$$=\frac{1224}{6}=204$$

2 此用長半堆求積公式（詳下文），求得四角尖堆積爲：

$$S=\frac{\left[(2b_1+b_2)\ a_1+(2b_2+b_1)\ a_2+(\,b_2-b_1)\right](\,b_2-b_1+1)}{6}$$

$$=\frac{\left[(2\times 1+8)\times 1+(2\times 8+1)\times 8+(8-1)\right]\times(8-1+1)}{6}$$

$$=\frac{(10+136+7)\times 8}{6}=204$$

3 設長半堆上闊爲 a_1，上長爲 b_1，下闊爲 a_2，下長爲 b_2，求積公式爲：

$$S=\frac{\left[(2b_1+b_2)\ a_1+(2b_2+b_1)\ a_2+(\,b_2-b_1)\right](\,b_2-b_1+1)}{6}$$

其中，$(\,b_2-b_1+1)$ 爲長半堆高。

五倍之得二千四百〇五又以下長減去上長餘五倍之共得二千四百一十以高六乘之得一萬四千四百六十為實以六為法除之合問

解或用虛實相減之法上長二十五減一得二十四為虛長上濶十二減一為虛濶長濶相減得一十三知正面頂有十四個倍上長四十八加頂十四共六十二以濶十一乘之得六百八十二為一數另以一十一乘之得七千五百零二為一數併二數共八千一百八十四以六歸之得一千三百六十四為虛積倍下長六十加頂十四共七十四以下濶十七乘之得一千二百五十八為一數另以十七乘之得二萬一千三百八十六為一數併二數二萬二千六百四十四以六歸之得三千七百七十四為全積以虛積減全積合問〇求高之法以上長減下長餘五以上濶減下濶亦餘五知從下至上凡六層某上長上濶得一即可類推也

長形平堆

帶縱諸变

五，併之得二千四百〇五。又以下長減去上長餘五併入，共得二千四百一十。以高六乘之，得一萬四千四百六十爲實，以六爲法除之。合問。

解：或用虛實相減之法，上長二十五減一得二十四爲虛長，上闊十二減一爲虛闊，長闊相減得一十三，知正面頂有十四個。倍上長四十八，加頂十四，共六十二，以闊十一乘之，得六百八十二爲一數；另以一十一乘之，得七千五百零二爲一數。併二數共八千一百八十四，以六歸之，得一千三百六十四爲虛積。倍下長六十，加頂十四，共七十四，以下闊十七乘之，得一千二百五十八爲一數；另以十七乘之，得二萬一千三百八十六爲一數。併二數二萬二千六百四十四,六歸之，得三千七百七十四爲全積。以虛積減全積，合問[1]。◎求高之法，以上長減下長，餘五；以上闊減下闊，亦餘五。知從下至上，凡六層。其上長上闊，得一即可相推也。

長形平堆

帶縱諸變

1 全積，以長半堆底爲底面的大長尖堆。虛積，長半堆頂面之上的小長尖堆。大長尖堆底長爲 30，底闊爲 17，頂長爲 14，用長尖堆術文“又法”求得積爲：

$$S_1=\frac{(2\times30+14)\times17+(2\times30+14)\times17\times17}{6}=3774$$

小長尖堆底長爲 24，底闊爲 11，定長爲 14，用前法求得積爲：

$$S_2=\frac{(2\times24+14)\times11+(2\times24+14)\times11\times11}{6}=1364$$

二積相減，餘即長半堆積：

$$S=S_1-S_2=3774-1364=2410$$

五併之得二千四百〇五又以下長減去上長餘五倍八共得二千四百一十以高六乘之得一萬四千四百六十為實以六為法除之合問

解曰用宬實相減之法上長二十五減一得二十四為宬長上濶十二減一為宬濶長濶相減得一十三如正五頂有十四個倍上長四十八加頂十四共六十二以濶十一乘之得六百八十二為一數另以一十一乘之得七千五百零二為一數併二數共八千一百八十四以六歸之得一千三百六十四為宬積倍下長六十加頂十四共七十四以下濶十七乘之得一千二百五十八為一數另以十七乘之得二萬一千三百八十六為一數併二數二萬

以上長減下長餘

長方形既有四因減縱減積益積反積等法以御萬形無能外此更無法一而用殊
或隱而難推或雜而易亂務須隱者顯之亂者整之然後帶縱諸法可得而用也西方列
之有十餘種今著於篇略提規例用資觸類耳

一凡以寬長寬闊和長闊比以兩寬數相乘得數以乘積為積率以寬擬長闊共數為和率
用積和求較之法既得長闊各以母法除之

問今有積八百六十四步三長五闊共二百二十八步求實長實闊各幾何

答長三十六　闊二十四

法三五乘得一十五即以十五乘積得一萬二千九百六十為積率以二百二十八步為和率用積和
求較之法

解五積為一大積然二百二十八為一大和然後用四因法四因大積得五萬一千八百四十步以
二百二十八步自乘得五萬一千九百八十四步對減餘一百四十四步平開之得一十二步即較也
就寬和減十二步餘二百一十六步折半得一百○八步為闊加入和二百四十步折半得一百
二十步為長○或用平翻法半和一百一十四步自乘得一萬二千九百九十六步減積一萬二
千九百六十餘三十六步平開得六步以減半和餘一百○八步為闊加入半和得一百二十步
為長卻以長母三除闊得三十六為原長以闊母五除長得二十四為原闊此蓋五闊多於
三長故交互用之假令長九步闊五步應得積四十五步三長二十七五闊二十五應得和五

長方形既有四因、減縱、減積、益積、(反)[翻]積等法，以御萬形，無能外者矣。然法一而用殊，或隱而難推，或雜而易亂，勢須隱者顯之，亂者整之，然後帶縱諸法可得而用也。西書列之有十餘種[1]，今著於篇，略提規則，用資智者之觸類耳。

一、凡以虚長虚闊求長闊者，以兩虚數相乘，得數以乘積爲積率；以虚擬長闊共數爲和率，用積和求較之法。既得長闊，各以母法除之。

1. 問：今有積八百六十四步，三長五闊共二百二十八步，求實長實闊若干[2]？

答：長三十六；　　　　闊二十四。

法：三五乘得一十五，即以十五乘積，得一萬二千九百六十爲積率，以二百二十八步爲和率，用積和求較之法[3]。

解：十五積如一大積然，二百二十八如一大和然。若用四因法，四因大積得五萬一千八百四十步；以二百二十八步自乘，得五萬一千九百八十四步，對減餘一百四十四步。平開之，得一十二步，即較也。就虚和減十二步，餘二百一十六步，折半得一百〇八步爲闊；加入和，[得]二百四十步，折半得一百二十步爲長。◎或用平翻法[4]。半和一百一十四步，自乘得一萬二千九百九十六步，減積一萬二千九百六十，餘三十六步，平開得六步。以減半和，餘一百〇八步爲闊；加入半和，得一百二十步爲長。卻以長母三除闊，得三十六爲原長；以闊母五除長，得二十四爲原闊。此蓋五闊多於三長，故交互用之。

假令長九步，闊五步，應得積四十五步。三長二十七，五闊二十五，應得和五

1 見《同文算指通編》卷八“帶縱諸變開平方”與卷七“帶縱負隅減縱開平方”“帶縱負隅減縱翻法開平方”中虚長闊積和求長求闊，原出《神道大編曆宗算會》卷四。

2 此題爲《同文算指通編》卷七“帶縱負隅減縱開平方”第五、六題。

3 設原闊爲 m，原長爲 n，虚闊 $m'=5m$，虚長 $n'=3n$，虚長闊積爲：

$$mn=5m\cdot 3n=15\times 864=12960$$

虚長闊和爲：

$$m'+n'=5m+3n=228$$

用積和求較法，求得虚長虚闊，即可求原長原闊。

4 平翻法，詳本書卷七少廣章“縱方·積和求長”。

十二步只知積四十五三長五濶五十二不知原長濶若干故列以十五乘積得六百七十五又以四乘之得二千七百步以五十二步自乘得二千七百〇四步對減餘四步即較也以減和餘五十折半二十五為濶加入和得五十四折半二十七為長列者長仍取長以三歸之濶仍取濶以五歸之矣假令長二十步濶十二步積為二百四十步三長五濶和為一百二十步以十五乘積又以四乘之得一萬四千四百步和自乘亦得一萬四千四百步知三長與五濶等列者半和六十步以三歸之得二十為長以五歸之得一十二為濶矣雖變化多端法不踰此大率共濶多於共長則長濶相換若仍以本率除之定有零數如濶一百〇八步以濶法五歸之得二十一步六分有六分之零便知其誤須以長法三歸乃合耳〇以用四圖平翻二法取其簡整其減積益積減縱帶縱翻積等法俱可推也

後倣此

容長濶求實圖一

數多難圖借少明之如積十二步三長五濶共二十七列以十五乘積如上圖用四圖法如第二圖

十二步。只知積四十五，三長五闊五十二，不知原長闊若干者，則以十五乘積得六百七十五，又以四乘之得二千七百步；以五十二步自乘得二千七百〇四步，對減餘四步。［平開得二步］，即較也。以減和，餘五十，折半二十五爲闊；加入和，得五十四，折半二十七爲長。則當長仍取長，以三歸之；闊仍取闊，以五歸之矣。

假令長二十步，闊十二步，積應二百四十步。三長五闊，和應一百二十步。以十五乘積，又以四乘之，得一萬四千四百步；和自乘，亦得一萬四千四百步，知三長與五闊等。則當半和六十步，以三歸之，得二十爲長；以五歸之，得一十二爲闊矣。雖變化多端，法不踰此。大率共闊多於共長，則長闊相换，若仍以本率除之，定有零數。如闊一百〇八步，以闊法五歸之，得二十一步六分，有六分之零，便知其誤。須以長法三歸，乃合耳。◎只用四因、平翻二法，取其簡整。其減積、益積、減縱、帶縱、翻積等法，俱可推也。後倣此。

虛長闊求實圖一

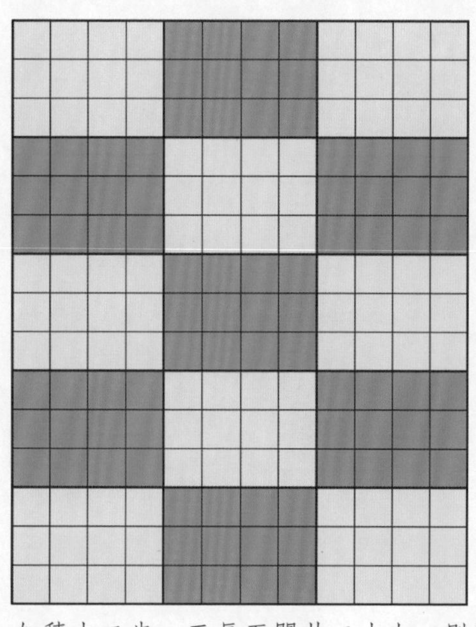

數多難圖，借少明之。如積十二步，三長五闊共二十七，則以十五乘積，如上圖。用四因法，如第二圖。

容長闊求實圖之二　長闊互換

十五積乘得一百八十步四因之得七百二十步和二十七自乘得七百二十九對減餘九个

方空白只是平開得三為較

加較於和得三十折半十五為長分卻用闊法五除之得三為定闊○減較於和得二十四折半十二為為闊分卻用長法三除之得四為定長其以闊五除之得二步四分有零數知非闊也

容長闊求實圖之三　長仍長闊仍闊

虚長闊求實圖二 長闊互换

十五（積乘）[乘積]得一百八十步，四因之得七百二十步；和二十七自乘得七百二十九。對減餘九，中方空白者是。平開得三爲較。

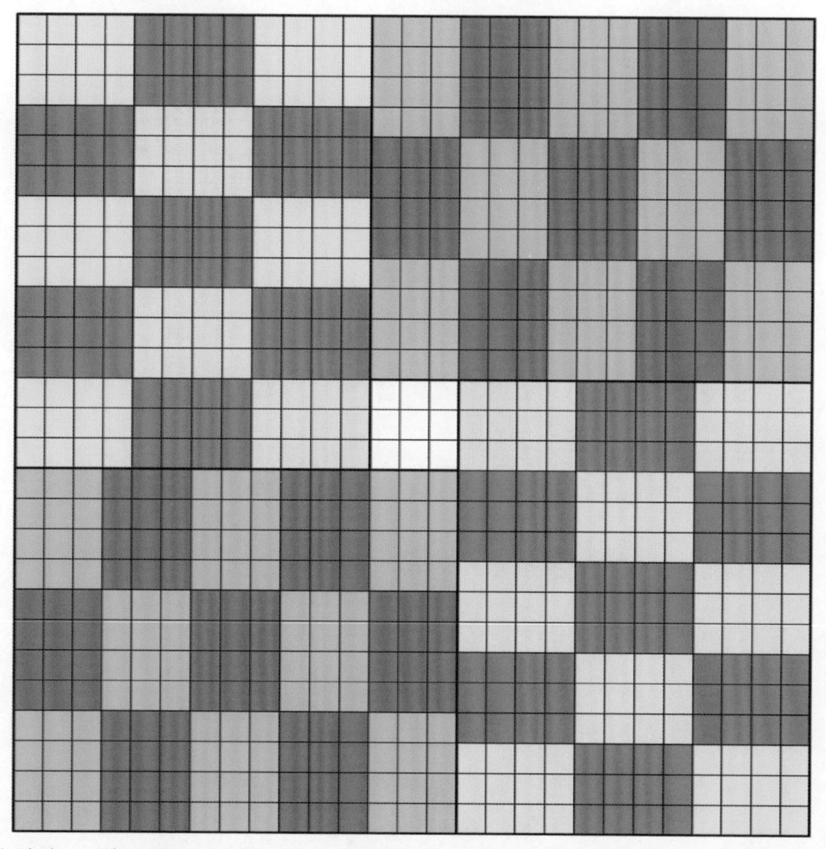

加較於和，得三十，折半十五，應爲長分。卻用闊法五除之，得三爲定闊。◎減較於和，得二十四，折半十二，應爲闊分。卻用長法三除之，得四爲定長。若以闊五除之，得二步四分，有零數，知非闊也。

虚長闊求實圖三 長仍長，闊仍闊。

一假如長六闊三積一十八步三長五闊三十三步為和自乘得一千八十九步十五乘積又四因之得一千八十步對減餘九平開得三為較加較於和得三十六折半得一十八為長以長法三歸之得六為定長減較於和得三十折半得十五為闊以闊法五歸之得三為定闊

假如長六闊三，積一十八步。三長五闊三十三步爲和，自乘得一千八十九步。十五乘積，又四因之，得一千八十步。對減餘九，平開得三爲較。加較於和，得三十六，折半得一十八，爲長分。以長法三歸之，得六爲定長。減較於和，得三十，折半得十五，爲闊分，以闊法五歸之，得三爲定闊。

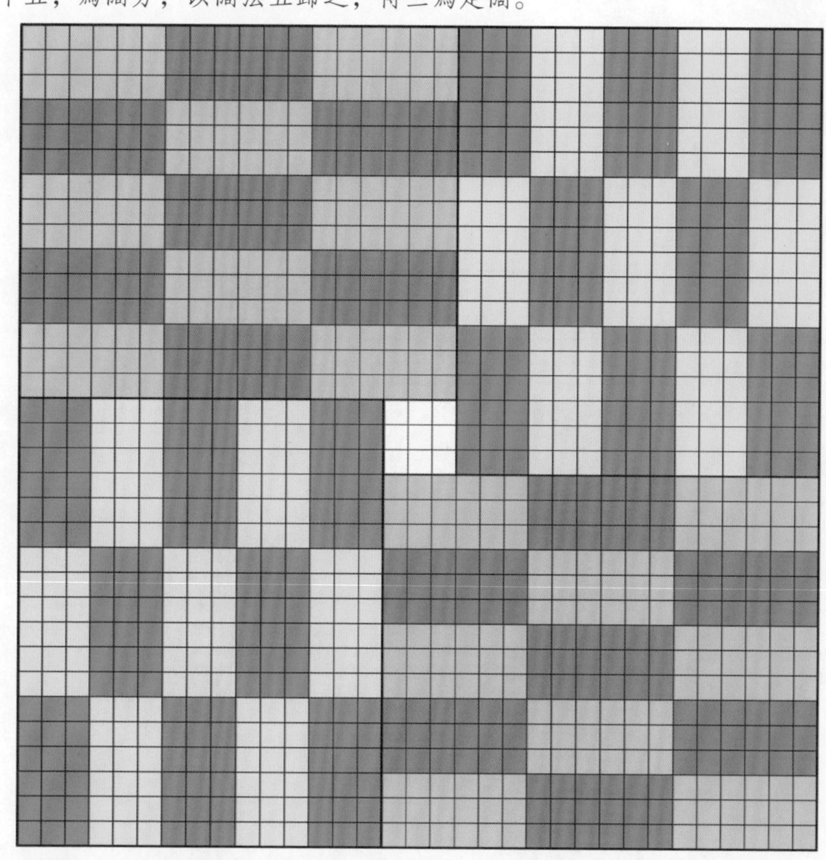

虛長闊求實圖四、長闊和同

假如長五闊三積一十五步
三長五闊三十步爲和自
乘得九百步去五乘積
又四因之得九百步知
長闊和同取和之半一
五步以長法三歸之得
長以闊法五歸之得闊

一凡以虛長虛闊虛較虛和求長闊者以較加闊爲長加和爲兩長通約爲長爲闊
然後以法求之
問今有直積八百六十四步一長二闊三和四較共三百一十二步求長闊各幾
答長三十六
闊二十四

虛長闊求實圖四 長闊相同

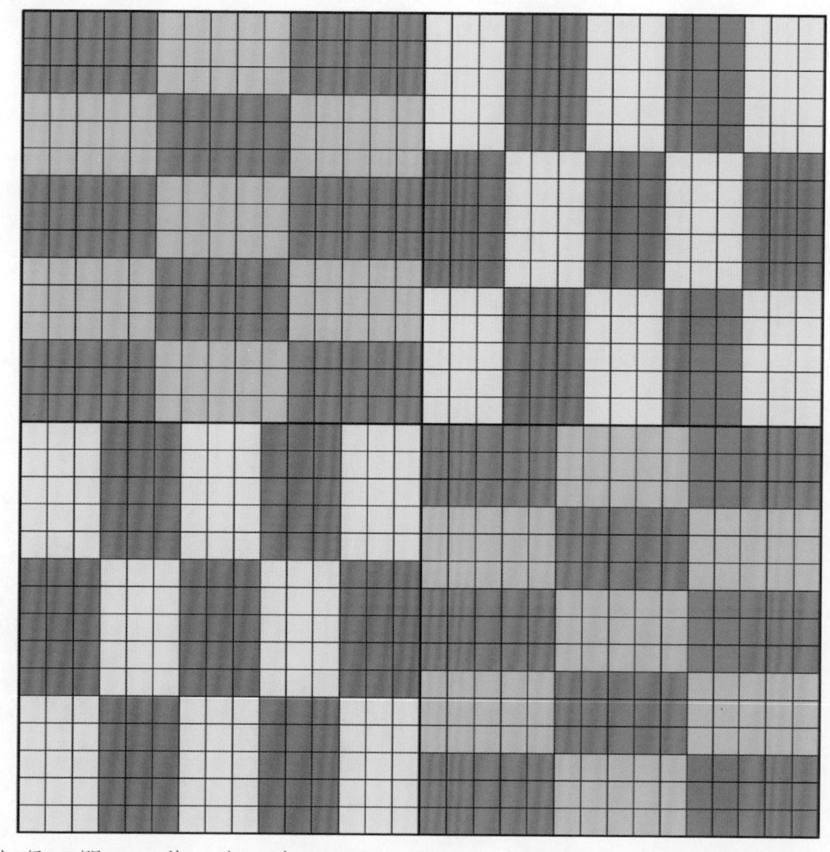

假如長五闊三，積一十五步。三長五闊三十步爲和，自乘得九百步。十五乘積，又四因之，亦得九百步，知長闊相同。取和之半一十五步，以長法三歸之，得長；以闊法五歸之，得闊。

一、凡以虛長虛闊虛較虛和求長闊者，以較加闊爲長，加和爲兩長，通約幾長幾闊，然後以法求之。

1. 問：今有直積八百六十四步，一長二闊三和四較共三百一十二步，求長闊若干[1]？

答：長三十六；　　闊二十四。

1 此題爲《同文算指通編》卷七“帶縱負隅減縱開平方”第七題、“帶縱負隅減縱翻法開平方”第三題。

法三和為三長三闊加一長二闊為四長五闊以四較配四闊又成四長餘一闊共得八長一闊以八乘為積共四步為和用積和求較之法

解此變較為長法假如二闊三長二和二較則以二較加入二和復成四長共得七長二闊乃變和為長之法也

變長闊和較求實圖 即以長四闊三積十二為例

一長 二闊 三和 四較

配

成

初七配較三得八成二長三和三較配得六長一闊一較配得一長共八長餘一闊是謂八長一闊

一凡以零長零闊用子母命之零長得原長幾之幾零闊得原闊幾之幾和得若干以求全長闊相得兩母相乘為共母以各母除之各子乘之為各子仍以共母乘零和為和率以二子相乘得數以乘原積為積率然後用積和求較之法

法：三和爲三長三闊，加一長二闊，爲四長五闊。以四較配四闊，又成四長，餘一闊，共得八長一闊。以八乘爲積，共（四）［三百一十二］步爲和[1]。用積和求較之法[2]。

解：此變較爲長者。假如二闊三長二和二較，則以二較加入二和，復成四長，共得七長二闊，乃變和爲長之法也。

虛長闊和較求實圖 即以長四闊三積十二爲例

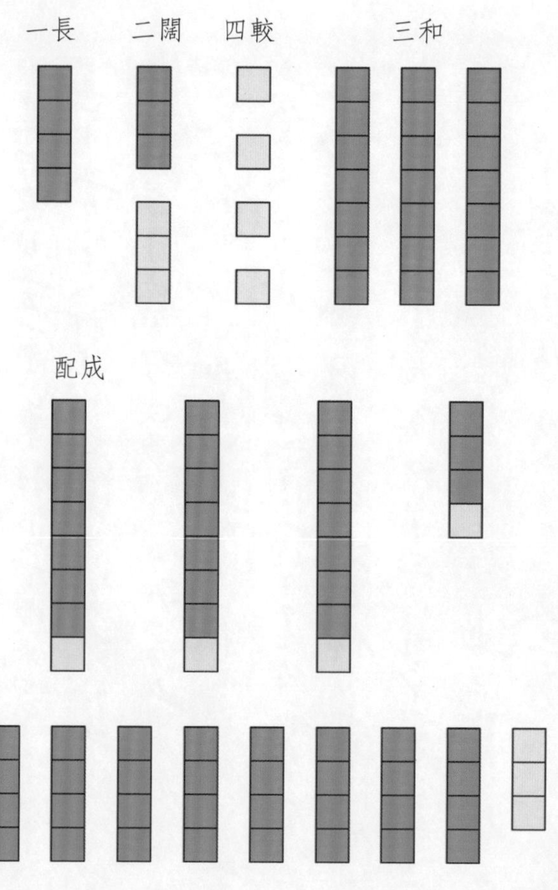

（初）［和］[3]七配較（三）［一］得八，成二長；三和三較配得六長；一闊一較配得一長。共八長，餘一闊，是謂八長一闊。

一、凡以零長零闊，用子母命之，零長得原長幾之幾，零闊得原闊幾之幾，和 得若干，以求全長闊者，將兩母相乘爲共母，以各母除之、各子乘之爲各子。仍以共母乘零和爲和率；以二子相乘得數，以乘原積爲積率，然後用積和求較之法

1 四步，當作“三百一十二步”，據題設改。

2 設原闊爲 $8n+m=312$，原長爲 $8n+m=312$，據題意列：

$$n+2m+3(m+n)+4(n-m)=312$$

整理得：$8n+m=312$。設虛長 $n'=8n$，虛闊 $m'=m$。虛長濶積爲：$m'n'=8\times864=6912$；虛長闊和爲：$m'+n'=312$，用積和求較法解。

3 初，當作“和”，形近而訛，據文意改。

問今有直積二千三百五十二步取長八之五取闊三之二得六十三求原長闊各干

答長五十六步　闊四十二步

法兩母三八相乘得二十四為共母八除五乘得一十五為長三除二乘得一十六為闊得共和六十三以共母化之為一千五百一十二是謂十五長十六闊共一千五百一十二也以為和率乃以十五十六相乘得二百四十以乘積得五十六萬四千四百八十以為積率用積和求較之法置一千五百一十二折半得七百五十六自乘得五十七萬一千五百三十六內減積餘七千〇五十六為較平開得八十四步以減半和七百五十六餘六百七十二為闊以十六除之得闊四十二加入半和得八百四十為長以十五除之得長五十六御置五十六八歸五因得三十五置四十二三歸二因得二十八共為和六十三內三十五為長分二十八為闊分也

解此用千翻法四因等注俱可推〇他定子母法皆以二母相乘為共母以各母除之各子乘之為各子如總數六十三同以二十四為母各以一十五一十六為子是為四十八之三十一矣試置六十三以四十八乘以三十一除得九十七步五分有奇為原長原闊之共數六十三以三十一除之得二步〇三厘二毫二五八有奇以十五為長乘之當三十步〇五分以十六為闊乘之當三十二步五分合得六十三步然而原共數實九十八實長分實三十五俱不合者何也以母之所出不同故也蓋長母出於五十六其所謂八分者七也闊母出於四十二其所謂三分者一十四也故並以二母會通為二十四其數終不

1. 問：今有直積二千三百五十二步，取長八之五，取闊三之二，得六十三，求原長闊若干？

答：長五十六步；　　　　　　　　　　闊四十二步。

法：兩母三八相乘得二十四爲共母，八除五乘得一十五爲長，三除二乘得一十六爲闊。將共和六十三以共母化之，爲一千五百一十二。是謂十五長十六闊，共一千五百一十二也，以爲和率。乃以十五、十六相乘，得二百四十，以乘積，得五十六萬四千四百八十，以爲積率。用積和求較之法，置一千五百一十二，折半得七百五十六，自乘得五十七萬一千五百三十六；内減積，餘七千〇五十六爲較，平開得八十四步。以減半和七百五十六，餘六百七十二爲闊，以十六除之，得闊四十二；加入半和，得八百四十爲長，以十五除之，得長五十六 。卻置五十六，八歸五因，得三十五；置四十二，三歸二因，得二十八。知虚和六十三内，三十五爲長分，二十八爲闊分也。

解：此用平翻法，四因等法俱可推。◎他處子母法，皆以二母相乘爲共母，以各母除之、各子乘之爲各子。如總數六十三，同以二十四爲母，各以一十五、一十六爲子，是爲四十八之三十一矣。試置六十三，以四十八乘，以三十一除，得九十七步五分有奇，爲原長原闊之共數。六十三以三十一除之，得二步〇三厘二毫二五八有奇，以十五爲長乘之，當三十步〇五分；以十六爲闊乘之，當三十二步五分，合得六十三步。然而原共數實九十八，零長分實三十五，俱不合者何也？以母之所出不同故也。蓋長母出於五十六，其所謂八分者七也；闊母出於四十二，其所謂三分者一十四也。故雖以二母會通爲二十四，其數終不

---

1 此題爲《同文算指通編》卷七"帶縱負隅減縱開平方"第八題。

2 設原闊爲 m，原長爲 n，據題意列：

$$\frac{5}{8}n+\frac{2}{3}m=63$$

兩母通分，得：$\frac{15}{24}n+\frac{16}{24}m=63$，即：$15n+16m=1512$。設虚長 $n'=15n$，虚闊 $m'=16m$。得：

$$\begin{cases} m'+n'=15n+16m=1512 \\ m'n'=15n\times 16m=15\times 16\times 2352=564480 \end{cases}$$

用積和求較平翻法，求得：

$$\frac{n'-m'}{2}=\sqrt{\left(\frac{m'+n'}{2}\right)^2-m'n'}=\sqrt{\left(\frac{1512}{2}\right)^2-564480}=84$$

求得虚長虚闊分别爲：

$$n'=\left(\frac{m'+n'}{2}\right)-\left(\frac{n'-m'}{2}\right)=756+84=840$$

$$m'=\left(\frac{m'+n'}{2}\right)+\left(\frac{n'-m'}{2}\right)=756-84=672$$

則原長原闊分别爲：

$$n=\frac{n'}{15}=\frac{840}{15}=56\text{；}m=\frac{m'}{16}=\frac{672}{16}=42$$

得兩斜也假令以全和九十八為從出三十五為十四分之五二十八為七分之二合得六十三步作問云直田二千三百五十二步取原和十四分之五為長取七分之二為闊合得六十三步求內長闊各若干則以七與十四相乘得九十八為共母以十四歸之以五因之往得三十五為長分以七歸之以二因之往因得二十八為闊分再置三十五五除十四乘或置二十八二除七乘俱得九十八為和用積和求積兩得○假令以整求零作問云十五長十六闊共一千五百一十二求長八之五闊三之二各得若干則置十五以五除之得三以八乘之得二十四置十六以二除之得八以三乘之亦得二十四知二十四為共母以除全和一千五百一十二得六十三為零和半之得三十一步五分自乘得九百九十二步二分五厘卻置一兩五之以八除之得六二五置一兩二分之以三除之得六六六不盡二數相乘得四一六六六不盡以乘原積（原積二千三百五十二乘得九百八十步此乘多為少之乘也）得九百八十步為積以減半和實九百九十二步二分五厘餘一十二步二分五厘為較平開得三步五分加入半和三十一步五分得三十五步為零長以減半和餘二十八步為零闊是為以整求零之法反覆可以相明也

兩母異出

長八之五（母出於五十六八分於七也故五之則得三十五）

闊三之二（母出於四十二三分於十四也故二之得二十八）

二十四

八之五　三之二

十五　十六

若以同出求之二母乘得二十四長子十五闊子十六併之得三十一置六十三以三十一除之以各子十五十六除之長得三十○步○五分闊得三十二步○五分俱不合以母出不同故

得而齊也。假令以全和九十八爲從出，三十五爲十四分之五，二十八爲七分之二，合得六十三步作問，云直田二千三百五十二步，取原和十四分之五爲長，取七分之二爲闊，合得六十三步，求内長闊各若干。則以七與十四相乘，得九十八爲共母。以十四歸之、以五因之，徑得三十五爲長分；以七歸之、以二因之，徑得二十八爲闊分。再置三十五，五除十四乘；或置二十八，二除七乘，俱得九十八爲和[1]。用積和求較而得。◎假令以整求零作問，云十五長十六闊共一千五百一十二，求長八之五、闊三之二應得若干。則置一十五，以五除之得三，以八乘之得二十四；置十六，以二除之得八，以三乘之亦得二十四。知二十四爲共母，以除全和一千五百一十二，得六十三爲零和。半之得三十一五步五分，自乘得九百九十二步二分五厘。卻置一而五之，以八除之得六二五；置一而二之，以三除之得六六六不盡。二數相乘，得四一六六六不盡，以乘原積，原積二千三百五十二，乘得九百八十步，此乘多爲少之乘也。得九百八十步爲積。以減半和實九百九十二步二分五厘，餘一十二步二分五厘爲較，平開得三步五分。加入半和三十一步五分，得三十五步爲零長；以減半和，餘二十八步爲零闊[2]。是爲以整求零之法，反覆可以相明也。

兩母異出

長　八　之　五

闊　三　之　二

母出於五十六，八分者七也，故五之則得三十五。

母出於四十二，三分者十四也，故二之得二十八。

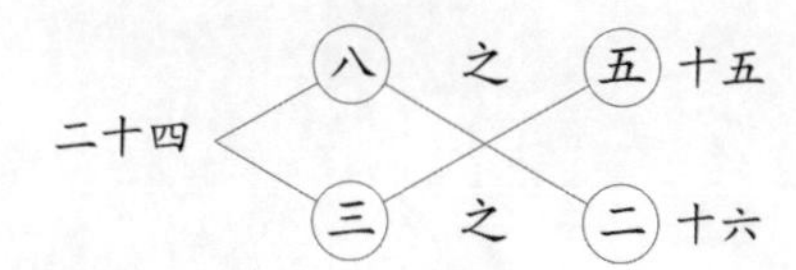

若以同出求之，二母乘得二十四，長子十五，闊子十六，併之得三十一。置六十三，以三十一除之，以各子十五、十六除之，長得三十步〇五分，闊得三十二步五分，俱不合，以母出不同故。

1 設闊爲 m，長爲 n，據題意列：

$$\frac{5}{14}(m+n)+\frac{2}{7}(m+n)=63$$

兩母通分得：

$$\frac{35}{98}(m+n)+\frac{28}{98}(m+n)=63$$

求得長闊和爲：

$$m+n=98$$

2 設闊爲 m，長爲 n，據題意列：$16m+15n=1512$。設虛長 $n'=\frac{5n}{8}$，虛闊 $m'=\frac{2m}{3}$，則虛長虛闊和爲：

$$m'+n'=\frac{2m}{3}+\frac{5n}{8}=\frac{16}{24}m+\frac{15}{24}n=\frac{1}{24}(16m+15n)=\frac{1512}{24}=63$$

又虛長虛闊積得：

$$m'n'=\frac{2m}{3}\times\frac{5n}{8}\approx 0.666m\times 0.625n\approx 0.41666\times 2352=980$$

（轉一二五三頁）

兩母同生

長十四之五　闊七之二

母生九十八，十四分之五也，故五之得三十五。母生九十八，七分之二也，故二之得二十八。

九十八　十四之五　七之二　三十五　二十八

兩母乘得九十八，十四除五乘得三十五，七除二乘得二十八，合原數，以同生故，下圖皆同。

九十八　七之二五　十四之四　五三十　八二十　七之二五　七之二　五一七　四一　十四之五　十四之四　七　六五

九十八為母，以與上圖同七母得長子一七五，闊子一十四，併子三一五〇；十四母以長子七十，闊子五十六，併子一二六。置六十三以併子除之，以各子乘之，得長三十五，闊二十八。以母原同生，任意命之，無不同也。

一凡以零長零闊之較為全長全闊，以兩母相乘為共母，兩母交乘兩子為各子，以共母乘較為較，以兩子相乘乘積為積。

問今有真積二千三百五十二，取長八之五，取闊三之二，其較長為原長原闊若干。

答長五十六　闊四十二

法用子母法求得二十四為共母，一十五為長子，一十六為闊子，御得較一，以共母二十四乘之得一百六十八，折半得八十四，自之得七千〇五十六，以十五、十六乘得二百四十，以乘積二千三百

兩母同出

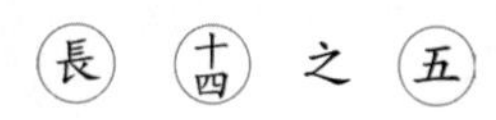

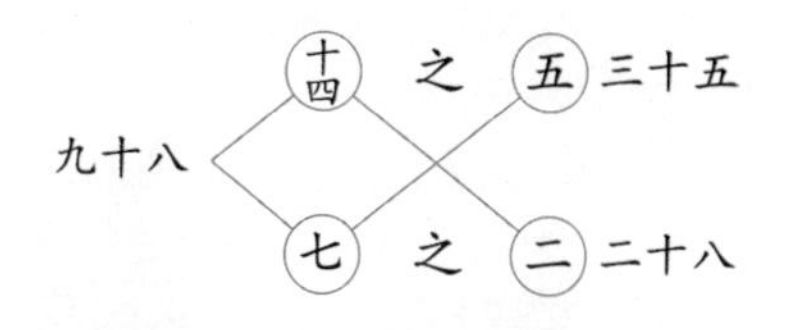

母出九十八，十四分者七也，故五之得三十五。

母出九十八，七分者十四也，故二之得二十八。

兩母乘得九十八，十四除五乘，得三十五；七除二乘得二十八，合原數。以同出，故下圖皆同。

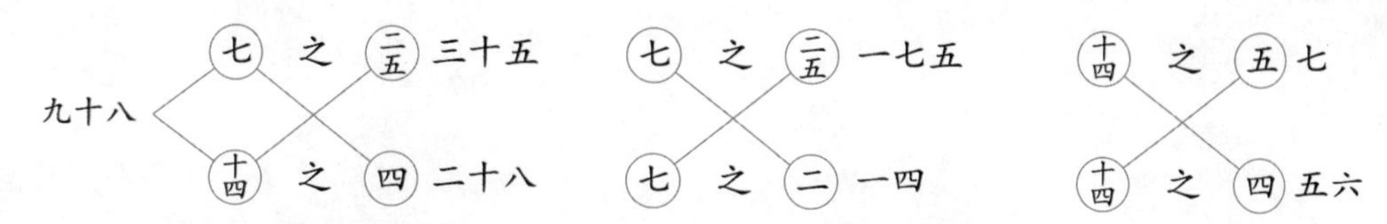

九十八爲母者，與上圖同。七母者，長子一七五，闊子一十四，併子三一五。◎十四母者，長子七十，闊子五十六，併子一二六。置六十三，以併子除之，以各子乘之，俱得長三十五、闊二十八。以母原同出，任意命之，無不同也。

一、凡以零長零闊之較求全長全闊者，兩母相乘爲共母，兩母交乘兩子爲各子，以共母乘較爲較，以兩子相乘乘積爲積。

1. 問：今有直積二千三百五十二，取長八之五，取闊三之二，其較（長）[七][1]，求原長原闊若干[2]？

答：長五十六；　闊四十二。

法：用子母法，求得二十四爲共母，一十五爲長子，一十六爲闊子。卻將較七以共母二十四乘之，得一百六十八，折半得八十四，自之得七千〇五十六。以十五、十六乘得二百四十，以乘積二千三百

1 其較長，“長”當作“七”，據後文改。
2 此題據前題改編。

（接一二五一頁）

用平翻法求得：

$$\frac{n'-m'}{2}=\sqrt{\left|\left(\frac{m'+n'}{2}\right)^2-m'n'\right|}=\sqrt{\left|\left(\frac{63}{2}\right)^2-980\right|}=\sqrt{12.25}=3.5$$

求得虚長、虚闊分别爲：

$$n'=\left(\frac{m'+n'}{2}\right)+\left(\frac{n'-m'}{2}\right)=31.5+3.5=35$$

$$m'=\left(\frac{m'+n'}{2}\right)-\left(\frac{n'-m'}{2}\right)=31.5-3.5=28$$

五十二得五十六萬四千四百八十加半較實七千〇五十六得五十七萬一千五百三十六平開之得七百五十六加半較八十四得八百四十以長法十五除之得長減半較八十四得六百七十二以濶法十六除之得濶

解　零較与零和同理或以全求零作濶十五長十六濶其較一百六十八求長八之五濶三之二求平方如前法得一十五五除八乘得一十六二除三乘俱得二十四為共母以除全較一百六十八得七半之得三五自之得一二二五卻置一八除之得一二五五乘之得六二五置一三除之得三三不盡二乘之得六六不盡二數相乘得四一六六不盡以乘原積二千三百五十二得九百八十較加入較實一十二步二分五厘得九百九十二步二分五厘平開之得三十一步五分加半較三步五分得三十五為長減半較三步五分得二十八為濶

一凡長形有二較比以相減為空數然後用積較求和之法

問今有三廣田二千四百六十五步中濶不及南八步不及北三十六步又不及長六十七步求長及三廣各若干

答中一十八步　南二十六步　北五十四步　長八十五步

法合南北二差四十四以四而一得一十一以減長差六十七得五十六以五十六為較用積較求和法半較二十八自乘七百八十四加入積得三千二百四十九平開之得五十七步加入半較得八十五為長以半較減之得二十九步為濶減十一步為中濶加八步為南濶加三十六步為北濶

五十二，得五十六萬四千四百八十。加半較實七千〇五十六，得五十七萬一千五百三十六，平開之得七百五十六。加半較八十四，得八百四十，以長法十五除之得長；減半較八十四，得六百七十二，以闊法十六除之得闊[1]。

解：零較與零和同理。若以全求零作問，十五長十六闊，其較一百六十八，求長八之五，闊三之二若干。亦如前法，將一十五五除八乘，將一十六二除三乘，俱得二十四爲共母。以除全較一百六十八，得七，半之得三五，自之得一二二五。卻置一，八除之得一二五，五乘之得六二五；置一，三除之得三三不盡，二乘之得六六不盡。二數相乘，得四一六六不盡。以乘原積二千三百五十二，得九百八十。加入較實一十二步二分五厘，得九百九十二［步］二分五厘，平開之得三十一步五分。加半較三步五分，得三十五爲長；減半較三步五分，得二十八爲闊。

一、凡長形有二較者，以相減爲定數，然後用積較求和之法。

問：今有三廣田二千四百六十五步，中闊不及南八步，不及北三十六步，又不及長六十七步，求長及三廣各若干[2]？

答：中一十八步；　　南二十六步；

　　北五十四步。　　長八十五步。

法：合南北二差四十四，以四而一，得一十一，以減長差六十七，得五十六。以五十六爲較，用積較求和法。半較二十八自乘七百八十四，加入積得三千二百四十九，平開之得五十七步。加入半較，得八十五爲長；以半較減之，得二十九步爲闊。減十一步爲中闊，加八步爲南闊，加三十六步爲北闊[3]。

---

1 設原闊爲m，原長爲n，據題意列：

$$\frac{5}{8}n-\frac{2}{3}m=7$$

兩母通分，得：

$$\frac{15}{24}n-\frac{16}{24}m=7$$

即：

$$15n-16m=148$$

設虛闊$m'=16m$，虛長$n'=15n$，虛長闊較爲：$n'-m'=15n-16m=168$，虛長闊積爲：$m'n'=15n\times16m=564480$。用積較求和平翻法，求得虛闊、虛長，十六除虛闊得原闊，十五除虛長得原長。

2 此題爲《同文算指通編》卷八“帶縱諸變開平方”第一題。

3 三廣田，見《算法統宗》卷三方田章。如圖8-13，三廣田中闊爲c，北闊爲a，南闊爲b，通高爲h，求積公式爲：

$$S=\frac{(a+b+2c)}{4}h$$

據題意，$a=c+36$，$b=c+8$，$h=c+67$，代入原式，得：

$$S=\frac{(4c+44)}{4}(c+67)=(c+11)(c+67)$$

設虛闊$m'=c+11$，虛長$n'=c+67$，虛長闊較得：$n'-m'=(c+67)-(c+11)=56$，虛長闊積：$m'n'=(c+11)(c+67)=2465$。用積較求闊法解。

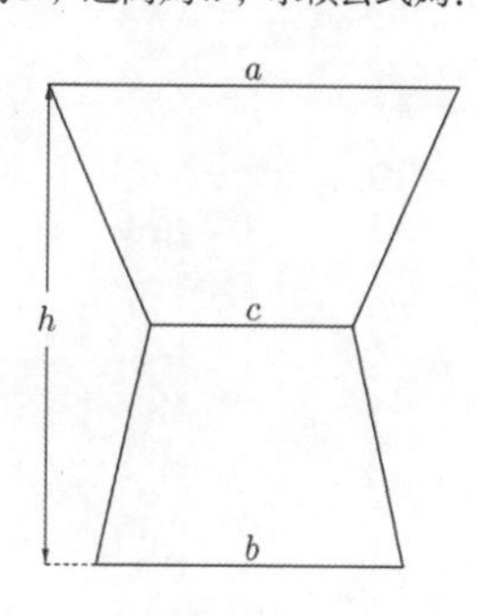

圖8-13

解此庶既於差長又於差是謂二較所以於減為定較此以闊條之度於折而成則所
差之十一步已入之方中故此以餘長為較耳○所以南北差四步止算一步此和積
法倍中加二闊四歸之以為闊原以四而一為法故也○凡梯斜四不等諸形皆仿此

二較求長闊圖

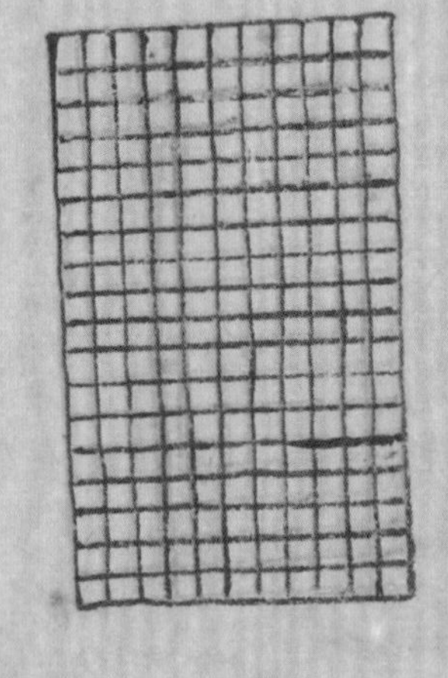

假如三庶田南闊十六步北闊十二步中闊八步長十八步形和積則併南北闊倍中闊
共四十四步以四歸之得十一以十八步乘得一百九十八步積求形已知中不及南八步不
及北四步不及長十步積一百九十八步則南北二較共十二步以四而一得三步此三步
既入闊中則不及長者止七步故用七為較也

一凡多形有重較者以相併於折為定較然後用積較和之法依條方形及長形二
較者皆先減除積然後併較○

問今有二長形積共一千五百八十四步二闊相同長大積視小積小積視方遞多六步

解：此廣既相差，長又相差，是謂二較。所以相減爲定較者，以闊係三度相折而成，則所差之十一步已入之方中，故止以餘長爲較耳。◎所以南北差四步止筭一步者，求積法倍中加二闊，四歸之以爲闊，原以四而一爲法故也。◎凡梯、斜、四不等諸形，皆仿此。

二較求長闊圖

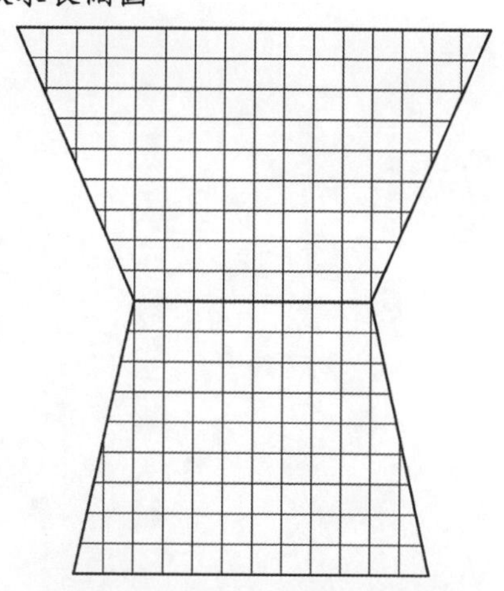
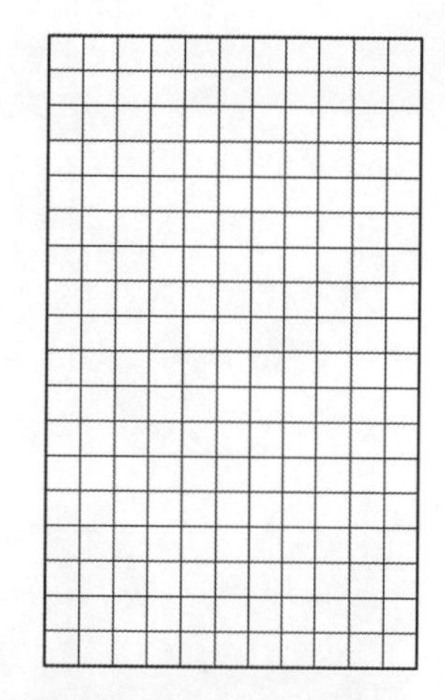

假如三廣田，南闊十六步，北闊十二步，中闊八步，長十八步。形求積，則併南北闊、倍中闊，共四十四步，以四歸之得十一，以十八步乘得一百九十八。今積求形，(正)[止]知中不及南八步，不及北四步，不及長十步，積一百九十八步。則南北二較共十二步，以四而一得三步。此三步既入闊中，則不及長者止七步，故用七爲較也。

一、凡多形有重較者，以相併相折爲定較，然後用積較求和之法。若係方形及長形二較者，皆先減隅積，然後併較。

1. 問：今有二長形，積共一千五百八十四步。二闊相同，其大積視小積，小積視方[1]，遞多六步，

1 據後文，大積、小積，當作"大積之長""小積之長"，即大長形之長與小長形之長。方，即二長形之闊。

求俱闊若干各長若干各積若干

答二積俱闊二十四步　大積八百六十四步　長三十六步

小積七百二十步　長三十步

法置較六步三倍之得一十八步折半得九為較半原積為積用積較求和之法倍原積得三千一百六十八步加較積八十一共三千二百四十九步平方開五十七步減較九餘四十八步折半二十四為闊加六步得三十為小積之長加十二步為三十六步為大積之長各以闊二十四乘之為大小二積之數

解小積之長視方一較大積之長視方二較共三較欲平作二積求之故互和折半而得九也○法應平作二積又以四因求之今只用二因乃省法也

問今有大小方田二段共積七千五百九十二步大方直較小方直多二十八步求大小方面各若干

答大方面七十四步　小方面四十六步

法較自乘得七百八十四步以減積餘六千八百〇八步折半得三千四百〇四步為積以二十八步為較用積較求闊之法四因積得一萬三千六百一十六步加較實七百八十四步得一萬四千四百步平開得一百二十步減較餘九十二步折半得四十六步為小方之直加二十八步得七十四步為大方之直合問

解先減較積此大方之隅也大方視小方為二較多兩廉僅一廉於小方若而長

求俱闊若干？各長若干？各積若干？

答：二積俱闊二十四步。

大積八百六十四步；　　　　長三十六步；

小積七百二十步；　　　　長三十步。

法：置較六步，三倍之得一十八步，折半得九爲較。半原積爲積，用積較求和之法，倍原積得三千一百六十八步，加較積八十一，共三千二百四十九步，平方開五十七步。減較九，餘四十八步，折半二十四爲闊。加六步得三十，爲小積之長；加十二步爲三十六步，爲大積之長。各以闊二十四乘之，爲大小二積之數[1]。

解：小積之長視方一較，大積之長視方二較，共三較。欲平作二積求之，故互和折半而得九也。◎法應平作二積，又以四因求之。今只用二因，乃省法也。

2. 問：今有大小方田二段，共積七千五百九十二步，大方面較小方面多二十八步，求大小方面各若干[2]？

答：大方面七十四步；　　　　小方面四十六步。

法：較自乘得七百八十四步，以減積，餘六千八百〇八步，折半得三千四百〇四步爲積。以二十八步爲較，用積較求闊之法。四因積得一萬三千六百一十六步，加較實七百八十四步，得一萬四千四百步，平開得一百二十步。減較餘九十二步，折半得四十六步，爲小方之面；加二十八步，得七十四步，爲大方之面。合問[3]。

解：先減較積者，大方之隅也。大方視小方爲二較，多兩廉，借一廉於小方，若兩長

---

1 設小積之長爲 n_1，大積之長爲 n_2，大小之闊俱爲 m，據題意得：$n_1=m+6$，$n_2=m+12$，則：

$$(n_1+n_2)-2m=18$$

整理得：

$$\frac{n_1+n_2}{2}-m=9$$

又：

$$\frac{n_1+n_2}{2}\cdot m=\frac{1}{2}(n_1m+n_2m)=\frac{1}{2}\times 1584=792$$

設虛長 $n'=\frac{n_1+n_2}{2}$，虛闊 $m'=m$，由積較求和四因法，求得虛闊 $m'=24$，即所求之闊。

2 此題爲《同文算指通編》卷八"帶縱諸變開平方"第二題，同類算題亦見《算法統宗》少廣章。

3 如圖 8-14，$ABCD$ 爲大方田，積爲 S_1，方面爲 a；$CEFG$ 爲小方田，積爲 S_2，方面爲 b。已知 $a-b=28$，$S_1+S_2=a^2+b^2=7592$。由圖易知：

$$S_{CDHG}=\frac{S_1+S_2-S_{IBFH}}{2}=\frac{a^2+b^2-(a-b)^2}{2}=\frac{7592-28^2}{2}=3404=ab$$

用積較求和法，求得 $a=74$，$b=46$。

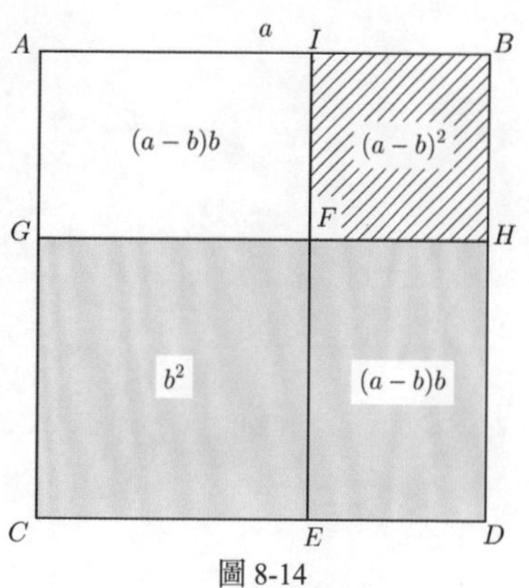

圖 8-14

形然故以半積爲積，止以一較爲較也

問今有大小方四三段共積四千七百八十八步，大方直多中方直一十八步，中方直多小方直一十二步，求三方直各幾何

答大方五十四　中方三十六　小方二十四

法大較十八加中較十二共三十自乘得九百，中較自乘得一百四十四，合二數共一千〇四十四，以減積，餘三千七百四十四，三歸之得一千二百四十八爲積，倍大較三十六，四因中較四十八，共八十四，三歸之得二十八爲較，用積較求闊之法，四因積得四千九百九十二，加較自乘七百八十四，共五千七百七十六，平開之得七十六步，減較二十八，餘四十八，折半得二十四爲小方，加二十步爲中方，再加一十八步爲大方，合問

解先減去大中二方之隅也，大方既多中方十八，又多小方十二，故併之爲隅法，平分三積，共以小方爲主，大方四廣，中方二廣，互和三歸，加於小方成三長形，然故所求之闊即小方之直也

問今有大小二長積共二千一百二十四，其小積之長視方較十二步，大積之長視小積之長闊各較六步，求各長各闊各積幾何

答大方長四十二　闊三十　積一千二百六十

小方長三十六　闊二十四　積八百六十四

法大較六自乘三十六，小較十二與大較六乘得七十二，共一百〇八，以減積，餘二千一十六步，平分

形然，故以半積爲積，止以一較爲較也。

3. 問：今有大小方田三段，共積四千七百八十八步，大方面多中方面一十八步，中方面多小方面一十二步，求三方面各若干[1]？

答：大方五十四；　　中方三十六；

小方二十四。

法：大較十八加中較十二，共三十，自乘得九百；中較自乘得一百四十四，合二數共一千四十四。以減積，餘三千七百四十四，三歸之，得一千二百四十八爲積。倍大較三十六，四因中較四十八，共八十四，三歸之，得二十八爲較。用積較求闊之法，四因積得四千九百九十二，加較自乘七百八十四，共五千七百七十六，平開之得七十六步。減較二十八，餘四十八，折半得二十四，爲小方。加二十步爲中方，再加一十八步爲大方[2]。合問。

解：先減者，大中二方之隅也。大方既多中方十八，又多小方十二，故併之爲隅法。平分三積，只以小方爲主，大方四廉，中方二廉，互和三歸，加於小方，若三長形然。故所求之闊，即小方之面也。

4. 問：今有大小二長，積共二千一百二十四。其小積之長視方較十二步[3]，大積之長[闊]視小積之長闊，各較六步[4]。求各長各闊各積若干？

答：大方長四十二，　　闊三十，　　積一千二百六十；

小方長三十六，　　闊二十四，　　積八百六十四。

法：大較六自乘三十六，小較十二與大較六乘得七十二，共一百〇八。以減積，餘二(百)[千]一十六步。平分

1 此題爲《同文算指通編》卷八“帶縱諸變開平方”第三題。

2 如圖 8-15，設大方面爲 a，中方面爲 b，小方面爲 c，已知 $a-b=18$，$b-c=12$，故 $a-c=30$。又 $a^2+b^2+c^2=4788$，則：

$$(a^2+b^2+c^2)-(a-c)^2-(b-c)^2=4788-900-144=3744$$

即圖中空白部分的面積之和，即：$3c^2+2(a-c)c+2(b-c)c=3744$。代入 $a-c=30$、$b-c=12$，整理得：

$$c(c+28)=\frac{3744}{3}=1248$$

以 c 爲虛闊，$c+28$ 爲虛長，已知虛長闊積爲 1248，較爲 28，用積較求闊法，解得闊即小方面 $c=24$，遞加差，得中方面與大方面。

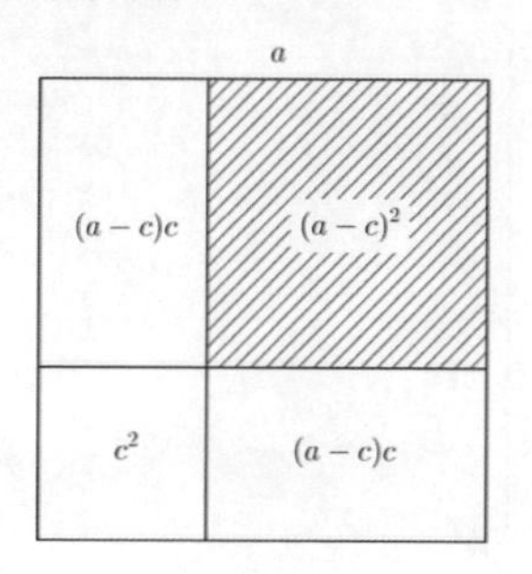

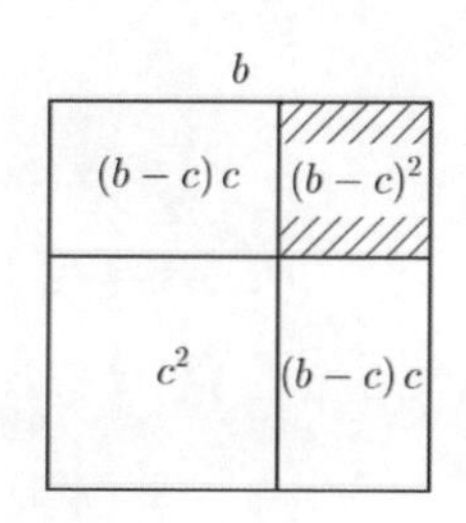

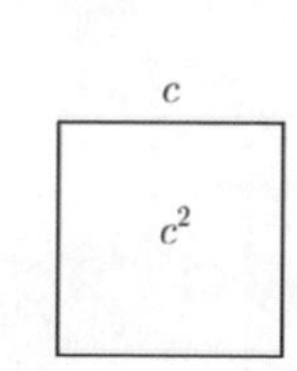

圖 8-15

3 此句意爲：小積之長視小積内容方之方面，較爲十二步。小積内容方面，即小積之闊。

4 此句意爲：大積之長視小積之長，較六步；大積之闊視小積之闊，較六步。“大積之長”下脱“闊”字，據文意補。

二積各得一千〇〇八為積大較二各六得一十二步小較二各十二得二十四共三十六折半一十八為較

用積較求濶之法半較九自乘八十一加積一千〇〇八得一千〇八十九平開得三十三步加較九得四十二為大積之長減較九得二十四為小積之濶加小濶六得三十為大積之濶加小濶十二得三十六為小積之長各以長濶相乘得各積之數合問

解大形視小形多一倍三十六是也又多兩較相乘之數七十二是也大形兩廉各六十二是也大形減廉仍与小等小較十六大較同之二十四是也欲作兩平方故以折半為較此用本積加較之法視四周法四之一也

重較長形一

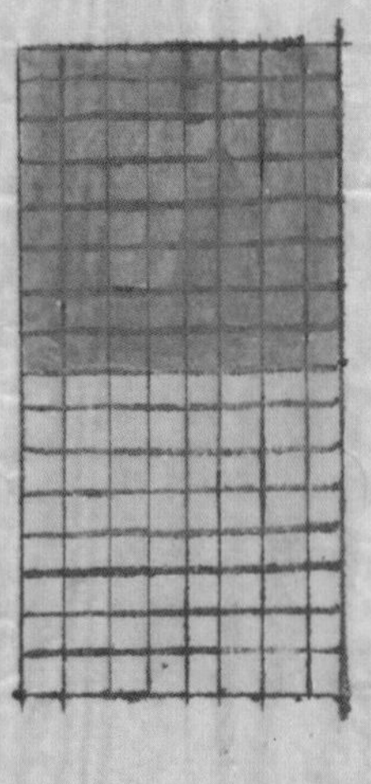

假如長形二積共二百二十四步大積視小積小積視方各較四步是大積二較小積一較合為三較共一十二步折半得六步平方原積一万一十二以六為較而得

重較長形二

二積，各得一千〇〇八爲積。大較二各六，得一十二步；小較二各十二，得二十四，共三十六，折半一十八爲較。用積較求闊之法，半較九自乘八十一，加積一千〇〇八，得一千八十九，平開得三十三步，加［半］較九得四十二，爲大積之長；減［半］較九得二十四，爲小積之闊；加小闊六得三十，爲大積之闊；加小闊十二得三十六，爲小積之長。各以長闊相乘，得各積之數[1]。合問。

解：大形視小形多一隅，三十六是也。又多兩較，相乘之數七十二是也。大形兩廉各六，十二是也。大形減廉，仍與小等。小較十二，大較同之[2]，二十四是也。欲作兩平分，故以折半爲較。此用本積加較之法，視四因法四之一也。

重較長形一[3]

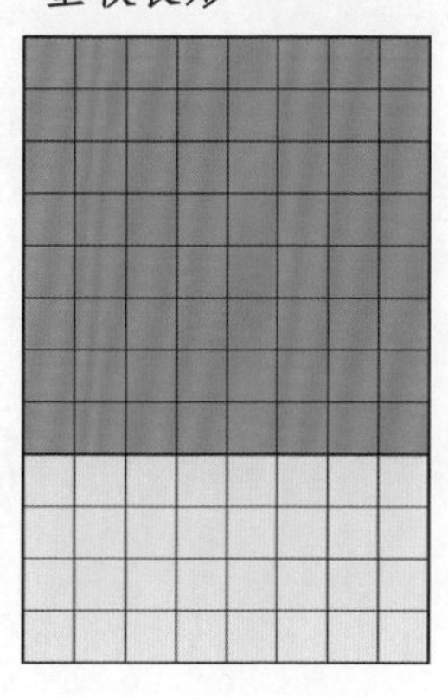

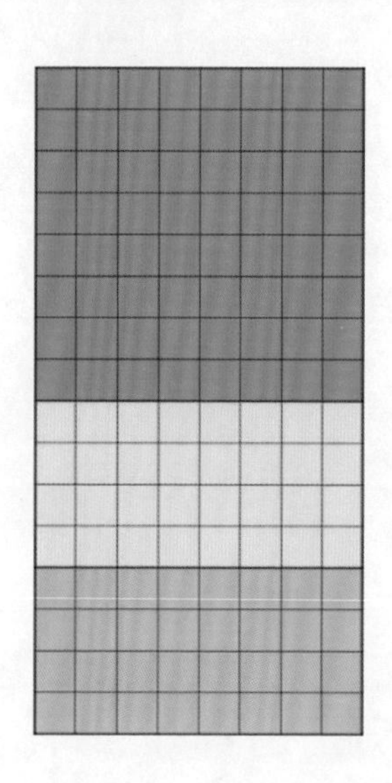

假如長形二積共二百二十四步，大積視小積，小積視方，各較四步，是大積二較，小積一較，合爲三較，共一十二步，折半得六步。平分原積一百一十二，以六爲較而得。

重較長形二

---

1 設大積長、闊分別爲 n_1、m_1，小積長闊分別爲 n_2、m_2，已知 $n_1-n_2=m_1-m_2=6$，$n_2-m_2=12$。如圖 8-16，從大小共積中減去陰影面積，得：$2124-(n_1-n_2)(m_1-m_2)-(n_2-m_2)(m_1-m_2)=2124-36-72=2016$。餘積構成兩個以 n_1 爲長、m_2 爲闊的長方，長闊積、較分别得：

$$\begin{cases} n_1m_2=\dfrac{2016}{2}=1008 \\ n_1-m_2=(n_1-n_2)+(n_2-m_2)=6+12=18 \end{cases}$$

用積較求闊法解之。

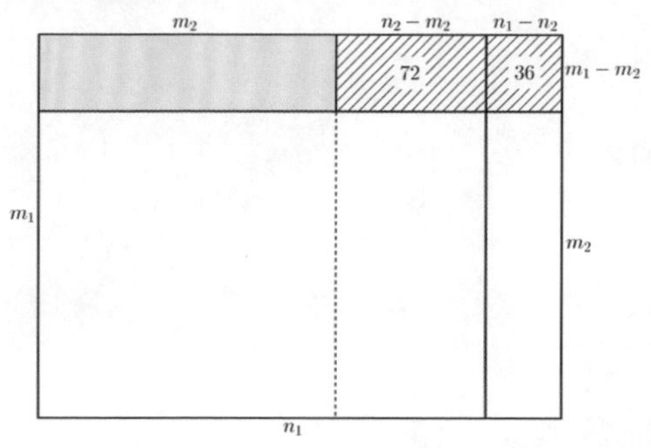

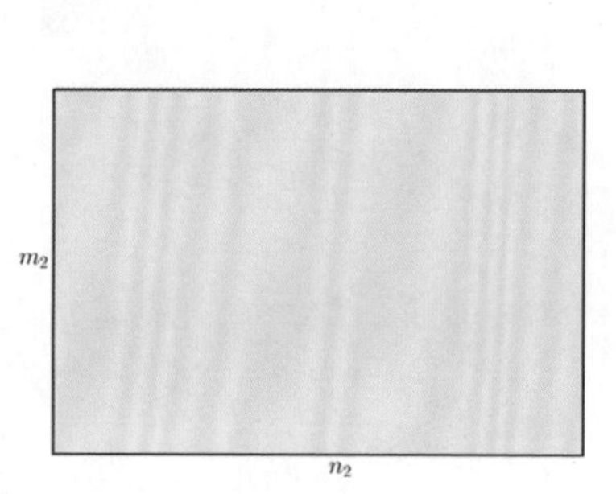

圖 8-16

2 小較，指小形長闊較；大較，指大形長闊較，皆得十二。

3 原圖填色不甚統一。今將第二圖青黄兩色對調，使其與第一圖相同部分的顏色保持一致，以便於理解。以下情況相同者，處理方式相同，不再出註説明。

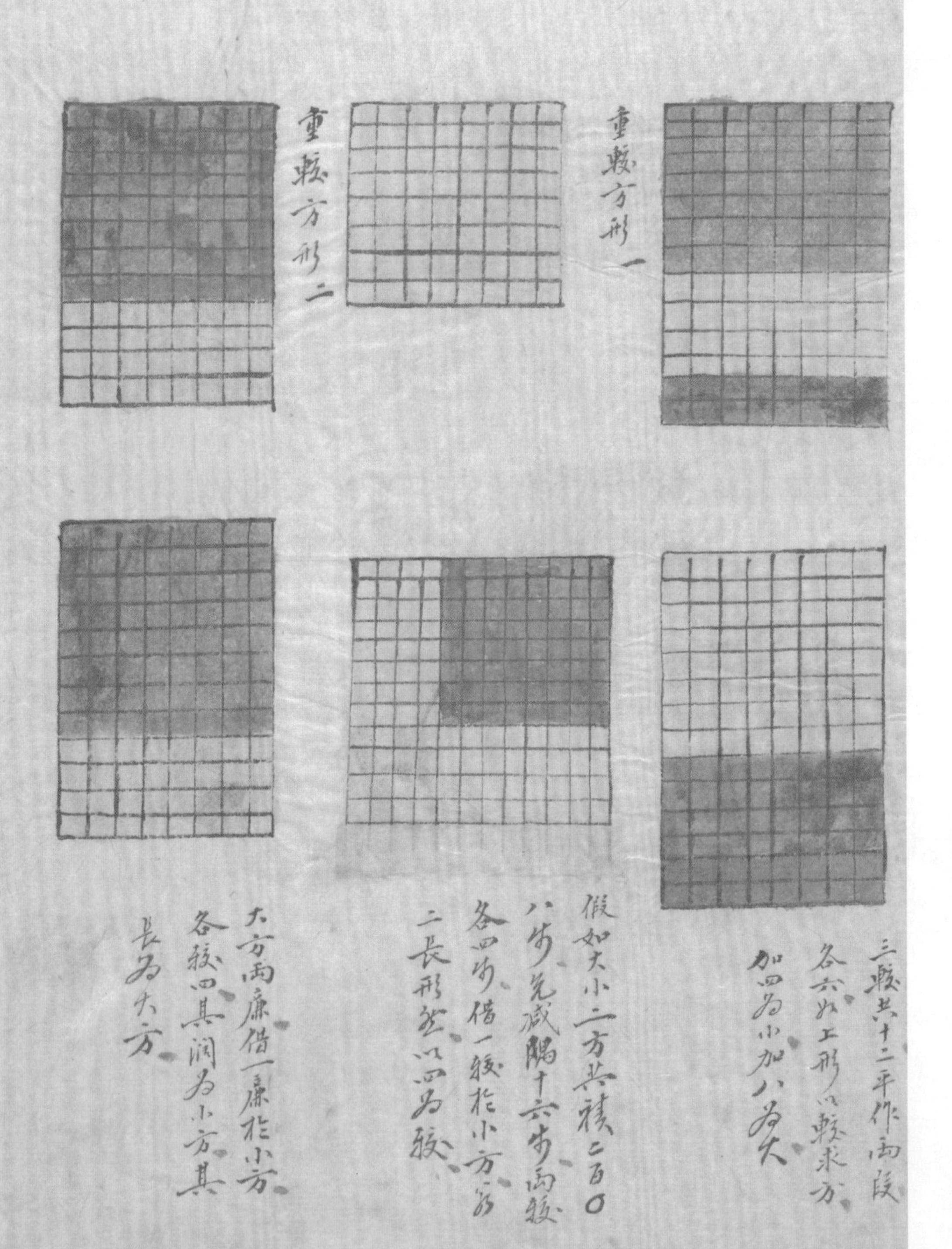
重較方形一
重較方形二
三較共十二平作兩段
各六如上形以較求方
加四為小加八為大
假如大小二方共積二百〇
八步先減隅十六步兩較
各四步借一較於小方以
二長形並以四為較
大方兩廉借一廉於小方
各較四其闊為小方其
長為大方

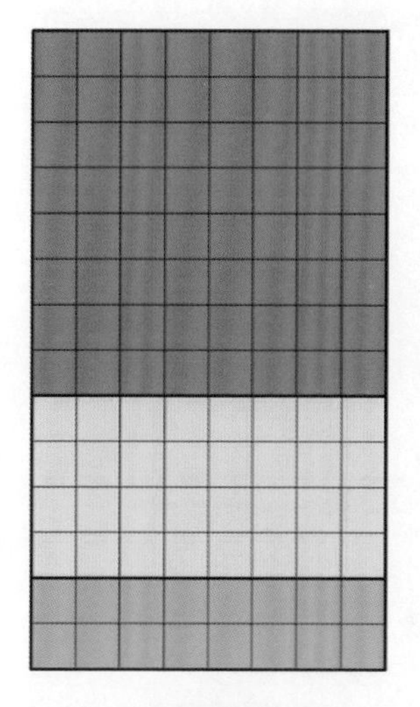

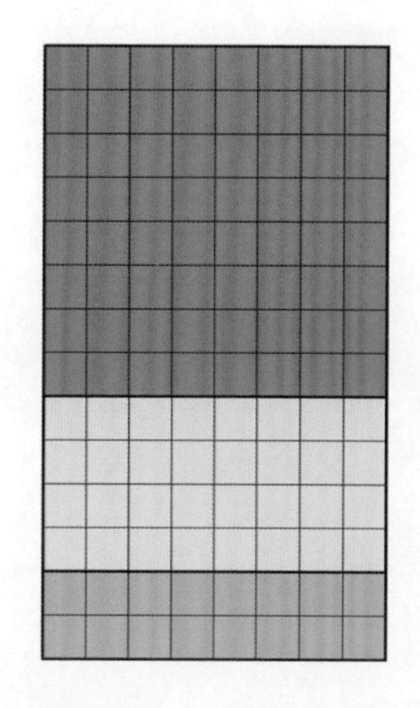

三較共十二，平作兩段各六，如上形。以較求方，加四爲小，加八爲大。

重較方形一

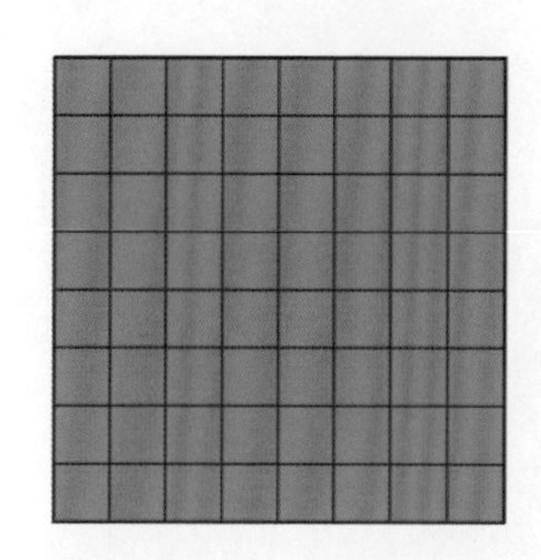

假如大小二方共積二百〇八步，先減隅十六步，兩較各四步，借一較於小方，若二長形然，以四爲較。

重較方形二

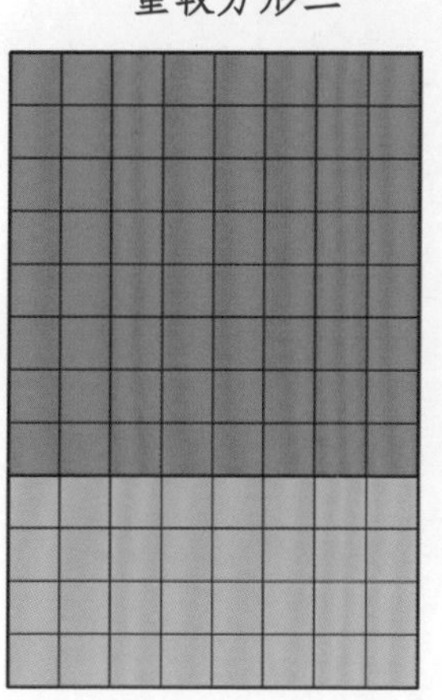

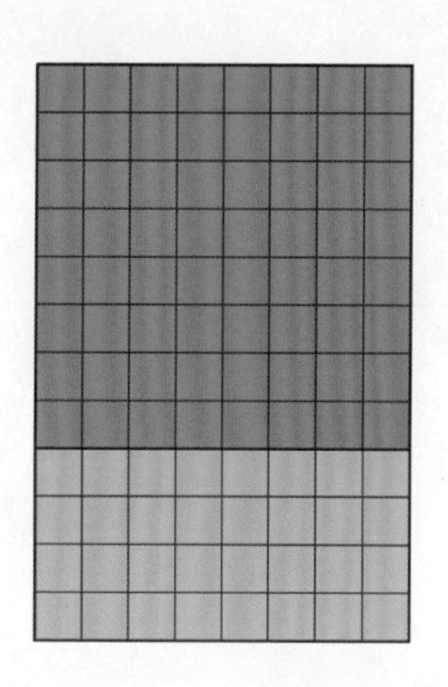

大方兩廉，借一廉於小方，各較四，其闊爲小方，其長爲大方。

重較方形三

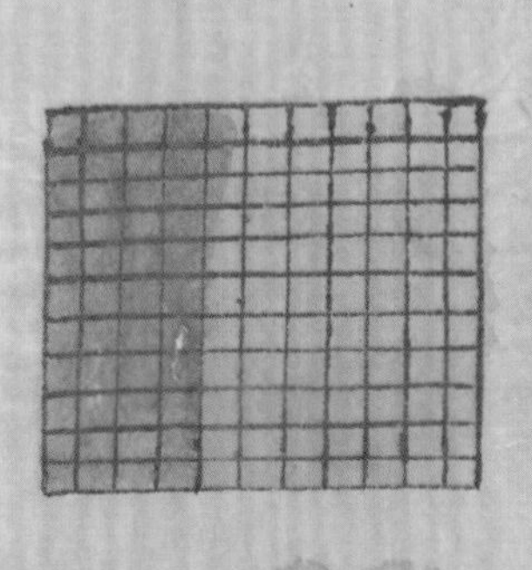

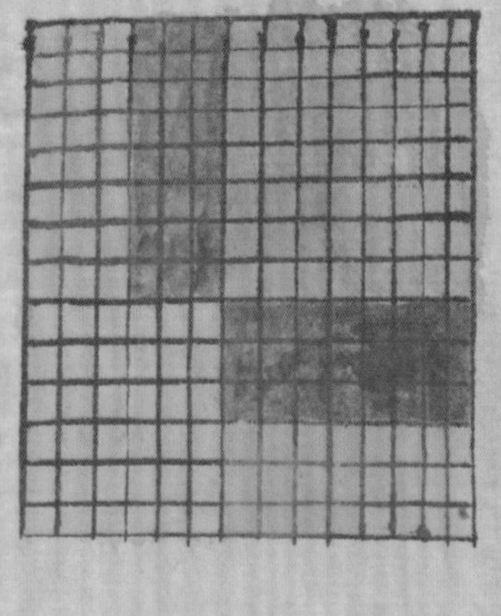

假如大小三方共積三百八十一步先減大方之冪三十六次減中方之冪九餘大方四廉一十二小方二廉六共一十八平分爲三各六步爲三長形各以六爲較

重較方形四

三長形各較六俱以八爲闊十四爲長闊即小方加三得十一爲中方加三得十四爲大方

重較減隅長形一

重較方形三

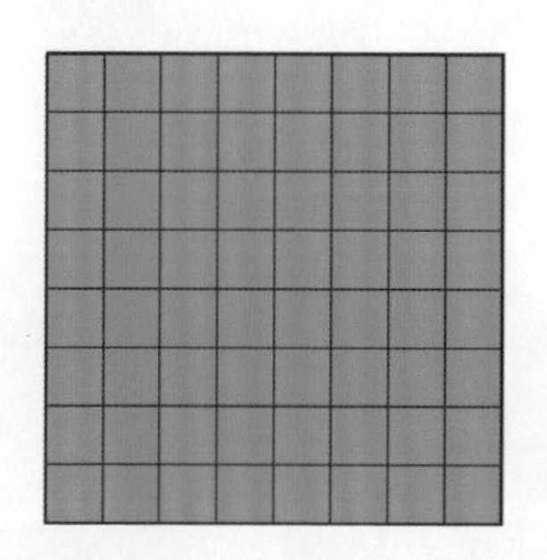

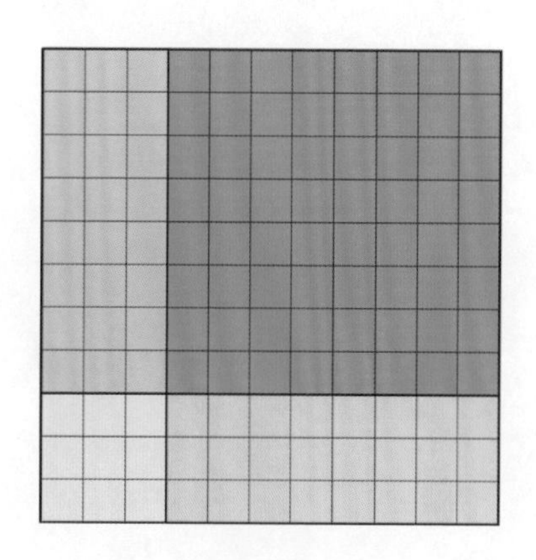

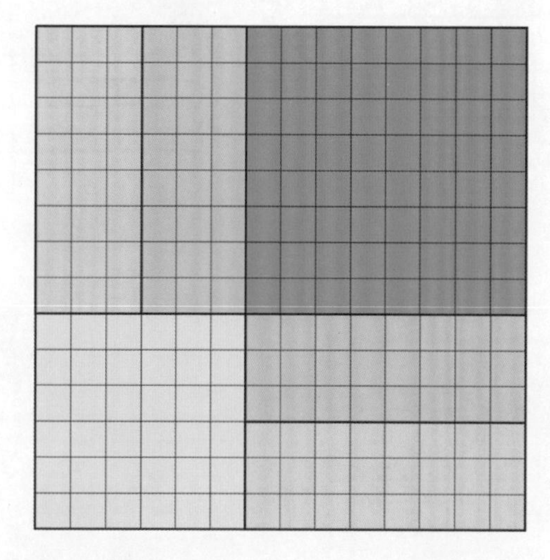

假如大小三方共積三百八十一步，先減大方之隅三十六，次減中方之隅九，餘大方四廉一十二，小方二廉六，共一十八。平匀爲三，各六步，若三長形然，以六爲較。

重較方形三

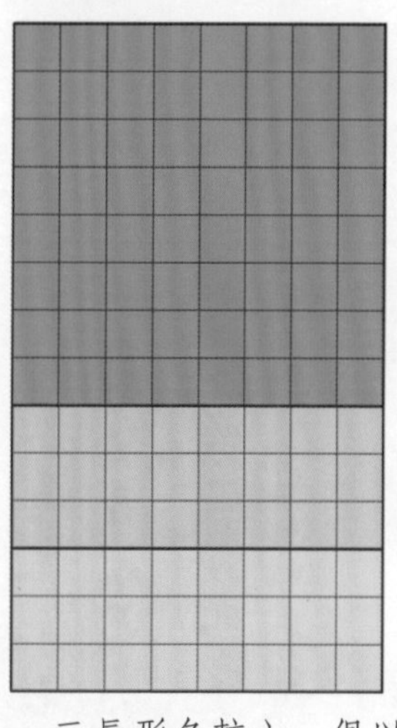

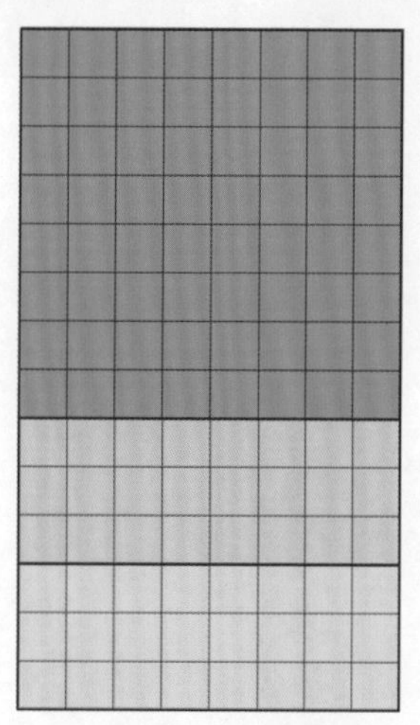

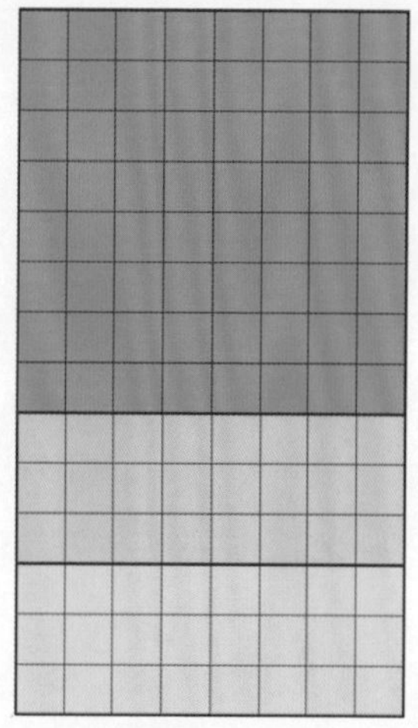

三長形各較六，俱以八爲闊，十四爲長。闊即小方，加三得十一爲中方，加三得十四爲大方。

重較減隅長形一

重較減隅長形二

假如長形二積共五百三十六大形視小形長闊各較二小形視方較四先減四爲方隅再減八爲長隅餘大形三廉小形一廉共十二平分作二以六爲較

二積各求得八爲方即小形之闊加四得十二爲小形之長小長加二得十四爲大形之長小闊加二得十爲大形之闊小積九十六大積一百四十

凡方圓並積以七除之以八乘之折半平方開之得方圓之徑自乘得方積七五乘得圓積

問今有方圓二積共二千二百六十八步求方面圓徑若干

答 圓徑三十六步　方一千二百九十六步　圓九百七十二步

法置積四因之得九千〇七十二步七除之得一千二百九十六步平開之得徑自乘得方積將方積七五乘之得圓積合問

解圓得方四之三故以積爲七分加一分成兩方積矣〇法應七除八乘又折半此用四因者折半也

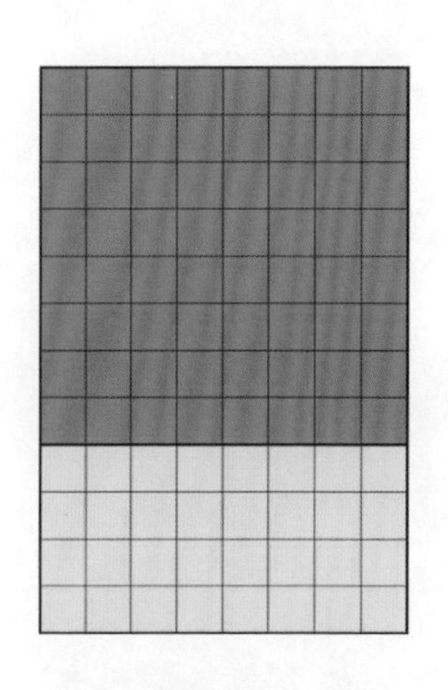

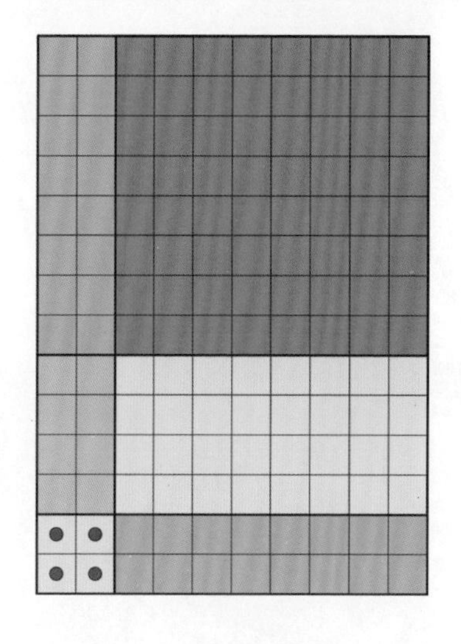

假如長形二積共二百三十六，大形視小形，長闊各較二，小形視方較四。先減四爲方隅，再減八爲長隅，餘大形三廉，小形一廉，共十二。平分作二，以六爲較。

重較減隅長形二

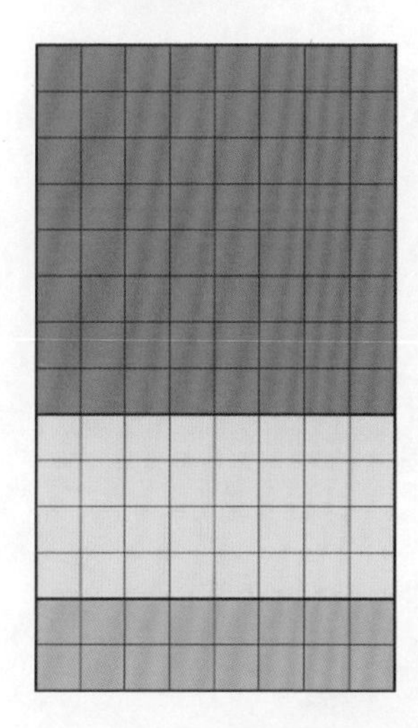

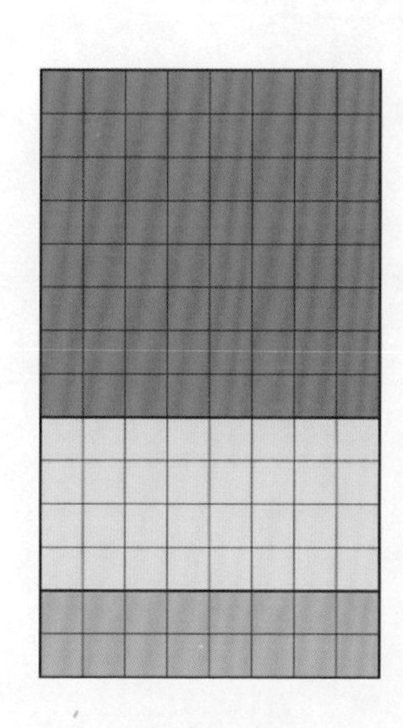

二積各求得八爲方，即小形之闊；加四得十二，爲小形之長。小長加二得十四，爲大形之長；小闊加二得十，爲大形之闊。小積九十六，大積一百四十。

一、凡方圓並積，以七除之，以八乘之，折半，平方開之，得方圓之徑。自乘得方積，七五乘得圓積[1]**。**

1. 問：今有方圓二積，共二千二百六十八步，求方面、圓徑若干[2]？

答：同徑三十六步。

方一千二百九十六步；　　圓九百七十二步。

法：置積四因之，得九千〇七十二步，七除之得一千二百九十六步，平開之得徑。自乘得方積；將方積七五乘之，得圓積。合問。

解：圓得方四之三，故以積爲七分，加一則成兩方積矣。◎法應七除八乘，又折半。只用四因，省折半也。

---

1 設方積爲 $4m$，圓積爲 $3m$，並積爲 $7m$。已知並積 $7m$，求得方面即圓徑爲：

$$a=\sqrt{4m}=\sqrt{\frac{8m}{2}}=\sqrt{\frac{\frac{8}{7}\times 7m}{2}}$$

2 此題爲《同文算指通編》卷八“帶縱諸變開平方”第四題。同類算題亦見《算法統宗》少廣章。

一尺立方立圓共積以三十二乘之以六十五除之得數折半為積作立方開之得徑再乘之

得方積以方積九因十六歸得圓積

問今有立方立圓二積共七萬二千九百尺求各高若干各積若干

答同高三十六尺　方積四萬六千六百五十六尺　圓積二萬六千二百四十四尺

法置積以六十五除之得二千九百一十六尺以三十二乘之得九萬三千三百一十二尺折半得四

萬六千六百五十六尺各以立方開之得高數以高數再乘之得立方積十六歸九因得圓積

合問

解立圓立方十六分之九併之得二十五以三十二乘之為兩倍立方故以二十五除以三十二乘也

方圓並率

圓得方四之三共七

八因之則為二方形

故平開而得徑

立圓得立方十六分之九共二十

五三十二因則為二立方故

以立方開之而得徑

一、凡立方立圓並積，以三十二乘之，以二十五除之，得數折半爲積，作立方開之得徑。再乘之得方積，將方積九因十六歸，得圓積[1]。

1. 問：今有立方立圓二積，共七萬二千九百尺，求各高若干？各積若干？

答：同高三十六尺。

方積四萬六千六百五十六尺； 圓積二萬六千二百四十四尺。

法：置積以二十五除之，得二千九百一十六尺；以三十二乘之，得九萬三千三百一十二尺。折半得四萬六千六百五十六尺，（各）以立方開之[2]，得高數。將高數再乘之，得立方積。十六歸九因，得圓積。合問。

解：立圓［得］立方十六分之九，併之得二十五。以三十二乘之，爲兩倍立方。故以二十五除，以三十二乘也。

方圓並率

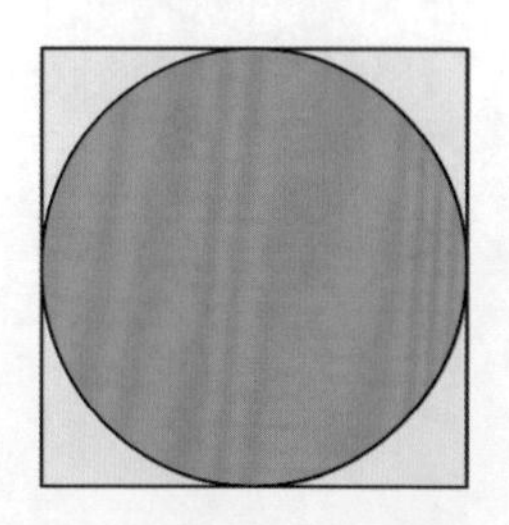

圓得方四之三，共七。八因之，則爲二方形，故平開而得徑。

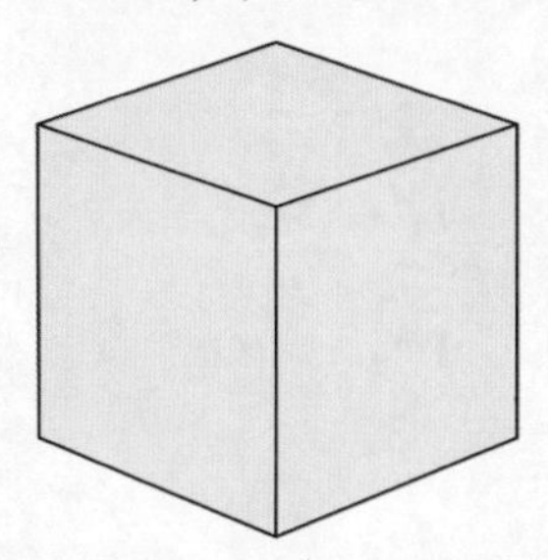
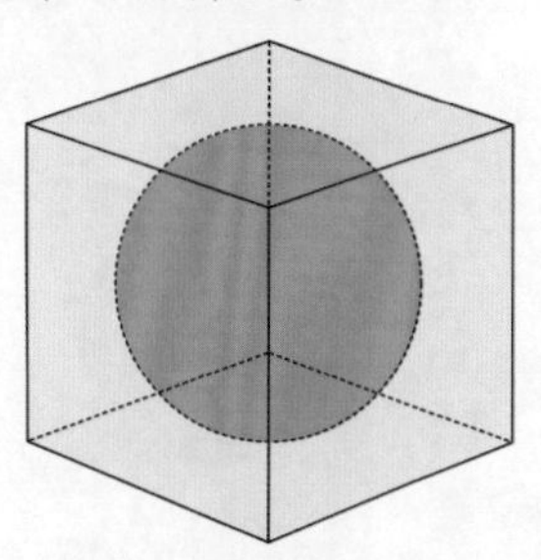

立圓得立方十六分之九，共二十五。三十二因，則爲二立方，故以立方開之而得徑。

1 設立方積爲$16m$，立圓積爲$9m$，並積爲$25m$。已知立方立圓並積$25m$，求得立方面即立圓徑爲：

$$a=\sqrt[3]{16m}=\sqrt[3]{\frac{32m}{2}}=\sqrt[3]{\frac{\frac{32}{25}\times 25m}{2}}$$

2 各，當爲衍文，據文意删。

一凡匿積但顯長闊和較以長乘或以闊乘得若干其較若干求原積原長原闊比須先約其形作几長几方有餘若干不足若干然後用匿積減積帶縱減縱等方法

問今有田不知積但知以長乘一長二闊三和四較得一萬一千二百三十二步其長闊較一十二步求原積若干長闊各若干

答原積八百六十四步　長三十六步　闊二十四步

法四較內取三較配三和得六長又取一較配一闊成七長連一長為八長餘一闊是為八長一闊更以長乘之得長自乘者八段長闊相乘者一段共九段九段總求初商長三十為方法自乘得九百更以九段乘之得八千一百減積餘三千一百三十二緣長闊相乘一段內負一長較相乘之積法應補之即以商三十乘較一十二得三百六十加入餘積得三千四百九十二卻倍初商三十得六十為各段之廉更以九段乘之得五百四十為廉法約積可六轉續商六其長闊相乘一段內又應以乘較十二得七十二補之加入積三千四百九十二共三千五百六十四其隅法六亦應以九段乘之得五十四為隅法合廉隅二法共五百九十四與續商對呼除積恰盡○若分求於置積以九除之得一千二百四十八商三十步除積九百餘三百四十八即以三十步乘較得三百六十以九除之得四十加之得三百八十八約可商六再以六步乘較得七十二以九除之得八步加之得三百九十六倍初商三十得六十為廉六為隅併之得六十六與商六對呼除積恰盡得三十六步減較一十二得二十四為闊長闊相乘為積

一、凡匿積但顯長闊和較，以長乘或以闊乘得若干，其較若干，求原積原長原闊者。須先約其形，作幾長幾方，有餘若干，不足若干，然後用益積、減積、帶縱、減縱等法。

1. 問：今有田不知積，但知以長乘一長二闊三和四較，得一萬一千二百三十二步，其長闊較一十二步，求原積若干？長闊各若干[1]？

答：原積八百六十四步。

長三十六步；　　闊二十四步。

法：四較内取三較配三和，得六長，又取一較配一闊，成七長，連一長爲八長，餘一闊，是爲八長一闊。更以長乘之，得長自乘者八段，長闊相乘者一段，共九段。九段總求，初商長三十爲方法，自乘得九百，更以九段乘之得八千一百，減積餘三千一百三十二。緣長闊相乘一段内負一長較相乘之積，法應補之。即以商三十乘較一十二得三百六十，加入餘積，得三千四百九十二。卻倍初商三十得六十，爲各段之廉，更以九段乘之，得五百四十爲廉法。約積可六轉，續商六。其長闊相乘一段内，又應以乘較十二得七十二補之，加入積三千四百九十二，共三千五百六十四。其隅法六，亦應以九段乘之，得五十四爲隅法。合廉隅二法，共五百九十四，與續商對呼，除積恰盡[2]。◎若分求者，置積以九除之，得一千二百四十八。商三十步，除積九百，餘三百四十八。即以三十步乘較，得三百六十，以九除之，得四十，加之得三百八十八。約可商六，再以六步乘較得七十二，以九除之得八步，加之得三百九十六。倍初商三十得六十爲廉，六爲隅，併之得六十六，與商六對呼，除積恰盡，得三十六步。減較一十二，得二十四爲闊。長闊相乘爲積。

1《同文算指通編》卷八"帶縱諸變開平方"第五、六、十一、十二題與此類型相同。

2 設闊爲 m 、長爲 n ，由題意得：

$$n\left[n+2m+3(m+n)+4(n-m)\right]=n(8n+m)=8n^2+mn=11232$$

如圖 8-17，八段長自乘積 n^2 、一段長闊相乘積 mn ，共積 11232。長闊相乘積 mn 補入長較相乘積 $n(n-m)$，合成一個長自乘積 n^2 。約初商 $a=30$ ，長闊相乘積補入初商與較乘積 $a\times(n-m)=30\times12=360$ ，併入原積，減去九段初商自乘積 $9a^2=9\times900=8100$ ，餘積爲：$11232+360-8100=3492$ 。約次商 $b=6$ ，長闊相乘積補入次商與較乘積 $b\times(n-m)=6\times12=72$ ，併入餘積，減去九段廉積 $9\times2ab=9\times360=3240$ ，再減去九段隅積 $9b^2=9\times36=324$ ，得：$3492+72-3240-324=0$ 。除積恰盡，開得長爲：$n=36$ 。

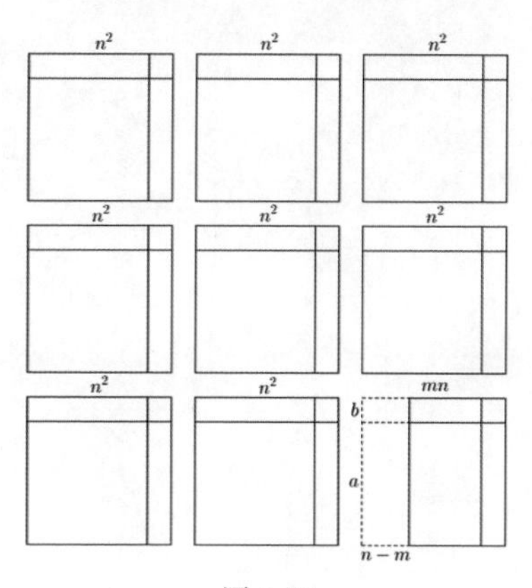

圖 8-17

合問〇此求濶於積爲長自乘此八段内各有一濶自乘一較自乘二濶較乘爲長濶乘此一段内有濶自乘一濶較乘一通得九個濶自乘八個較自乘十七個濶較乘較自乘一百四十四八因之得一千一百五十二以減積餘積一萬〇〇八十初商二十九因之得一百八十加入十七較二百〇四共三百八十四以商二十乘之除積七千六百八十餘二千四百倍初商二十得四十以九因之得三百六十爲正廣以十七較二百〇四爲餘廣共五百六十四爲廣法續商四九因之得三十六爲隅法併廣隅得六百與續商對呼除積得濶二十四

解全求與分求同但全求積多所商數又須以段數乘之難以驟会不若分求此舉目即得其大略也〇凡解例有三有法後解全分皆是也有隨法解如解中又出另法即加以所以然此四字釋之是也有先法解以隱襍之數初見茫然先爲抉其所以然之故如此問先配段數又提出長濶相乘一段負積應補之說然後入法是也

問今有直田不知積但知一長二濶三和四較以濶乘之得七千四百八十八其長濶較一十二問求長濶若干積若干　　答同前

法如前配成八長一濶更以濶乘之得長濶相乘此八即八倍原積也又濶自乘此一其長濶相乘八段每段一個濶自乘又一個濶較相乘通得九個濶自乘八個濶較相乘負一濶較乘將積以九段除之得八百三十二初商二十爲濶加較十二得三十二爲長相乘得六百四十以除積餘一百九十二緣濶自乘一段内負一濶較相乘之數則以初商二十乘

合問。◎若求闊者，積爲長自乘者八段，内各有一闊自乘，一較自乘，二闊較乘；爲長闊乘者一段，内有闊自乘一，闊較乘一。通得九個闊自乘，八個較自乘，十七個闊較乘。較自乘一百四十四，八因之得一千一百五十二，以減積，餘積一萬〇〇八十。初商二十，九因之得一百八十，加入十七較二百〇四，共三百八十四，以商二十乘之，除積七千六百八十，餘二千四百。倍初商二十得四十，以九因之，得三百六十，爲正廉；以十七較二百〇四爲餘廉，共五百六十四爲廉法。續商四，九因之得三十六爲隅法。併廉隅得六百，與續商對呼除積，得闊二十四[1]。

解：全求與分求同，但全求積多所商數，又須以段數乘之，難以驟會，不若分求者舉目即得其大略也。◎凡解例有三：有法後解，全書皆是也；有隨法解，如解中又出異法，即加以"所以然者"四字釋之是也；有先法解，以隱雜之數初見茫如，先爲抉其所以然之故。如此問先配段數，又提出長闊相乘一段負積應補之説，然後入法是也。

2. 問：今有直田不知積，但知一長二闊三和四較，以闊乘之，得七千四百八十八，其長闊較一十二步，求長闊若干？積若干[2]？

答：同前。

法：如前配成八長一闊，更以闊乘之，得長闊相乘者八，即八倍原積也，又闊自乘者一。其長闊相乘八段，每段一個闊自乘，又一個闊較相乘。通得九個闊自乘，八個闊較相乘，負一闊較乘。將積以九段除之，得八百三十二。初商二十爲闊，加較十二得三十二爲長，相乘得六百四十，以除積，餘一百九十二。緣闊自乘一段内負一闊較相乘之數，則以初商二十乘

1 設闊爲 m，長爲 n，據題意得：$n[n+2m+3(m+n)+4(n-m)]=8n^2+mn=11232$。由於：$n^2=m^2+2m(n-m)+(n-m)^2$；$mn=m(n-m)+m^2$，故：$8n^2+mn=9m^2+8(n-m)^2+17m(n-m)=11232$。將 $n-m=12$ 代入上式，得：$9m^2+204m=10080$。如圖 8-18，九段闊自乘積 m^2，與一段以 204 爲長、m 爲闊的長方積，共積 10080。約初商 $a=20$，共積内減去九段初商方積 $9a^2=9\times400=3600$，一段以 204 爲長、以初商爲闊的長方積 $204a=204\times20=4080$，餘積爲：$10080-3600-4080=2400$。以 $9\times2a+204=564$ 爲廉法，約餘積，得次商 $b=4$，九段正廉積爲 $9\times2ab=9\times160=1440$，一段餘廉積爲 $204b=204\times4=816$，九段隅積爲 $9m^2=9\times16=144$，依次減餘積，得：$2400-1440-816-144=0$。除積恰盡，得闊 $m=24$。

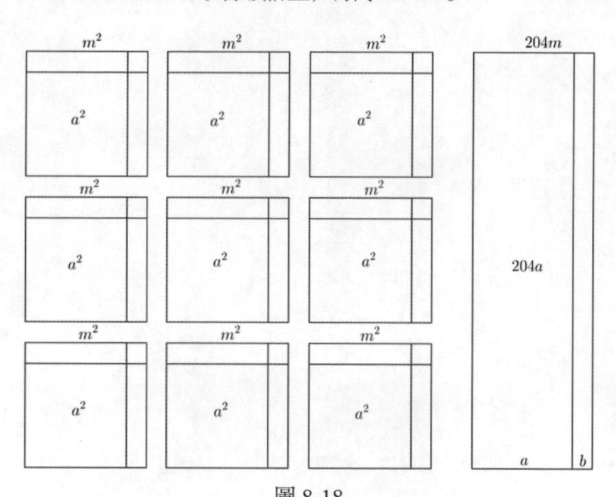

圖 8-18

2《同文算指通編》卷八"帶縱諸變開平方"第七至十題與此題類型相同。

較十二得二百四十分爲九段各得二十六六六不盡加入餘積得二百一十八步六六不盡卻
倍初商二十作四十加較十二得五十二爲廉法續商四即以四爲隅法併入廉法共得
五十六爲法再以四乘十二得四十八步爲負積以九除之得五步三三不盡加入餘積得二百二十四
步以續商四與法相呼除積恰盡〇既九段總計初商二十以九乘得一百八十較十二卻以九乘
之得一百〇八併之得二百八十八以二十乘之得五千七百六十除積餘積一千七百二十八卻以商二
十與較十二相乘得二百四十爲負積加之得一千九百六十八倍商四十加較十二共五十二以九乘之
得四百六十八爲廉法續商四以九乘之得三十六爲隅法合廉隅五百〇四再以續商四乘十二
得四十八爲負積加入餘積得二千〇一十六以續商四與廉隅法對呼除積合問〇另求長比
積爲長闊相乘長形比八闊自乘方形比一內取一長形加一長較乘得自乘長方形又減一
較自乘餘一個闊自乘兩個闊較乘再合一段闊方形得兩長形適得九長形各以長較
乘加之損成長方較自乘一百四十四以減積餘七千三百四十四商三十十因之得三百與較相乘
得三千六百加入積得一萬〇九百四十四以商三十自乘得九百九因之除積八千一百餘二千八百四十四倍三
十得六十九因之得五百四十爲廉法續商六九因之得五十四爲隅法併得五百九十四再以六
乘較得七十二十因之得七百二十加入餘積得三千五百六十四以續商六與廉隅法對呼除積

解求長法減較積一加長積一縢得長形比九仍當加九段長較相乘連約積一段既

十段較因十因〇以上二問各舉一法其減積益積帶縱減縱等法俱可意推要

較十二，得二百四十，分爲九段，各得二十六六不盡。加入餘積，得二百一十八步六六不盡。卻倍初商二十作四十，加較十二得五十二爲廉法，續商四，即以四爲隅法，併入廉法，共得五十六爲法。再以四乘十二得四十八步爲負積，以九除之，得五步三三不盡，加入餘積得二百二十四步。以續商四與法相呼，除積恰盡[1]。◎或九段總求，初商二十，以九乘得一百八十；較十二亦以九乘之，得一百〇八，併之得二百八十八。以二十乘之，得五千七百六十。除積，餘積一千七百二十八。卻以商二十與較十二相乘，得二百四十爲負積，加之得一千九百六十八。倍商四十，加較十二，共五十二，以九乘之得四百六十八爲廉法，續商四，以九乘之得三十六爲隅法，合廉隅五百〇四。再以續商四乘十二，得四十八爲負積，加入餘積，得二千〇一十六。以續商四與廉隅法對呼除積，合問。◎若求長者，積爲長闊相乘長形者八，闊自乘方形者一。内取一長形，加一長較乘，得（自乘長）［長自乘］方形[2]；又減一較自乘，餘一個闊自乘，兩個闊較乘；再合一段闊方形，得兩長形[3]。通得九長形，各以長較乘加之，俱成長方[4]。較自乘一百四十四，以減積，餘七千三百四十四。商三十，十因之得三百，與較相乘得三千六百，加入積得一萬〇九百四十四。以商三十自乘，得九百，九因之，除積八千一百，餘二千八百四十四。倍三十得六十，九因之得五百四十爲廉法，續商六，九因之得五十四爲隅法，併得五百九十四。再以六乘較得七十二，十因之得七百二十，加入餘積，得三千五百六十四，以續商六與廉隅法對呼除積。

解：求長法，減較積一，加長積一，輳得長形者九，仍當加九段長較相乘，連約積一段成十段，故用十因。◎以上二問，各舉一法。其減積、益積、帶縱、減縱等法，俱可意推。要

1 設闊爲 m，長爲 n，由題意列：

$$m\left[n+2m+3(m+n)+4(n-m)\right]=8mn+m^2=7488$$

由於：$8mn+m^2=8m\left[m+(n-m)\right]+m^2=9m^2+8m(n-m)=9m^2+9m(n-m)-m(n-m)$，故得：$9m^2+9m(n-m)=m(n-m)+7488$。左右皆用九除，得每段長方積爲：

$$m^2+m(n-m)=\frac{m(n-m)}{9}+832$$

將長闊較 $n-m=12$ 代入上式，得：

$$m^2+12m=\frac{12m}{9}+832$$

如圖 8-19，以 12 爲帶縱，開帶縱平方。約初商 $a=20$，長方積爲：$\frac{12+2}{9}+832\approx 858.667$，減去初商大方積 $a^2=400$、縱方積 $12a=240$，餘積爲：$858.667-400-240=218.667$。以 $12+2a=52$ 爲廉法，約餘積，得次商 $b=4$。餘積補入 $\frac{12b}{9}\approx 5.333$，得：$218.667+5.333=224$，減去兩廉積 $2ab=2\times20\times4=160$、縱廉積 $12b=12\times4=48$、隅積 $b^2=16$，得：$224-160-48-16=0$，除積恰盡，得闊 $m=24$。

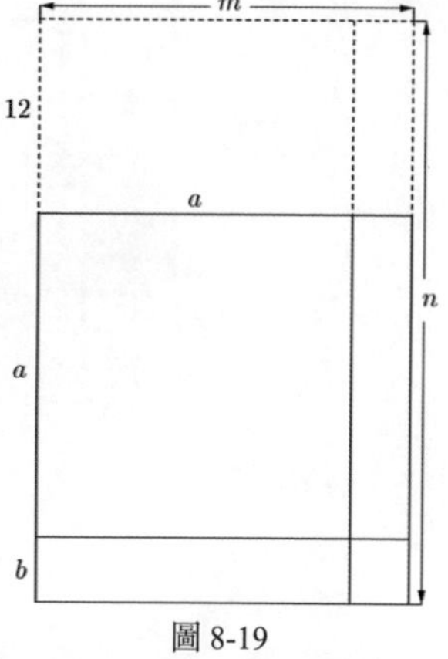

圖 8-19

2 自乘長方形，當作“長自乘方形”，即長自乘積 n^2。長形即長闊積 mn，加長較乘 $n(n-m)$，得長自乘積 n^2，即：

$$mn+n(n-m)=n^2$$

3 即：$mn+n(n-m)-(n-m)^2+m^2=2mn$。

（轉一二七九頁）

要在知長乘寬積所得比乃長自乘方形八段長濶相乘長形一段濶乘寬積所得比長濶相乘長形八段濶自乘方形一段長自乘積內以濶自乘為大方以較自乘為小隅以濶較相乘為兩廉長濶相乘內積以濶自乘為方以濶與較乘為帶縱又長濶相乘之積加一長較乘即得長自乘之方減一濶較乘即得濶自乘之方減一長較乘餘為長濶相乘比一減一較自乘又加一濶自乘得長濶相乘比二長濶相乘即原積也總之寬形既具則任意為法截長補短變化通融無所不可殊不能盡譜也

長乘圖　假少得之假如長四濶三一長二濶三和四較共三十五以長四乘之得一百四十為長自乘方形比八長濶相乘長形比一

濶乘圖　假如一長二濶三和四較共三十五以濶三乘之得一百〇五為長濶相乘長形比八濶自乘方形比一

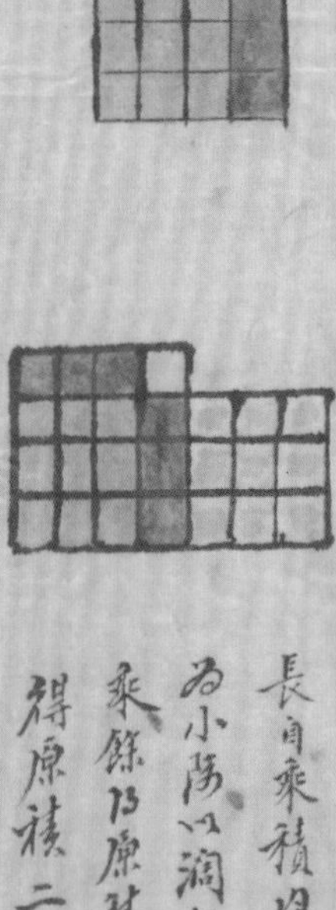

長自乘積內以濶自乘為大方以較自乘為小隅以濶較相乘為兩廉減一長較乘餘得原積一減一較自乘加一濶自乘得原積二

處在知長乘虛積所得者，乃長自乘方形八段，長闊相乘長形一段；闊乘虛積所得者，長闊相乘長形八段，闊自乘方形一段。長自乘積内，以闊自乘爲大方，以較自乘爲小隅，以闊較相乘爲兩廉。長闊相乘（内積）［積内］，以闊自乘爲方，以闊與較乘爲帶縱。又長闊相乘之積加一長較乘，即得長自乘之方；減一闊較乘，即得闊自乘之方；［長自乘之積］減一長較乘[1]，餘爲長闊相乘者一；減一較自乘，又加一闊自乘，得長闊相乘者二。長闊相乘，即原積也。總之，審形既真，則任意爲法。截長補短，變化通融，無所不可，殊不能盡譜也。

長乘圖

借少明之。假如長四闊三，一長二闊三和四較共三十五，以長四乘之，得一百四十，爲長自乘方形者八、長闊相乘長形者一。

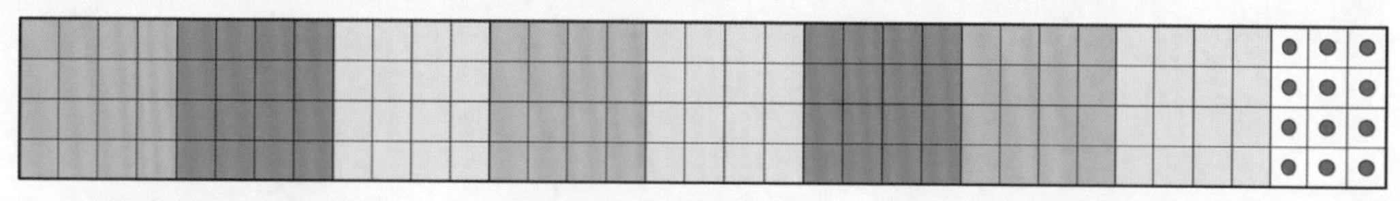

闊乘圖

假如一長二闊三和四較共三十五，以闊三乘之，得一百〇五，爲長闊相乘長形者八、闊自乘方形者一。

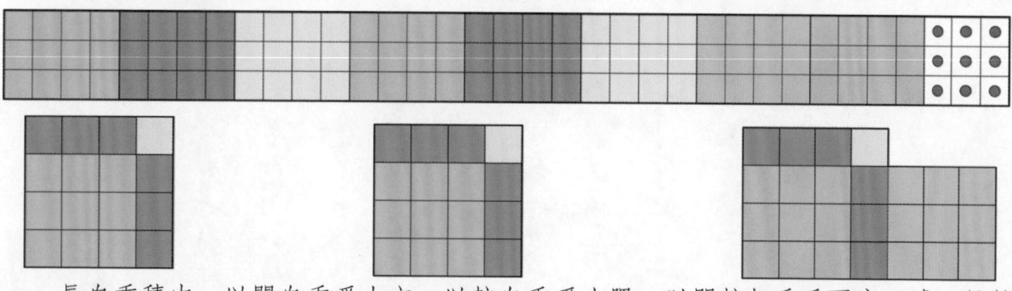

長自乘積内，以闊自乘爲大方，以較自乘爲小隅，以闊較相乘爲兩廉。減一長較乘，餘得原積一；減一較自乘，加一闊自乘，得原積二。

1 原書脱“長自乘之積”，據文意及“闊乘圖”注文補。

（接一二七七頁）

4 原積 $8mn+m^2=7488$，得：

$$8mn+m^2=7mn+(mn+m^2)=7mn+\left[2mn+(n-m)^2-n(n-m)\right]=9mn-n(n-m)+(n-m)^2$$

$$=9mn-n(n-m)+(n-m)^2=\left[9mn+9n(n-m)\right]-10n(n-m)+(n-m)^2=9n^2-10n(n-m)+(n-m)^2=7488$$

將 $n-m=12$ 代入上式，得：$9n^2-120n=7344$。

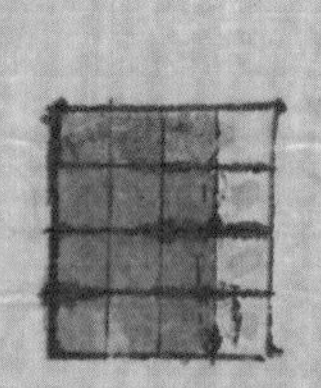

長闊相乘內以闊自乘為方闊較乘
為縱加一長較乘為長方減一闊較
乘為闊方〇長闊相乘即原積也

以上諸圖俱明八長一闊相乘之積依得其數列帶縱諸法任意用之無不可也〇余嘗以
商除揣摩不如四因之便惟遇列無可因不得不用商除及反覆思之作為方便又有借
積四因之法如長乘之積四萬四千九百二十八以三十六因之得一百六十一萬七千四百〇八以
較二十四自乘五百七十六加之得一百六十一萬七千九百八十四平方開之得一千二百七十二另加
較二十四得一千二百九十六作十八長除之得長七十二另闊乘之積二萬九千九百五十二以三十六
因之得一百〇七萬八千二百七十二八因較一百九十二自乘得三萬六千八百六十四加之得一百
一十一萬五千一百三十六平方開之得一千〇五十六減八較一百九十二得八百六十四作十八闊除之得
闊四十八另假設長求闊較置平開一千二百七十二減十七較四百〇八餘八百六十四以十八闊除
之假如闊求長較置平開一千〇五十六加十較二百四十成一千二百九十六以十八長除之所以然者
長乘之積以八長一闊為長以一長為闊九因之則九長為長八長一闊為闊矣其闊不及長
止一較故借九因積以為積以一較為較也闊乘之積以八長一闊為長以一闊為闊九因之
則九闊為闊八長一闊為長矣每長多一較凡多八較是闊不及長者八較故借九因積
以為積以八較自乘為較也其長求闊減十七較者四因法以長闊相併為方今以九長為長凡

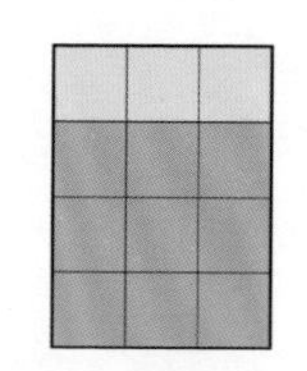
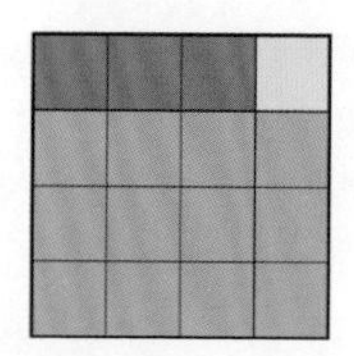
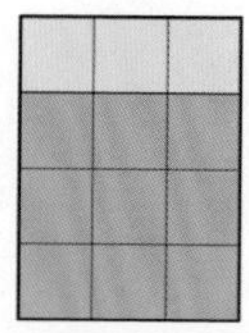

長闊相乘内，以闊自乘爲方，闊較乘爲縱。加一長較乘爲長方，減一闊較乘爲闊方。◎長闊相乘，即原積也。

以上諸圖，俱明八長一闊相乘之積。既得其數，則帶縱諸法，任意用之，無不可也。◎余嘗以商除揣摩，不如四因之便，惟匿則無可因，不得不用商除。及反覆思之，作爲方便，又有借積四因之法。如長乘之積四萬四千九百二十八，以三十六因之，得一百六十一萬七千四百〇八，以較二十四自乘五百七十六加之，得一百六十一萬七千九百八十四。平方開之，得一千二百七十二步。加較二十四，得一千二百九十六，作十八長除之，得長七十二步[1]。闊乘之積二萬九千九百五十二，以三十六因之，得一百〇七萬八千二百七十二。八因較一百九十二，自乘得三萬六千八百六十四，加之得一百一十一萬五千一百三十六。平方開之，得一千〇五十六。減八較一百九十二，得八百六十四，作十八闊除之，得闊四十八步[2]。假欲長求闊者，置平開一千二百七十二，減十七較四百〇八，餘八百六十四，以十八闊除之。假如闊求長者，置平開一千〇五十六，加十較二百四十，成一千二百九十六，以十八長除之。所以然者，長乘之積以八長一闊爲長，以一長爲闊。九因之，則九長爲長，八長一闊爲闊矣。其闊不及長止一較，故借九因積以爲積，以一較爲較也。闊乘之積以八長一闊爲長，以一闊爲闊。九因之，則九闊爲闊，八長一闊爲長矣。每長多一較，凡多八較，是闊不及長者八較。故借九因積以爲積，以八較自乘爲較也。其長求闊減十七較者，四因法以長闊相併爲方，今以九長爲長，凡

1 設原闊爲 m ，原長爲 n ，已知 $n-m=24$ ， $n\left[n+2m+3(m+n)+4(n-m)\right]=8n^2+mn=44928$ 。設虛闊 $m'=8n+m$ ，虛長 $n'=9n$ 。虛長闊較爲： $n'-m'=9n-(8n+m)=n-m$ 。虛長闊積爲： $m'n'=(8n+m)\times 9n=9\times(8n^2+mn)$ 。

由積較求和四因法，求得虛長闊和爲：

$$m'+n'=17n+m=\sqrt{(n'-m')^2+4m'n'}=\sqrt{(n-m)^2+4\times 9\times(8n^2+mn)}=\sqrt{24^2+36\times 44928}=\sqrt{1617984}=1272$$

求得原長、原闊分别爲：

$$n=\frac{(17n+m)+(n-m)}{18}=\frac{1272+24}{18}=72$$

$$m=\frac{(17n+m)-17(n-m)}{18}=\frac{1272-17\times 24}{18}=48$$

2 設原闊爲 m ，原長爲 n ，已知 $n-m=24$ ， $m\left[n+2m+3(m+n)+4(n-m)\right]=8mn+m^2=29952$ 。設虛闊 $m'=9m$ ，虛長 $n'=8n+m$ 。虛長闊較爲：

$$n'-m'=(8n+m)-9m=8(n-m)$$

虛長闊積爲：

$$m'n'=9m\times(8n+m)=9\times(8mn+m^2)$$

（轉一二八三頁）

多九較八長一濶為濶又多八較共得十七較減之剩十九長變十九濶矣濶化長加十較共九濶為濶不及九較八長一濶為長又不及一較共得十較加之剩九濶變為十九長矣其各用三十六因者九因為積又當四因故經用三十六取其省也

一凡以積零求經者以零母化積併零子平方開之又平開零母得數以除方商得經

問今有積三千〇六十九步零二十五分步之四求方經若干

答五十五步零五分步之二　再除得四即五十五步四分

法將三千〇六十九步以零母二十五化之得七萬六千七百二十五加零子四得七萬六千七百二十九平方開之得二百七十七分又將零母二十五平開之得五為法除之合問

一凡以經零求積者以零母化經併零子自乘得數以零母自乘為法除之亦得積

問今有田五十五步零五分步之二求積若干

答三千〇六十九步零二十五分步之四　再除得一六即三千〇六十九步〇一分六厘

法五十五以零母五化之得二百七十五加入子二得二百七十七自乘得七萬六千七百二十九以母自乘得二十五為法除之合問

解以上二問毋法從積與經起故不用補減之法若濶方零則用補減詳方田中

闕疑

計人之所知不若其所不知即此算書一種以所知視所不知不啻秋毫之在馬体

多九較；八長一闊爲闊，又多八較，共得十七較。減之，則十九長變十九闊矣。闊求長加十較者，九闊爲闊，不及九較；八長一闊爲長，又不及一較，共得十較。加之，則十九闊變爲十九長矣。其各用三十六因者，九因爲積，又當四因，故徑用三十六，取其省也。

一、凡以積零求徑者，以零母化積，併零子平方開之；又平開零母，得數，以除方而得徑。

問：今有積三千〇六十九步零二十五分步之四，求方徑若干？

答：五十五步零五分步之二。再除得四，即五十五步四分。

法：將三千〇六十九步以零母二十五化之，得七萬六千七百二十五，加零子四，得七萬六千七百二十九。平方開之，得二百七十七分。又將零母二十五平開之，得五爲法除之，合問。

一、凡以徑零求積者，以零母化徑，併零子自乘，得數；以零母自乘爲法，除之而得積[1]**。**

問：今有田五十五步零五分步之二，求積若干？

答：三千〇六十九步零二十五分步之四。再除得一六，即三千〇六十九步〇一分六厘。

法：五十五以零母五化之，得二百七十五，加入子二，得二百七十七，自乘得七萬六千七百二十九。以母自乘得二十五爲法除之，合問。

解：以上二問，母法從積與徑起，故不用補減之法。若開方零，則用補減，詳方田中。

闕疑

計人之所知，不若其所不知。即如筭書一種，以所知視所不知，不似（末毫）[毫末]之在馬體

1 以上二法，見《算法統宗》卷六少廣章“開平方通分法”。設問數據與本書不同。

（接一二八一頁）

由積較求和四因法，求得虛長闊和爲：

$$m'+n'=8n+10m=\sqrt{(n'-m')^2+4m'n'}=\sqrt{[8(n-m)]^2+4\times9\times(8mn+m^2)}=\sqrt{(8\times24)^2+36\times29952}=\sqrt{1115136}=1056$$

求得原闊、原長分別爲：

$$n=\frac{(8n+10m)+10(n-m)}{18}=\frac{1056+10\times24}{18}=72\text{；}m=\frac{(17n+m)-17(n-m)}{18}=\frac{1272-17\times24}{18}=48$$

即夫毫末馬體猶有所在也今所不知者尚不知為何物又何從而審知與不知之分數
而余讀書既少質性又鈍多有懷疑於心而於古未見此比例尋究夜以繼日以比方之
徑乘方之訣皆經年彌月而後得或稍涉而知一二究竟茫如愚公之山雖有其志
耳又豈能以剋期而取效耶聊舉數種為闕疑一篇要之七日不知後之尋日尋日
不知後之勝流出以所能於視所不能於又不審問其故何也殊不虞馬體之毫
末矣

立圓容立方

平圓容方三分之二若立則不能容矣何以言之平方之斜徑一角出角也立方之斜徑
二其一則例出角其一則此直之角出彼直之角也圓形平與立之度皆一但能容一直
之角故知不能容再直之角也以例推之當為九分之四算術未見姑存其目

立圓容立角

平圓容三角以平測為直比也三角各出圓之界以立圓推之即如立圓之腹也立圓
之腹雖能容平角之直立角居於立圓之中其平方乃在下部腹出此而縮矣故知
其不能容也角形篇所推乃三角自乘之率非與圓相求之率也未見明說姑存其目

立角容立圓

股句容圓之法已在句股篇中矣以立角推之每直乃兩句股且有長短廣狹高下之

耶？夫毫末馬體，猶有分在也。今所不知者，尚不知爲何物，又何從而審知與不知之分數乎？余讀書既少，質性又鈍，每有懷疑於心，而於古未見者，比例尋究，夜以繼日。如諸方之徑，乘方之訣，皆經手彌月而後得。若稱此而求，一一究悉，政如愚公之山，徒有其志耳，又豈能以刻期而取效耶？聊舉數種，爲闕疑一篇。要之今日不知，俟之異日；異日不知，俟之勝流[1]。至以所能疑視所不能疑，又不審得其幾何也，殆不啻馬體之毫末矣。

立圓容立方

平圓容方，三分之二，若立則不能容矣。何以有之？平方之斜徑一，角至角也；立方之斜徑二，其一則角至角，其一則此面之角至彼面之角也。圓形平與立之度皆一，但能容一面之角，故知不能容異面之角也。以例推之，當爲九分之四。筭書未見，姑存其目。

立圓容立角

平圓容三角，以平開爲面者也，三角各至圓之界。以立圓推之，亦即立圓之腹也。立圓之腹，僅能容平角之面。立角居於立圓之中，其平方乃在下部，腹至此而縮矣，故知其不能容也。角形篇所推，乃三角自求之率，非與圓相求之率也。未見明説，姑存其目。

立角容立圓

股句容圓之法，已在句股篇中矣。以立角推之，每面得兩句股，且有長短廣狹高下之

1 勝流，猶名流。

度被勾股之平直異矣未見明說姑存其目

立圓外餘方

立方容立圓其餘尚有八角求法當以九減十六餘八歸之立其本形雖有三徑但知乃方直之半乃不能當作何法求之姑存其目

立方外餘圓

立圓容方外有六底去其一直其形如釜去其二直其形如鼓單存一直其形如簞碟不知用何法求之姑存其目

立圓半形

平圓剖之為弧為扇等形若立圓剖之隨形皆得立體矣如中一段有輪形以圓柱推之當作平圓以其厚疊之但其腰大而兩直細或當以析圓求之耳豎剖之如梳形再剖之則三角而凸其底其兩頭則如簞形皆不能作幾何姑存其目

立圓與八角相容

八角雖有尖平二直之異然其規環之體略與圓近則可以相容推之未見其法姑存其目

縒圓

縒圓如棗葉之形未見舊法若以一長方四弧形求之兩弧矢短兩弧矢長殊覺難率不敢強為之說存目而已

度，視句股之平面異矣。未見明説，姑存其目。

立圓外餘方

立方容立圓，其餘尚有八角，求法當以九減十六，餘八歸之。至其本形，雖有三徑，但知得方面之半耳，不知當作何法求之。姑存其目。

立方外餘圓

立圓容方，外有六虛。去其一面，其形如釜；去其二面，其形如鼓；單存一面，其形如簞。俱不知何法求之，姑存其目。

立圓半形

平圓剖之，爲弧爲扇等形。若立圓剖之，隨形皆得立體矣。如中一段有輪形，以圓柱推之，當作平圓，以其厚登之[1]。但其腰大而兩面細，或當以折圍求之耳。豎剖之如梳形，再剖之則三角而凸起底，其兩頭則如簞形，皆不能作幾何，姑存其目。

立圓與八角相容

八角雖有尖平二面之異，然其規環之體，略與圓近，則可以相容推之。未見其法，姑存其目。

縱圓

縱圓如棗葉之形，未見舊法。若以一長方四弧形求之，兩弧矢短，兩弧矢長，殊無確率。不敢強爲之説，存目而已。

---

1 登，增加。《左傳 · 昭公三年》："陳氏三量，皆登一焉，鍾乃大矣。" 杜預注："登，加也。加一，謂加舊量之一也。"

縱立圓

縱立圓如鷄子之形中有一長立方其餘六面之處縱以庇羃求之然長濶不等者

縱立率未見舊法姑存其目

襍圓形

圓形以高乘之爲圓柱此有法可求者也本大而末銳者謂之圓錐以高乘平以三而一爲率亦有法可紀者若圓柱而銳其末如筆兩頭纖如棗核底圓而銳其上溢者如桃不及者如節節兩頭平而中細如腰鼓平直而側不等如馬蹄其類頗多難以枚舉大都或多爲數而減之小爲數而倍之析爲數而合之亦得其略

然無確法存其目曰襍圓形

襍方形

方形平者累乘之不平者稜折以爲率無不可求者然長短濶狹高下三度參差不可勝窮也兼之偏者斜者盈者縮者僉不可爲量數矣臨時斟酌不能預爲率統入之疑篇曰襍方形

方圓並形

物有一形而似方並集似圓並集或方圓互集如梓瓷之理如葡桃之穗如一切器用

或方趾而圓頂或圜外而方內殆不可勝窮也統之曰方圓並形

縱立圓

縱立圓如雞子之形，中有一長立方，其餘六面之實，縱以庣冪求之[1]，然長闊不等，無從立率。未見舊法，姑存其目。

雜圓形

圓形以高乘之爲圓柱，此有法可求者也。本大而末鋭者，謂之圓錐，以高乘平，以三而一爲率，亦有法可求者。若圓柱而鋭其末如筆；兩頭纖如棗核；底圓而鋭，其上溢者如桃，不及者如笷節[2]；兩頭平而中細如腰鼓；平面而側不等如馬蹄。其類繁多，難以枚舉。大都或多爲數而減之，小爲數而倍之，析爲數而合之，亦得其略。然無確法，存其目曰雜圓形。

褋方形

方形平者累乘之，不平者相折以爲率，無不可求者。然長短闊狹高下三度參差，不可勝窮也。兼之偏者斜者盈者縮者，愈不可爲量數矣。臨時斟酌，不能預爲率，統入之疑篇，曰雜方形。

方圓並形

物有一形，而諸方並集，諸圓並集，或方圓互集。如碎瓷之理，如葡桃之穗，如一切器用。或方趾而圓頂，或圜外而句内，殆不可勝窮也，統之曰方圓並形。

---

1 庣，凹下或不滿之處。《漢書 · 律曆志上》:“其法用銅，方尺而圜其外，旁有庣焉。其上爲斛，其下爲斗。” 顏師古注:“庣，不滿之處也。”

2 笷，同“筇”，竹名。《廣韻 · 鍾韻》:“筇，竹名，可爲杖，張騫至大宛得之。” 笷節，即竹節。

八角形

八角形立之則為面者十六為尖面者八為角者二十有四為廣者四十有八以正直斜方之法推之皆可知也未見其法姑存其目以其既有立形故自作一條

諸角柱

至五角以上以至多角皆先以平為法然後以其高登之此柱形也至各面不匀而端不等者求之倍為不易矣存其目

諸角錐

自四角五角以至多角平底而鋭其上為錐形以柱法求之三而取一此大略也至於圜其頂者面不匀者殊難定并存其目

襍形

物有自然而成數者如雪之六出梅之五出是也雪在春則五出蜂之房六龜之紋亦六海中有物名曰盤旋但有五足通其口腹耳目之視山有草名三其枝而七其葉凡此之偏象自成數然特有數以御之也大生所含何所不有山石之參差川流之廻遶雲霞之變幻品彙之錯雜以至蜃出樓臺冰成花卉凡所覧何可紀極動之屬則有耳有目有鼻有口植之屬則有柯有葉有華有實於是制器尚象以人衣運物曲推直所之又不可為典要矣大段不出方圜鋭鈍偏直縮有實可据証

八角形

八角形，立之則爲面者十六，爲尖面者八，爲角者二十有四，爲廉者四十有八。以正面斜隅之法推之，皆可知也。未見其法，姑存其目。以其頗有立形，故自作一條。

諸角柱

至五角以上，以至多角，皆先以平爲法，然後以其高登之。此柱形也，至各面不勻，兩端不等者，求之倍爲不易矣，存其目。

諸角錐

自四角五角以至多角，平底而鋭其上爲錐形，以柱法求之，三而取一，此大略也。若圓其頂者，面不勻者，殊難定率，存其目。

雜形

物有自然而成數者，如雪之六出，梅之五出是也，雪在春則五出[1]，蜂之房六，龜之紋亦六。海中有物焉，曰盤旋，但有五出，通無口腹耳目之相；山有草焉，三其枝而七其葉[2]。凡此之倫，象自成數，非待有數以御之也。大生所含，何所不有？山石之參差，川流之廻遶，雲霞之變幻，品彙之錯雜[3]，以至蜃出樓臺，冰成花卉，非凡所覽，何可紀極？動之屬，則有耳有目，有鼻有口；植之屬，則有柯有葉，有華有實。若夫制器尚象，以人官運物曲[4]，惟意所之，又不可爲典要矣。大段不出方圓鋭鈍、偏正直縮，有實可指，詎

1 出，花分瓣曰出。《太平御覽》卷十二“天部”云:“《韓詩外傳》曰：凡草木花多五出，雪花獨六出。六出者，陰極之數。”明·張岱《夜航船》卷一“天文部”云:“立春則五出矣。”

2 明·張思維《醫門秘旨》卷十五:“三七草，其本出廣西，七葉三枝，故此爲名。”

3 品彙，事物之品種類別。

4《禮記·禮器》:“禮也者，合於天時，設於地財，順於鬼神，合於人心，理萬物者也。是故天時有生也，地理有宜也，人官有能也，物曲有利也。”孔穎達疏:“人官有能也者，人居其官，各有所能。若司徒奉牛，司馬奉羊，及庖人治庖，祝治尊俎是也。物曲有利也者，謂萬物委曲，各有所利。若麴糵利爲酒醴，絲竹利爲琴笙，皆自然有其性各異也。”

曰隱乎哉欲一一而知之又窮變以盡形與影競走者矣夫周因作卦窺與衍疇聖之作也
即見於古觀旄乃數皆之述也引而伸之觸類而長之存乎其人耳
李子曰余讀高僧傳稱有胡人能算其一樹之葉悉知顆數將意其別具神智不關術數
然又稱帳出一物以五色線縈之比驗移時而後定則又似從算數而得非神解所出也今
所傳於古籌者籌者珠者筆者未見有以線縈物而稱其術者竟不審其為何等也試以今
所傳珠算等法施用於物即一棗之形尚不能知而況於一樹悉乎有參差於此方圓錯出
直斜雜陳乃迴為鄰舒縮於年即許其分寸而度之錙銖而較之亦茫乎不能窮其實際
況大多於大者乃欲即其形摹定其分齊豈不難哉故夫此方今日所行試於一試而輒窮
未閱而先窮殆不足以為算也已以釋典所稱菩薩知量世界之數一雨之滴大海之中土沙之粒洞
然猶掌以視胡人之技又覺其小矣華嚴說數百洛叉為一俱胝俱胝俱胝為一阿庾多以至
不可說轉若用世法推之百千萬億以次列位則充塞縣神州尚不足盡一盤之算又何從
施其手眼運其乘除哉由此言之隸首以述代有名算殆如莊之訾惠一技一藝之勞者乎
夫一有所知與無所不知同名知一有所不知與一無所知同名不知然世豈無一無所知者亦竟
無無所不知者然則有知有不知固聖凡之都分矣孔子曰知之為知之不知為不知夫不知者
俗士之所諱而聖神之極則也余之於算也朦朧然如未視之狗乃至於闕疑一說則庶幾
參前而不謬俟後而無惑者乎

曰隱乎？然欲一一而知之，又窮響以聲，形與影競走者矣。夫因圖作卦，竊書衍疇，聖之作也[1]；即兔成占，觀梅得數[2]，賢之述也；引而伸之，觸類而長之，存乎其人耳。

李子曰：余讀《高僧傳》，稱有胡人能算者，一樹之棗，悉知顆數，將意其別具神智，不關術數。然又稱懷出一物，以五色線繫之，比較移時而後定，則又似從算數而得，非神化所至也[3]。只今所傳於古，籌者觚者珠者筆者[4]，未見有以線繫物而稱其術者，竟不審其爲何等也。試以今所傳珠算等法，施用於物，即一棗之形，亦不能知，而況於一樹棗乎？有拳石於此，方圓錯出，直斜雜陳，凸凹爲鄰，舒縮相半。即許其分寸而度之，錙銖而較之，亦茫乎不能窮其實際。況夫多者大者，乃欲即其形摹，定其分齊，豈不難哉？故夫此方今日所行諸書，一試而輒窘，未問而先窮，殆不足以爲算也已。如釋典所稱，菩薩知量，世界之外，一雨之滴；大海之中，一沙之粒，洞如指掌。以視胡人之技，又藐乎小矣。華嚴説數，百洛（義）[叉]爲一俱胝[5]，俱胝俱胝爲一阿庾多，以至不可説轉[6]。若用世法推之，百千萬億，以次列位，則夫赤縣神州，尚不足竟一盤之體，又何從施其手眼，運其乘除哉？由此言之，隸首以還，代有名輩，殆如莊之訾惠"一蚊一寅之勞者"耳[7]。夫一有所知，與無所不知，同名知；一有所不知，與一無所知，同名不知。然世竟無一無所知者，亦竟無無所不知者。然則有知有不知，固聖凡之都會矣。孔子曰："知之爲知之，不知爲不知。"夫不知者，俗士之所諱，而聖神之極則也。余之於算也，矇矇然如未視之狗耳[8]。至於闕疑一説，則庶幾参前而不謬，俟後而無惑者乎？

1《周易·繫辭上》云："河出圖，洛出書，聖人則之。"《漢書·五行志上》引劉歆曰："虙羲氏繼天而王，受《河圖》，則而畫之，八卦是也；禹治洪水，賜《雒書》，法而陳之，《洪範》是也。"顏師古注云："仿效《河圖》而畫八卦也"，"取法《雒書》而陳《洪範》也"。疇，即《洪範》九疇，洪訓大，範訓法，疇訓類，指天道大法九類，載在《尚書》。

2 觀梅得數，即梅花易數，相傳爲宋邵雍所作。其法任取一字，畫數以八減之，餘數得卦。再取一字，以六減之，餘數得爻。據《易》理以推斷吉凶。

3《續高僧傳》卷二十六"勒那漫提傳"云："庭前有一棗樹極大，子實繁滿，時七月初，悉已成就。（天竺僧勒那漫）提仰視樹曰：'尒知其上可有幾許子乎？'（信州刺史綦母懷）文怪而笑曰：'筭者所知，必依鉤股標准，則天文地理亦可推測。草木繁耗，有何形兆？計斯實謾言也。'提指蠕蠕曰：'此即知之。'文憤氣不信，即立契賭馬。寺僧老宿咸來同看，具立旁證。提具告蠕蠕，彼笑而承之。文復要云：'必能知者幾許成核，幾許菸死無核？'斷許既了，蠕蠕腰間皮袋裏出一物，似今秤衡，穿五色線，線別貫白珠，以此約樹，或上或下，或旁或側，抽線睞眼，周迴良久，向提撼頭而笑，述其數焉。乃遣人撲，子實下盡，一一看閱，疑者文自剖看，挍量子數成不，卒無欠賸，因獲馬而歸。"

4 觚，即六觚筭法。《漢書·律曆志上》曰："其算法用竹，徑一分，長六寸，二百七十一枚而成六觚，爲一握。徑象乾律黃鐘之一，而長象坤呂林鐘之長。其數以《易》大衍之數五十，其用四十九，成陽六爻，得周流六虛之象也。"顏師古注引蘇林曰："六觚，六角也。度角至角，其度一寸，面容一分，算九枚，相因之數有十，正面之數實九，其表六九五十四，算中積凡得二百七十一枚。"六觚求積法如圓束，外周 $a_n=54$，用圓束求積公式求得積數爲：$S=\frac{a_n(a_n+6)}{12}+1=271$。

5 洛義，《華嚴經》作"洛叉"，梵語 lakṣa 譯音。"叉"與"義"字俗體"义"形近，常訛作"义"。據改。

6 洛義、俱胝、阿庾多、不可说轉，俱佛典中的數目詞。《華嚴經》卷六十五："我亦知菩萨算法，所谓一百洛叉（lakṣa）为一俱胝（koti），俱胝俱胝为一阿庾多（ayuta），阿庾多阿庾多爲一那由他（niyuta），那由他那由他爲一頻婆羅（vivara），頻婆羅頻婆羅爲一矜羯羅（kaṅkara）。……不可量轉不可量轉爲一不可説，不可説不可説爲一不可説轉，不可説轉不可説轉爲一不可説不可説，此又不可説不可説爲一不可説不可説轉。"洛叉與俱胝爲百進制，俱胝以下爲倍進制，俱胝俱胝，即俱胝倍俱胝。

7《莊子·天下篇》："由天地之道觀惠施之能，其猶一蚉一寅之勞者也。其於物也何庸！"庸，用也。

8 劉向《説苑》卷十七"雜言"云："至於安國家，全社稷，子之比我，蒙蒙如未視之狗耳。"矇矇，同"蒙蒙"，蒙昧貌。喻如剛出生的小狗，蒙昧無知。

圖一百二十一

圖一百二十一

圖書在版編目（CIP）數據

中西數學圖説（上、中、下）/[明] 李篤培著；高峰整理. — 長沙 ：湖南科學技術出版社，2022.5
（中國科技典籍選刊. 第五輯）
ISBN 978-7-5710-1486-5

Ⅰ. ①中… Ⅱ. ①李… ②高… Ⅲ. ①數學史－中國－明代 Ⅳ. ①011

中國版本圖書館 CIP 數據核字(2022)第 032095 號

中國科技典籍選刊（第五輯）
ZHONGXI SHUXUE TUSHUO

中西數學圖説（中）

著　　者：[明]李篤培
整　　理：高　峰
出 版 人：潘曉山
責任編輯：楊　林
出版發行：湖南科學技術出版社
社　　址：湖南省長沙市開福區芙蓉中路一段 416 號泊富國際金融中心 40 樓
网　　址：http://www.hnstp.com
郵購聯係：本社直銷科 0731-84375808
印　　刷：長沙市雅高彩印有限公司
（印裝質量問題請直接與本廠聯係）
廠　　址：長沙市開福區中青路 1255 號
郵　　編：410153
版　　次：2022 年 5 月第 1 版
印　　次：2022 年 5 月第 1 次印刷
開　　本：787mm×1096mm　1/16
本册印張：42.5
本册字數：1088 千字
書　　號：ISBN 978-7-5710-1486-5
定　　價：1600.00 圓（共叁册）

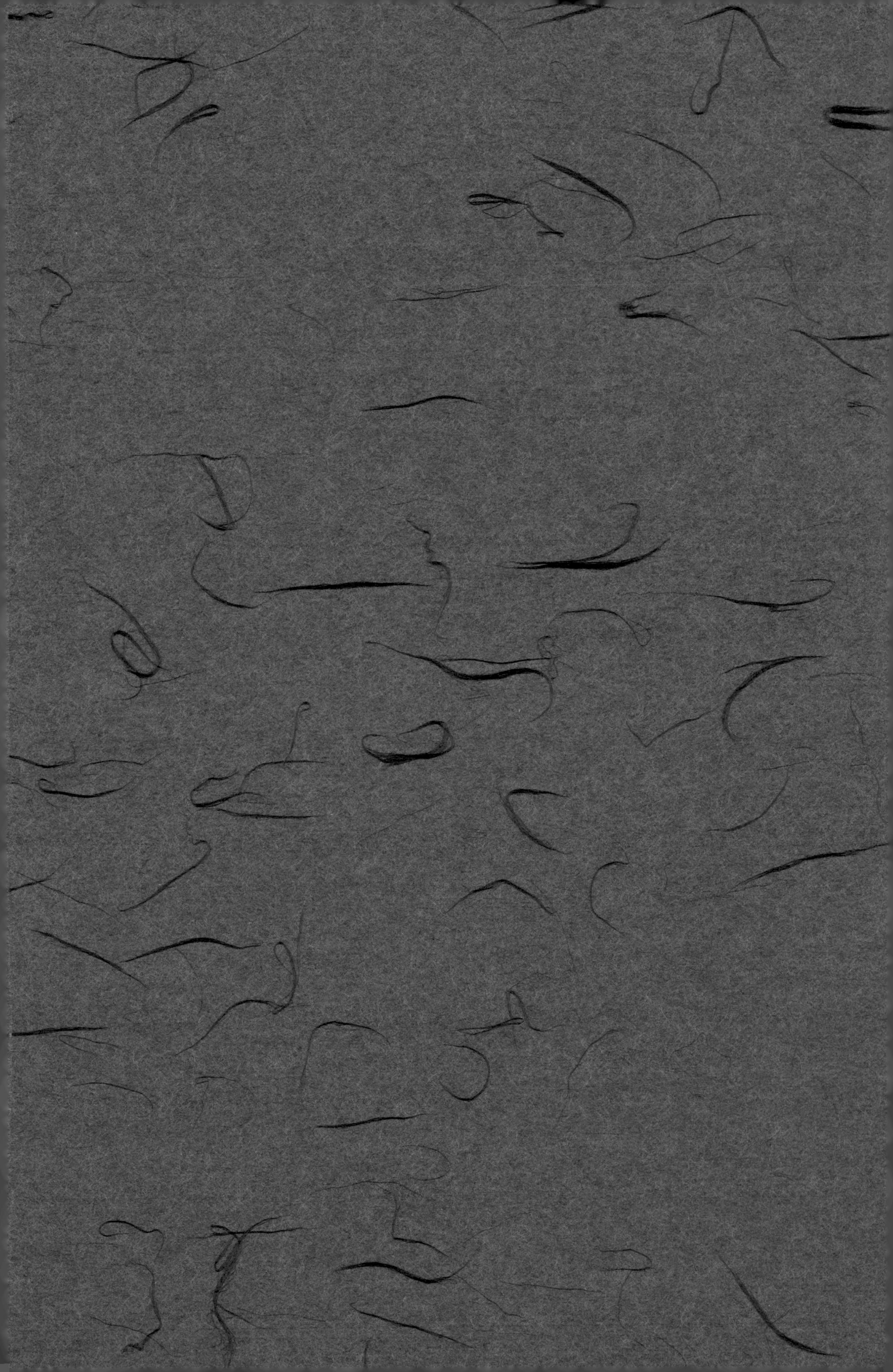